集成电路工程领域工程硕士系列教材

国务院学位委员会集成电路工程硕士教育协作组
国家集成电路人才培养基地专家指导委员会 组编

射频集成电路与系统设计

李智群　王志功　编著

科学出版社
北京

内容简介

本书系统地介绍了射频集成电路与系统的基本原理、设计方法和技术。全书分为射频与微波基础知识、无线收发机系统结构、射频集成电路功能模块设计三部分，主要包括传输线、二端口网络与S参数、Smith圆图、阻抗匹配网络、噪声、非线性、无线收发机结构、低噪声放大器、混频器、射频功率放大器、振荡器、锁相与频率合成器等内容。本书与本系列教材中的另一本书《射频集成电路与系统》形成互补，对射频集成电路功能模块从理论和实践两个方面进行了深入分析，同时对低电压和低功耗射频电路进行了阐述。本书通过对无线通信收发系统和基本模块的分析，使读者对射频集成电路与系统有一个较为全面的认识，掌握基本的设计原则、设计方法和设计技术，具备在相关领域进行科研开发的能力。

本书可作为电路与系统、集成电路设计、微电子等专业研究生教材，也可供相关专业高年级本科生和电路设计人员参考。

图书在版编目(CIP)数据

射频集成电路与系统设计/李智群，王志功编著.—北京：科学出版社，2014.10
集成电路工程领域工程硕士系列教材
ISBN 978-7-03-042254-5

Ⅰ.①射… Ⅱ.①李… ②王… Ⅲ.①射频电路-集成电路-电路设计-研究生-教材 Ⅳ.①TN710

中国版本图书馆CIP数据核字(2014)第245600号

责任编辑：潘斯斯／责任校对：朱光光
责任印制：赵 博／封面设计：迷底书装

科学出版社出版
北京东黄城根北街16号
邮政编码：100717
http://www.sciencep.com
天津市新科印刷有限公司印刷
科学出版社发行 各地新华书店经销
*
2014年10月第 一 版 开本：787×1092 1/16
2024年 3 月第十次印刷 印张：24 1/2
字数：586 000

定价：88.00元

集成电路工程领域工程硕士系列教材

国务院学位委员会集成电路工程硕士教育协作组
国家集成电路人才培养基地专家指导委员会
组编

主　　编： 严晓浪（浙江大学）

副 主 编： 余志平（清华大学，特邀）

审稿人员：（以拼音为序）

陈春章　洪志良

吉利久　罗伟绍

石秉学　时龙兴

唐璞山　吴懿平

肖　刚　于敦山

丛 书 序

随着电子计算机的普及，人类社会已经进入了信息化社会。以集成电路为代表的微电子技术是信息科学技术的核心技术。集成电路产业是关系经济建设、社会发展和国家安全的战略性产业。集成电路技术伴随着半导体技术、计算机技术、多媒体技术、移动通信等技术的不断创新，得到了迅猛发展。从1958年美国的基尔比发明世界上第一块集成电路以来，集成电路已经从初期的小规模集成电路(SSI)发展到今天的系统芯片(SOC)，集成电路一直按摩尔规律(Moore's Law)向前演进。集成电路产业包含了相对独立的集成电路设计、集成电路加工制造、集成电路封装测试、集成电路材料、集成电路设备业等，而其中的集成电路设计是集成电路产业发展的龙头。

近年来，我国的集成电路产业迅速发展。2000年以来我国的集成电路产值年平均增长率达到30%左右。坚持自主发展，增强技术创新能力和产业核心竞争力，掌握集成电路的核心技术，提高具有自主知识产权产品的比重是我们的历史性任务。

发展集成电路技术的关键是培养具有创新和创业能力的专业人才，因此高质量、较快速度地培养集成电路人才是我们的迫切任务。毫无疑问，大学和大学老师义不容辞地要担负起这一历史责任。2003年以来，教育部先后在全国部分重点高校建设了"国家集成电路人才培养基地"，国务院学位委员会又在2006年批准设立集成电路工程领域培养工程硕士学位课程，意在不仅培养高水平的工学学士、硕士和博士，而且还要培养大量的集成电路工程领域的工程硕士，以满足我国集成电路产业迅速发展的需要。

集成电路技术发展迅速，内容更新快，而我国现有的集成电路工程领域的教科书数量少，而且内容和体系上不能很好地反映学科的发展和工程技术教学的需要，也难以满足集成电路工程领域工程硕士的培养。为此，教育部国家集成电路工程领域工程硕士专业指导委员会和科学出版社，经过广泛而深入的调研，组织编写出版了这套集成电路工程领域工程硕士系列教材。

本系列教材具有以下特色：

1. 内容完整，体系性强。本系列教材包括了集成电路器件、工艺、数字集成电路设计、模拟集成电路设计、射频集成电路设计以及封装与测试，可以满足集成电路工程领域各个方向的教学。

2. 基础全面，工程性强。教材中不仅对集成电路的基础理论有较详细的论述，而且强调了集成电路的工程性，安排了较大篇幅的内容对具体的集成电路设计技术进行全面的讲解，以使学生在掌握集成电路基础理论的同时，能上机进行具体的设计，加深对理论的理解。

3. 适应教学，自学性强。在教材编写过程中考虑了现有工程硕士的教学时间，以及教学内容的完整性，对各种教学计划，可以灵活地将教材内容进行裁剪。另外，教材中相对突出了以实验为主的实践环节，以便学生自学。

本系列教材的编写人员，不仅有从事教学第一线的高校教师，而且有从事集成电路设计多年，有丰富实践经验的国际著名集成电路设计公司的资深工程技术人员。在此表示衷心的感谢。

国务院学位委员会集成电路工程硕士教育协作组

国家集成电路人才培养基地专家指导委员会

2008 年 5 月

前　言

从1920年的无线电通信和1930年的电视传输，到1980年的移动电话和1990年的全球定位系统(GPS)，以及当今的蜂窝移动通信、无线局域网(WLAN)、数字电视广播(DVB)、射频识别(RFID)、无线传感网(WSN)和家庭卫星网络(home satellite network)等，射频集成电路在其中均扮演着非常重要的角色，它的发展大大推动了无线通信技术的发展。

射频集成电路与系统设计是一门理论性与工程性都很强的课程。本书通过系统地介绍射频集成电路与系统的基本原理、设计方法和技术，使读者掌握基本的设计原则、设计方法和设计技术，具备在相关领域从事芯片、模块和系统设计开发的能力。

全书分为射频与微波基础知识、无线收发机系统结构、射频集成电路功能模块设计三部分，主要包括传输线、二端口网络与S参数、Smith圆图、阻抗匹配网络、噪声、非线性、无线收发机结构、低噪声放大器、混频器、射频功率放大器、振荡器、锁相与频率合成器等内容。

作者要特别感谢国家集成电路人才培养基地专家指导委员会为本书的出版给予的大力支持，感谢清华大学石秉学教授对本书内容的审阅，感谢东南大学将本书遴选为研究生精品课程建设教材并为本书的编写与出版提供资金支持。东南大学射频与光电集成电路研究所博士研究生王曾祺、王冲、刘扬和景永康，硕士研究生黎明、程国枭、吴兆龙、刘冰子、束佳云、冯裕深、孙戈和杨磊等，为本书的编写做了大量工作，在此对他们表示感谢。

限于作者水平，书中难免有错误之处，敬请读者批评指正。

李智群　王志功

2014年9月10日

目　录

第1章 引 言

集成电路(IC)不仅是信息产业的基础和核心,而且是信息社会经济发展的基础。这是因为IC是各类电子信息产品与装备的核心部件,而电子信息部件又是众多其他产品和装备的核心部件。可以毫不夸张地说,21世纪重点高科技领域都与IC技术密切相关。所以,IC技术是国家综合国力的标志,IC产业是一门战略性基础产业。IC还直接关系到信息安全与国家安全,因此得到了各国政府的高度重视。

未来的信息交流,特别是与人直接关联的信息交流正在朝着无线和移动的方向发展。包括移动通信、无线局域网、卫星通信、无线接入等在内的各类无线移动技术正在蓬勃发展,所有这些系统都需要射频(RF)技术、射频集成电路(RFIC)或射频系统。例如,移动通信需要射频收发集成电路,数字电视需要俗称“高频头”的射频接收机。此外,在21世纪最受关注的生命科学领域,射频无线系统也有用武之地,范例之一就是植入体内的、可与外界通信的无线传感芯片。同时,以光纤为介质的超高速通信系统将继续在“信息高速公路”和“光纤到户”的宽带通信网建设中发挥重要作用。在这些通信系统中,人们需要开发信号频谱延伸到射频段、与射频集成电路具有同样特点的超高速集成电路。因此,射频集成电路与系统的技术研究与产品开发已在世界范围内形成巨大的热潮。

1.1 无线通信技术的发展

无线通信技术的发展可以追溯到19世纪中期。1864年James Maxwell在伦敦英国皇家学会发表的论文中首次提出了电场和磁场通过其所在的空间中交连耦合会导致波传播的设想;1887年Heinrich Hertz通过实验证实了电磁能量可以通过空间发射和接收;1901年Guglielmo Marconi成功地实现了无线电信号(radio signals)横越大西洋的传递,从此无线电技术正式诞生。从1920年的无线电通信和1930年的TV传输,到1980年的移动电话和1990年的全球定位系统(GPS),以及当今的移动通信和无线局域网(WLAN),射频集成电路在其中均扮演着非常重要的角色,它的发展大大推动了无线通信技术的发展。

蜂窝移动通信从20世纪80年代出现到现在,已经发展到了第三代。目前业界正在研究面向未来第四代移动通信的技术;无线城域网(WMAN)、无线局域网(WLAN)和无线个域网(WPAN)技术的宽带无线接入也在全球不断升温,宽带无线用户数增长势头强劲;卫星通信以其特殊的技术特性,已经成为无线通信技术中不可忽视的一个领域;手机视频广播作为一种新的无线业务与技术,正在成为目前最热门的无线应用之一。

1.2 频谱划分

通信系统中不同的信道具有不同的工作频率范围。表1-1列出了通信系统中使用的波段名称及其相应的波段和频段,同时列出了不同的有线和无线信道所使用的频段。

表 1-1　电气和电子工程师学会(IEEE)制定的频谱划分表

频段	频率	工作模式	频率
LF(低频)	30～300kHz	中波广播	530～1700kHz
MF(中频)	300～3000kHz	短波广播	5.9～26.1MHz
HF(高频)	3～30MHz	RFID	13MHz
VHF(甚高频)	30～300MHz	调频广播	88～108MHz
UHF(特高频)	300～1000MHz	(无线)电视	54～88MHz,174～220MHz
L-Band(L 波段)	1～2GHz	遥控模型	72MHz
S-Band(S 波段)	2～4GHz	个人移动通信	900MHz,1.8GHz,1.9GHz,2GHz
C-Band(C 波段)	4～8GHz	WLAN,Bluetooth (ISM* Band)	2.4～2.5GHz,5～6GHz

* ISM(Industrial,Scientific and Medical),即工业、科学和医学。

1.3　通信系统的组成

图 1-1 给出的是通信系统的一般模型,它由信源、发送设备、信道、接收设备和信宿组成。模型中同时考虑了噪声源对信道的干扰。

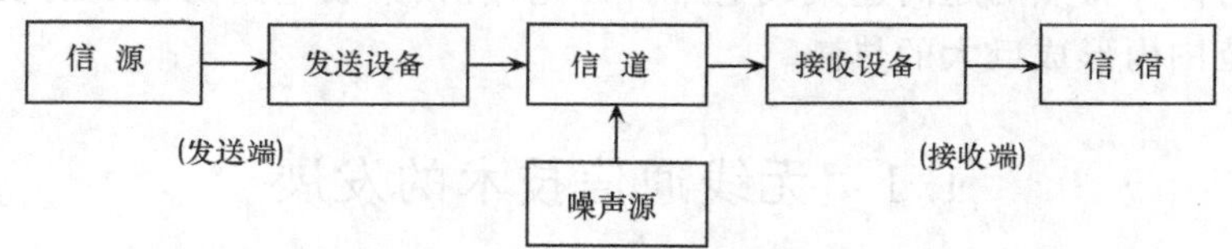

图 1-1　通信系统的一般模型

信道是传输媒介,分为有线和无线两类。有线信道有电线、电缆、光纤和波导等。无线信道是指自由空间,其中存在着各种干扰,如多径衰落、邻近频道干扰、多普勒频率和频谱色散等。无线移动信道是传输条件最为恶劣的一种信道。目前快速发展的无线通信技术正是为了克服无线信道的缺陷,以保证通信的可靠性。

根据信道中所传输信号的不同形式,通信系统可进一步划分为模拟通信系统和数字通信系统。

1.3.1　模拟通信系统

我们把信道中传输模拟信号的系统称为模拟通信系统。模拟通信系统的组成可由通信系统的一般模型略加改变而成,如图 1-2 所示。这里,将通信系统一般模型中的发送设备和接收设备分别用调制器和解调器代替。

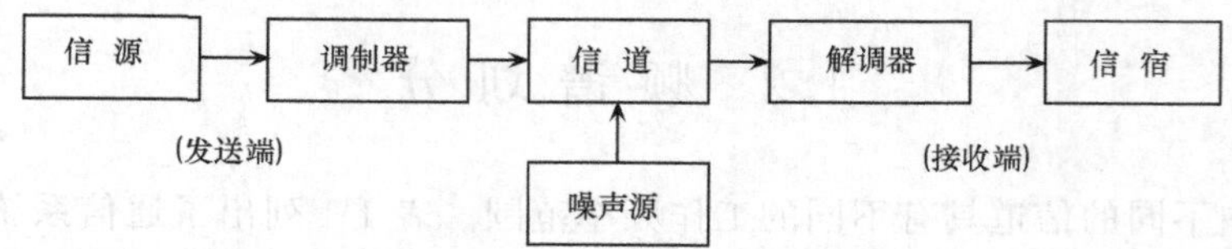

图 1-2　模拟通信系统模型

对于模拟通信系统，它主要包含两种重要变换：一种是把连续消息变换成电信号（发送端信源完成）；另一种是把电信号恢复成最初的连续消息（接收端信宿完成）。由信源输出的电信号为基带信号，由于它具有频率较低的频谱分量，一般不能直接作为传输信号发送到信道中去。因此，模拟通信系统里常有第二种变换，即将基带信号转换成适合信道传输的信号，这一变换由调制器完成；在接收端则需要相反的变换，它由解调器完成。经过调制后的信号通常称为已调信号。已调信号有三个基本特性：①携带有消息；②适合在信道中传输；③频谱具有带通形式，且中心频率远离零频。因而已调信号又常称为频带信号。

必须指出，从消息的发送到消息的恢复，事实上并非仅有以上两种变换。通常在一个通信系统里可能还有滤波、放大、天线辐射与接收、控制等过程。对信号传输而言，由于上面两种变换对信号形式的变化起着决定性作用，它们是通信过程中的重要方面。而其他过程对信号变化来说，没有发生质的作用，只不过是对信号进行了放大和改善信号特性等，因此，这些过程我们认为都是理想的，而不去讨论它。

1.3.2 数字通信系统

信道中传输的信号为数字信号的系统称为数字通信系统。数字通信系统可进一步细分为数字频带传输通信系统、数字基带传输通信系统、模拟信号数字化传输通信系统。

1. 数字频带传输通信系统

数字通信的基本特征是，它的消息或信号具有"离散"或"数字"的特性，从而使数字通信面临许多特殊的问题。例如，前边提到的第二种变换，在模拟通信中强调变换的线性特性，即强调已调参量与代表消息的基带信号之间的比例特性；而在数字通信中，则强调已调参量与代表消息的数字信号之间的一一对应关系。

另外，数字通信中还存在以下突出问题：

(1) 数字信号传输时，信道噪声或干扰所造成的差错，原则上是可以控制的。这通过所谓的差错控制编码来实现。于是，就需要在发送端增加一个编码器，而在接收端相应地要增加一个解码器。

(2) 当需要实现保密通信时，可对数字基带信号进行人为"扰乱"（加密），此时在接收端就必须进行解密。

(3) 由于数字通信传输的是一个接一个按一定节拍传送的数字信号，因而接收端必须有一个与发送端相同的节拍，否则，就会因收发步调不一致而造成混乱。

还有，为了表述消息内容，基带信号都是按消息特征进行编组的，于是，在收发之间一组组编码的规律也必须一致，否则接收时消息的真正内容将无法恢复。在数字通信中，称节拍一致为"位同步"或"码元同步"，而称编组一致为"群同步"或"帧同步"，故数字通信中还必须有"同步"这个重要问题。

综上所述，点对点的数字通信系统模型一般可用图1-3表示。

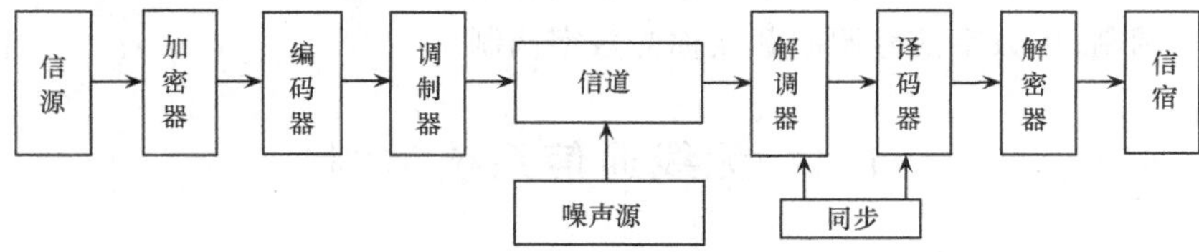

图1-3 数字频带通信系统模型

需要说明的是,图中调制器/解调器、加密器/解密器和编码器/译码器等环节,在具体通信系统中是否全部采用,取决于具体设计条件和要求。但在一个系统中,如果发送端有调制/加密/编码,则接收端必须有解调/解密/译码。通常把有调制器/解调器的数字通信系统称为数字频带传输通信系统。

2. 数字基带传输通信系统

与频带传输系统相对应,把没有调制器/解调器的数字通信系统称为数字基带传输通信系统,如图 1-4 所示。图中基带信号形成器可能包括编码器、加密器以及波形变换等,接收滤波器亦可能包括译码器、解密器等。

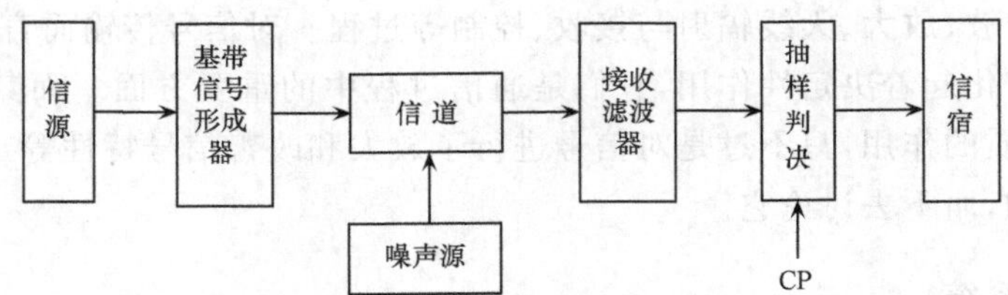

图 1-4　数字基带传输系统模型

3. 模拟信号数字化传输通信系统

上面论述的数字通信系统中,信源输出的信号均为数字基带信号。实际上,日常生活中大部分信号(如语音信号)为连续变化的模拟信号。要实现模拟信号在数字系统中的传输,则必须在发送端将模拟信号数字化,即进行模/数(A/D)转换;在接收端则需要进行相反的转换,即数/模(D/A)转换。模拟信号数字化传输系统如图 1-5 所示。

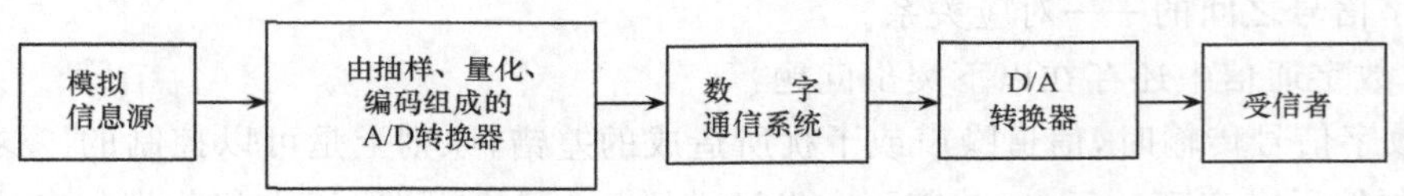

图 1-5　模拟信号数字化传输系统模型

1.3.3　调制的原因

无线通信中把基带信号变成射频已调信号有两个原因。①为了有效地把信号用电磁波辐射出去。基带信号是低频信号,如话音信号频率为 300～3400Hz,300Hz 信号的波长达 1000km,若天线长度取 1/10 波长,对应的天线长度达 100km 以上,不可能实现。因此,为了降低天线的尺寸,以有效地辐射信号,发射信号的频率必须是高频。发射机中振荡器产生的高频信号称为载波。②为了有效地利用频带来传输多路频率范围基本相同的基带信号。为此,可将多路基带信号分别调制到不同频率的载波上,以避免基带信号之间的相互干扰。

用基带信号控制载波的幅度、频率和相位分别称之为调幅、调频和调相;用模拟信号调制载波称为模拟调制;用数字信号调制载波称为数字调制。

1.4　无线通信系统举例

除了诸如传呼机和手机这些为人们熟悉的无线通信产品以外,RF 技术已经创造了许多其他市场。这些市场展示了快速成长的巨大潜力，每一个都对RF设计者提出了挑战。

无线局域网：在一个拥挤的场所，人们或设备之间的通信可以通过无线局域网来实现。采用在900MHz和2.4GHz附近的频带，无线局域网接收发送器能在办公室、医院、工厂等地提供移动通信连接，这样就不需要使用笨拙的有线网络。便携性与重构性是无线局域网的显著特征。

全球定位系统(GPS)：随着GPS接收器的成本和功耗下降，用它来确定一个目标的位置及寻找方向对消费者十分有吸引力。这样的系统在1.5GHz等频率下工作，使汽车制造厂家考虑将其作为低成本的手持产品。

射频识别(RFID)：射频识别系统，简称“RFID”，是小的、低成本的标签。它们可以附加到物品上或被个人佩带来跟踪其位置。它的应用范围包括飞机场的行李、商品和军事行动的部队等。由于有源标签的寿命由单个小电池的寿命决定，所以低功耗的要求尤其重要。工作在900MHz和2.4GHz频率范围的RFID产品已出现在市场上。

家庭卫星网络(home satellite network)：卫星电视所提供的节目与服务已经使众多的用户被家庭卫星网络所吸引。这些网络工作在10GHz频段，需要附加碟形天线及连到电视机的接收器，它们直接与有线电视形成竞争。

无线通信系统的发射机和接收机原理框图如图1-6所示，手机射频前端原理框图如图1-7所示。

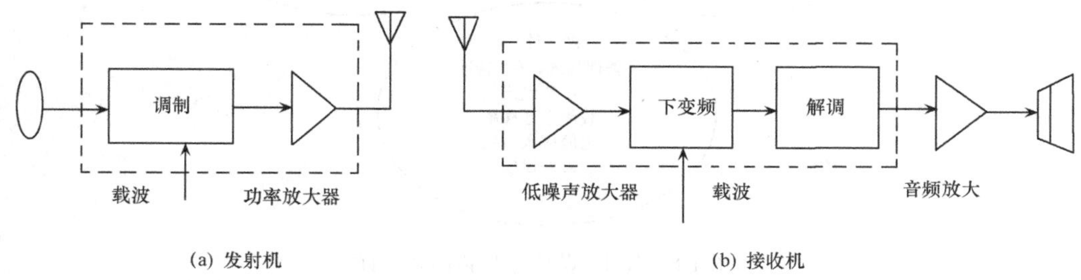

图1-6 无线通信系统的发射机和接收机原理框图

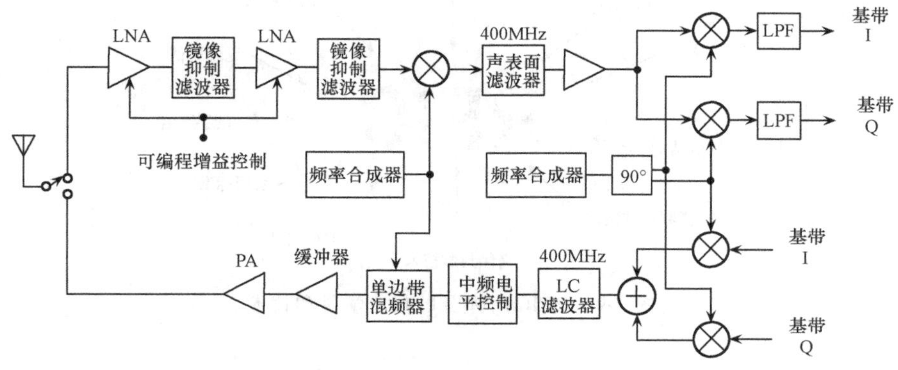

图1-7 手机射频前端原理框图

1.5 无线通信与 RFIC 设计

由于无线通信与射频集成电路设计需要大量的专业知识、长期经验、专用 EDA 工具和昂贵的测试设备，因而面对突如其来的市场需求，这方面的人才显得极为短缺，射频集成电路的研究与开发已成为制约无线通信系统发展的瓶颈。射频集成电路与系统设计工程师不仅需要系统规划、通信协议、无线信道预算、调制解调、编码解码、均衡和信息论等方面的系统知识，以及增益、噪声、功率、线性度、频率与带宽、匹配和稳定性等方面的电路知识，同时还需要器件物理、晶体管特性和建模等方面的器件知识，并需要熟练掌握诸如 Cadence 的 Spectre RF 和 Agilent 的 ADS 等集成电路设计自动化工具。RFIC 设计应具备的知识面如图 1-8 所示。

RFIC 所涉及的相关学科和技术有集成电路设计、工艺与器件、器件模型、收发机结构、高频测试技术、高频封装技术、EDA 工具、系统标准、数字通信、无线通信和微波理论，如图 1-9 所示。

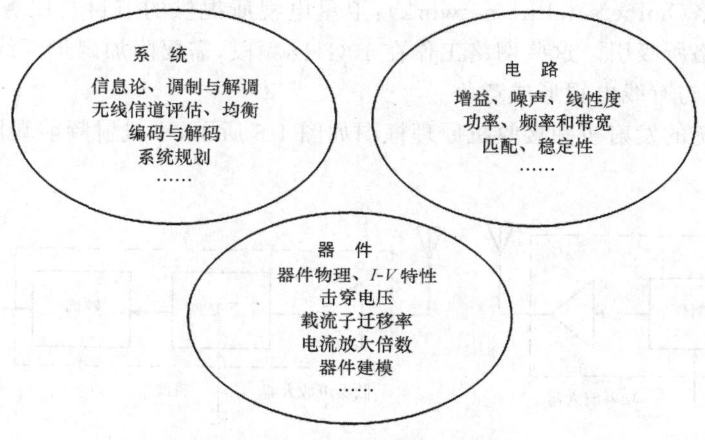

图 1-8　RFIC 设计应具备的知识面

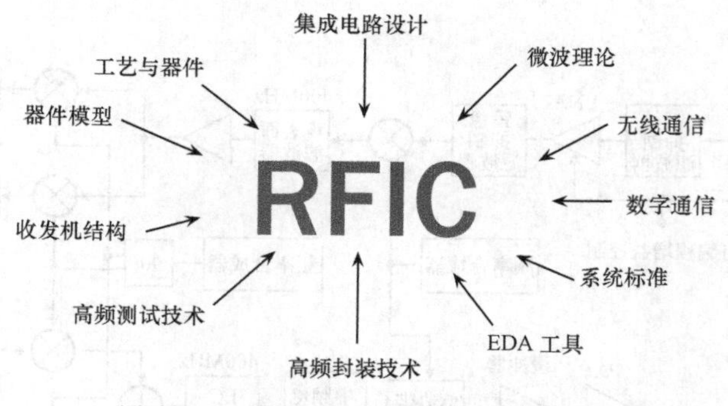

图 1-9　RFIC 所涉及的相关学科和技术

与相对成熟的数字集成电路设计相比，RFIC 设计正处于发展阶段。无源器件尤其是电感的性能亟待提高。RFIC 设计的 EDA 工具(Spectre RF 和 ADS 等)正处于发展阶段，分析和综合的结果只能起参考作用。主要原因是在射频器件的非线性、时变特性、电路的分布参数、不稳定性等方面还缺乏精确的模型。因此设计是否成功在很大程度上取决于工程师的经验。

无线通信系统可以分为基带部分和射频部分。基带部分完成频率较低的数字信号或模拟信号的处理功能。射频部分完成宽动态范围的高频模拟信号的处理，包括低噪声放大、功率放大、频率变换、滤波、调制和解调等功能。RFIC设计应满足良好的选择性、低噪声和宽动态范围的要求，接收机对杂散频率信号应有良好的抑制能力，本振信号应具有很低的相位噪声，发射机必须严格限制带外辐射，功率放大器应具有高效率或高线性度，采用低功耗设计尽可能降低系统的总体功耗。

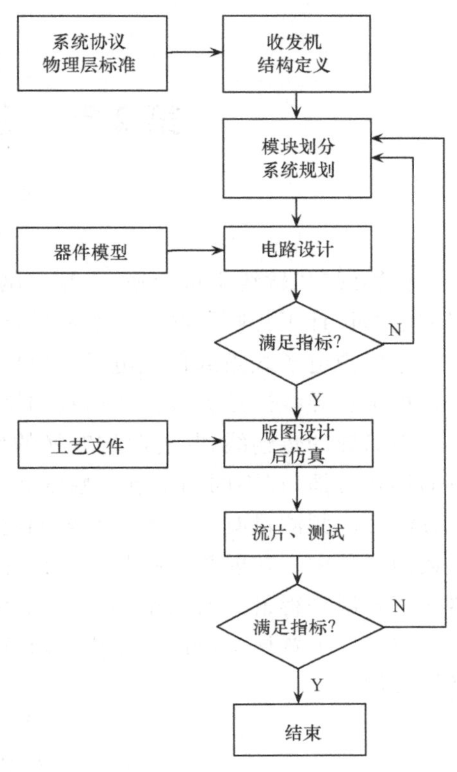

图1-10　RFIC的设计流程图

如图1-10所示，RFIC的设计流程大致分为五步：第一步，根据系统协议物理层标准确定收发机结构；第二步，根据系统功能和指标进行模块划分和系统规划，确定各个模块的性能指标；第三步，根据代工厂提供的器件模型，使用电路分析工具进行各个模块的电路设计，即前仿真，若不满足指标，则返回模块划分与系统规划，直至仿真满足要求；第四步，根据代工厂提供的工艺文件，使用版图设计工具进行各个模块的版图设计，并进行参数提取和后仿真，直至满足指标要求；第五步，向代工厂提交GDS-Ⅱ文件，进行芯片制造(称为流片)。流片完成后进行芯片测试，若满足指标，则芯片设计结束；若不满足指标，则返回模块划分与系统规划，重新进行芯片的优化设计。在第三步和第四步的设计过程中要充分考虑工艺角(process corner：slow，fast，typical)和温度对电路性能指标的影响。

1.6　本书的内容组成

本书由射频与微波基础知识、无线收发机系统结构、射频集成电路功能模块设计三部分组成，全书共分为9章。

第1章为引言；第2章介绍射频与微波基础知识，主要包括传输线、二端口网络与S参数、Smith圆图和阻抗匹配网络等；第3章讨论噪声及非线性，主要包括噪声的基本概念、二端口网络噪声模型、等效噪声计算、噪声系数和等效噪声温度、短沟道效应、晶体管特征频率和单位功率增益频率以及有源器件的非线性模型等；第4章讨论无线收发机结构，主要包括混频与复混频的概念、不同类型的无线收发机架构及特点和镜像抑制方法；第5章讨论低噪声放大器设计，包括噪声系数、低噪声放大器结构、栅极感应噪声、CMOS最小噪声系数和最佳噪声匹配等；第6章讨论混频器设计，包括混频基本原理、混频器结构、线性度及其改善技术、噪声系数及其优化等；第7章讨论射频功率放大器设计，包括功率放大器的匹配、分类、功率放大器设计和线性化技术等；第8章讨论振荡器的设计，包括环行振荡器、LC振荡器、干扰和相位噪声、正交信号的产生等；第9章讨论锁相与频率合成技术，包括PLL基本原理、PLL线性分析、电荷泵锁相环、频率合成等。

第 2 章　射频与微波基础知识

2.1　概　述

传输线、传输线阻抗变换、二端口网络、S 参数、Smith 圆图和阻抗匹配网络是射频与微波集成电路设计工程师所必须了解和掌握的基础知识。

在模拟电子线路或低频电子线路中，金属导线可以被认为是一根短路线，两点之间的短路可以用金属导线连接完成。在射频与微波电路中却不同，金属导线不再是短路线，而是一根具有分布参数的传输线，起着阻抗变换的作用，短路情况只在特定条件下才能满足。由于信号以波的形式传播，在不同测量点上幅度和相位都可能不同，这使得基于电压和电流的网络参数测量方法在高频测量时会遇到一系列问题，因此人们提出了散射参数的概念，并广泛应用于网络参数的测量中。在射频电路与系统设计中，人们经常使用阻抗匹配网络，其作用是为了让放大器从信号源获得最大的功率，或者让放大器向负载传输最大的功率，或者使放大器具有最小噪声系数等。本章详细讨论传输线及阻抗变换、二端口网络与 S 参数、Smith 圆图与阻抗匹配网络的设计。

2.2　传　输　线

传输线由信号线和地线构成，主要作用是传送电磁波或能量。电磁波将沿信号线并被限制在信号线和地线之间传输。传输线上不同点的信号(电压和电流)是否一定相同呢？这将与信号波长有关。根据电磁场理论，电磁波是以一定速度 v 传播的。真空中这个速度就是光速，$v\approx3\times10^{8}\,\text{m/s}$。电磁波的波长 $\lambda=v/f$，其中 f 为频率。波长随着频率的增加而减小。当频率为 10kHz 时，波长为 30km；当频率为 10GHz 时，波长为 3cm。当电路的几何尺寸远小于波长时，电磁波沿电路传播时间近似为零，可以忽略。此时电路可以按集总电路处理，传输线近似为短路线。当电路的几何尺寸可与波长相比拟时，传输线上的电压和电流不再保持不变，而随着位置的改变而改变，电磁波沿电路的传播时间已不能被忽略。此时电路应按分布电路处理。传输线已不再是短路线，而是一个分布系统，应采用分布电路的分析方法对其进行分析和计算。

若分布模型正确的话，电路原理中的环路电压和节点电流定律在分布电路中仍然有效。任何电路、元器件、连接线等本质上都是分布系统，只是在某些条件下它们的分布特性可以被忽略，从而可以视为集总系统，正如在某些条件下微积分可以简化为四则运算。对于一条长度为 l 的低损耗连接线和波长为 λ 的信号，当 $l\ll0.1\lambda$ 时，连接线可以看成理想的电路连接线，即阻抗为 0 的集总系统；而对于其他情况，连接线为一个分布系统，即传输线。

射频集成电路设计需要传输线知识吗？考虑工作频率为 1GHz 的射频集成电路，空气中 1GHz 信号的波长 λ 为 30cm，若芯片的尺寸以毫米计(远小于 0.1λ)，则在这个频段附近芯片内部通常不需要考虑传输线效应。当工作频率提高到 10GHz 时，信号波长 λ 减小至 3cm，毫米级芯片尺寸已不能满足远小于 0.1λ 的条件，此时芯片内部需要考虑传输线效应。当对芯片进行测量时，需要使用较长的传输线将芯片连接至测量设备，此时必须考虑传输线效应。总之，传输线效应是典型的高频现象，传输线理论是理解射频电路、信号与系统的基础。

2.2.1 典型的传输线

典型的传输线包括同轴电缆(coaxial cable)、平行双线(twin-lead，two wire)、微带线(microstrip)和共面波导(co-planar wave guide，CPW)等，如图 2-1 所示。

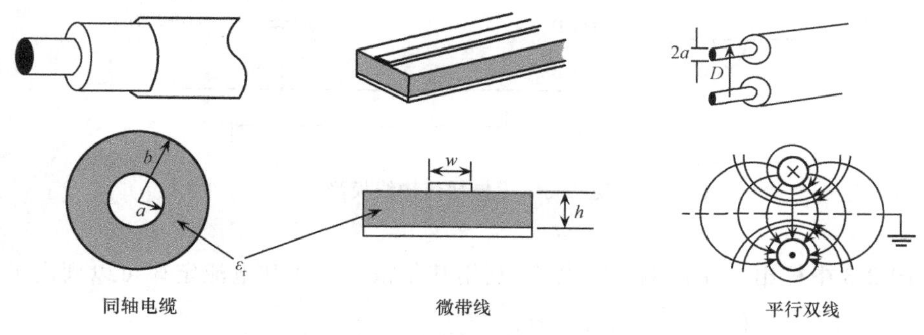

图 2-1　典型的传输线

2.2.2 传输线电路模型

为了给出传输线的电路模型，首先将传输线分割为多个长度为 Δx 的线元，每个线元的等效电路如图 2-2 所示。为了计算沿线电压与电流的变化，线元 Δx 应趋于无穷小，则线元等效电路具有无限小的电阻和电感，以及无限小的电容和电导。这就是传输线的分布参数模型。尽管基尔霍夫电压和电流定律不能应用在整个宏观的传输线长度上，但现在引入了分布参数模型，其在微观尺度上的分析仍然遵循基尔霍夫定律。由于电阻、电感、电导和电容这些参数是分布在传输线上的，因此必须用单位长度上传输线具有的参数表示：R 为两根导线每单位长度具有的电阻，其单位为 Ω/m；L 为两根导线每单位长度具有的电感，其单位为 H/m；G 为每单位长度导线之间具有的电导，其单位为S/m；C 为每单位长度导线之间具有的电容，其单位为 F/m。

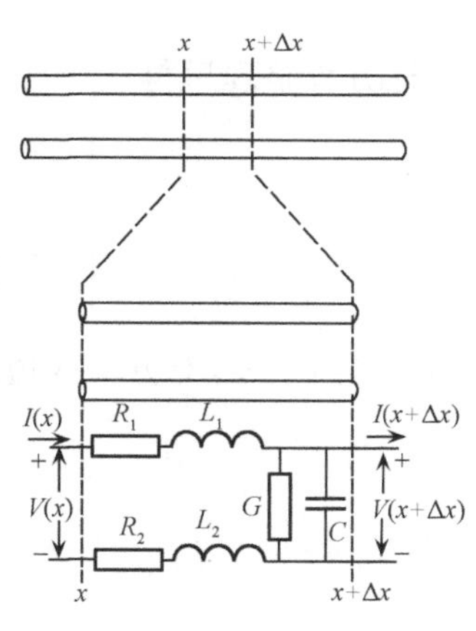

图 2-2　导线分割成线元 Δx 及线元的等效电路

表 2-1 给出常用的 3 种传输线参数 L 和 C 的计算公式，表中符号的含义参见图 2-1。

表 2-1　传输线的参数

	双　线	同轴线	微带线
L	$\frac{\mu}{\pi}\ln\left(\frac{D}{a}\right)$	$\frac{\mu}{2\pi}\ln\left(\frac{b}{a}\right)$	$\frac{\mu h}{w}$
C	$\frac{\pi\varepsilon}{\ln(D/a)}$	$\frac{2\pi\varepsilon}{\ln(b/a)}$	$\frac{\varepsilon w}{h}$

2.2.3　无损耗传输线计算

为了简化计算，首先考虑无损耗传输线，即 R 和 G 均等于零时的情况，此时无损耗传输线模型如图 2-3 所示。

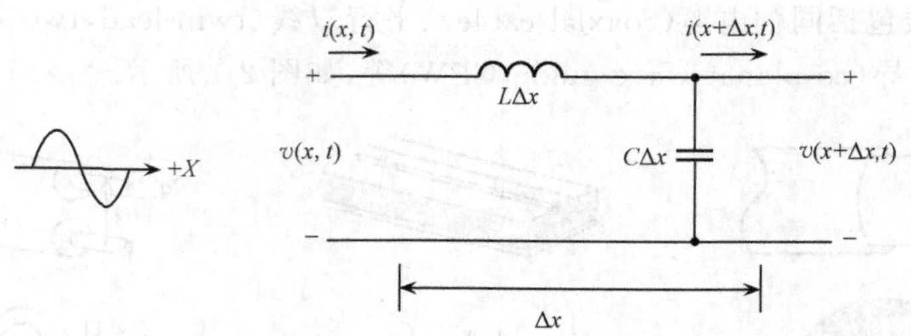

图 2-3　无损耗传输线模型

根据图 2-3 中标出的端口电压和电流，利用基尔霍夫电压和电流定律可以列出下列方程：

$$\begin{cases} v(x,t)=L\Delta x\dfrac{\partial}{\partial t}i(x,t)+v(x+\Delta x,t) \\ i(x,t)=C\Delta x\dfrac{\partial}{\partial t}v(x+\Delta x,t)+i(x+\Delta x,t) \end{cases} \tag{2.1}$$

对上述方程整理后得

$$\begin{cases} -\dfrac{v(x+\Delta x,t)-v(x,t)}{\Delta x}=L\dfrac{\partial}{\partial t}i(x,t) \\ -\dfrac{i(x+\Delta x,t)-i(x,t)}{\Delta x}=C\dfrac{\partial}{\partial t}v(x+\Delta x,t) \end{cases} \tag{2.2}$$

令 Δx 趋向于零，对方程两边求极限得

$$\begin{cases} L\dfrac{\partial i(x,t)}{\partial t}=-\dfrac{\partial v(x,t)}{\partial x} \\ C\dfrac{\partial v(x,t)}{\partial t}=-\dfrac{\partial i(x,t)}{\partial x} \end{cases} \tag{2.3}$$

最后，对方程的两边相对于 x 求偏导数并进行整理可得如下电流和电压的偏微分方程组：

$$\begin{cases} \dfrac{\partial^2}{\partial x^2}v(x,t)=LC\dfrac{\partial^2}{\partial t^2}v(x,t) \\ \dfrac{\partial^2}{\partial x^2}i(x,t)=LC\dfrac{\partial^2}{\partial t^2}i(x,t) \end{cases} \tag{2.4}$$

式(2.4)具有波动方程形式，对其求解可得电压和电流关于时间 t 和坐标 x 的函数。

下面计算具有如图 2-4 所示模型的无损耗传输线在正弦激励下的稳态特性。

根据图 2-4 中标出的端口电压和电流，利用基尔霍夫电压和电流定律可以列出下列方程：

$$\begin{cases} \mathrm{j}\omega L\Delta x I(x)+V(x+\Delta x)=V(x) \\ I(x)-V(x+\Delta x)\mathrm{j}\omega C\Delta x=I(x+\Delta x) \end{cases} \tag{2.5}$$

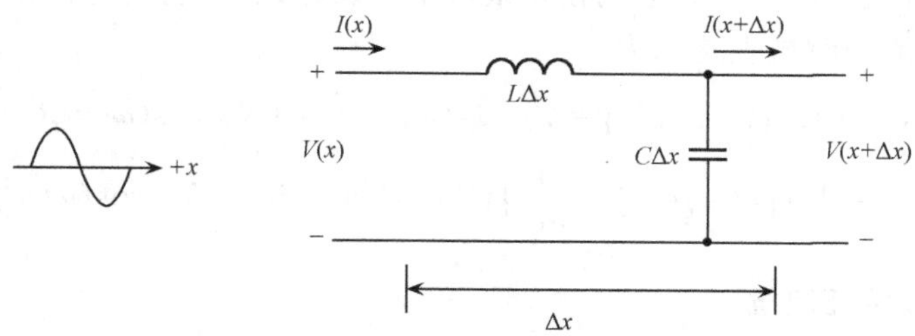

图 2-4　正弦激励下的无损耗传输线模型

对上述方程整理后得

$$\begin{cases} \mathrm{j}\omega L I(x) = -\dfrac{V(x+\Delta x)-V(x)}{\Delta x} \\ \mathrm{j}\omega C V(x+\Delta x) = -\dfrac{I(x+\Delta x)-I(x)}{\Delta x} \end{cases} \tag{2.6}$$

令 Δx 趋向于零，对方程两边求极限得

$$\begin{cases} \mathrm{j}\omega L I(x) = -\dfrac{\mathrm{d}}{\mathrm{d}x}V(x) \\ \mathrm{j}\omega C V(x) = -\dfrac{\mathrm{d}}{\mathrm{d}x}I(x) \end{cases} \tag{2.7}$$

最后，对方程的两边求导数并进行整理可得如下电流和电压的微分方程组：

$$\begin{cases} \dfrac{\mathrm{d}^2}{\mathrm{d}x^2}V(x) + \beta^2 V(x) = 0 \\ \dfrac{\mathrm{d}^2}{\mathrm{d}x^2}I(x) + \beta^2 I(x) = 0 \end{cases} \tag{2.8}$$

其中，$\beta^2=\omega^2 LC$，即 $\beta=\omega\sqrt{LC}$。

显然，方程(2.8)仍然具有波动方程的形式，可以证明它们的通解具有如下表达式：

$$\begin{cases} V(x) = V_0^+ \mathrm{e}^{-\mathrm{j}\beta x} + V_0^- \mathrm{e}^{\mathrm{j}\beta x} = V^+(x) + V^-(x) \\ I(x) = \dfrac{\beta}{\omega L}(V_0^+ \mathrm{e}^{-\mathrm{j}\beta x} - V_0^- \mathrm{e}^{\mathrm{j}\beta x}) = I^+(x) - I^-(x) \end{cases} \tag{2.9}$$

其中

$$\beta=\omega\sqrt{LC}$$

$$V^+(x)=V_0^+\mathrm{e}^{-\mathrm{j}\beta x},\quad V^-(x)=V_0^-\mathrm{e}^{\mathrm{j}\beta x}$$

$$I^+(x)=\frac{\beta V_0^+}{\omega L}\mathrm{e}^{-\mathrm{j}\beta x},\quad I^-(x)=\frac{\beta V_0^-}{\omega L}\mathrm{e}^{\mathrm{j}\beta x}$$

$V(x)$所含的两项分别为入射电压 $V^+(x)=V_0^+\mathrm{e}^{-\mathrm{j}\beta x}$ 和反射电压 $V^-(x)=V_0^-\mathrm{e}^{\mathrm{j}\beta x}$，$V_0^+$ 和 V_0^- 分别为入射电压和反射电压在 $x=0$ 时的值。$I(x)$所含的两项分别为入射电流$I^+(x)=\dfrac{\beta V_0^+}{\omega L}\mathrm{e}^{-\mathrm{j}\beta x}$和反射电流 $I^-(x)=\dfrac{\beta V_0^-}{\omega L}\mathrm{e}^{\mathrm{j}\beta x}$。$\beta$ 称为波的相位常数，单位为 rad/m，它表示在一定频率下行波相位沿传输线的变化情况。

式(2.9)为传输线上的电压和电流在相量域中的表达式,对它们进行相量域到时间域的反变换可得电压和电流的时域表达式为

$$\begin{cases} v(x,t)=\mathrm{Re}\,[V(x)\mathrm{e}^{\mathrm{j}\omega t}]=V_0^+\cos(\omega t-\beta x)+V_0^-\cos(\omega t+\beta x) \\ i(x,t)=\mathrm{Re}\,[I(x)\mathrm{e}^{\mathrm{j}\omega t}]=\dfrac{\beta}{\omega L}\,[V_0^+\cos(\omega t-\beta x)-V_0^-\cos(\omega t+\beta x)] \end{cases} \tag{2.10}$$

2.2.4 相位速度和特征阻抗

相位速度即为行波上某一相位点的传播速度,对于一个正弦波 $\cos(\omega t-\beta x)$,一定相位可表示为 $\omega t-\beta x=k$,k 为常数,同时对等式两边相对于时间 t 求导数可得相位速度为

$$v_{\mathrm{p}}=\frac{\mathrm{d}x}{\mathrm{d}t}=\frac{\omega}{\beta}=\frac{\omega}{\omega\sqrt{LC}}=\frac{1}{\sqrt{LC}} \tag{2.11}$$

已知相位速度等于波长乘以频率,既 $v_{\mathrm{p}}=\lambda f$,因而有

$$\beta=\frac{2\pi}{\lambda} \tag{2.12}$$

传输线特征阻抗 Z_0 定义为入射电压 $V^+(x)$和入射电流 $I^+(x)$的比值,即

$$Z_0=\frac{V^+(x)}{I^+(x)}=\frac{\omega L}{\beta}=\sqrt{\frac{L}{C}} \tag{2.13}$$

在没有反射波的情况下,传输线上任意一点的输入阻抗为特征阻抗。由于无限长传输线没有反射波,因此其输入阻抗等于特征阻抗。

下面给出不同传输线特征阻抗的计算。

对于同轴电缆,由表 2-1 得单位长度电感和电容的计算公式分别为 $L=\dfrac{\mu}{2\pi}\ln\left(\dfrac{b}{a}\right)$ 和 $C=\dfrac{2\pi\varepsilon}{\ln(b/a)}$,将它们代入特征阻抗的计算公式中,得同轴电缆特征阻抗的计算公式为

$$Z_0=\frac{\sqrt{\mu/\varepsilon_0}}{2\pi\sqrt{\varepsilon_{\mathrm{r}}}}\ln\left(\frac{b}{a}\right)=\frac{377}{2\pi\sqrt{\varepsilon_{\mathrm{r}}}}\ln\left(\frac{b}{a}\right) \tag{2.14}$$

其中,a 为中心线半径;b 为屏蔽线半径;ε_{r} 为介电常数。

对于微带线,若忽略其边缘效应,由表 2-1 得单位长度电感和电容的计算公式分别为 $L=\dfrac{\mu h}{w}$ 和 $C=\dfrac{\varepsilon w}{h}$,将它们代入特征阻抗的计算公式中,得微带线特征阻抗的计算公式

$$Z_0=\frac{\sqrt{\mu/\varepsilon_0}}{\sqrt{\varepsilon_{\mathrm{r}}}}\frac{h}{w}=\frac{377}{\sqrt{\varepsilon_{\mathrm{r}}}}\frac{h}{w} \tag{2.15}$$

其中,w 为信号线宽度;h 为介质厚度;ε_{r} 为介电常数。

表 2-2 给出不同传输线的特征阻抗和应用范围。

表 2-2　不同传输线的特征阻抗和应用范围

类型	特征阻抗	频率范围	典型应用
同轴电缆(coaxial)	50Ω,70Ω	0～60GHz	有线电视,局域网,微波系统
平行线(parallel wires)	300Ω	<1GHz	UHF TV
双绞线(twisted pair)	200～300Ω	<200MHz	电话,局域网(<200MHz)
微带线(microstrip)	15～150Ω	0～60GHz	集成电路和微波单片集成电路,印刷线路板
共面波导(coplanar waveguide,CPW)	20～170Ω	0～100GHz	集成电路和微波单片集成电路,印刷线路板;地和信号在同一平面

2.2.5　有损耗传输线

1) 有损耗传输线计算

由于金属导体的电导率和介质的电阻率都是有限的,因此损耗总是存在的。经过与无损耗传输线类似的推导过程,可以得到传输线上电压的表达式:

$$\begin{cases} V(x)=V_0^+\mathrm{e}^{-\gamma x}+V_0^-\mathrm{e}^{\gamma x}=V^+(x)+V^-(x)=V_0^+(\mathrm{e}^{-\gamma x}+\Gamma_{\mathrm{L}}\mathrm{e}^{\gamma x}) \\ I(x)=\dfrac{1}{Z_0}(V_0^+\mathrm{e}^{-\gamma x}-V_0^-\mathrm{e}^{\gamma x})=I^+(x)-I^-(x)=\dfrac{V_0^+}{Z_0}(\mathrm{e}^{-\gamma x}-\Gamma_{\mathrm{L}}\mathrm{e}^{\gamma x}) \end{cases} \tag{2.16}$$

其中,$\gamma=\sqrt{(R+\mathrm{j}\omega L)(G+\mathrm{j}\omega C)}=\alpha+\mathrm{j}\beta$,称为传输常数;$Z_0=\sqrt{(R+\mathrm{j}\omega L)/(G+\mathrm{j}\omega C)}$,表示有损耗传输线的特征阻抗,为复数;$\beta$ 为相位常数;α 为衰减常数,单位为 Np/m,表示传输线的衰减特性。Np 与 dB 的关系为 1dB=8.686Np;$\Gamma_{\mathrm{L}}=V_0^-/V_0^+$,表示传输线在负载端($x=0$)的反射系数;$V_0^+$ 和 V_0^- 分别表示传输线在负载端($x=0$)的入射电压和反射电压。

式(2.16)对应的时间函数表示为

$$v(x,t)=\mathrm{Re}[V(x)\mathrm{e}^{\mathrm{j}\omega t}]=\mathrm{Re}[V_0^+\mathrm{e}^{-\alpha x}\mathrm{e}^{-\mathrm{j}(\beta x-\omega t)}+V_0^-\mathrm{e}^{\alpha x}\mathrm{e}^{\mathrm{j}(\beta x+\omega t)}]$$

$$i(x,t)=\mathrm{Re}[I(x)\mathrm{e}^{\mathrm{j}\omega t}]=\mathrm{Re}\left[\frac{V_0^+}{Z_0}\mathrm{e}^{-\alpha x}\mathrm{e}^{-\mathrm{j}(\beta x-\omega t)}-\frac{V_0^-}{Z_0}\mathrm{e}^{\alpha x}\mathrm{e}^{\mathrm{j}(\beta x+\omega t)}\right]$$

若 V_0^+ 和 V_0^- 为实数,且 Z_0 表示为 $Z_0=|Z_0|\angle\theta$,则有

$$v(x,t)=V_0^+\mathrm{e}^{-\alpha x}\cos(\omega t-\beta x)+V_0^-\mathrm{e}^{\alpha x}\cos(\omega t+\beta x)$$

$$i(x,t)=\frac{V_0^+}{|Z_0|}\mathrm{e}^{-\alpha x}\cos(\omega t-\beta x-\theta)-\frac{V_0^-}{|Z_0|}\mathrm{e}^{\alpha x}\cos(\omega t+\beta x-\theta)$$

2) 反射系数

传输线在 x 处的反射系数用 $\Gamma(x)$ 表示,坐标原点定义在负载处,如图 2-5 所示。

反射系数定义为反射电压与入射电压的比值,即

$$\Gamma(x)=\frac{V^-(x)}{V^+(x)}=\frac{V_0^-\mathrm{e}^{\gamma x}}{V_0^+\mathrm{e}^{-\gamma x}}=\Gamma_{\mathrm{L}}\mathrm{e}^{2\gamma x} \tag{2.17}$$

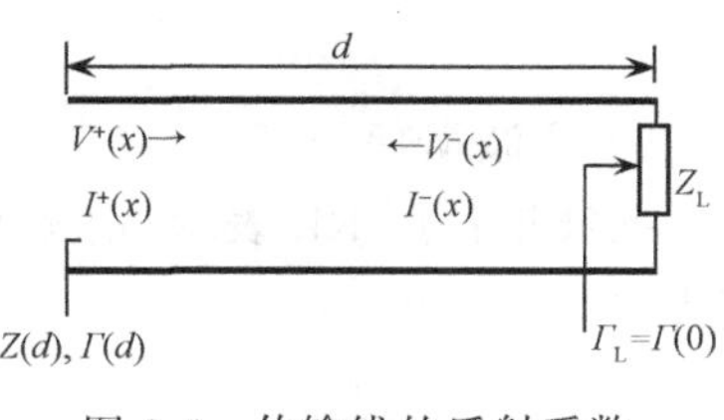

图 2-5　传输线的反射系数

其中,$\Gamma_{\mathrm{L}}=\dfrac{V_0^-}{V_0^+}=\Gamma(0)$,表示传输线在原点(负载端)的反射系数。

式(2.17)给出传输线在 x 处的反射系数 $\Gamma(x)$ 等于负载端反射系数 Γ_L 乘以 $e^{2\gamma x}$。

3）输入阻抗

传输线在坐标 x 处的输入阻抗用 $Z_{in}(x)$ 表示，定义为 x 处的电压与电流的比值，即 $Z_{in}(x)=V(x)/I(x)$，将式(2.16)代入输入阻抗的表达式中得

$$Z_{in}(x)=\frac{V(x)}{I(x)}=Z_0\frac{e^{-\gamma x}+\Gamma_L e^{\gamma x}}{e^{-\gamma x}-\Gamma_L e^{\gamma x}} \tag{2.18}$$

当 $x=0$ 时，$Z_{in}(0)=Z_0\dfrac{1+\Gamma_L}{1-\Gamma_L}$。同时由图 2-5 可知，负载端的输入阻抗等于负载阻抗，即 $Z_{in}(0)=Z_L$。因此有 $Z_L=Z_0\dfrac{1+\Gamma_L}{1-\Gamma_L}$，进一步推导得

$$\Gamma_L=\frac{Z_L-Z_0}{Z_L+Z_0} \tag{2.19}$$

该式给出了负载端反射系数与负载阻抗和特征阻抗的关系式，常用来计算负载端的反射系数。

根据式(2.18)很容易写出距离负载 d 处($x=-d$)的传输线输入阻抗为

$$Z_{in}(-d)=Z_0\frac{e^{\gamma d}+\Gamma_L e^{-\gamma d}}{e^{\gamma d}-\Gamma_L e^{-\gamma d}}=Z_0\frac{1+\Gamma_L e^{-2\gamma d}}{1-\Gamma_L e^{-2\gamma d}} \tag{2.20}$$

若传输线无损耗，则 $\gamma=\alpha+j\beta=j\beta$，将其代入式(2.20)，并用 $Z(d)$ 表示 $Z_{in}(-d)$，则有

$$Z(d)=Z_{in}(-d)=Z_0\frac{1+\Gamma_L e^{-2\gamma d}}{1-\Gamma_L e^{-2\gamma d}}=Z_0\frac{1+\Gamma_L e^{-2j\beta d}}{1-\Gamma_L e^{-2j\beta d}}=Z_0\frac{Z_L+jZ_0\tan\beta d}{Z_0+jZ_L\tan\beta d} \tag{2.21}$$

4）电压驻波比

电压驻波比用 VSWR 表示，定义为传输线上电压的最大值 V_{max} 与最小值 V_{min} 之比。V_{max} 和 V_{min} 分别表示为

$$\begin{aligned} V_{max}&=|V(x)|_{max}=|V_0^+|+|V_0^-|=|V_0^+|(1+|\Gamma_L|)\\ V_{min}&=|V(x)|_{min}=|V_0^+|-|V_0^-|=|V_0^+|(1-|\Gamma_L|)\end{aligned} \tag{2.22}$$

因此有

$$VSWR=\frac{V_{max}}{V_{min}}=\frac{I_{max}}{I_{min}}=\frac{1+|\Gamma_L|}{1-|\Gamma_L|} \tag{2.23}$$

变换得

$$|\Gamma_L|=\frac{VSWR-1}{VSWR+1} \tag{2.24}$$

5）回波损耗

回波损耗用 RL 表示，定义为传输线上任一点入射功率与反射功率之比，用 dB 表示，表达式为

$$RL(dB)=10\lg\left(\frac{P_i}{P_o}\right)=10\lg\left(\frac{1}{|\Gamma|^2}\right)=-20\lg|\Gamma| \tag{2.25}$$

6）传输线计算举例

现有一长度为 l、特征阻抗为 $Z_0=50\Omega$ 的传输线，其输入端通过开关串接 50Ω 的电阻和

5V 的直流电源，输出端开路，如图 2-6 所示。在时刻零闭合开关，分析传输线上的电压和电流的变化情况。波速用 v_p 表示，令 $T=l/v_p$。

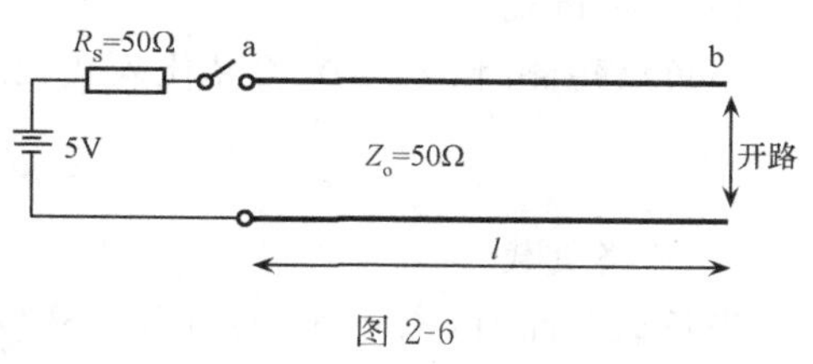

图 2-6

(1) 在 $t=0^+$ 时，传输线的输入端（a 点）只有入射波，没有反射波，因此该时刻 a 点的输入阻抗等于传输线特征阻抗，即 $Z_{in}=Z_o=50\Omega$，则有 $V_a=2.5\text{V}$，$I_a=50\text{mA}$。

(2) 在 $t=T$ 时，入射波到达输出端（b 点），由于 b 点开路，入射波被全部反射回来，此时有 $V_b=2.5+2.5=5(\text{V})$，$I_b=50-50=0(\text{mA})$。

(3) 在 $t=2T$ 时，反射波到达 a 点，由于输入端匹配，因此不再发生反射，此时有 $V_a=2.5+2.5=5(\text{V})$，$I_a=50-50=0(\text{mA})$。

用横轴表示传输线位置（传输线输入端位于坐标原点），用纵轴表示电压或电流，画出传输过程中电压 V 和电流 I 在不同传输线位置 z 上的分布，如图 2-7 所示。传输线输入端电压 V_a 和输出端电压 V_b 与时间 t 的关系如图 2-8 所示。

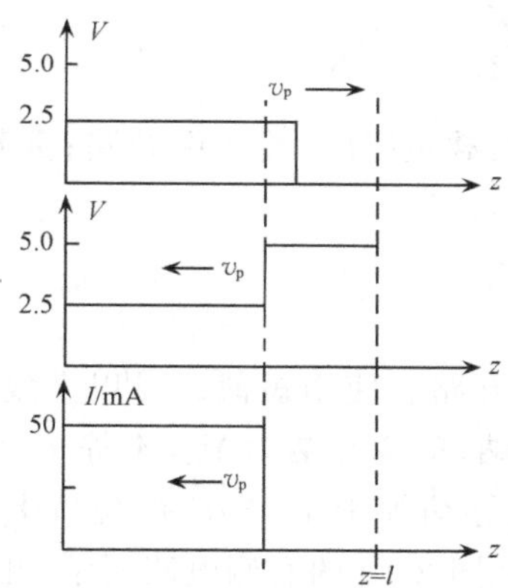

图 2-7　传输过程中 V 和 I 在不同传输线位置 z 上的分布图

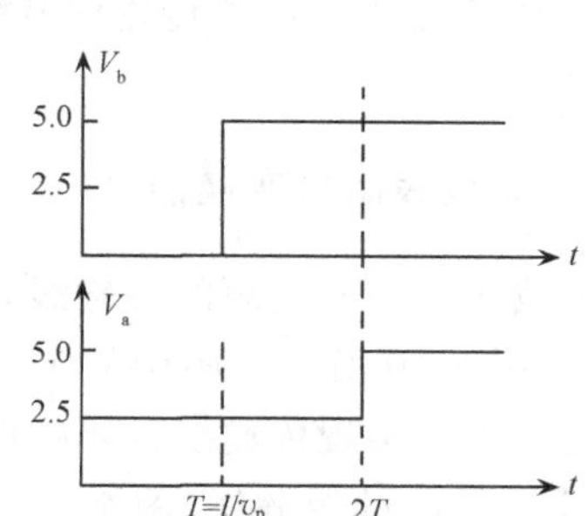

图 2-8　V_a 和 V_b 与 t 的关系

2.3　传输线阻抗变换

2.3.1　基本原理

传输线示意图如图 2-9 所示。

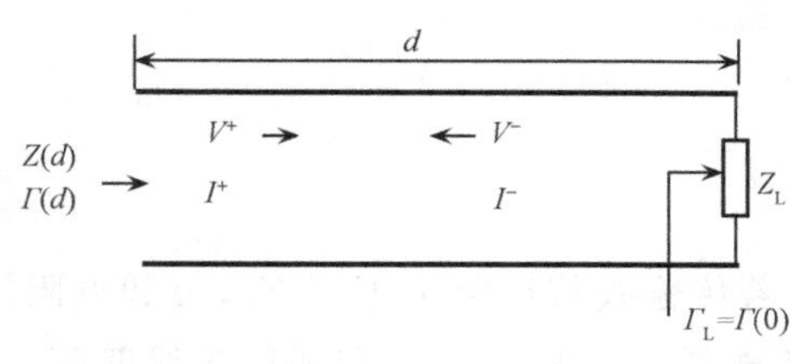

图 2-9　传输线示意图

为了说明传输线阻抗变换的基本原理，使用传输线输入阻抗计算公式

$$Z(d)=Z_0\frac{(Z_L+jZ_0\tan\beta d)}{(Z_0+jZ_L\tan\beta d)}\tag{2.26}$$

式(2.26)表明传输线输入阻抗与传输线长度有关。下面分别计算短路负载、开路负载、半波长传输线和 1/4 波长传输线的输入阻抗。

1）短路负载

当负载短路时，$Z_L=0$，将其代入式(2.26)得

$$Z(d)=\mathrm{j}Z_0\tan\beta d \tag{2.27}$$

2）开路负载

当负载开路时，$Z_L=\infty$，将其代入式(2.26)得

$$Z(d)=-\mathrm{j}Z_0\cot\beta d \tag{2.28}$$

3）半波长传输线

当传输线长度为半波长时，$d=\lambda/2$，$\beta d=(2\pi/\lambda)(\lambda/2)=\pi$，代入式(2.26)得

$$Z(\lambda/2)=Z_L \tag{2.29}$$

式(2.29)表明，半波长传输线没有阻抗变换作用，其输入阻抗等于负载阻抗。

4）1/4 波长传输线

当传输线长度为 1/4 波长时，$d=\lambda/4$，$\beta d=(2\pi/\lambda)(\lambda/4)=\pi/2$，代入式(2.26)得

$$Z(\lambda/4)=\frac{Z_0^2}{Z_L} \tag{2.30}$$

式(2.30)表明，1/4 波长传输线有阻抗变换作用。负载短路时，输入端开路；负载开路时，输入端短路。

2.3.2　短截线阻抗变换器

短截线是一段较短的传输线，其终端为短路或开路。使用短截线可以完成传输线的阻抗变换，如图 2-10 所示。图中的 Y_0 为传输线特征导纳，负载导纳为 Y_L，不等于 Y_0，因此传输线不匹配。为了实现传输线的阻抗匹配，可以在输入导纳等于 $Y_0+\mathrm{j}B$ 的位置上并联一个输入导纳等于 $-\mathrm{j}B$ 的短截线(图 2-10 中的左侧电路)，如图 2-10 的右侧电路所示，此时在并联短截线的位置处向右看到的导纳等于 Y_0，这样就完成了传输线匹配。

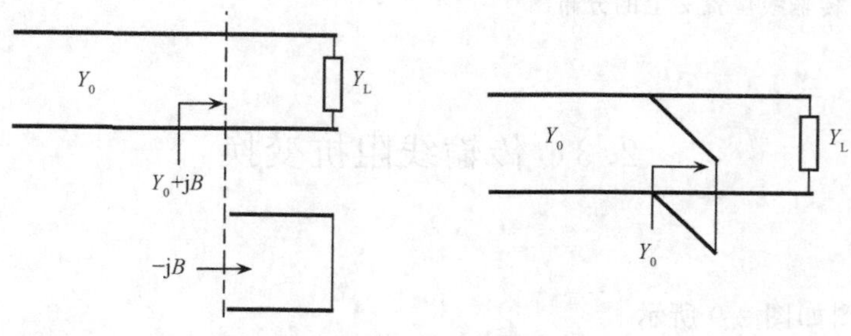

图 2-10　短截线阻抗变换器

2.3.3　1/4 波长阻抗变换器

1/4 波长传输线可以方便地用来实现阻抗变换。若传输线特征阻抗等于 Z_0，负载电阻为 R_L，不等于 Z_0，则传输线与 R_L 不能直接相连，否则传输线不匹配。为了实现传输线匹配，可以先将电阻 R_L 接特征阻抗为 Z_1 的 1/4 波长传输线，然后再接特征阻抗为 Z_0 的传输线，如图

2-11 所示，若 1/4 波长传输线输入阻抗等于 Z_0，则传输线匹配。此时有

$$Z_0 = \frac{Z_1^2}{R_L} \tag{2.31}$$

整理后得

$$Z_1 = \sqrt{Z_0 R_L}$$

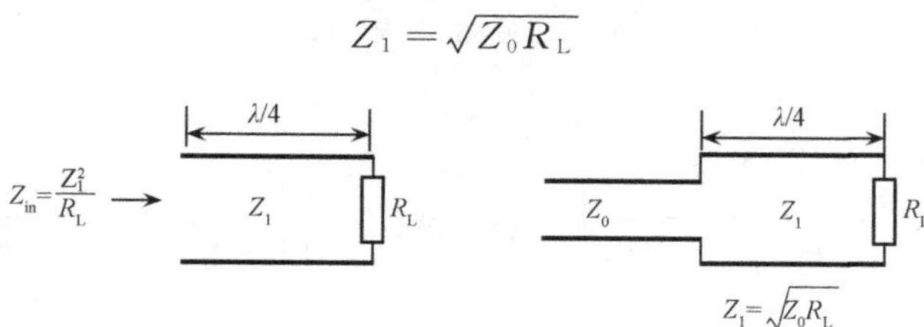

图 2-11　1/4 波长传输线阻抗变换器

2.4　二端口网络与 S 参数

2.4.1　二端口网络

二端口网络是最常见的信号传输系统，如图 2-12 所示，放大器、滤波器和匹配电路等均为二端口网络。描述一个二端口线性网络需要确定其输入输出阻抗、正向和反向传输函数这 4 个参数。根据不同的需要，人们定义了几套等价的参数来描述二端口网络。

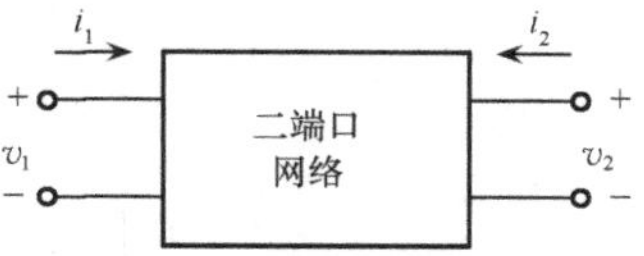

图 2-12　二端口网络

1）Z 参数

Z 参数是用端口 1 的电流 i_1 和端口 2 的电流 i_2 来表示端口 1 的电压 v_1 和端口 2 的电压 v_2。

Z 参数用矩阵表示为

$$\begin{bmatrix} v_1 \\ v_2 \end{bmatrix} = \begin{bmatrix} z_{11} & z_{12} \\ z_{21} & z_{22} \end{bmatrix} \begin{bmatrix} i_1 \\ i_2 \end{bmatrix} = [Z] \begin{bmatrix} i_1 \\ i_2 \end{bmatrix} \tag{2.32}$$

或用方程表示为

$$\begin{cases} v_1 = z_{11} i_1 + z_{12} i_2 \\ v_2 = z_{21} i_1 + z_{22} i_2 \end{cases} \tag{2.33}$$

其中

$$z_{11} = \left.\frac{v_1}{i_1}\right|_{i_2=0}, \quad z_{12} = \left.\frac{v_1}{i_2}\right|_{i_1=0}, \quad z_{21} = \left.\frac{v_2}{i_1}\right|_{i_2=0}, \quad z_{22} = \left.\frac{v_2}{i_2}\right|_{i_1=0}$$

2）Y 参数

Y 参数是用端口 1 的电压 v_1 和端口 2 的电压 v_2 来表示端口 1 的电流 i_1 和端口 2 的电流 i_2。

Y 参数用矩阵表示为

$$\begin{bmatrix} i_1 \\ i_2 \end{bmatrix} = \begin{bmatrix} y_{11} & y_{12} \\ y_{21} & y_{22} \end{bmatrix} \begin{bmatrix} v_1 \\ v_2 \end{bmatrix} = [Y] \begin{bmatrix} v_1 \\ v_2 \end{bmatrix} \tag{2.34}$$

或用方程表示为

$$\begin{cases} i_1 = y_{11} v_1 + y_{12} v_2 \\ i_2 = y_{21} v_1 + y_{22} v_2 \end{cases} \tag{2.35}$$

其中

$$y_{11} = \left.\frac{i_1}{v_1}\right|_{v_2=0}, \quad y_{12} = \left.\frac{i_1}{v_2}\right|_{v_1=0}, \quad y_{21} = \left.\frac{i_2}{v_1}\right|_{v_2=0}, \quad y_{22} = \left.\frac{i_2}{v_2}\right|_{v_1=0}$$

3) H 参数

H 参数是用端口 1 的电流 i_1 和端口 2 的电压 v_2 来表示端口 1 的电压 v_1 和端口 2 的电流 i_2。

H 参数用矩阵表示为

$$\begin{bmatrix} v_1 \\ i_2 \end{bmatrix} = \begin{bmatrix} h_{11} & h_{12} \\ h_{21} & h_{22} \end{bmatrix} \begin{bmatrix} i_1 \\ v_2 \end{bmatrix} = [H] \begin{bmatrix} i_1 \\ v_2 \end{bmatrix} \tag{2.36}$$

或用方程表示为

$$\begin{cases} v_1 = h_{11} i_1 + h_{12} v_2 \\ i_2 = h_{21} i_1 + h_{22} v_2 \end{cases} \tag{2.37}$$

其中

$$h_{11} = \left.\frac{v_1}{i_1}\right|_{v_2=0}, \quad h_{12} = \left.\frac{v_1}{v_2}\right|_{i_1=0}, \quad h_{21} = \left.\frac{i_2}{i_1}\right|_{v_2=0}, \quad h_{22} = \left.\frac{i_2}{v_2}\right|_{i_1=0}$$

4) ABCD 参数(级联参数)

ABCD 参数是用端口 2 的电压 v_2 和端口 2 的反向电流 $-i_2$ 来表示端口 1 的电压 v_1 和端口 1 的电流 i_1。

ABCD 参数用矩阵表示为

$$\begin{bmatrix} v_1 \\ i_1 \end{bmatrix} = \begin{bmatrix} A & B \\ C & D \end{bmatrix} \begin{bmatrix} v_2 \\ -i_2 \end{bmatrix} \tag{2.38}$$

或用方程表示为

$$\begin{cases} v_1 = A v_2 - B i_2 \\ i_1 = C v_2 - D i_2 \end{cases} \tag{2.39}$$

其中

$$A = \left.\frac{v_1}{v_2}\right|_{i_2=0}, \quad B = -\left.\frac{v_1}{i_2}\right|_{v_2=0}, \quad C = \left.\frac{i_1}{v_2}\right|_{i_2=0}, \quad D = -\left.\frac{i_1}{i_2}\right|_{v_2=0}$$

5) Z、Y 和级联参数的应用

Z、Y 和级联参数可分别用于不同形式的网络连接中,以方便网络参数的计算,如图 2-13

所示。对于如图 2-13(a)所示的由两个网络构成的串联网络，网络的 Z 参数等于两个网络的 Z 参数的和；对于图 2-13(b)所示的由两个网络构成的并联网络，网络的 Y 参数等于两个网络的 Y 参数的和；对于图 2-13(c)所示的由两个网络构成的级联网络，网络的级联参数等于两个网络的级联参数的积。

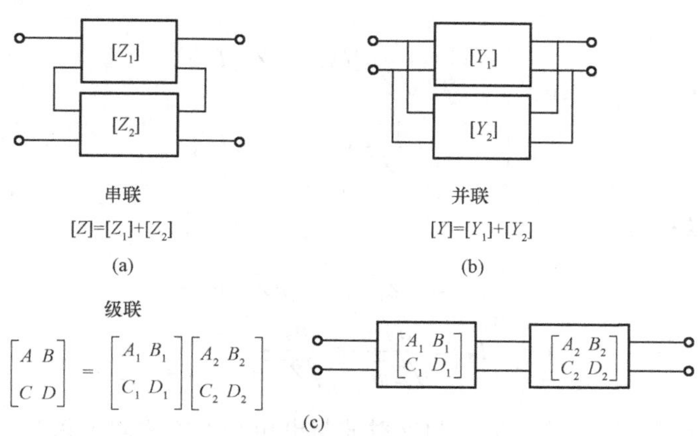

图 2-13　Z、Y 和级联参数应用

上述网络参数在高频测量时会遇到一系列问题。原因是，这些二端口参数必须在某个端口开路或短路的条件下，通过测量端口电压电流的方法获得。但是当信号频率很高时，由于寄生元件的存在，理想的开路和短路很难实现，尤其在宽频范围内实现理想的短路和开路会更加困难，即使可以做到接近理想的开路和短路，电路也很有可能因此而不稳定。由于信号以波的形式传播，在不同测量点上幅度和相位都可能不同。这些问题使得基于电压和电流的测量方法难以应用，因此人们提出了散射参数(scattering parameter)的概念。

2.4.2　S 参数(散射参数)

1. 入射波和反射波

将传输线的入射电压波和反射电压波对特征阻抗 Z_0 的平方根归一化，定义如下归一化的入射波 a 和反射波 b：

$$a=\frac{V^+}{\sqrt{Z_0}},\quad b=\frac{V^-}{\sqrt{Z_0}} \tag{2.40}$$

显然，a 和 b 的平方即为入射波和反射波的功率。

反射系数定义为反射电压波与入射电压波的比值，表示为

$$\Gamma=\frac{V^-}{V^+}=\frac{b}{a} \tag{2.41}$$

相应的二端口网络的模型如图 2-14 所示，其中 Z_{01} 表示端口 1 的传输线特征阻抗，Z_{02} 表示端口 2 的传输线特征阻抗。

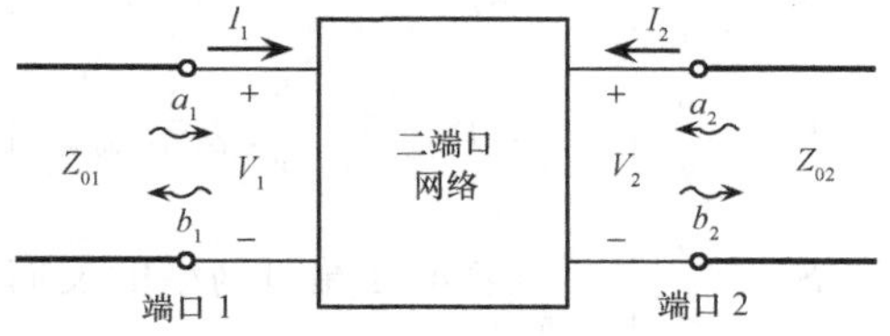

图 2-14　二端口网络的模型

根据传输线特性，在端口 1 可以写出

$$\begin{cases} V_1 = \sqrt{Z_{01}}\, a_1 + \sqrt{Z_{01}}\, b_1 \\ I_1 = \dfrac{a_1}{\sqrt{Z_{01}}} - \dfrac{b_1}{\sqrt{Z_{01}}} \end{cases} \tag{2.42}$$

求解上述方程组，可得端口 1 的入射波和反射波与电压和电流之间关系为

$$\begin{cases} a_1 = \dfrac{1}{2\sqrt{Z_{01}}}(V_1 + Z_{01} I_1) \\ b_1 = \dfrac{1}{2\sqrt{Z_{01}}}(V_1 - Z_{01} I_1) \end{cases} \tag{2.43}$$

同样，在端口 2 可以写出

$$\begin{cases} V_2 = \sqrt{Z_{02}}\, a_2 + \sqrt{Z_{02}}\, b_2 \\ I_2 = \dfrac{a_2}{\sqrt{Z_{02}}} - \dfrac{b_2}{\sqrt{Z_{02}}} \end{cases} \tag{2.44}$$

求解上述方程组，可得端口 2 的入射波和反射波与电压和电流之间关系为

$$\begin{cases} a_2 = \dfrac{1}{2\sqrt{Z_{02}}}(V_2 + Z_{02} I_2) \\ b_2 = \dfrac{1}{2\sqrt{Z_{02}}}(V_2 - Z_{02} I_2) \end{cases} \tag{2.45}$$

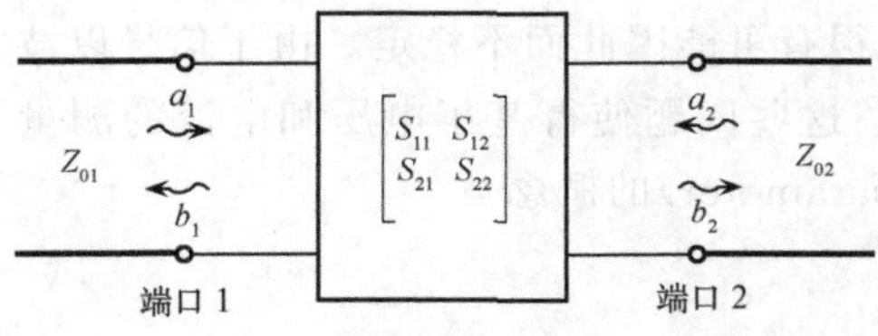

图 2-15　二端口网络的 S 参数模型

2. S 参数定义

二端口网络的 S 参数模型如图 2-15 所示，其中 a_1 和 b_1 表示端口 1 的入射波和反射波，a_2 和 b_2 表示端口 2 的入射波和反射波。用端口 1 和端口 2 的入射波来表示端口 1 和端口 2 的反射波，可以得到方程

$$\begin{cases} b_1 = S_{11} a_1 + S_{12} a_2 \\ b_2 = S_{21} a_1 + S_{22} a_2 \end{cases} \quad \text{或} \quad \begin{bmatrix} b_1 \\ b_2 \end{bmatrix} = \begin{bmatrix} S_{11} & S_{12} \\ S_{21} & S_{22} \end{bmatrix} \begin{bmatrix} a_1 \\ a_2 \end{bmatrix}$$

其中，参数 S_{11}、S_{12}、S_{21} 和 S_{22} 代表反射系数和传输系数，称之为二端口网络的散射参数（S 参数）。

3. S 参数测量

根据 S 参数方程，S 参数可以表示如下：

$S_{11} = \left.\dfrac{b_1}{a_1}\right|_{a_2=0} = \left.\Gamma_{\text{IN}}\right|_{a_2=0}$，表示端口 2 匹配时端口 1 的反射系数；

$S_{22} = \left.\dfrac{b_2}{a_2}\right|_{a_1=0} = \left.\Gamma_{\text{OUT}}\right|_{a_1=0}$，表示端口 1 匹配时端口 2 的反射系数；

$S_{12} = \left.\dfrac{b_1}{a_2}\right|_{a_1=0}$，表示二端口网络的反向增益；

$S_{21} = \left.\dfrac{b_2}{a_1}\right|_{a_2=0}$，表示二端口网络的前向增益。

因此，在测量 S 参数时需要令 a_1 或 a_2 为 0，这可以通过在端口接匹配负载来实现。

如果图 2-15 中的二端口网络代表一个晶体管，那么晶体管必须有适当的直流偏置。晶体管 S 参数是在给定的 Q 点并在小信号条件下测量的。另外，S 参数是随频率变化的，当频率改变时，它的值需要重新测量。

从定义上可以清楚地看到 S 参数的优点。它是在端口 1 和端口 2 匹配的条件下测量的，即 $a_1=0$ 或 $a_2=0$。例如，为了测量 S_{11}，应在输出端匹配的条件下即 $a_2=0$ 时，测量输入端的 b_1/a_1。在传输线终端连接一个与传输线特征阻抗相等的负载，可使 $a_2=0$，这是因为行波入射到这样的负载将会被全部吸收，没有能量返回到输出端口（端口 2）。上述情况如图 2-16 所示，其中 $Z_2=Z_{02}$ 对应 $a_2=0$。这样，网络的输出阻抗 Z_{OUT} 不必与 Z_{02} 匹配，实际上很少出现 $Z_{\mathrm{OUT}}=Z_{02}$ 的情况，而利用 $Z_2=Z_{02}$ 即可满足条件 $a_2=0$。对于输入端可以采用相同的处理。输入和输出端传输线的特征阻抗通常相等，即 $Z_{01}=Z_{02}$，设为 50Ω 标准值。

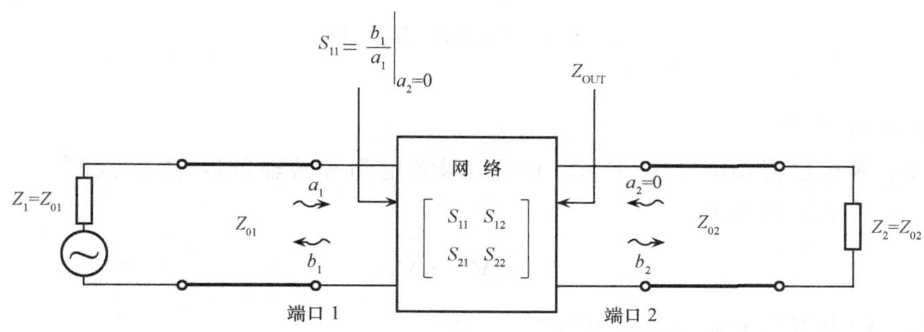

图 2-16　S_{11} 的测量过程

使用匹配的阻性负载测量晶体管的 S 参数的优点是晶体管不会振荡。相反如果采用短路或开路的测试方法，晶体管可能不稳定。

4. S 参数计算

设信号源电阻、负载电阻和传输线特征阻抗均为 50Ω，通过测量特定条件下的二端口网络端口 1 和端口 2 的电压，可以计算出 S 参数（假设传输线长度接近零）。

1）S_{11} 和 S_{21} 计算

S_{11} 和 S_{21} 测量过程如图 2-17 所示，由于负载电阻和传输线匹配，因此端口 2 的入射波为零。端口 1 的电压表示为

$$V_1=V_1^+ + V_1^- \tag{2.46}$$

由信号源电阻与传输线匹配可得

$$V_1^+=\frac{V_{\mathrm{S}}}{2} \tag{2.47}$$

故有

$$V_1^-=V_1-V_1^+=V_1-\frac{V_{\mathrm{S}}}{2} \tag{2.48}$$

由 $a_2=0$ 可得 $V_2^+=0$，因此有

$$V_2 = V_2^+ + V_2^- = V_2^- \tag{2.49}$$

可得

$$S_{11} = \frac{b_1}{a_1}\bigg|_{a_2=0} = \frac{V_1^-}{V_1^+} = \frac{2V_1}{V_S} - 1 \tag{2.50}$$

$$S_{21} = \frac{b_2}{a_1}\bigg|_{a_2=0} = \frac{V_2^-}{V_1^+} = \frac{2V_2}{V_S} \tag{2.51}$$

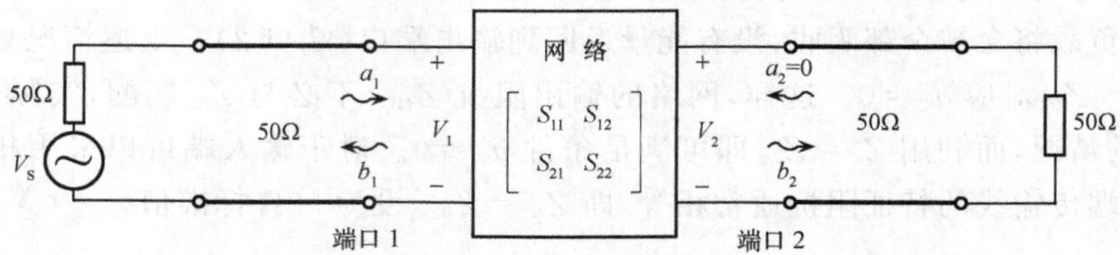

图 2-17　S_{11} 和 S_{21} 测量过程

2）S_{22} 和 S_{12} 计算

S_{22} 和 S_{12} 测量过程如图 2-18 所示，由于信号源电阻和传输线匹配，因此端口 1 的入射波为零。端口 2 的电压表示为

$$V_2 = V_2^+ + V_2^- \tag{2.52}$$

由负载端信号源电阻与传输线匹配可得

$$V_2^+ = \frac{V_S}{2} \tag{2.53}$$

故有

$$V_2^- = V_2 - V_2^+ = V_2 - \frac{V_S}{2} \tag{2.54}$$

由 $a_1 = 0$ 可得 $V_1^+ = 0$，因此有

$$V_1 = V_1^+ + V_1^- = V_1^- \tag{2.55}$$

可得

$$S_{22} = \frac{b_2}{a_2}\bigg|_{a_1=0} = \frac{V_2^-}{V_2^+} = \frac{2V_2}{V_S} - 1 \tag{2.56}$$

$$S_{12} = \frac{b_1}{a_2}\bigg|_{a_1=0} = \frac{V_1^-}{V_2^+} = \frac{2V_1}{V_S} \tag{2.57}$$

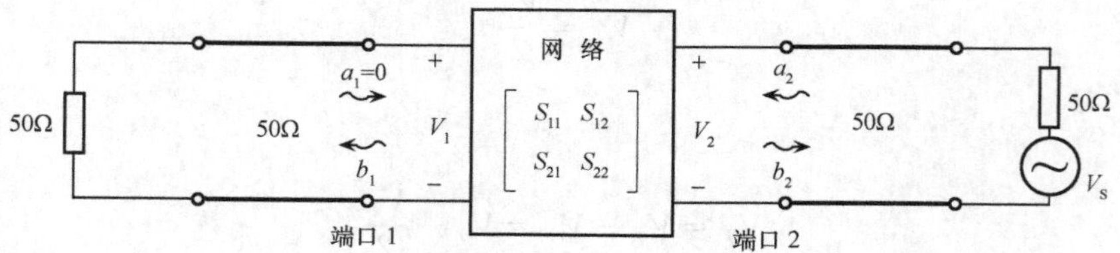

图 2-18　S_{22} 和 S_{12} 测量过程

2.4.3 二端口参数的相互转换

二端口参数之间的相互转换公式列于表 2-3 中。

表 2-3 二端口参数的相互转换

	S 参数	Z 参数	Y 参数	ABCD 参数
S_{11}	S_{11}	$\dfrac{(Z_{11}-Z_0)(Z_{22}+Z_0)-Z_{12}Z_{21}}{\Delta Z}$	$\dfrac{(Y_0-Y_{11})(Y_0+Y_{22})+Y_{12}Y_{21}}{\Delta Y}$	$\dfrac{A+B/Z_0-CZ_0-D}{A+B/Z_0+CZ_0+D}$
S_{12}	S_{12}	$\dfrac{2Z_{12}Z_0}{\Delta Z}$	$\dfrac{-2Y_{12}Y_0}{\Delta Y}$	$\dfrac{2(AD-BC)}{A+B/Z_0+CZ_0+D}$
S_{21}	S_{21}	$\dfrac{2Z_{21}Z_0}{\Delta Z}$	$\dfrac{-2Y_{21}Y_0}{\Delta Y}$	$\dfrac{2}{A+B/Z_0+CZ_0+D}$
S_{22}	S_{22}	$\dfrac{(Z_{11}+Z_0)(Z_{22}-Z_0)-Z_{12}Z_{21}}{\Delta Z}$	$\dfrac{(Y_0+Y_{11})(Y_0-Y_{22})+Y_{12}Y_{21}}{\Delta Y}$	$\dfrac{-A+B/Z_0-CZ_0+D}{A+B/Z_0+CZ_0+D}$
Z_{11}	$Z_0\dfrac{(1+S_{11})(1-S_{22})+S_{12}S_{21}}{(1-S_{11})(1-S_{22})-S_{12}S_{21}}$	Z_{11}	$\dfrac{Y_{22}}{\|Y\|}$	$\dfrac{A}{C}$
Z_{12}	$Z_0\dfrac{2S_{12}}{(1-S_{11})(1-S_{22})-S_{12}S_{21}}$	Z_{12}	$\dfrac{-Y_{12}}{\|Y\|}$	$\dfrac{AD-BC}{C}$
Z_{21}	$Z_0\dfrac{2S_{21}}{(1-S_{11})(1-S_{22})-S_{12}S_{21}}$	Z_{21}	$\dfrac{-Y_{21}}{\|Y\|}$	$\dfrac{1}{C}$
Z_{22}	$Z_0\dfrac{(1-S_{11})(1+S_{22})+S_{12}S_{21}}{(1-S_{11})(1-S_{22})-S_{12}S_{21}}$	Z_{22}	$\dfrac{Y_{11}}{\|Y\|}$	$\dfrac{D}{C}$
Y_{11}	$Y_0\dfrac{(1-S_{11})(1+S_{22})+S_{12}S_{21}}{(1+S_{11})(1+S_{22})-S_{12}S_{21}}$	$\dfrac{Z_{22}}{\|Z\|}$	Y_{11}	$\dfrac{D}{B}$
Y_{12}	$Y_0\dfrac{-2S_{12}}{(1+S_{11})(1+S_{22})-S_{12}S_{21}}$	$\dfrac{-Z_{12}}{\|Z\|}$	Y_{12}	$\dfrac{BC-AD}{B}$
Y_{21}	$Y_0\dfrac{-2S_{21}}{(1+S_{11})(1+S_{22})-S_{12}S_{21}}$	$\dfrac{-Z_{21}}{\|Z\|}$	Y_{21}	$\dfrac{-1}{B}$
Y_{22}	$Y_0\dfrac{(1+S_{11})(1-S_{22})+S_{12}S_{21}}{(1+S_{11})(1+S_{22})-S_{12}S_{21}}$	$\dfrac{Z_{11}}{\|Z\|}$	Y_{22}	$\dfrac{A}{B}$
A	$\dfrac{(1+S_{11})(1-S_{22})+S_{12}S_{21}}{2S_{21}}$	$\dfrac{Z_{11}}{Z_{21}}$	$\dfrac{-Y_{22}}{Y_{21}}$	A
B	$Z_0\dfrac{(1+S_{11})(1+S_{22})-S_{12}S_{21}}{2S_{21}}$	$\dfrac{\|Z\|}{Z_{21}}$	$\dfrac{-1}{Y_{21}}$	B
C	$\dfrac{1}{Z_0}\dfrac{(1-S_{11})(1-S_{22})-S_{12}S_{21}}{2S_{21}}$	$\dfrac{1}{Z_{21}}$	$\dfrac{-\|Y\|}{Y_{21}}$	C
D	$\dfrac{(1-S_{11})(1+S_{22})+S_{12}S_{21}}{2S_{21}}$	$\dfrac{Z_{22}}{Z_{21}}$	$\dfrac{-Y_{11}}{Y_{21}}$	D

$|Z|=Z_{11}Z_{22}-Z_{12}Z_{21}$，$|Y|=Y_{11}Y_{22}-Y_{12}Y_{21}$，$\Delta Y=(Y_{11}+Y_0)(Y_{22}+Y_0)-Y_{12}Y_{21}$，$\Delta Z=(Z_{11}+Z_0)(Z_{22}+Z_0)-Z_{12}Z_{21}$，$Y_0=1/Z_0$

2.4.4 功率增益

对于给定的二端口网络，输入端通过匹配网络接信号源，输出端通过匹配网络接负载，如图 2-19 所示。

图 2-19 中，Z_S 表示戴维宁等效信号源阻抗，Γ_S 表示信号源反射系数；Z_L 表示戴维宁等效负载阻抗，Γ_L 表示负载反射系数；Z_{IN} 表示电路输入阻抗，Γ_{IN} 表示输入反射系数；Z_{OUT} 表示电路输出阻抗，Γ_{OUT} 表示输出反射系数。Γ_S、Γ_L、Γ_{IN} 和 Γ_{OUT} 是用内阻为 Z_0 的测量系统测量得

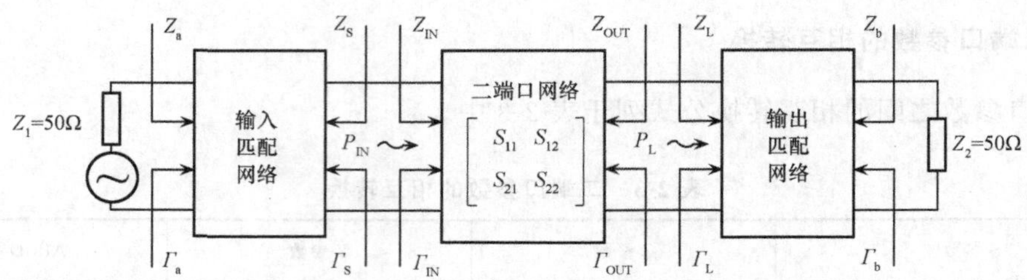

图 2-19 连接转入和转出匹配网络的二端口网络

到的反射系数,如图 2-20 所示,表示为

$$\Gamma_S = \frac{Z_S - Z_o}{Z_S + Z_o} \tag{2.58}$$

$$\Gamma_L = \frac{Z_L - Z_o}{Z_L + Z_o} \tag{2.59}$$

$$\Gamma_{IN} = \frac{Z_{IN} - Z_o}{Z_{IN} + Z_o} \tag{2.60}$$

$$\Gamma_{OUT} = \frac{Z_{OUT} - Z_o}{Z_{OUT} + Z_o} \tag{2.61}$$

测量系统的内阻 Z_o 称为参考阻抗,该阻抗为实数,通常为 50Ω。

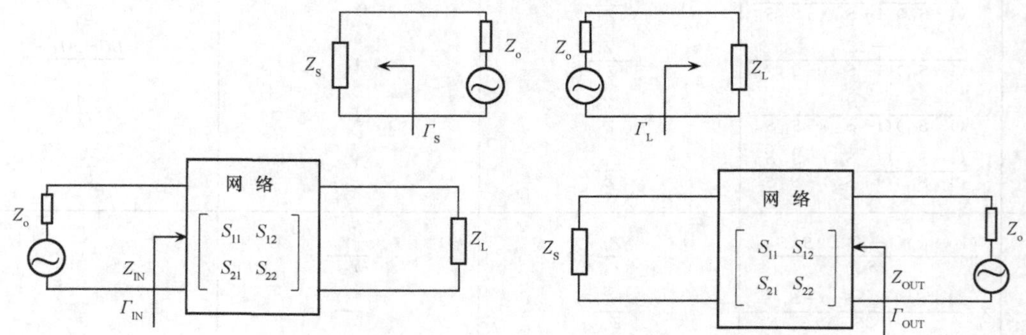

图 2-20 Γ_S、Γ_L、Γ_{IN}和 Γ_{OUT}的测量

根据图 2-19 可以定义四种不同的功率:

(1) 网络的输入功率,用 P_{IN}表示。

(2) 负载所获得的功率,用 P_L 表示。

(3) 信号源所能提供的最大功率,称为信号源资用功率,用 P_{AVS}表示。该功率为网络输入端共轭匹配时网络的输入功率,即 $P_{AVS} = P_{IN}\big|_{\Gamma_{IN}=\Gamma_S^*}$。

(4) 网络所能提供的最大功率,称为网络输出资用功率,用 P_{AVN}表示。该功率为网络输出端共轭匹配时负载得到的功率,即 $P_{AVN} = P_L\big|_{\Gamma_L=\Gamma_{OUT}^*}$。

可以证明输入、输出反射系数表示为

$$\Gamma_{IN}=S_{11}+\frac{S_{12}S_{21}\Gamma_L}{1-S_{22}\Gamma_L} \tag{2.62}$$

$$\Gamma_{OUT}=S_{22}+\frac{S_{12}S_{21}\Gamma_S}{1-S_{11}\Gamma_S} \tag{2.63}$$

通常使用的功率增益有三种不同定义方法，称为转换功率增益(transducer power gain)、工作功率增益(operating power gain)和资用功率增益(available power gain)，分别定义为

转换功率增益　$G_T=\dfrac{P_L}{P_{AVS}}$

工作功率增益　$G_P=\dfrac{P_L}{P_{IN}}$

资用功率增益　$G_A=\dfrac{P_{AVN}}{P_{AVS}}$

可以证明上述三种功率增益分别表示为

$$G_T=\frac{1-|\Gamma_S|^2}{|1-\Gamma_{IN}\Gamma_S|^2}|S_{21}|^2\frac{1-|\Gamma_L|^2}{|1-S_{22}\Gamma_L|^2}=\frac{1-|\Gamma_S|^2}{|1-S_{11}\Gamma_S|^2}|S_{21}|^2\frac{1-|\Gamma_L|^2}{|1-\Gamma_{OUT}\Gamma_L|^2} \tag{2.64}$$

$$G_P=\frac{1}{1-|\Gamma_{IN}|^2}|S_{21}|^2\frac{1-|\Gamma_L|^2}{|1-S_{22}\Gamma_L|^2} \tag{2.65}$$

$$G_A=\frac{1-|\Gamma_S|^2}{|1-S_{11}\Gamma_S|^2}|S_{21}|^2\frac{1}{1-|\Gamma_{OUT}|^2} \tag{2.66}$$

当 $\Gamma_{IN}=\Gamma_S^*$ 时，有 $P_{IN}=P_{AVS}$；当 $\Gamma_L=\Gamma_{OUT}^*$ 时，有 $P_L=P_{AVN}$。因此，当 $\Gamma_{IN}=\Gamma_S^*$，$\Gamma_L=\Gamma_{OUT}^*$ 时，有 $G_T=G_P=G_A$。

2.5　Smith 圆图

Smith 圆图是解决传输线、阻抗匹配等问题极为有用的图形工具，表示在反射系数平面(Γ 平面)上。通过 Smith 圆图不仅可以找出最大功率传输的匹配网络，还能帮助设计者优化噪声系数，确定品质因数的影响以及进行稳定性分析。

2.5.1　反射系数定义

反射系数 Γ 定义为

$$\Gamma=\frac{Z-Z_0}{Z+Z_0} \tag{2.67}$$

其中，Z 为网络端口阻抗；Z_0 为参考阻抗，通常取 50Ω。

反射系数 Γ 为一复数，可以用一个平面直角坐标中的点(Γ_r,Γ_i)来表示，Γ_r 和 Γ_i 分别是 Γ 的实部和虚部，即 $\Gamma=\Gamma_r+j\Gamma_i$。反射系数也可用极坐标表示为 $\Gamma=|\Gamma|e^{j\theta}$，其中 $|\Gamma|$ 为反射系数的模($|\Gamma|\leqslant 1$)，θ 为反射系数的相角。

对式(2.67)进行简单的变换得

$$\Gamma=\frac{Z-Z_0}{Z+Z_0}=\frac{Z/Z_0-1}{Z/Z_0+1}=\frac{z-1}{z+1} \tag{2.68}$$

或

$$z=\frac{1+\Gamma}{1-\Gamma} \tag{2.69}$$

其中 $z=Z/Z_0$ 称为归一化阻抗。

对于给定的阻抗，可以用式(2.68)计算出相应的反射系数；对于给定的反射系数，可以用式(2.69)计算出相应的阻抗。因此阻抗和反射系数平面上的点存在一一对应的关系。

2.5.2 Smith 阻抗圆图

设 $z=r+\mathrm{j}x$，$\Gamma=\Gamma_{\mathrm{r}}+\mathrm{j}\Gamma_{\mathrm{i}}$，代入式(2.69)得

$$r+\mathrm{j}x=\frac{1+\Gamma_{\mathrm{r}}+\mathrm{j}\Gamma_{\mathrm{i}}}{1-\Gamma_{\mathrm{r}}-\mathrm{j}\Gamma_{\mathrm{i}}} \tag{2.70}$$

令方程(2.70)左右两边的实部和虚部分别相等，有

$$r=\frac{1-\Gamma_{\mathrm{r}}^2-\Gamma_{\mathrm{i}}^2}{(1-\Gamma_{\mathrm{r}})^2+\Gamma_{\mathrm{i}}^2} \text{ 和 } x=\frac{2\Gamma_{\mathrm{i}}}{(1-\Gamma_{\mathrm{r}})^2+\Gamma_{\mathrm{i}}^2} \tag{2.71}$$

将式(2.71)重新整理后得

$$\left(\Gamma_{\mathrm{r}}-\frac{r}{1+r}\right)^2+\Gamma_{\mathrm{i}}^2=\left(\frac{1}{1+r}\right)^2 \tag{2.72}$$

$$(\Gamma_{\mathrm{r}}-1)^2+\left(\Gamma_{\mathrm{i}}-\frac{1}{x}\right)^2=\left(\frac{1}{x}\right)^2 \tag{2.73}$$

式(2.72)和式(2.73)分别对应反射系数平面$(\Gamma_{\mathrm{r}},\Gamma_{\mathrm{i}})$上的两组圆，分别称为电阻圆和电抗圆。

由式(2.72)得电阻圆圆心坐标为$\left(\frac{r}{1+r},0\right)$，半径为$\frac{1}{1+r}$。对于不同 r 可以在反射系数平面上画出相应的电阻圆，如图 2-21(a)所示。

由式(2.73)得电抗圆圆心坐标为$\left(1,\frac{1}{x}\right)$，半径为$\left|\frac{1}{x}\right|$。对于不同 x 可以在反射系数平面上画出相应的电抗圆，如图 2-21(b)所示。

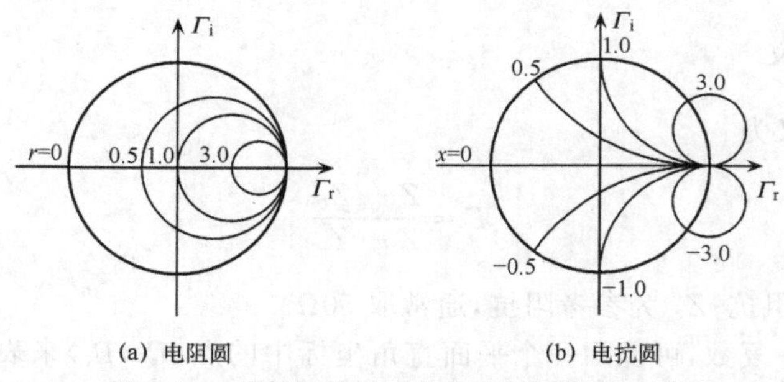

图 2-21　反射系数平面上的电阻圆和电抗圆

在反射系数平面上将电阻圆和电抗圆合并在一起即成为 Smith 阻抗圆图，如图 2-22 所示。

阻抗圆图的上半部分 x 为正数，表示感性；阻抗圆图的下半部分 x 为负数，表示容性。例如，归一化阻抗为 $z=0.2-\mathrm{j}0.2$，表示电抗为容性，若归一化的参考电阻为 $Z_0=50\Omega$，则得实

际阻抗 $Z=Z_0z=10-\mathrm{j}10\Omega$。

阻抗圆图上的任何一点 P 对应着一个反射系数 Γ 和一个归一化阻抗 z，满足关系式 $z=\dfrac{1+\Gamma}{1-\Gamma}$。若将 P 点绕着反射系数平面原点旋转 180°所得到的点记为 P_1 点，则该点的反射系数 Γ_1 和归一化阻抗 z_1 分别为

$$\Gamma_1=\Gamma \mathrm{e}^{\mathrm{j}\pi} \tag{2.74}$$

$$z_1=\frac{1+\Gamma_1}{1-\Gamma_1}=\frac{1+\Gamma \mathrm{e}^{\mathrm{j}\pi}}{1-\Gamma \mathrm{e}^{\mathrm{j}\pi}}=\frac{1-\Gamma}{1+\Gamma}=\frac{1}{z}=y \tag{2.75}$$

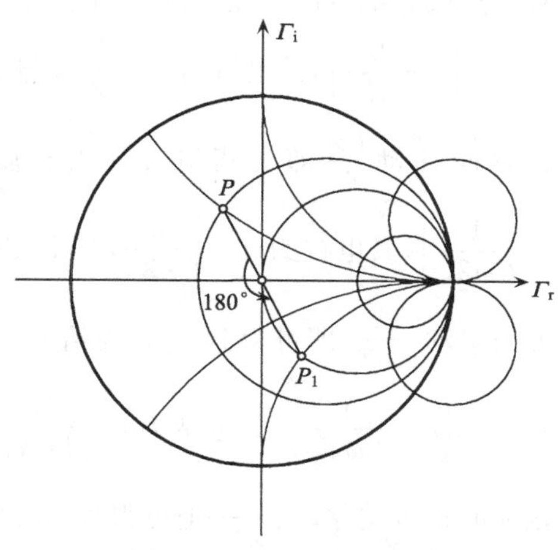

图 2-22　Smith 阻抗圆图

上述结果表明，P_1 点的阻抗等于原阻抗 z 的导纳。因此，阻抗到导纳的转换，等效为将该阻抗点在反射系数平面上旋转 180°，旋转后的点为导纳点，即导纳点是阻抗点关于原点的对称点。

2.5.3　Smith 导纳圆图

由式(2.69)得

$$y=\frac{1}{z}=\frac{1-\Gamma}{1+\Gamma}=\frac{1+\Gamma \mathrm{e}^{-\mathrm{j}\pi}}{1-\Gamma \mathrm{e}^{-\mathrm{j}\pi}} \tag{2.76}$$

其中 $y=\dfrac{1}{z}=\dfrac{Z_0}{Z}=\dfrac{Y}{Y_0}$，称为归一化导纳；$Y$ 为网络端口导纳；Y_0 为参考导纳，通常为$\dfrac{1}{50}\Omega=0.02\mathrm{S}$。

式(2.76)表明归一化导纳和 Γ 平面上的点存在一一对应的关系。为了画出导纳圆图，可以采用类似于阻抗圆图的推导方法，设 $y=g+\mathrm{j}b$，$\Gamma=\Gamma_r+\mathrm{j}\Gamma_i$，代入式(2.76)，并令式两边的实部和虚部分别相等，即可得到等电导圆和等电纳圆，即 Smith 导纳圆图。

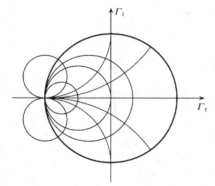

图 2-23　Smith 导纳圆图

Smith 导纳圆图也可以从 Smith 阻抗圆图得到。这种方法利用阻抗圆图上的阻抗和导纳的转换关系，即导纳点是阻抗点关于原点的对称点，因此将 Smith 阻抗圆图旋转 180°就可以得到 Smith 导纳圆图，如图 2-23 所示。

2.5.4　Smith 阻抗导纳圆图

将阻抗圆图和导纳圆图叠加在一起的组合圆图称为 Smith 阻抗导纳圆图（ZY-Smith chart），如图 2-18 所示。阻抗导纳圆图可方便地用于阻抗匹配。对于归一化阻抗 $z=r+\mathrm{j}x$，当保持 r 不变，改变 x 时，z 将在等电阻圆 r 上移动；对于归一化导纳 $y=g+\mathrm{j}b$，当保持 g 不变，改变 b 时，y 将在等电导圆 g 上移动。

下面进一步分析，当给阻抗串联电感和电容或给导纳并联电感和电容时，阻抗导纳圆图中

的阻抗点或导纳点的变化轨迹。当给归一化阻抗 $z=r+\mathrm{j}x$ 串联电感 L 后，新的归一化阻抗 $z_1=r+\mathrm{j}\left(x+\dfrac{L\omega}{Z_0}\right)$，其电抗为 $x+\dfrac{L\omega}{Z_0}$，与 z 相比电抗增加了 $\dfrac{L\omega}{Z_0}$，因此将 z 沿着等电阻圆按顺时针方向移动 $\dfrac{L\omega}{Z_0}$ 即可得到 z_1；当给阻抗 z 串联电容时，新的归一化阻抗 $z_1=r+\mathrm{j}\left(x-\dfrac{1}{C\omega Z_0}\right)$，其电抗为 $x-\dfrac{1}{C\omega Z_0}$，与 z 相比电抗减小了 $\dfrac{1}{C\omega Z_0}$，因此将 z 沿着等电阻圆按逆时针方向移动 $\dfrac{1}{C\omega Z_0}$ 即可得到 z_1。当给归一化导纳 $y=g+\mathrm{j}b$ 并联电感 L 后，新的归一化导纳 $y_1=g+\mathrm{j}\left(b-\dfrac{1}{L\omega Y_0}\right)$，其电纳为 $b-\dfrac{1}{L\omega Y_0}$，与 y 相比电纳减小了 $\dfrac{1}{L\omega Y_0}$，因此将 y 沿着等电导圆按逆时针方向移动 $\dfrac{1}{L\omega Y_0}$ 即可得到 y_1；当给归一化导纳 $y=g+\mathrm{j}b$ 并联电容 C 后，新的归一化导纳 $y_1=g+\mathrm{j}\left(b+\dfrac{C\omega}{Y_0}\right)$，其电纳为 $b+\dfrac{C\omega}{Y_0}$，与 y 相比电纳增加了 $\dfrac{C\omega}{Y_0}$，因此将 y 沿着等电导圆按顺时针方向移动 $\dfrac{C\omega}{Y_0}$ 即可得到 y_1。综上所述，阻抗点和导纳点在圆图中的变化轨迹如图 2-24 所示。掌握阻抗导纳圆图中点的变化轨迹是理解用 Smith 圆图进行阻抗匹配的基础。

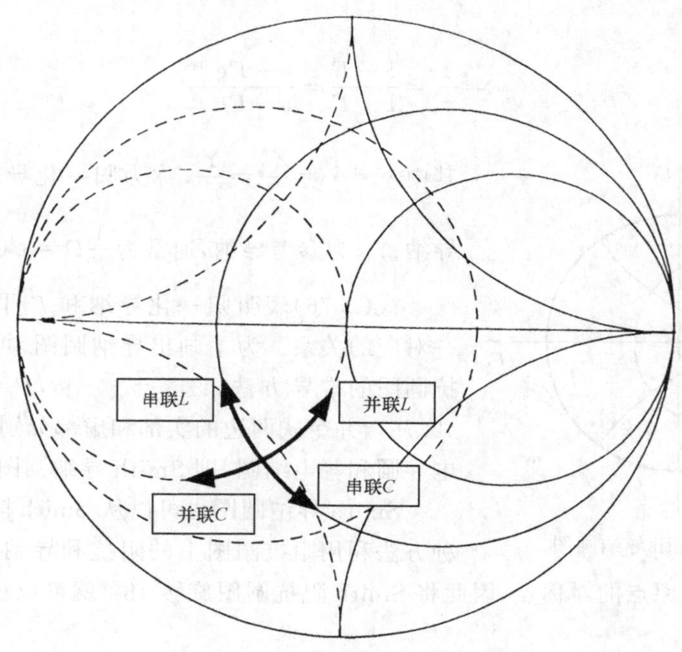

图 2-24　Smith 阻抗导纳圆图

2.5.5　Smith 圆图上阻抗和导纳的频响曲线

由于理想电感的阻抗为 $\mathrm{j}\omega L$，其实部为零，因此理想电感的阻抗位于电阻等于零的圆（单位圆）上。因为感抗 ωL 为正数，所以阻抗位于单位圆的上半部分，并随着频率的增加阻抗沿单位圆顺时针旋转。

由于理想电容的阻抗为 $1/(\mathrm{j}\omega C)$，其实部为零，因此理想电容的阻抗位于电阻等于零的圆（单位圆）上。因为容抗 $-1/(\omega C)$ 为负数，所以阻抗位于单位圆的下半部分，并随着频率的增加阻抗沿单位圆顺时针旋转。

对于 RLC 并联谐振电路，其导纳可以表示为

$$Y(\omega)=\frac{1}{R}+\frac{1}{\mathrm{j}\omega L}+\mathrm{j}\omega C=\frac{1}{R}+\mathrm{j}\left(\omega C-\frac{1}{\omega L}\right)$$

其中的实部 $\frac{1}{R}$ 为电导，与频率无关。因此，随着频率的改变，导纳 $Y(\omega)$ 在电导等于 $\frac{1}{R}$ 的圆上移动。

对于 RLC 串联谐振电路，其阻抗可以表示为

$$Z(\omega)=R+\mathrm{j}\omega L+\frac{1}{\mathrm{j}\omega C}=R+\mathrm{j}\left(\omega L-\frac{1}{\omega C}\right)$$

其中的实部 R 为电阻，与频率无关。因此，随着频率的改变，阻抗 $Z(\omega)$ 在电阻等于 R 的圆上移动。

理想电感、理想电容、RLC 并联谐振电路和 RLC 串联谐振电路在 Smith 圆图上的阻抗和导纳的频响曲线如图 2-25 所示。

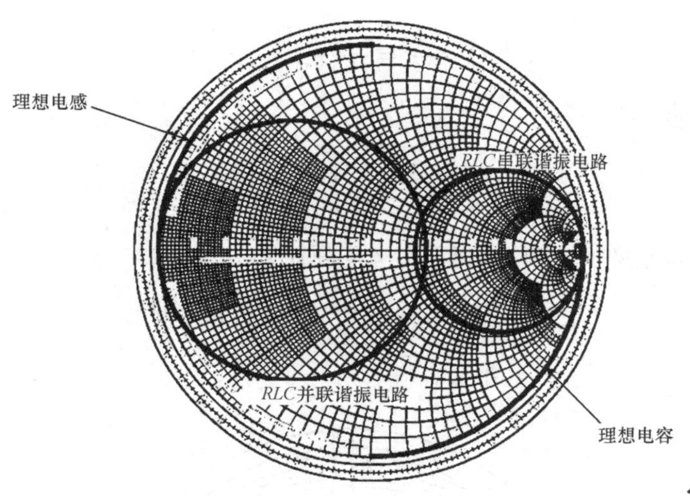

图 2-25　Smith 圆图上的阻抗和导纳的频响曲线

2.5.6　Smith 圆图与传输线

Smith 圆图的另一个重要用途是传输线的阻抗变换。终端接负载阻抗 Z_L、特征阻抗为 Z_0 的无损耗传输线，由传输线理论得其归一化输入阻抗为

$$z_{\mathrm{in}}=\frac{1+\Gamma \mathrm{e}^{-2\mathrm{j}\beta l}}{1-\Gamma \mathrm{e}^{-2\mathrm{j}\beta l}} \tag{2.77}$$

其中，l 为传输线长度；$\beta=\frac{2\pi}{\lambda}$，$\lambda$ 为波长；Γ 为 Z_L 端的反射系数。

由式(2.77)可得输入反射系数为$\Gamma e^{-2j\beta l}$，与负载端的反射系数Γ相比，其模不变，只是相角增加了$-2\beta l$。在直角坐标系中，将归一化负载阻抗z_L绕着圆心，以$|\Gamma|$为半径，顺时针旋转$2\beta l$角度，对应的点即为归一化输入阻抗z_{in}。同样，在直角坐标系中，将归一化输入阻抗z_{in}绕着圆心，以$|\Gamma_{in}|$为半径，逆时针旋转$2\beta l$角度，对应的点即为归一化负载阻抗z_L。当l为$\frac{\lambda}{8}$、$\frac{\lambda}{4}$和$\frac{\lambda}{2}$时，对应的$2\beta l$分别为$\frac{\pi}{2}$、π和2π，其中$\beta=\frac{2\pi}{\lambda}$。

2.5.7 网络 Q 值与 Smith 圆图

元件的Q值定义为其阻抗中的电抗值与电阻值之比，也可定义为元件导纳中的电纳值与电导值之比。用公式表示如下：

当$z=r+jx$时，则

$$Q=\frac{x}{r} \tag{2.78}$$

当$y=g+jb$时，则

$$Q=\frac{b}{g} \tag{2.79}$$

由式(2.78)得

$$Q=\frac{x}{r}=\frac{2\Gamma_i}{1-\Gamma_r^2-\Gamma_i^2} \tag{2.80}$$

将式(2.80)变换后得

$$\Gamma_r^2+\left(\Gamma_i\pm\frac{1}{Q}\right)^2=1+\frac{1}{Q^2} \tag{2.81}$$

式(2.81)给出的方程是圆的方程，其圆心和半径分别为

$$圆心：\quad \Gamma_r=0,\quad \Gamma_i=\pm 1/Q$$

$$半径：\quad \sqrt{1+\frac{1}{Q^2}}$$

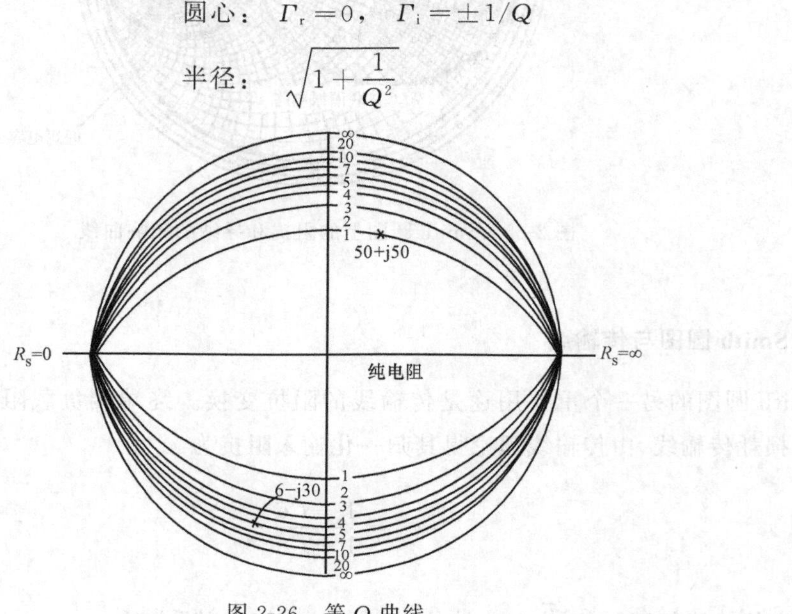

图 2-26 等 Q 曲线

不同的 Q 值对应着反射系数平面上不同的圆，称为等 Q 曲线，如图 2-26 所示。在 Smith 圆图上使用等 Q 曲线可以设计指定 Q 值的阻抗匹配网络。

2.5.8　Smith 圆图的应用

Smith 圆图是反射系数平面上的阻抗和导纳坐标系，它将平面直角坐标（反射系数）和圆坐标（阻抗和导纳）结合在一起，使之成为一个非常有用的图形工具。Smith 圆图主要用于读取阻抗、导纳、反射系数、驻波比等，设计阻抗和传输线匹配网络，设计微波与射频放大器和振荡器等。

2.6　阻抗匹配

2.6.1　阻抗匹配作用

在射频电路与系统设计中，人们经常使用阻抗匹配网络，其作用简单叙述如下：为了让放大器从信号源获得最大的功率，需要在其输入端进行共轭匹配，即匹配网络的输入阻抗应等于信号源阻抗的共轭；为了让放大器向负载传输最大的功率，需要在负载端进行共轭匹配，即匹配网络的输出阻抗应等于负载阻抗的共轭。为了使放大器具有最小噪声系数，需要在其输入端进行噪声匹配，即匹配网络的输出阻抗应等于放大器最小噪声系数对应的最佳源阻抗。为了让滤波器和选频回路表现出最佳性能，需要在其输入和输出端进行阻抗匹配，即输入匹配网络的输出阻抗和输出匹配网络的输入阻抗应分别等于滤波器指定的源阻抗和负载阻抗。为了减少由于信号反射引起的失真，需要对传输线进行阻抗匹配，即传输线负载阻抗应等于传输线特征阻抗。阻抗匹配网络起着阻抗变换的作用，它将一个阻抗变换为另一个需要的阻抗，它本身不应该消耗功率，因此阻抗匹配网络应是无损耗的，通常不使用电阻网络。

阻抗匹配网络既可以用集总参数的电抗元件构成，也可以采用分布参数的微带线等构成。匹配网络可以是窄带网络，也可以是宽带网络，视系统情况而定。窄带匹配网络不仅完成阻抗变换，同时具有滤波功能，滤波性能取决于网络 Q 值。匹配网络设计通常采用方程计算法和 Smith 圆图法。

2.6.2　复数阻抗间的功率传输

信号源与负载直接相连，Z_S 表示信号源阻抗，Z_{IN} 表示负载源阻抗，它们均为复数，如图 2-27 所示。

设 $Z_S=R_S+jX_S$，$Z_{IN}=R_{IN}+jX_{IN}$，输入功率 P_{IN} 表示为

$$P_{IN}=\frac{1}{2}\mathrm{Re}[V_{IN}I_{IN}^*]=\frac{1}{2}\mathrm{Re}\left[V_S\frac{Z_{IN}}{Z_S+Z_{IN}}\frac{V_S^*}{(Z_S+Z_{IN})^*}\right]$$
$$=\frac{|V_S|^2}{2}\frac{R_{IN}}{(R_S+R_{IN})^2+(X_S+X_{IN})^2} \tag{2.82}$$

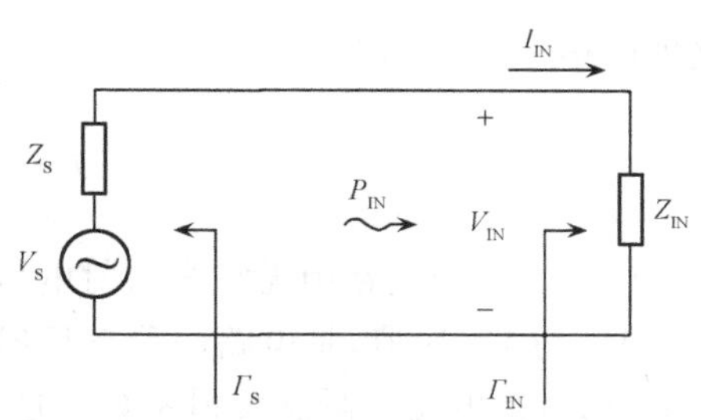

图 2-27　复数阻抗间的功率传输

为了使 P_{IN} 最大，即实现最大功率传输，分别求 P_{IN} 对 R_{IN} 和 X_{IN} 的偏导数，并令它们等于零，这样就可以求出最大功率传输所需的 Z_{IN}。求解步骤如下：

$$\begin{cases}\dfrac{\partial P_{IN}}{\partial R_{IN}}=0\\ \dfrac{\partial P_{IN}}{\partial X_{IN}}=0\end{cases}$$

求解得

$$\begin{cases}-R_{IN}^2+R_S^2+(X_{IN}+X_S)^2=0\\ R_{IN}(X_{IN}+X_S)=0\end{cases}\Rightarrow\begin{cases}R_{IN}=R_S\\ X_{IN}=-X_S\end{cases}\Rightarrow Z_{IN}=Z_S^* \text{ 或 } \Gamma_{IN}=\Gamma_S^* \tag{2.83}$$

因此,当输入端共轭匹配时,功率传输最大,此时负载上得到的功率称为信号源的资用功率(P_{AVS}),表示为

$$(P_{IN})_{max}=P_{AVS}=\frac{|V_S|^2}{8R_S} \tag{2.84}$$

2.6.3　复数阻抗间的反射系数

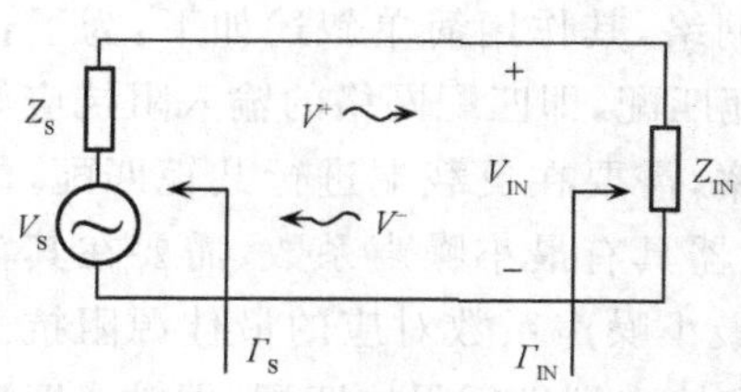

图 2-28　入射电压波与反射电压波

反射系数定义为反射电压波与入射电压波的比值。下面计算图 2-28 所示电路的反射系数。

入射电压 V^+ 等于没有反射电压时的输入电压 V_{IN},当 $Z_{IN}=Z_S^*$ 时,反射电压为零,因此有

$$V^+=\frac{Z_S^*}{Z_S+Z_S^*}V_S \tag{2.85}$$

输入电压等于入射电压与反射电压之和,表示为

$$V_{IN}=V^++V^-=\frac{Z_{IN}}{Z_S+Z_{IN}}V_S \tag{2.86}$$

得

$$V^-=\frac{Z_{IN}}{Z_S+Z_{IN}}V_S-V^+ \tag{2.87}$$

反射系数表示为

$$\Gamma=\frac{V^-}{V^+}=\frac{Z_{IN}}{Z_S+Z_{IN}}\frac{V_S}{V^+}-1=\frac{Z_{IN}}{Z_S+Z_{IN}}\frac{Z_S+Z_S^*}{Z_S^*}-1 \tag{2.88}$$

整理后得

$$\Gamma=\frac{V^-}{V^+}=\frac{Z_S}{Z_S^*}\frac{Z_{IN}-Z_S^*}{Z_{IN}+Z_S}$$

注意:V^+ 为电路中无穷多入射电压的叠加,V^- 为电路中无穷多反射电压的叠加,Γ 为电路中 V^- 与 V^+ 比值,是电路的稳态反射系数。而 Γ_S 和 Γ_{IN} 是用内阻为 Z_0 的测量系统测得的反射系数,是电路的瞬态反射系数。这里需要特别注意,它们所表示的物理意义是不同的。

2.7　用方程计算法设计阻抗匹配网络

2.7.1　串并联支路的阻抗转换

串联支路中的电阻和电抗分别用 R_S 和 X_S 表示，并联支路中的电阻和电抗分别用 R_P 和 X_P 表示，如图 2-29 所示。

由串联支路和并联支路阻抗相等，可以写出等式

$$R_S + jX_S = \frac{jX_P R_P}{jX_P + R_P} \tag{2.89}$$

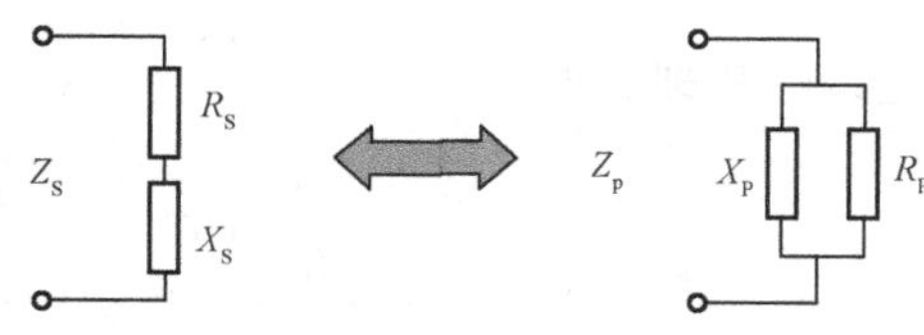

图 2-29　串并联支路的阻抗转换

令式(2.89)左右两边的实部和虚部分别相等，得

$$R_S = \frac{X_P^2}{R_P^2 + X_P^2} R_P \tag{2.90}$$

$$X_S = \frac{R_P^2}{R_P^2 + X_P^2} X_P \tag{2.91}$$

由串联支路和并联支路的 Q 值相等，得

$$Q = \frac{X_P}{R_S} = \frac{R_P}{X_P} \tag{2.92}$$

将式(2.92)代入式(2.90)和式(2.91)得

$$R_S = \frac{1}{1+Q^2} R_P \tag{2.93}$$

$$X_S = \frac{Q^2}{1+Q^2} X_P \tag{2.94}$$

或

$$R_P = (1+Q^2) R_S$$

$$X_P = \left(1 + \frac{1}{Q^2}\right) X_S \tag{2.95}$$

当 $Q^2 \gg 1$ 时，有 $X_P \approx X_S$，$R_P \approx Q^2 R_S$，即等效的电抗值保持不变，而等效的并联电阻值是等效串联电阻值的 Q^2 倍。通过引入另一个电抗或电纳元件使之与等效的并联或串联电抗谐振，就可以得到一个纯的等效电阻。

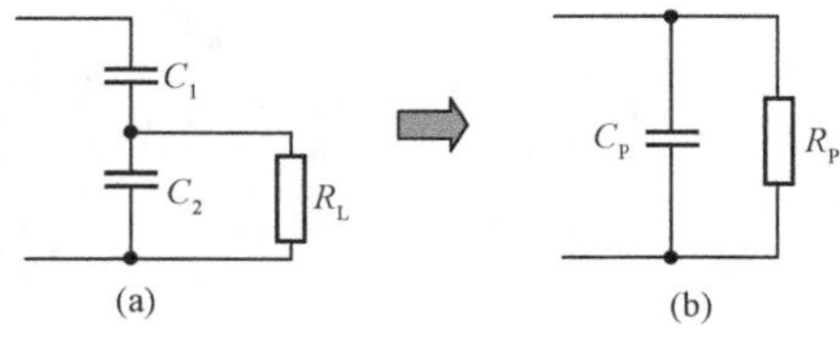

图 2-30　电容部分接入阻抗变换

2.7.2　电容部分接入阻抗变换

电容部分接入阻抗变换如图 2-30 所示，现在要把图 2-30(a)等效为图 2-30(b)。为了得到严格的等效关系，对这两个电路分别写出导纳的表示式。

图 2-30(a)电路的导纳为

$$Y=\frac{\left(\frac{1}{R_{\mathrm{L}}}+\mathrm{j}\omega C_{2}\right)\mathrm{j}\omega C_{1}}{\left(\frac{1}{R_{\mathrm{L}}}+\mathrm{j}\omega C_{2}\right)+\mathrm{j}\omega C_{1}} \tag{2.96}$$

图 2-30(b)电路的导纳为

$$Y'=\frac{1}{R_{\mathrm{P}}}+\mathrm{j}\omega C_{\mathrm{P}} \tag{2.97}$$

将式(2.96)整理后得

$$Y=\frac{\frac{1}{R_{\mathrm{L}}}\omega^{2}C_{1}^{2}}{\frac{1}{R_{\mathrm{L}}^{2}}+\omega^{2}(C_{1}+C_{2})^{2}}+\mathrm{j}\,\frac{\frac{\omega C_{1}}{R_{\mathrm{L}}^{2}}+\omega^{3}C_{1}C_{2}(C_{1}+C_{2})}{\frac{1}{R_{\mathrm{L}}^{2}}+\omega^{2}(C_{1}+C_{2})^{2}} \tag{2.98}$$

若图 2-30(a)和图 2-30(b)等效,则式(2.97)和式(2.98)的实部和虚部必须分别对应相等,由此得

$$R_{\mathrm{P}}=R_{\mathrm{L}}\,\frac{\frac{1}{R_{\mathrm{L}}^{2}}+\omega^{2}(C_{1}+C_{2})^{2}}{\omega^{2}C_{1}^{2}} \tag{2.99}$$

$$C_{\mathrm{P}}=\frac{\frac{C_{1}}{R_{\mathrm{L}}^{2}}+\omega^{2}C_{1}C_{2}(C_{1}+C_{2})}{\frac{1}{R_{\mathrm{L}}^{2}}+\omega^{2}(C_{1}+C_{2})^{2}} \tag{2.100}$$

由式(2.99)和式(2.100)可以分别导出

$$R_{\mathrm{P}}=\frac{R_{\mathrm{L}}}{n^{2}}\left(1+\frac{1}{Q_{\mathrm{S}}^{2}}\right) \tag{2.101}$$

$$C_{\mathrm{P}}=\frac{C_{1}C_{2}}{C_{1}+C_{2}}\,\frac{1+Q_{\mathrm{S}}^{2}+\frac{C_{1}}{C_{2}}}{1+Q_{\mathrm{S}}^{2}}=\frac{C_{1}C_{2}}{C_{1}+C_{2}}\left[1+\frac{C_{1}}{C_{2}(1+Q_{\mathrm{S}}^{2})}\right] \tag{2.102}$$

其中,$n=\dfrac{C_1}{C_1+C_2}$是接入系数;$Q_{\mathrm{S}}=\omega(C_1+C_2)R_{\mathrm{L}}$,是当图 2-30(a)输入端短路时的电路 Q 值。

当 Q_{S}^2 远大于 1 时,式(2.99)简化为

$$R_{\mathrm{P}}\approx\frac{R_{\mathrm{L}}}{n^{2}}=\left(\frac{C_{1}+C_{2}}{C_{1}}\right)^{2}R_{\mathrm{L}} \tag{2.103}$$

当 $1+Q_{\mathrm{S}}^2$ 远大于$\dfrac{C_1}{C_2}$时,式(2.102)简化为

$$C_{\mathrm{P}}\approx\frac{C_{1}C_{2}}{C_{1}+C_{2}} \tag{2.104}$$

式(2.103)和式(2.104)是电容部分接入阻抗变换的近似关系式。

若已知电路工作频率 ω、Q 值、R_L 和 R_P，如何计算 C_1 和 C_2 呢？首先用 Q_2 表示 R_L 并联 C_2 时的电路 Q 值，用 Q 表示 R_P 并联 C_P 时电路的总 Q 值，根据 Q 值定义可以写出

$$Q_2 = R_L \omega C_2 \tag{2.105}$$

$$Q = R_P \omega C_P \tag{2.106}$$

根据串并联支路的阻抗转换公式，R_L 并联 C_2 转换为串联电路时的串联电阻 R_S 可以表示为

$$R_S = \frac{R_L}{1 + Q_2^2} \tag{2.107}$$

同样，R_P 并联 C_P 转换为串联电路时的串联电阻 R'_S 可以表示为

$$R'_S = \frac{R_P}{1 + Q^2} \tag{2.108}$$

由于图 2-30(a)和图 2-30(b)完全等效，因此 R_S 等于 R'_S，得

$$\frac{R_L}{1 + Q_2^2} = \frac{R_P}{1 + Q^2} \tag{2.109}$$

将式(2.109)整理后得

$$Q_2 = \sqrt{\frac{R_L}{R_P}(1 + Q^2) - 1} \tag{2.110}$$

由式(2.105)得

$$C_2 = \frac{Q_2}{R_L \omega} \tag{2.111}$$

当 Q_S^2 远大于 1 时，由式(2.103)得

$$\frac{C_2}{C_1} = \sqrt{\frac{R_P}{R_L}} - 1 \tag{2.112}$$

将式(2.112)整理后得

$$C_1 = \frac{C_2}{\sqrt{\frac{R_P}{R_L}} - 1} \tag{2.113}$$

现在来总结一下 C_1 和 C_2 的计算步骤，首先由式(2.110)计算出 Q_2，再由式(2.111)计算出 C_2，最后由式(2.113)计算出 C_1。

2.7.3　L 形匹配网络

L 形匹配网络由两个不同性质的电抗元件构成。它是一个窄带网络，具有滤波功能，滤波性能取决于匹配网络的 Q。

根据负载电阻和信号源电阻的相对大小关系，对应着两种 L 形匹配网络。当信号源电阻 R_S 大于负载电阻 R_L 时，L 形匹配网络的结构如图 2-31(a)所示。当信号源电阻 R_S 小于负载

电阻 R_L 时，L 形匹配网络的结构如图 2-31(b)所示。

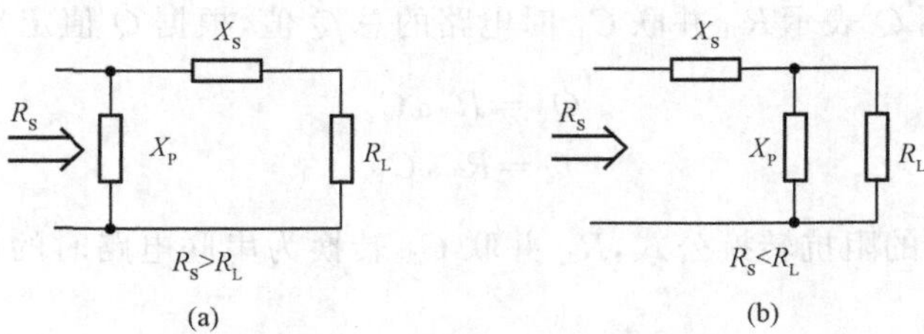

图 2-31　L 形匹配网络

图 2-31 中的 X_S 称为串联支路电抗元件，X_P 称为并联支路电抗元件。当 X_S 为电感时，X_P 应为电容；当 X_S 为电容时，X_P 应为电感。若已知信号源电阻 R_S、负载电阻 R_L 和电路工作频率 ω_0，则可求出匹配网络中电感 L 和电容 C 的值。

1) L 形匹配网络计算($R_S>R_L$)

当信号源电阻 R_S 大于负载电阻 R_L 时，应采用图 2-31(a)所示的匹配网络结构。现在取 X_S 为电感，X_P 为电容，如图 2-32(a)所示。为了计算方便，把 X_S 与 R_L 的串联电路变换为 X_{SP}与 R_P 并联电路，如图 2-32(b)所示。

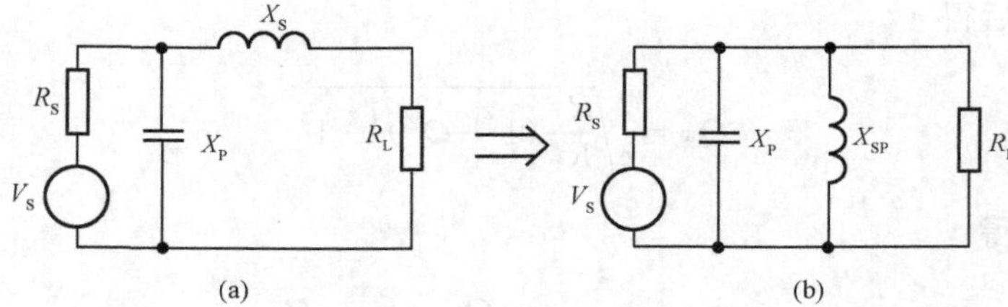

图 2-32　信号源电阻 R_S 大于负载电阻 R_L 的 L 形匹配网络

从图 2-32(b)中容易看出，对于给定的工作频率，当 R_P 等于 R_S 时，X_P 与 X_{SP}并联谐振，则电路匹配。根据串并联支路的阻抗转换公式，可以写出

$$R_P = R_L(1+Q^2) = R_S \tag{2.114}$$

$$X_{SP} = X_S\left(1+\frac{1}{Q^2}\right) \tag{2.115}$$

$$Q = \frac{X_S}{R_L} = \frac{R_S}{|X_P|} \tag{2.116}$$

对式(2.114)整理后得

$$Q = \sqrt{\frac{R_S}{R_L} - 1} \tag{2.117}$$

由式(2.116)得

$$X_S = QR_L = L\omega \tag{2.118}$$

$$|X_P| = \frac{R_S}{Q} = \frac{1}{C\omega} \tag{2.119}$$

最后由式(2.118)和式(2.119)得

$$L = \frac{QR_{\mathrm{L}}}{\omega} \tag{2.120}$$

$$C = \frac{Q}{R_{\mathrm{S}}\omega} \tag{2.121}$$

由上面的公式推导可以看出，此 L 形匹配网络仅在 ω 处并联谐振，电抗抵消，完成两电阻间的阻抗匹配，因此它是一个窄带阻抗变换网络。

2) L 形匹配网络计算($R_{\mathrm{S}}<R_{\mathrm{L}}$)

当信号源电阻 R_{S} 小于负载电阻 R_{L} 时，应采用图 2-31(b)所示的匹配网络结构。现在取 X_{S} 为电感，X_{P} 为电容，如图 2-33(a)所示。为了计算方便，把 X_{P} 与 R_{L} 的并联电路变换为 X_{PS} 与 r_{S} 的串联电路，如图 2-33(b)所示。

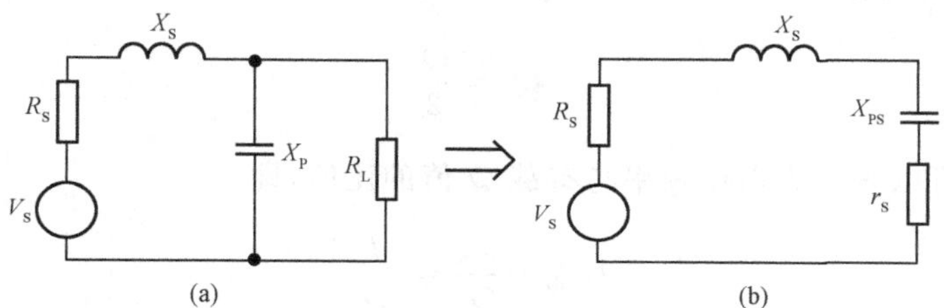

图 2-33　信号源电阻 R_{S} 小于负载电阻 R_{L} 的 L 形匹配网络

从图 2-33(b)中容易看出，对于给定的工作频率，当 r_{S} 等于 R_{S}，X_{S} 与 X_{PS} 串联谐振，则电路匹配。根据串并联支路的阻抗转换公式，可以写出

$$r_{\mathrm{S}} = \frac{R_{\mathrm{L}}}{(1+Q^2)} = R_{\mathrm{S}} \tag{2.122}$$

$$X_{\mathrm{PS}} = \frac{X_{\mathrm{P}}}{\left(1+\frac{1}{Q^2}\right)} \tag{2.123}$$

$$Q = \frac{R_{\mathrm{L}}}{|X_{\mathrm{P}}|} = \frac{X_{\mathrm{S}}}{R_{\mathrm{S}}} \tag{2.124}$$

对式(2.122)整理后得

$$Q = \sqrt{\frac{R_{\mathrm{L}}}{R_{\mathrm{S}}} - 1} \tag{2.125}$$

由式(2.124)得

$$|X_{\mathrm{P}}| = \frac{R_{\mathrm{L}}}{Q} = \frac{1}{C\omega} \tag{2.126}$$

$$X_{\mathrm{S}} = QR_{\mathrm{S}} = L\omega \tag{2.127}$$

最后由式(2.126)和式(2.127)得

$$C=\frac{Q}{R_{\mathrm{L}}\omega} \tag{2.128}$$

$$L=\frac{QR_{\mathrm{S}}}{\omega} \tag{2.129}$$

由上面的公式推导可以看出，此 L 形匹配网络仅在 ω 处串联谐振，电抗抵消，完成两电阻间的阻抗匹配，因此它是一个窄带阻抗变换网络。

3）L 形匹配网络的特点

L 形匹配网络计算中给出的 Q 值计算式(2.124)和式(2.125)均为网络支路 Q 值，可以统一表示为 $Q=\sqrt{(R_{(大)}/R_{(小)})-1}$。当信号源电阻和负载电阻确定后，网络支路的 Q 值也就确定了。网络的总 Q 值如何确定呢？此时需要使用网络中的总电阻来计算 Q 值，称为网络的有载 Q 值，用 Q_{e} 表示。图 2-33(b)所示的 L 形匹配网络的有载 Q 值为 X_{S} 与 $R_{\mathrm{S}}+r_{\mathrm{S}}$ 的比值，匹配时 R_{S} 等于 r_{S}，因此有载 Q 值等于 X_{S} 与 R_{S} 比值的一半，即支路 Q 值的一半，表示为

$$Q_{\mathrm{e}}=\frac{Q}{2} \tag{2.130}$$

网络的 3dB 带宽可以表示为谐振频率与有载 Q 值的比值，即

$$B_{\mathrm{3dB}}=\frac{f_0}{Q_{\mathrm{e}}}=\frac{2f_0}{Q} \tag{2.131}$$

下面推导 L 形匹配网络的谐振频率与电感、电容和 Q 值的关系式。以图 2-33(b)为例，当 X_{P} 与 X_{SP} 并联谐振时，有关系式

$$X_{\mathrm{SP}}=|X_{\mathrm{P}}| \tag{2.132}$$

由式(2.115)得

$$X_{\mathrm{S}}\left(1+\frac{1}{Q^2}\right)=|X_{\mathrm{P}}| \tag{2.133}$$

$$L\omega\left(1+\frac{1}{Q^2}\right)=\frac{1}{C\omega} \tag{2.134}$$

整理后得

$$\omega=\frac{1}{\sqrt{LC}\sqrt{1+\frac{1}{Q^2}}} \tag{2.135}$$

当 $Q^2\gg1$ 时

$$\omega\approx\frac{1}{\sqrt{LC}}\sqrt{1-\frac{1}{Q^2}}=\frac{1}{\sqrt{LC}}\sqrt{1-\frac{1}{4Q_{\mathrm{e}}^2}} \tag{2.136}$$

4）L 形匹配网络举例

例 2-1　已知信号源内阻 $R_{\mathrm{S}}=12\Omega$，并串有寄生电感 $L_{\mathrm{S}}=1.2\mathrm{nH}$。负载电阻 $R_{\mathrm{L}}=58\Omega$，并带有并联的寄生电容 $C_{\mathrm{L}}=1.8\mathrm{pF}$，工作频率为 $f=1.5\mathrm{GHz}$。设计 L 形匹配网络，使信号源和负载达到共轭匹配。

解　首先根据电阻的相对大小，选择 L 形匹配网络的结构。因为 $R_L > R_S$，所以选择图 2-34 所示的 L 形匹配网络结构。由于信号源阻抗和负载阻抗包含电抗分量，为了方便计算，先将电抗分量纳入匹配网络的计算中，最后再从匹配网络的元件中去除。用 X_P 表示 C_1 并联 C_L 后的电抗，X_S 表示 L_1 串联 L_S 后的电抗。

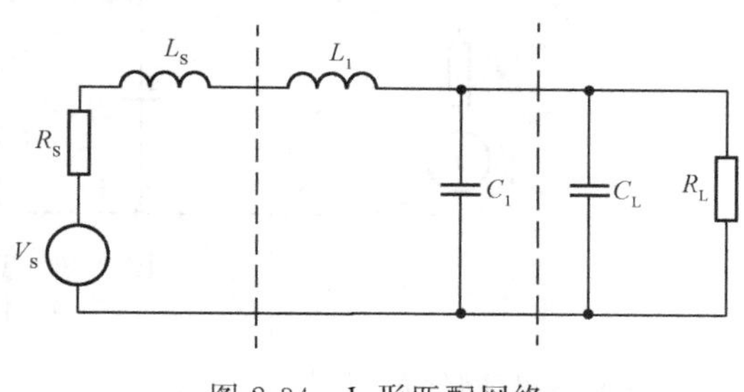

图 2-34　L 形匹配网络

计算支路 Q 值

$$Q = \sqrt{\frac{R_L}{R_S} - 1} = \sqrt{\frac{58}{12} - 1} = 1.96$$

计算匹配网络并联支路电抗

$$|X_P| = \frac{R_L}{Q} = \frac{58}{1.96} = 29.6(\Omega)$$

计算匹配网络串联支路电抗

$$X_S = QR_S = 1.96 \times 12 = 23.5(\Omega)$$

则电容

$$C_P = C_1 + C_L = \frac{1}{2\pi f |X_P|} = \frac{1}{2\pi \times 1.5 \times 10^9 \times 29.6} = 3.58(\text{pF})$$

电感

$$L = L_1 + L_S = \frac{X_S}{2\pi f} = \frac{23.5}{2\pi \times 1.5 \times 10^9} = 2.5(\text{nH})$$

得

$$L_1 = L - L_S = 2.5 - 1.2 = 1.3(\text{nH})$$

$$C_1 = C_P - C_L = 3.58 - 1.8 = 1.78(\text{pF})$$

2.7.4　π 形和 T 形匹配网络

当 R_S 和 R_L 确定后，L 形匹配网络的 Q 值也就确定了，这可能不满足滤波要求。若要设计给定 Q 值的匹配网络，可以采用 3 个电抗元件的匹配网络，称为 π 形和 T 形匹配网络，分别如图 2-35 和图 2-36 所示，此时 Q 值可由设计者根据滤波要求来确定。

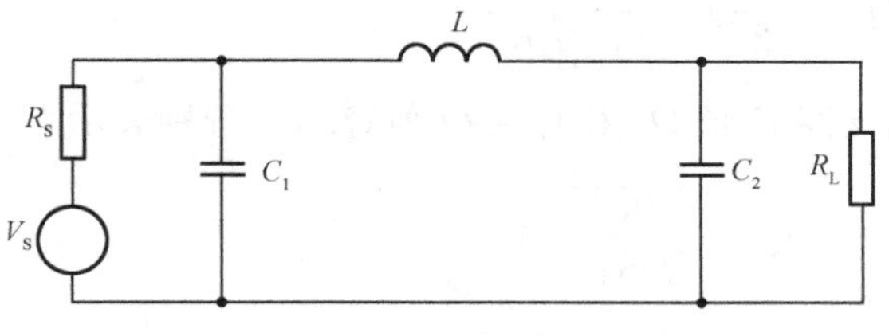

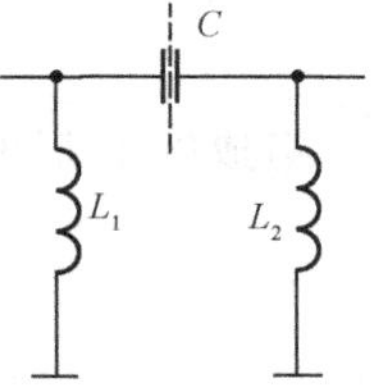

图 2-35　π 形匹配网络

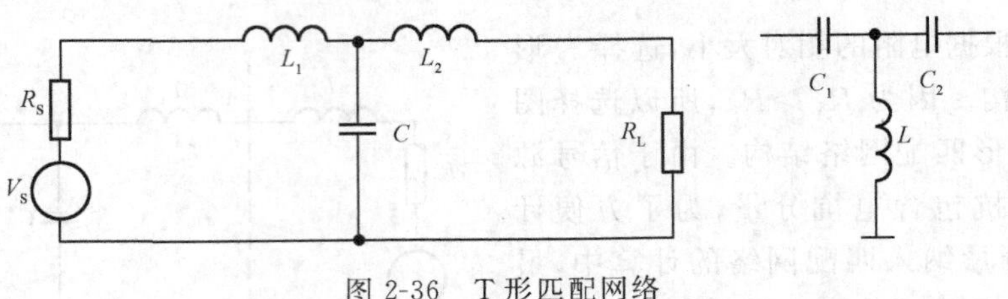

图 2-36　T 形匹配网络

1) π 形匹配网络的计算

首先将图 2-35 所示 π 形匹配网络中的电感 L 分解为电感 L_1 和电感 L_2，则 π 形网络分解为两个 L 形网络，如图 2-37 所示，图中的 R_i 为虚拟的中间电阻。信号源电阻 R_S 经 L_1 和 C_1 变换为中间电阻 R_i，且 $R_i < R_S$；负载电阻 R_L 经 L_2 和 C_2 变换为中间电阻 R_i，且 $R_i < R_L$。当两个中间电阻 R_i 相等时就完成了阻抗匹配。实际上 R_i 为 C_2 与 R_L 并联电路等效的串联电路的电阻，如图 2-38 所示。

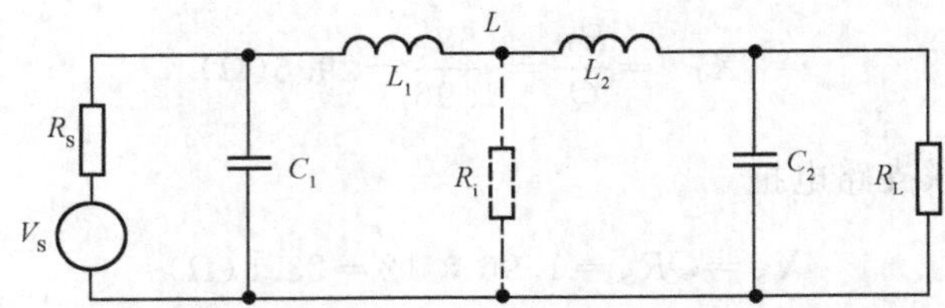

图 2-37　π 形网络分解为两个 L 形网络

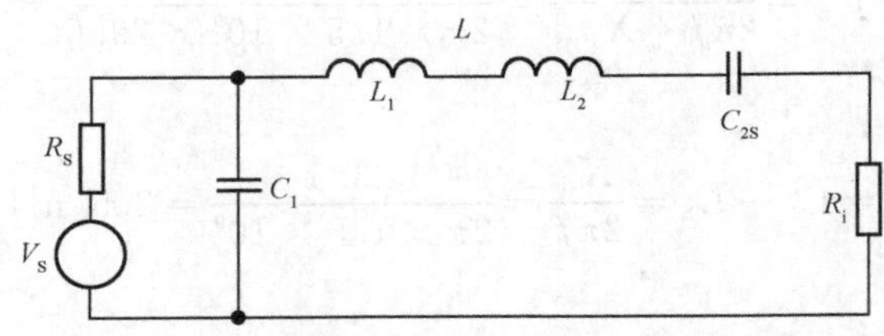

图 2-38　π 形匹配网络的等效电路

由式(2.125)可得 L_1 和 C_1 组成的 L 形网络的支路 Q 值 Q_1 和有载 Q 值 Q_{e1}，可分别表示为

$$Q_1 = \sqrt{\frac{R_S}{R_i} - 1} \tag{2.137}$$

$$Q_{e1} = \frac{1}{2} Q_1 = \frac{1}{2} \sqrt{\frac{R_S}{R_i} - 1} \tag{2.138}$$

同样，L_2 和 C_2 组成的 L 形网络的支路 Q 值 Q_2 和有载 Q 值 Q_{e2}，可分别表示为

$$Q_2 = \sqrt{\frac{R_L}{R_i} - 1} \tag{2.139}$$

$$Q_{e2} = \frac{1}{2} Q_2 = \frac{1}{2} \sqrt{\frac{R_L}{R_i} - 1} \tag{2.140}$$

由于中间电阻 R_i 为未知数，所以设计者可以在 Q_1 和 Q_2 中选定一个。网络带宽由 Q_1 和 Q_2 共同决定，但较大的 Q 值将起主要作用。因此在设定 Q 值时，可以选择 Q_1 和 Q_2 中较大的那个 Q 值。

π 形匹配网络的支路 Q 值和有载 Q 值可分别表示为

$$Q=\frac{L\omega_0}{R_i}=\frac{L_1\omega_0}{R_i}+\frac{L_2\omega_0}{R_i}=Q_1+Q_2 \tag{2.141}$$

$$Q_e=\frac{L\omega_0}{2R_i}=\frac{L_1\omega_0}{2R_i}+\frac{L_2\omega_0}{2R_i}=\frac{1}{2}Q_1+\frac{1}{2}Q_2=Q_{e1}+Q_{e2} \tag{2.142}$$

π 形匹配网络的一个优点是各节点的寄生电容可以被电路完全利用。

2) π 形匹配网络举例

例 2-2　设 $R_S=10\Omega$，$R_L=100\Omega$，$f=3.75\text{MHz}$，较大的有载 Q 值为 4，求 π 形匹配网络。

解　π 形匹配网络结构如图 2-39 所示。

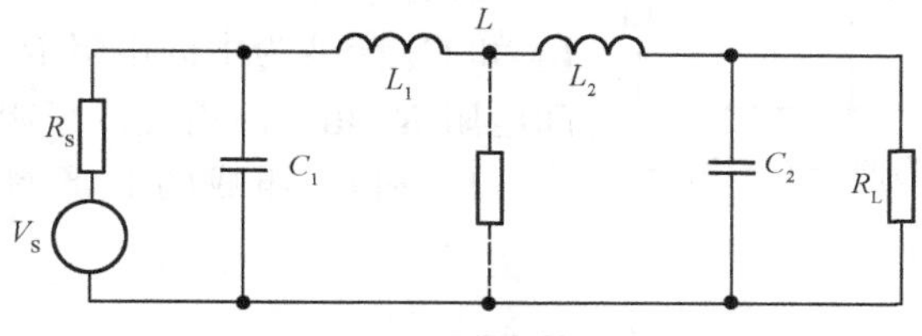

图 2-39　π 形匹配网络结构

因为 $R_L>R_S$，所以较大的有载 Q 值在负载端，用 Q_{e2} 表示，对应的 Q 值用 Q_2 表示，并有 $Q_2=2Q_{e2}=8$。先计算中间电阻 R_i，由式(2.139)得

$$R_i=\frac{R_L}{1+Q_2^2}=\frac{100}{65}=1.538(\Omega)$$

由于 R_i 小于 R_S，所以设计方案是可行的。

计算负载端并联电容电抗

$$|X_{C2}|=\frac{R_L}{Q_2}=\frac{100}{8}=12.5(\Omega)$$

计算负载端串联电感电抗

$$X_{L2}=Q_2R_i=8\times 1.538=12.3(\Omega)$$

计算信号源端 Q 值

$$Q_1=\sqrt{\frac{R_S}{R_i}-1}=\sqrt{\frac{10}{1.538}-1}=2.346$$

计算信号源端并联电容电抗

$$|X_{C1}|=\frac{R_S}{Q_1}=\frac{10}{2.346}=4.263(\Omega)$$

计算信号源端串联电感电抗

$$X_{L1}=Q_1R_i=2.346\times1.538=3.608(\Omega)$$

得

$$C_1=\frac{1}{\omega_0X_{C1}}=9955\text{pF}$$

$$L=\frac{X_L}{\omega_0}=\frac{X_{L1}+X_{L2}}{\omega_0}=0.675\text{mH}$$

$$C_2=\frac{1}{\omega_0X_{C2}}=3395\text{pF}$$

3）T形匹配网络的计算

将图2-36所示T形匹配网络分解为两个L形匹配网络，如图2-40所示。信号源电阻R_S经L_1和C_1变换为中间电阻R_i，且$R_i>R_S$；负载电阻R_L经L_2和C_2变换为中间电阻R_i，且$R_i>R_L$。当两个中间电阻R_i相等时就完成了阻抗匹配。

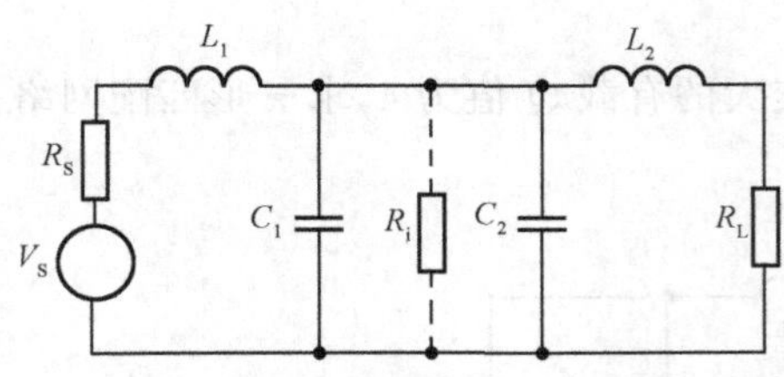

图2-40　T形网络分解为两个L形网络

L_1和C_1组成的L形网络的支路Q值Q_1和有载Q值Q_{e1}可分别表示为

$$Q_1=\sqrt{\frac{R_i}{R_S}-1}$$

$$Q_{e1}=\frac{1}{2}Q_1=\frac{1}{2}\sqrt{\frac{R_i}{R_S}-1}$$

同样，L_2和C_2组成的L形网络的支路Q值Q_2和有载Q值Q_{e2}可分别表示为

$$Q_2=\sqrt{\frac{R_i}{R_L}-1}$$

$$Q_{e2}=\frac{1}{2}Q_2=\frac{1}{2}\sqrt{\frac{R_i}{R_L}-1}$$

高Q应该设置在电阻较小的一侧。如设$R_S>R_L$，则Q_2为根据滤波要求而定的一个较高的Q。

T形匹配网络的支路Q值和有载Q值可分别表示为

$$Q=\frac{L\omega_0}{R_i}=\frac{L_1\omega_0}{R_i}+\frac{L_2\omega_0}{R_i}=Q_1+Q_2$$

$$Q_e=\frac{L\omega_0}{2R_i}=\frac{L_1\omega_0}{2R_i}+\frac{L_2\omega_0}{2R_i}=\frac{1}{2}Q_1+\frac{1}{2}Q_2=Q_{e1}+Q_{e2}$$

4）T形匹配网络举例

例2-3　设计一个无耗的阻抗变换网络，将天线等效阻抗$Z_A=R_L+jX_S=50-j30\Omega$变换为纯电阻$R_{in}=160\Omega$，其工作频率为$f=100\text{MHz}$，匹配网络的$Q$值要求为6.633。求匹配网络的电感与电容值。

解　T 形匹配网络结构如图 2-41 所示。

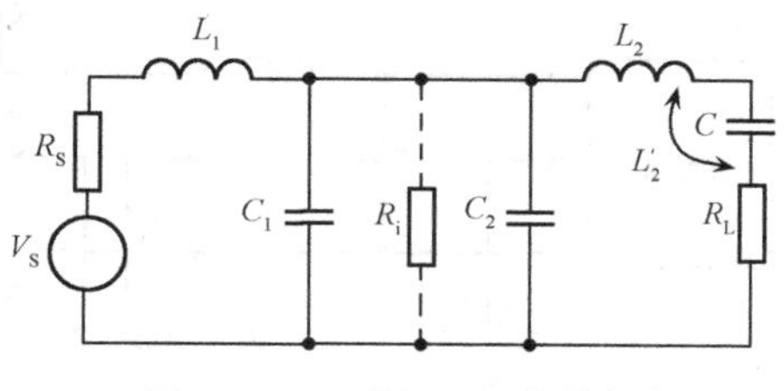

图 2-41　T 形匹配网络结构

由于 $R_{in}>R_L$，所以 $Q=6.633$ 对应右边的 L 网络的 Q_2。由图 2-41 知，右边 L 网络的串联支路 Q 值为

$$Q_2=\frac{X'_{L2}}{R_L}=6.633$$

由此得出

$$X'_{L2}=331.65\Omega$$

$$X_{L2}=X'_{L2}+|X_S|=331.65+30=361.65(\Omega)$$

$$L_2=\frac{X_{L2}}{2\pi f}=\frac{361.65}{2\pi\times10^8}=0.57(\mu\text{H})$$

中间电阻 R_i 与 R_L 的关系满足

$$Q_2=\sqrt{\frac{R_i}{R_L}-1}=6.633$$

由此得出

$$R_i=2249.8\Omega$$

负载端电容电抗　$$|X_{C2}|=\frac{R_i}{Q_2}=\frac{2249.8}{6.633}=339.2(\Omega)$$

信号源端 Q 值　$$Q_1=\sqrt{\frac{R_i}{R_{in}}-1}=\sqrt{\frac{2249.8}{160}-1}=3.61$$

信号源端电容容抗　$$|X_{C1}|=\frac{R_i}{Q_1}=\frac{2249.8}{3.61}=623.2(\Omega)$$

信号源端电感感抗　$$X_{L1}=R_{in}Q_1=160\times3.61=577.6(\Omega)$$

$$L_1=\frac{X_{L1}}{2\pi f}=\frac{577.6}{2\pi\times10^8}=0.92(\mu\text{H})$$

T 形网络电容容抗　$$X_C=X_{C1}\,/\!/\,X_{C2}=\frac{623.2\times339.2}{623.2+339.2}=219.6(\Omega)$$

$$C=\frac{1}{2\pi fX_C}=\frac{1}{2\pi\times10^8\times219.6}=7.2(\text{pF})$$

2.8　用 Smith 圆图法设计阻抗匹配网络

2.8.1　L 形匹配网络

例 2-4　已知发射机在 2GHz 频率点的输出阻抗是 $Z_T=150+\text{j}75\Omega$。设计 L 形匹配网

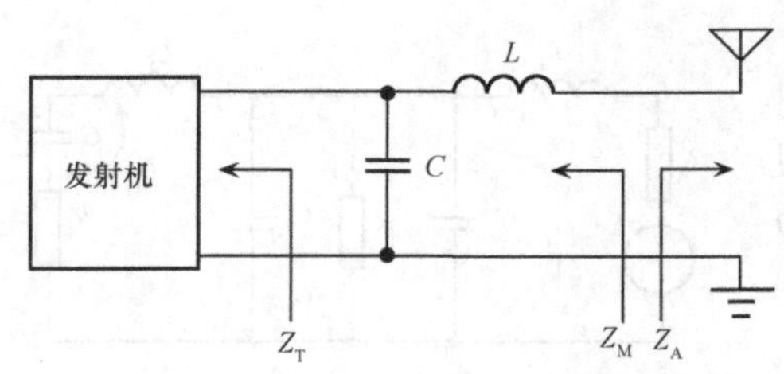

图 2-42　L 形匹配网络

络，使输入阻抗为 $Z_\Lambda=75+j15\Omega$ 的天线能够得到最大功率。

解　因为 Z_T 的实部大于 Z_Λ 的实部，所以选择的 L 形匹配网络结构如图 2-42 所示。

最大功率传输的条件是共轭匹配，即

$$Z_M=Z_\Lambda^*=75-j15\Omega$$

取 $Z_0=75\Omega$，计算 Z_T 和 Z_Λ 的归一化阻抗和导纳，有

$$z_T=\frac{Z_T}{Z_0}=\frac{150+j75}{75}=2+j,\qquad y_T=\frac{1}{z_T}=\frac{1}{2+j}=0.4-j0.2$$

$$z_\Lambda=\frac{Z_\Lambda}{Z_0}=\frac{75+j15}{75}=1+j0.2,\quad z_M=z_\Lambda^*=1-j0.2$$

在 Smith 圆图中标出 z_T 和 z_M，并画出匹配网络的轨迹，如图 2-43 所示。由 z_T 出发，先并联电容 C，沿等电导圆移动到 z_{TC}；再串联电感 L，沿等电阻圆移动到 z_M。

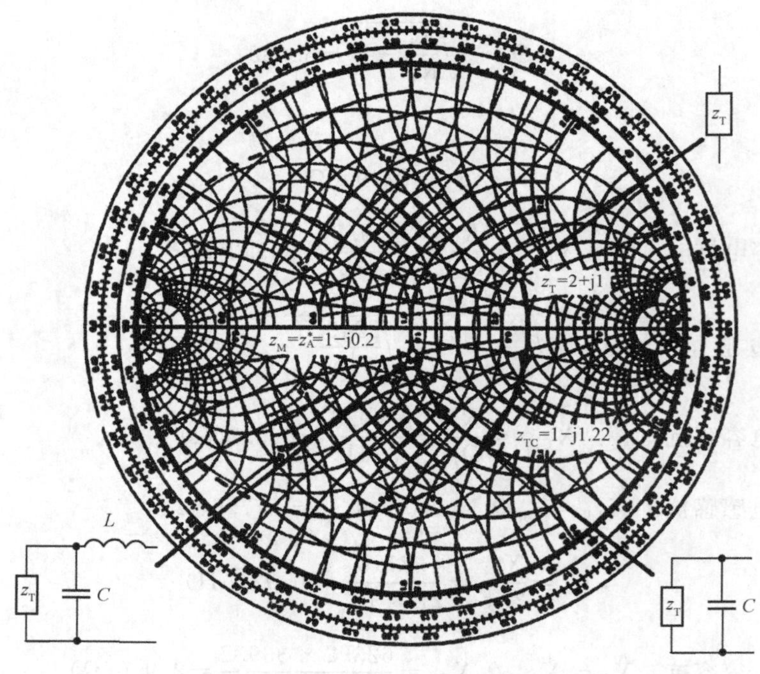

图 2-43　L 形匹配网络 Smith 圆图

由 Smith 圆图得 z_{TC} 和对应的 y_{TC} 分别为

$$z_{TC}=1-j1.22,\quad y_{TC}=0.4+j0.49$$

计算并联电容的归一化导纳　　$jb_C=y_{TC}-y_T=j0.69$

计算串联电感的归一化阻抗　　$jx_L=z_M-z_{TC}=j1.02$

则

$$L=\frac{x_L Z_0}{\omega}=6.09\text{nH},\quad C=\frac{b_C}{\omega Z_0}=0.73\text{pF}$$

2.8.2　T 形匹配网络

例 2-5　设计一个 T 形匹配网络，将 Z_L 变换为 Z_{in}。

已知 $Z_L=60-j30\Omega$，$Z_{in}=10+j20\Omega$，最大节点品质因数等于 3，$f=1$GHz。

解　取参考阻抗 Z_0 为 50Ω，计算归一化阻抗，得

$$z_L=\frac{Z_L}{Z_0}=\frac{60-j30}{50}=1.2-j0.6,\quad z_{in}=\frac{Z_{in}}{Z_0}=\frac{10+j20}{50}=0.2+j0.4$$

在 Smith 圆图中标出 z_L 和 z_{in}，画出 Q 等于 3 的等 Q 曲线，然后画匹配网络的轨迹。根据例题中"最大节点品质因数等于 3"的条件，匹配网络的一个节点必须在 Q 等于 3 的曲线上。由 z_L 出发，先串联电容，沿等电阻圆移动到 A；再并联电容，沿等电导圆移动到 B，此时 B 点的 Q 值等于 3；最后串联电感，沿等电阻圆移动到 z_{in}。匹配网络的轨迹如图 2-44 所示。

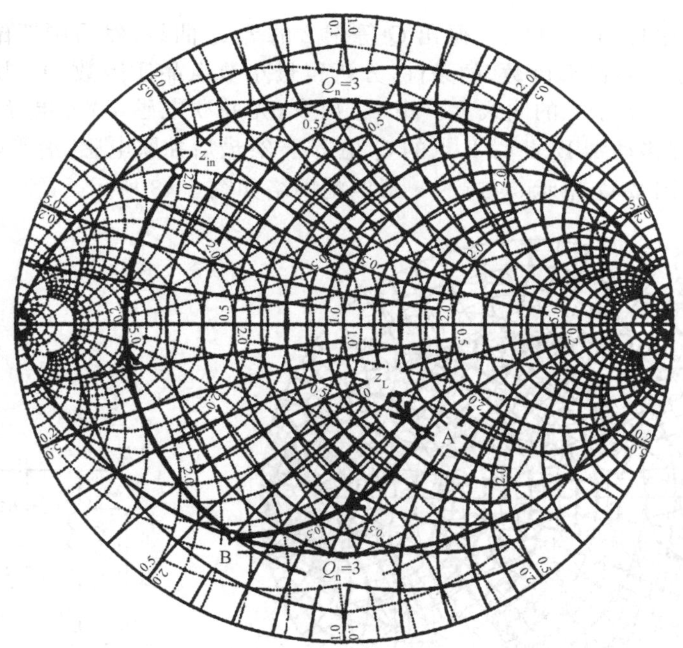

图 2-44　T 形匹配网络 Smith 圆图

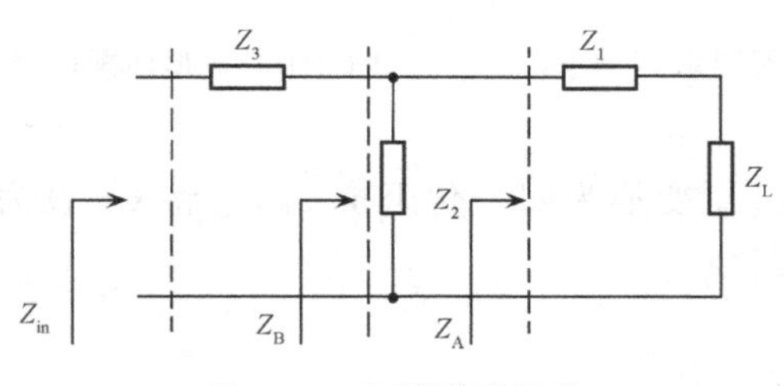

图 2-45　T 形匹配网络

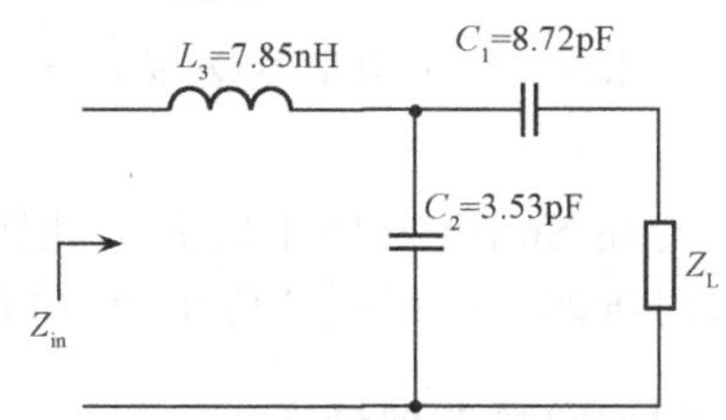

图 2-46　T 形匹配网络元件值

根据匹配网络的轨迹可以得到匹配网络结构如图 2-45 所示，其中 Z_A、Z_B 和 Z_{in}分别为 A 点、B 点和输入端的右侧阻抗。匹配网络的元件值如图 2-46 所示。

2.8.3 π 形匹配网络设计

例 2-6 已知宽带放大器需要一个 π 形匹配网络，要求该网络将 $Z_L=10-j10\Omega$ 的负载阻抗变换成 $Z_{in}=20+j40\Omega$ 的输入阻抗，并具有最小的节点品质因数，工作频率为 $f=2.4$GHz，求各元件值。

解 Z_L 和 Z_{in}对应的 Q 值分别为 1 和 2，匹配网络的最小节点品质因数 Q_n 为它们中的最大值 2。

取参考阻抗 Z_0 为 50Ω，计算归一化阻抗，得

$$z_L=\frac{Z_L}{Z_0}=\frac{10-j10}{50}=0.2-j0.2$$

$$z_{in}=\frac{Z_{in}}{Z_0}=\frac{20+j40}{50}=0.4+j0.8$$

在 Smith 圆图中标出 z_L 和 z_{in}，画出 Q 等于 2 的等 Q 曲线，然后画匹配网络的轨迹。根据例题中“具有最小节点品质因数”的条件，分析得最小节点品质因数 Q_n 为 2，因此匹配网络的一个节点必须在 Q 等于 2 的曲线上。由 z_L 出发，先并联电感，沿等电导圆移动到 A；再串联电容，沿等电阻圆移动到 B，此时 B 点的 Q 值等于 2；最后并联电感，沿等电导圆移动到 z_{in}。匹配网络的轨迹如图 2-47 所示，对应的 π 形匹配网络如图 2-48 所示。

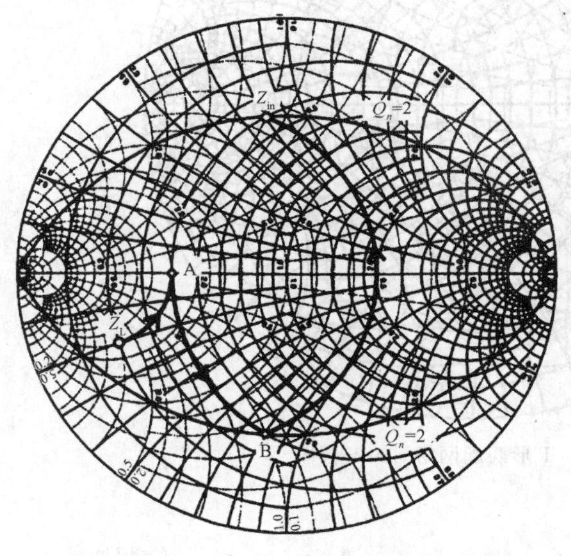

图 2-47　具有最小 Q_n 值的 π 形匹配网络

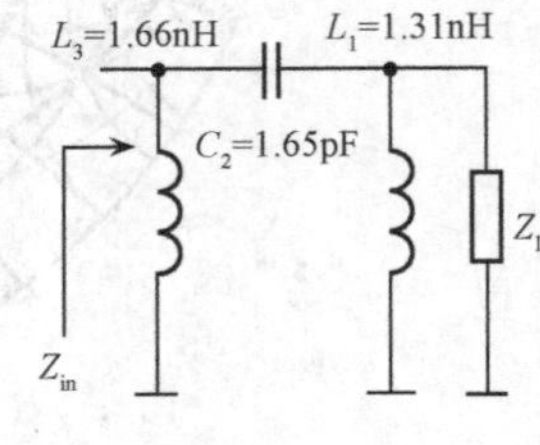

图 2-48　π 形匹配网络

注意：若在 Smith 圆图上将归一化阻抗 z_A 变换为归一化阻抗 z_B，应将 z_A 设为起点，z_B 设为终点，阻抗匹配网络轨迹应由起点指向终点。

2.8.4 短截线阻抗匹配设计

特征阻抗为 Z_0 的传输线一端接负载阻抗 Z_L，如图 2-49 所示。当 Z_0 不等于 Z_L 时，传输

线负载端不匹配，因此在负载端存在反射。为了避免反射，可以在传输线的特定位置通过并联一定长度的短截线(stub)来完成阻抗匹配。为此，需要确定短截线的接入位置和短截线长度两个参数。短截线的特征阻抗不必与主传输线相同，但相同的特征阻抗会带来一些方便。由于 stub 是并联接入的，因此更适合在导纳圆图上进行设计。

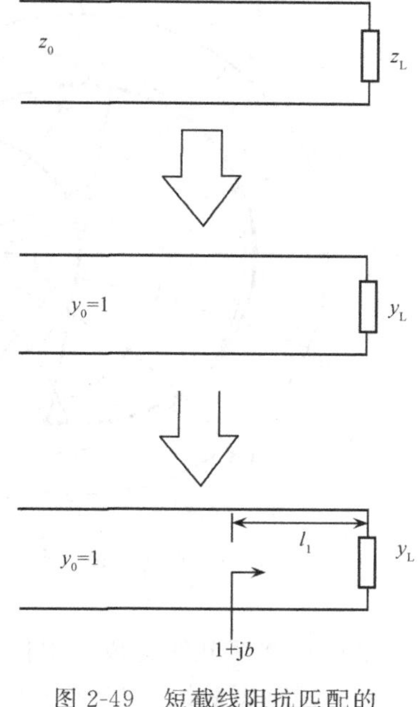

图 2-49　短截线阻抗匹配的基本步骤

1）短截线阻抗匹配设计步骤

短截线阻抗匹配的基本设计步骤如下：

(1) 在 Smith 阻抗圆图上将归一化的阻抗 z_L 转换成归一化的导纳 y_L，则阻抗圆图就变成了导纳圆图。

(2) 画出 y_L 所对应的反射系数圆，找出其与单位电导圆的交点，通常存在两个交点，分别为 $1+jb$ 和 $1-jb(b>0)$，可以选择其中一个进行设计，如选择 $1+jb$。

(3) 确定短截线长度，使其输入导纳与交点虚部绝对值相等，符号相反。若所选交点为 $1+jb$，则短截线输入导纳应为 $-jb$。

短截线阻抗匹配的基本步骤如图 2-49 所示。

2）短截线阻抗匹配设计举例

设归一化负载阻抗 $z_L=0.286+j0.795$，得 $y_L=0.4-j1.114$。画出 y_L 所对应的反射系数圆，找出其与单位电导圆的交点，这里有两个交点 $1+j2$ 和 $1-j2$，这是两个可能的短截线接入点。选择接入点 $1+j2$，由 Smith 圆图读出从 y_L 到 $1+j2$ 反射系数顺时针变化的角度 θ_1 为 $235.2°$，如图 2-50 所示。

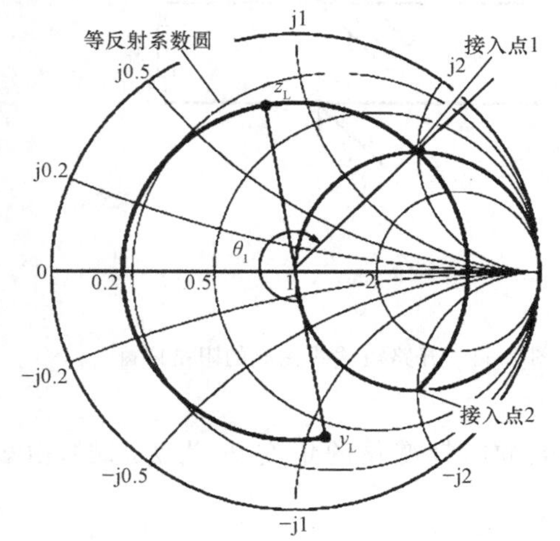

图 2-50　短截线阻抗匹配 Smith 圆图

根据传输线输入端反射系数与负载端反射系数的关系式，有 $\theta_1=2\beta l_1$，其中 $\beta=\frac{2\pi}{\lambda}$，$l_1$ 为传输线长度，得

$$l_1=\frac{\theta_1}{2\beta}=0.327\lambda$$

下一步求短截线长度 l_2。短截线既可以短路也可以开路，以获得一个纯归一化导纳 $-j2$。下面分两种情况讨论。

(1) 短路短截线。假设短截线特征阻抗与主传输线相同，并且使用短路短截线，即 y 等于无穷大，如图 2-51 所示。

由 Smith 圆图读出从 y 为无穷大到 $-j2$，其反射系数顺时针变化的角度 θ_2 为 $53.1°$，由表达式 $\theta_2=2\beta l_2$，其中 $\beta=\frac{2\pi}{\lambda}$，$l_2$ 为短路短截线长度，得

$$l_2=\frac{\theta_2}{2\beta}=0.074\lambda$$

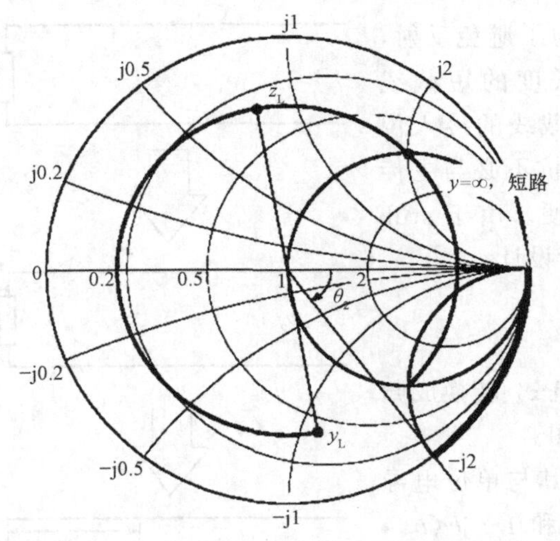

图 2-51　使用短路短截线 Smith 圆图

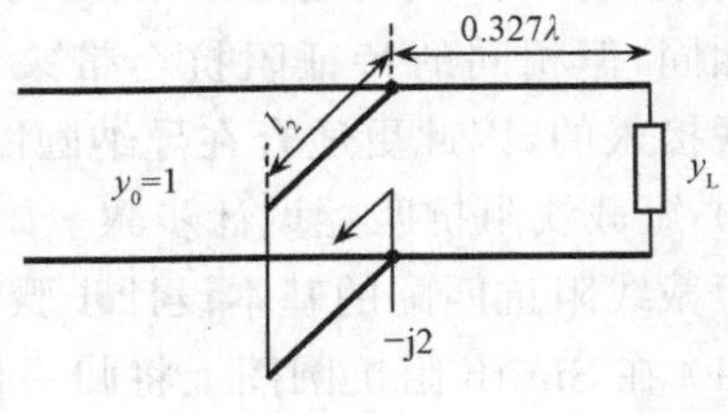

图 2-52　短路短截线完成的阻抗匹配

采用短路短截线完成的阻抗匹配如图 2-52 所示。

(2) 开路短截线。若使用开路短截线，即 y 等于零，并假设短截线特征阻抗与主传输线相同，如图 2-53 所示。

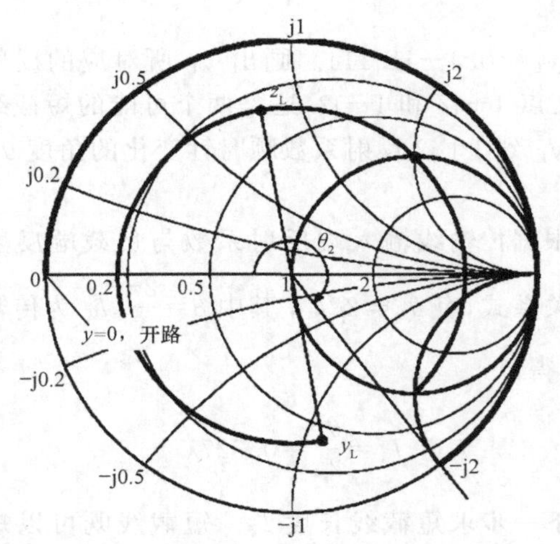

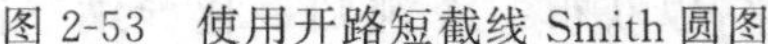

图 2-53　使用开路短截线 Smith 圆图

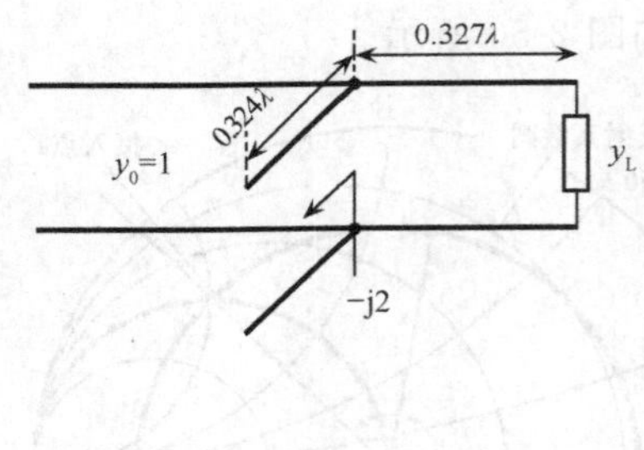

图 2-54　开路短截线完成的阻抗匹配

由 Smith 圆图读出从 y 为零到 $-$j2，其反射系数顺时针变化的角度 θ_2 为 233.1°，由表达式

$$\theta_2 = 2\beta l_2$$

其中 $\beta=\dfrac{2\pi}{\lambda}$，$l_2$ 为开路短截线长度，得

$$l_2 = \frac{\theta_2}{2\beta} = 0.324\lambda$$

采用开路短截线完成的阻抗匹配如图 2-54 所示。

2.9 本章小结

本章介绍了传输线、传输线阻抗变换、二端口网络、S 参数、Smith 圆图和阻抗匹配网络等射频与微波方面的基础知识。

传输线广泛应用于射频与微波电路中，它具有分布参数特性和阻抗变换的作用，在特定条件下可以实现短路与开路。本章给出了传输线的电路模型，对无损耗和有损耗传输线进行了讨论，包括相位速度和特征阻抗的概念、反射系数、输入阻抗、电压驻波比、回波损耗；介绍了传输线阻抗变换的基本原理，讨论了短截线阻抗变换器和 1/4 波长阻抗变换器。

Z 参数、Y 参数、H 参数、ABCD 参数和 S 参数都可以用来描述二端口网络。前面四种是基于电压和电流的网络参数测量方法，难以应用于高频网络参数的测量。S 参数是基于入射波和反射波的网络参数测量方法，主要应用于高频与微波网络的测量。本章在介绍 Z 参数、Y 参数、H 参数、ABCD 参数的基础上，重点介绍了 S 参数，包括入射波和反射波概念、S 参数的计算与测量，给出了转换功率增益、工作功率增益和资用功率增益的定义。

Smith 圆图是解决传输线、阻抗匹配等问题极为有用的图形工具，主要用于读取阻抗、导纳、反射系数、驻波比等，设计阻抗和传输线匹配网络、微波与射频放大器等。本章在给出反射系数定义的基础上，介绍了 Smith 阻抗圆图、Smith 导纳圆图和 Smith 阻抗导纳圆图。

为了让放大器从信号源获得最大的功率和让放大器向负载传输最大的功率，或者使放大器具有最小噪声系数等，需要在射频放大器的输入和输出端进行阻抗匹配，其中最大功率传输对应共轭匹配，最小噪声系数对应噪声匹配。阻抗匹配网络主要有 L 形、π 形和 T 形匹配网络，L 形匹配网络的 Q 值由源电阻和负载电阻确定，而 π 形和 T 形匹配网络的 Q 值可由设计者根据需要确定。匹配网络的设计可以采用方程计算法和 Smith 圆图法，方程计算法的特点是精度高，但计算较繁琐。Smith 圆图法的特点是阻抗匹配过程非常直观，设计简单，精度通常可以控制在 5%以内。本章讨论了串并联支路的阻抗转换、电容部分接入阻抗变换、L 形匹配网络、π 形和 T 形匹配网络和短截线阻抗匹配设计。

参 考 文 献

陈邦媛. 2003. 射频通信电路. 北京：科学出版社

田庆诚. Active Devices and S-Parameters，中华大学电机系课件

Gonzalez G. 1997. Microwave Transistor Amplifiers Analysis and Design. Prentice-Hall，Inc.

Ludwig R，Pavel Bretchko. 2002. RF Circuit Design：Theory and Applications. Publishing House of Electronics Industry

Radmanesh M M. 2002. Radio Frequency and Microwave Electronics Illustrated. Publishing House of Electronics Industry

习　　题

2-1　金属导线长度为 10cm，当信号频率为 9375MHz 和 150kHz 时，此金属导线是传输线还是短路线？

2-2　何谓传输线的分布参数，何谓均匀无耗传输线？

2-3　均匀无耗传输线的分布电感 $L_0=1.665\text{nH/mm}$，分布电容 $C_0=0.666\text{pF/mm}$。求传输线的特征阻抗 Z_0。当信号频率分别为 50Hz 和 1000MHz 时，计算每厘米线长引入的串联电抗和并联电纳。

2-4　无耗传输线特征阻抗 Z_0 为 300Ω，如题图 2-4 所示，当线长分别为 $\lambda/6$ 及 $\lambda/3$ 时，计算终端短路和

开路条件下的输入阻抗。

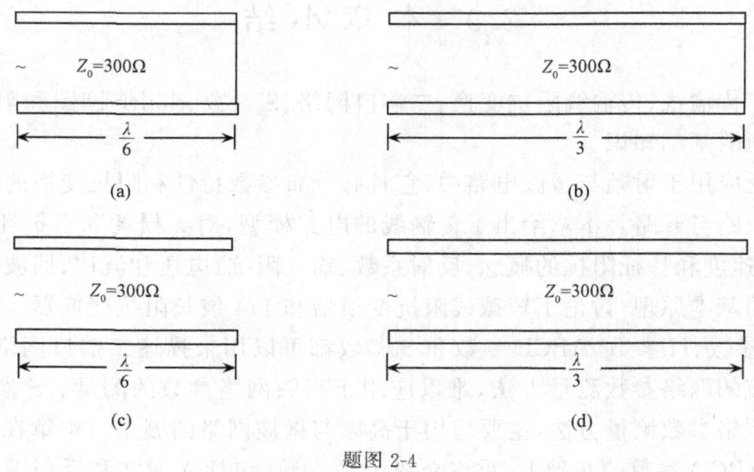

题图 2-4

2-5 求出题图 2-5 所示各电路的输入端反射系数 Γ_{in} 及输入阻抗 Z_{in}。

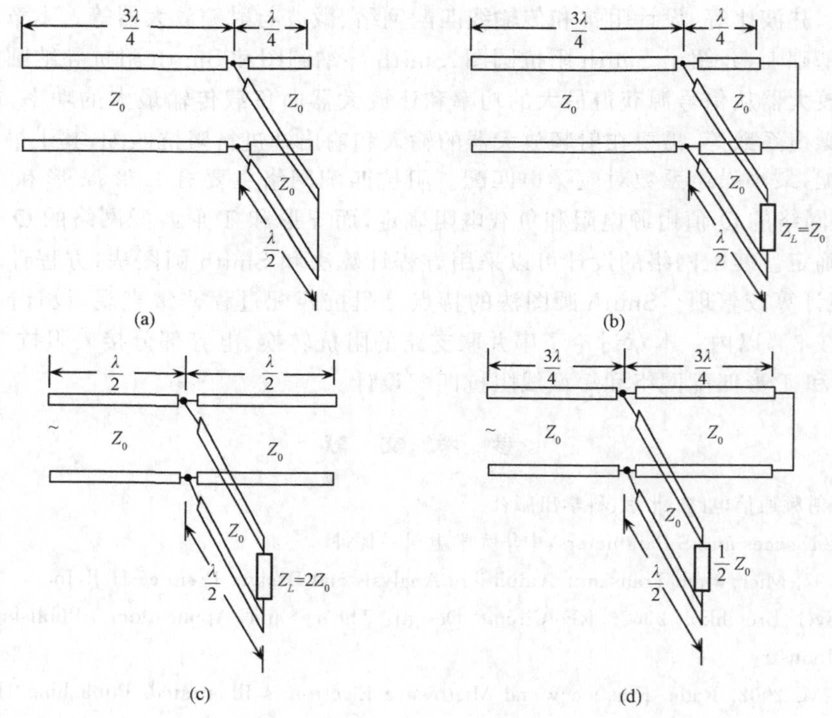

题图 2-5

2-6 双端口网络的各种表示方法是彼此等同的，它们最终描述的是同一个系统。通过把阻抗参数变换为 S 参数以及它的反变换来明确说明这一点。

2-7 请将题图 2-7 中 Smith 圆图上的曲线与它们的性质对应起来，并填入到题表 2-7 中。

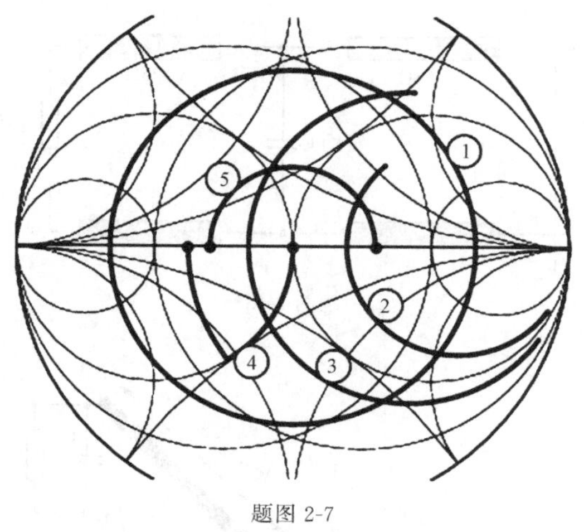

题图 2-7

题表 2-7

曲线性质	曲线编号
某频率点上的 LC 网络阻抗匹配	
某频率点上 $\lambda/4$ 传输线的阻抗变换	
一端接负载传输线输入阻抗随频率的变化	
较低 Q 值 RLC 串联电路阻抗在某段频率上的变化	
较高 Q 值 RLC 串联电路阻抗在某段频率上的变化	

2-8　在 Smith 圆图上大致可以看出，随频率增加，其轨迹总是顺时针走向。请说明该规则的理由，是否有例外？

2-9　在阻抗圆图上某一点 z 与圆图中心点 1+j0 连线的延长线上可以找到一点 y，使得 y 和 z 到中心点的距离相等，证明 y 点的阻抗读数即为 z 点阻抗对应的导纳。

2-10　在 Smith 圆图上，标出下列归一化阻抗和导纳：

(a) $z=0.1+\mathrm{j}0.7$

(b) $y=0.3+\mathrm{j}0.5$

(c) $z=0.2+\mathrm{j}0.1$

(d) $y=0.1+\mathrm{j}0.2$

并求出对应的反射系数和驻波比。

2-11　特征阻抗为 $Z_0=50\Omega$ 的无耗传输线，长度为 $d=0.15\lambda$，终端接一负载阻抗 $Z_L=(25-\mathrm{j}30)\Omega$。用 Smith 阻抗圆图求负载反射系数 Γ_L、传输线输入阻抗 $Z_{\mathrm{in}}(-d)$ 和驻波比。

2-12　试推导终端接负载的有损传输线的输入阻抗可以用下式表示：

$$Z_{\mathrm{in}}(l)=Z_0\frac{Z_L+Z_0\tanh\gamma l}{Z_0+Z_L\tan\gamma l}$$

2-13　利用 Smith 圆图分析题图 2-13 所示电路的输入阻抗 Z_{in}。

2-14　如题图 2-14 所示的传输线电路工作在 900MHz，Z_1、Z_2、Z_3 为各段传输线的特征阻抗，$Z_1=80\Omega$，$Z_2=50\Omega$，$Z_3=200\Omega$，负载 $R_1=R_2=25\Omega$，$L=5\mathrm{nH}$，$C=2\mathrm{pF}$，请通过 Smith 圆图求出 A 点和 B 点处的输入阻抗（向负载方向看）和反射系数。

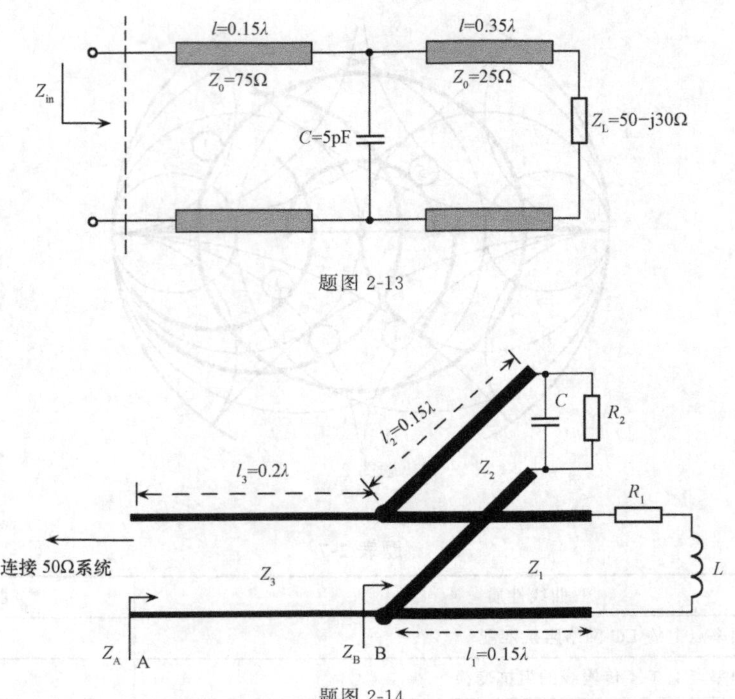

题图 2-13

题图 2-14

2-15　试比较串、并联 RLC 网络阻抗特性的异同。

2-16　已知无耗传输线的特征阻抗 $Z_1=200\Omega$，终端接 $Z_L=50+\mathrm{j}50\Omega$ 的负载，若采用 $\lambda/4$ 阻抗变换器进行匹配，试求变换器的阻抗 Z_{01} 及接入位置 d；若采用并联短路单支节进行匹配，试求支节接入位置 d 及支节长度 l。

2-17　对于题图 2-17 所示的阻抗变换电路，

(1) 试证明近似式 $R_{\mathrm{P}}\approx\left(\dfrac{C_1+C_2}{C_1}\right)^2R_2$ 成立，并说明其成立的条件。

(2) 定义 $Q_2=R_2\omega C_2$，$Q=R_{\mathrm{P}}\omega C_{\mathrm{P}}$，证明 $\dfrac{C_2}{C_1}=\dfrac{QQ_2-Q_2^2}{(1+Q_2^2)}$。

(3) 已知 $f=0.9\mathrm{GHz}$，$R_{\mathrm{P}}=200\Omega$，$R_2=50\Omega$，根据第(2)小题的推导和结论，求 $Q=4$ 和 40 时 C_1 和 C_2 的值。

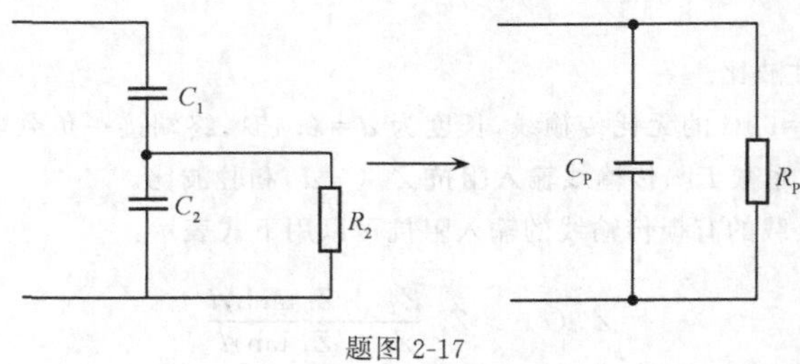

题图 2-17

2-18　已知串联 RLC 网络的谐振频率为 1.5MHz，电容 $C=100\mathrm{pF}$，谐振时回路阻抗为 5Ω，试求该网络中电感 L 的电感量以及该网络的品质因数。又若信号源电压振幅为 $V_{\mathrm{sm}}=1\mathrm{mV}$，求回路谐振时回路中的电流以及网络中各元件上的电压振幅。

2-19　已知工作频率为 2.4GHz，有一阻抗为 30＋j15Ω 的负载，需要将其匹配到 50Ω。试分别设计 L 匹配网络，具有最大节点品质因数为 2 的 T 匹配网络和 π 匹配网络（使用两种方法实现：计算法和 Smith 圆图法）。

2-20　已知工作频率为 2GHz，负载阻抗为 $R_P=50\Omega$，源阻抗为 $R_S=50\Omega$，设计一匹配网络如题图 2-20所示（采用两级 L 形匹配级联），实现输入阻抗匹配，请说明该匹配方式的特点，并计算各元件参数（注：$R_i=\sqrt{R_S \cdot R_P}$）。

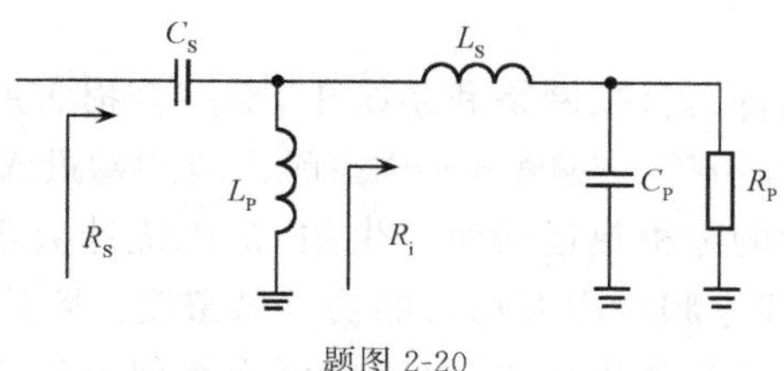

题图 2-20

第3章 噪声及非线性

3.1 概　述

噪声普遍存在于电子元件、器件、网络和系统中，噪声会损害所需信号的质量。噪声主要有热噪声、闪烁噪声和散弹噪声等。热噪声又称白噪声或约翰逊噪声，是由处在一定温度下的各种物质内部微粒作无规律的随机热运动而产生的，常用统计数学的方法进行研究。其概率分布为正态分布，在整个无线电频段内有均匀的功率谱密度。除热噪声以外，其他如晶体管中的散弹噪声和闪烁噪声等也具有随机性质，因此也可用类似方法进行分析。为了分析二端口网络的噪声，通常将一个有噪二端口网络等效为一个无噪二端口网络和其输入端的等效噪声电压源与等效噪声电流源的组合。噪声决定了系统能够处理最小信号的能力。

晶体管本质上都是非线性的，由其构成的放大器等有源电路也都是非线性的，非线性决定了系统能够处理最大信号的能力。

本章给出电子系统中存在的主要噪声源及与噪声相关的一些基本概念，讨论晶体管的等效噪声计算方法，给出二端口网络噪声系数和等效噪声温度的计算方法；讨论非线性对系统性能的影响，推导线性度的计算公式。

3.2 噪　声

3.2.1 噪声源

1. 噪声类型

噪声是一种随机过程，用概率密度函数(PDF)和功率谱密度(PSD)来描述。

电路中常见的噪声类型主要包括：

1) 电阻的热噪声(thermal noise)

热噪声是由导体中电子的随机运动引起的，它会引起导体两端电压的波动，热噪声谱密度与绝对温度成正比。

2) 散弹噪声(shot noise)

散弹噪声由载流子经过PN结时产生，电路模型为一个并联的电流源$\overline{i_n^2}=2qI$，其中I为电流，q为电子电荷，$q=1.6\times10^{-19}$C。

3) 闪烁噪声(flicker noise，$1/f$ noise)

闪烁噪声主要由晶格的缺陷产生，电路模型为一个并联的电流源$\overline{i_n^2}=KI^a/f^b$，其中$I$为电流，$a$为0.5～2，$b$约为1。

$\overline{v_n^2}$的单位为V^2/Hz，$\overline{i_n^2}$的单位为A^2/Hz。$\overline{v_n^2}$和$\overline{i_n^2}$其他表示法是将它们的表达式乘以带宽Δf。

2. 器件噪声

1) 电阻热噪声

虽然有些电阻也存在闪烁噪声，但电阻中最主要的噪声源是热噪声(thermal noise)。理想的电感和电容不产生噪声，由于实际电感和电容存在寄生电阻，因而也有热噪声。

电阻的噪声模型可以用电阻 R 串联噪声电压均方值$\overline{v_n^2}$来表示，也可以用电阻 R 并联噪声电流均方值$\overline{i_n^2}$来表示，如图3-1所示。

电阻的噪声电压均方值表示为

$$\overline{v_n^2}=4kTR\Delta f \tag{3.1}$$

电阻的噪声电流均方值表示为

$$\overline{i_n^2}=\frac{4kT\Delta f}{R} \tag{3.2}$$

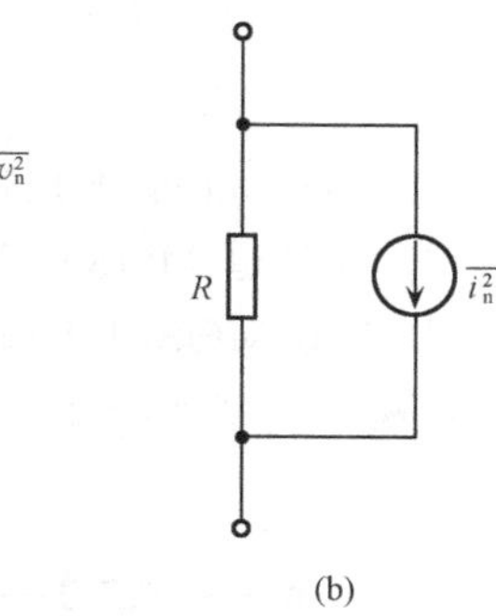

图3-1 电阻噪声模型

其中，k 为玻尔兹曼常量(Boltzmann's constant)，$k=1.38\times10^{-23}$ J/K；R 为电阻值；T 为绝对温度；Δf 为信号带宽。

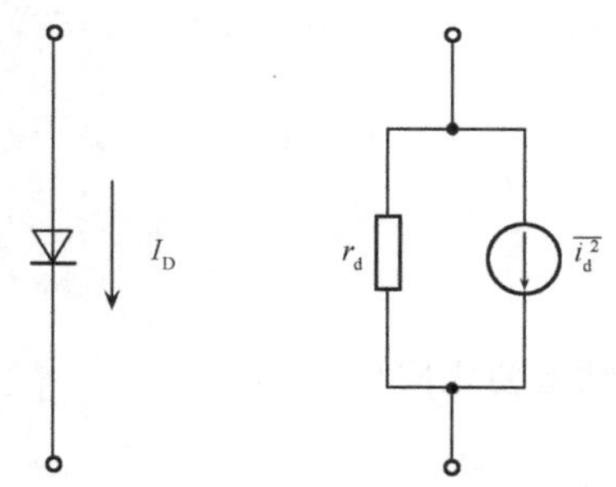

图3-2 二极管噪声模型

2) 二极管噪声

二极管主要包括散弹噪声(shot noise)和闪烁噪声(flicker noise)，有时也包括串联电阻的热噪声，其噪声模型如图3-2所示。图中 I_D 为流过二极管的电流，r_d 为二极管小信号等效电阻，因为 r_d 不是物理电阻，因此不产生热噪声。

二极管噪声电流的均方值表示为

$$\overline{i_d^2}=2qI_D\Delta f+K\frac{I_D^a}{f^b}\Delta f \tag{3.3}$$

二极管的小信号等效电阻表示为

$$r_d=\frac{V_T}{I_D}=\frac{kT}{qI_D} \tag{3.4}$$

3) 双极型晶体管噪声

双极型晶体管主要包括集电极-发射极散弹噪声，基极-发射极散弹噪声和闪烁噪声，以及基极寄生电阻的热噪声，其噪声模型如图3-3所示。

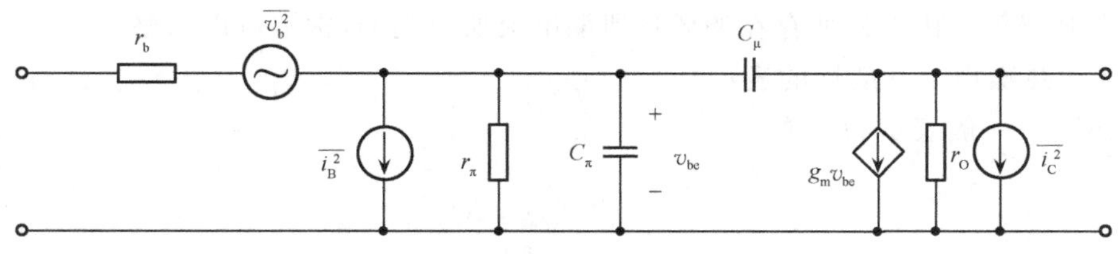

图3-3 双极型晶体管噪声模型

(1) 集电极-发射极散弹噪声表示为

$$\overline{i_C^2}=2qI_C\Delta f \tag{3.5}$$

（2）基极-发射极散弹噪声和闪烁噪声表示为

$$\overline{i_{\mathrm{B}}^{2}}=2qI_{\mathrm{B}}\Delta f+K\frac{I_{\mathrm{B}}^{a}}{f^{b}}\Delta f \tag{3.6}$$

（3）基极寄生电阻热噪声表示为

$$\overline{v_{\mathrm{b}}^{2}}=4kTr_{\mathrm{b}}\Delta f \tag{3.7}$$

注意：r_{π} 和 r_{b} 不是物理电阻，因此不产生热噪声。

4）长沟道 MOSFET 管噪声

长沟道 MOSFET 管主要包括栅极电阻热噪声、沟道热噪声、闪烁噪声和栅极电流散弹噪声，其噪声模型如图 3-4 所示。

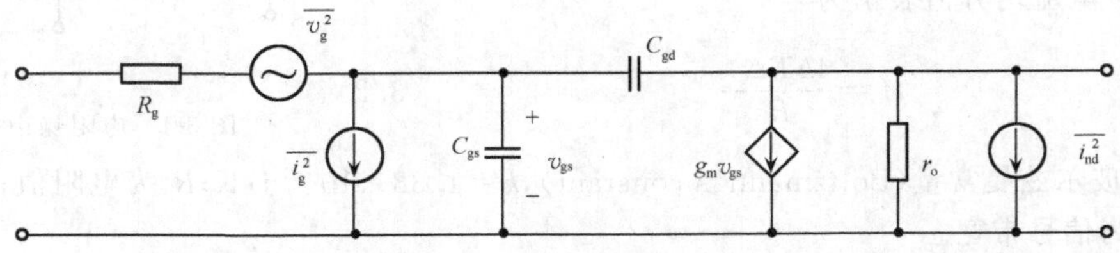

图 3-4　长沟道 MOSFET 管噪声模型

（1）栅极电阻热噪声表示为

$$\overline{v_{\mathrm{g}}^{2}}=4kTR_{\mathrm{g}}\Delta f \tag{3.8}$$

栅极电阻 R_{g} 主要是栅极多晶硅电阻，可以通过使用叉指结构使之降低。

（2）沟道热噪声和闪烁噪声表示为

$$\overline{i_{\mathrm{nd}}^{2}}=4kT\frac{2}{3}g_{\mathrm{m}}\Delta f+K\frac{I_{\mathrm{D}}^{a}}{f^{b}}\Delta f \tag{3.9}$$

不同元件的闪烁噪声参数 K、a 和 b 是不同的，这里为了简洁起见，采用与三极管完全一样的符号来表示。

（3）栅极电流散弹噪声表示为

$$\overline{i_{\mathrm{g}}^{2}}=2qI_{\mathrm{G}}\Delta f \tag{3.10}$$

这种散弹噪声是由栅极所存在的微量泄漏电流所引起的，常常可以忽略。

（4）沟道热噪声更一般性的表示

沟道热噪声一般表示为

$$\overline{i_{\mathrm{nd}}^{2}}=4kT\gamma g_{\mathrm{do}}\Delta f$$

其中，g_{do} 是当 $V_{\mathrm{DS}}=0$ 时的沟道电导，可以表示为 $g_{\mathrm{do}}=\mu C_{\mathrm{ox}}(W/L)(V_{\mathrm{gs}}-V_{\mathrm{th}})$，在长沟道条件下有 $g_{\mathrm{m}}=g_{\mathrm{do}}$；对于短沟道器件，有 $g_{\mathrm{m}}=\alpha g_{\mathrm{do}}$，$\alpha<1$。$\gamma$ 是一个与偏置状态有关的系数，对于长沟道器件，$2/3\leqslant\gamma\leqslant1$，管子工作在饱和区时取值 2/3，线性区零偏置时取 1；由于热载流子效应，短沟道器件的 γ 值远大于 1。

3.2.2　噪声的平均功率与相关性

电路中使用的噪声电压均方值$\overline{v_n^2}$和噪声电流均方值$\overline{i_n^2}$相当于 1Ω 负载上的平均噪声功率或功率谱密度(频率 f 处 1Hz 带宽内的功率)，单个噪声源的平均功率定义为

$$\overline{n^2(t)} = \lim_{T\to\infty}\frac{1}{T}\int_0^T n^2(t)\mathrm{d}t \tag{3.11}$$

对于两个噪声源 $n_1(t)$和 $n_2(t)$，当 $\lim\limits_{T\to\infty}\frac{1}{T}\int_0^T 2n_1(t)n_2(t)\mathrm{d}t=0$ 时，称噪声源 $n_1(t)$与 $n_2(t)$不相关，否则称为相关。

两个噪声源 $n_1(t)$和 $n_2(t)$相加后的平均功率可以表示为

$$\begin{aligned}\overline{n^2(t)} &= \lim_{T\to\infty}\frac{1}{T}\int_0^T [n_1(t)+n_2(t)]^2\mathrm{d}t \\ &= \lim_{T\to\infty}\frac{1}{T}\int_0^T n_1^2(t)\mathrm{d}t + \lim_{T\to\infty}\frac{1}{T}\int_0^T n_2^2(t)\mathrm{d}t + \lim_{T\to\infty}\frac{1}{T}\int_0^T 2n_1(t)n_2(t)\mathrm{d}t \\ &= \overline{n_1^2(t)} + \overline{n_2^2(t)} + \lim_{T\to\infty}\frac{1}{T}\int_0^T 2n_1(t)n_2(t)\mathrm{d}t\end{aligned} \tag{3.12}$$

当噪声源 $n_1(t)$与 $n_2(t)$不相关时，有

$$\overline{n^2(t)} = \overline{n_1^2(t)} + \overline{n_2^2(t)} \tag{3.13}$$

因此，不相关的两个噪声源的平均功率等于两个噪声源平均功率的和。

3.2.3　噪声带宽

如果一个系统的传递函数为 $H(f)$，且在 $f=f_0$ 时$|H(f)|$的值最大，则系统的噪声带宽(noise bandwidth)定义为

$$B_n = \frac{1}{|H(f_0)|^2}\int_0^\infty |H(f)|^2\mathrm{d}f \tag{3.14}$$

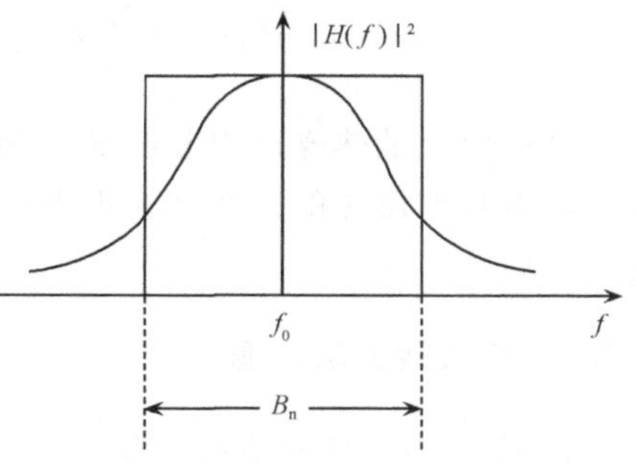

图 3-5　噪声带宽与$|H(f)|^2$的关系曲线

图 3-5 给出噪声带宽 B_n 与$|H(f)|^2$ 的关系曲线，其中钟形曲线($|H(f)|^2$)的面积应等于矩形的面积，矩形的宽度 B_n 即为噪声带宽。

3.2.4　系统的输出噪声功率

当功率谱密度为 $S_i(f)$的噪声通过传递函数为 $H(f)$的线性时不变系统后，输出噪声功率谱密度表示为

$$S_0(f) = S_i(f)\,|H(f)|^2 \tag{3.15}$$

输出噪声的平均功率为

$$\overline{n_0^2(t)} = \int_0^\infty S_0(f)\mathrm{d}f = \int_0^\infty S_i(f)\,|H(f)|^2\mathrm{d}f \tag{3.16}$$

若输入噪声为白噪声，其功率谱密度为 N_0，则系统输出噪声功率为

$$\overline{n_0^2(t)} = \int_0^\infty S_i(f) \mid H(f) \mid^2 \mathrm{d}f = N_0 \int_0^\infty \mid H(f) \mid^2 \mathrm{d}f = N_0 B_n \mid H(f_0) \mid^2 \tag{3.17}$$

3.2.5　*kT/C* 噪声

对于一个 RC 低通网络，示于图 3-6。图中 $\overline{v_n^2}$ 为电阻 R 的热噪声，其功率谱密度 $4kTR$ 为常数，不随频率改变，因此这是一个白噪声。网络的输出噪声功率可由式(3.17)计算，为此先要计算传递函数 $H(f)$ 和噪声宽 B_n。

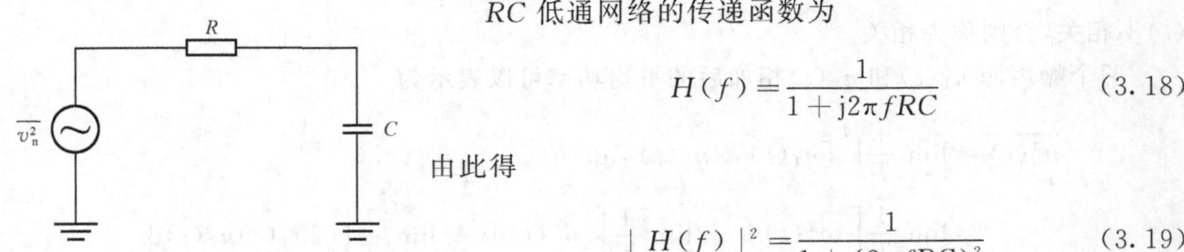

图 3-6　RC 低通网络

RC 低通网络的传递函数为

$$H(f) = \frac{1}{1 + \mathrm{j}2\pi fRC} \tag{3.18}$$

由此得

$$\mid H(f) \mid^2 = \frac{1}{1 + (2\pi fRC)^2} \tag{3.19}$$

当 $f = 0$ 时，$|H(f)|^2$ 达到最大值，并有 $|H(0)|^2 = 1$。

网络的噪声带宽为

$$B_n = \frac{1}{\mid H(0) \mid^2} \int_0^\infty \mid H(f) \mid^2 \mathrm{d}f = \int_0^\infty \frac{1}{1 + (2\pi fRC)^2} \mathrm{d}f = \frac{\pi}{2} f_{3\mathrm{dB}} = \frac{1}{4RC} \tag{3.20}$$

网络的输出噪声功率为

$$\overline{n_0^2(t)} = N_0 B_n \mid H(f_0) \mid^2 = 4kTR \cdot \frac{1}{4RC} \cdot 1 = \frac{kT}{C} \tag{3.21}$$

这是电阻的热噪声引起的输出噪声功率，它与电容成反比，并且与电阻的取值无关。这种噪声与电容成反比的关系在模拟电路设计(如取样电路、滤波电路等)中造成了精度与速度之间的矛盾。

3.2.6　等效输入噪声源

1. 有噪二端口网络的等效

除了理想的电感和电容等，电路元件都存在噪声，因此普通电路的输出噪声功率谱密度都将大于输入噪声功率谱密度。噪声的存在限制了电路所能处理的最小输入信号，亦即电路的灵敏度(sensitivity)或最小可测信号(minimum detectable signal，MDS)。灵敏度的定义在不同的系统中各不相同，数字无线通信系统的灵敏度通常定义为使误码率(BER)保持在给定限度之下的最小输入信号功率。为了分析电路的噪声特性，通常将电路的噪声等效到输入端，尽管将电路噪声等效到输出端也可以达到同样的目的。

任何一个有噪双端口网络的内部噪声都可以由其输入端的两个噪声源来等效：一个是与信号源相串联的噪声电压源，另一个是与信号源相并联的噪声电流源，而把该双端口网络看作一个无噪网络。换句话说，任何一个有噪双端口网络都可以等效为一个无噪双端口网络和其输入端的等效噪声电压源与等效噪声电流源的组合，如图 3-7 所示。

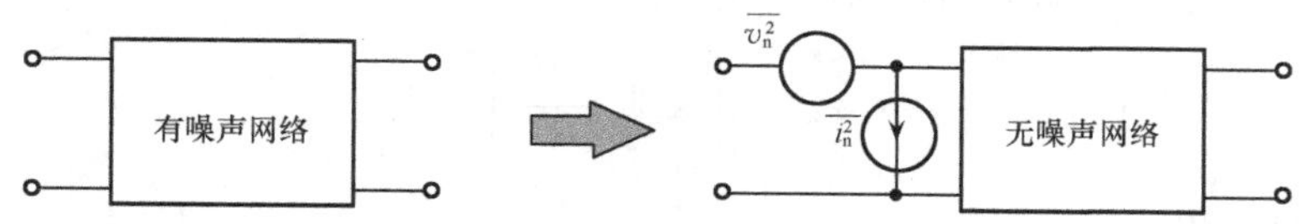

图 3-7　有噪二端口网络及其等效电路

当信号源阻抗 Z_S 为 0 时，只有$\overline{v_n^2}$起作用；当 Z_S 为无穷大时，只有$\overline{i_n^2}$起作用。因此，当信号源阻抗 Z_S 较小时，$\overline{v_n^2}$将起主要作用；当信号源阻抗 Z_S 较大时，$\overline{i_n^2}$将起主要作用。$\overline{v_n^2}$和$\overline{i_n^2}$的计算分别在信号源短路和开路两种极端情况下进行。

2. 晶体管等效输入噪声源

1）双极型晶体管

图 3-3 所示晶体管噪声模型可以用无噪声的晶体管等效电路、等效输入噪声电压和等效输入噪声电流来等效，如图 3-8 所示。

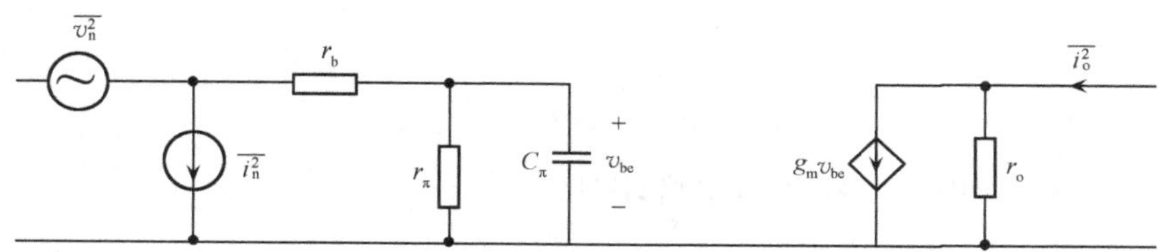

图 3-8　双极型晶体管等效输入噪声模型

等效输入噪声电压$\overline{v_n^2}$和等效输入噪声电流$\overline{i_n^2}$的计算分别在输入端短路和输入端开路两种极端情况下，使输出端的短路电流相等得到。

（1）$\overline{v_n^2}$的计算。将图 3-3 和图 3-8 的输入端和输出端分别短路，如图 3-9 所示，分别计算两个电路的输出电流$\overline{i_o^2}$，并令它们相等，即可得到$\overline{v_n^2}$。

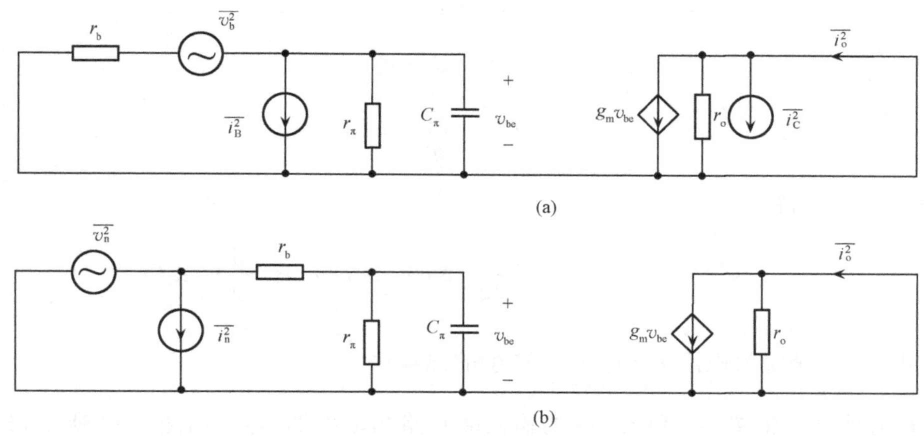

图 3-9　计算$\overline{v_n^2}$的等效电路

在频率不是很高的情况下，通常有

$$r_b \ll \left| r_\pi \parallel \frac{1}{j\omega C_\pi} \right|$$

由图 3-9(a)容易写出

$$v_{be} = v_b + i_B r_b$$

$$i_o = g_m v_{be} + i_C = g_m v_b + g_m i_B r_b + i_C \tag{3.22}$$

同样，由图 3-9(b)可以写出

$$v_{be} = v_n$$

$$i_o = g_m v_{be} = g_m v_n \tag{3.23}$$

令式(3.22)和式(3.23)相等，得

$$g_m v_b + g_m i_B r_b + i_C = g_m v_n$$

于是有

$$v_n = v_b + i_B r_b + i_C / g_m \tag{3.24}$$

通常 r_b 很小，式(3.24)中的 $i_B r_b$ 可以忽略，因此有

$$v_n \approx v_b + i_C / g_m \tag{3.25}$$

由于 v_b 与 i_C 互不相关，故有

$$\overline{v_n^2} \approx \overline{v_b^2} + \overline{i_C^2} / g_m^2 \tag{3.26}$$

考虑到

$$\overline{v_b^2} = 4kTr_b \Delta f$$

$$\overline{i_C^2} = 2qI_C \Delta f$$

$$I_C = g_m V_T$$

$$V_T = \frac{kT}{q}$$

重新整理式(3.26)得

$$\overline{v_n^2} \approx 4kTr_b \Delta f + 4kT \frac{1}{2g_m} \Delta f = 4kT\left(r_b + \frac{1}{2g_m}\right)\Delta f \tag{3.27}$$

因此，$\overline{v_n^2}$相当于一个等效电阻 $r_b + \dfrac{1}{2g_m}$所产生的热噪声。

(2) $\overline{i_n^2}$的计算。将图 3-3 和图 3-8 的输入端开路和输出端短路，如图 3-10 所示，分别计算两个电路的输出电流$\overline{i_o^2}$，并令它们相等，即可得到$\overline{i_n^2}$。

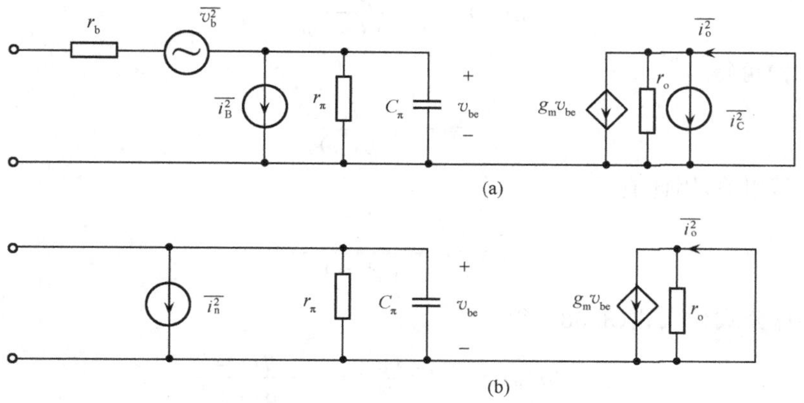

图 3-10 计算$\overline{i_n^2}$的等效电路

为了计算方便，令

$$Z_\pi = r_\pi \parallel \frac{1}{j\omega C_\pi} \tag{3.28}$$

由图 3-10(a)第一个电路，容易写出

$$v_{be} = i_B Z_\pi$$

$$i_o = i_C + g_m v_{be} = i_C + g_m i_B Z_\pi \tag{3.29}$$

由图 3-10(b)第二个电路，同样可以写出

$$v_{be} = i_n Z_\pi$$

$$i_o = g_m v_{be} = g_m i_n Z_\pi \tag{3.30}$$

令式(3.29)和式(3.30)相等，得

$$i_C + g_m i_B Z_\pi = g_m i_n Z_\pi \tag{3.31}$$

整理后得

$$i_n = i_B + \frac{i_C}{g_m Z_\pi} \tag{3.32}$$

实际上，$g_m Z_\pi$ 为晶体管交流信号的电流放大倍数，即

$$\beta(\omega) = g_m Z_\pi = g_m \frac{r_\pi}{1 + j\omega r_\pi C_\pi} \tag{3.33}$$

由于

$$\beta(0) = g_m r_\pi = \beta_o \tag{3.34}$$

$$\omega_T = \frac{g_m}{C_\pi} \tag{3.35}$$

因此有

$$\beta(\omega)=\frac{\beta_o}{1+j\beta_o\omega/\omega_T} \tag{3.36}$$

由式(3.32)可得

$$i_n=i_B+\frac{i_C}{\beta(\omega)} \tag{3.37}$$

由于 i_B 与 i_C 不相关,因此有

$$\overline{i_n^2}=\overline{i_B^2}+\frac{\overline{i_C^2}}{|\beta(\omega)|^2} \tag{3.38}$$

将$\overline{i_B^2}$和$\overline{i_C^2}$的计算公式代入式(3.38),得

$$\overline{i_n^2}=2qI_B\Delta f+K\frac{I_B^a}{f^b}\Delta f+\frac{2qI_C\Delta f}{|\beta(\omega)|^2} \tag{3.39}$$

2) MOS 场效应管

图 3-4 所示晶体管噪声模型可以用无噪声的晶体管等效电路、等效输入噪声电压和等效输入噪声电流来等效,如图 3-11 所示。

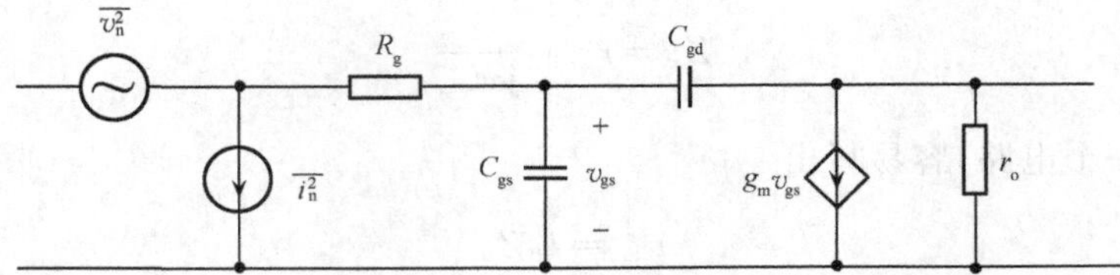

图 3-11　MOS 场效应管等效输入噪声模型

等效输入噪声电压$\overline{v_n^2}$和等效输入噪声电流$\overline{i_n^2}$的计算分别在输入端短路和输入端开路两种极端情况下,使输出端的短路电流相等得到。

通常图 3-4 中的 R_g、$\overline{v_g^2}$和$\overline{i_g^2}$可以忽略,因此等效噪声电压和电流的计算在上述假设下进行。

(1) $\overline{v_n^2}$的计算。将图 3-4 和图 3-11 的输入端和输出端短路,并忽略 C_{gd}、R_g、$\overline{v_g^2}$和$\overline{i_g^2}$,如图 3-12所示,分别计算两个电路的输出电流$\overline{i_o^2}$,并令它们相等,即可得到$\overline{v_n^2}$。

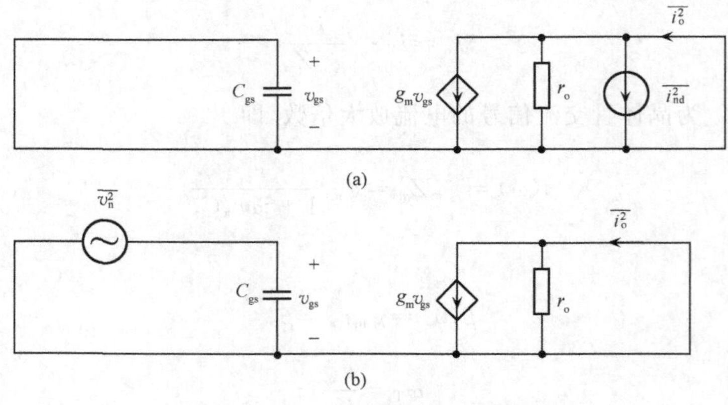

图 3-12　计算$\overline{v_n^2}$的等效电路

由图 3-12(a)容易写出

$$i_o = i_{nd} \tag{3.40}$$

由图 3-12(b)同样可以写出

$$i_o = g_m v_{gs} = g_m v_n \tag{3.41}$$

令式(3.40)和式(3.41)相等,得

$$i_{nd} = g_m v_n$$

于是有

$$\overline{i_{nd}^2} = g_m^2 \overline{v_n^2} \tag{3.42}$$

得等效输入噪声电压为

$$\overline{v_n^2} = \frac{\overline{i_{nd}^2}}{g_m^2} = 4kT\frac{2}{3}\frac{1}{g_m}\Delta f + \frac{K}{g_m^2}\frac{I_D^a}{f^b}\Delta f \tag{3.43}$$

闪烁噪声对输入等效噪声的贡献可以表示为

$$\frac{K}{g_m^2}\frac{I_D^a}{f^b}\Delta f \approx \frac{K_f}{WLC_{ox}f}\Delta f \tag{3.44}$$

其中,K_f 的典型值为 $3\times10^{-12}\,\mathrm{V^2}\cdot\mathrm{pF}$。

(2) $\overline{i_n^2}$的计算。将图 3-4 和图 3-11 的输入端开路和输出端短路,并忽略 C_{gd}、R_g、$\overline{v_g^2}$和$\overline{i_g^2}$,如图 3-13 所示,分别计算两个电路的输出电流$\overline{i_o^2}$,并令它们相等,即可得到$\overline{i_n^2}$。

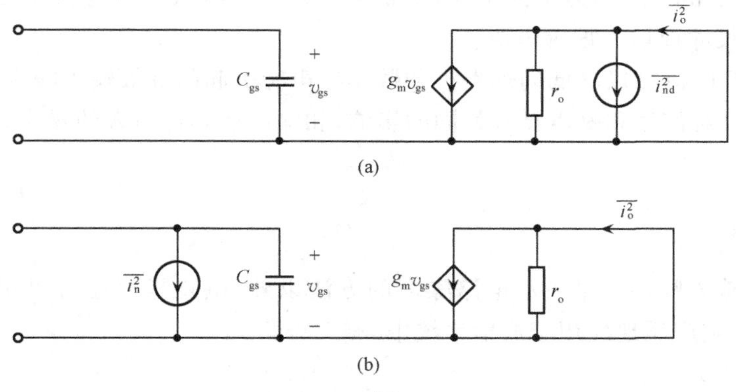

图 3-13　计算$\overline{i_n^2}$的等效电路

为了计算方便,定义电流增益

$$\beta(\omega) = \frac{g_m v_{gs}}{v_{gs}\mathrm{j}\omega C_{gs}} = \frac{g_m}{\mathrm{j}\omega C_{gs}} \approx \frac{\omega_T}{\mathrm{j}\omega} \tag{3.45}$$

由图 3-13(a)容易写出

$$i_o = i_{nd} \tag{3.46}$$

由图 3-13(b)同样可以写出

$$i_{o}=g_{m}v_{gs}=g_{m}\frac{i_{n}}{j\omega C_{gs}} \tag{3.47}$$

令式(3.46)和式(3.47)相等，得

$$i_{nd}=g_{m}\frac{i_{n}}{j\omega C_{gs}} \tag{3.48}$$

整理后得

$$i_{n}=\frac{j\omega C_{gs}}{g_{m}}i_{nd}=\frac{j\omega}{\omega_{T}}i_{nd}=\frac{i_{nd}}{\beta(\omega)} \tag{3.49}$$

因此有

$$\overline{i_{n}^{2}}=\frac{\overline{i_{nd}^{2}}}{|\beta(\omega)|^{2}}=\left(\frac{\omega}{\omega_{T}}\right)^{2}\overline{i_{nd}^{2}} \tag{3.50}$$

由上式可知，在低频时$\overline{i_{n}^{2}}$非常小。

3) 噪声特性比较

双极型晶体管和 MOS 晶体管的噪声特性总结如下：

(1) 低频工作时，MOS 晶体管的等效输入噪声电压大于双极型晶体管，MOS 晶体管的等效输入噪声电流小于双极型晶体管。对高阻抗信号源，等效输入噪声电流起主要作用。而对低阻抗信号源，等效输入噪声电压起主要作用。因此，MOS 晶体管在高阻抗信号源的应用中占有优势，而双极型晶体管在低阻抗信号源的应用中占有优势。

(2) 对于低阻抗信号源，为了抑制 MOS 晶体管的等效输入噪声电压，需要提高其跨导，这就需要增大管子尺寸或增大偏置电流。

(3) 减小偏置电流可以降低闪烁噪声和散弹噪声所引起的等效输入噪声电流。

(4) 反馈电路对信号和噪声具有相同的影响，扣除反馈元件引入的噪声，反馈不会引起信噪比的变化。

3.2.7 噪声系数

除了用等效输入噪声源来表示电路噪声的方法以外，电路噪声还可以用噪声系数(noise factor)来表示，并被广泛地应用于通信系统中。

噪声系数定义为

$$F=\frac{\text{总的输出噪声功率}}{\text{信号源噪声产生的输出噪声功率}}=\frac{N_{out,total}}{N_{out,source}} \tag{3.51}$$

其中，$N_{out,total}$表示总的输出噪声功率；$N_{out,source}$表示信号源噪声产生的输出噪声功率。

噪声系数 F 的 dB 值称为噪声指数(noise figure)，用 NF 表示，定义为

$$\mathrm{NF}=10\lg F \tag{3.52}$$

式(3.51)中的“总的输出噪声功率”可分为两部分，即信号源噪声在输出端产生的噪声功率($N_{out,source}$)和系统自身在输出端产生的噪声功率($N_{out,system}$)，因此有

$$N_{out,total}=N_{out,source}+N_{out,system} \tag{3.53}$$

通信系统中通常认为信号源噪声是由其内阻 R_S 引起的，如果输入噪声功率为 N_{in}，系统功率增益为 G，则有

$$N_{out,source}=N_{in}\cdot G \tag{3.54}$$

在输入匹配的情况下，输入噪声功率为 kTB，则有

$$N_{out,source}=kTB\cdot G \tag{3.55}$$

那么总的输出噪声功率为

$$N_{out,total}=kTB\cdot G+N_{out,system} \tag{3.56}$$

由式(3.51)得

$$N_{out,total}=F\cdot N_{out,source}=F\cdot kTB\cdot G \tag{3.57}$$

最后由式(3.56)和式(3.57)求出系统自身在输出端产生的噪声功率为

$$N_{out,system}=(F-1)\cdot kTB\cdot G \tag{3.58}$$

下面推导噪声系数的另一种定义。若输入和输出信号功率分别为 S_{in} 和 S_{out}，式(3.51)可以写成

$$F=\frac{N_{out,total}}{N_{out,source}}=\frac{N_{out,total}}{N_{in}\cdot G}\cdot\frac{S_{in}}{S_{in}}=\frac{S_{in}/N_{in}}{G\cdot S_{in}/N_{out,total}}=\frac{S_{in}/N_{in}}{S_{out}/N_{out,total}}=\frac{\mathrm{SNR_{in}}}{\mathrm{SNR_{out}}} \tag{3.59}$$

即

$$F=\frac{\mathrm{SNR_{in}}}{\mathrm{SNR_{out}}} \tag{3.60}$$

这就是噪声系数另一个较为直观和更为常用定义，即噪声系数等于系统输入信噪比与输出信噪比的比值。如果用分贝(dB)表示，噪声指数为输入信噪比与输出信噪比分贝值的差值。式(3.60)成立的条件是系统的信号功率增益和噪声功率增益相等，或者说系统是线性的。由于系统自身存在噪声，因此 $F>1$。

3.2.8　噪声系数计算

任何一个有噪双端口网络都可以等效为一个无噪双端口网络和其输入端的等效噪声电压源与等效噪声电流源的组合，如图 3-14 所示。噪声系数计算可以根据定义求输出噪声功率或信噪比，再用式(3.51)或式(3.60)进行计算。更简便的方法是通过计算电路输入端的等效输入噪声源来计算噪声系数。

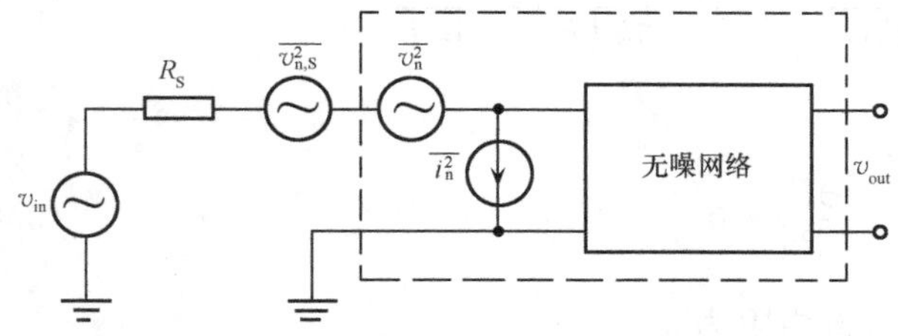

图 3-14　噪声源驱动一个含噪声的二端口网络

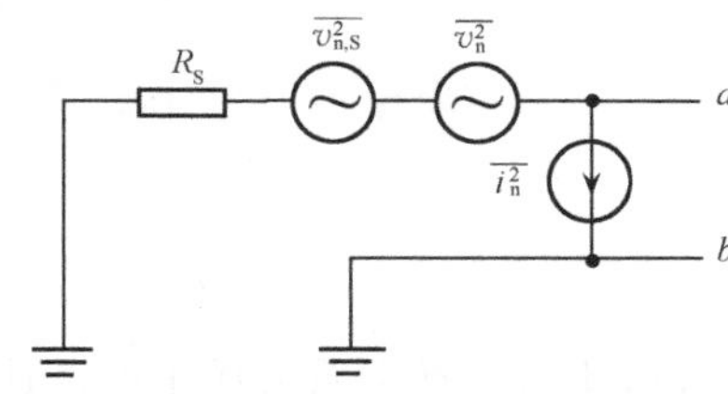

图 3-15　等效噪声模型

为了计算等效输入噪声电压源,将无噪网络断开,同时将输入电压源短路,如图 3-15 所示。

下面分两种情况计算等效输入噪声电压源,第一种情况是仅计算信号源噪声在 ab 点之间产生的噪声电压均方值,第二种情况是计算所有噪声源在 ab 点之间产生的噪声电压均方值。

第一种情况仅考虑信号源噪声,其他的电压源和电流源应分别短路和开路,此时 ab 点之间的噪声电压显然为 $v_{n,S}$,其噪声电压均方值为$\overline{v_{n,S}^2}$。

第二种情况应考虑所有噪声源,包括噪声电压源 $v_{n,S}$、v_n 和噪声电流源 i_n。为了计算 ab 点之间的等效噪声电压,可以采用叠加原理,先考虑 $v_{n,S}$和 v_n 产生的噪声电压,再考虑 i_n 产生的噪声电压,最后求和即可得到总噪声电压。因为 $v_{n,S}$和 v_n 在 ab 点之间产生的噪声电压为 $v_{n,S}+v_n$,i_n 在 ab 点之间产生的噪声电压为 i_nR_S,所以 $v_{n,S}$、v_n 和 i_n 产生的总噪声电压为$v_{n,S}+v_n+i_nR_S$,对应的噪声电压均方值为$\overline{(v_{n,S}+v_n+i_nR_S)^2}$。由于 v_n 和 i_n 是有噪网络的等效输入噪声源,与信号源噪声 $v_{n,S}$不相关,因此有

$$\overline{(v_{n,S}+v_n+i_nR_S)^2}=\overline{v_{n,S}^2}+\overline{(v_n+i_nR_S)^2}$$

第二种情况与第一种情况 ab 点之间的噪声电压均方值的比值为噪声系数,即

$$F=\frac{\overline{v_{n,S}^2}+\overline{(v_n+i_nR_S)^2}}{\overline{v_{n,S}^2}}=1+\frac{\overline{(v_n+i_nR_S)^2}}{4kTR_S} \tag{3.61}$$

若将图 3-14 中的电压源改为电流源,如图 3-16 所示,采用类似的方法可以得到噪声系数的另一个公式

$$F=\frac{\overline{i_{n,S}^2}+\overline{(i_n+v_nY_S)^2}}{\overline{v_{n,S}^2}} \tag{3.62}$$

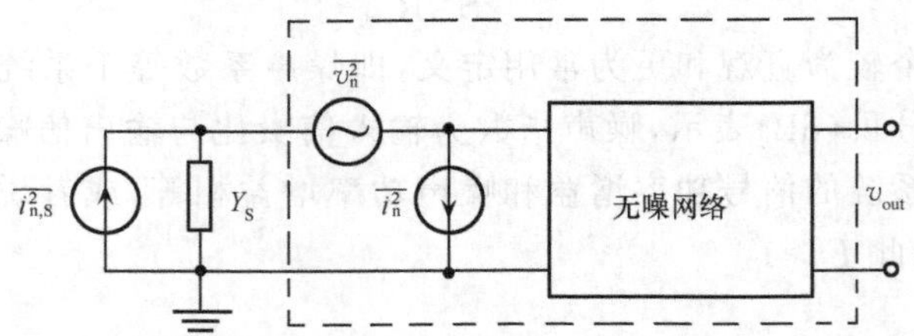

图 3-16 电流源驱动一个含噪声的二端口网络

计算噪声系数时使用的是噪声功率谱密度,即单位带宽内的噪声比值。

由式(3.61)看出,噪声系数与信号源内阻有关。当 v_n 和 i_n 不相关时,式(3.61)可写为

$$F=1+\frac{\overline{(v_n+i_nR_S)^2}}{4kTR_S}=1+\frac{\overline{v_n^2}}{4kTR_S}+\frac{\overline{i_n^2}R_S}{4kT} \tag{3.63}$$

令

$$\frac{\partial F}{\partial R_S}=0 \tag{3.64}$$

可以求出使系统噪声系数最小的最佳信号源内阻为

$$R_{\mathrm{Sopt}}^2=\frac{\overline{v_{\mathrm{n}}^2}}{\overline{i_{\mathrm{n}}^2}} \tag{3.65}$$

显然它不等于射频电路的实际信号源内阻 50Ω。因此在电路设计时，信号源和网络之间存在两种匹配，即功率传输最大的共轭匹配和噪声系数最小的噪声匹配。

将噪声系数的计算公式(3.61)进行变换，得

$$F=\frac{4kTR_{\mathrm{S}}+\overline{(v_{\mathrm{n}}+i_{\mathrm{n}}R_{\mathrm{S}})^2}}{4kTR_{\mathrm{S}}}=\frac{A^2(4kTR_{\mathrm{S}}+\overline{(v_{\mathrm{n}}+i_{\mathrm{n}}R_{\mathrm{S}})^2})}{A^2 4kTR_{\mathrm{S}}}=\frac{v_{\mathrm{n,out}}^2}{A^2}\cdot\frac{1}{4kTR_{\mathrm{S}}} \tag{3.66}$$

其中，$A=\frac{v_{\mathrm{out}}}{v_{\mathrm{in}}}$；$v_{\mathrm{n,out}}^2=A^2(4kTR_{\mathrm{S}}+\overline{(v_{\mathrm{n}}+i_{\mathrm{n}}R_{\mathrm{S}})^2})$为输出端的总噪声。

由式(3.66)得，噪声系数的计算可以用输出端的总噪声除以电压增益平方与信号源内阻热噪声的乘积。

1. 电阻的噪声系数

内阻为 R_{S} 的信号源直接接负载电阻 R_{P}，如图 3-17 所示，计算电路的噪声系数。

在计算噪声系数前，需要求出输出端的总噪声电压均方值为

$$v_{\mathrm{n,out}}^2=4kT(R_{\mathrm{S}}\parallel R_{\mathrm{P}}) \tag{3.67}$$

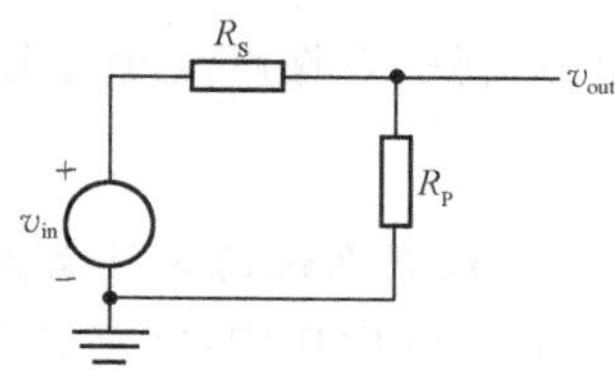

图 3-17　电阻网络

电压增益为

$$A=\frac{v_{\mathrm{out}}}{v_{\mathrm{in}}}=\frac{R_{\mathrm{P}}}{R_{\mathrm{S}}+R_{\mathrm{P}}} \tag{3.68}$$

根据式(3.66)可计算噪声系数

$$F=\frac{v_{\mathrm{n,out}}^2}{A^2}\cdot\frac{1}{4kTR_{\mathrm{S}}}=4kT(R_{\mathrm{S}}\parallel R_{\mathrm{P}})\cdot\frac{(R_{\mathrm{S}}+R_{\mathrm{P}})^2}{R_{\mathrm{P}}^2}\cdot\frac{1}{4kTR_{\mathrm{S}}}=1+\frac{R_{\mathrm{S}}}{R_{\mathrm{P}}} \tag{3.69}$$

由噪声系数的计算结果看出，电阻 R_{P} 越大，噪声系数 F 越小，这与最大功率传输要求的匹配条件不一致。

2. 等效噪声温度

定义　任何一个线性网络，如果它产生的噪声是白噪声，则可以用处于网络输入端温度为 T_{e} 的电阻所产生的热噪声源来代替，而把网络看做是无噪的。温度 T_{e} 称为线性网络的等效噪声温度。

若放大器输入端的源内阻为 R_{S}，放大器的转化功率增益为 G_{T}，带宽为 B，由放大器本身产生的输出噪声功率为 N_{oi}。输入匹配时温度为 T_{e} 的电阻在输入端产生的噪声功率是 $kT_{\mathrm{e}}B$，输出噪声功率为 $N_{\mathrm{oi}}=kT_{\mathrm{e}}BG_{\mathrm{T}}$，则等效噪声温度为 $T_{\mathrm{e}}=N_{\mathrm{oi}}/kBG_{\mathrm{T}}$。注意等效噪声温度与引用电阻阻值无关。

3. 等效噪声温度与噪声系数的关系

设双端口网络的转化功率增益、噪声带宽、等效噪声温度分别为 G_{T}、B、T_{e}，信号源内阻为 R_{S}，温度为 T_0，如图 3-18 所示。

图 3-18　有噪二端口网络

N_i 为网络输入噪声功率，由信号源内阻 R_S 在温度 T_0 的热噪声产生；N_o 为网络的输出噪声功率；S_i 和 S_o 分别为网络的输入和输出信号功率。

当网络输入端匹配时，有

$$N_i = kT_0B \tag{3.70}$$

$$N_o = G_Tk(T_0 + T_e)B \tag{3.71}$$

$$F = \frac{S_i/N_i}{S_o/N_o} = \frac{S_i/kT_0B}{G_TS_i/[G_Tk(T_0+T_e)B]} = \frac{T_0+T_e}{T_0} = 1 + \frac{T_e}{T_0} \tag{3.72}$$

整理后得等效噪声温度与噪声系数的关系为

$$T_e = (F-1)T_0 \tag{3.73}$$

4. 级联系统的等效噪声系数

在实际应用中，常常会遇到多级系统级联的情况，这时需要根据各级电路的增益和噪声系数计算总的噪声系数。

多级放大器级联图 3-19 所示，图中 G_{Ai} 为第 i 级放大器的资用功率增益，F_i 为第 i 级的噪声系数，它是以其前一级的输出电阻为参考计算得到的。

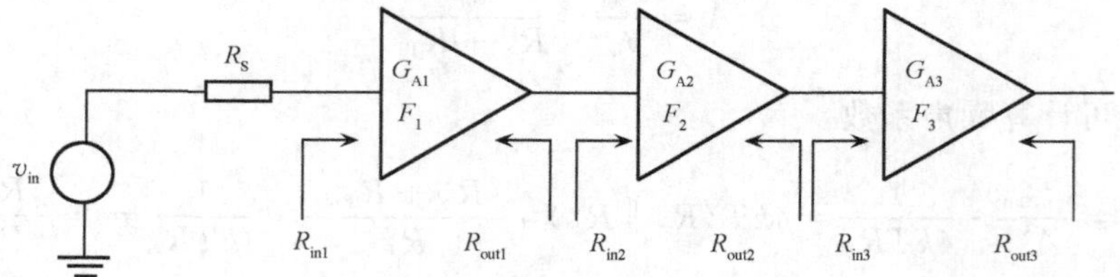

图 3-19　多级放大器级联

可以证明，级联后的总噪声系数为

$$F_{total} = F_1 + \frac{F_2-1}{G_{A1}} + \frac{F_3-1}{G_{A1}G_{A2}} + \cdots + \frac{F_n-1}{\prod_{i=1}^{n-1} G_{Ai}} \tag{3.74}$$

显然，系统噪声系数主要取决于前级电路的噪声系数。因此，为了实现较低的噪声系数，系统噪声的优化主要集中在对前级电路的噪声优化上。

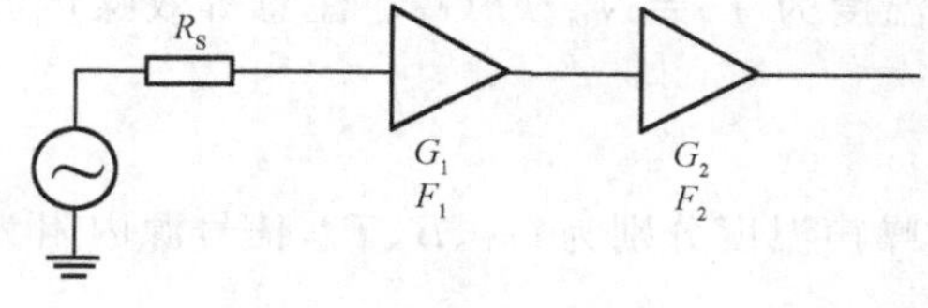

图 3-20　两级放大器级联

下面分两种情况来看式(3.74)的推导过程。

1）完全匹配情况下的噪声系数公式推导

考虑两级放大器级联，如图 3-20 所示。

设系统的输入、输出和级间均匹配，即系统完全匹配。信号源内阻 R_S 在输出端产生的噪声功率为

$$N_S = kTBG_1G_2 \tag{3.75}$$

由式(3.58)得第一级放大器在输出端产生的噪声功率为

$$N_1 = (F_1 - 1)kTBG_1G_2 \tag{3.76}$$

第二级放大器在输出端产生的噪声功率为

$$N_2 = (F_2 - 1)kTBG_2 \tag{3.77}$$

根据式(3.51)可以计算总的噪声系数

$$\begin{aligned} F_{\text{total}} &= \frac{N_S + N_1 + N_2}{N_S} \\ &= 1 + \frac{(F_1 - 1)kTBG_1G_2 + (F_2 - 1)kTBG_2}{kTBG_1G_2} \\ &= F_1 + \frac{F_2 - 1}{G_1} \end{aligned} \tag{3.78}$$

2）一般情况下噪声系数公式推导

考虑两级放大器级联，如图 3-21 所示，其中 A_{v1} 和 A_{v2} 为相应放大器无负载时的电压增益。

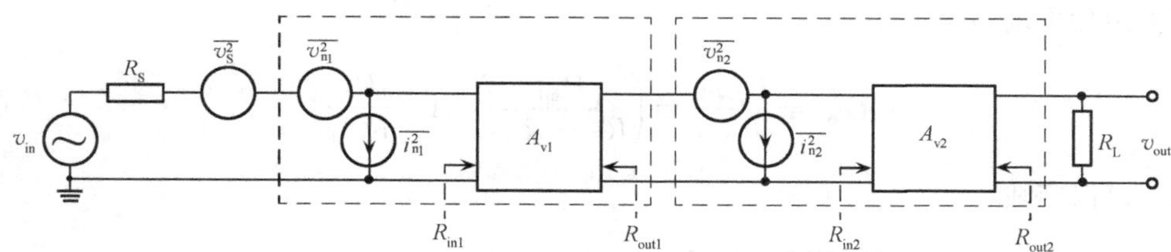

图 3-21　两级放大器级联的噪声模型

第一级输入端的噪声为

$$\overline{v_{n,in1}^2} = \overline{\left[i_{n1}(R_S \parallel R_{in1}) + v_{n1}\frac{R_{in1}}{R_{in1} + R_S}\right]^2} + \overline{v_S^2}\frac{R_{in1}^2}{(R_{in1} + R_S)^2} \tag{3.79}$$

第二级输入端的噪声为

$$\overline{v_{n,in2}^2} = \overline{v_{n,in1}^2}A_{v1}^2\left(\frac{R_{in2}}{R_{out1} + R_{in2}}\right)^2 + \overline{\left[i_{n2}(R_{out1} \parallel R_{in2}) + v_{n2}\frac{R_{in2}}{R_{in2} + R_{out1}}\right]^2} \tag{3.80}$$

最终的输出噪声为

$$\overline{v_{n,out}^2} = \overline{v_{n,in2}^2}A_{v2}^2\frac{R_L^2}{(R_L + R_{out2})^2} \tag{3.81}$$

从 v_{in} 到 v_{out} 的总电压增益为

$$A_{v,\text{total}} = \frac{R_{in1}}{R_S + R_{in1}}A_{v1}\frac{R_{in2}}{R_{out1} + R_{in2}}A_{v2}\frac{R_L}{R_{out2} + R_L} \tag{3.82}$$

信号源噪声在输出端为

$$\overline{v_{\mathrm{n,out,S}}^2}=A_{\mathrm{v,total}}^2 4kTR_{\mathrm{S}} \tag{3.83}$$

系统噪声系数为

$$F_{\mathrm{total}}=\frac{\overline{v_{\mathrm{n,out}}^2}}{\overline{v_{\mathrm{n,out,S}}^2}}=\frac{\overline{v_{\mathrm{n,in2}}^2}A_{\mathrm{v2}}^2\left(\dfrac{R_{\mathrm{L}}}{R_{\mathrm{out2}}+R_{\mathrm{L}}}\right)^2}{A_{\mathrm{v,total}}^2 4kTR_{\mathrm{S}}} \tag{3.84}$$

经过化简之后

$$F_{\mathrm{total}}=\frac{4kTR_{\mathrm{S}}+\overline{(v_{\mathrm{n1}}+i_{\mathrm{n1}}R_{\mathrm{S}})^2}}{4kTR_{\mathrm{S}}}+\frac{\overline{(v_{\mathrm{n2}}+i_{\mathrm{n2}}R_{\mathrm{out1}})^2}}{4kTR_{\mathrm{S}}}\frac{1}{A_{\mathrm{v1}}^2\left(\dfrac{R_{\mathrm{in1}}}{R_{\mathrm{S}}+R_{\mathrm{in1}}}\right)^2} \tag{3.85}$$

式(3.85)中右边第一项为F_1,我们来看一下第二项。信号源的资用功率为

$$P_{\mathrm{AVS}}=\frac{v_{\mathrm{in}}^2}{4R_{\mathrm{S}}}$$

而第一级放大器的输出资用功率为

$$P_{\mathrm{AVN1}}=v_{\mathrm{in}}^2\left(\frac{R_{\mathrm{in1}}}{R_{\mathrm{S}}+R_{\mathrm{in1}}}\right)^2 A_{\mathrm{v1}}^2\frac{1}{4R_{\mathrm{out1}}} \tag{3.86}$$

因此其资用功率增益为

$$G_{\mathrm{A1}}=\frac{P_{\mathrm{AVN1}}}{P_{\mathrm{AVS}}}=\left(\frac{R_{\mathrm{in1}}}{R_{\mathrm{S}}+R_{\mathrm{in1}}}\right)^2 A_{\mathrm{v1}}^2\frac{R_{\mathrm{S}}}{R_{\mathrm{out1}}} \tag{3.87}$$

式(3.89)可以写成

$$F_{\mathrm{total}}=F_1+\frac{\overline{(v_{\mathrm{n2}}+i_{\mathrm{n2}}R_{\mathrm{out1}})^2}}{4kTR_{\mathrm{out1}}}\frac{1}{A_{\mathrm{v1}}^2\left(\dfrac{R_{\mathrm{in1}}}{R_{\mathrm{S}}+R_{\mathrm{in1}}}\right)^2\dfrac{R_{\mathrm{S}}}{R_{\mathrm{out1}}}}=F_1+\frac{F_2-1}{G_{\mathrm{A1}}} \tag{3.88}$$

其中

$$F_2=1+\frac{\overline{(v_{\mathrm{n2}}+i_{\mathrm{n2}}R_{\mathrm{out1}})^2}}{4kTR_{\mathrm{out1}}} \tag{3.89}$$

它是以第一级的输出电阻作为参考源电阻时第二级的噪声系数。

3.3　放大器的非线性

模拟电子线路中的晶体管交流等效电路为小信号等效电路,与晶体管的静态工作点有关,不适用于大信号状态。由于晶体管都是非线性的,如双极型晶体管的集电极电流与基极-发射极电压之间呈指数关系,场效应管的漏极电流与栅源电压之间呈平方律关系,它们分别表示为

$$I_{\mathrm{C}}=I_S e^{\frac{V_{\mathrm{BE}}}{V_{\mathrm{T}}}} \tag{3.90}$$

$$I_{\mathrm{D}}=\frac{1}{2}\mu C_{\mathrm{ox}}\frac{W}{L}(V_{\mathrm{GS}}-V_{\mathrm{th}})^2 \tag{3.91}$$

显然，它们都是非线性关系式，因此晶体管本质上都是非线性的。

设双端口网络为无源有耗网络，其输入端的信号源内阻为 R_S，网络输出电阻为 R_o，如图 3-22 所示，在网络输入、输出端均匹配的条件下插入损耗为 L。

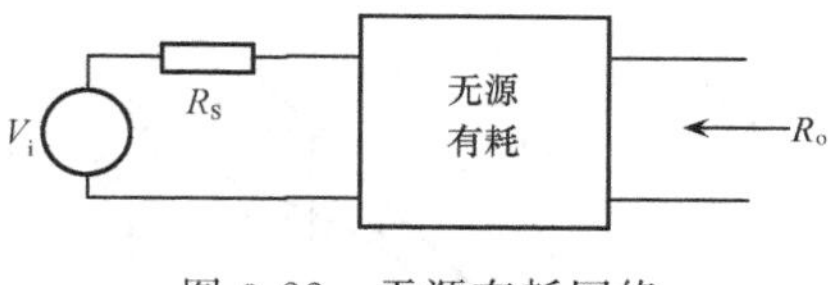

图 3-22　无源有耗网络

网络输入端噪声是由 R_S 产生，输入匹配时的网络输入噪声功率 N_i 为 kTB。网络输出端噪声是由 R_o 产生，输出匹配时的网络输出噪声功率 N_o 也为 kTB。

根据式(3.60)计算噪声系数

$$F=\frac{SNR_{in}}{SNR_{out}}=\frac{S_i/N_i}{S_o/N_o}=\frac{S_i}{S_o}=\frac{1}{G_P}=L \tag{3.92}$$

其中，$G_P=S_o/S_i$ 为无源网络功率增益，其倒数就等于无源网络插入损耗。

由计算结果得出的结论是，无源有耗网络的噪声系数为其插入损耗值。

3.3.1　非线性模型

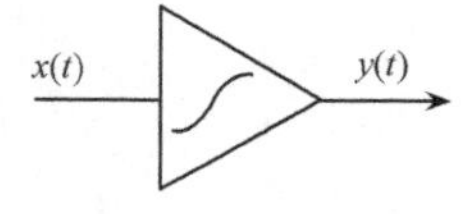

图 3-23　非线性放大器

放大器的非线性模型如图 3-23 所示，其输出信号和输入信号之间的关系可以简单地描述成

$$y(t)=\alpha_1 x(t)+\alpha_2 x^2(t)+\alpha_3 x^3(t)+\cdots \tag{3.93}$$

如果输入信号幅度足够小，那么式(3.93)中 2 次及 2 次以上的项就可以忽略，此时有 $y(t)\approx\alpha_1 x(t)$，即输出和输入信号之间呈线性关系，这就是小信号的情况。在大信号情况下，系统的非线性可以用式(3.93)来描述，并在许多情况下仅保留前 3 项，忽略 3 次以上的项。

3.3.2　谐波失真

令输入信号 $x(t)$ 为一固定频率的余弦信号(称为单音信号或单频信号)，即 $x(t)=A\cos(\omega t)$，将其代入式(3.93)得输出信号为

$$\begin{aligned}y(t)&=\alpha_1 A\cos(\omega t)+\alpha_2 A^2\cos^2(\omega t)+\alpha_3 A^3\cos^3(\omega t)+\cdots\\&\approx\alpha_1 A\cos(\omega t)+\frac{1}{2}\alpha_2 A^2[1+\cos(2\omega t)]+\frac{1}{4}\alpha_3 A^3[3\cos(\omega t)+\cos(3\omega t)]+\cdots\\&=\frac{\alpha_2 A^2}{2}+(\alpha_1 A+\frac{3\alpha_3 A^3}{4})\cos(\omega t)+\frac{\alpha_2 A^2}{2}\cos(2\omega t)+\frac{\alpha_3 A^3}{4}\cos(3\omega t)+\cdots\end{aligned} \tag{3.94}$$

输出信号 $y(t)$ 中除了含有基波分量外，还包含了许多由系统非线性产生的谐波分量，引起的失真称为谐波失真(harmonic distortion)。

3.3.3　相位失真

相位失真(AM-PM conversion)表现为调幅信号的幅度变化引起相位变化或相位调制，这在非恒包络调制信号的功率放大器设计中需要特别加以考虑。

3.3.4　增益压缩

由式(3.94)看出，当输入为一个单音信号时，输出的基波分量幅度为

$$\left(\alpha_1 A+\frac{3\alpha_3 A^3}{4}\right)=\alpha_1 A\left(1+\frac{3A^2}{4}\frac{\alpha_3}{\alpha_1}\right) \tag{3.95}$$

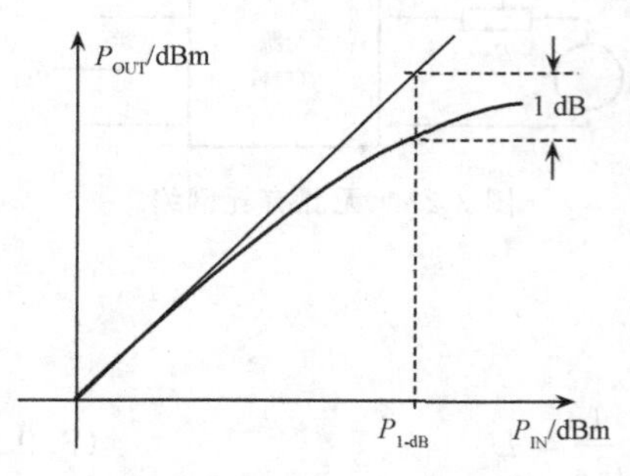

图 3-24　1dB 压缩点

如果 α_1 和 α_3 的符号相反，则信号增益将随幅度 A 的增大而减小。如果用对数来表示放大器的输入和输出信号幅度，可以清楚地看到输出功率随输入功率增大而偏离线性关系的情况。当输出功率与理想的线性情况偏离达到 1dB 时，放大器的增益也下降了 1dB，此时的输入信号功率（或幅度）值称为输入 1dB 增益压缩点（Input 1dB Gain Compression Point，IP_{1dB}），如图 3-24 所示。

上面的分析假设了 α_1 和 α_3 的符号相反，这种假设并不在所有情况下成立，例如一个共发射极的三极管放大器，其集电极电流与基极电压之间的指数关系使 α_1 和 α_3 的符号相同。这时仍然可以观察到增益压缩的情况。这是由于晶体管受电源电压的限制工作在非放大区引起的。对于差分电路，包括双极型和场效应晶体管，α_1 和 α_3 确实具有不同的符号。

3.3.5　大信号阻塞和交调失真

1）大信号阻塞（blocking）

前面在分析谐波失真和增益压缩时，系统的输入为一单频信号。现在考虑另一种情况，即系统同时接收到一个有用信号 $A_1\cos(\omega_1 t)$ 和一个干扰信号 $A_2\cos(\omega_2 t)$，即输入信号为

$$x(t)=A_1\cos(\omega_1 t)+A_2\cos(\omega_2 t) \tag{3.96}$$

将其代入式(3.93)中得系统输出信号中有用信号的基波幅度为

$$\text{基波幅度}=\left(\alpha_1 A_1+\frac{3}{4}\alpha_3 A_1^3+\frac{3}{2}\alpha_3 A_1 A_2^2\right) \tag{3.97}$$

当 $A_1\ll\sqrt{2}A_2$ 时，即 $\frac{3}{4}\alpha_3 A_1^3\ll\frac{3}{2}\alpha_3 A_1 A_2^2$，基波幅度中的第 2 项可以忽略，基波幅度近似为

$$\left(\alpha_1 A_1+\frac{3}{2}\alpha_3 A_1 A_2^2\right)=\alpha_1\left(1+\frac{3}{2}\frac{\alpha_3}{\alpha_1}A_2^2\right)A_1 \tag{3.98}$$

下面比较有干扰信号和无干扰信号两种情况下有用信号所得到的增益。当 A_2 为零，即没有干扰信号时，基波幅度为 $\alpha_1 A_1$，有用信号所得到的增益为 α_1。当 A_2 很大且 α_1 和 α_3 的符号相反时，有

$$\alpha_1\left(1+\frac{3}{2}\frac{\alpha_3}{\alpha_1}A_2^2\right)A_1\ll\alpha_1 A_1 \tag{3.99}$$

即有用信号所得到的增益将远小于 α_1，即有用信号被干扰信号阻塞了，即放大器或接收器的灵敏度降低了。射频电路设计时，抗强信号阻塞是一个很重要的指标，通常要求引起射频接收机阻塞的信号比有用信号大 60～70dB。

2）交调失真（cross modulation）

在大信号阻塞分析中，若系统同时接收到一个有用信号 $A_1\cos(\omega_1 t)$ 和一个含有调幅成分的干扰信号 $A_2[1+m\cos(\omega_m t)]\cos(\omega_2 t)$，即输入信号为

$$x(t)=A_1\cos(\omega_1 t)+A_2[1+m\cos(\omega_m t)]\cos(\omega_2 t)$$

将其代入式(3.93)中得系统输出信号中有用信号的基波幅度为

$$\text{基波幅度} = \alpha_1 A_1 + \frac{3}{4}\alpha_3 A_1^3 + \frac{3}{2}\alpha_3 A_1 A_2^2 [1 + m\cos(\omega_m t)]^2 \tag{3.100}$$

式(3.94)中含有干扰信号的调幅信号,因此干扰信号的调幅信号会通过系统的非线性转移到有用信号的幅度上,这就称为交叉调制,使有用信号产生了失真。如果有用信号也为幅度调制信号,则解调后的信号含有干扰信号。交调失真是由非线性器件的三次方项产生的。

3.3.6　互调

如果系统的输入信号为两个幅度相等、频率间隔很小的余弦波,表示为

$$x(t) = A\cos\omega_1 t + A\cos\omega_2 t$$

将其代入式(3.93)可得系统的输出信号。在输出信号中,除了基波分量 ω_1、ω_2 和它们的谐波外,还包含了各种组合频率分量,输出信号的频率分量可以表示为

$$\omega = | m\omega_1 + n\omega_2 |, \qquad m,n = -\infty,\cdots,-1,0,1,\cdots,+\infty$$

当 m 和 n 不为 0 时所对应的频率分量相当于通过 ω_1 和 ω_2 相互调制而产生,因此称为互调分量。由 3 次失真引起的互调分量称为 3 次互调分量(IM3),对应的频率为 $2\omega_1 \pm \omega_2$ 和 $2\omega_2 \pm \omega_1$,其中需要重点考虑的是 $2\omega_1 - \omega_2$ 和 $2\omega_2 - \omega_1$ 这两项,因为它们就在基波分量附近,如图 3-25 所示。

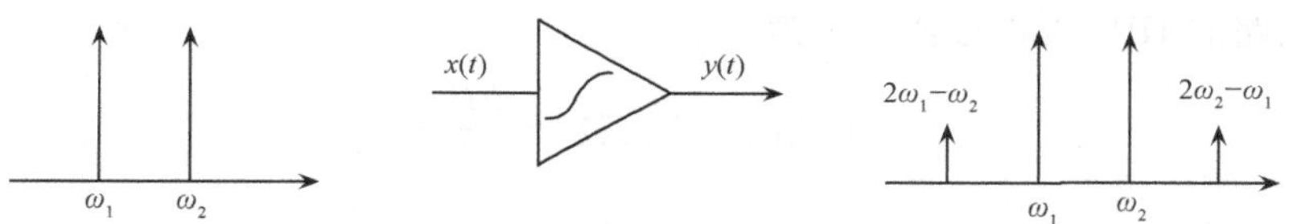

图 3-25　3 次互调分量

3.3.7　三阶截点(IP3,3rd order intercept point)

输入信号 $x(t)=A\cos\omega_1 t + A\cos\omega_2 t$ 经过一个 3 阶非线性系统 $y(t)=\alpha_1 x(t)+\alpha_2 x^2(t)+\alpha_3 x^3(t)$后,输出信号中包含的频率分量如表 3-1 所示。

表 3-1　输出信号的频率分量及其幅度

频率分量	幅度
DC	$\alpha_2 A^2$
基波(ω_1,ω_2)	$\alpha_1 A + \frac{9}{4}\alpha_3 A^3$
二次谐波($2\omega_1,2\omega_2$)	$\frac{1}{2}\alpha_2 A^2$
三次谐波($3\omega_1,3\omega_2$)	$\frac{1}{4}\alpha_3 A^3$
IM2($\omega_1 \pm \omega_2$)	$\alpha_2 A^2$
IM3($2\omega_1 \pm \omega_2,\omega_1 \pm 2\omega_2$)	$\frac{3}{4}\alpha_3 A^3$

比较基波分量中的 $\alpha_1 A$ 和三次互调量 $3\alpha_3 A^3/4$ 可以发现，随着信号幅度 A 的增大，输出信号中的基波分量 $\alpha_1 A$ 与三次互调量 $3\alpha_3 A^3/4$ 会在某一点达到相同的幅度，这一点称为三阶截点 IP3，对应的输入信号幅度或功率值称为输入三阶截点 IIP3，对应的输出信号幅度或功率值称为输出三阶截点 OIP3，如图 3-26 所示。

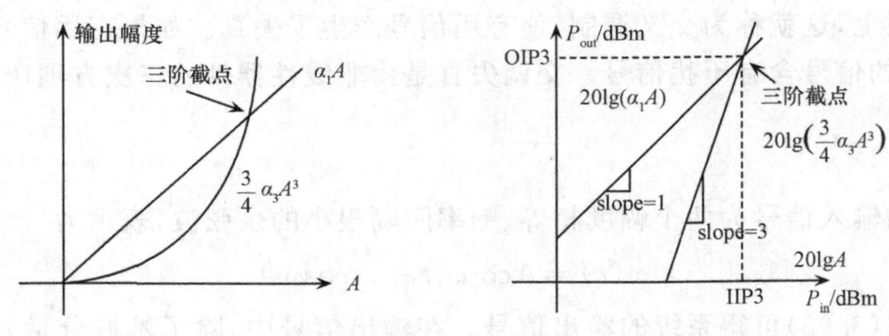

图 3-26　三阶截点

当用对数形式(dBm)来表示输入输出信号大小时，$\alpha_1 A$ 和三次互调量 $3\alpha_3 A^3/4$ 的 dBm 值与输入信号幅度 A 的 dBm 值的关系曲线为两条直线，斜率分别为 1 和 3。这个特点可以用于 IIP3 的测量。

测量 IIP3 时，在系统输入端加两个幅度相等、频率间隔很小的正弦波(双音信号)，输入功率为 Pin。然后测量系统输出端的基波分量与三次互调分量的功率之差，记为 ΔP，如图 3-27 所示。那么电路的 IIP3 可以近似表示为

$$\mathrm{IIP3}_{\mathrm{dBm}} = P_{\mathrm{in,dBm}} + \frac{\Delta P_{\mathrm{dB}}}{2} \tag{3.101}$$

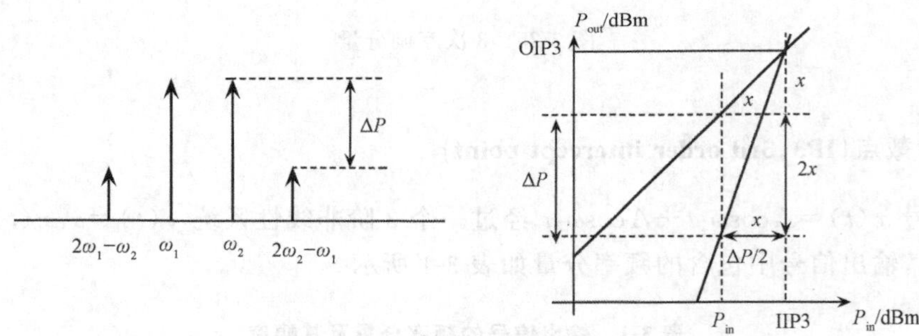

图 3-27　三阶截点的测量

测量时应注意，为了保证 IIP3 测量的准确性，输入的双音信号幅度应尽量小，以避免产生增益压缩。

IIP3 的准确测量需要在一定范围内逐点改变输入信号功率，直到可以在对数坐标中清楚地分辨出基波的一倍斜率和 IM3 的三倍斜率的直线，还常常包括增益压缩的特性，图 3-28 为一个混频器的 IIP3 测量结果，其输入三阶截点达到 8dBm。

3.3.8　$\mathrm{P}_{1\mathrm{dB}}$ 与 IIP3 的关系

根据 1dB 压缩点的定义可以写出

$$20\lg|\alpha_1 A| - 20\lg\left|\alpha_1 A + \frac{3\alpha_3 A^3}{4}\right| = 1 \tag{3.102}$$

变换后得

$$\left|\frac{\alpha_1 A}{\alpha_1 A + \frac{3\alpha_3 A^3}{4}}\right| = 10^{1/20} \approx 1.122 \tag{3.103}$$

由式(3-103)可以解得 1dB 压缩点处输入信号幅度为

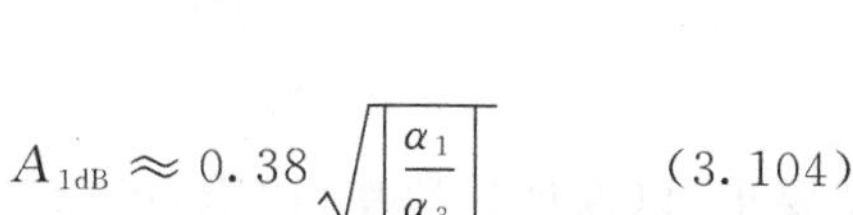

$$A_{1\text{dB}} \approx 0.38\sqrt{\left|\frac{\alpha_1}{\alpha_3}\right|} \tag{3.104}$$

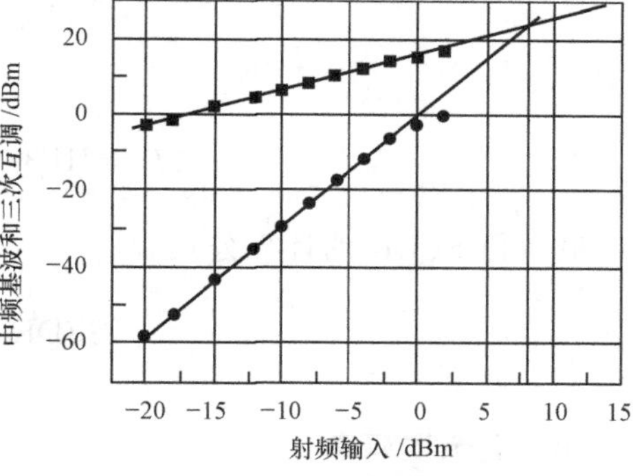

图 3-28　一个混频器的 IIP3 测量结果

根据三阶截点的定义可以写出

$$\alpha_1 A = \frac{3\alpha_3 A^3}{4} \tag{3.105}$$

由式(3.105)可以解得三阶截点处的输入信号幅度为

$$A_{\text{IP3}} = \sqrt{\frac{4}{3}\left|\frac{\alpha_1}{\alpha_3}\right|} \tag{3.106}$$

计算三阶截点处的输入信号幅度与 1dB 压缩点处输入信号幅度的比值,得

$$\frac{A_{\text{IP3}}}{A_{1\text{dB}}} \approx 3.03 \approx 9.6\text{dB} \tag{3.107}$$

因此,输入三阶交调点会比 1dB 压缩点高大约 10dB。

3.3.9　无杂散动态范围

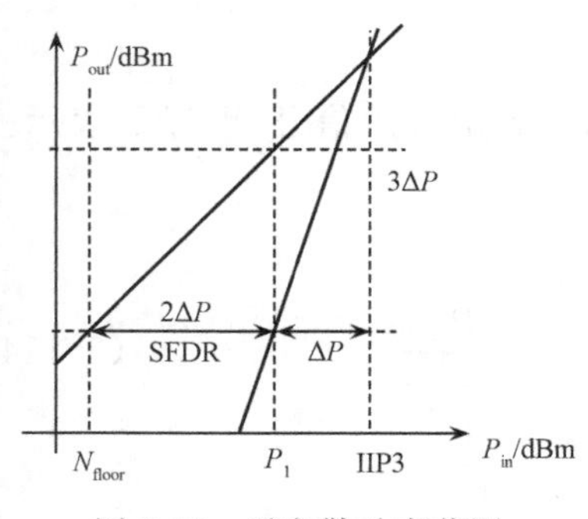

图 3-29　无杂散动态范围

由于互调等非线性因素,信号不断增大将导致误码率上升,也就是说,噪声和非线性决定了系统的动态范围。动态范围有多种定义,如可以用 1dB 压缩点作为信号上限。无杂散动态范围(squrious free dynamic range,SFDR)定义为三阶互调量与输出噪声相等时输入信号与等效输入噪声之比,如图 3-29 所示。

输入匹配时系统输出的总噪声为

$$N_{\text{out,total}} = F \cdot kTB \cdot G \tag{3.108}$$

系统的等效输入噪声记为 $N_{\text{in,eq}}$,可以表示为

$$N_{\text{in,eq}} = \frac{N_{\text{out,total}}}{G} = kTB \cdot F \tag{3.109}$$

等效输入噪声的对数值称为底噪,用 N_{floor},表示有

$$\begin{aligned} N_{\text{floor}} &= 10\lg N_{\text{in,eq}} = 10\lg(kTBF) \\ &= 10\lg(kTB) + 10\lg F \\ &= 10\lg B + NF - 174\text{dBm/Hz} \end{aligned} \tag{3.110}$$

由图 3-29 可见，当输入功率等于 P_1时，三阶互调量与输出噪声相等，因此有

$$\text{SFDR} = P_1 - N_{\text{floor}} = 2\Delta P \tag{3.111}$$

其中

$$\Delta P = \text{IIP3} - P_1 = \frac{1}{3}(\text{IIP3} - N_{\text{floor}}) \tag{3.112}$$

最后得 SFDR 的计算公式

$$\text{SFDR} = \frac{2}{3}(\text{IIP3} - N_{\text{floor}}) \tag{3.113}$$

3.3.10　剩余误码率

接收机对输入信号的信噪比有一个最低要求，以保证误码率(BER)指标。通常情况下输入信噪比应该保持在一个较高的水平以保证通信质量，此时的误码率称为“剩余误码率”(residual bit error rate)，其值应远低于容许的最高临界值，如图 3-30 所示。

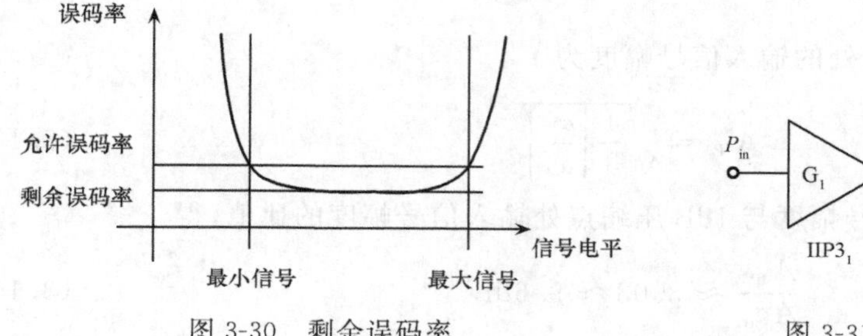

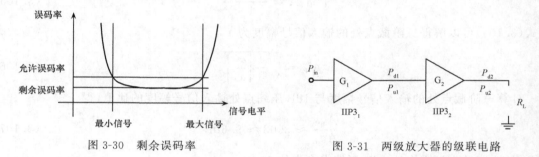

图 3-30　剩余误码率

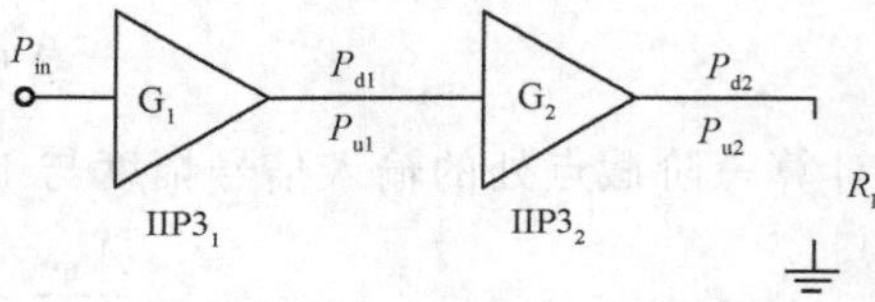

图 3-31　两级放大器的级联电路

3.3.11　级联电路的等效 IIP3

两级放大器的级联电路如图 3-31 所示，图中符号的下标 d 表示有用信号，下标 u 表示三阶互调量。

式(3.101)给出放大器 IIP3 对数值的计算公式

$$\text{IIP3}_{\text{dBm}} = P_{\text{in,dBm}} + \frac{\Delta P_{\text{dB}}}{2} = P_{\text{in,dBm}} + \frac{P_{\text{d,dBm}} - P_{\text{u,dBm}}}{2} \tag{3.114}$$

变换后得

$$10\lg\text{IIP3} = 10\lg\left(P_{\text{in}} \cdot \sqrt{\frac{P_{\text{d}}}{P_{\text{u}}}}\right) \tag{3.115}$$

因此 IIP3 的计算公式为

$$\text{IIP3} = P_{\text{in}} \cdot \sqrt{\frac{P_{\text{d}}}{P_{\text{u}}}} \tag{3.116}$$

变换后得三阶互调量的计算公式

$$P_{\text{u}} = \frac{P_{\text{d}} P_{\text{in}}^2}{\text{IIP3}^2} \tag{3.117}$$

图 3-31 中的第一级放大器输出端的有用信号 P_{d1} 为

$$P_{d1}=P_{in}G_1 \tag{3.118}$$

利用式(3.110)可以得到第一级放大器输出端的三阶互调量 P_{u1} 为

$$P_{u1}=\frac{P_{d1}P_{in}^2}{\mathrm{IIP3}_1^2}=\frac{P_{in}^3G_1}{\mathrm{IIP3}_1^2} \tag{3.119}$$

第二级放大器输出端的有用信号为

$$P_{d2}=P_{d1}G_2=P_{in}G_1G_2 \tag{3.120}$$

第二级放大器输出端的三阶互调量 P_{u2} 由两部分组成，第一部分是 P_{u1} 经第二级放大器放大后得到的，用 $P_{u2,1}$ 表示；第二部分是 P_{d1} 通过第二级放大器的非线性产生的，用 $P_{u2,2}$ 表示。使用式(3.112)，并由图 3-31 得

$$P_{u2,1}=P_{u1}G_2=\frac{P_{in}^3G_1G_2}{\mathrm{IIP3}_1^2} \tag{3.121}$$

$$P_{u2,2}=\frac{P_{d1}^3G_2}{\mathrm{IIP3}_2^2}=\frac{P_{in}^3G_1^3G_2}{\mathrm{IIP3}_2^2} \tag{3.122}$$

由于 $P_{u2,1}$ 和 $P_{u2,2}$ 是相关的，P_{u2} 必须通过电压相加得到。

$P_{u2,1}$ 对应的电压 $V_{u2,1}$ 为

$$V_{u2,1}=\sqrt{P_{u2,1}R_L}=\frac{\sqrt{P_{in}^3G_1G_2}}{\mathrm{IIP3}_1}\sqrt{R_L} \tag{3.123}$$

$P_{u2,2}$ 对应的电压 $V_{u2,2}$ 为

$$V_{u2,2}=\sqrt{P_{u2,2}R_L}=\frac{\sqrt{P_{in}^3G_1^3G_2}}{\mathrm{IIP3}_2}\sqrt{R_L} \tag{3.124}$$

因此有

$$P_{u2}=\frac{(V_{u2,1}+V_{u2,2})^2}{R_L}=\left(\frac{1}{\mathrm{IIP3}_1}+\frac{G_1}{\mathrm{IIP3}_2}\right)^2P_{in}^3G_1G_2 \tag{3.125}$$

两级放大器级联后的等效 IIP3(总 IIP3)为

$$\mathrm{IIP3}_{tot}=P_{in}\sqrt{\frac{P_{d2}}{P_{u2}}}=P_{in}\sqrt{\frac{P_{in}G_1G_2}{\left(\frac{1}{\mathrm{IIP3}_1}+\frac{G_1}{\mathrm{IIP3}_2}\right)^2P_{in}^3G_1G_2}}=\frac{1}{\frac{1}{\mathrm{IIP3}_1}+\frac{G_1}{\mathrm{IIP3}_2}} \tag{3.126}$$

或者表示为

$$\frac{1}{\mathrm{IIP3}_{tot}}=\frac{1}{\mathrm{IIP3}_1}+\frac{G_1}{\mathrm{IIP3}_2} \tag{3.127}$$

推广到 n 级系统，等效 IIP3 可以表示为

$$\frac{1}{\mathrm{IIP3}_{tot}}=\frac{1}{\mathrm{IIP3}_1}+\frac{G_1}{\mathrm{IIP3}_2}+\frac{G_1G_2}{\mathrm{IIP3}_3}+\cdots+\frac{G_1\cdots G_{n-1}}{\mathrm{IIP3}_n} \tag{3.128}$$

式(3.128)两边同除以 $G_1G_2\cdots G_n$，考虑到 $G_1G_2\cdots G_n\cdot\mathrm{IIP3}_{tot}=\mathrm{OIP3}_{tot}$，$G_i\cdot\mathrm{IIP3}_i=\mathrm{OIP3}_i$，$1\leqslant i\leqslant n$，可以得到

$$\frac{1}{\mathrm{OIP3}_{tot}}=\frac{1}{G_2\cdots G_n\,\mathrm{OIP3}_1}+\frac{1}{G_3\cdots G_n\,\mathrm{OIP3}_2}+\frac{1}{G_4\cdots G_n\,\mathrm{OIP3}_3}+\cdots+\frac{1}{\mathrm{OIP3}_n} \tag{3.129}$$

式(3.127)和式(3.128)表明各级放大器对总输入三阶截点的影响程度与其输入三阶截点

和其前面的各级放大器增益有关，而各级放大器对总输出三阶截点的影响程度与其输出三阶截点和其后面的各级放大器增益有关，通常后级放大器对总输入或输出三阶截点影响更大。

3.3.12 其他非线性指标

1dB 压缩点和三阶截点并不能完全说明问题，特别是对于复杂调制下的功率放大器，需要一些其他的指标来描述其非线性。

1）相邻信道功率比（adjacent channel power ratio，ACPR）

相邻信道功率比定义为信道带宽内的信号功率（P_1）与距离信道中心频率 Δf 处（相邻信道）ΔB 带宽内泄漏或扩散的信号功率（P_2）之比，即 P_1/P_2，如图 3-32 所示。

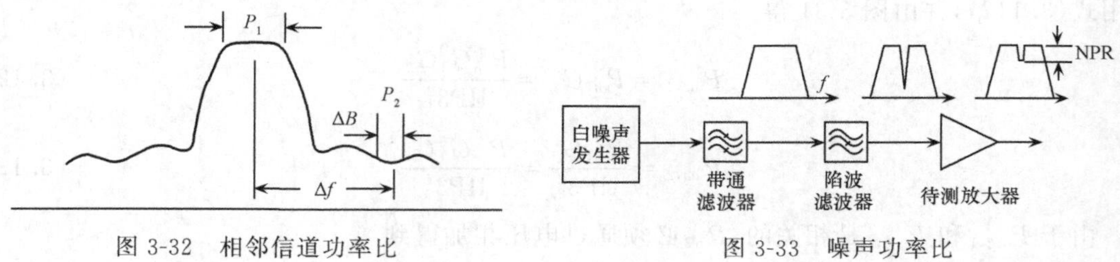

图 3-32 相邻信道功率比　　图 3-33 噪声功率比

2）噪声功率比（noise power ratio，NPR）

噪声功率比用来测量非线性形成的带内干扰的大小，测量系统由白噪声发生器、带通滤波器、陷波滤波器和待测放大器等组成。白噪声发生器产生白噪声，先经带通滤波器变成带限白噪声，再经陷波滤波器抑制中心频率处的噪声，然后用此噪声激励待测放大器，最后测量放大器在中心频率处输出噪声的相对大小，如图 3-33 所示。

3.4 特征频率和单位功率增益频率

3.4.1 特征频率

特征频率又称为截止频率或临界频率，定义为晶体管连接成共射或共源组态在输出短路状态下晶体管电流增益降至 1 的频率，用 f_T 表示。

双极型晶体管小信号等效电路如图 3-34 所示，对应的共射组态、输出短路的等效电路如图 3-35 所示。

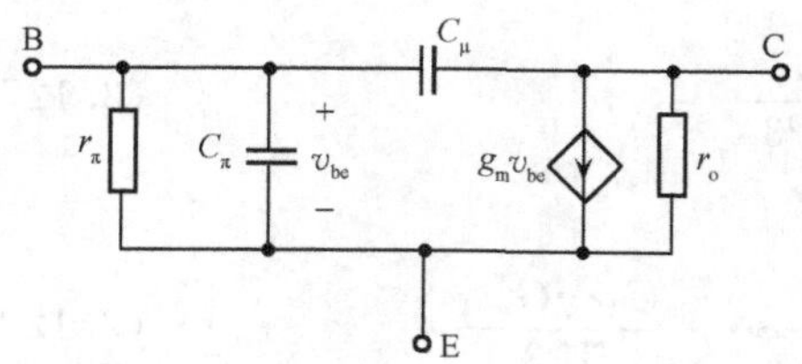

图 3-34 双极型晶体管小信号等效电路

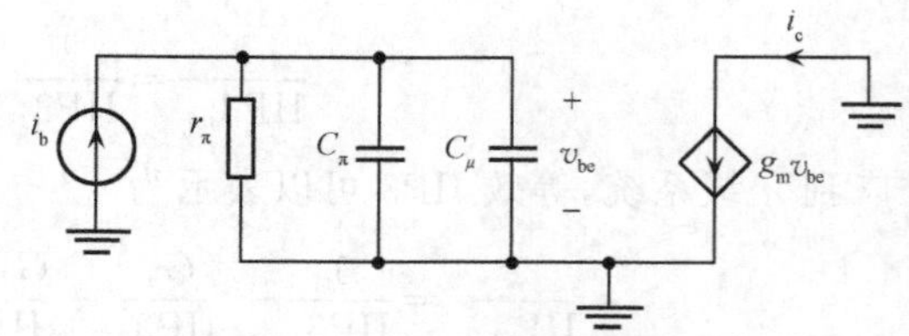

图 3-35 晶体管在共射组态和输出短路时的等效电路

由图 3-35 可以写出电流放大倍数

$$\beta(\omega)=i_c/i_b=g_m v_{be}/i_b=\beta_o\frac{1/[j\omega(C_\pi+C_\mu)]}{r_\pi+1/[j\omega(C_\pi+C_\mu)]} \tag{3.130}$$

其中 $\beta_o = g_m r_\pi$。

式(3.130)与单极点放大器或 RC 低通滤波器的频率响应完全一致。根据 ω_T 的定义,可以写出

$$|\beta(\omega_T)| = 1 \tag{3.131}$$

特征角频率 ω_T 可以由式(3.131)或 $\beta(\omega)$ 的波特图得到。下面采用波特图法求 ω_T,$\beta(\omega)$ 的波特图如图 3-36 所示。

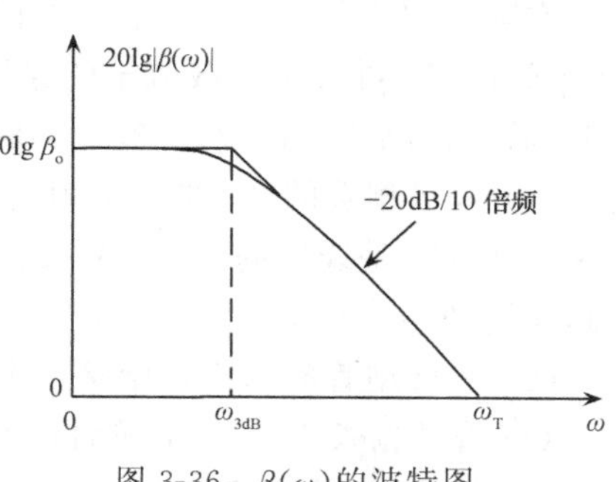

图 3-36　$\beta(\omega)$的波特图

如果采用渐近线近似,在波特图上 $20\lg|\beta(\omega)|$ 从 ω_{3dB} 开始以每 10 倍频 20dB 的速度下降,在 ω_T 处减小,为 0dB,即有

$$\frac{20\lg\beta_o - 0}{\lg\omega_{3dB} - \lg\omega_T} = -20 \tag{3.132}$$

化简后得

$$\beta_o = \omega_T / \omega_{3dB} \tag{3.133}$$

考虑到

$$\omega_{3dB} = \frac{1}{r_\pi(C_\pi + C_\mu)} \tag{3.134}$$

因此有

$$\omega_T = \beta_o\omega_{3dB} = \frac{\beta_o}{r_\pi(C_\pi + C_\mu)} = \frac{g_m}{C_\pi + C_\mu} \tag{3.135}$$

或

$$f_T = \frac{g_m}{2\pi(C_\pi + C_\mu)} \approx \frac{1}{2\pi}\frac{g_m}{C_\pi} \tag{3.136}$$

采用类似的方法可以求出 MOS 晶体管的特征频率为

$$f_T = \frac{g_m}{2\pi(C_{gs} + C_{gd})} \approx \frac{1}{2\pi}\frac{g_m}{C_{gs}} \tag{3.137}$$

特征频率作为晶体管的一个高频指标,在一定程度上描述了放大器所能工作的最高频率或带宽,但是其参考价值大于实用价值;由于输出端短路,该端口的电容、输出电阻、密勒效应等都被忽略了,因此它并不是放大器的实际带宽的关键参数,工程设计中常将 $f_T/10$ 到 $f_T/5$ 作为管子可实际工作的频率上限。双极型晶体管的 f_T 取决于基区自由电子穿越基区所需的时间。

对于 MOS 管,有

$$g_m = \mu C_{ox}\frac{W}{L}(V_{GS} - V_{th}) \tag{3.138}$$

$$C_{gs} = \frac{2}{3}WLC_{ox} \tag{3.139}$$

将式(3.138)和式(3.139)代入式(3.137),得

$$f_{\mathrm{T}} \approx \frac{1}{2\pi}\frac{g_{\mathrm{m}}}{C_{\mathrm{gs}}}=\frac{1}{2\pi}\frac{3}{2}\frac{\mu}{L^{2}}(V_{\mathrm{GS}}-V_{\mathrm{th}}) \tag{3.140}$$

实际上,$L^2/[\mu(V_{\mathrm{GS}}-V_{\mathrm{th}})]$正比于载流子横渡沟道所需的平均时间。因此,双极型管和MOS管的f_{T}都分别与载流子的穿越(或渡越)时间成反比,只不过前者载流子的运动方式是扩散,后者是漂移。比较式(3.136)和(3.140)可以得出以下结论:

(1) 双极型管的f_{T}是一个固定值,而MOS管的f_{T}可以在一定范围内通过V_{GS}来调节,这种调节并不是线性的,$V_{\mathrm{GS}}-V_{\mathrm{th}}$的增加会降低载流子的有效迁移率,同时载流子的速度将最终趋向饱和。

(2) 双极型管的基区宽度是一个纵向厚度(横向三极管除外),由扩散、注入等工艺决定,而MOS管的栅长L是一个横向长度,由光刻工艺决定,并以很快的速度递减。

(3) MOS管载流子的漂移速度最终受到速度饱和现象的限制,短沟道器件载流子穿越沟道的时间将与L而不是L^2成正比,此时f_{T}将随L减小而线性增加。

3.4.2 单位功率增益频率

单位功率增益频率又称为最大振荡频率,定义为功率增益等于1的频率,用$f_{\max}$表示。

在许多射频电路中,f_{T}并不能反映管子的真实工作情况,例如,振荡器和功率放大器,这些电路的特点是将直流功率转换为交流信号功率,从而使输出信号功率大于输入信号功率,或者说具有一定的功率增益。等效电路中几乎所有参数都对功率增益产生影响,因此其精确的表达式非常复杂。

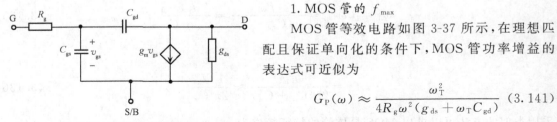

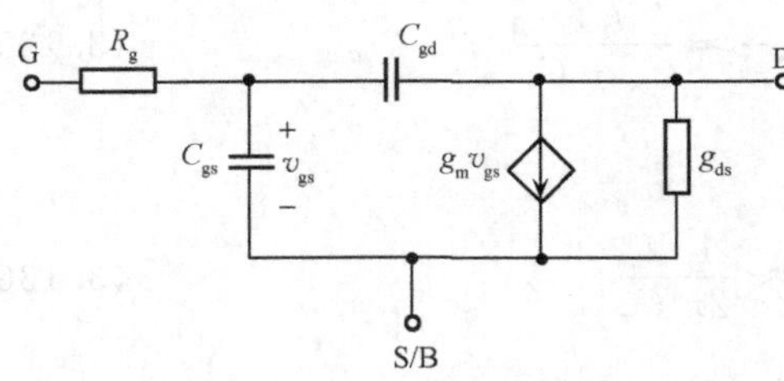

图 3-37 MOS管等效电路

1. MOS管的$f_{\max}$

MOS管等效电路如图3-37所示,在理想匹配且保证单向化的条件下,MOS管功率增益的表达式可近似为

$$G_{\mathrm{P}}(\omega) \approx \frac{\omega_{\mathrm{T}}^{2}}{4R_{\mathrm{g}}\omega^{2}(g_{\mathrm{ds}}+\omega_{\mathrm{T}}C_{\mathrm{gd}})} \tag{3.141}$$

其中R_{g}为栅极寄生电阻。

根据$\omega_{\max}$定义,有

$$G_{\mathrm{P}}(\omega_{\max})=1$$

即

$$\omega_{\max}=\frac{\omega_{\mathrm{T}}}{2\sqrt{R_{\mathrm{g}}(g_{\mathrm{ds}}+\omega_{\mathrm{T}}C_{\mathrm{gd}})}} \tag{3.142}$$

或

$$f_{\max}=\frac{f_{\mathrm{T}}}{2\sqrt{R_{\mathrm{g}}(g_{\mathrm{ds}}+\omega_{\mathrm{T}}C_{\mathrm{gd}})}} \tag{3.143}$$

由式(3.143)可以看出,$f_{\max}$可能大于f_{T}也可能小于f_{T},这取决于分母的值。如果r_{o}足够大,且满足$g_{\mathrm{ds}} \ll \omega_{\mathrm{T}}C_{\mathrm{gd}}$,则有

$$f_{\max} \approx \sqrt{\frac{f_{\mathrm{T}}}{8\pi R_{\mathrm{g}}C_{\mathrm{gd}}}} \tag{3.144}$$

式(3.144)表明寄生元件对功率增益和$f_{\max}$有很大的影响。由于$R_{\mathrm{g}} \propto W/L$,$C_{\mathrm{gd}} \propto WL$,由式

(3.144)得

$$f_{\max} \propto \frac{1}{W}\sqrt{f_{\mathrm{T}}} \tag{3.145}$$

如果尺寸固定,则有

$$f_{\max} \propto \sqrt{f_{\mathrm{T}}} \propto \sqrt{\mu(v_{\mathrm{gs}}-V_{\mathrm{th}})} \propto \sqrt{g_{\mathrm{m}}} \tag{3.146}$$

2. 双极型管的 $f_{\max}$

双极型管等效电路如图 3-28 所示,在理想匹配且保证单向化的条件下,如果 r_{o} 足够大,且满足 $1/r_{\mathrm{o}} \ll \omega_{\mathrm{T}} C_{\mu}$,则有

$$f_{\max} \approx \sqrt{\frac{f_{\mathrm{T}}}{8\pi r_{\mathrm{b}} C_{\mu}}} \tag{3.147}$$

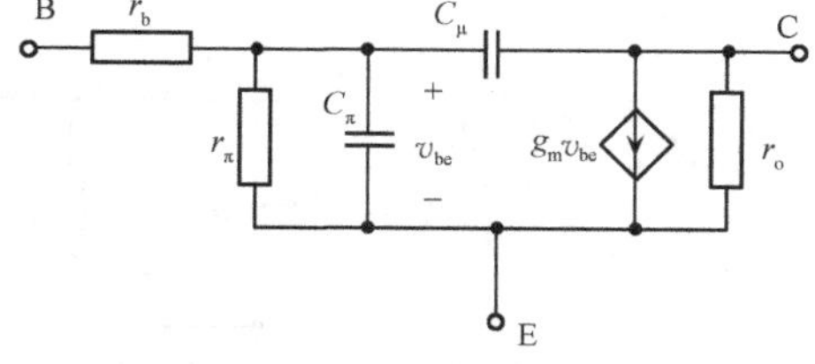

图 3-38　双极型管等效电路

3.5　本章小结

噪声普遍存在于电子元件、器件、网络和系统中,噪声会损害所需信号的质量。噪声主要有热噪声、闪烁噪声和散弹噪声等。为了分析二端口网络的噪声,通常将一个有噪二端口网络等效为一个无噪二端口网络和其输入端的等效噪声电压源与等效噪声电流源的组合。本章给出了电子系统中存在的主要噪声源,包括电阻的热噪声、散弹噪声和闪烁噪声,以及噪声的相关性和噪声带宽,讨论了晶体管的等效噪声计算方法,给出了二端口网络噪声系数、等效噪声温度、级联系统的等效噪声系数和等效输入噪声源的计算方法。

集成电路工艺中晶体管的最高工作频率可由特征频率和单位功率增益频率来反映,通常取特征频率的 1/10～1/5 作为晶体管可以工作的最高频率。双极型管的 f_{T} 是一个固定值,而 MOS 管的 f_{T} 可以在一定范围内通过 V_{GS} 来调节。本章给出了这两个频率的定义及计算方法,讨论了集成电路工艺等比例缩小和短沟道效应,包括速度饱和、纵向电场引起的迁移率退化和热载流子效应等,最后讨论了有源器件的非线性模型。

参　考　文　献

陈邦媛. 2003. 射频通信电路. 北京:科学出版社

王蕴仪,苗敬峰,沈楚玉,等. 1981. 微波器件与电路. 南京:江苏科学技术出版社

谢嘉奎. 2002. 电子线路非线性部分. 4 版. 北京:高等教育出版社

Gonzalez F. 1997. Microwave Transistor Amplifiers Analysis and Design. Prentice-Hall,Inc.

Gonzalez G,1997. Microwave Transistor Amplifiers:Analysis and Design,2nd Ed. Prentice Hall

Gray P R,Meyer R G. 1993. Analysis and Design of Analog Integrated Circuits. 3rd Ed. Wiley

Grebennikov A. 2005. RF and Microwave Power Amplifier Design,McGraw-Hill Companies,Inc.

Lee T H. 2006. The Design of CMOS Radio-Frequency Integrated Circuits. Publishing House of Electronics Industry.

Radmanesh M M. 2008. Radio Frequency and Microwave Electronics Illustrated. Publishing House of Electronics Industry.

Razavi B. 1998. RF Microelectronics,Prentice Hall

Razavi B. 2001. Design of Analog CMOS Integrated Circuits,McGraw-Hill

习　题

3-1　电路中常见的噪声源有哪几种？列出场效应晶体管和双极型晶体管的主要噪声源。

3-2　一个共源级电路包含一个 50μm/0.5μm 的 NMOS 器件，偏置电流为 $I_D=1mA$。负载电阻为 2kW，在 100MHz 的带宽内总输入参考噪声电压是多少？

3-3　在 1kHz 到 1MHz 的频带内，计算一个 NMOS 电流源漏电流的总的热噪声和 $1/f$ 噪声。

3-4　计算题图 3-4 所示电路的 $1/f$ 噪声和热噪声的等效输入噪声电压，假设 M_1 和 M_2 均工作在饱和区。

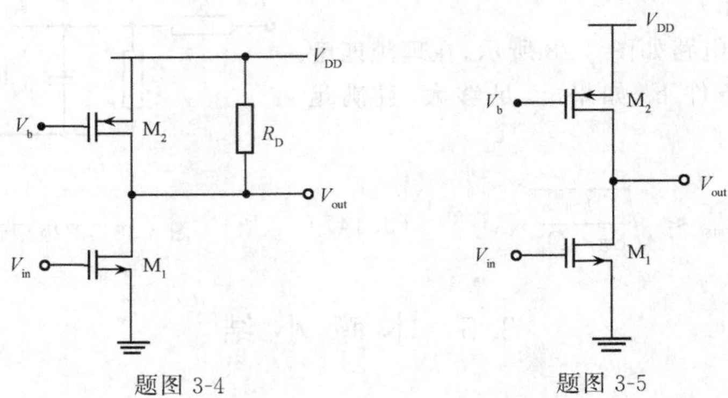

题图 3-4　　　　题图 3-5

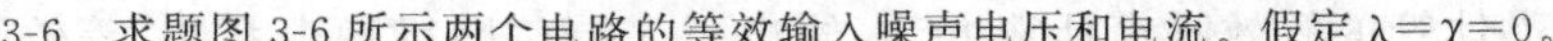

3-5　计算题图 3-5 所示放大器的输入参考热噪声电压，假设两个晶体管均处于饱和区。另外，如果电路驱动一个负载电容 C_L，确定其总输出热噪声；如果输入是一个振幅为 V_m 的低频正弦信号，输出信噪比是多少。

3-6　求题图 3-6 所示两个电路的等效输入噪声电压和电流。假定 $\lambda=\gamma=0$。

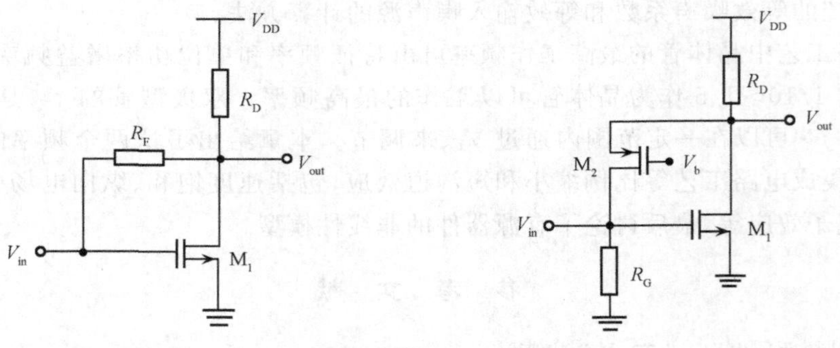

题图 3-6

3-7　一个共源放大器由一个低内阻的信号源提供信号，工作时的 $g_m=1mA/V$，单位增益频率为 2GHz。要使 f_T 降为 1GHz，应该在漏极再接多大的电容？

3-8　一个理想电压放大器的电压增益为 −1000V/V，在输入和输出端之间连接有一个 0.1pF 的电容。放大器的输入电容是多少？如果放大器由一个内阻 $R_S=1k\Omega$ 的电压源 V_S 提供信号，试求关于复频域变量 S 的传输函数 V_o/V_S 以及 3dB 频率 f_H 和单位增益频率 f_T。

3-9　求题图 3-9 所示的共发射级放大器在下面情况下的中频增益和上限 3dB 频率：$V_{CC}=V_{EE}=10V$，$I=1mA$，$R_B=100k\Omega$，$R_C=8k\Omega$，$R_s=5k\Omega$，$R_L=5k\Omega$，$\beta_O=100$，$V_A=100V$，$C_\mu=1pF$，$f_T=800MHz$ 及 $r_{bb'}=50\Omega$。

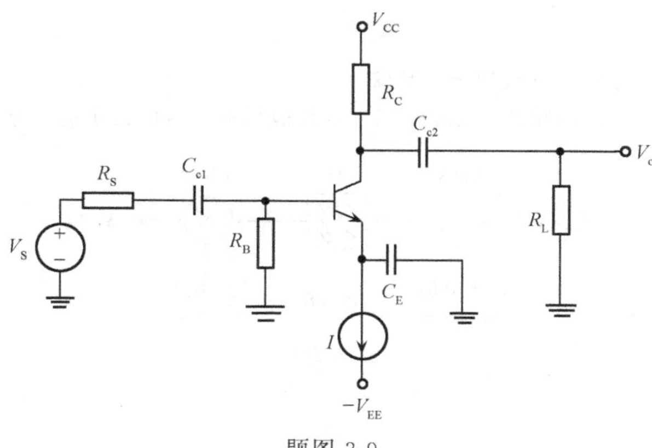

题图 3-9

3-10　某 NPN 晶体管工作时有 $I_C=0.5\text{mA}$, $V_{CB}=2\text{V}$。$\beta_O=100$, $V_A=50\text{V}$, $\tau_F=30\text{ps}$, $C_{jc0}=20\text{fF}$, $C_{\mu0}=30\text{fF}$, $V_{0c}=0.75\text{V}$, $m_{CBJ}=0.5$, $r_{bb'}=100$。画出完整的混合 π 模型，指出所有原件的值，并求 f_T。

3-11　题图 3-11 所示为一个共源 MOSFET 放大器的高频等效电路。这个放大器由源电阻 R_s 的信号源 V_s 供电。电阻 R_{in} 来源于偏置网络。电阻 R'_L 是负载电阻 R_L、漏极偏置电阻 R_D 和 FET 输出电阻 r_o 的并联等效电阻。电容 C_{gs} 和 C_{gd} 是 MOSFET 的内部电容。已知 $R_s=100\text{k}\Omega$, $R_{in}=420\text{k}\Omega$, $C_{gs}=C_{gd}=1\text{pF}$, $g_m=4\text{mA/V}$，以及 $R'_L=3.33\text{k}\Omega$。求中频电压增益 $A_M=V_o/V_s$ 及上限 3dB 频率 f_H。

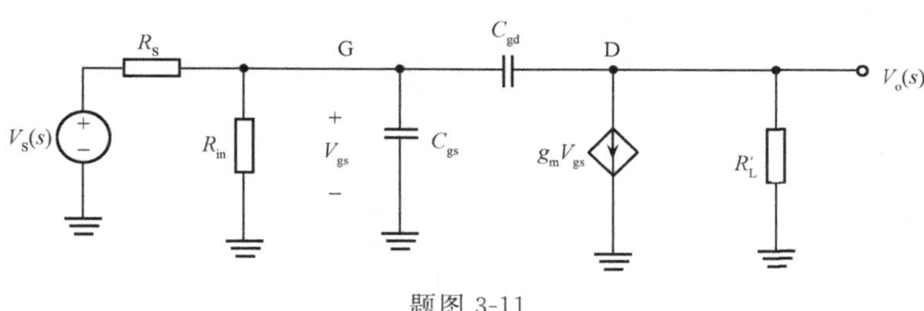

题图 3-11

3-12　考虑到一个实际的差分放大器，已知它的所有极点均为纯实数。测量的差分增益的带宽为 ω_h，并且放大器的响应非常像一个单极点系统，但是直接应用开路时间常数方法得到的估计在低频端大约差 2 倍。指出问题的原因并说明如何解决它。

3-13　设计一个放大器，要求 $P_{out,1dB}=18\text{dBm}$，功率增益不低于 20dB。请根据下表中列出的某些晶体管在 2GHz 频率上的有关特性参数，确定放大器的级数并为每一放大级选择合适的晶体管。估算放大器的总噪声系数 F_{tot} 和 3 阶截点 IP_3。

晶体管型号	F/dB	G_{max}/dB	$P_{out,1dB}$/dBm	IP/dBm
BFG505	1.9	10	4	10
BFG520	1.9	9	17	26
BFG540	2.0	7	21	34

3-14　题图 3-14 所示为一无线接收机前端框图，已知馈入天线的噪声功率为 $N_i=kT_aB$, $T_a=15\text{K}$。假设系统温度为 T_0，输入阻抗为 50Ω，中频带宽为 10MHz。求：

(1) 系统噪声系数。

(2) 系统等效噪声温度。

(3) 输出噪声功率。

(4) 在中频带宽内输出噪声的双边功率谱密度。

(5) 若要求接收机最小输出信噪比为 20dB,问加到接收机输入端的最小输入电压应为多少?

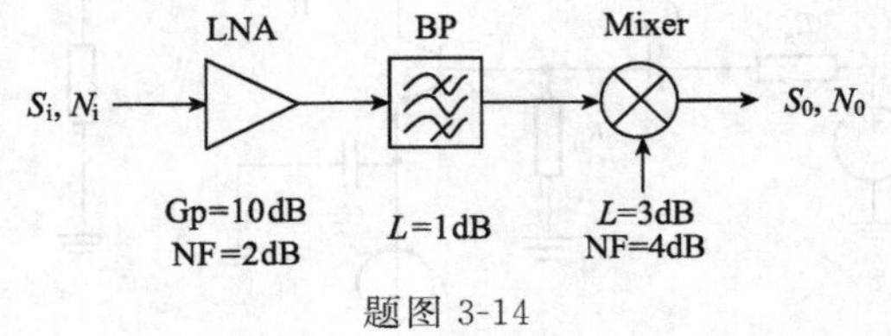

题图 3-14

第 4 章 无线收发机结构

4.1 概　　述

收发机(transceiver)是由发射机和接收机组成的一个系统。系统方案是否可行,设计是否合理是决定系统成败的关键,因此系统级的设计和优化非常重要,它决定系统复杂程度、功耗、性能及成本,需要通过协调系统中各电路模块的性能参数,以确保达到系统总体指标。

收发机结构的选择将直接影响到电路设计,包括电路的复杂度、各级电路的工作频率、增益、噪声系数、线性度和功耗等指标。同时收发机结构也会对系统集成度和成本产生影响,其中包括片外元件的数量、种类和成本(尤其是高 Q 值滤波器、谐振器的费用)、PCB 线路的复杂度、元件安装(焊接)的成本、电路调试费用等。无线接收机结构主要包括超外差接收机、零中频接收机、二次变频宽中频接收机、二次变频低中频结构和镜像抑制接收机等。无线发射机结构主要包括直接上变频结构、超外差结构和直接数字调制结构等。

本章重点讨论中频选择、混频和复混频原理、镜像频率及其抑制、无线接收机结构和无线发射机结构。

4.2 中 频 选 择

无线通信中使用高频载波来传输信号有两个原因:①为了有效地把信号用电磁波辐射出去;②为了有效地利用频带来传输多路频率范围相同的基带信号,提高频谱利用率。因此在接收端必须对接收到的射频信号进行下变频,并还原成基带信号。信道的选择通常在中频进行,原因是在射频上选择信道非常困难。例如,对于 GSM 系统,它的载波为 900MHz,信道带宽为 200kHz,用中心频率除以信道带宽可得 Q 值为 4500。如此高 Q 值的滤波器实现难度非常大,即使可以达到这么高的 Q 值,滤波器通带内的损耗和带外(相邻信道)的衰减也很难满足要求。数字信号处理技术可以实现近乎理想的滤波器,但是直接在射频频率上进行模数转换并不现实。因此,射频滤波器只能用作整个系统频段的选择,滤除频段外的干扰,而信道的选择(模拟或数字滤波)需要在较低的频率(中频或基带)进行。

选择中频频率时需要考虑镜像频率(image frequency)和镜频抑制(image rejection)问题,相邻信道(adjacent channel)干扰和选择性(selectivity)问题。由于开放频段(如 ISM 频段,即工业、科学和医学频段)无需申请就可使用,这个频段的干扰比较大,因此选择中频频率时应尽量避开开放频段的干扰,如让接收机的镜像频率落在开放频段以外。同时选择中频频率时需要避开本振、时钟和参考信号及其谐波频率等干扰。

4.3 混　　频

4.3.1 混频原理

由傅里叶变换理论可知,实信号 $x(t)$ 的傅里叶变换 $X(\omega)$ 同时存在正负频率分量,且互

为共轭，即

$$x(t)\leftrightarrow X(\omega)=\int_{-\infty}^{\infty}x(t)\mathrm{e}^{-\mathrm{j}\omega t}\mathrm{d}t \tag{4.1}$$

$$X(\omega)=X^{*}(-\omega) \tag{4.2}$$

例如，$\cos(\omega_c t)$和$\sin(\omega_c t)$的傅里叶变换正负频率分量同时存在且互为共轭，如图4-1(a)和(b)所示，表示为

$$\cos(\omega_c t)\leftrightarrow\pi[\delta(\omega-\omega_c)+\delta(\omega+\omega_c)] \tag{4.3}$$

$$\sin(\omega_c t)\leftrightarrow\mathrm{j}\pi[\delta(\omega+\omega_c)-\delta(\omega-\omega_c)] \tag{4.4}$$

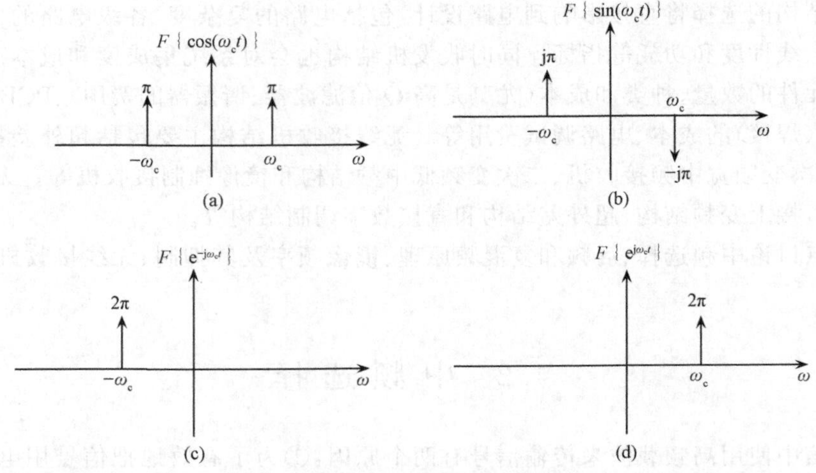

图4-1　四种信号傅里叶变换的频谱

同样由傅里叶变换理论可知，复信号可能只存在单边频率分量。例如，$\mathrm{e}^{-\mathrm{j}\omega_c t}$和$\mathrm{e}^{\mathrm{j}\omega_c t}$的傅里叶变换只存在单边频率分量，如图4-1(c)和(d)所示，表示为

$$\mathrm{e}^{-\mathrm{j}\omega_c t}\leftrightarrow 2\pi\delta(\omega+\omega_c) \tag{4.5}$$

$$\mathrm{e}^{\mathrm{j}\omega_c t}\leftrightarrow 2\pi\delta(\omega-\omega_c) \tag{4.6}$$

其中

$$\mathrm{e}^{-\mathrm{j}\omega_c t}=\cos(\omega_c t)-\mathrm{j}\sin(\omega_c t) \tag{4.7}$$

$$\mathrm{e}^{\mathrm{j}\omega_c t}=\cos(\omega_c t)+\mathrm{j}\sin(\omega_c t) \tag{4.8}$$

混频器是一个三端口器件，有两个输入信号和一个输出信号；输出信号等于两个输入信号的乘积，如图4-2所示。通常将左侧的输入称为混频器的输入端，下方的输入称为混频器的本振端。

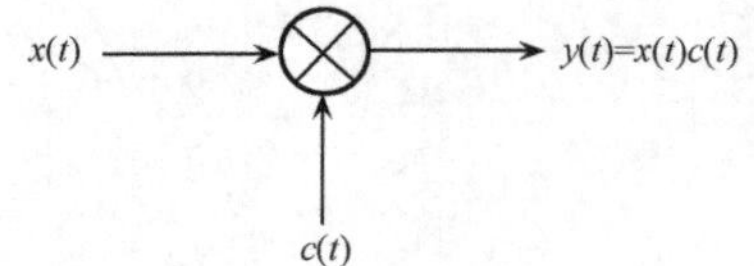

图4-2　混频器符号

根据频域卷积定理，两个信号时域中的乘法运算对应于频域中的卷积运算，即：

如果

$$x(t)\leftrightarrow X(\omega) \tag{4.9}$$

$$c(t) \leftrightarrow C(\omega) \tag{4.10}$$

则

$$x(t)c(t) \leftrightarrow \frac{1}{2\pi}[X(\omega) * C(\omega)] \tag{4.11}$$

因此

$$x(t)\cos(\omega_c t) \leftrightarrow \frac{1}{2}[X(\omega+\omega_c)+X(\omega-\omega_c)] \tag{4.12}$$

$$x(t)\sin(\omega_c t) \leftrightarrow \frac{\mathrm{j}}{2}[X(\omega+\omega_c)-X(\omega-\omega_c)] \tag{4.13}$$

$$x(t)\mathrm{e}^{\mathrm{j}\omega_c t} \leftrightarrow X(\omega-\omega_c) \tag{4.14}$$

$$x(t)\mathrm{e}^{-\mathrm{j}\omega_c t} \leftrightarrow X(\omega+\omega_c) \tag{4.15}$$

上述关系表明，一个信号在时域中与余弦信号、正弦信号或复指数函数相乘，等效于在频域中的频谱搬移。

4.3.2　上变频

若混频器的输入端为基带信号 $x(t)$，对应的频谱为 $X(\omega)$，本振端信号 $c(t)$ 为余弦信号，对应的频谱为 $C(\omega)$，则混频器输出信号为 $y(t)$，对应的频谱为 $Y(\omega)$，如图 4-3 所示。

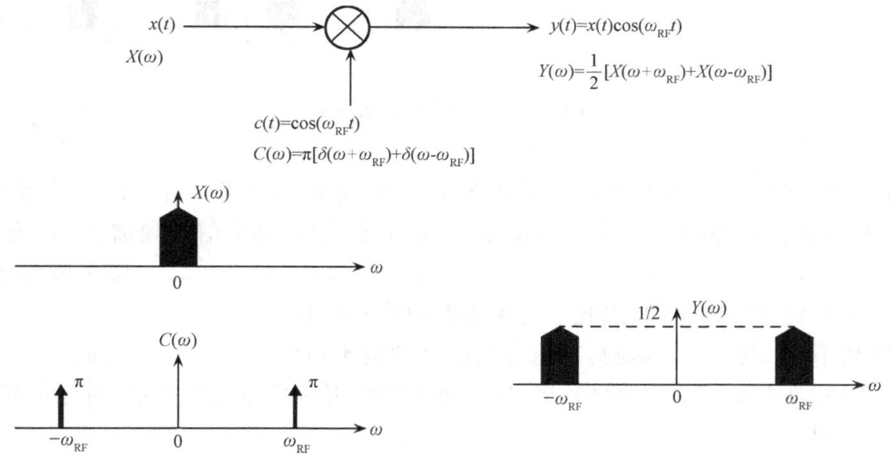

图 4-3　上变频的频谱

由图 4-3 看出，输入信号频谱 $X(\omega)$ 分别被搬移到频率 $-\omega_{RF}$ 和 ω_{RF} 上，从而将基带信号调制到射频上，这一过程称为上变频，对应正弦载波幅度调制。

4.3.3　下变频

若混频器的输入端为射频信号 $y_{RF}(t)$，对应的频谱为 $Y_{RF}(\omega)$，本振信号 $c(t)$ 为余弦信号，对应频谱为 $C(\omega)$，则混频器输出信号为 $y_{IF}(t)$，对应的频谱为 $Y_{IF}(\omega)$，如图 4-4 所示。

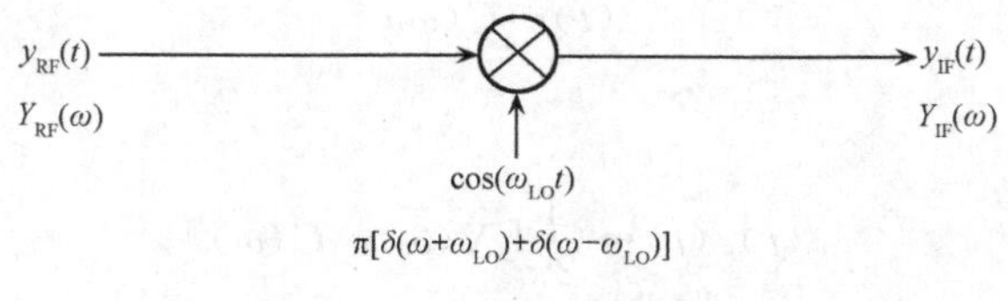

图 4-4 下变频框图

混频器输入射频信号频谱 $Y_{RF}(\omega)$ 如图 4-5(a)所示；本振信号频谱 $C(\omega)$ 如图 4-5(b)所示；图 4-5(a)的频谱搬移到 ω_{LO}，得出图 4-5(c)所示频谱。图 4-5(a)的频谱搬移到 $-\omega_{LO}$，得出图 4-5(d)所示频谱；将图 4-5(c)和图 4-5(d)的频谱叠加起来就可以得到混频器输出信号频谱 $Y_{IF}(\omega)$，如图 4-5(e)所示。

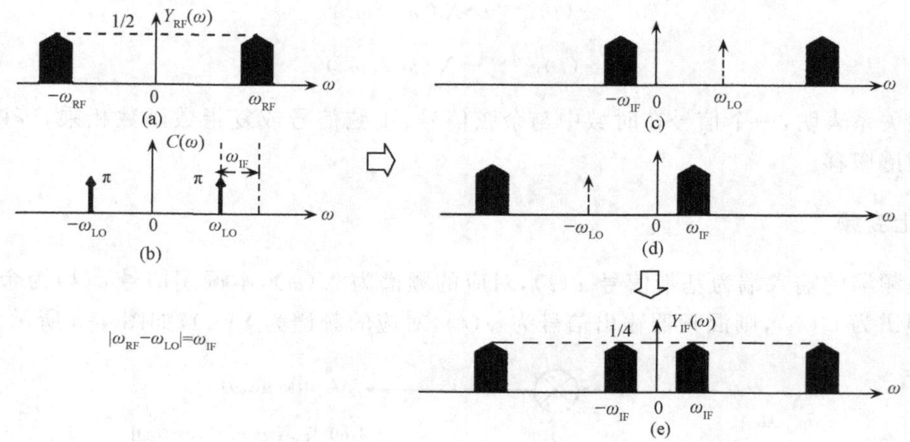

图 4-5 下变频的频谱搬移

输入信号频谱 $Y_{RF}(\omega)$ 由基带信号频谱 $X(\omega)$ 分别搬移到频率 $-\omega_{RF}$ 和 ω_{RF} 上得到，如图 4-3 所示。由图 4-5 看出，输入信号频谱 $Y_{RF}(\omega)$ 经过下变频后，基带信号频谱 $X(\omega)$ 分别被搬移到 $-(\omega_{RF}+\omega_{LO})$，$-(\omega_{RF}-\omega_{LO})=-\omega_{IF}$，$(\omega_{RF}-\omega_{LO})=\omega_{IF}$ 和 $(\omega_{RF}+\omega_{LO})$ 四个频率上，中间的两个频谱就是需要的中频频谱，因此下变频将射频信号变频到中频。

若本振频率 ω_{LO} 等于 ω_{RF}，则基带信号频谱分别被搬移到 $-2\omega_{LO}$、0 和 $2\omega_{LO}$ 三个频率上，0 频率处的频谱就是需要的基带信号频谱，因此下变频将射频信号变到基带，对应正弦载波幅度调制信号的解调。

4.3.4 镜像频率

若混频器的输入端为射频信号与干扰信号的和 $y_{RF+IMG}(t)$，对应的频谱为 $Y_{RF+IMG}(\omega)$，本振信号 $c(t)$ 为余弦信号，对应频谱为 $C(\omega)$，则混频器输出信号为 $y_{IF+IMG}(t)$，对应的频谱为 $Y_{IF+IMG}(\omega)$，如图 4-6 所示。

混频器的输入信号频谱 $Y_{RF+IMG}(\omega)$ 如图 4-7(a)所示。其中干扰信号的中心频率相距 ω_{RF} 为 $2\omega_{IF}$；本振信号频谱 $C(\omega)$ 如图 4-7(b)所示；图 4-7(a)的频谱搬移到 ω_{LO} 得图 4-7(c)所示频谱，图 4-7(a)的频谱搬移到 $-\omega_{LO}$ 得图 4-7(d)所示频谱；将图 4-7(c)和图 4-7(d)的频谱叠加起来就可以得到混频器输出信号频谱 $Y_{IF+IMG}(\omega)$，如图 4-7(e)所示。

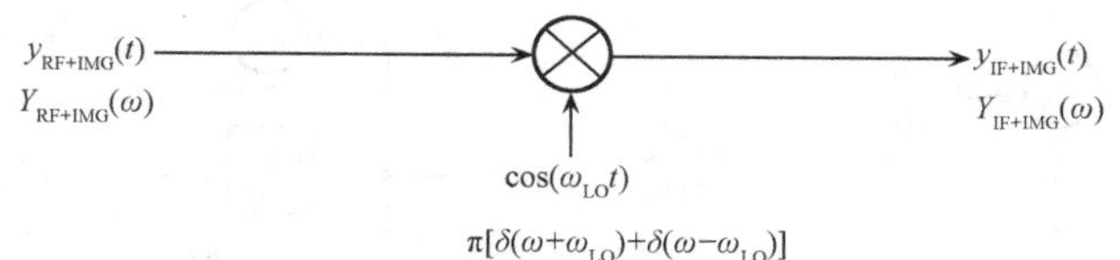

图 4-6　下变频框图

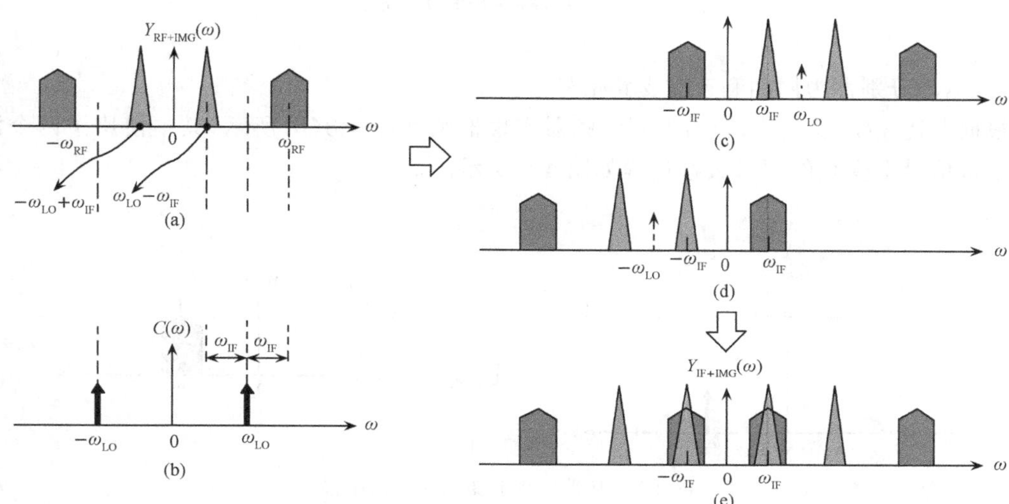

图 4-7　镜像频率干扰

图 4-7(e)中两个中心频率为$-\omega_{IF}$和ω_{IF}的频谱为中频频谱，与图 4-5(e)的中频频谱相比，在有用的中频频谱上叠加了干扰信号的频谱，即有用的中频信号受到了干扰。上述干扰信号称为镜像信号，对应的干扰称为镜像干扰，镜像频率与本振频率和射频频率的相对大小有关。

当本振频率ω_{LO}低于射频频率ω_{RF}时，镜像频率ω_{IMG}表示为

$$\omega_{IMG}=\omega_{RF}-2\omega_{IF} \tag{4.16}$$

当本振频率ω_{LO}高于射频频率ω_{RF}时，镜像频率ω_{IMG}表示为

$$\omega_{IMG}=\omega_{RF}+2\omega_{IF} \tag{4.17}$$

4.3.5　复混频

1）基带信号上变频

设混频器的输入端为基带信号$x(t)$，对应的频谱为$X(\omega)$；本振信号$c(t)$为复指数信号$e^{j\omega_{RF}t}$，对应频谱为$C(\omega)$；混频器输出信号为$y(t)$，对应的频谱为$Y(\omega)$。混频器原理框图如图 4-8(a)所示。

复混频输出信号表示为

$$y(t)=x(t)e^{j\omega_{RF}t}=x(t)\cos(\omega_{RF}t)+jx(t)\sin(\omega_{RF}t)=y_I(t)+jy_Q(t) \tag{4.18}$$

其中

$$y_I(t)=x(t)\cos(\omega_{RF}t) \tag{4.19}$$

$$y_Q(t)=x(t)\sin(\omega_{RF}t) \tag{4.20}$$

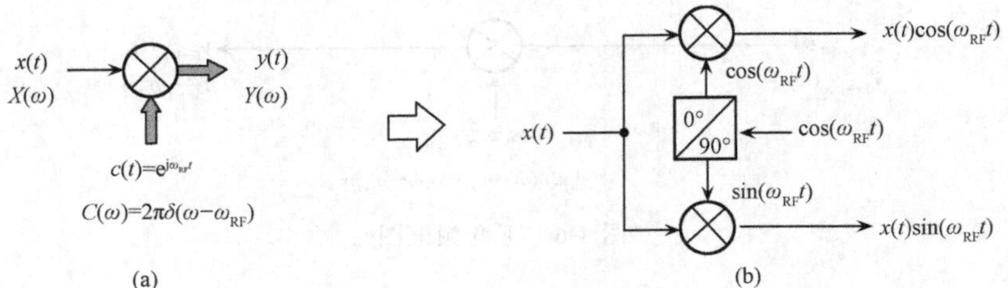

图 4-8　复混频原理和实现框图

$y_I(t)$、$y_Q(t)$分别称为同相和正交支路信号。

根据上述 $y(t)$表达式，容易得到混频器实现框图如图 4-8(b)所示，其中使用了两个混频器。基带信号上变频的频谱搬移过程如图 4-9 所示。

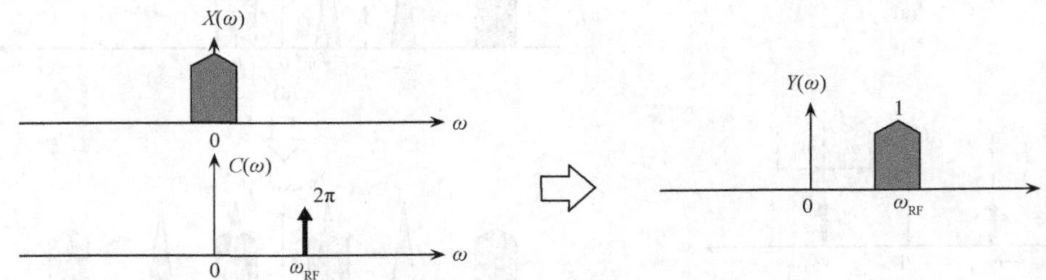

图 4-9　基带信号上变频的频谱搬移

由图 4-9 看出，由于本振为复指数信号，上变频将基带信号频谱 $X(\omega)$搬移到频率 ω_{RF}上，输出信号频谱仅存在于正频率上，负频率上没有频谱，即复混频上变频仅存在单边频谱。

2) 实信号下变频

设混频器的输入信号为射频信号与干扰信号的和 $x(t)$，对应的频谱为 $X(\omega)$，本振信号 $c(t)$为复指数信号 $e^{-j\omega_{LO}t}$，对应频谱为 $C(\omega)$；混频器输出信号为 $y(t)$，对应的频谱为$Y(\omega)$。实信号下变频原理框图如图 5-10(a)所示，实现框图如图 4-10(b)所示，其中使用了两个混频器。

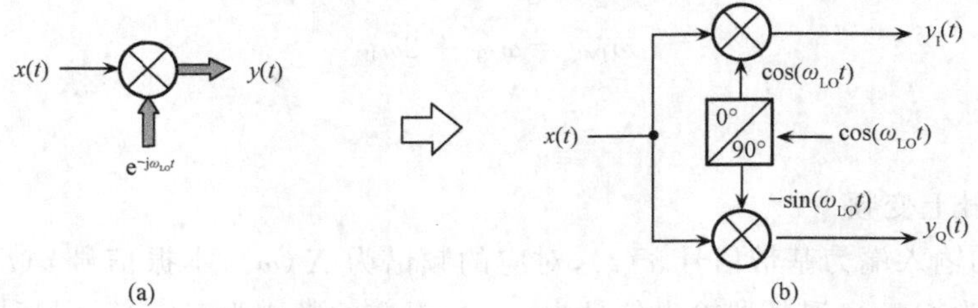

图 4-10　实信号下变频原理和实现框图

实信号下变频输出信号表示为

$$y(t)=x(t)e^{-j\omega_{LO}t}=x(t)\cos(\omega_{LO}t)-jx(t)\sin(\omega_{LO}t)=y_I(t)+jy_Q(t) \tag{4.21}$$

其中

$$y_I(t)=x(t)\cos(\omega_{LO}t) \tag{4.22}$$

$$y_Q(t)=-x(t)\sin(\omega_{LO}t) \tag{4.23}$$

输入信号频谱 $X(\omega)$ 如图 4-11(a)所示，其中干扰信号的中心频率相距 ω_{RF} 为 $2\omega_{IF}$；本振信号频谱 $C(\omega)$ 如图 4-11(b)所示；图 4-11(a)的频谱搬移到 $-\omega_{LO}$ 得输出信号频谱 $Y(\omega)$ 如图 4-11(c)所示。

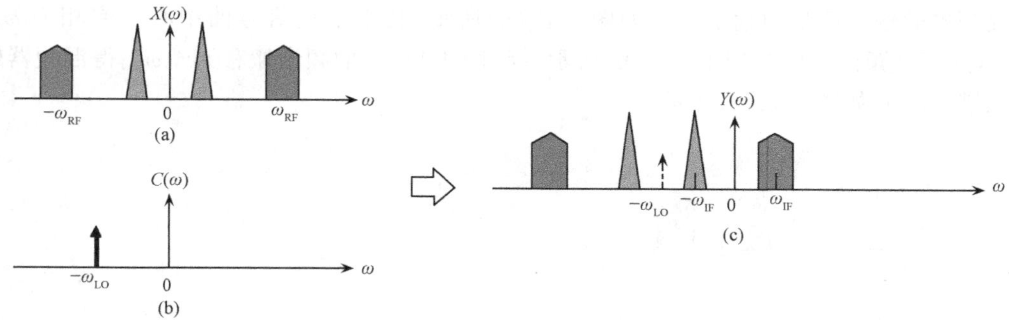

图 4-11　实信号下变频的频谱搬移过程

由图 4-11 可见，由于本振信号为复指数信号，因此输出信号的频谱在 ω_{IF} 频率上没有受到干扰信号影响，中频频谱是干净的，因此这里没有镜像干扰的问题。

3）复信号下变频

设混频器的输入信号为复混频上变频器输出信号与干扰信号的和 $x(t)=x_I(t)+jx_Q(t)$，对应的频谱为 $X(\omega)$；本振信号 $c(t)$ 为复指数信号 $e^{-j\omega_{LO}t}$，对应频谱为 $C(\omega)$；混频器输出信号为 $y(t)=y_I(t)+jy_Q(t)$，对应的频谱为 $Y(\omega)$。复信号下变频原理框图如图 4-12(a)所示。

混频器输出信号表示为

$$\begin{aligned}y(t)&=x(t)e^{-j\omega_{LO}t}=[x_I(t)+jx_Q(t)][\cos(\omega_{LO}t)-j\sin(\omega_{LO}t)]\\&=[x_I(t)\cos(\omega_{LO}t)+x_Q(t)\sin(\omega_{LO}t)]+j[x_Q(t)\cos(\omega_{LO}t)-x_I(t)\sin(\omega_{LO}t)]\\&=y_I(t)+jy_Q(t)\end{aligned} \tag{4.24}$$

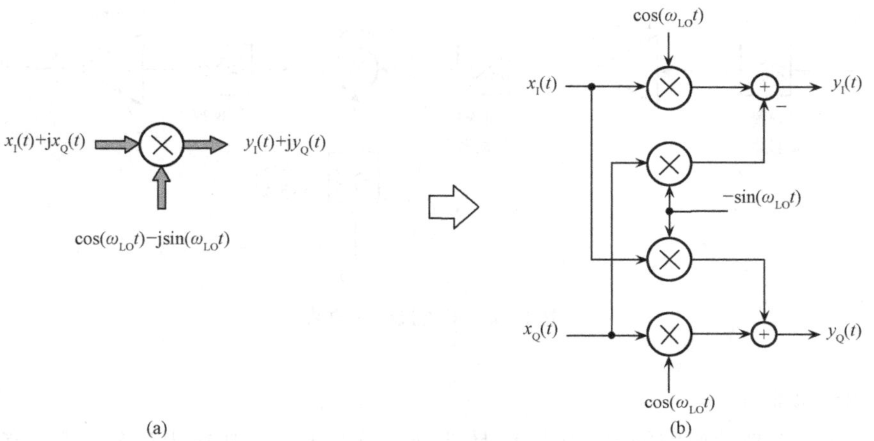

图 4-12　复信号下变频原理和实现框图

其中

$$y_{\mathrm{I}}(t)=x_{\mathrm{I}}(t)\cos(\omega_{\mathrm{LO}}t)+x_{\mathrm{Q}}(t)\sin(\omega_{\mathrm{LO}}t) \tag{4.25}$$

$$y_{\mathrm{Q}}(t)=x_{\mathrm{Q}}(t)\cos(\omega_{\mathrm{LO}}t)-x_{\mathrm{I}}(t)\sin(\omega_{\mathrm{LO}}t) \tag{4.26}$$

根据上述 $y(t)$ 表达式，容易得到复信号下变频实现框图如图 4-12(b)所示，其中使用了四个混频器。

混频器的输入信号频谱 $X(\omega)$ 如图 4-13(a)所示，其中干扰信号的中心频率相距 ω_{RF} 为 $2\omega_{\mathrm{IF}}$；本振信号频谱 $C(\omega)$ 如图 4-13(b)所示。将图 4-13(a)的频谱搬移到 $-\omega_{\mathrm{LO}}$ 得混频器输出信号频谱 $Y(\omega)$，如图 4-13(c)所示。

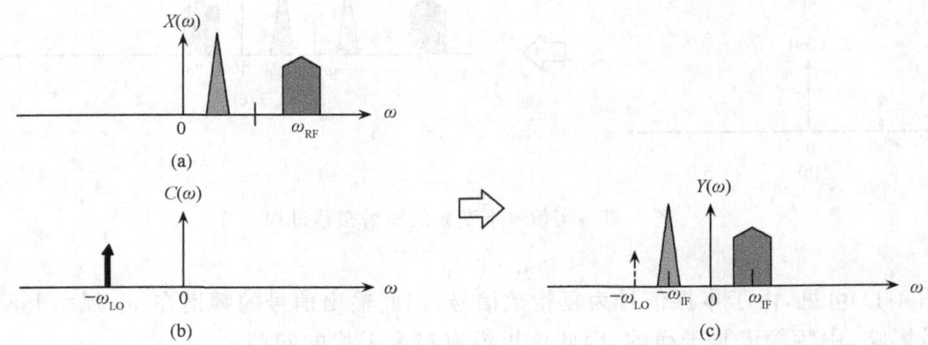

图 4-13　复信号下变频频谱搬移过程

由图 4-13 可见，由于本振信号为复指数信号，因此输出信号的频谱在 ω_{IF} 频率上没有受到干扰信号影响，中频频谱是干净的，因此这里也没有镜像干扰的问题。

4.4　无线接收机结构

无线接收机框图如图 4-14 所示，它由射频滤波器 1、低噪声放大器(LNA)、射频滤波器 2、混频器(mixer)、注入滤波器、中频滤波器、中频放大器(IF Amp)等功能模块组成。

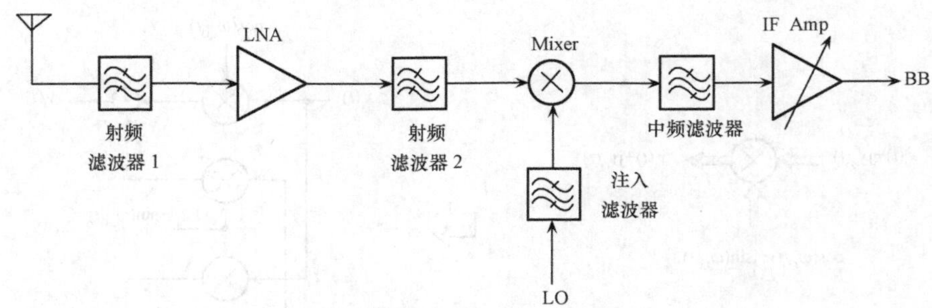

图 4-14　无线接收机框图

1）射频滤波器 1

射频滤波器 1 是带通滤波器，其作用是选择工作频段，限制输入带宽，减少互调(IM)失真，抑制杂散(spurious)信号，避免杂散响应，减小本振泄漏，在全双工(FDD)系统中作为频域双工器。

2）低噪声放大器

低噪声放大器是接收机的第一个有源模块，为了放大由天线接收到的微弱射频信号，低噪声放大器本身应具有非常低的噪声，其作用是在不造成接收机线性度恶化的前提下提供一定的增益，以抑制后续电路的噪声。

3）射频滤波器 2

射频滤波器 2 与射频滤波器 1 的作用类似，其作用是抑制由 LNA 放大或产生的镜像干扰，进一步抑制其他杂散信号，减小本振泄漏。

4）混频器

混频器是接收机第二个模块，是接收机中输入射频信号最强的模块，其线性度是最重要的指标，由于处在接收机的前端，因此要求其同时具有较低的噪声。

5）注入滤波器

由于本振信号中存在杂散信号，在送入混频器之前应将其滤除。注入滤波器的作用就是滤除来自本振的杂散信号。

6）中频滤波器

中频滤波器的作用是抑制相邻信道干扰，提供信道选择性，滤除混频器等产生的互调干扰，抑制其他杂散信号。

7）中频放大器

中频放大器的作用是将中频信号放大到一定的幅度供后续电路（如 A/D 转换器或解调器）处理，通常需要较大的增益并实现增益控制。

4.4.1　超外差接收机

超外差（super heterodyne）体系结构自 1917 年由 Armstrong 发明以来，已被广泛采用。图 4-15 为超外差接收机结构框图。在此结构中，由天线接收的射频信号首先经过射频带通滤波器（RF BPF）、低噪声放大器和镜像干扰抑制滤波器（IR filter），进行第一次下变频，产生固定频率的中频（IF）信号。然后，中频信号经过中频带通滤波器（IF BPF）将邻近的频道信号去除，再进行第二次下变频得到所需的基带信号。低噪声放大器（LNA）前的射频带通滤波器衰减了带外信号和镜像干扰。第一次下变频之前的镜像干扰抑制滤波器用来抑制镜像干扰，将其衰减到可接受的水平。使用可调的本地振荡器（LO1），全部频谱被下变频到一个固定的中频。下变频后的中频带通滤波器用来选择信道，称为信道选择滤波器。此滤波器在确定接收机的选择性和灵敏度方面起着非常重要的作用。第二下变频是正交的，以产生同相（I）和正交（Q）两路基带信号。

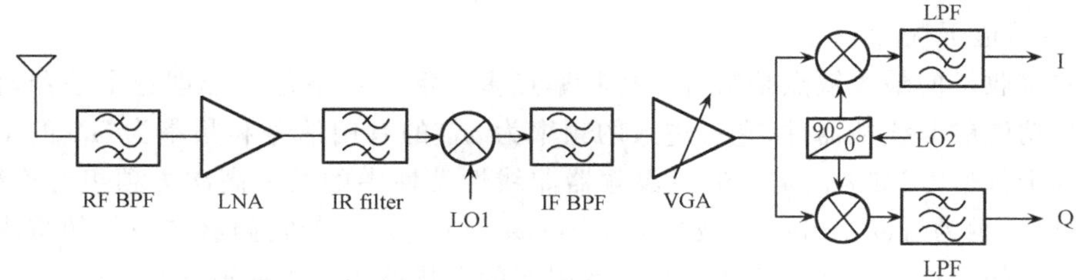

图 4-15　超外差接收机结构框图

1）超外差结构特点

超外差体系结构被认为是最可靠的接收机拓扑结构，因为通过适当地选择中频频率、高品质的射频滤波器（镜像抑制）和高品质的中频滤波器（信道选择），一个精心设计的超外差接收机可以获得极佳的灵敏度、选择性和动态范围，因此长久以来成为高性能接收机的首选。

超外差接收机使用混频器将高频信号搬到一个较低的中频频率后再进行信道滤波、放大和解调，从而有效地解决了高频信号处理所遇到的困难。同时，超外差结构有多个变频级，直流偏差和本振泄漏问题不会影响接收机的性能。

但是，由于镜像干扰抑制滤波器和信道选择滤波器均为高 Q 值带通滤波器，它们只能在片外实现，从而增大了接收机的成本和尺寸。目前，要利用集成电路制造工艺将这两个滤波器与其他射频电路一起集成在一块芯片上存在很大的困难。因此，超外差接收机的单片集成因受到工艺技术方面的限制而难以实现。

下变频器将射频信号频率和本振频率混频后降为频率固定的中频信号，中频频率为 $\omega_{IF}=|\omega_{RF}-\omega_{LO}|$。由于中频远小于信号载频，因此在中频段对有用信道进行选择比在载频段的选择对滤波器的 Q 值要求要低得多。例如，美洲 IS-95 蜂窝移动通信系统的发射频带为 824～849MHz，接收频带为 869～894MHz，频带带宽分别为 25MHz，其中每个频带的信道数量为 832，信道带宽为 30kHz。我国 GSM 系统的上行频带为 890～915MHz（移动台发、基站收），下行频带为 935～960MHz（移动台收、基站发），频带宽均为 25MHz，信道带宽为 200kHz。由于射频滤波器的中心频率很高，带宽较大，因此射频滤波器用来选择频带。由于中频滤波器的中心频率较低，带宽可以比较小，因此中频滤波器用来选择信道。

2）增益的分配

由于接收机从天线上接收到的信号很弱（－120～－100dBm），这样微弱的信号需要放大 100～200dB。这么大的增益如何分配呢？为了使放大器稳定工作，一个频带内的放大器的增益一般不超过 50～60dB，超外差接收机将总增益分散到高频、中频和基带三个频段上。由于在较低的固定中频上实现窄带高增益放大器比在载波频段上更容易和更稳定，因此在较低的中频和基带上的增益分配相对较大。同时解调或 A/D 变换在较低的固定中频上进行也比较容易。

低噪声放大器（LNA）应具有一定增益以减弱混频器和中频放大器的噪声对整机的影响，提高接收机灵敏度。但 LNA 的增益不宜太高，因为混频器是非线性器件，进入它的信号太大，会产生非线性失真。LNA 增益一般不超过 25dB。

3）本振频率的选择

本振频率可以高于（high-side injection）或低于（low-side injection）信号频率，这取决于所引入镜像干扰的大小和振荡器设计的难易程度。一般来说低频的振荡器相对于高频来说可以获得更低的噪声性能，但是较小的变频范围。

4）寄生通道干扰

超外差接收机的最大缺点是组合干扰频率点多。混频器不是一个理想乘法器，而是一个能完成相乘功能的非线性器件，它将进入的频率为 ω_{RF} 的有用信号和频率为 ω_{LO} 的本振信号，以及混入的干扰信号（如 ω_1、ω_2），通过混频器非线性特性中的某一高次方项组合产生组合频率，它们可以表示为 $|p\omega_{LO}\pm q\omega_{RF}|$ 或 $|p\omega_{LO}\pm(m\omega_1\pm n\omega_2)|$。若它们落在中频频带内，就会形成对有用信号的干扰。通常把这些组合频率引起的干扰称为寄生通道干扰。

寄生通道干扰中最为严重的干扰是“镜像干扰”。消除镜像干扰的方法之一是不让它进入混频器，这要靠 RF Filter 滤除镜像干扰，滤除效果取决于 Q 值。设信号频率是 900MHz，中频是 10.7MHz，本振是 910.7MHz，则镜像频率是 921.4MHz。若 RF Filter 采用单调谐 LC 回路，中心频率调谐在 900MHz，要求回路对镜像频率衰减 60dB，可计算出回路 Q 值。

谐振回路的归一化选频特性定义为频率 ω 对应的输出电压幅度与谐振时的输出电压幅度之比，可由下式计算：

$$S=\frac{V(\omega)}{V(\omega_0)}=\frac{1}{\sqrt{1+\left(Q\frac{2\Delta\omega}{\omega_0}\right)^2}} \tag{4.27}$$

因此有

$$60(\text{dB})=20\lg\sqrt{1+4Q^2\left(\frac{f_{\text{im}}-f_{\text{RF}}}{f_{\text{RF}}}\right)^2} \tag{4.28}$$

可以解得

$$Q\geqslant 2.1\times 10^4$$

显然，LC 回路很难实现这么高的 Q 值。这时需要使用其他类型射频滤波器，但要注意由于滤波器位于接收机的最前端，它的衰减会增加接收机的噪声系数，影响接收机灵敏度，因此其损耗应控制在几分贝以内。为了在有限的 Q 值内有效的衰减镜像频率，另一种方法是增大中频频率，因此中频频率的选择非常重要。

5）灵敏度与选择性

增大中频频率可以增加镜像频率的衰减，提高接收机的灵敏度，但同时会降低信道的选择能力，即降低了接收机的选择性。为了解决中频选择中遇到的“灵敏度”和“选择性”的矛盾，以获得更高的灵敏度和选择性，有时需要通过 2 次或更多次变频，在多个中频频率上逐步滤波和放大。

6）半中频(half-IF)干扰

如果超外差接收机的低噪声放大器、混频器等电路存在二次失真，将会引起所谓的半中频问题。半中频干扰频率定义为$(\omega_{\text{RF}}+\omega_{\text{LO}})/2$。

第一种情况是本振的 2 次谐波与半中频干扰的 2 次谐波相混频，混频器的输出频率可以表示为

$$2\omega_{\text{LO}}-2\frac{\omega_{\text{RF}}+\omega_{\text{LO}}}{2}=\omega_{\text{LO}}-\omega_{\text{RF}}=\omega_{\text{IF}} \tag{4.29}$$

即输出频率为中频频率，因此半中频干扰信号进入了中频，对有用的中频信号造成了干扰。

第二种情况是本振与半中频干扰混频后经过 2 次失真，混频器的输出频率可以表示为

$$2\left(\omega_{\text{LO}}-\frac{\omega_{\text{RF}}+\omega_{\text{LO}}}{2}\right)=2\frac{\omega_{\text{IF}}}{2}=\omega_{\text{IF}} \tag{4.30}$$

即输出频率也为中频频率，同样对有用的中频信号造成了干扰。上述两种情况的半中频干扰如图 4-16 所示。

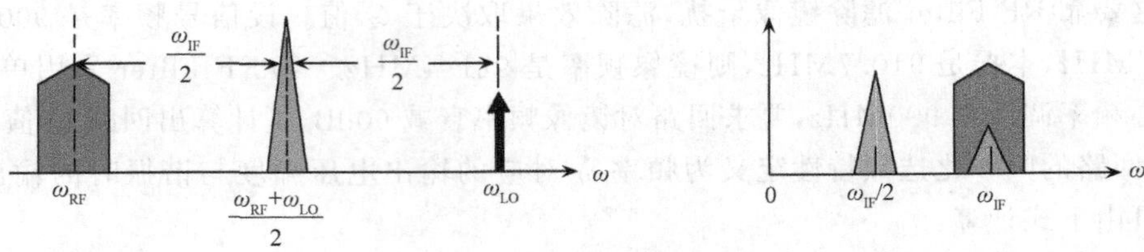

图 4-16　半中频干扰

4.4.2　零中频接收机

1）结构

零中频接收机结构是接收机最自然、最直接的实现方法，出现于超外差接收机结构之前。零中频接收机的本振频率 ω_{LO} 等于载频 ω_{RF}，即中频 ω_{IF} 为零，不存在镜像频率，也就没有镜像频率干扰问题，不需要镜频抑制滤波器。这种将载频直接下变频为基带的方案称为零中频(zero-IF)或直接下变频(direct-conversion)方案。

由于零中频接收机不需要片外高 Q 值带通滤波器，可以实现单片集成，而受到广泛的重视。图 4-17 为零中频接收机结构框图。其结构较超外差接收机简单许多。接收到的射频信号经滤波器和低噪声放大器后，与互为正交的两路本振信号混频，分别产生同相和正交的两路基带信号。由于本振信号频率与射频信号频率相同，因此混频后直接产生基带信号，而信道选择和增益调整在基带上进行，由芯片上的低通滤波器和可变增益放大器完成。

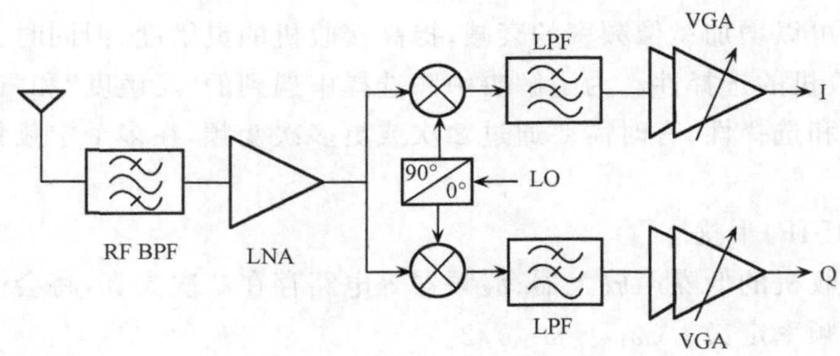

图 4-17　零中频接收机结构框图

零中频接收机最吸引人之处在于下变频过程中不需经过中频，且镜像频率即是射频信号本身，不存在镜像频率干扰，原超外差结构中的镜像抑制滤波器及中频滤波器均可省略。这样一方面取消了外部元件，有利于系统的单片集成，降低成本。另一方面系统所需的电路模块及外部节点数减少，降低了接收机所需的功耗并减少射频信号受外部干扰的机会。

不过零中频结构存在着直流偏差、本振泄漏和闪烁噪声等问题。因此有效地解决这些问题是保证零中频结构正确实现的前提。

2）存在的问题

(1) 本振泄漏(LO leakage)。

零中频结构的本振频率与信号频率相同，如果混频器的本振口与射频口之间的隔离性能不好，本振信号就很容易从混频器的射频口输出，再通过低噪声放大器泄漏到天线，辐射到空间，形成对邻近信道的干扰。但如果本振信号是差分的，则泄漏到天线端会相互抵消。图 4-

18 给出了本振泄漏示意图。本振泄漏在超外差式接收机中不容易发生，因为本振频率和信号频率相差很大，一般本振频率都落在前级滤波器的频带以外。

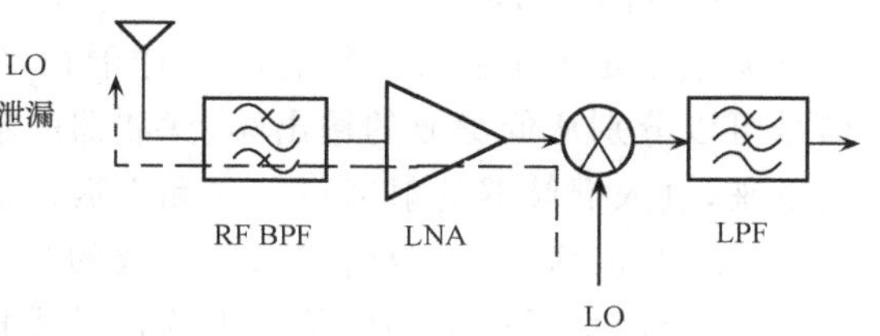

图 4-18　零中频本振泄漏示意图

(2) 偶次失真干扰(even-order distortion)。

超外差接收机仅对奇次互调的影响较为敏感。在零中频结构中，偶次互调失真同样会给接收机带来问题。强干扰信号在偶次失真下产生的干扰如图 4-19 所示，假设在所需信道的附近存在两个很强的干扰信号，LNA 存在偶次失真，其特性为

$$y(t)=\alpha_1 x(t)+\alpha_2 x^2(t)$$

若 $x(t)=A_1\cos(\omega_1 t)+A_2\cos(\omega_2 t)$，则 $y(t)$ 中包含 $\alpha_2 A_1 A_2\cos[(\omega_1-\omega_2)t]$项，这表明两个高频干扰经过含有偶次失真的 LNA 将产生一个低频干扰信号。若混频器是理想的，此信号与本振信号 $\cos(\omega_{LO}t)$混频后，将被搬移到高频，对接收机没有影响。然而实际的混频器并非理想的，RF 口与 IF 口的隔离度有限，干扰信号将由混频器的 RF 口直通进入 IF 口，对基带信号造成干扰。

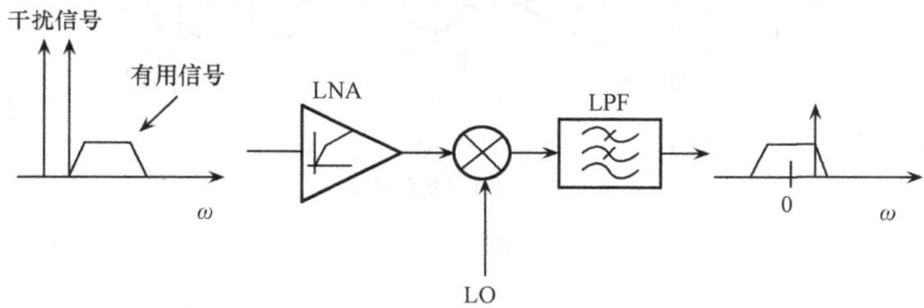

图 4-19　强干扰信号在偶次失真下产生的干扰

偶次失真的另一种表现形式是，射频信号的二次谐波与本振输出的二次谐波混频后，被下变频到基带上，与基带信号重叠，造成干扰，变换过程如图 4-20 所示。

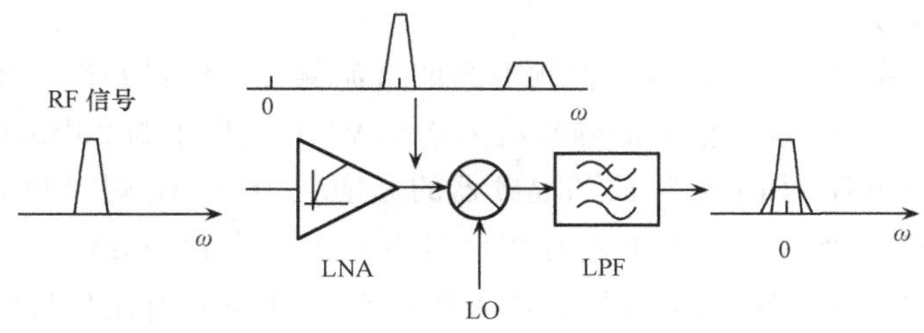

图 4-20　射频信号在偶次失真下产生的干扰

这里我们仅考虑了 LNA 的偶次失真。在实际中，混频器 RF 端口会遇到同样问题，应引起足够的重视。因为加在混频器 RF 端口上的信号是经 LNA 放大后的射频信号，该端口是射频通路中信号幅度最强的地方，所以混频器的偶次非线性会在输出端产生严重的失真。

采用差分结构，可以提高电路的二阶截点(IP2)，降低 LNA 的二次非线性。因此，偶次失真的解决方法是在低噪放和混频器中使用全差分结构以抵消偶次失真。

(3) 直流偏差(DC offset)。

直流偏差是零中频方案特有的一种干扰,它是由自混频(self-mixing)引起的。泄漏的本振信号可以分别从低噪放的输出端、滤波器的输出端及天线端反射回来,或泄漏的信号由天线接收下来,进入混频器的射频口。它和本振口进入的本振信号相混频,差拍频率为零,即为直流,如图 4-21(a)所示。同样,进入低噪放的强干扰信号也会由于混频器的各端口隔离性能不好而漏入本振口,反过来和射频口来的强干扰相混频,差频为直流,如图 4-21(b)所示。

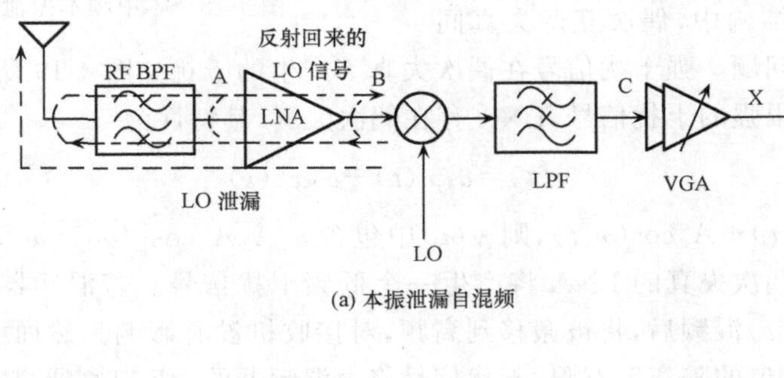

(a) 本振泄漏自混频

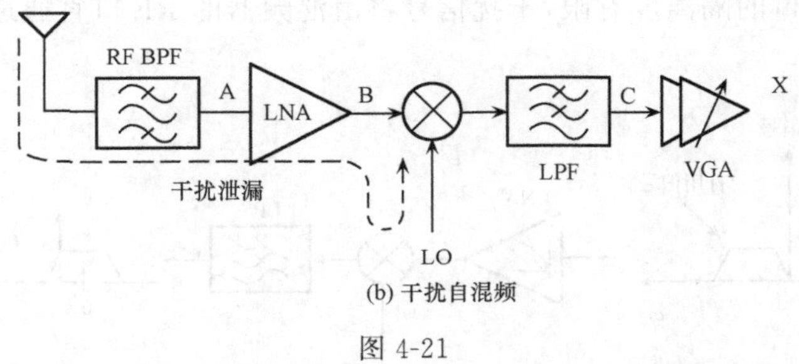

(b) 干扰自混频

图 4-21

这些直流信号将叠加在基带信号上,并对基带信号构成干扰,被称为直流偏差。这些直流偏移在超外差接收机中不会干扰有用信号,因为超外差中频不等于零。而在零中频方案中,RF 信号被转变为中频为零的基带信号,这些直流偏差就叠加在基带信号上。直流偏差往往比射频前端的噪声还要大,使信噪比变差,同时大的直流偏差可能使混频器后的各级放大器饱和,无法放大有用信号。

经过上述分析,我们可以来估算自混频引起的直流偏差。假设在图 4-21(a)中,由天线至 X 点的总增益约为 100dB,本振信号的峰峰值为 0.63V(在 50Ω 中为 0dBm),在耦合到 A 点时本振信号被衰减了 60dB。如果低噪放和混频器的总增益为 30dB,则混频器输出端将产生大约 10mV 的直流偏差。而在这一点上的有用信号电平可以小到 $30\mu V_{rms}$。因此,如果直流偏差被剩余的 70dB 增益直接放大,放大器将进入饱和状态,失去对有用信号的放大功能。

当自混频随时间发生变化时,直流偏差问题将变得十分复杂。这种情况可在下面的条件下发生:当泄漏到天线的本振信号经天线发射出去后又从运动的物体反射回来被天线接收,通过低噪放进入混频器,经混频产生的直流偏差将是时变的。

由上述讨论可知,如何消除直流偏差是设计零中频接收机时要重点考虑的内容,可以采用以下几种方法:

① 数字信号处理。直流偏差可以在数字域通过数字信号处理的方法减弱,但算法相当复杂。尤其是当直流偏差为时变的,消除干扰就更困难。

② 交流耦合(AC coupling)。将下变频后的基带信号用电容隔直流的方法耦合到基带放大器,以此消除直流偏差的干扰。对于直流附近集中了比较大能量的基带信号,这种方法会增加误码率,不宜采用。因此减少直流偏差干扰的有效方法是将欲发射的基带信号进行适当的编码并选择合适的调制方式,以减少基带信号在直流附近的能量。此时可以用交流耦合的方法来消除直流偏差而不损失直流能量。缺点是要用到大电容,增大了芯片的面积。

③ 谐波混频(harmonic mixing)。谐波混频器的工作原理如图 4-22 所示。本振信号频率选为射频信号频率的一半,混频器使用本振信号的二次谐波与输入射频信号进行混频。由本振泄漏引起的自混频将产生一个与本振信号同频率的交流信号,但不产生直流分量,从而有效地抑制了直流偏差。

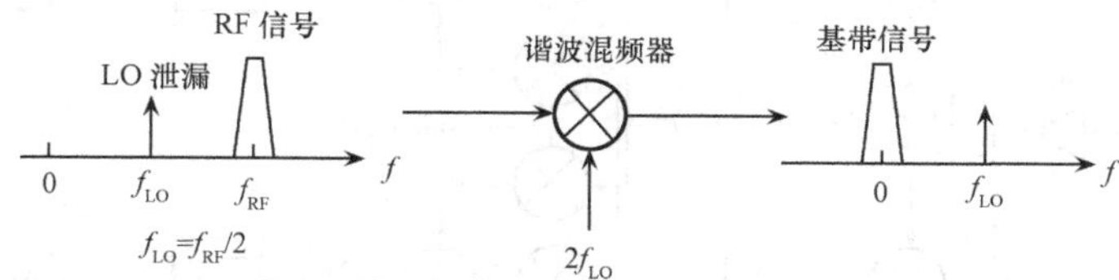

图 4-22 谐波混频器工作原理

图 4-23 给出一个 CMOS 谐波混频器,本振信号的二次谐波可通过 CMOS 晶体管固有的平方律特性得到。晶体管 M_3 和 M_4 组成的电路将差分本振电压 V_{LO+} 和 V_{LO-} 转换为具有二次谐波的时变电流,本振信号的基频和奇次谐波在漏极连接处被抵消,产生谐波混频器所需的本振信号的二次谐波电流,实现谐波混频。

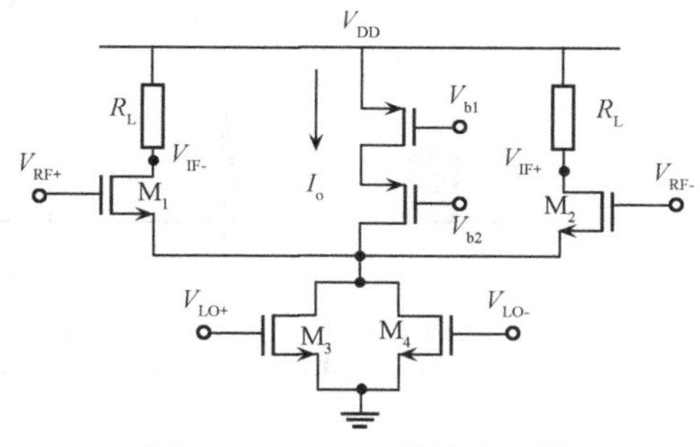

图 4-23 CMOS 谐波混频器

(4) 低频噪声(flicker noise)。

有源器件内的闪烁噪声又称为 $1/f$ 噪声,其大小随着频率的降低而增加,主要集中在低频段。与双极性晶体管相比,场效应晶体管的 $1/f$ 噪声要大得多。闪烁噪声对搬移到零中频的基带信号产生干扰,降低了信噪比。通常零中频接收机的大部分增益放在基带级,射频前端部分的低噪声放大器与混频器的典型增益大约为 30dB。因此有用信号经下变频后的幅度仅为几十微伏,$1/f$ 噪声的影响十分严重。因此,零中频结构中的混频器不仅设计成有一定的增益,而且设计时应尽量减小混频器的 $1/f$ 噪声。

图 4-23 所示的谐波混频器中晶体管 M_1 和 M_2 由射频差分信号 V_{RF+} 和 V_{RF-} 驱动,M_1 和 M_2 是 $1/f$ 噪声的主要来源,注入电流 I_o 的作用是减少晶体管 M_1 和 M_2 中的电流,从而减小 $1/f$ 噪声。

(5) I/Q 失配(I/Q mismatch)。

采用零中频方案进行数字通信时,如果同相和正交两支路不一致,例如,混频器的增益不同,两个本振信号相位差不是严格的 90°,会引起基带 I/Q 信号的变化,即产生 I/Q 失配问题。以前 I/Q 失配问题是数字设计时的主要障碍,随着集成度的提高,I/Q 失配虽已得到相应改善,但设计时仍应引起足够的重视。

4.4.3　二次变频宽中频接收机

二次变频宽中频接收机结构如图 4-24 所示，它使用两次复混频，有效地解决了镜频干扰问题，对应的频谱搬移过程如图 4-25 所示。与超外差结构相比，这种结构省去了片外滤波器，提高了系统集成度。

二次变频宽中频接收机的第一本振采用固定频率，整个信号频段被搬移到第一中频；第二本振采用可变频率，完成调谐功能；第二中频为零中频，使用低通滤波器选择信道。

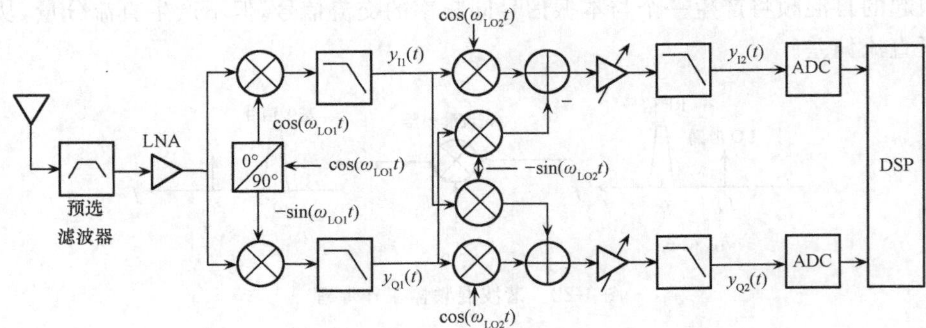

图 4-24　二次变频宽中频接收机结构

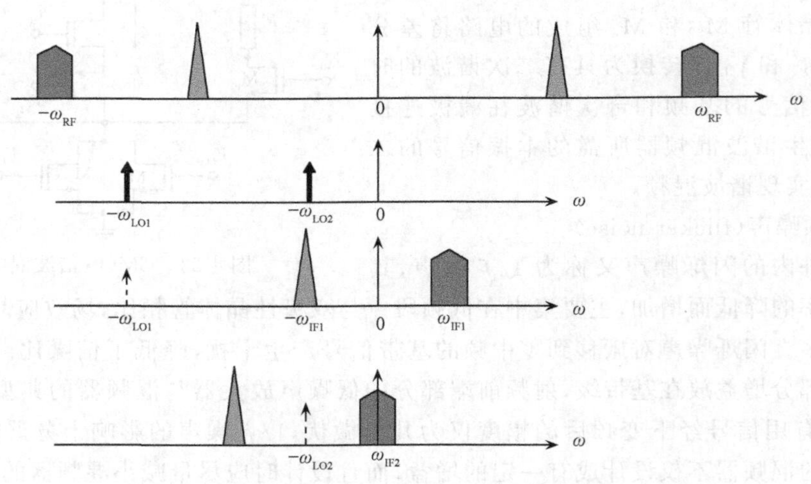

图 4-25　两次复混频的频谱搬移过程

该结构与零中频接收机相比，基本不存在直流漂移和本振泄漏问题。固定频率的第一本振和低频的第二本振可以使振荡器和频率合成器的相位噪声获得改善。但是第二本振频率较低，要获得大变频范围较为困难。同时由于第一中频处没有信道选择滤波，所有信道均被放大后进行第二次变频，相邻信道的干扰较为严重，因此对动态范围有较高的要求。

4.4.4　二次变频低中频结构

二次变频低中频结构与宽中频一样采用两次复混频来抑制镜频干扰，所不同的是降低了中频频率，如图 4-26 所示。

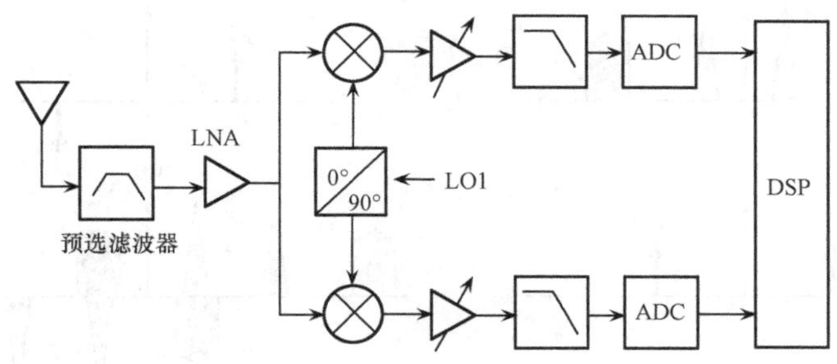

图 4-26　二次变频低中频结构

这种结构与直接变频相比，高频本振泄漏产生的直流偏移不会干扰有用的低中频信号。模数转换器(A/D converter，ADC)可以放在第二次变频之前，在数字模块实现镜频抑制，可以大大降低正交失配，但对模数转换器精度要求较高。

图 4-26 所示的二次变频低中频结构使用了复混频以抑制镜像干扰，同时需要结合使用额外的镜频抑制措施，如镜频陷波滤波器(notch filter)、多相滤波器(poly-phase filter)和数字滤波器等，以进一步提高镜像抑制能力。

4.4.5　镜像抑制接收机

1) Hartley 镜像抑制接收机(Hartley image-reject receiver)

Hartley 镜像抑制接收机原理图如图 4-27 所示。接收机中使用两个混频器、两个低通滤波器和一个 90°移相器，90°移相器又称为希尔伯特滤波器(Hilbert filter)，其传递函数表示为 $H(\omega)=-\mathrm{j}\,\mathrm{sgn}(\omega)$，如图 4-28 所示。

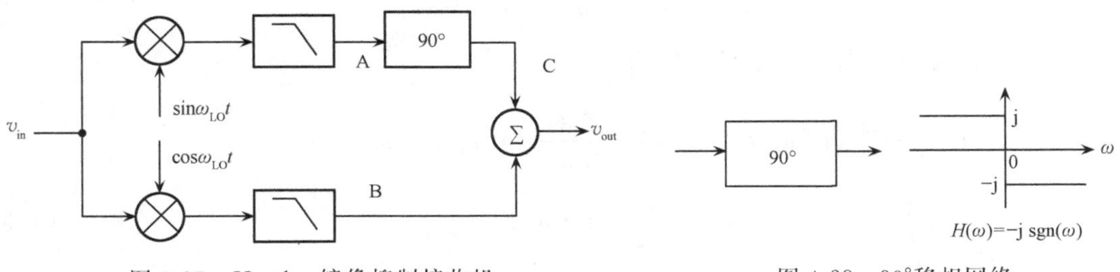

图 4-27　Hartley 镜像抑制接收机

图 4-28　90°移相网络

Hartley 镜像抑制接收机频谱搬移过程如图 4-29 所示。输入信号 v_{in} 的频谱如图 4-29(a)所示，余弦信号 $\cos(\omega_{\mathrm{LO}}t)$ 的频谱如图 4-29(b)所示，v_{in} 与 $\cos(\omega_{\mathrm{LO}}t)$ 相乘得 B 点的频谱如图 4-29(c)所示；正弦信号 $\sin(\omega_{\mathrm{LO}}t)$ 的频谱如图 4-29(d)所示，v_{in} 与 $\sin(\omega_{\mathrm{LO}}t)$ 相乘得 A 点的频谱如图 4-29(e)所示，再经 90°移相器后的频谱如图 4-29(f)所示；将图 4-29(c)和图 4-29(f)的频谱相加后得输出信号的频谱如图 4-29(g)所示，显然输出信号频谱中没有镜像干扰。

Hartley 结构镜像抑制混频原理推导过程如下：

令

$$v_{\mathrm{in}}=A_{\mathrm{RF}}\cos(\omega_{\mathrm{RF}}t)+A_{\mathrm{IMG}}\cos(\omega_{\mathrm{IMG}}t)$$

假设

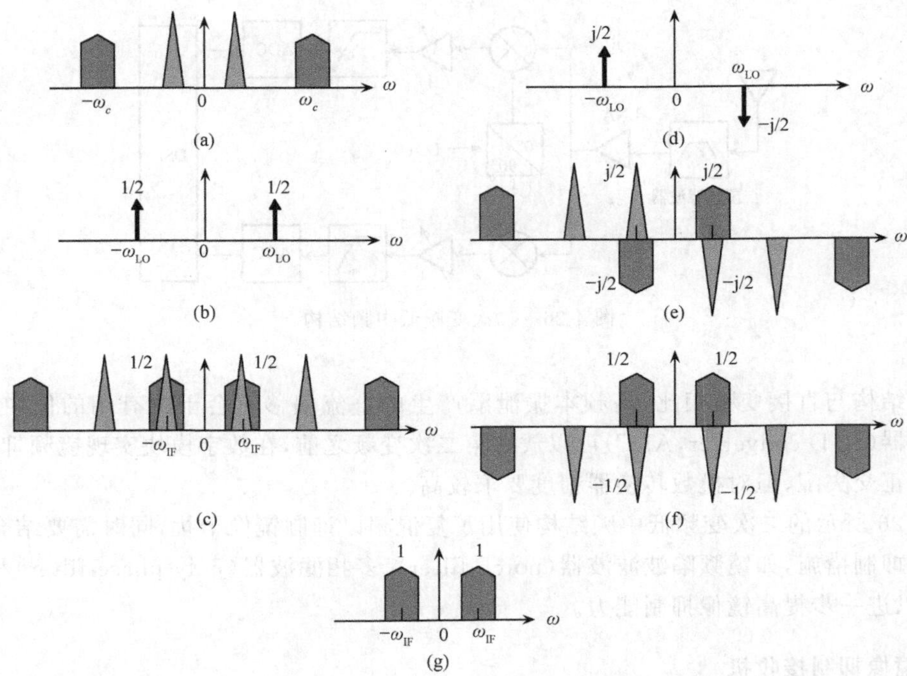

图 4-29　Hartley 镜像抑制接收机频谱搬移过程

$$\omega_{LO} < \omega_{RF}$$

即

$$\omega_{IF} = \omega_{RF} - \omega_{LO} = \omega_{LO} - \omega_{IMG}$$

于是图 4-27 中 A 点和 B 点的信号分别为

$$\begin{aligned} v_A &= \frac{A_{RF}}{2}\sin(\omega_{LO}t - \omega_{RF}t) + \frac{A_{IMG}}{2}\sin(\omega_{LO}t - \omega_{IMG}t) \\ &= -\frac{A_{RF}}{2}\sin(\omega_{IF}t) + \frac{A_{IMG}}{2}\sin(\omega_{IF}t) \end{aligned} \tag{4.31}$$

$$\begin{aligned} v_B &= \frac{A_{RF}}{2}\cos(\omega_{LO}t - \omega_{RF}t) + \frac{A_{IMG}}{2}\cos(\omega_{LO}t - \omega_{IMG}t) \\ &= \frac{A_{RF}}{2}\cos(\omega_{IF}t) + \frac{A_{IMG}}{2}\cos(\omega_{IF}t) \end{aligned} \tag{4.32}$$

A 点信号经过 90°相移以后在 C 点变成

$$v_C = \frac{A_{RF}}{2}\cos(\omega_{IF}t) - \frac{A_{IMG}}{2}\cos(\omega_{IF}t) \tag{4.33}$$

最后在输出端有

$$v_{out} = v_C + v_B = A_{RF}\cos(\omega_{IF}t) \tag{4.34}$$

显然镜像干扰信号在输出端被抵消了。

2) Weaver 镜像抑制接收机(Weaver image-reject receiver)

Weaver 镜像抑制接收机原理图如图 4-30 所示。接收机中使用四个混频器、两个低通滤波器;与 Hartley 结构相比,Weaver 结构用两个混频器取代了 90°移相器。

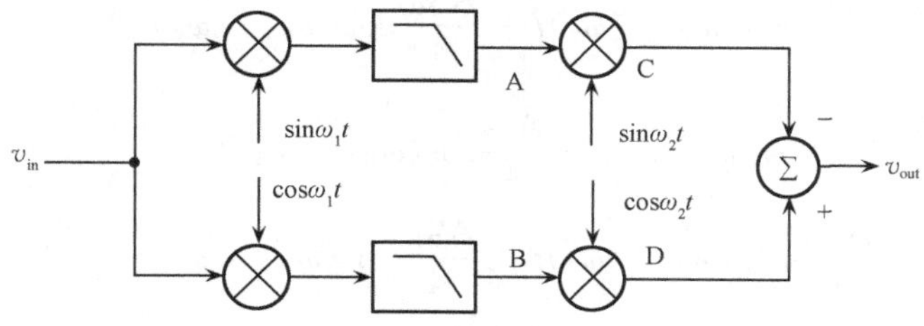

图 4-30　Weaver 镜像抑制接收机原理图

Weaver 镜像抑制接收机频谱搬移过程如图 4-31 所示。A 点的频谱如图 4-31(a)所示,C 点的频谱如图 4-31(b)所示,B 点的频谱如图 4-31(c)所示,D 点的频谱如图 4-31(d)所示,输出信号的频谱如图 4-31(e)所示,显然输出信号频谱中没有镜像干扰。

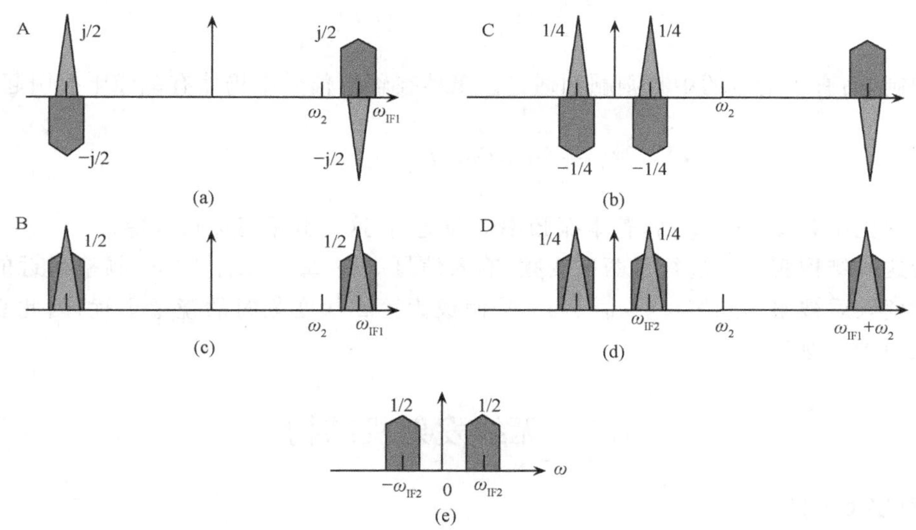

图 4-31　Weaver 镜像抑制接收机频谱搬移过程

Weaver 结构镜像抑制混频原理推导过程如下:

令

$$\omega_{IF1}=\omega_{RF}-\omega_1=\omega_1-\omega_{IMG},\quad \omega_{IF}=\omega_{IF1}-\omega_2=\omega_{RF}-\omega_1-\omega_2,\quad \omega_1\gg\omega_2$$

$$v_{in}=A_{RF}\cos(\omega_{RF}t)+A_{IMG}\cos(\omega_{IMG}t)$$

则在 A 点和 B 点有

$$v_A=-\frac{A_{RF}}{2}\sin\omega_{IF1}t+\frac{A_{IMG}}{2}\sin\omega_{IF1}t \tag{4.35}$$

$$v_B=\frac{A_{RF}}{2}\cos\omega_{IF1}t+\frac{A_{IMG}}{2}\cos\omega_{IF1}t \tag{4.36}$$

在 C 点和 D 点有

$$v_C = -\frac{A_{RF}}{4}\cos(\omega_{IF1}-\omega_2)t + \frac{A_{RF}}{4}\cos(\omega_{IF1}+\omega_2)t + \frac{A_{IMG}}{4}\cos(\omega_{IF1}-\omega_2)t - \frac{A_{IMG}}{4}\cos(\omega_{IF1}+\omega_2)t \tag{4.37}$$

$$v_D = \frac{A_{RF}}{4}\cos(\omega_{IF1}-\omega_2)t + \frac{A_{RF}}{4}\cos(\omega_{IF1}+\omega_2)t + \frac{A_{IMG}}{4}\cos(\omega_{IF1}-\omega_2)t + \frac{A_{IMG}}{4}\cos(\omega_{IF1}+\omega_2)t \tag{4.38}$$

输出信号表示为

$$v_{OUT} = v_D - v_C = \frac{A_{RF}}{2}\cos\omega_{IF}t + \frac{A_{IMG}}{2}\cos(\omega_{IF1}+\omega_2)t \tag{4.39}$$

由式(4.39)看到，镜像干扰产生的中频信号

$$\frac{A_{IMG}}{4}\cos(\omega_{IF1}t-\omega_2 t)$$

受到了抑制，而有用信号的中频则顺利通过。虽然在输出信号中仍然有镜像干扰引起的分量

$$\frac{A_{IMG}}{2}\cos(\omega_{IF1}t+\omega_2 t)$$

但它的频率比中频 $\omega_{IF1}-\omega_2$ 高，若本振频率选择适当，这一分量可以被滤除。

因为这一结构实际上进行了两次变频，输入信号中在 $2\omega_2-\omega_{RF}+2\omega_1$ 频率附近的干扰经过第一次变频后被搬移到 $2\omega_2-\omega_{RF}+\omega_1$，从而成为第二次变频时的镜像干扰，因此必须在第二次变频前予以滤除。

4.5　无线发射机结构

4.5.1　直接上变频

直接上变频(direct up-conversion)结构如图 4-32 所示，它通过一次变频将基带信号变为射频信号。

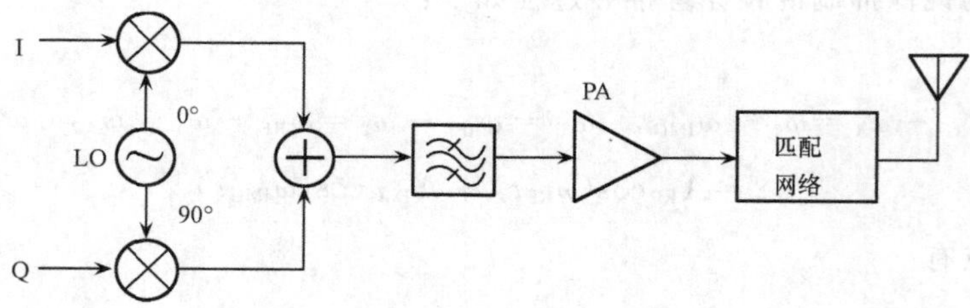

图 4-32　直接上变频结构

这种结构的特点是结构简单。缺点是功放输出信号会对本振形成干扰,称为本振牵引(LO pulling)或注入锁定(injection locking)。为了避免这种干扰,本振频率可以通过加减一个偏移量来获得,如图 4-33 所示。这样可以使功率放大器输出信号频率与产生本振频率的两个振荡频率有较大的差别,从而避免本振牵引。

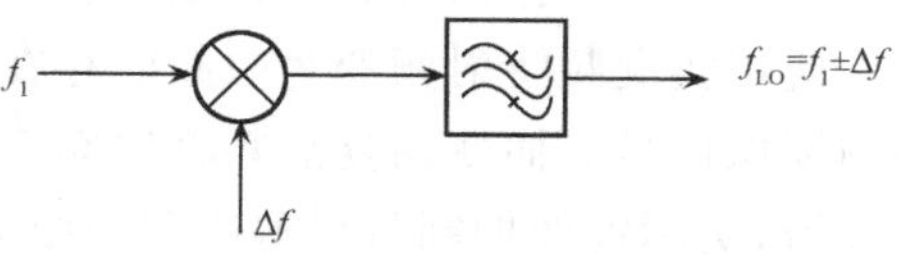

图 4-33　加减一个偏移量来避免本振牵引

4.5.2　超外差结构

超外差发射机结构如图 4-34 所示,它采用两次变频结构。这种结构的功放与本振之间具有良好的隔离度,避免了本振牵引问题。由于第一本振频率较低,因此可以达到较高的调制质量。超外差与直接上变频相比,超外差结构的复杂度较高。

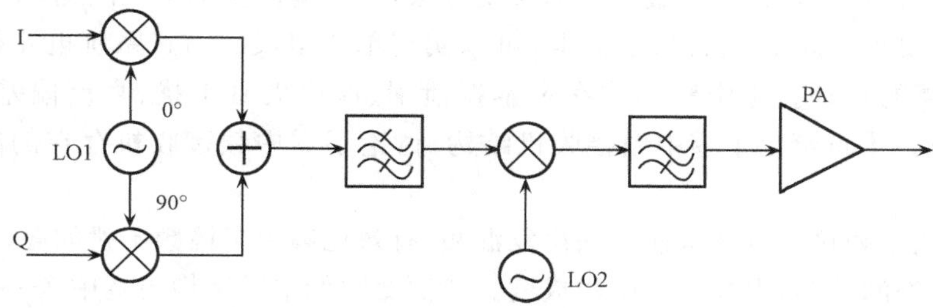

图 4-34　超外差发射机结构

4.5.3　直接数字调制

直接数字调制结构如图 4-35 所示,频率合成器的输出信号受基带数字信号的控制。

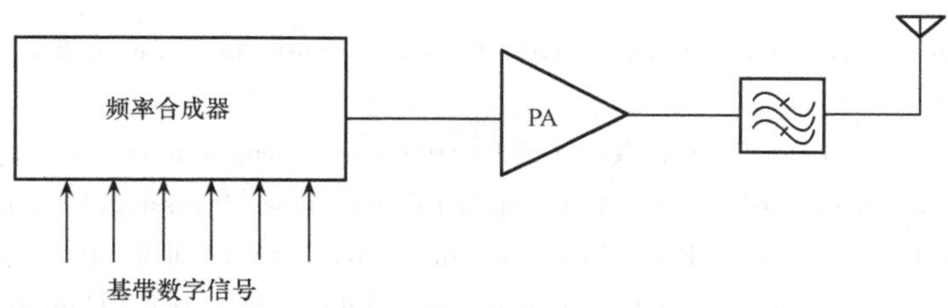

图 4-35　直接数字调制结构

4.6　本 章 小 结

无线收发机的系统级设计和优化非常重要,它决定了系统的复杂程度、功耗、性能及成本。通过协调系统中各电路模块的性能参数,以确保达到系统总体指标。

接收机中频频率的选择需要考虑镜像频率和镜频抑制问题,以及相邻信道干扰和选择性问题。由于开放频段(如 ISM 频段)干扰比较大,因此选择中频频率时应尽量避开开放频段的干扰,同时还需要避开本振、时钟和参考信号及其谐波频率等干扰。

混频器的本振信号分为正弦(或余弦)信号和复指数信号,前者对应实混频,后者对应复混频。使用实混频将射频变为中频时存在镜像干扰问题,需要在混频器前使用镜频抑制滤波器抑制镜像信号。而使用复混频将射频变为中频时理论上没有镜像干扰问题,不需要镜频抑制滤波器,实际镜像抑制效果取决于正弦和余弦信号的正交程度和通路之间的匹配。本章从频谱搬移角度讨论了实混频的上变频、下变频和镜像干扰问题,给出了复混频原理,讨论了复混频的上变频、下变频、镜像抑制原理和实现方法。

通过适当地选择中频频率、高品质的射频滤波器(镜像抑制)和高品质的中频滤波器(信道选择),一个精心设计的超外差接收机可以获得极佳的灵敏度、选择性和动态范围。由于镜像干扰抑制滤波器和信道选择滤波器均为高 Q 值带通滤波器(如 SAW),它们只能在片外实现,难以实现单片集成,从而增大了接收机的成本和尺寸。本章讨论了超外差接收机的特点、增益的分配、本振频率的选择、寄生通道干扰、灵敏度与选择性和半中频干扰。

零中频接收机结构是接收机最简单的实现方法,没有镜像频率干扰问题,不需要镜频抑制滤波器,即不需要片外高 Q 值带通滤波器,可以实现单片集成。而且系统电路模块的减少降低了接收机所需的功耗。零中频结构存在本振泄漏、偶次失真干扰、直流偏差、闪烁噪声和I/Q失配等问题。本章给出了零中频接收机结构,讨论了零中频接收机存在的问题及解决问题的方法。

二次变频宽中频接收机结构使用两次复混频,有效地解决了镜频干扰问题,与超外差结构相比,省去了片外滤波器,提高了系统集成度。二次变频低中频结构与宽中频一样采用两次复混频来抑制镜频干扰,所不同的是降低了中频频率,且第二次复混频在 A/D 转换后的数字模块中实现。本章给出了二次变频宽中频和二次变频低中频接收机的结构和实现方法,同时讨论了 Hartley 和 Weaver 镜像抑制接收机。

本章最后给出了无线发射机直接上变频、超外差和直接数字调制结构。

参 考 文 献

Abidi A A. 1995. Direct-conversion radio transceivers for digital communications. IEEE Journal of Solid-State Circuits,30(12):1399～1410

Crols J,Steyaert M S J. 1998. Low-IF topologies for high-performance analog front ends of fully integrated receivers. IEEE Transactions on Circuits And Systems-Ⅱ:Analog and Digital Signal Processing,45(3):269～282

Lee T H. 2002. The Design of CMOS Radio-Frequency Integrated Circuits. 北京:电子工业出版社

Mirabbasi S,Martin K. 2000. Classical and modern receiver architectures. IEEE Communications Magazine, 132～139

Razavi B. 1997. Design considerations for direct-conversion receivers. IEEE Transactions on Circuits and Systems-Ⅱ:Analog and Digital Signal Processing,44(6):428～435

Razavi B. 1998. RF Microelectronics. Prentice Hall

Zargari M et al. 2002. A 5-GHz CMOS transceiver for IEEE 802. 11a wireless LAN systems. IEEE Journal of Solid-State Circuits,37(12):1688～1694

Zhang Z F,Chen Z H,Jack Lau. 2000. A 900MHz CMOS balanced harmonic mixer for direct conversion receivers. IEEE 2000,219～222

习 题

4-1 试比较本章介绍的几种接收机结构的优缺点。

4-2　比较超外差接收机、零中频接收机和低中频接收机在解决镜像抑制问题时所采用方法的异同。

4-3　为什么要用二次变频方案？对第一中频和第二中频的选择有何要求？

4-4　在 Weaver 结构的接收机中，当第一级下变频器 I、Q 两路本振信号的幅度差和相位差分别为 ε 和 $\Delta\varphi$ 时，分析该接收机的镜像信号抑制能力。

4-5　说明接收机的灵敏度和选择性的定义，它们与哪些因素有关？给出接收机噪声带宽的定义，它会影响接收机的什么性能？

4-6　低通滤波器在镜像抑制混频器中看起来是多余的，因为频率相加部分理论上也会被这种结构抑制。请解释为什么这个滤波器在实际应用中是很必要的。

4-7　试分析零中频接收机在用 CMOS 工艺实现时所遇到的问题及其解决方法。

4-8　检测发射机和接收机时有哪些性能指标，对这些指标有什么要求，它们主要受整机哪一部分影响？

4-9　已知某二次变频超外差接收机输入电阻为 50Ω，射频部分的噪声系数为 3dB，带宽为 200kHz，天线等效噪声温度为 150K，要求解调器前端的最低输入信噪比为 10dB，解调器要求的最低输入电压为 0.5V。求：

(1) 接收机的最低输入功率。

(2) 解调器前接收机的最低功率增益。

4-10　已知调频广播的频率范围 88～108MHz，最大频偏为 ±75kHz，最高调制频率为 15kHz，信道间隔为 200kHz，问：

(1) 如何选中频可确保镜像频率一定位于有用频带之外？

(2) 若中频为 10.7MHz，画出天线到解调器的射频部分框图，并标明各滤波器的频率范围。

(3) 若接收 100MHz 的调频信号，分别求出在射频段或者中频段选择信道，相应的带宽与载频的比值关系。

(4) 在接收上述信号时，若要求混频后的信号频谱必须有 4/5 以上落在中频滤波器的通频带内，接收机的本振信号频率偏差不能大于多少？

4-11　某一超外差接收机射频部分各模块间相互匹配，它们的增益、噪声、输出三阶互调点如题图 4-11 所示，求：

(1) 系统总的增益。

(2) 系统总的噪声系数。

(3) 计算级联后，各模块输入端的 IIP3，各模块输出端的 OIP3。

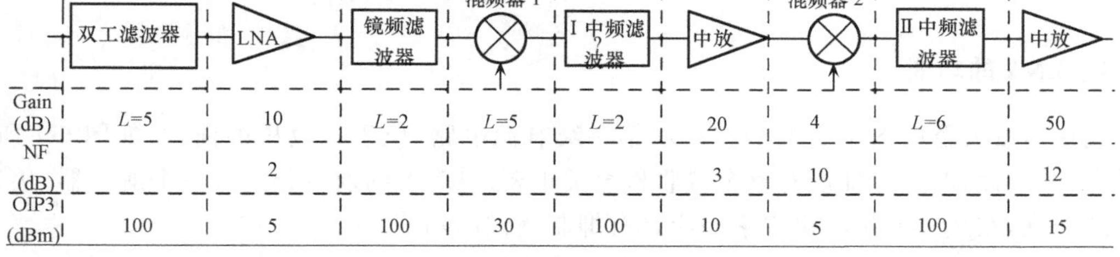

	双工滤波器	LNA	镜频滤波器	混频器 1	I 中频滤波器	中放	混频器 2	II 中频滤波器	中放
Gain (dB)	L=5	10	L=2	L=5	L=2	20	4	L=6	50
NF (dB)		2				3	10		12
OIP3 (dBm)	100	5	100	30	100	10	5	100	15

题图 4-11

第5章　低噪声放大器

5.1　概　　述

低噪声放大器(low noise amplifier,LNA)是接收机的第一级有源电路,它本身应有很低的噪声并提供足够的增益以抑制后续电路的噪声。由于接收机的输入信号变化范围可以达到80dB以上,如从几微伏甚至零点几微伏的小信号到几十毫伏的大信号,低噪声放大器应同时具备放大小信号和接收大信号的能力。为了将小到几微伏甚至零点几微伏的输入信号放大到一定程度而不被噪声淹没,LNA本身应具有很小的噪声和足够的增益。为了接收大信号而不产生失真,低噪声放大器应有良好的线性度。LNA的前级是一个无源滤波器,为了得到好的滤波特性,要求滤波器的负载为一特定阻抗,如50Ω,因此LNA的输入阻抗应等于前级滤波器要求的负载阻抗。

为了获得最小的噪声系数,可以通过G_C、B_C、R_n和G_u四个噪声参数定义的最佳信号源阻抗来实现。然而不幸的是,对应最小噪声系数的信号源阻抗一般不等于使功率增益最大的信号源阻抗。因此有可能在增益较低、输入匹配较差的情况下得到好的噪声系数,而增益、输入匹配等却不能满足要求。解决这一问题可以采用噪声和功率同时匹配的设计方法。功耗是接收机的一个重要指标,LNA的噪声优化应在给定功耗下进行才是合理的,而经典的噪声优化方法恰恰忽略了这一点。LNA的设计不只是对某一个指标的优化,而是要在多个指标中进行折中,包括增益、噪声系数、输入匹配、线性度和功耗等。

本章在介绍LNA功能、指标和设计考虑的基础上,给出噪声系数的计算方法以及MOS管非准静态(NQS)模型和栅极感应噪声,讨论低噪声放大器结构、CMOS最小噪声系数和最佳噪声匹配。

5.2　LNA的功能和指标

5.2.1　LNA的功能

低噪声放大器(LNA)是接收机中的第一级有源电路,位于接收机的前端,如图5-1所示,其噪声、非线性、匹配等性能对整个接收机至关重要。LNA的前后分别接一个滤波器,用来抑制带外干扰,在超外差接收机中它们应具有抑制镜像的功能。

由于LNA的输入信号非常微弱,可能小到零点几微伏,为了能够放大如此小的信号而不被噪声淹没,LNA本身应具有很低的噪声。放大器的噪声大小可以用噪声系数来表示,该指标是LNA最主要的指标之一。

5.2.2　低噪声放大器的主要指标

1. 噪声系数(F)

噪声系数的大小取决于系统要求,可以从零点几dB到几dB,噪声系数与放大器的工作频率、静态工作点及工艺有关,是低噪声放大器最为关键的指标。

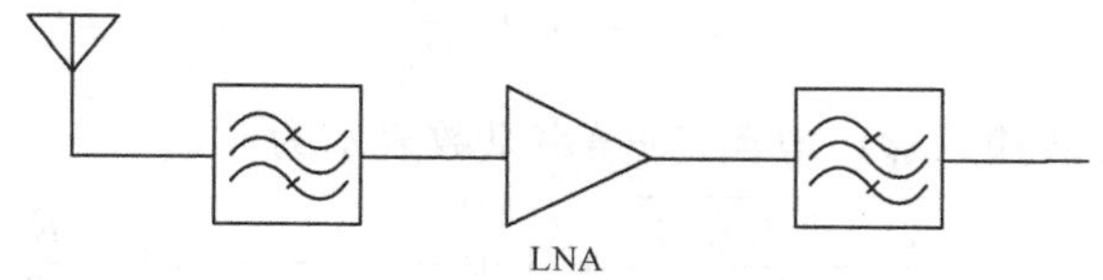

图 5-1　接收机中的 LNA

2. 增益(S_{21})

增益的大小取决于系统要求,较大的增益有助于减小低噪声放大器后级电路噪声对接收机的影响,但增益过大将会引起线性度的恶化。因此,低噪声放大器的增益应适中,一般在25dB以下。

3. 输入输出匹配(S_{11},S_{22})

低噪声放大器的输入输出匹配决定输入输出端的射频滤波器的频响,LNA的输入端应匹配到第一滤波器的输出阻抗,而LNA的输出端应匹配到第二滤波器的输入阻抗。

4. 反向隔离(S_{12})

反向隔离反映了低噪声放大器输出端与输入端的隔离度,隔离度越大,输出端的信号越不容易返回到输入端,放大器的性能就越好。

5. 线性度(IP3,P1dB)

线性度包括三阶截点(IP3)和1dB压缩点(P1dB),具体分为输入/输出三阶截点(IIP3/OIP3)和输入/输出1dB压缩点(IP1dB/OP1dB)等指标。当未经滤除的干扰信号送入LNA时,通过放大器的非线性会产生互调分量,其中的一部分将进入有用信道,对有用信号产生干扰,造成接收信号质量降低。

5.3　设计考虑

5.3.1　噪声系数

由于LNA是接收机第一级有源电路,其噪声系数将直接相加在系统的噪声系数上。若图5-1中第一个滤波器的噪声系数为2dB,LNA的噪声系数为2dB,忽略LNA后续电路的噪声,则总噪声系数F为滤波器噪声系数(dB值)与LNA噪声系数(dB值)的和,即4dB。若在200kHz的带宽(B)下系统所需的信噪比(SNR)为8dB,则输入灵敏度由下式计算

$$\begin{aligned}P_{\text{in}}(\text{dBm}) &= -174\text{dBm/Hz} + F + 10\lg B + \text{SNR}\\ &= -174 + 4 + 10\lg(200\times10^{3}) + 8\\ &\approx -109\text{dBm}\end{aligned} \tag{5.1}$$

为了更好地理解LNA的2dB噪声系数,假设LNA采用共发射极结构,如图5-2所示,其等效输入噪声源如图5-3所示。

可以证明,共发射极放大器的等效输入噪声电压的均方值可以表示为

$$\overline{v_{\text{n}}^{2}} = 4kT\left(r_{\text{b}} + \frac{1}{2g_{\text{m}}}\right)\Delta f = 4kT\left(r_{\text{b}} + \frac{V_{\text{T}}}{2I_{\text{C}}}\right)\Delta f \tag{5.2}$$

其中,I_{C}为集电极偏置电流。令式(5.2)中的括号项为R_{eq},即

$$R_{eq} = r_b + \frac{V_T}{2I_C} \tag{5.3}$$

若忽略放大器的等效输入噪声电流，则噪声系数表示为

$$F = 1 + \frac{\overline{(v_n + i_n R_S)^2}}{4kTR_S\Delta f} \approx 1 + \frac{\overline{v_n^2}}{4kTR_S\Delta f} = 1 + \frac{R_{eq}}{R_S} \tag{5.4}$$

对于 50Ω 系统，为了保证 NF 不大于 2dB，R_{eq} 应不大于 29Ω。为此，Q_1 尺寸应足够大并偏置在较大的电流下。实际中考虑到放大器的等效输入噪声电流、负载电阻及后续电路的噪声，R_{eq} 的值应小于 29Ω。

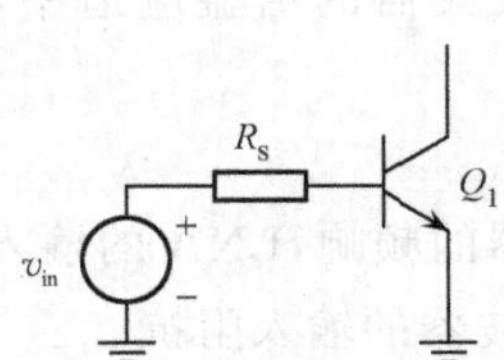

图 5-2　共发射极结构

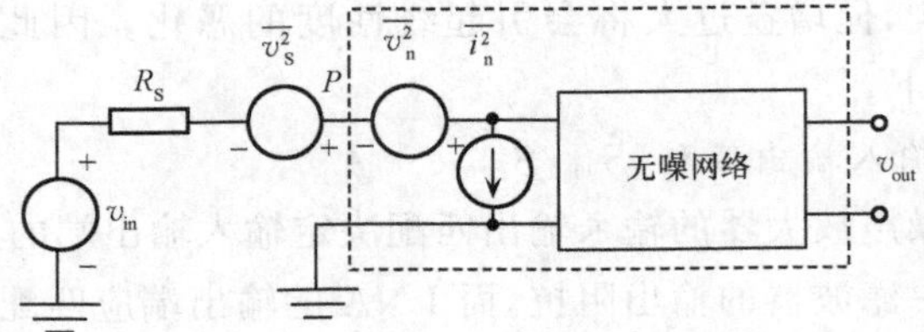

图 5-3　共发射极结构等效输入噪声源

5.3.2　线性度与动态范围

若 LNA 的输入三阶节点 $IIP_3 = -10$dBm，噪声系数 $F = 2$dB，$SNR_{min} = 12$dB，根据无杂散动态范围 SFDR 的计算公式

$$SFDR = \frac{2}{3}(IIP_3 - N_{floor}) - SNR_{min} \tag{5.5}$$

其中

$$\begin{aligned} N_{floor} &= -174\text{dBm} + F + 10\lg B \\ &= -174 + 2 + 10\lg(2\times 10^5) \\ &\approx -119\text{dBm} \end{aligned} \tag{5.6}$$

得 SFDR 为

$$\begin{aligned} SFDR &= \frac{2}{3}(IIP_3 - N_{floor}) - SNR_{min} \\ &= \frac{2}{3}(-10 + 119) - 12 \\ &\approx 61\text{dB} \end{aligned} \tag{5.7}$$

此时，无杂散动态范围达到 61dB。

5.3.3　增益

超外差结构中的 LNA 增益选取与三个参数有关：镜像抑制滤波器的损耗、混频器的噪声系数和 IIP_3。较高的 LNA 增益有助于抑制后续电路的噪声，但同时会引入较大的非线性。因此 LNA 增益的选择不仅要考虑系统的噪声特性，还要考虑系统的非线性，需要在噪声系数和线性度之间进行折中。

5.3.4　LNA 接口

如何考虑天线与 LNA 的接口？若将 LNA 当成电压放大器，则希望 LNA 的输入阻抗为无穷大，以便在 LNA 输入端获得最大电压。若从最小噪声角度来看，则需要在 LNA 输入端进行阻抗变换，以便获得最小噪声系数。若从最大功率传输角度看，则需要在天线与 LNA 之间进行共轭匹配，以便从天线获得最大信号功率，即实现最大功率传输。最大功率传输是当今系统中采用的主要方法，LNA 的输入阻抗被设计为 50Ω。原因是位于 LNA 前面的与天线相连的带通滤波器（例如双工器）被设计为适用于多种收发机系统，为保证滤波性能，其终端阻抗应为一个标准阻抗，典型值为 50Ω。如果滤波器的源阻抗和负载阻抗与 50Ω 相比有较大的偏差时，其通带和阻带特性会变差，会出现较大的损耗和纹波。

输入匹配的质量用回波损耗表示，定义为 $20\lg|\Gamma|$，其中 Γ 是相对于源阻抗 R_S 的反射系数

$$\Gamma = \frac{Z_{in} - R_S}{Z_{in} + R_S} \tag{5.8}$$

为了计算方便，令 $Z_{in} = R_S + \Delta R$，有

$$\Gamma = \frac{\Delta R}{2R_S + \Delta R} \tag{5.9}$$

若在 50Ω 系统中的回波损耗要求为 $-15 \sim -20$dB，则 $\Delta R \approx 21 \sim 11\Omega$。实际上，考虑到工艺和温度变化以及输入阻抗中的有源分量，ΔR 范围会更小。

在超外差结构中，LNA 输出阻抗必须等于 50Ω 以驱动其后的镜像抑制滤波器，使它具有最小损耗和纹波。上面提到的回波损耗概念在这里同样适用。

5.3.5　反向隔离

LNA 的反向隔离度决定了本振信号由混频器泄漏到天线的大小。本振信号的泄漏主要由容性通路、衬底耦合及键合线耦合引起。在超外差接收机中，若第一中频采用高中频，则镜像抑制滤波器和前端双工器可以有效的抑制本振泄漏，因为本振频率落在这两个滤波器的阻带内。而在一次变频的接收机结构中，泄漏的抑制主要由 LNA 的反向隔离特性决定。

5.3.6　稳定性

LNA 必须在所有可能的源阻抗下都能稳定工作，这是因为 LNA 是接收机中的第一级有源电路，LNA 的源阻抗并不是一个固定不变的值。举个简单的例子：如果一个手机使用者的手恰好包裹住了手机天线，那么天线的阻抗就发生了变化，也就是 LNA 的源阻抗发生了变化。同时，LNA 还必须在所有频率而不仅仅是在工作频率下能稳定工作。这是因为一旦 LNA 在某个频率处发生了振荡，LNA 本身会变得具有很强的非线性，增益压缩现象也会非常明显，失去了对有用信号进行放大的作用。因此，LNA 需要在所有可能的源阻抗和频率下都能保持稳定。

若 LNA 满足条件

$$K > 1, \qquad |\Delta| < 1 \tag{5.10}$$

其中

$$K = \frac{1 + |\Delta|^2 - |S_{11}|^2 - |S_{22}|^2}{2|S_{21}||S_{12}|}, \quad \Delta = S_{11}S_{22} - S_{12}S_{21} \tag{5.11}$$

则放大器为无条件稳定，即对任意的源阻抗和负载阻抗，放大器都是稳定的。

由式(5.10)看出，放大器的稳定性随着 S_{12} 的下降即反向隔离度的提高而提高。在射频放大器设计中，可以通过抵消输入输出电容通路(称为中和)来提高放大器的反向隔离度，如图5-4 所示，其中 C_1 为隔直电容，L_1 和 C_μ 并联谐振在工作频率上。

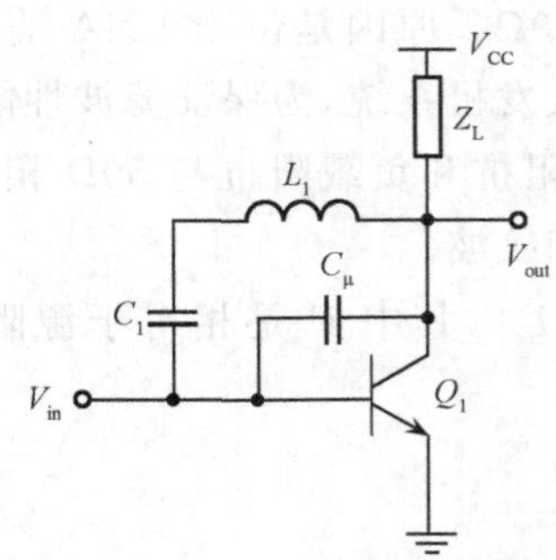

图 5-4　抵消输入输出电容通路(中和)

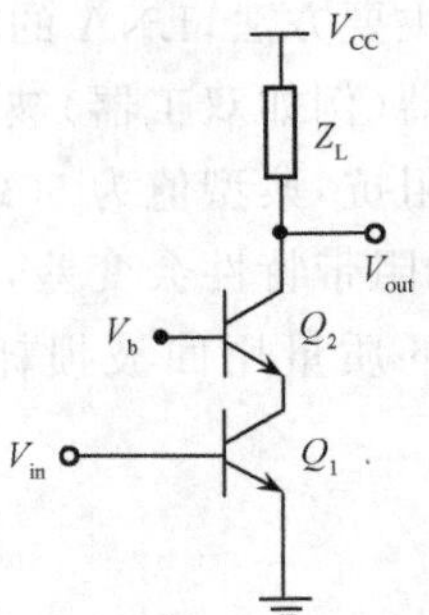

图 5-5　共发射极共基极结构

另一种方法是采用共发射共基结构(称为 Cascode 结构)，如图 5-5 所示。这种结构可以抑制密勒电容引起的反馈，具有较高的隔离度，可以认为 $S_{12} \approx 0$。一般来说该结构的输出阻抗相对较高，因此 $S_{22} \approx 1$。稳定性系数 K 可以简化为：

$$K \approx \frac{1 - |S_{22}|^2}{2|S_{21}||S_{12}|} > 1 \Rightarrow |S_{21}| < \frac{1 - |S_{22}|^2}{2|S_{12}|} \tag{5.12}$$

对于 $|\Delta| < 1$，同样可以通过近似得到：

$$|\Delta| \approx S_{11} < 1 \tag{5.13}$$

也就是说，对于如图 5-5 所示的 LNA 结构，只要其输入阻抗是正值，且增益满足式(5.12)，那么 LNA 就是无条件稳定的。但是这种结构的 LNA 多用了一个晶体管，会带来更大的噪声系数。

注意，在实际的 RFIC 设计中，LNA 的负载阻抗，即片上混频器的输入阻抗是确定的，为了让放大器稳定工作只要使放大器输入阻抗的实部在所有频率上均大于零即可。因此，让放大器满足无条件稳定要求，是保证放大器稳定工作最保守的方法。

5.4　LNA 噪声系数

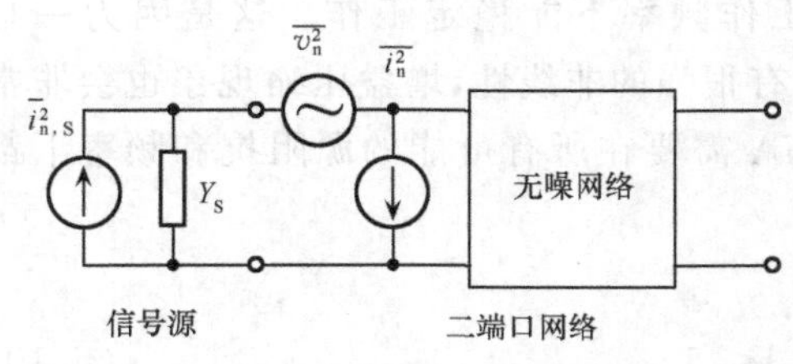

图 5-6　LNA 的等效二端口网络

LNA 是一个二端口网络，可以采用二端口网络的噪声分析方法来计算 LNA 的噪声系数。LNA 可以用等效输入噪声电压 v_n、等效输入噪声电流 i_n 和无噪声二端口网络来表示，如图 5-6 所示。

由于 v_n 和 i_n 均是由放大器的内部噪声等效到输入端的，它们之间存在一定的相关性，因此 i_n 可以表示成与 v_n 相关和不相关的两部分，即

$$i_n = i_u + i_c \tag{5.14}$$

其中，i_u与 v_n不相关；i_c与 v_n完全相关，i_c可以表示为

$$i_c = Y_c v_n \tag{5.15}$$

式中，Y_c称为 i_c与 v_n的相关导纳。

将 $i_n = i_u + Y_c v_n$代入 F 的表达式得

$$F = \frac{\overline{i_{n,S}^2} + \overline{(i_n + v_n Y_S)^2}}{\overline{i_{n,S}^2}} = \frac{\overline{i_{n,S}^2} + \overline{[i_u + v_n(Y_S + Y_c)]^2}}{\overline{i_{n,S}^2}}$$

$$= 1 + \frac{\overline{i_u^2} + |Y_S + Y_c|^2 \overline{v_n^2}}{\overline{i_{n,S}^2}} \tag{5.16}$$

定义

$$Y_S = G_S + jB_S, \quad Y_c = G_c + jB_c \tag{5.17}$$

$$R_n = \frac{\overline{v_n^2}}{4kT\Delta f}, \quad G_u = \frac{\overline{i_u^2}}{4kT\Delta f}, \quad G_S = \frac{\overline{i_{n,S}^2}}{4kT\Delta f}$$

将上述定义代入式(5.16)得

$$F = 1 + \frac{G_u + |Y_S + Y_c|^2 R_n}{G_S} = 1 + \frac{G_u}{G_S} + \frac{(G_S + G_c)^2 + (B_S + B_c)^2}{G_S} R_n \tag{5.18}$$

当 $B_S = -B_c$时，对给定 G_S，F 最小，且

$$F = 1 + \frac{G_u}{G_S} + \frac{(G_S + G_c)^2}{G_S} R_n \tag{5.19}$$

为使 F 最小，令

$$\left.\frac{\partial F}{\partial G_S}\right|_{B_S = -B_c} = 0 \tag{5.20}$$

并求解 G_S，得

$$G_S = G_{opt} = \sqrt{G_c^2 + \frac{G_u}{R_n}} \tag{5.21}$$

因此

$$Y_{opt} = G_{opt} + jB_{opt} = \sqrt{G_c^2 + \frac{G_u}{R_n}} - jB_C \tag{5.22}$$

$$F_{min} = 1 + \frac{G_u}{G_{opt}} + \frac{(G_{opt} + G_c)^2}{G_{opt}} R_n \tag{5.23}$$

由式(5.21)得

$$G_u = R_n (G_{opt}^2 - G_c^2) \tag{5.24}$$

代入式(5.23)得

$$F_{min} = 1 + 2R_n (G_{opt} + G_c) \tag{5.25}$$

将式(5.25)代入 F 的表达式，得

$$F = F_{min} + \frac{R_n}{G_S}[(G_S - G_{opt})^2 + (B_S - B_{opt})^2] \tag{5.26}$$

即

$$F = F_{\min} + \frac{|Y_S - Y_{opt}|^2 R_n}{G_S} \tag{5.27}$$

当晶体管、偏置及工作频率确定后，噪声参数 $F_{\min}$、Y_{opt} 和 R_n 也就可以确定，表 5-1 给出了二端口网络噪声参数及计算公式。

表 5-1　二端口网络噪声参数

R_n	$\overline{v_n^2}/(4kT\Delta f)$	网络等效输入电阻
Y_{opt}	$\sqrt{G_c^2+G_u/R_n}-\mathrm{j}B_c$	最佳信号源导纳
$F_{\min}$	$1+2R_n(G_{opt}+G_c)$	最小噪声系数，其中 $G_{opt}=\sqrt{G_c^2+G_u/R_n}$

不同信号源导纳下的放大器噪声系数可以使用式(5.26)计算得到。通过输入匹配网络的设计，可以改变源导纳达到给定的噪声指标。而改变 Y_S 或 Z_S 会同时影响放大器的其他性能，如增益和稳定性等。在射频放大器设计中，匹配网络对这些指标的影响都在 Smith 圆图上得到直观的体现。

对式(5.27)中的电阻和导纳归一化，可以写出

$$F = F_{\min} + \frac{|y_S - y_{opt}|^2 r_n}{g_S} \tag{5.28}$$

用相应的反射系数来表示 y_S 和 y_{opt} 有

$$y_S = \frac{1-\Gamma_S}{1+\Gamma_S},\quad y_{opt} = \frac{1-\Gamma_{opt}}{1+\Gamma_{opt}} \tag{5.29}$$

那么噪声系数可以写成

$$F = F_{\min} + \frac{4r_n|\Gamma_S - \Gamma_{opt}|}{(1-|\Gamma_S|^2)|1+\Gamma_{opt}|^2} \tag{5.30}$$

这个方程与 $F_{\min}$、G_{opt} 和 r_n 有关，这些参数被称为噪声参数。$F_{\min}$ 是器件工作电流和频率的函数，不同的 $F_{\min}$ 对应不同的 G_{opt}。

从式(5.30)中将 Γ_S 整理出来，有

$$\frac{|\Gamma_S - \Gamma_{opt}|^2}{1-|\Gamma_S|^2} = \frac{F - F_{\min}}{4r_n}|1+\Gamma_{opt}|^2 \tag{5.31}$$

对于某一给定的噪声系数 F_i，等式右边为一常量，定义它为 N_i，即

$$N_i = \frac{F_i - F_{\min}}{4r_n}|1+\Gamma_{opt}|^2 \tag{5.32}$$

进一步分析可知，产生给定 F_i 的 Γ_S 位于一个圆周上，该圆的圆心和半径分别为

$$C_{F_i} = \frac{\Gamma_{opt}}{1+N_i}$$

$$r_{F_i} = \frac{1}{1+N_i}\sqrt{N_i^2 + N_i(1-|\Gamma_{opt}|^2)} \tag{5.33}$$

一般来说，最小噪声系数和最大增益所需要的 Γ_S 是不同的，图 5-7 给出了一个晶体管 Γ_S 平面上的噪声系数(F)圆和转换功率增益(G_T)中的 G_S 圆。由图可知，最大增益为 $G_S=3\text{dB}$，$\Gamma_S=0.7\angle 110^\circ$，对应的噪声系数 $F\approx 4\text{dB}$；最小噪声系数 $F_{\min}=0.8\text{dB}$，$\Gamma_S=0.6\angle 40^\circ$，对应的 $G_S\approx -1\text{dB}$。

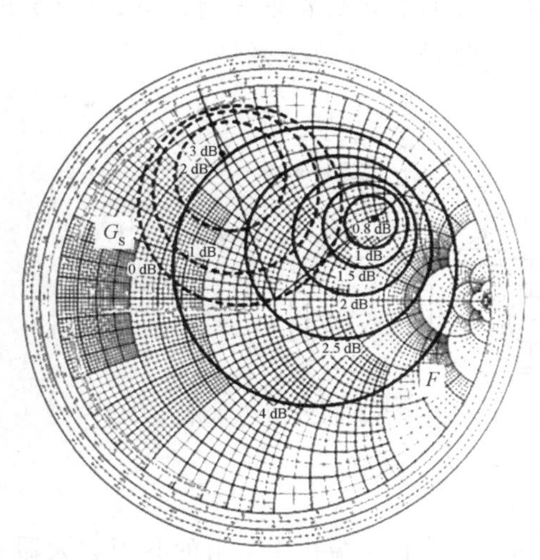

图 5-7　Γ_S平面上的噪声系数圆和转换功率增益 G_T中的 G_S圆

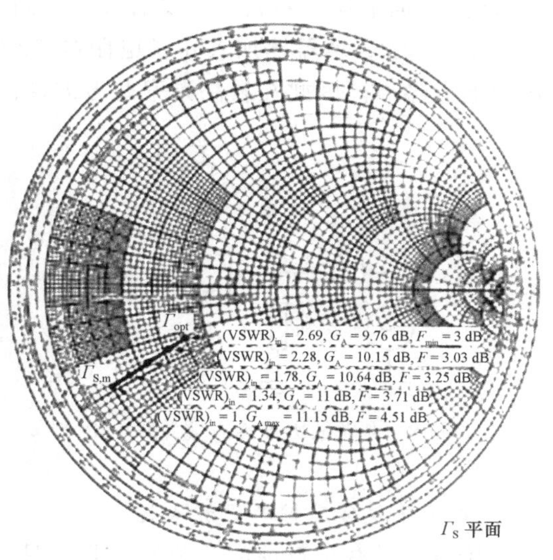

图 5-8　放大器设计中噪声、增益与匹配之间的折中关系

图 5-8 更清楚地说明了放大器设计中噪声、增益与匹配之间的折中关系。这是一个基于 G_A的设计，当 Γ_S从 $\Gamma_{S,m}$向 Γ_{opt}变化时，噪声系数 F 由 4.51dB 减小至 3dB，功率增益 G_A均由 11.15dB 减小至 9.76dB，而输入驻波比$(VSWR)_{in}$由 1 增大至 2.69。因此，当 Γ_S从 Γ_{Sm}向 Γ_{opt}变化时，噪声系数和功率增益均减小，而输入驻波比增大。

5.5　低噪声放大器结构

5.5.1　场效应管低噪声放大器

场效应管低噪声放大器(MOSFETLNA)的设计相对于双极型 LNA 来说显得更为复杂。一方面，短沟道 MOS 管的噪声参数往往需要通过测试而无法从电路参数直接获得，器件模型和电路模拟结果不能精确反映实际噪声性能；另一方面，栅极感应噪声的存在和高频时非准静态的工作状态使分析复杂度大为增加。

1. 输入端并联电阻的共源放大器

在共源放大器输入端并联一个电阻 R_P(50Ω)到地，以实现宽带 50Ω 输入电阻，如图 5-9 所示。

输入端的并联电阻将产生热噪声，同时对输入信号进行了衰减，栅极上的信号电压为信号源电压的一半。这两种效应叠加在一起将产生很高的噪声系数，若仅考虑两个电阻的热噪声和晶体管漏极电流噪声，且 $R_S=R_P=R$，放大器在低频时的噪声系数满足关系式

$$F=\frac{4kTBR_S\left(\dfrac{R_P}{R_P+R_S}\right)^2+4kTBR_P\left(\dfrac{R_S}{R_P+R_S}\right)^2+\dfrac{\overline{i^2_{nd}}}{g_m^2}}{4kTBR_S\left(\dfrac{R_P}{R_P+R_S}\right)^2}=2+\frac{4\gamma}{\alpha g_m R}\tag{5.34}$$

因此，可以看到即使 $\alpha g_m R_s \gg 4\gamma$，仍然有 $F_{min}>2$(3dB)，并联电阻提供了很好的功率匹

配，但同时增加了噪声系数。与没有并联电阻时相比，增益下降。在没有加入并联电阻的时候 $F=1+\gamma/\alpha g_m R_S$，增益比加入并联电阻高 6dB。噪声系数的等式只在低频时成立，并且忽略了栅极电流噪声。因此在较高频率并考虑栅极电流噪声时，噪声系数将更差。

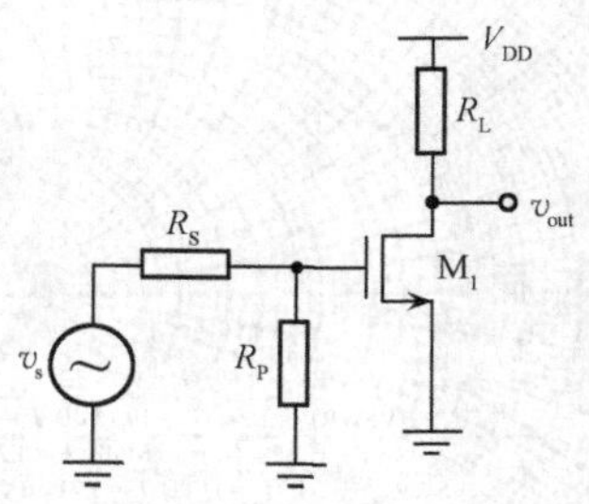

图 5-9　共源放大器输入端并联电阻

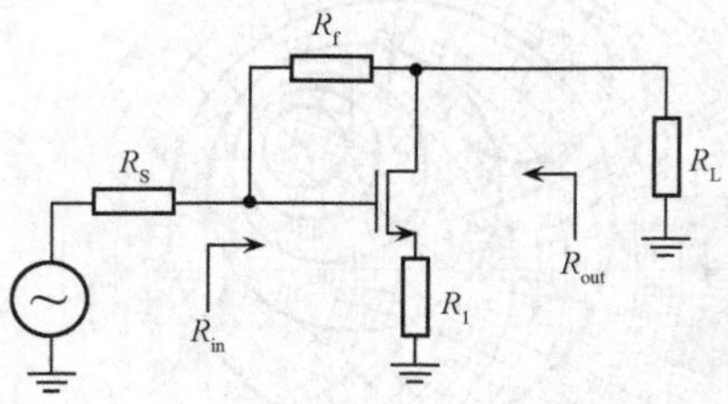

图 5-10　电压并联负反馈的共源放大器

2. 电压并联负反馈共源放大器

采用电压并联负反馈的共源放大器如图 5-10 所示，它与输入端并联电阻的共源放大器一样，可以提供宽带实数输入阻抗。由于它在放大器之前没有含噪声的衰减器使信号减小，所以它的噪声系数比输入端并联电阻情况要小得多。

由于反馈网络有热噪声，并且不可能在所有频率下让 MOS 管栅极看到最佳阻抗 Z_{opt}。因此整个放大器的噪声系数比 F_{min} 大，典型值是几分贝。这一放大器具有宽带特性，可以用来实现宽带 LNA，尽管其噪声系数不是最小值。

假设 C_{gs} 的电抗为无穷大，可得

$$R_{in}=\frac{(1+g_m R_1)(R_L+R_f)}{1+g_m R_1+g_m R_L} \tag{5.35}$$

$$R_{out}=\frac{(1+g_m R_1)(R_S+R_f)}{1+g_m R_1+g_m R_S} \tag{5.36}$$

如果 $R_S=R_L=R_0$，为了获得输入输出同时匹配，令 $R_{in}=R_{out}=R_0$，可得

$$(1+g_m R_1)R_f=g_m R_0^2 \tag{5.37}$$

3. 共栅放大器

1）共栅放大器的输入阻抗

如图 5-11 所示，共栅放大器是实现电阻性输入阻抗的一种常用电路结构。对于长沟道器件，沟道长度调制效应可以被忽略，共栅放大器的输入阻抗为 $1/(g_m+j\omega C_{gs})$。当 $\omega C_{gs}\ll g_m$，即 $\omega\ll g_m/C_{gs}=\omega_T$ 时，输入阻抗约为 $1/g_m$，选择合适的器件尺寸和偏置电流就可以提供 50Ω 电阻，完成输入阻抗匹配。

当采用深亚微米 CMOS 工艺来设计共栅放大器时，沟道长度调制效应会对共栅放大器的性能产生明显的影响。如图 5-12 所示，由 r_O 引入的正反馈增大了共栅放大器的输入阻抗。在共栅放大器的输入端施加激励电压 V_X，设流进共栅放大器的小信号电流为 I_X，在 L_1C_1 谐振频率处有

$$V_X=r_O(I_X-g_m V_X)+I_X R_1 \tag{5.38}$$

可以得到该共栅放大器的输入阻抗 $R_{in}=V_X/I_X$：

$$R_{in}=\frac{R_1+r_O}{1+g_m r_O} \tag{5.39}$$

如果 MOS 管的本征增益 $g_m r_O \gg 1$，$R_{in} \approx 1/g_m + R_1/(g_m r_O)$。但是在现代深亚微米工艺中，$g_m r_O$ 很难超过 10，$R_1/(g_m r_O)$ 不能被忽略，从而导致共栅放大器的输入阻抗 $R_{in} > 1/g_m$。

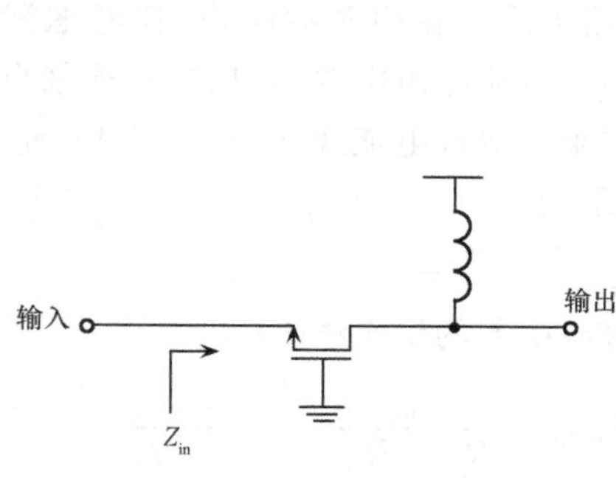

图 5-11　共栅放大器

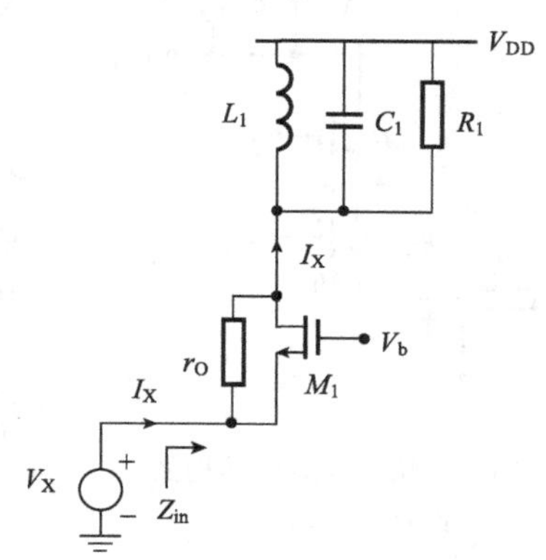

图 5-12　沟道长度调制效应对共栅放大器输入阻抗的影响

在 L_1C_1 谐振频率处，共栅放大器的电压增益为

$$\frac{V_{out}}{V_{in}} = \frac{g_m r_O + 1}{r_O + g_m r_O R_S + R_S + R_1} R_1 \tag{5.40}$$

在输入匹配情况下，信号源阻抗 $R_S = R_{in}$，即

$$R_S = \frac{R_1 + r_O}{1 + g_m r_O} \tag{5.41}$$

由此可得

$$\frac{V_{out}}{V_{in}} = \frac{g_m r_O + 1}{2\left(1 + \dfrac{r_O}{R_1}\right)} \tag{5.42}$$

可以发现共栅放大器的电压增益 $V_{out}/V_{in} < g_m r_O/2$，增益很低。

在实际的电路设计中可以适当增大 MOS 管的栅长来缓解沟道长度调制效应对共栅放大器性能的影响，这样也可以使 MOS 管的本征增益 $g_m r_O$ 得到提高，从而获得更大的电压增益。但是增大尺寸会使 MOS 管的截止频率 f_T 下降，又会带来寄生电容增大、增益下降等问题。

采用两个共栅管级联(Cascode 结构)可以较好地解决以上问题。如图 5-13 所示，在 L_1C_1 谐振频率处，从 M_2 的源端看进去的阻抗 R_X 可以表示为

$$R_X = \frac{R_1 + r_{O2}}{1 + g_{m2} r_{O2}} \tag{5.43}$$

因此，共栅放大器的输入阻抗 R_{in} 为

$$R_{in} = \frac{\dfrac{R_1 + r_{O2}}{1 + g_{m2} r_{O2}} + r_{O1}}{1 + g_{m1} r_{O1}} \tag{5.44}$$

若 $g_{m1} r_{O1} \gg 1$ 和 $g_{m2} r_{O2} \gg 1$，式(5.44)可以化简为

$$R_{in} \approx \frac{1}{g_{m1}} + \frac{R_1}{g_{m1} r_{O1} g_{m2} r_{O2}} + \frac{1}{g_{m1} r_{O1} g_{m2}} \tag{5.45}$$

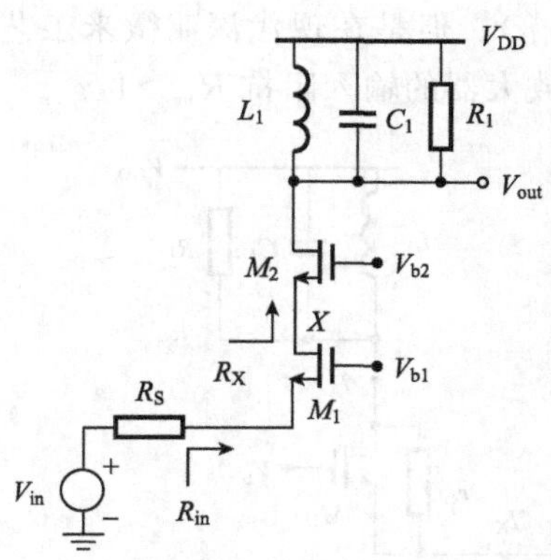

图 5-13　采用 Cascode 结构的共栅放大器

可以发现沟道长度调制效应对输入阻抗的影响已经大为减小，该放大器的输入阻抗可以近似为 $1/g_m$。在输入匹配的条件下，放大器的电压增益近似为 $g_{m1}R_1$。

2）共栅放大器的噪声系数

如果忽略多晶硅栅阻和栅噪声，仅考虑漏极电流噪声，那么输出电流噪声由两项组成，一项来自信号源噪声，另一项来自漏极电流噪声，如图 5-14 所示，输出电流噪声表示为

$$i_{no} = i_{no,ind} + i_{no,RS} \tag{5.46}$$

其中，由信号源引起的源噪声为

$$i_{no,R_S} = \frac{e_{ns}}{R_S + R_{in}} = \frac{g_m}{1 + g_m R_S} e_{ns} \tag{5.47}$$

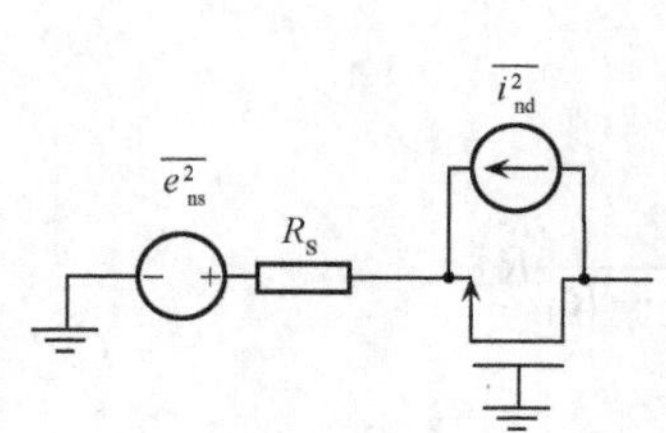

图 5-14　共栅放大器噪声等效电路

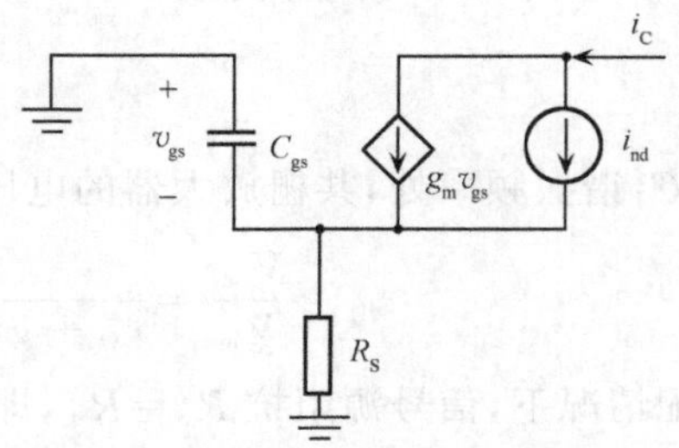

图 5-15　漏极电流噪声对输出电流的影响

再来看一下漏极电流噪声对输出电流的贡献，如图 5-15 所示。

$$i_o = i_{nd} + g_m v_{gs} \tag{5.48}$$

$$v_{gs} = -[i_{nd} + g_m v_{gs} + jC_{gs}\omega v_{gs}]R_S \Rightarrow v_{gs} = -\frac{i_{nd}R_S}{1 + g_m R_S + jR_S C_{gs}\omega} \tag{5.49}$$

将式(5.49)代入式(5.48)可得

$$i_o = i_{nd} - \frac{g_m R_S i_{nd}}{1 + g_m R_S + jR_S C_{gs}\omega} = i_{nd}\frac{1 + jR_S C_{gs}\omega}{1 + g_m R_S + jR_S C_{gs}\omega} \overset{R_S C_{gs}\omega \ll 1}{\Rightarrow} i_o = i_{nd}\frac{1}{1 + g_m R_S} \tag{5.50}$$

在此注意到如果 $g_m = 1/R_s$（功率匹配），那么只有一半的漏极噪声电流流入输出端。在低频情况下，噪声系数可以表示为

$$F = 1 + \frac{\overline{i^2_{nd}}\left(\frac{1}{1 + g_m R_S}\right)^2}{\overline{e^2_{ns}}\left(\frac{g_m}{1 + g_m R_S}\right)^2} = 1 + \frac{\gamma g_{d0}}{R_s g^2_m} \tag{5.51}$$

如果此时输入匹配，即 $R_S = 1/g_m$，则有

$$F = 1 + \frac{\gamma g_{d0}}{g_m} = 1 + \frac{\gamma}{\alpha} \tag{5.52}$$

对于长沟道器件，当管子工作在饱和区时，$\alpha = 1, \gamma = 2/3$[3]，因此 $F \approx 5/3 = 2.2\text{dB}$。

而对于短沟道器件，当管子工作在饱和区时，$\alpha<1$，γ 值则是长沟道器件的2～4倍。对于不同的CMOS工艺，γ 的准确值只能通过测试得到。若取 $\gamma=2$，$F>3=4.8\text{dB}$。

在高频和考虑栅极感应噪声时，噪声系数将进一步增大。

3) 采用等效跨导提高技术的共栅放大器

提高 g_m 可以减小共栅放大器的噪声系数，但是由于共栅结构的LNA输入匹配要求 $g_m=1/R_S$，即输入匹配限制了 g_m 的提高，也就限制了噪声系数的减小。等效跨导提高技术打破了输入匹配与噪声系数之间的相互制约关系，可以在实现输入匹配的同时减小噪声系数。

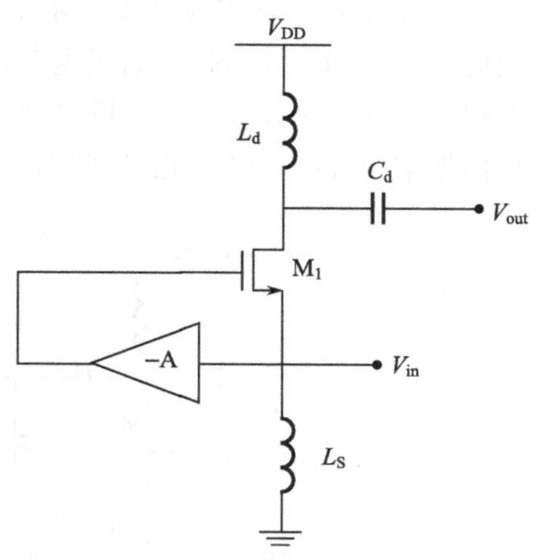

图5-16　采用等效跨导提高技术的共栅放大器

图5-16是一种实现等效跨导提高技术的电路原理图。通过在共栅管的栅极和源极之间连接一个增益为 $-A$ 的反向放大器，可以使共栅放大器的等效跨导 G_m 从原来的 g_m 提高到 $(1+A)g_m$。此时，共栅放大器的输入阻抗 $Z_{in}=1/[(1+A)g_m]$。为了满足输入匹配条件 $Z_{in}=R_S$，所需的跨导值 $g_m=1/[R_s(1+A)]$。可以看出，采用等效跨导提高技术可以降低共栅放大器的功耗。

同时，共栅放大器的噪声系数变成了

$$
\begin{aligned}
F &= 1+\frac{4kT\gamma g_{d0}\Delta f}{4kTR_S^{-1}\Delta f}\left[\frac{1}{(1+A)g_mR_S}\right]^2 \\
&= 1+\frac{\gamma g_{d0}}{(1+A)^2 g_m^2 R_S} \\
&= 1+\frac{\gamma}{\alpha(1+A)}\bigg|_{(1+A)g_mR_S=1}
\end{aligned}
\tag{5.53}
$$

很明显，采用等效跨导提高技术后，共栅放大器的噪声系数将变小。需要注意的是，这里的推导并没有考虑反向放大器 $-A$ 引入的额外噪声。

实现反向增益的方法有很多，下面列出两种常用的结构：

第一种：电容交叉耦合结构

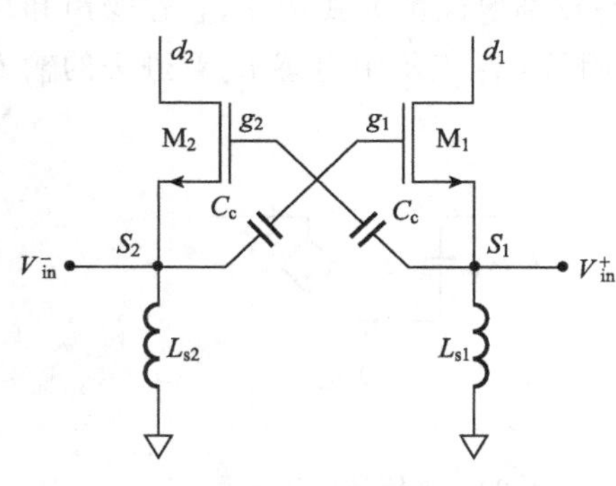

图5-17　采用电容交叉耦合结构的共栅放大器

图5-17是采用电容交叉耦合结构的共栅放大器电路原理图[5]。在这种结构中，反向增益 $-A$ 的大小取决于交叉耦合电容 C_C 和MOS管栅源电容 C_{gs} 的比值

$$
A=\frac{C_C}{C_C+C_{gs}}=\frac{1}{1+\dfrac{C_{gs}}{C_C}}
\tag{5.54}
$$

此时

$$
F_{\text{CGLNA,CCC}}\approx 1+\frac{\gamma}{\alpha}\frac{C_{gs}+C_C}{C_{gs}+2C_C}
\tag{5.55}
$$

如果 $C_C\gg C_{gs}$，则 $A\approx 1$，

$$F_{\mathrm{CGLNA,CCC}} \approx 1 + \frac{\gamma}{2\alpha} \tag{5.56}$$

第二种:变压器耦合结构

利用变压器耦合实现等效跨导提高技术的电路结构如图 5-18 所示,变压器 T_1 由主电感 L_P 和副电感 L_S 组成。L_P 和 L_S 通过电磁耦合在 M_1 的栅极和源极之间提供一定的反向电压增益,有效地提高了 M_1 的等效跨导。设电感 L_S 和 L_P 的匝数比为 n,互感系数为 k,则变压器 T_1 能提供的反向增益 $-A=-nk$。此时,共栅放大器的噪声系数可以减小到 $F\approx 1+\gamma/[\alpha(1+nk)]$。

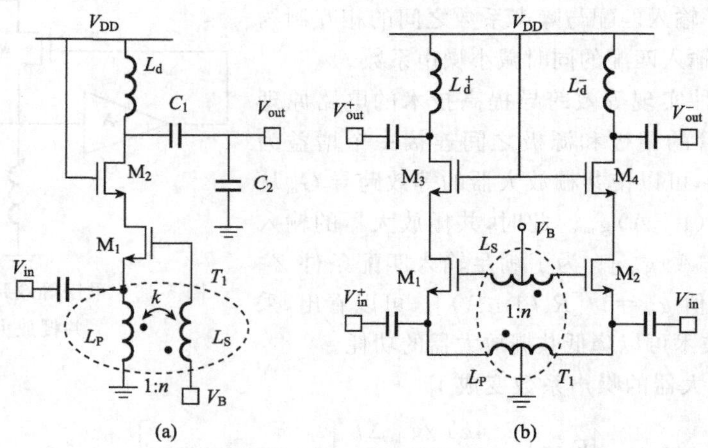

图 5-18 采用变压器耦合结构的共栅放大器

4. 具有源极电感负反馈的共源放大器

1) 输入阻抗匹配

分析和实践表明,图 5-19 所示的放大器结构能够提供与信号源匹配的输入电阻,但完全的匹配只在一个频率点获得,因此它仅适于窄带工作。与反馈等匹配方式相比,它在噪声和功耗上的优点非常明显。图中的 Z'_{in} 表示栅极对地的输入阻抗,Z_{in} 表示由电感 L_g 看进去的输入阻抗。

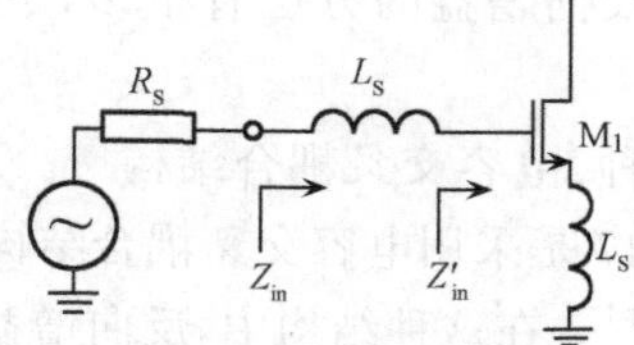

图 5-19 源极电感负反馈的共源放大器

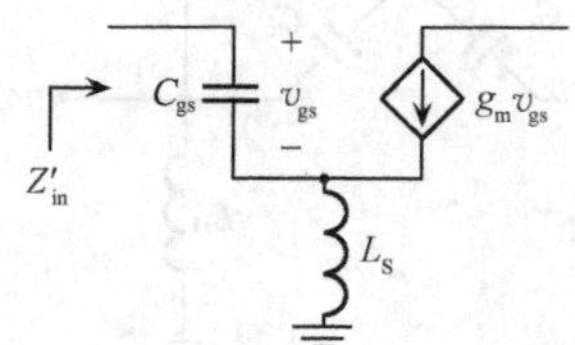

图 5-20 小信号等效电路

若忽略 C_{gd},则图 5-19 所示放大器的小信号等效电路可由图 5-20 表示。

根据图 5-20 容易写出输入阻抗 Z'_{in} 为

$$Z'_{\mathrm{in}} = \frac{1}{sC_{\mathrm{gs}}} + \left(1 + g_{\mathrm{m}}\frac{1}{sC_{\mathrm{gs}}}\right)sL_{\mathrm{s}} = \frac{1}{sC_{\mathrm{gs}}} + sL_{\mathrm{s}} + \frac{g_{\mathrm{m}}}{C_{\mathrm{gs}}}L_{\mathrm{s}} \tag{5.57}$$

如果 C_{gs} 和 L_S 谐振在工作频率 w_o,则

$$Z'_{in}=\frac{g_m}{C_{gs}}L_S\approx\omega_T L_S \tag{5.58}$$

因此，只要使

$$\omega_o=\frac{1}{\sqrt{L_s C_{gs}}} \tag{5.59}$$

$$R_S=\omega_T L_s \tag{5.60}$$

成立，即可形成输入阻抗匹配。具体的匹配步骤是，首先由式(5.60)计算 L_S的值，再根据式(5.59)计算 C_{gs}的值，得

$$C_{gs}=\frac{1}{\omega_0^2 L_S}=\frac{\omega_T}{\omega_0^2 R_S} \tag{5.61}$$

由式(5.61)看出，在给定工作频率、特征频率和信号源内阻时，C_{gs}也就确定了，这样就固定了晶体管的尺寸，无法通过控制晶体管尺寸来优化噪声系数等性能指标。为此，可以在晶体管的栅极串联一个电感 L_g，以保证 C_{gs}可以不受阻抗匹配的限制而用于优化噪声系数等指标，此时输入阻抗 Z_{in}为

$$Z_{in}=\frac{1}{sC_{gs}}+s(L_g+L_S)+\omega_T L_S \tag{5.62}$$

如果 C_{gs}和 L_g+L_s谐振在工作频率 ω_o，即

$$\omega_o=\frac{1}{\sqrt{(L_g+L_S)C_{gs}}} \tag{5.63}$$

则

$$Z_{in}=\omega_T L_S \tag{5.64}$$

因此，只要使

$$R_S=\omega_T L_S \tag{5.65}$$

成立，即可形成输入阻抗匹配。具体的匹配步骤是，首先由式(5.64)计算 L_s的值，然后优化噪声系数和确定晶体管尺寸，再根据式(5.63)计算 L_g的值，得

$$L_g=\frac{1}{\omega_0^2 C_{gs}}-\frac{R_S}{\omega_T} \tag{5.66}$$

因此，在这种输入匹配的结构中 L_S提供了匹配电阻，L_g使输入回路谐振在工作频率。

2) 匹配条件下的噪声系数

图 5-19 所示共源放大器的噪声源主要包括以下几种：

(1) MOS 管沟道热噪声

$$\overline{i_d^2}=4kT\gamma g_{d0}\Delta f \tag{5.67}$$

(2) 电感 L_g的串联寄生电阻 R_l的热噪声

$$\overline{v_{rl}^2}=4kTR_l\Delta f \tag{5.68}$$

(3) MOS 管栅极多晶硅电阻 R_g的热噪声

$$\overline{v_{rg}^2}=4kTR_g\Delta f \tag{5.69}$$

(4) 信号源内阻的热噪声

$$\overline{v_s^2} = 4kTR_S\Delta f \tag{5.70}$$

考虑上述噪声源后，图 5-19 可以改画成图 5-21。

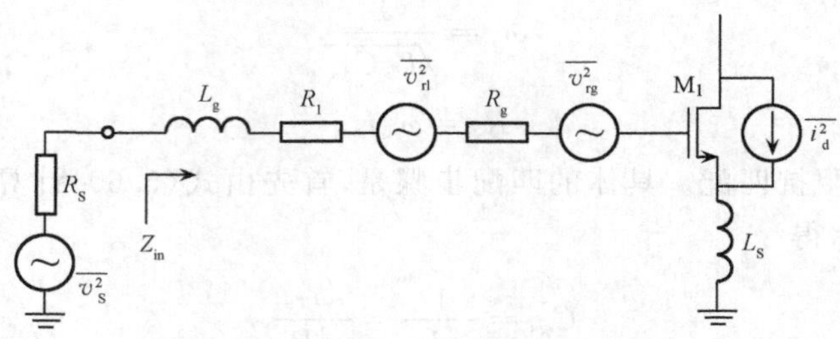

图 5-21　考虑噪声源后的共源放大器

根据噪声系数的定义

$$F \equiv \frac{\text{总输出噪声功率}}{\text{信号源在输出端产生的噪声功率}} \tag{5.71}$$

噪声系数可以通过输出噪声电流来计算。

假设 R_1+R_g 远小于 R_S，故 R_1 和 R_g 在电路中被忽略，而它们的噪声源被保留。因此，输入端的一个电压源所产生的输出电流可以通过图 5-22 所示的等效电路计算。

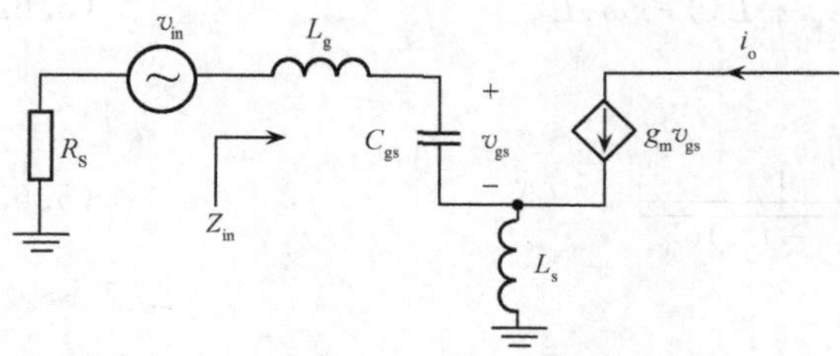

图 5-22　考虑单个噪声源的共源放大器等效电路

图 5-22 中的输出电流表示为

$$i_o = g_m v_{gs} = g_m \frac{1/(j\omega C_{gs})}{Z_{in}+R_S} v_{in} \tag{5.72}$$

由式(5.72)可以求出该电路的等效跨导为

$$G_m(j\omega) = \frac{i_o}{v_{in}} = g_m \frac{1/(j\omega C_{gs})}{Z_{in}+R_S} = \frac{g_m}{j\omega C_{gs}\left[j\omega(L_g+L_S)+\dfrac{1}{j\omega C_{gs}}+\omega_T L_S + R_S\right]} \tag{5.73}$$

当输入回路谐振在工作频率时，有

$$Z_{in} = \omega_T L_S \tag{5.74}$$

代入式(5.73)得

$$G_m(j\omega_o) = \frac{g_m}{j\omega_o C_{gs}(\omega_T L_S + R_S)} \approx \frac{\omega_T}{j\omega_o(\omega_T L_S + R_S)} \tag{5.75}$$

由于输入回路的 Q 值定义为

$$Q_{in} = \frac{1}{\omega_o C_{gs}(\omega_T L_S + R_S)} \tag{5.76}$$

因此，式(5.75)又可表示为

$$G_m(j\omega_o) = -jQ_{in} g_m \tag{5.77}$$

利用等效跨导 G_m，三个输入噪声电压 v_s、v_{rl} 和 v_{rg} 在输出端产生的噪声电流 $i_{o,1}$ 可以表示为

$$i_{o,1} = G_m(j\omega_o)(v_s + v_{rl} + v_{rg}) \tag{5.78}$$

根据三个输入噪声电压的不相关性，它们所产生的输出噪声电流的均方值为

$$\overline{i_{o,1}^2} = |G_m(j\omega_o)|^2 \overline{(v_s + v_{rl} + v_{rg})^2} = |G_m(j\omega_o)|^2 (\overline{v_s^2} + \overline{v_{rl}^2} + \overline{v_{rg}^2})$$

$$= \frac{\omega_T^2 4kT(R_S + R_l + R_g)\Delta f}{\omega_o^2 (\omega_T L_s + R_S)^2} \tag{5.79}$$

其中由信号源内阻 R_S 所引起的部分为

$$\overline{i_{o,S}^2} = \frac{\omega_T^2 4kTR_S\Delta f}{\omega_o^2 (\omega_T L_S + R_S)^2} \tag{5.80}$$

另一部分输出噪声电流由 MOS 管的沟道热噪声所引起，同样假设 $R_l + R_g$ 远小于 R_s，根据图 5-23 的等效电路列出方程

$$i_{o,d} \frac{-L_S/C_{gs}}{R_S + j\omega(L_S + L_g) + 1/(j\omega C_{gs})} g_m + i_d = i_{o,d} \tag{5.81}$$

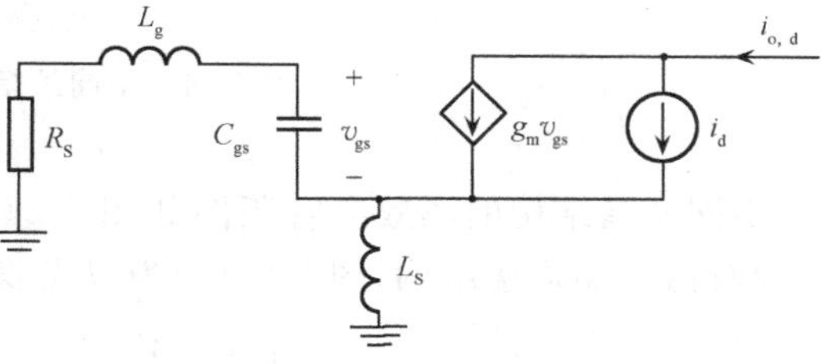

图 5-23　考虑沟道热噪声的共源放大器等效电路

从式(5.81)中求解 $i_{o,d}$ 得

$$i_{o,d} = \frac{R_S + j\omega(L_S + L_g) + 1/(j\omega C_{gs})}{R_S + j\omega(L_S + L_g) + 1/(j\omega C_{gs}) + g_m L_S/C_{gs}} i_d \tag{5.82}$$

在谐振频率 ω_o 处有

$$i_{o,d} = \frac{R_S}{R_S + g_m L_S/C_{gs}} i_d \approx \frac{R_S}{R_S + \omega_T L_S} i_d \tag{5.83}$$

$$\overline{i_{o,d}^2} \approx \frac{R_S^2}{(R_S + \omega_T L_S)^2} \overline{i_d^2} = \frac{R_S^2 4kT\gamma g_{d0}\Delta f}{(R_S + \omega_T L_S)^2} \tag{5.84}$$

于是得

$$F = \frac{\overline{i_{o,1}^2} + \overline{i_{o,d}^2}}{\overline{i_{o,S}^2}} = \frac{\dfrac{\omega_T^2 4kT(R_S + R_l + R_g)\Delta f}{\omega_o^2 (\omega_T L_s + R_S)^2} + \dfrac{R_S^2 4kT\gamma g_{d0}\Delta f}{(R_S + \omega_T L_s)^2}}{\dfrac{\omega_T^2 4kTR_S\Delta f}{\omega_o^2 (\omega_T L_s + R_S)^2}} \tag{5.85}$$

化简后得

$$F = 1 + \frac{R_g}{R_S} + \frac{R_l}{R_S} + \gamma g_{d0} R_S \left(\frac{\omega_o}{\omega_T}\right)^2 \tag{5.86}$$

由上述表达式可知，在给定信号源内阻的条件下，为了减小 F，必须尽量减小输入端的寄生电阻 R_g、R_l 及沟道噪声。

在输入寄生电阻中，R_l 取决于电感 L_g 的品质因数，而栅极多晶硅电阻 R_g 则可通过多指结构的版图进行优化。设 R_{sq} 为多晶硅栅极的方块电阻，考虑分布效应并忽略接触孔电阻和金属连线电阻，叉指数为 n 时单端连接的多指结构的等效栅电阻为

$$R_g = \frac{1}{3n^2} \frac{R_{sq} W}{L} \tag{5.87}$$

叉指数为 n 时双端连接的多指结构的等效栅电阻为

$$R_g = \frac{1}{12n^2} \frac{R_{sq} W}{L} \tag{5.88}$$

其中，W 为总栅宽，L 为栅长。

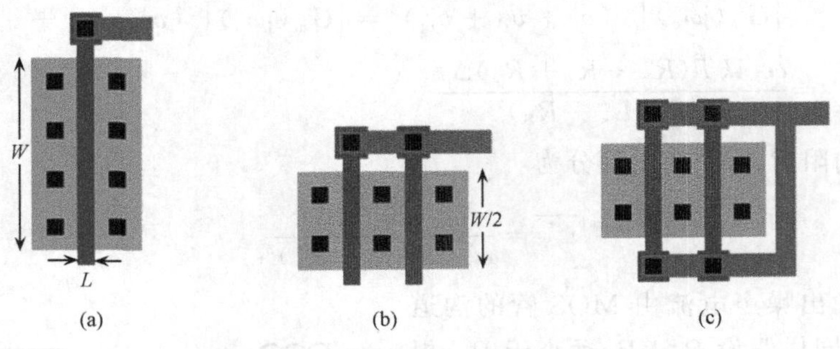

图 5-24　不同叉指结构的场效应管版图

不同叉指结构的场效应管版图如图 5-24 所示，图 5-24(a)为单指单端连接结构，图 5-24(b)为双指单端连接结构，图 5-24(c)为双指双端连接结构，对应的栅极多晶硅电阻分别为

$$\frac{1}{3}\frac{R_{\mathrm{sq}}W}{L},\quad \frac{1}{12}\frac{R_{\mathrm{sq}}W}{L},\quad \frac{1}{48}\frac{R_{\mathrm{sq}}W}{L}$$

可见，图 5-24(c)的栅极多晶硅电阻是图 5-24(a)的 1/16。

式(5.86)中对噪声系数影响最大的噪声源为管子的沟道热噪声，若 R_1 和 R_g 的影响可以忽略，则式(5.86)可以近似表示为

$$F \approx 1+\gamma g_{\mathrm{d0}} R_{\mathrm{S}}\left(\frac{\omega_{\mathrm{o}}}{\omega_{\mathrm{T}}}\right)^{2} \tag{5.89}$$

由上面的分析可以得到以下结论：

(1) 随着工艺的发展，MOS 管截止频率 f_{T} 的提高将使噪声系数同步减小。

(2) 如果始终维持输入回路在 w_0 处谐振，放大器的噪声系数在理论上有可能趋向于 1 即 0dB，只要保持 w_{T} 不变，而使 g_{d0} 趋向于 0。根据 g_{d0} 的定义，有

$$g_{\mathrm{d0}}=\left.\frac{\partial I_{\mathrm{D}}}{\partial V_{\mathrm{DS}}}\right|_{V_{\mathrm{DS}}\rightarrow 0}=\mu C_{\mathrm{ox}}\frac{W}{L}(V_{\mathrm{GS}}-V_{\mathrm{th}}) \tag{5.90}$$

在保持偏置电压 V_{GS} 不变的前提下，让栅宽 W 趋向于 0 就可以使 g_{d0} 趋向于 0。假设 W 缩小 k 倍，I_{D}、g_{m} 和 C_{gs} 也都成倍缩小，因此 w_{T} 不变；再根据式(5.90)，整个电路的等效跨导 G_{m} 也保持不变，即增益不变。当 k 取得很大时结论将非常有趣：可以用很小的 MOS 管($W\rightarrow 0$)、消耗极少量的功率($I_{\mathrm{D}}\rightarrow 0$)，而获得近乎 0dB 的噪声系数，并保持增益不变！另一方面，由于栅电容减小，其等效阻抗增大，信号在栅电容上的分压增大，使放大器的线性度变差。从谐振电路品质因数的角度可以看成 Q_{in} 增大的过程。

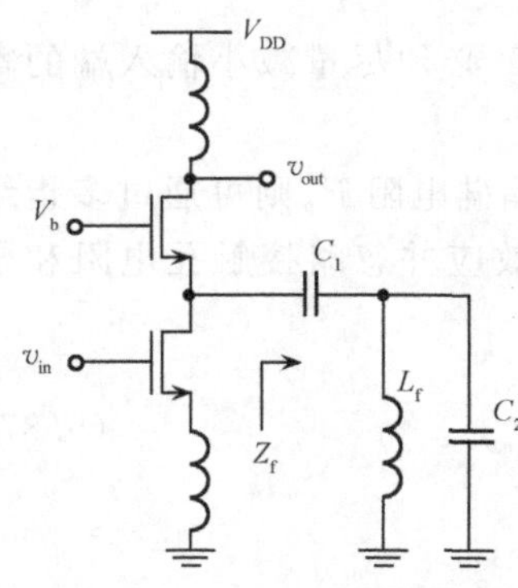

图 5-25　镜像抑制 LNA

这样的结论显然过于美好，它不是真实的，实际上问题出在以上分析所使用的 MOS 管的噪声模型还不够完整，分析结果将在后面给出。

5. 镜像抑制 LNA

镜像抑制 LNA 如图 5-25 所示，C_1、C_2 和 L_{f} 组成串并联谐振电路，其中 C_2 和 L_{f} 并联谐振在信号频率上，C_1、C_2 和 L_{f} 串联

谐振在镜像频率上。由于 C_2 和 L_f 组成的并联谐振电路谐振在信号频率上，具有很大的阻抗，因此放大器对有用信号有较高的增益。相反 C_1、C_2 和 L_f 组成的串联谐振电路谐振在镜像频率上，具有很小的阻抗，因此放大器对镜像信号的增益很小，从而具有镜像抑制的能力。

串并联谐振电路的输入阻抗可以表示为

$$Z_f = \frac{L_f(C_1 + C_2)s^2 + 1}{C_1 C_2 L_f s^3 + C_1 s} \tag{5.91}$$

$|Z_f|$ 和电压增益随频率变化曲线如图 5-26 所示。

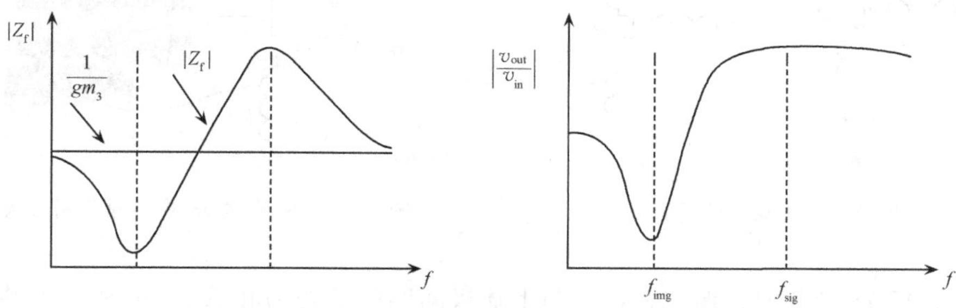

图 5-26　$|Z_f|$ 和电压增益随频率变化曲线

6. 低电压折叠式共源共栅结构

共源共栅结构 LNA 具有较高的反向隔离特性，如图 5-27(a)所示，它通过共源放大器与共栅放大器的级联来提高隔离度，电源电压等于两个 MOS 管漏源偏置电压之和。随着 CMOS 工艺的不断发展，电源电压会不断降低。当电源电压低到一定程度时就难以保证两个 MOS 管正常工作于饱和区。为了使两个 MOS 管在低电源电压下正常工作，可以对图 5-27(a)所示电路进行变换，将 NMOS 共栅管改为 PMOS 共栅管，并通过恒流源提供偏置电流，如图 5-27(b)所示，输出端取自 PMOS 共栅管的漏极。恒流源可以用电感电容并联谐振电路构成，如图 5-27(c)所示。这种电路称为折叠式共源共栅结构，可以工作在低电源电压下。变换思路是将两层晶体管变换为一层晶体管，以降低共源共栅电路工作所需要的电源电压。

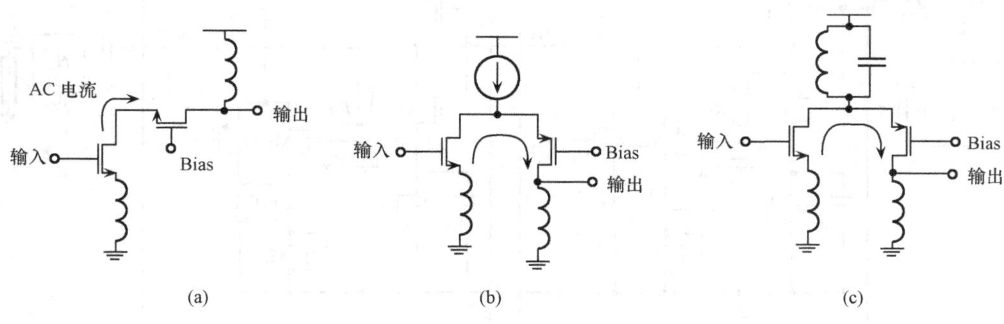

图 5-27　共源共栅结构 LNA

7. 共源共栅放大器性能改善

1) 共源共栅放大器级间匹配

共源共栅放大器由共源放大器与共栅放大器的级联构成，两级之间没有形成共轭匹配，如图 5-28(a)所示。有人尝试在两级之间进行共轭匹配以提高性能。设计思想是利用电感 L_a 在

M_1和M_2之间形成共轭匹配，如图5-28(b)所示。但结果发现，由于C_{gd}的作用，L_a引入了一个负的输入阻抗，为保持阻抗匹配，需要同时增大L_s和L_g，结果使噪声系数、隔离度等性能变坏。

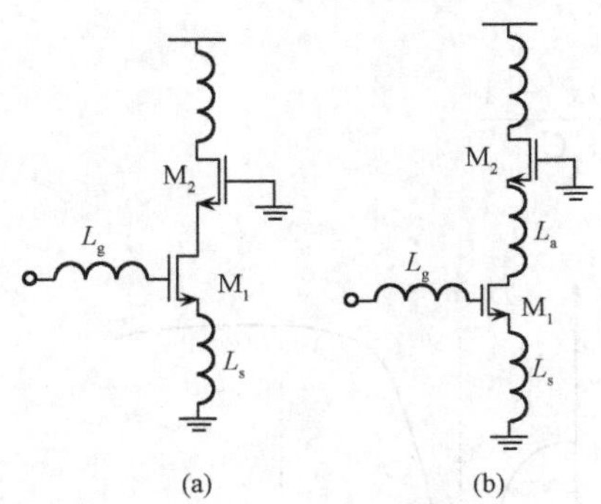

图5-28　共源共栅放大器

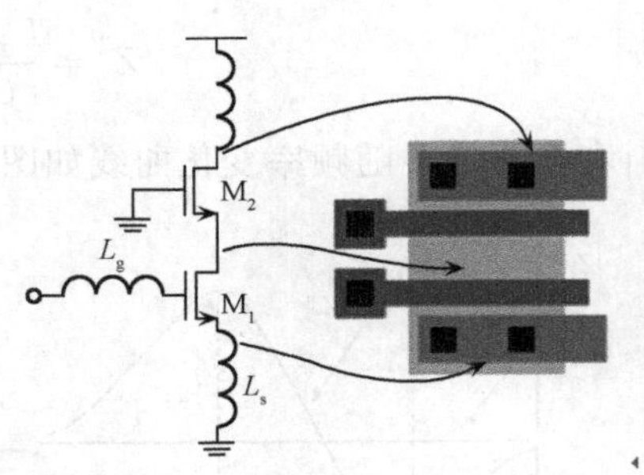

图5-29　双栅MOS管共源共栅放大器

2）双栅MOS管共源共栅放大器。与上述极间匹配的努力相反，另一种改善共源共栅放大器性能的方法是减小MOS管的寄生参数。设计思想是用双栅MOS管取代M_1和M_2，将M_1和M_2之间的寄生阻抗减至最小，如图5-29所示，测试表明此结构获得了满意的结果。

8. 电流复用技术

电流复用技术可以使放大器在不增加偏置电流的情况下获得更高的等效跨导G_m，从而获得更好的电路性能。

图5-30是一个采用电流复用技术的低噪声放大器的电路原理图，该低噪声放大器由两级电路级联组成。在每一级电路中，M_1和M_2管复用了偏置电流，在没有增加额外偏置电流的情况下使得每一级电路的等效跨导增大为$G_m=g_{m1}+g_{m2}$。

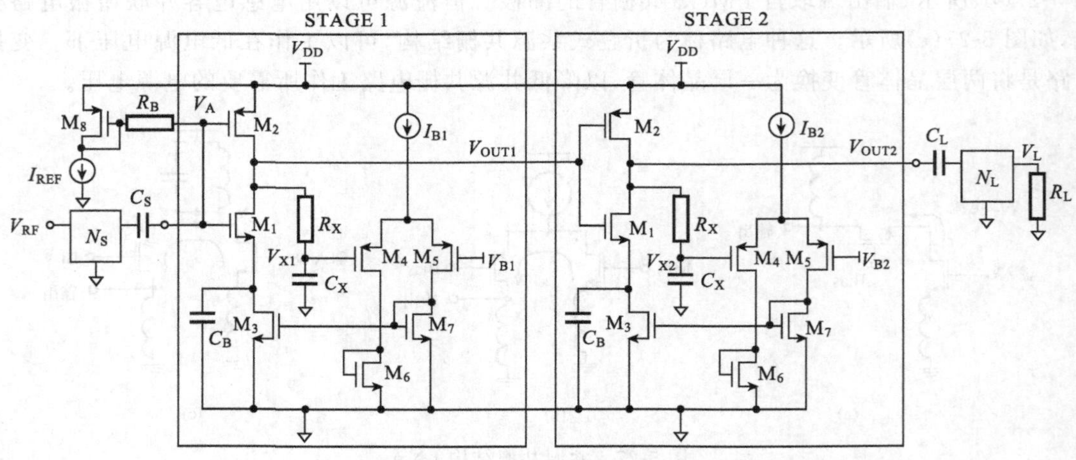

图5-30　采用电流复用技术的LNA

该低噪声放大器的测试结果如表5-2所示。

表 5-2　采用电流复用技术的 LNA 测试结果

LNA	测试结果	LNA	测试结果
电源电压	2.7V	$\|S_{21}\|$	15.6dB
功耗	20mW	$\|S_{12}\|$	−32.4dB
频率	900MHz	输入三阶截点	−3.2dBm
噪声系数(50Ω)	2.2dB	输入 1dB 压缩点	−15.2dBm
最小噪声系数	1.9dB		

9. 前向体偏置技术

在低电压设计中，MOS 管在很低的电源电压下无法正常工作在强反型区，噪声性能和增益性能都会变差。在电源电压不变的条件下，只有通过降低 MOS 管的阈值电压 V_{th} 才能使其工作在强反型区，以获得良好的噪声性能和增益性能。

MOS 管的阈值电压可以表示为

$$V_{th}=V_{th0}+\gamma\left(\sqrt{2\Phi_f-V_{bs}}-\sqrt{2\Phi_f}\right) \tag{5.92}$$

其中，V_{bs} 是 MOS 管衬底和源极之间的电势差；V_{th0} 是 $V_{bs}=0$ 时的阈值电压；γ 是体效应系数。可以看出，通过改变 V_{bs} 就可以改变 V_{th}。通常情况下 MOS 管衬底的电位低于源极的电位，即 $V_{bs}<0, V_{th}>V_{th0}$。如果改变 MOS 管的偏置条件，使 MOS 管处于前向体偏置状态，即 $V_{bs}>0$，此时 $V_{th}<V_{th0}$，这就降低了 MOS 管的阈值电压。

如图 5-31 所示，采用带有深 N 阱的 CMOS 工艺可以给每个 MOS 管提供一个独立的衬底电位来实现前向体偏置，但这时 MOS 管衬底和源极构成的 PN 结处于正偏状态，在 PN 结上会流过一个直流电流，从而导致额外的功耗，还有可能引起闩锁效应。因此在应用前向体偏置技术的时候为了减小额外的功耗，应在 MOS 管的衬底端串联一个限流电阻后再接地。

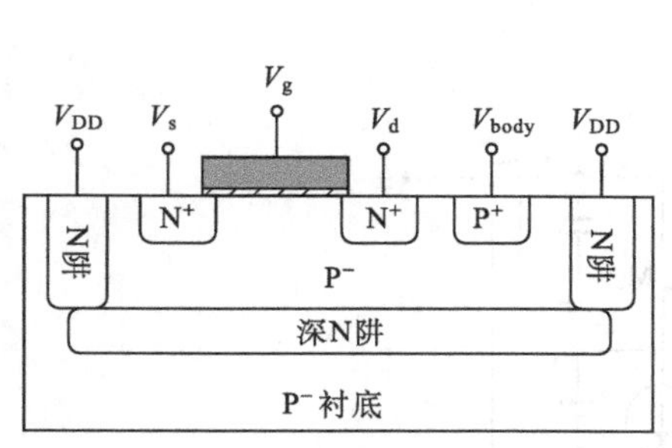

图 5-31　带有深 N 阱的 CMOS 工艺剖面图

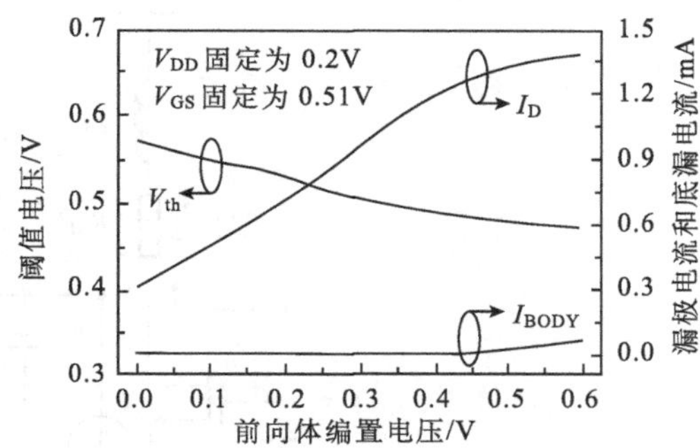

图 5-32　阈值电压、漏极电流和衬底漏电流随体源电压变化的仿真曲线

图 5-32 给出了 0.18μm CMOS 工艺中 MOS 管的阈值电压 V_{th}、沟道电流 I_D 和衬底漏电流 I_{BODY} 随体源电压 V_{bs} 变化的仿真图(仿真时取 MOS 管 $L=0.18\mu m, W=90\mu m$)。

从图 5-32 可以发现，当 V_{bs} 从 0V 上升 0.6V 时，V_{th} 从 0.57V 降到 0.47V 左右，同时 I_{BODY} 保持在 100μA 以下。

10. 噪声抵消技术

噪声抵消技术的原理是通过调整放大器的电路结构，减小或抵消电路中的主要噪声源在输出端产生的噪声，从而减小电路的噪声系数。

CMOS LNA 的主要噪声来自放大管的沟道热噪声，因此噪声抵消 LNA 的设计思路是通过增加额外的信号通路，使信号经过不同的通路到达输出后得以合成并加强，而沟道热噪声能够相互抵消。

1）共栅结构

采用共栅结构的噪声抵消 LNA 的电路原理图如图 5-33 所示[11]，有用信号在节点 X 和节点 Y 处相位相同，经过放大管 M_2 和 M_3 后，两个通路的信号相互叠加，有用信号得到增强。而 M_1 的沟道热噪声在节点 X 和节点 Y 处的相位相反，在经过放大管 M_2 和 M_3 后被相互抵消。

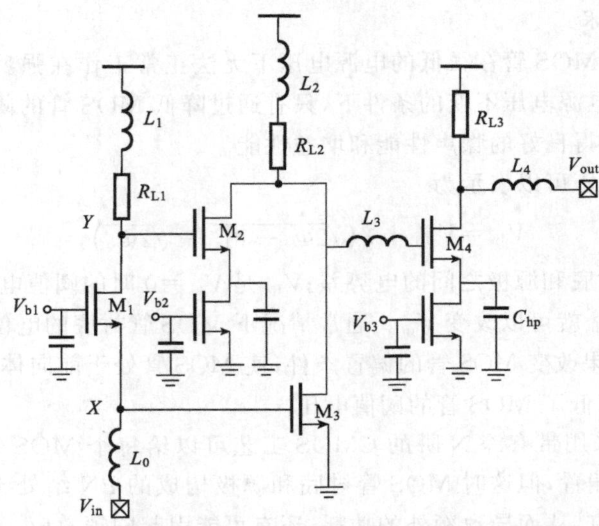

图 5-33 采用共栅结构的噪声抵消 LNA 的电路原理图

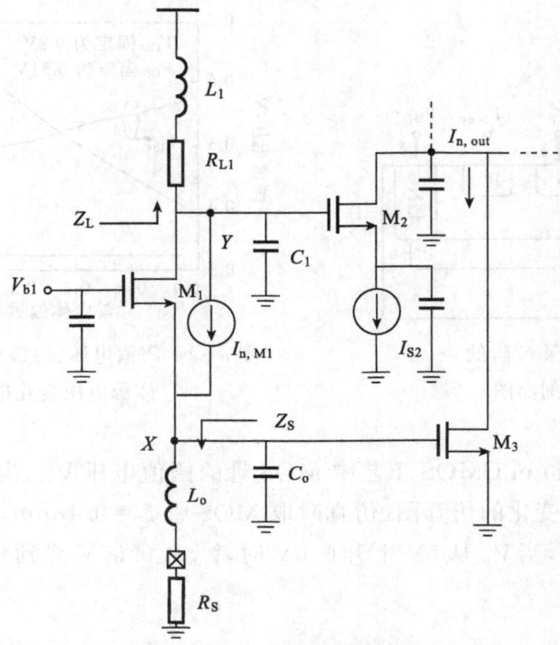

图 5-34 计算 M_1 沟道噪声的等效电路图

图 5-34 是计算 M_1 沟道噪声的等效电路，M_1 沟道噪声在输出端产生的噪声电流 $I_{n,out}$ 可以近似表达为

$$I_{n,out}=\frac{I_{n,M1}}{1+g_{m1}R_S}(g_{m2}R_{L1}-g_{m3}R_S) \tag{5.93}$$

当满足 $g_{m2}R_{L1}=g_{m3}R_S$ 时，M_1 的沟道噪声可以被抵消。M_1 沟道噪声被抵消后，LNA 的噪声系数 NF 主要由 R_{L1}、M_2 和 M_3 决定。在输入匹配情况下，$Z_{in}=1/g_{m1}=R_S$。

设 R_S 的噪声电压为 e_{ns}，R_S 在输出端产生的噪声电流为 $I_{ns,out}$ 可以近似表达为

$$I_{ns,out}=\frac{1}{2}e_{ns}g_{m3}+\frac{1}{2}e_{ns}\frac{g_{m2}}{R_S}R_{L1}=\frac{1}{2}e_{ns}\left(g_{m3}+\frac{g_{m2}}{R_S}R_{L1}\right) \tag{5.94}$$

设 R_{L1} 的噪声电压为 e_{nRL1}，R_{L1} 在输出端产生的噪声电流 $I_{nRL1,out}$ 可以表达为

$$I_{nRL1,out}=e_{nRL1}g_{m2} \tag{5.95}$$

设 M_2 的沟道噪声电流为 I_{nM2}，M_2 在输出端产生的噪声电流 $I_{nM2,out}$ 可以表达为

$$I_{nM2,out}=I_{nM2} \tag{5.96}$$

设 M_3 的沟道噪声电流为 I_{nM3}，M_3 在输出端产生的噪声电流 $I_{nM3,out}$ 可以表达为

$$I_{nM3,out}=I_{nM3} \tag{5.97}$$

因此 LNA 总的噪声系数大约为

$$\begin{aligned}NF&=1+\frac{\overline{i^2_{nRL1,out}}+\overline{i^2_{nM2,out}}+\overline{i^2_{nM3,out}}}{\overline{i^2_{ns,out}}}\\&=1+\frac{4kTR_{L1}g_{m2}{}^2+4kTg_{m2}\gamma/\alpha+4kTg_{m3}\gamma/\alpha}{kTR_S(g_{m3}+g_{m2}R_{L1}/R_S)^2}\\&=1+\frac{R_S}{R_{L1}}\left(1+\frac{\gamma}{\alpha}\frac{1}{g_{m2}R_{L1}}\right)+\frac{\gamma}{\alpha}\frac{1}{g_{m3}R_S}\end{aligned} \tag{5.98}$$

2）电阻并联负反馈结构

采用电阻并联负反馈结构的噪声抵消 LNA 电路原理图如图 5-35 所示[12]。

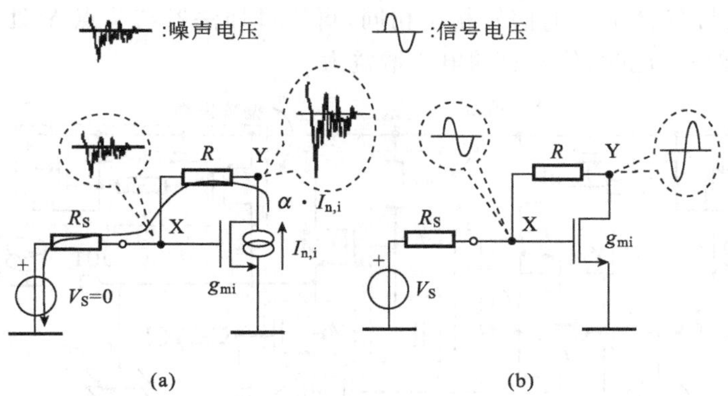

图 5-35　采用电阻并联负反馈结构的噪声抵消 LNA 电路原理图

LNA 输入阻抗为

$$Z_{in}=\frac{1}{g_{mi}} \tag{5.99}$$

噪声增益为

$$A_{v1,n}=\frac{V_{Y,n}}{V_{X,n}}=1+\frac{R}{R_S} \tag{5.100}$$

信号增益为

$$A_{v1,s}=\frac{V_{Y,s}}{V_{X,s}}=1-g_{mi}R \tag{5.101}$$

当输入阻抗匹配时

$$Z_{in}=\frac{1}{g_{mi}}=R_S,\quad A_{v1,s}=\frac{V_{Y,s}}{V_{X,s}}=1-\frac{R}{R_S} \tag{5.102}$$

如图 5-36 所示，节点 X 和节点 Y 处的信号相位相反（当 $g_{mi}R>1$ 时），而噪声相位相同。

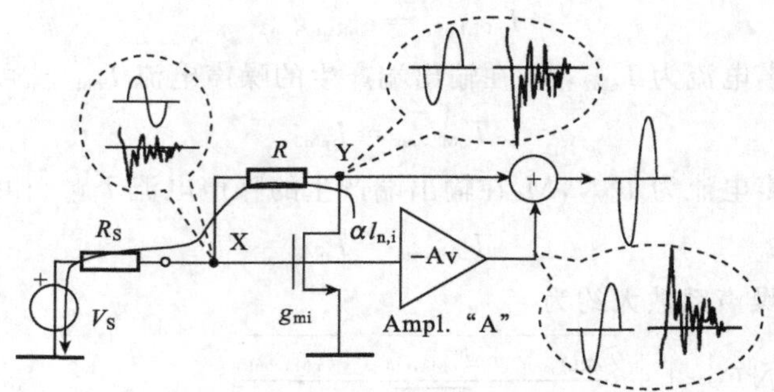

图 5-36　噪声抵消示意图

对于噪声，节点 X 处的噪声电压经反向放大器 A 放大后，通过加法器与节点 Y 处的噪声电压相加，实现噪声抵消。令加法器输出端噪声电压为 0，可求出反向放大器 A 的增益 $-A_v$。

$$V_{out,n}=V_{Y,n}+V_{X,n}\cdot(-A_v)=0\Rightarrow A_v=\frac{V_{Y,n}}{V_{X,n}}=1+\frac{R}{R_S} \tag{5.103}$$

对于信号，节点 X 与 Y 处的信号相位相反（假定 $g_{mi}R>1$）。节点 X 处的信号经反相放大器 A 放大后，相位与节点 Y 处的信号相位相同，再通过加法器与节点 Y 处的信号相加，从而提高了总的信号增益。此时，信号总的电压增益为

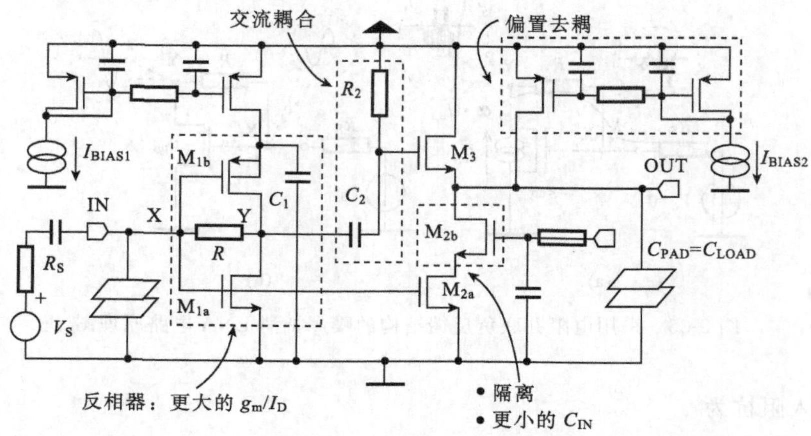

图 5-37　基于电阻并联负反馈结构的噪声抵消 LNA 的设计实例

$$A_{v,s}=\frac{V_{Y,s}-A_v V_{X,s}}{V_{X,s}}=\frac{V_{Y,s}}{V_{X,s}}-A_v=-2\frac{R}{R_S} \tag{5.104}$$

图 5-37 是基于电阻并联负反馈结构的噪声抵消 LNA 的设计实例。M_{2a} 和 M_3 构成了反向放大器 A 和加法器，噪声在经过两条通路后在输出端相互抵消，而有用信号得以增强。其中，M_{1a} 和 M_{1b} 管通过电流复用来构成输入匹配级。M_{2b} 用于提高电路的反向隔离性能，C_1 是 M_{1b} 管的源极交流旁路电容。由叠加定理可以得到最后的信号增益为 $A_v=1-g_{m1}R_S-g_{m2}/g_{m3}$。

该芯片的测试结果如表 5-3 所示。

表 5-3　基于电阻并联负反馈结构的噪声抵消 LNA 的测试结果

LNA	测试结果
电压增益	13.7dB
−3dB 带宽	2～1600MHz
$\|S_{12}\|$	<−36dB(10～1800MHz)
$\|S_{11}\|$	<−8dB(10～1800MHz)
$\|S_{22}\|$	<−12dB(10～1800MHz)
IIP3	0dBm(f_1=900MHz, f_2=905MHz)
IIP2	12dBm(f_1=300MHz, f_2=200MHz)
IP1dB	−9dBm(f_1=900MHz)
NF	<=2dB in 250～1100MHz <=2.4dB in 150～2000MHz
I_{DD}@V_{DD}	14mA@2.5V
芯片面积	0.30×0.25mm²
工艺	0.25μm CMOS

5.5.2　双极型管低噪声放大器

1. 电路模型和等效输入噪声源

双极型晶体管小信号等效电路的噪声模型如图 5-38(a)所示，其中包括 3 个噪声源，分别表示为

$$\overline{v_b^2}=4kTr_b\Delta f,\quad \overline{i_C^2}=2qI_C\Delta f,\quad \overline{i_B^2}=2qI_B\Delta f \tag{5.105}$$

这是一个含有噪声的双端口网络，根据双端口网络的噪声分析方法，可以将其等效为一个无噪的双端口网络加上等效输入噪声电压和噪声电流，如图 5-38(b)所示。

根据式(5.105)可得，等效输入噪声电压为

$$\overline{v_n^2}=\overline{v_b^2}+\frac{\overline{i_C^2}}{g_m^2}+\overline{i_B^2}r_b^2\approx\overline{v_b^2}+\frac{\overline{i_C^2}}{g_m^2} \tag{5.106}$$

等效输入噪声电流为

$$\overline{i_n^2}=\overline{i_B^2}+\frac{\overline{i_C^2}}{|\beta(j\omega)|^2} \tag{5.107}$$

其中

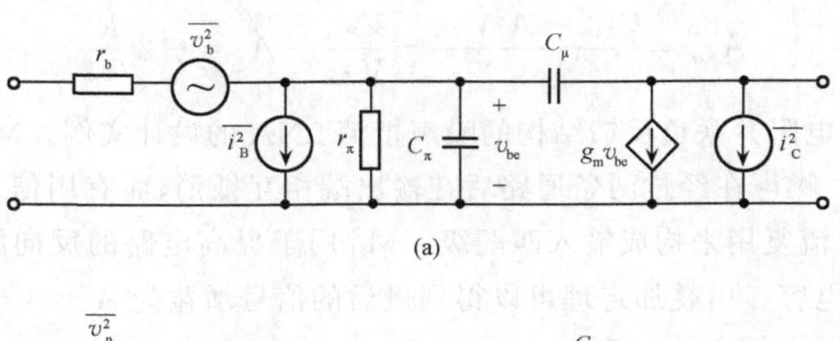

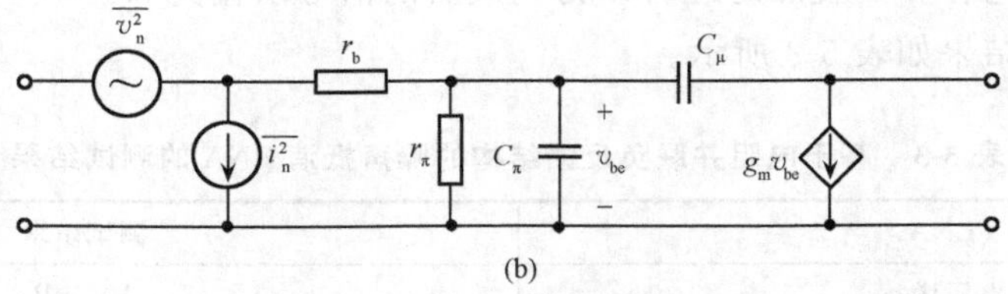

图 5-38　无噪的双端口网络加上等效输入噪声电压和噪声电流

$$\beta(\mathrm{j}\omega)=\frac{\beta_0}{1+\mathrm{j}\beta_0(\omega/\omega_T)}$$

当信号源内阻为 R_S 时，电路的噪声系数为

$$F=1+\frac{\overline{(v_n+i_nR_S)^2}}{4kTR_S\Delta f}\tag{5.108}$$

为了计算方便，忽略 v_n 和 i_n 之间的相关性，即

$$\begin{aligned}\overline{(v_n+i_nR_S)^2}&=\overline{v_n^2}+\overline{i_n^2}R_S^2=\overline{v_b^2}+\frac{\overline{i_C^2}}{g_m^2}+\left(\overline{i_B^2}+\frac{\overline{i_C^2}}{|\beta(\mathrm{j}\omega)|^2}\right)R_S{}^2\\&=\left[4kTr_b+4kT\frac{1}{2g_m}+2qI_CR_S^2\left(\frac{1}{\beta_0}+\frac{1}{|\beta(\mathrm{j}\omega)|^2}\right)\right]\Delta f\end{aligned}\tag{5.109}$$

代入式(5.108)得

$$F=1+\frac{r_b}{R_S}+\frac{1}{2g_mR_S}+\frac{g_mR_S}{2}\left(\frac{1}{\beta_0}+\frac{1}{|\beta(\mathrm{j}\omega)|^2}\right)\tag{5.110}$$

式(5.110)显示，为了减小噪声系数 F，在设计中需要尽量减小基极电阻 r_b，而跨导 g_m 同时出现在分子和分母上，跨导的选择除了应减小总的噪声系数外，还要考虑增益、功耗、线性度等指标。

2. 设计举例

两级放大器级联构成的低噪声放大器如图 5-39 所示，采用两级共发放大器级联结构，输入输出均匹配到 50W。

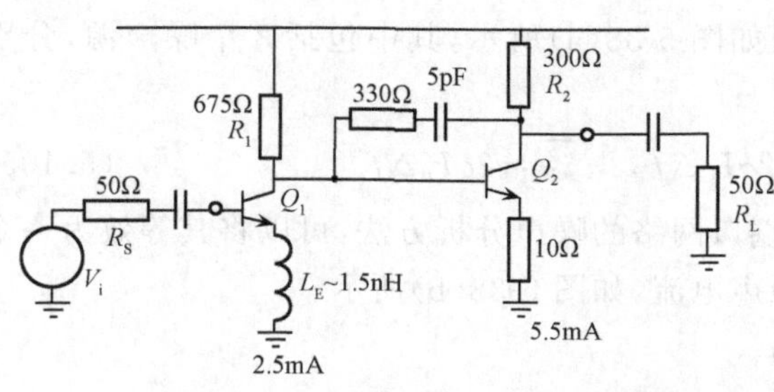

图 5-39　两级放大器级联构成的低噪声放大器

若第一级放大器有一定的增益，则噪声系数主要由第一级放大器决定，主要参数为

$$r_b=11\Omega,\quad g_m\approx0.1\mathrm{S},\quad f_T=5\mathrm{GHz},$$

$$\beta_0=80,\quad |\beta(\mathrm{j}\omega)|=5.5$$

因此，第一级放大器的噪声系数为

$$F=1+\frac{r_b}{R_S}+\frac{1}{2g_mR_S}+\frac{g_mR_S}{2}\left(\frac{1}{\beta_0}+\frac{1}{|\beta(j\omega)|^2}\right)$$
$$=1+\frac{11}{50}+\frac{5}{50}+\frac{5}{160}+\frac{5}{60}\approx 1.6(\text{dB}) \tag{5.111}$$

仿真结果显示，第二级电路使噪声系数 F 上升为 1.95dB，即增加了 0.35dB。

为减小噪声，第一级的输入匹配通过发射极电感负反馈获得，可以证明由 Q_1 的基极看进去的输入阻抗为

$$Z_{in}=r_b+\frac{g_mL_E}{C_\pi}+j\omega L_E+\frac{1}{j\omega C_\pi} \tag{5.112}$$

5.6　MOS 管非准静态(NQS)模型和栅极感应噪声

5.6.1　高频激励下的栅极阻抗

当栅极所加激励信号频率 ω_o 远小于 ω_T 时，栅极的输入阻抗呈纯容性，即栅极的信号电流超前电压 90°。当信号频率 ω_o 趋近于 ω_T 时，沟道中载流子的响应速度开始跟不上信号的变化速度，信号电流与纯容性阻抗的情况相比出现滞后，在电路参数上表现为输入阻抗中出现实部，这可以用一个电导 g_g 来表示：

$$g_g=\frac{\omega^2C_{gs}^2}{5g_{d0}} \tag{5.113}$$

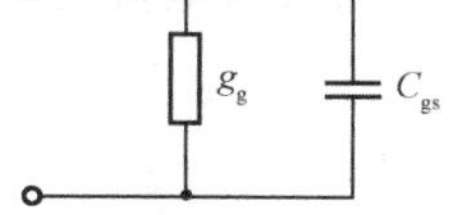

图 5-40　非准静态模型下 MOS 管输入端等效电路

这种现象是由器件的分布特性所引起的，对应的电路模型称为非准静态模型，其输入端等效电路如图 5-40 所示，一个与此相关的现象是栅极噪声电流。

5.6.2　栅极感应噪声电流

沟道载流子的不规则运动会在栅极引起感应噪声电流，如图 5-41 所示，注意这不是栅极漏电流的散弹噪声，栅极感应噪声电流(drain induced gate noise)表示为

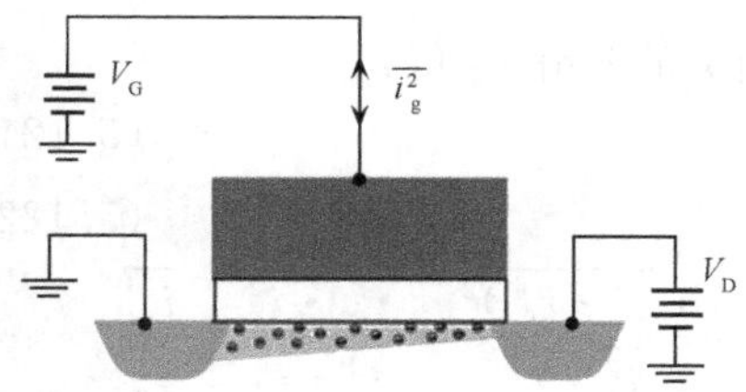

图 5-41　栅极感应噪声电流示意图

$$\overline{i_g^2}=4kT\delta g_g\Delta f \tag{5.114}$$

其中，δ 称为栅噪声系数，长沟道器件在饱和状态下 δ 取 4/3。

非准静态模型下 MOS 管输入端噪声模型如图 5-42 所示。

i_g 与 g_g 的并联可以等效成一个噪声电压源 v_g 与一个电阻 r_g 的串联，如图 5-43 所示，并有如下关系式

$$\overline{v_g^2}=4kT\delta r_g\Delta f \tag{5.115}$$

$$r_g=\frac{1}{5g_{d0}} \tag{5.116}$$

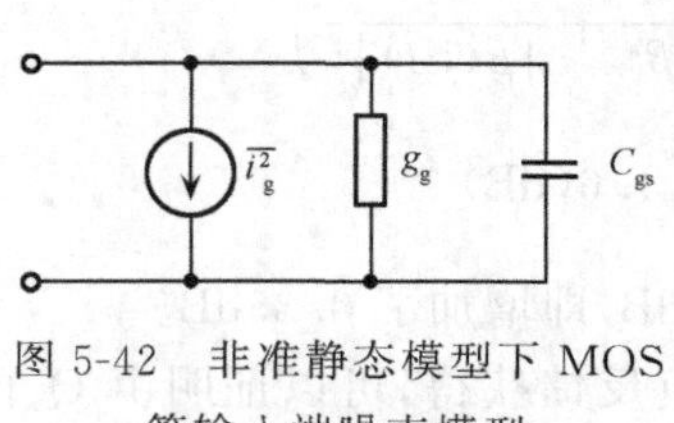

图 5-42　非准静态模型下 MOS 管输入端噪声模型

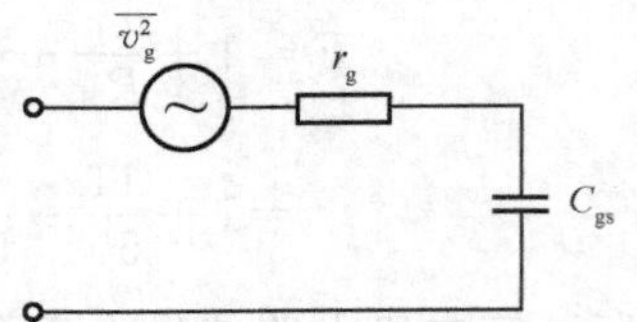

图 5-43　非准静态模型下 MOS 管输入端的等效噪声电压模型

下面根据串并电路转换原理推导式(5.115)和式(5.116),串联电阻 r_g和并联电阻 $1/g_g$满足关系式

$$r_g = \frac{1/g_g}{1+Q^2} \approx \frac{1/g_g}{Q^2} \tag{5.117}$$

其中 $Q=\omega C_{gs}/g_g$,并假设 $Q \gg 1$,因此有

$$r_g = \frac{1/g_g}{1+Q^2} \approx \frac{1/g_g}{Q^2} = \frac{g_g}{\omega^2 C_{gs}^2} = \frac{1}{5g_{d0}} \tag{5.118}$$

噪声电压 v_g为噪声电流 i_g在 g_g和 C_{gs}并联电路上的压降,由于 Q 远大于 1,因此噪声电压 v_g近似为噪声电流 i_g在 C_{gs}上的压降,有

$$\overline{v_g^2} \approx \overline{i_g^2}\,\frac{1}{\omega^2 C_{gs}^2} = 4kT\delta\Delta f\,\frac{g_g}{\omega^2 C_{gs}^2} \approx 4kT\delta r_g \Delta f \tag{5.119}$$

要注意的是,电导 g_g或电阻 r_g并不是物理电阻,它们本身不产生噪声。

5.6.3　栅噪声与沟道噪声的关系

栅噪声电流和沟道噪声电流都是沟道载流子的不规则运动引起的,因此它们具有相关性,长沟道条件下的相关系数为

$$c = \frac{\overline{i_g \cdot i_d^*}}{\sqrt{\overline{i_g^2} \cdot \overline{i_d^2}}} \approx \mathrm{j}0.395 \tag{5.120}$$

故栅噪声电流 i_g可表示为与沟道热噪声电流 i_d相关和不相关的部分 i_{gc}和 i_{gu}

$$i_g = i_{gc} + i_{gu} \tag{5.121}$$

$$\overline{i_g^2} = \overline{(i_{gc}+i_{gu})^2} = \overline{i_{gc}^2} + \overline{i_{gu}^2} \tag{5.122}$$

$$|c|^2 = \frac{\overline{[(i_{gc}+i_{gu})\cdot i_d^*]^2}}{\overline{i_g^2}\cdot\overline{i_d^2}} = \frac{\overline{(i_{gc}\cdot i_d^* + i_{gu}\cdot i_d^*)^2}}{\overline{i_g^2}\cdot\overline{i_d^2}} = \frac{\overline{(i_{gc}\cdot i_d^*)^2}}{\overline{i_g^2}\cdot\overline{i_d^2}} = \frac{\overline{i_{gc}^2}\cdot\overline{i_d^2}}{\overline{i_g^2}\cdot\overline{i_d^2}} = \frac{\overline{i_{gc}^2}}{\overline{i_g^2}} \tag{5.123}$$

所以有

$$\overline{i_{gc}^2} = |c|^2\,\overline{i_g^2} \tag{5.124}$$

$$\overline{i_{gu}^2} = \overline{i_g^2} - \overline{i_{gc}^2} = \overline{i_g^2} - |c|^2\,\overline{i_g^2} = (1-|c|^2)\,\overline{i_g^2} \tag{5.125}$$

$$\overline{i_g^2} = \overline{i_{gc}^2} + \overline{i_{gu}^2} = |c|^2\,\overline{i_g^2} + (1-|c|^2)\,\overline{i_g^2} \tag{5.126}$$

将式(5.114)代入式(5.126)

$$\overline{i_g^2} = \overline{i_{gc}^2} + \overline{i_{gu}^2} = 4kT\delta g_g\,|c|^2\Delta f + 4kT\delta g_g(1-|c|^2)\Delta f \tag{5.127}$$

5.6.4 短沟道 MOS 管的噪声模型

短沟道 MOS 管的噪声模型及其等效噪声模型如图 5-44 所示。

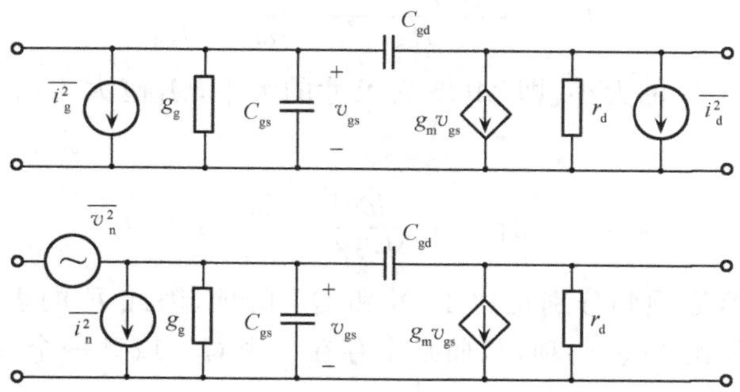

图 5-44　短沟道 MOS 管的噪声模型及其等效噪声模型

等效输入噪声电压和噪声电流分别表示为

$$\overline{v_n^2} = \frac{\overline{i_d^2}}{g_m^2} + \overline{v_g^2} \approx \frac{\overline{i_d^2}}{g_m^2} \tag{5.128}$$

$$\begin{aligned}\overline{i_n^2} &= \overline{\left(\frac{j\omega C_{gs}}{g_m} i_d + i_g\right)^2} = \overline{\left(\frac{j\omega C_{gs}}{g_m} i_d + i_{gc}\right)^2} + \overline{i_{gu}^2} \\ &= \overline{\left(\frac{j\omega C_{gs}}{g_m} i_d + i_{gc}\right)^2} + 4kT\delta g_g(1-|c|^2)\Delta f\end{aligned} \tag{5.129}$$

5.6.5 含有栅噪声的 LNA 噪声系数

在图 5-22 中增加栅极感应噪声电流后的低噪声放大器等效电路如图 5-45 所示。

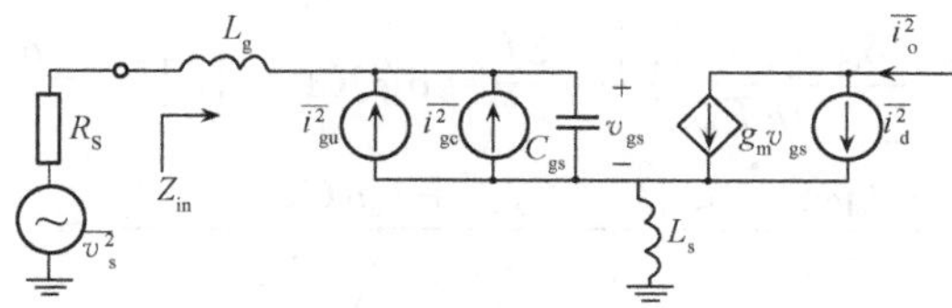

图 5-45　增加栅极感应噪声电流后的低噪声放大器等效电路

引入了栅极噪声电流后，对前面的分析需要进行修正。当栅宽减小时，虽然 i_d 的影响在减小，但由于 C_{gs} 的阻抗增加了，栅极感应噪声电流的影响会增大，因此噪声系数不会趋向于 1。这就回答了前面提出的问题。

由于 i_g 与 i_d 之间的部分相关性，栅极噪声电流 i_{gu} 和 i_{gc} 所引起的输出噪声电流需要分别考虑，可以证明总的噪声系数为

$$F = 1 + \frac{\gamma}{\alpha}\frac{\chi}{Q_L}\frac{\omega_o}{\omega_T} \tag{5.130}$$

其中，a 定义为 g_m 和 g_{d0} 的比值，该值小于 1，即

$$\alpha = \frac{g_m}{g_{d0}} \tag{5.131}$$

Q_L定义为L_g、L_s、C_{gs}和R_S所组成的串联谐振电路的Q值，即

$$Q_L = \frac{\omega_o(L_g + L_s)}{R_S} = \frac{1}{\omega_o C_{gs} R_S} \tag{5.132}$$

所以，Q_L的大小表示了C_{gs}的大小，即 MOS 管尺寸的大小，Q_L越大表示 MOS 管尺寸越小。

χ 定义为

$$\chi = 1 + 2|c|Q_L\sqrt{\frac{\delta\alpha^2}{5\gamma}} + \frac{\delta\alpha^2}{5\gamma}(1 + Q_L^2) \tag{5.133}$$

由于χ中包含了常数项和分别正比于Q_L和$Q_L{}^2$的项，因此F的表达式中就包含了常数项以及分别正比于和反比于Q_L的项，从而必定存在一个Q_L（或某一个管子尺寸）使F达到最小值。

由于i_d与i_g产生的源头相同，Thomas Lee 在他的论述中假设了工艺的变化对它们具有相同的影响，也就是

$$\frac{\delta}{\gamma} = \frac{\delta}{\gamma}\bigg|_{\text{long channel}} = 2 \tag{5.134}$$

下面从噪声匹配的角度来讨论噪声系数的优化。

5.7 CMOS 最小噪声系数和最佳噪声匹配

5.7.1 二端口网络的噪声参数

根据定义可以写出

$$R_n = \frac{\overline{v_n^2}}{4kT\Delta f} = \frac{\overline{i_d^2}}{g_m^2}\frac{1}{4kT\Delta f} = \frac{4kT\gamma g_{d0}\Delta f}{g_m^2 4kT\Delta f} = \frac{\gamma g_{d0}}{g_m^2} = \frac{\gamma}{\alpha}\frac{1}{g_m} \tag{5.135}$$

$$G_u = \frac{\overline{i_{gu}^2}}{4kT\Delta f} = \frac{4kT\delta g_g(1-|c|^2)\Delta f}{4kT\Delta f} = \delta g_g(1-|c|^2) = \frac{\delta\omega^2 C_{gs}^2}{5g_{d0}}(1-|c|^2) \tag{5.136}$$

$$Y_c = \frac{i_c}{v_n} = \frac{i_{gc} + (j\omega C_{gs}/g_m)i_d}{v_n} = \frac{i_{gc} + (j\omega C_{gs}/g_m)i_d}{i_d/g_m} = g_m\frac{i_{gc}}{i_d} + j\omega C_{gs} \tag{5.137}$$

而

$$\frac{i_{gc}}{i_d} = \frac{i_{gc}i_d^*}{i_d i_d^*} = \frac{\overline{i_{gc}i_d^*}}{\overline{i_d i_d^*}} = \frac{\overline{i_g i_d^*}}{\overline{i_d^2}} = \frac{\overline{i_g i_d^*}}{\sqrt{\overline{i_d^2}}\sqrt{\overline{i_d^2}}}\sqrt{\frac{\overline{i_g^2}}{\overline{i_g^2}}} = \frac{\overline{i_g i_d^*}}{\sqrt{\overline{i_d^2}}\sqrt{\overline{i_g^2}}}\sqrt{\frac{\overline{i_g^2}}{\overline{i_d^2}}} = c\sqrt{\frac{\overline{i_g^2}}{\overline{i_d^2}}} \tag{5.138}$$

$$\sqrt{\frac{\overline{i_g^2}}{\overline{i_d^2}}} = \sqrt{\frac{4kT\delta g_g\Delta f}{4kT\gamma g_{d0}\Delta f}} = \sqrt{\frac{\delta g_g}{\gamma g_{d0}}} = \sqrt{\frac{\delta(\omega^2 C_{gs}^2)/(5g_{d0})}{\gamma g_{d0}}} = \frac{\omega C_{gs}}{g_{d0}}\sqrt{\frac{\delta}{5\gamma}} \tag{5.139}$$

所以有

$$\begin{aligned} Y_c = G_c + jB_c &= g_m\frac{i_{gc}}{i_d} + j\omega C_{gs} = \frac{g_m c}{g_{d0}}\sqrt{\frac{\delta}{5\gamma}}\omega C_{gs} + j\omega C_{gs} \\ &\approx j\omega C_{gs}\left(1 + \alpha|c|\sqrt{\frac{\delta}{5\gamma}}\right) \end{aligned} \tag{5.140}$$

最后得

$$G_c = 0, \quad B_c = \omega C_{gs}\left(1 + \alpha |c| \sqrt{\frac{\delta}{5\gamma}}\right) \tag{5.141}$$

由此可以求出获得最小噪声系数所需的最佳信号源导纳为

$$G_{opt} = \sqrt{G_c^2 + \frac{G_u}{R_n}} = \alpha\omega C_{gs}\sqrt{\frac{\delta}{5\gamma}(1 - |c|^2)} \tag{5.142}$$

$$B_{opt} = -B_c = -\omega C_{gs}\left(1 + \alpha |c| \sqrt{\frac{\delta}{5\gamma}}\right) \tag{5.143}$$

最小噪声系数为

$$F_{min} = 1 + 2R_n(G_{opt} + G_c) \approx 1 + \frac{2}{\sqrt{5}}\frac{\omega}{\omega_T}\sqrt{\gamma\delta(1 - |c|^2)} \tag{5.144}$$

5.7.2　噪声匹配

在信号源导纳为 $Y_S = G_S + jB_S$ 时，噪声系数为

$$F = F_{min} + \frac{R_n}{G_S}[(G_S - G_{opt})^2 + (B_S - B_{opt})^2] \tag{5.145}$$

根据式(5.143)，最佳的信号源电纳呈感性，其中 $a<1$，假设 $|c| = 0.395$，$\delta/\gamma = 2$，那么

$$|B_{opt}| = \omega C_{gs}\left(1 + \alpha |c| \sqrt{\frac{\delta}{5\gamma}}\right) < 1.25\omega C_{gs} \tag{5.146}$$

最佳信号源导纳的等效 Q 值为

$$Q_{opt} = \left|\frac{B_{opt}}{G_{opt}}\right| = \frac{\left(1 + \alpha |c| \sqrt{\frac{\delta}{5\gamma}}\right)}{\alpha\sqrt{\frac{\delta}{5\gamma}(1 - |c|^2)}} = \frac{\frac{1}{\alpha} + |c|\sqrt{\frac{\delta}{5\gamma}}}{\sqrt{\frac{\delta}{5\gamma}(1 - |c|^2)}} > 2.15 \tag{5.147}$$

将导纳转换成阻抗时最佳信号源电抗为

$$X_{opt} = -\frac{1}{B_{opt}}\frac{1}{1 + 1/Q_{opt}^2} > \frac{1}{1.25\omega C_{gs}}\frac{1}{1 + 1/2.15^2} = \frac{1}{1.52\omega C_{gs}} \tag{5.148}$$

式(5.148)说明噪声匹配所需要的信号源电抗小于功率匹配所需要的信号源电抗，但它们比较接近，因此假设有 $B_S = B_{opt}$，于是

$$F = F_{min} + \frac{R_n}{G_S}(G_S - G_{opt})^2 \tag{5.149}$$

当 $G_S = 1/(50W)$ 时，为了获得最小的噪声系数，可以改变 C_{gs} 使 $G_{opt} = G_S$，得

$$C_{gs} = \frac{G_{opt}}{\alpha\omega\sqrt{\frac{\delta}{5\gamma}(1 - |c|^2)}} = \frac{1/50}{\alpha\omega\sqrt{\frac{\delta}{5\gamma}(1 - |c|^2)}} \tag{5.150}$$

当 $w = 1\text{GHz}$ 时，由上式可以求出 $C_{gs} > 5\text{pF}$。因此，为了获得最小的噪声系数，就需要非常大的器件尺寸和直流功耗，该方法很难应用于实际系统中。为了避免过大的器件尺寸和过大的直流功耗，常用的方法是在给定增益或功耗的条件下优化噪声系数。

5.7.3 给定功耗条件下的噪声优化

为简便起见，定义

$$Q'_{\text{opt}}=\frac{G_{\text{opt}}}{\omega C_{\text{gs}}}=\alpha\sqrt{\frac{\delta}{5\gamma}(1-|c|^2)} \tag{5.151}$$

沿用 Q_L 的定义

$$Q_L=\frac{1}{\omega C_{\text{gs}}R_S} \tag{5.152}$$

于是有

$$\begin{aligned}F&=F_{\min}+\frac{R_n}{G_S}({}^G_S-G_{\text{opt}})2\\&=F_{\min}+\frac{\gamma}{\alpha}\frac{1}{g_m}\frac{(Q_L\omega C_{\text{gs}}-Q'_{\text{opt}}\omega C_{\text{gs}})^2}{Q_L\omega C_{\text{gs}}}\\&=F_{\min}+\frac{\gamma}{\alpha}\frac{1}{g_mR_S}\left(1-\frac{Q'_{\text{opt}}}{Q_L}\right)^2\end{aligned} \tag{5.153}$$

为了在噪声系数的表达式中引入功耗，即电流，写出漏电流表达式

$$I_D=\frac{1}{2}\mu C_{\text{ox}}\frac{W}{L}(V_{\text{gs}}-V_{\text{th}})\frac{(V_{\text{gs}}-V_{\text{th}})LE_{\text{sat}}}{(V_{\text{gs}}-V_{\text{th}})+LE_{\text{sat}}} \tag{5.154}$$

其中

$$E_{\text{sat}}=\frac{2v_{\text{sat}}}{\mu} \tag{5.155}$$

定义

$$\rho=\frac{V_{\text{gs}}-V_{\text{th}}}{LE_{\text{sat}}} \tag{5.156}$$

式(5.154)可写成

$$I_D=\frac{1}{2}\mu C_{\text{ox}}\frac{W}{L}\frac{(V_{\text{gs}}-V_{\text{th}})^2}{1+\rho}=\frac{1}{2}\mu C_{\text{ox}}WLE_{\text{sat}}^2\frac{\rho^2}{1+\rho} \tag{5.157}$$

将式(5.155)代入式(5.157)得

$$I_D=WLC_{\text{ox}}v_{\text{sat}}E_{\text{sat}}\frac{\rho^2}{1+\rho}=\frac{3}{2}C_{\text{gs}}v_{\text{sat}}E_{\text{sat}}\frac{\rho^2}{1+\rho} \tag{5.158}$$

这样直流功耗可表示为

$$P_D=V_{DD}I_D=V_{DD}\frac{3}{2}C_{\text{gs}}v_{\text{sat}}E_{\text{sat}}\frac{\rho^2}{1+\rho} \tag{5.159}$$

令

$$P_0=\frac{3}{2}\frac{V_{DD}v_{\text{sat}}E_{\text{sat}}}{\omega R_S} \tag{5.160}$$

根据式(5.159)可以得到 C_{gs} 以直流功耗为变量的表达式，进而有

$$Q_L=\frac{1}{\omega C_{\text{gs}}R_S}=\frac{1}{\omega R_S}\frac{1}{P_D}\frac{3}{2}V_{DD}v_{\text{sat}}E_{\text{sat}}\frac{\rho^2}{1+\rho}=\frac{P_0}{P_D}\frac{\rho^2}{1+\rho} \tag{5.161}$$

将式(5.161)代入式(5.153)，F 就成为 ρ 和 P_D 的函数。理论上对于给定的 P_D 可以通过微分找到使 F 最小的 ρ 值，进而得到相应的 Q_L 和 C_{gs}。但是实际操作显得非常复杂，而采用图表会更方便。如果 ρ 远小于 1，在给定 P_D 的条件下，可以得到一个近似的解

$$\rho^2 \approx \frac{P_D}{P_0}\sqrt{\frac{\delta}{5\gamma}(1-|c|^2)}\left(1+\sqrt{\frac{7}{4}}\right) \tag{5.162}$$

此时

$$Q_L = |c|\sqrt{\frac{5\gamma}{\delta}}\left[1+\sqrt{1+\frac{3}{|c|^2}\left(1+\frac{\delta}{5\gamma}\right)}\right] \approx 4 \tag{5.163}$$

$$W = \frac{3}{2}\frac{1}{\omega LC_{ox}R_S Q_L} \approx \frac{1}{3\omega LC_{ox}R_S} \tag{5.164}$$

式中的分母 LC_{ox} 随工艺变化近似稳定，对于 50Ω 信号源，栅宽频率积 $W \cdot f$ 约为 750μm · GHz，噪声系数表示为

$$F = 1 + 2.4\frac{\gamma}{\alpha}\frac{\omega}{\omega_T} \tag{5.165}$$

5.7.4 给定功耗条件下噪声和功率同时匹配

改进后的具有源极电感负反馈的共源放大器如图 5-46 所示。通过在 MOS 管的栅极和源极之间并接电容 C_{ex}，增加可调参数，可以在不恶化 F_{min} 的前提下，实现给定功耗条件下的功率和噪声同时匹配。

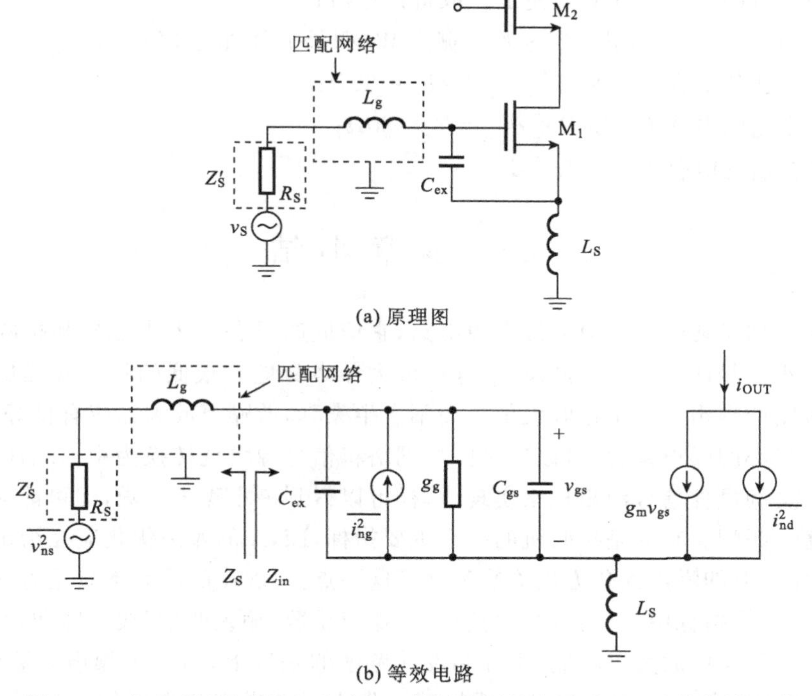

图 5-46　改进后的具有源极电感负反馈的共源放大器原理图及其等效电路

由图 5-46(b)可知,LNA 的输入阻抗可以写成

$$Z_{\text{in}}=s(L_s+L_g)+\frac{1}{sC_t}+\frac{g_m L_s}{C_t} \tag{5.166}$$

而噪声匹配所需的源阻抗 Z_{opt} 为

$$Z_{\text{opt}}=\frac{\alpha\sqrt{\frac{\delta}{5\gamma}(1-|c|^2)}+\mathrm{j}\left(\frac{C_t}{C_{gs}}+\alpha|c|\sqrt{\frac{\delta}{5\gamma}}\right)}{\omega C_{gs}\left[\frac{\alpha^2\delta}{5\gamma}(1-|c|^2)+\left(\frac{C_t}{C_{gs}}+\alpha|c|\sqrt{\frac{\delta}{5\gamma}}\right)^2\right]}-s(L_s+L_g) \tag{5.167}$$

其中

$$C_t=C_{gs}+C_{ex} \tag{5.168}$$

当功率和噪声同时匹配时,有关系式:$Z_{\text{opt}}=Z_{\text{in}}=R_S=50\Omega$,即

$$\begin{cases}\mathrm{Re}[Z_{\text{opt}}]=f(C_{gs},C_{ex})=50\\ \mathrm{Im}[Z_{\text{opt}}]=f(C_{gs},C_{ex},L_s,L_g)=0\\ \mathrm{Re}[Z_{\text{in}}]=f(C_{gs},L_s,I_D)=50\\ \mathrm{Im}[Z_{\text{in}}]=f(C_{gs},C_{ex},L_s,L_g)=0\end{cases} \tag{5.169}$$

此时,LNA 的最小噪声系数 $F_{\min}$ 为

$$F_{\min}=1+\frac{2}{\sqrt{5}}\frac{\omega}{\omega_T}\sqrt{\gamma\delta(1-|c|^2)} \tag{5.170}$$

从式(5.170)可以看出 LNA 的最小噪声系数并没有因电容 C_{ex} 而增大。

LNA 在给定功耗条件下实现功率和噪声同时匹配的具体设计步骤如下:

(1) 选择合适的直流偏置 V_{gs},使 $F_{\min}$ 取得最小值;

(2) 根据功耗的要求,确定 MOS 管的栅宽 W(栅长 L 取最小值);

(3) 选择合适的电容 C_{ex},使 $\mathrm{Re}[Z_{\text{opt}}]=R_s=50\Omega$;

(4) 选择合适的电感 L_s,使 $\mathrm{Re}[Z_{\text{in}}]=R_s=50\Omega$;

(5) 选择合适的电感 L_g,使 $\mathrm{Im}[Z_{\text{in}}]=0$。

5.8 本章小结

低噪声放大器是接收机的第一级有源电路,它应同时具备放大小信号和接收大信号的能力。为了放大小信号而不被噪声淹没,低噪声放大器本身应有很低的噪声并提供足够的增益以抑制后续电路的噪声。为了接收大信号而不产生失真,低噪声放大器应有良好的线性度。

为了获得最小的噪声系数,可以通过匹配网络将信号源阻抗转换为由 G_C、B_C、R_n 和 G_u 四个噪声参数定义的最佳信号源阻抗来实现,这样可以得到最小噪声系数,但可能对应较低的增益和较差的输入匹配。功耗是接收机的一个重要指标,LNA 的噪声优化应在给定功耗下进行才是合理的,而经典的噪声优化方法恰恰忽略了这一点。LNA 的设计不只是对某一个指标的优化,而是要在多个指标中进行折中,包括增益、噪声系数、输入匹配、线性度和功耗等。

本章在介绍低噪声放大器功能、指标和设计考虑的基础上,给出了噪声系数的计算方法,讨论了 MOS 管非准静态(NQS)模型和栅极感应噪声对低噪声放大器的影响,给出了 CMOS

最小噪声系数和多种低噪声放大器的结构，讨论了最佳噪声匹配和给定功耗条件下的噪声优化方法。

参 考 文 献

Bruccoleri F, Klumperink E A M, Nauta B. 2004. Wide-band CMOS low-noise amplifier exploiting thermal noise canceling. IEEE J. Solid-State Circuits, 39:275～282

Gray P R, Meyer R G. 1993. Analysis and Design of Analog Integrated Circuits. 3rd ed. Chapter 11, Wiley

Karanicolas A N. 1996. A 2.7V 900MHz CMOS LNA and mixer. IEEE J. Solid-State Circuits, 31:1939～1944

Lee H T. 2002. The Design of CMOS radio-frequency Integrated Circuits. Publishing House of Electronics Industry

Li X, et al. 1999. A novel design approach for GHz CMOS low noise amplifiers. 1999 IEEE Radio and Wireless Conference (RAWCON), 285-288.

Li X, Shekhar S, Allstot D J. 2005. Gm-Boosted Common-Gate LNA and differential colpitts VCO/QVCO in 0.18μm CMOS. IEEE J. Solid-State Circuits, 40:2609～2619

Liao C F, Liu S I. 2005. A broadband noise-canceling CMOS LNA for 3.1～10.6GHz UWB receiver. 2005 Custom Integrated Circuits Conference, 161～164

Meyer R G, Mack W D. 1993. A 1GHz BiCMOS RF front-end IC. IEEE J. Solid-State Circuits, 29:350～355

Nguyen T K, Kim C H, Ihm C J, et al. 2004. CMOS low-noise amplifier design optimization techniques. IEEE Transactions on Microwave Theory and Techniques, 52:1433～1442

Razavi B. 2011. RF Microelectronics. 2rd ed. Chapter 5, Prentice Hal

Ryuichi Fujimoto, et al. 2002. A 7GHz 1.8dB NF CMOS low noise amplifier. IEEE J. Solid-State Circuits, 37:852～856

Shaeffer D K, Lee T H. 1997. A 1.5V 1.5GHz CMOS low noise amplifier. IEEE J. Solid-State Circuits, 32:745～759

Sholten A J, et al. 1999. Accurate thermal noise model of deep-submicron CMOS. IEDM Dig. Tech, 155～158

van der Ziel A. 1962. Thermal noise in field effect transistors. Proc. IRE, 50:1808～1812

Wu D, Huang R, Wong W S, et al. 2007. A 0.4V low noise amplifier using forward body bias technology for 5GHz application. Microwave and Wireless Components Letters, 17:543～545

Zhou W, Li X, Shekhar S, et al. 2005. A capacitor cross-coupled common-gate low-noise amplifier. IEEE Transactions on Circuits and Systems-II: Express Briefs, 52:875～879

习　题

5-1　如题图 5-1 所示的低噪声放大器，已知 M_1 的特征频率 $\omega_T=35\times10^9$，工作频率为 $\omega_c=10^9\,\text{rad/s}$，$C_{gs}=0.67\text{pF}$，$L_d=7\text{nH}$，$C_B$为隔直电容并且交流短路，信号源阻抗为 50Ω，求：

(1) 输入匹配回路 L_g和 L_s的值；

(2) 输出回路的负载电容 C_L；

(3) 若不计 M2 的噪声，计算此放大器的噪声系数，设 $\gamma=2/3$；

(4) 若输出回路的 $Q=5$，计算放大器的增益。

5-2　试推导题图 5-2 所示的 gm-boosted 共栅结构 LNA 的噪声系数和输入阻抗(其中 C_p为耦合电容)。

5-3　推导题图 5-3 所示采用电阻并联实现阻抗匹配放大器的噪声系数。

5-4　推导题图 5-4 所示电路的输入阻抗和噪声系数。

5-5　推导题图 5-5 所示的共栅结构 LNA 的噪声系数，忽略沟道长度调制效应。

5-6　若栅极电感 L_g的串联电阻为 R_t，试推导题图 5-6 所示的源极电感负反馈结构 LNA 的噪声系数。

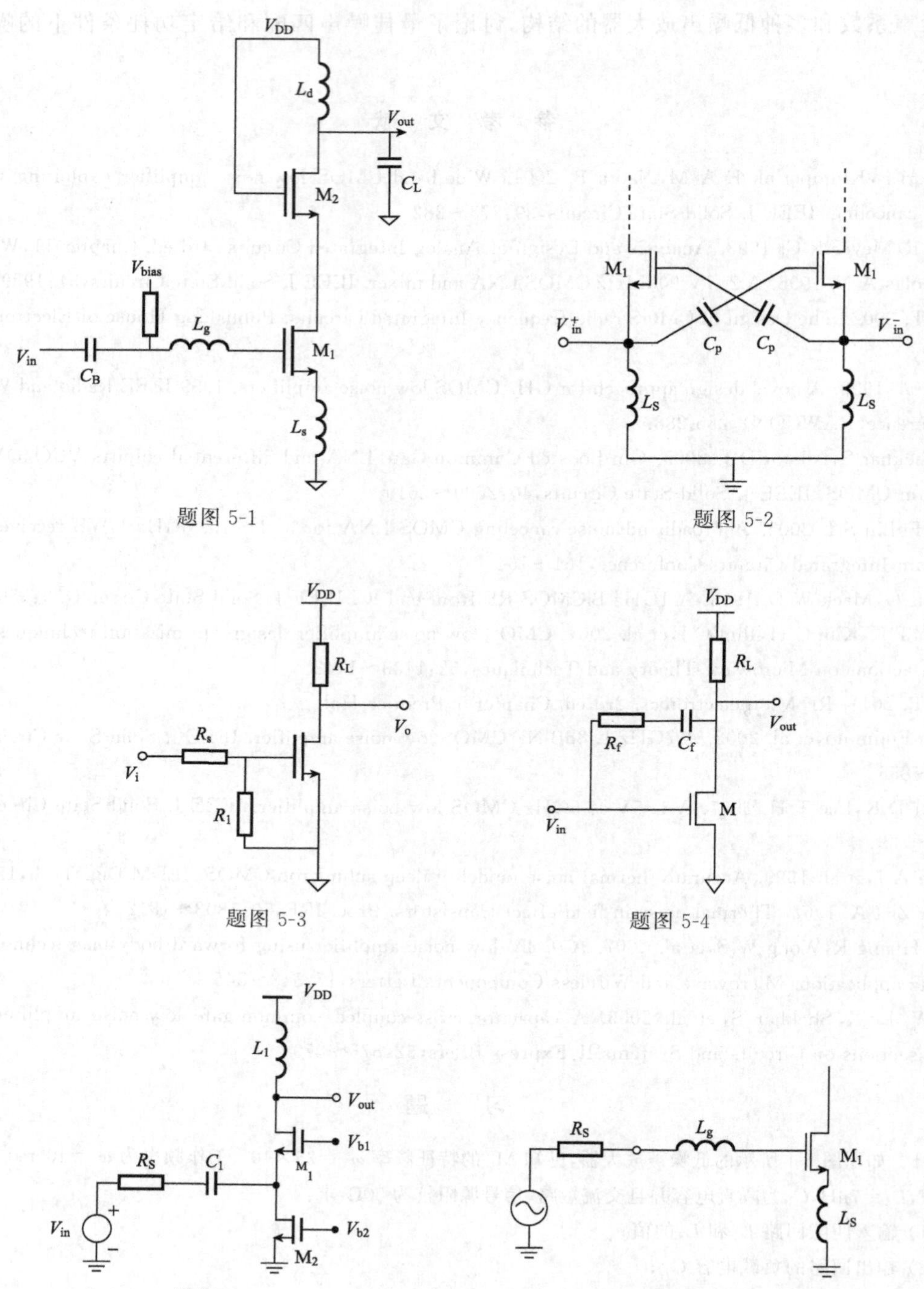

题图 5-1　题图 5-2

题图 5-3　题图 5-4

题图 5-5　题图 5-6

5-7　已知一个晶体管具有如下的 S 参数：$S_{11}=0.61\angle 152°$、$S_{12}=0.10\angle 79°$、$S_{21}=1.89\angle 55°$、$S_{22}=0.47\angle -30°$，噪声系数为 $F_{\min}=3\text{dB}$、$\Gamma_{\text{opt}}=0.52\angle -153°$、$R_n=9\Omega$，试利用这个晶体管来设计一个具有最小噪声系数的微波放大器，求 Γ_S。

5-8　一种采用电流复用技术的电阻并联负反馈 LNA 如题图 5-8 所示，M_2 的源端通过 C_1 交流接地。试求该 LNA 的噪声系数（忽略沟道长度调制效应）。

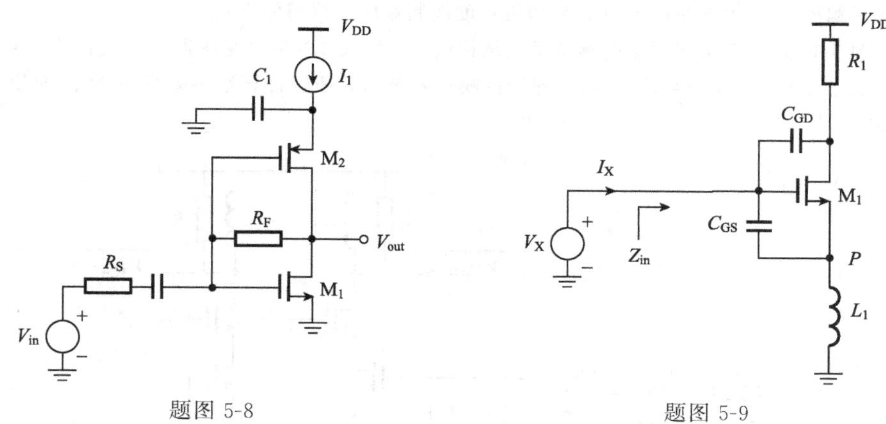

题图 5-8　　　　题图 5-9

5-9　题图 5-9 是一个采用源极电感负反馈结构的 LNA，若考虑 M_1 的寄生电容 C_{GD}，试求该 LNA 的输入阻抗。（假设这是一个 Cascode 结构 LNA，$R_1=1/g_m$）

5-10　题图 5-10 是一个采用噪声抵消技术的 LNA，试求该 LNA 的噪声系数（忽略沟道长度调制效应）。

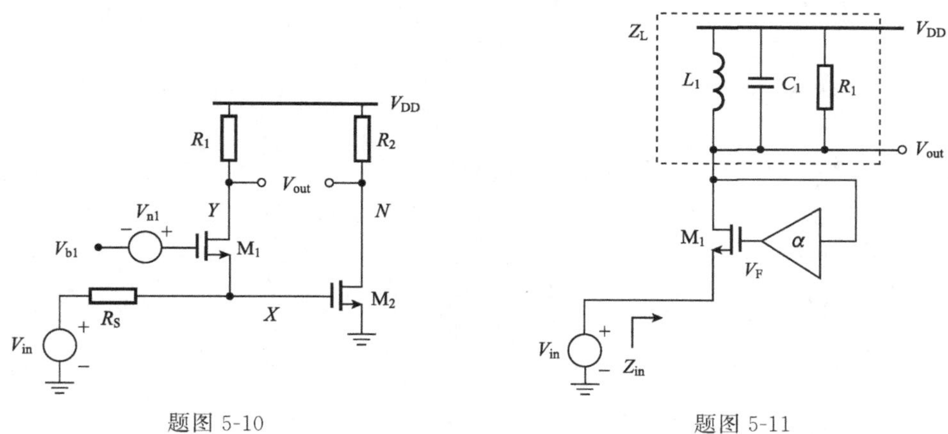

题图 5-10　　　　题图 5-11

5-11　题图 5-11 是一个采用 g_m-boost 技术的共栅 LNA，试在 L_1 和 C_1 的谐振频率处分析该 LNA 的输入阻抗、电压增益和噪声系数（忽略沟道长度调制效应）。

5-12　如果考虑沟道长度调制效应，试重新分析题图 5-11 中 LNA 的输入阻抗、电压增益和噪声系数。

5-13　题图 5-13 是一个共栅 LNA 的输入级电路，试在输入匹配的情况下计算该电路的 IP_3（忽略沟道长度调制效应和背栅效应）。

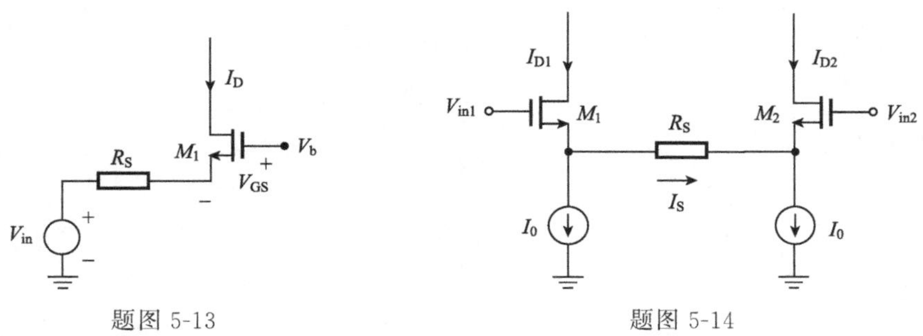

题图 5-13　　　　题图 5-14

5-14　计算题图 5-14 中电路的 IP_3(忽略沟道长度调制效应和背栅效应)。

5-15　题图 5-15 是一个采用源极电感负反馈结构的 LNA,设 LNA 中变压器的匝数比为 1∶N,变压器没有损耗。请计算 LNA 的噪声系数(忽略共栅管的噪声贡献),并通过计算结果来分析 N 的取值对 LNA 噪声系数的影响。

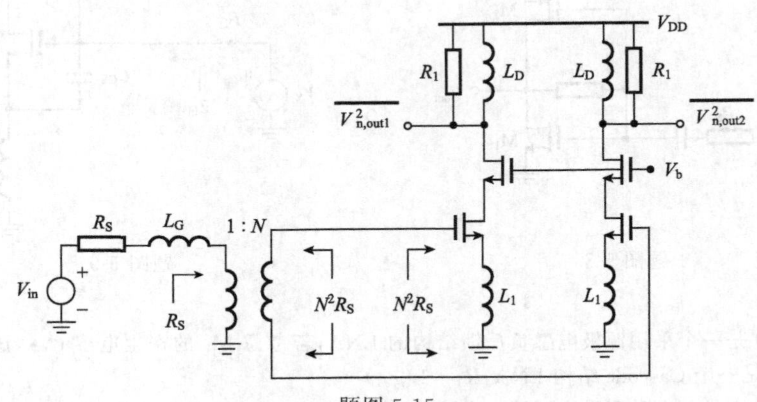

题图 5-15

第6章 混 频 器

6.1 概 述

无线收发机射频前端在本质上主要完成频率变换的功能，接收机射频前端将接收到的射频信号转换成基带信号，而发射机射频前端将要发射的基带信号转换成射频信号，频率转换功能就是由混频器完成的。混频器是一种非线性电路，依靠电路本身的非线性来完成频率转换功能。

本章首先介绍混频器指标参数；然后介绍混频器的基本原理；接着给出混频器的分类和电路结构，着重介绍电压开关和电流开关混频器，包括单平衡和双平衡结构，以及吉尔伯特（Gilbert）单元混频器的变种；在此基础上对 BJT 和 CMOS Gilbert 单元混频器进行详细分析，同时对适用于低压低功耗应用的折叠结构 CMOS Gilbert 混频器进行具体分析；针对 CMOS 有源混频器的设计和优化问题，讨论噪声系数及其优化技术和线性度及其改善技术；最后给出两个适用于无线传感器网络（WSN）应用的低压低功耗 Gilbert 混频器设计实例。通过本章的介绍，读者可以掌握混频器分析、设计和优化方法，并对其中关键技术和应用领域有所了解。

6.2 混频器指标

混频器（mixer）是一个三端口器件，有输入端口、输出端口和本振端口，其符号如图 6-1 所示。

1. 变频增益或损耗（conversion gain/loss）

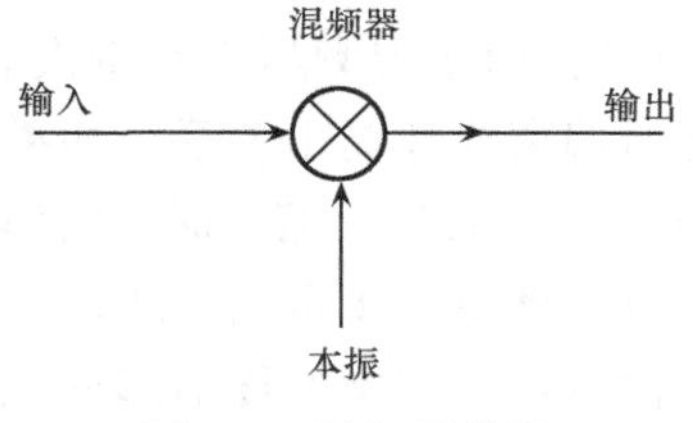

图 6-1 混频器符号

变频增益定义为输出信号幅度与输入信号幅度的比。对于输入为射频（RF）信号，输出为中频（IF）信号的下变频混频器，变频增益定义为 IF 输出信号幅度与 RF 输入信号幅度的比。对于输入为 IF 信号，输出为 RF 信号的上变频混频器，变频增益定义为 RF 输出信号幅度与 IF 输入信号幅度的比。变频电压增益 G_v 的定义如式（6.1）所示，其中 V_{out} 为输出信号电压幅度，V_{in} 为输入信号电压幅度。一般地，有源混频器具有一定的变频增益，而无源混频器具有一定的变频损耗。变频增益与变频损耗互为倒数。与 LNA 相似，让混频器具有适当的增益有助于抑制后续电路的噪声。但混频器的变频增益也不能太大，否则可能使混频器后面的各级模块出现饱和而无法正常工作。

$$G_v = 20\lg\left(\frac{V_{out}}{V_{in}}\right)\ (\text{dB}) \tag{6.1}$$

2. 噪声系数

噪声系数用来描述输入信号经过混频器后信号质量变坏的程度，定义为输入信噪比（SNR_{in}）与输出信噪比（SNR_{out}）的比值，噪声系数（F）的定义如式（6.2）所示。其中，N_s 是信号源电阻在输出端引入的噪声，N_i 是电路本身在输出端引入的噪声。由于混频器仍然处在系统的前端,其噪声系数对系统噪声有较大的影响。

$$F=\frac{\mathrm{SNR_{in}}}{\mathrm{SNR_{out}}}=\frac{N_s+N_i}{N_s}=1+\frac{N_i}{N_s} \tag{6.2}$$

混频器的噪声系数分为双边带(DSB)和单边带(SSB)噪声系数两种。当射频信号在本振信号的两边时,混频器噪声系数使用 DSB 噪声系数。当射频信号在本振信号的一边时,混频器噪声系数使用 SSB 噪声系数。

下面举例说明 SSB 噪声系数,如使用 1GHz 的本振信号将 900MHz 的射频信号变换为 100MHz 的中频信号。此时,本振信号在射频信号的右边,镜像频率为 1.1GHz,并在此频率上没有任何有用信号。因此,900MHz 的射频信号(有用信号和噪声)和 1.1GHz 的镜像频率信号(噪声)都将搬移到 100MHz 的中频上,那么 100MHz 的中频包含有用的射频信号、射频噪声和镜像频率噪声。因此,SSB 噪声系数通常比 DSB 噪声系数高 3dB。

注意,混频器的变频增益和噪声系数与本振(LO)功率有关,需要在它们之间进行折中。

3. 线性度

现代通信系统对动态范围有严格的要求,在许多情况下要超过 80dB,甚至接近 100dB。动态范围的下限由噪声系数决定,而动态范围的上限则由线性度决定。线性度决定了混频器可以处理的最大信号强度。混频器在接收机中处于射频信号幅度最高的位置,而且许多干扰信号未得到有效抑制,因此,线性度是一个非常重要(甚至是最重要)的指标。衡量混频器线性度指标有 1dB 压缩点(输入 1dB 压缩点 $\mathrm{IP_{1dB}}$,输出 1dB 压缩点 $\mathrm{OP_{1dB}}$)和三阶截点(输入三阶截点 IIP3,输出三阶截点 OIP3),如图 6-2 所示。

1) dB 压缩点

$\mathrm{IP_{1dB}}$压缩点是指当混频器的实际输出功率偏离它的线性响应输出功率 1dB 时所对应的输入信号功率,该点所对应的输出信号功率称为 $\mathrm{OP_{1dB}}$。图 6-2 中给出了一个混频器的输出信号功率随输入信号功率的变化曲线。从图中可以看出,当输入信号功率较弱时,混频器的输出信号功率与输入信号功率之间是线性关系,转换增益是一个常数;当输入信号功率增强到一定程度时,由于混频器存在奇次非线性或电压、电流受限,它的转换增益开始降低,输出信号功率开始偏离线性输出关系。如果混频器的增益压缩是由于电压或电流受限引起的,当输入信号功率大于 1dB 压缩点时,转换增益将突然降低,而输出信号功率将保持恒定。如果混频器的增益压缩是由于奇次非线性引起的,当输入信号功率大于 1dB 压缩点时,转换增益将随着输入信号功率的增加逐渐降低,输出信号功率也会有缓慢的增长。

2) 三阶截点

三阶截点是衡量混频器线性度性能的另一个参数。如果混频器存在奇次非线性,那么当相邻信道存在两个干扰信号(其频率分量分别为 ω_1 和 ω_2)。这两个干扰信号经混频器的奇次非线性作用,会产生两个三阶交调(互调)分量(其频率分别为 $2\omega_1-\omega_2$ 和 $2\omega_2-\omega_1$),它们叠加在有用信号上,造成干扰。当输入信号功率较低时,三阶交调分量主要是由电路的三次非线性引起。三阶截点就是用来测量系统的三次非线性性能的。图 6-2 中给出了混频器有用输出和三阶交调分量随输入信号功率的变化曲线。当输入信号功率较小时,混频器的增益是一个常数,因此,有用输出信号功率随输入信号功率的增加而线性增加,而三阶交调分量以输入信号功率的三次方速率增加(三次非线性)。当输入信号功率较大时,有用信号因增益压缩而开始减缓上升速率,而三阶交调分量的大小也不再主要由三次非线性所决定,因此,不再以输入信号功率的三次方速率增加。图 6-2 中两条斜虚线为有用信号和三阶交调分量的小信号幅度响应的延长线(外插曲线),两条延长线的交点称为三阶截点,该点所对应的输入信号功率称为输入三阶截点(IIP3),该点所对应的输出信号功率称为输出三阶截点(OIP3)。

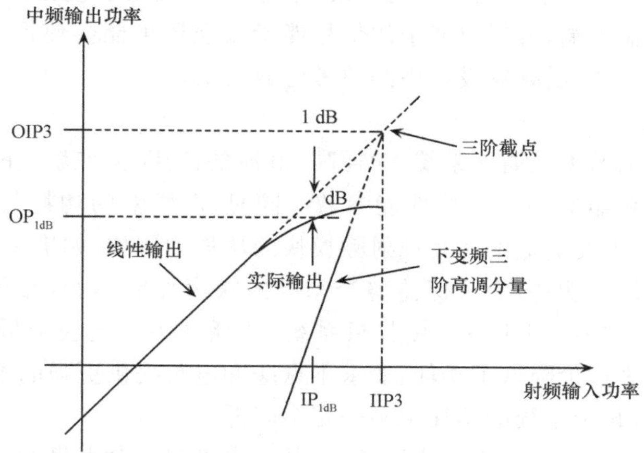

图 6-2 混频器线性度参数的定义

4. 隔离度

对于接收机,图 6-1 所示的输入端口为射频(RF)端口,输出端口为中频(IF)端口,混频器3个端口中的任意两个端口之间的隔离都不是理想的。端口隔离与电路设计、结构、器件和信号电平有关,一般要大于 20dB。

LO 到 IF 馈通:由于 LO 端口和 IF 端口之间隔离不理想,LO 信号会泄漏到 IF 端口,尽管可以通过滤波的方式抑制 IF 端口的 LO 信号,但如果 LO 的功率太大仍有可能对微弱的中频信号形成阻塞,同时 LO 的噪声也将提高整体噪声系数。LO-IF 的隔离度定义为

$$I_{\text{LO-IF}} = 10\lg \frac{P_{\text{LO,PLO}}}{P_{\text{LO,PIF}}}(\text{dB}) \tag{6.3}$$

其中,$I_{\text{LO-IF}}$是 LO-IF 的隔离度;$P_{\text{LO,PIF}}$和 $P_{\text{LO,PLO}}$分别表示中频端口的本振功率和本振端口的本振功率;下标中的 PIF 和 PLO 分别表示 IF 端口和 LO 端口。

LO 到 RF 馈通:由于 LO 端口和 RF 端口之间隔离不理想,LO 信号会泄漏到 RF 端口,这可能造成本振泄漏、自混频和信号阻塞(灵敏度退化)等问题。LO-RF 的隔离度定义为

$$I_{\text{LO-RF}} = 10\lg \frac{P_{\text{LO,PLO}}}{P_{\text{LO,PRF}}}(\text{dB}) \tag{6.4}$$

其中,$I_{\text{LO-RF}}$是 LO-RF 的隔离度;$P_{\text{LO,PRF}}$和 $P_{\text{LO,PLO}}$分别表示在射频端口的本振功率和在本振端口的本振功率。

RF 到 LO 馈通:由于 RF 端口和 LO 端口之间隔离不理想,RF 信号会泄漏到 LO 端口,这会引起自混频现象,同时强干扰信号会影响本振的工作。RF-LO 的隔离度定义为

$$I_{\text{RF-LO}} = 10\lg \frac{P_{\text{RF,PRF}}}{P_{\text{RF,PLO}}}(\text{dB}) \tag{6.5}$$

其中,$I_{\text{RF-LO}}$是 RF-LO 的隔离度,$P_{\text{RF,PLO}}$和 $P_{\text{RF,PRF}}$分别表示在本振端口的射频功率和在射频端口的射频功率。

5. 阻抗匹配

在超外差系统中,为了抑制镜像信号,混频器的前面接有镜像频率抑制滤波器,为了在中

频输出端抑制邻道干扰，混频器的后面接有信道选择滤波器。混频器与片外镜像频率抑制滤波器和信道选择滤波器连接时需提供匹配的输入输出阻抗，以保证滤波器工作在最佳状态。射频输入端阻抗不匹配会使信号发生反射，降低信号幅度，而且会使滤波器通带内的频率响应出现纹波。对于本振输入端，若反射回来的信号能量太强还可能会使振荡器发生频率牵引效应。因此，阻抗匹配性能是混频器设计中必须考虑的因素。

6. 其他性能参数

对于采用电池供电的无线通信系统，功耗高，电池的使用寿命就会下降，更新成本就会提高，因此，功耗也是混频器的一个重要性能参数。同时，混频器的功耗与它的性能直接相关。在优化混频器功耗时，也要避免增加其他射频模块的功耗。例如，如果一个下变频混频器以增加噪声系数为代价降低了功耗，为了保持整个系统的噪声性能不变，必须增加 LNA 的增益，而这又增加了 LNA 的功耗，对于整个接收机系统，功耗并不一定会降低。又如，一个混频器以增加本振信号强度为代价降低了功耗，要求本振缓冲电路提供更强的本振信号，这又会增加本振缓冲电路的功耗，整个系统的功耗也不一定会降低。

混频器是利用电路的非线性来完成混频的，其输出可能包含大量的杂散成分(spur)，杂散也是衡量混频器性能的一个参数。设混频器的输入信号频率为 f_{RF}，本振信号频率为 f_{LO}，那么混频器的输出可能包含以下的频率分量：

$$f_{\mathrm{spur}} = m f_{\mathrm{RF}} \pm n f_{\mathrm{LO}} \tag{6.6}$$

其中，m 和 n 均为正整数。由于本振信号会存在多次谐波，所以，很宽频带范围内的干扰信号都会与本振信号的谐波分量发生混频，从而在输出端的有用中频信号频率附近产生杂散成分。在信号输入混频器之前进行滤波可以有效减小杂散。此外，提高本振信号的频谱纯度，减少本振信号谐波幅度，也是降低杂散的一个有效办法。

6.3 混频器基本原理

混频器在收发系统中的主要作用是频谱搬移，对应到时域就是完成两个信号的相乘。混频器原理如图 6-3 所示，其输出信号表示为

$$(A\cos\omega_{\mathrm{LO}} t)\,(B\cos\omega_{\mathrm{in}} t) = \frac{1}{2}AB\,[\cos(\omega_{\mathrm{LO}} - \omega_{\mathrm{in}})\,t + \cos(\omega_{\mathrm{LO}} + \omega_{\mathrm{in}})\,t] \tag{6.7}$$

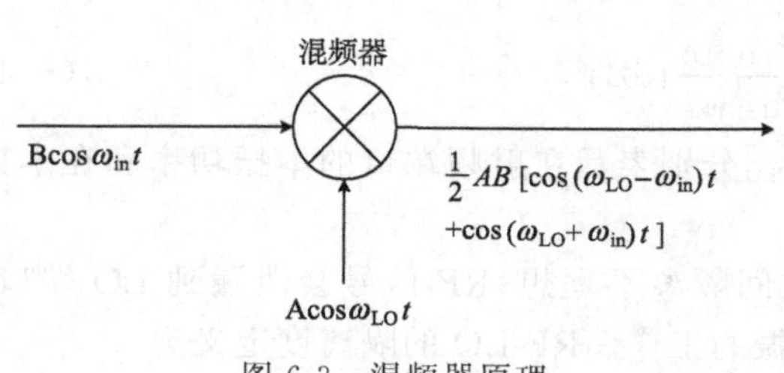

图 6-3 混频器原理

其中，$A\cos\omega_{\mathrm{LO}} t$ 和 $B\cos\omega_{\mathrm{in}} t$ 分别代表本振信号和输入信号。由式(6.7)可见，两个信号相乘可以表示为两输入信号频率的和频与差频，和频与差频信号的幅度正比于两个输入信号幅度的乘积。如果本振信号幅度为常数，那么输出信号的幅度就会与输入信号幅度成正比。实际应用中通常只需要其中一项，这可以通过在混频器后面加一个低通或高通滤波器来实现。在混频器实际电路中，一般是利用非线性器件或者线性时变器件来实现混频功能的。

6.3.1 非线性器件的混频原理分析

非线性器件的伏安特性为 $i = f(v)$，式中，$v = V_{\mathrm{Q}} + v_1 + v_2$，其中 V_{Q} 为静态工作点，v_1 和

v_2为两个输入电压。对 $i=f(v)$在 V_Q上进行泰勒级数展开,得

$$i=a_0+a_1(v_1+v_2)+a_2(v_1+v_2)^2+\cdots+a_n(v_1+v_2)^n+\cdots \tag{6.8}$$

其中

$$a_n=\frac{1}{n!}\frac{\mathrm{d}^n f(v)}{\mathrm{d}v^n}\bigg|_{v=V_Q}=\frac{f^{(n)}(V_Q)}{n!} \tag{6.9}$$

式(6.8)可以改写为

$$i=\sum_{n=0}^{\infty}\sum_{m=0}^{n}\frac{n!}{m!(n-m)!}a_n v_1^{n-m}v_2^m \tag{6.10}$$

可见,当同时作用着两个输入电压时,电流中出现两个电压的乘积项 $2a_2v_1v_2$(对应于 $m=1,n=2$ 展开式),但同时也出现了 $m\neq1,n\neq2$ 的众多无用的高阶乘积项。因此,一般来说,非线性器件的相乘特性是不理想的,需要采取措施减少无用乘积项。

设 $v_1=V_1\cos(\omega_1 t)$,$v_2=V_2\cos(\omega_2 t)$代入电流表达式并进行三角函数变换,i 包含以下众多组合频率分量:$\omega_{p,q}=|p\omega_1\pm q\omega_2|$,其中 p、q 为包括零在内的正整数,其中 $p=q=1$ 对应的组合频率分量 $\omega_{1,1}=|\omega_1\pm\omega_2|$为有用相乘项产生的频率分量,其他组合频率分量都是无用相乘项产生的。

综上所述,为了实现理想的相乘运算,必须减少无用高阶相乘项及其产生的组合频率分量。可以采取以下 3 个措施:

(1) 从器件的特性考虑。例如,选择具有平方律特性的场效应管;选择合适的静态工作点使器件工作在特性接近平方律的区段等。

(2) 从电路结构考虑。例如,用多个非线性器件组成平衡电路,抵消一部分无用组合频率分量;采用补偿或负反馈技术实现接近理想的相乘运算。

(3) 从输入电压大小考虑。例如,减小 v_1或 v_2,以减少高阶相乘项及其产生的组合频率分量幅度。如果 v_1为参考信号,v_2为输入信号,则限制 v_2值使器件工作在线性时变状态,可以获得较好的频谱搬移特性。

6.3.2 线性时变器件的混频原理分析

将非线性器件的伏安特性 $i=f(V_Q+v_1+v_2)$在 V_Q+v_1 上进行泰勒级数展开,得

$$i=f(V_Q+v_1+v_2)=f(V_Q+v_1)+f'(V_Q+v_1)v_2+\cdots+\frac{1}{n!}f^{(n)}(V_Q+v_1)v_2^n+\cdots \tag{6.11}$$

若 v_2足够小,可以忽略 v_2的二次方及其以上各次方项,则式(6.11)可简化为

$$i\approx f(V_Q+v_1)+f'(V_Q+v_1)v_2 \tag{6.12}$$

其中,$f(V_Q+v_1)$和 $f'(V_Q+v_1)$与 v_2无关,它们都是 v_1的非线性函数,随时间而变化,故称为时变系数或时变参量。其中,$f(V_Q+v_1)$是 $v_2=0$ 时的电流,称为时变静态电流,用 $I_0(v_1)$表示;$f'(V_Q+v_1)$是增量电导在 $v_2=0$ 时的数值,称为时变增量电导,用 $g(v_1)$表示,则式(6.12)可表示为

$$i\approx I_0(v_1)+g(v_1)v_2 \tag{6.13}$$

式(6.13)表明,i 与 v_2之间的关系是线性的,类似于线性器件,但是它们的系数是时变的,因此,将这种器件的工作状态称为线性时变。

当 $v_1=V_1\cos(\omega_1 t)$时，$g(v_1)$将是角频率为 ω_1 的周期性函数，它的傅里叶级数展开式为

$$g(v_1)=g[V_1\cos(\omega_1 t)]=g_0+g_1\cos(\omega_1 t)+g_2\cos(2\omega_1 t)+\cdots \tag{6.14}$$

其中

$$g_0=\frac{1}{2\pi}\int_{-\pi}^{\pi}g(v_1)\mathrm{d}(\omega_1 t) \tag{6.15}$$

$$g_n=\frac{1}{\pi}\int_{-\pi}^{\pi}g(v_1)\cos(n\omega_1 t)\mathrm{d}(\omega_1 t),\quad n\geqslant 1 \tag{6.16}$$

将 $g(v_1)$与 $v_2=V_2\cos(\omega_2 t)$相乘，则产生的组合频率分量为$|p\omega_1\pm\omega_2|$。其中有用的频率分量为$|\omega_1\pm\omega_2|$。组合频率分量$|p\omega_1\pm\omega_2|$与前面的$|p\omega_1\pm q\omega_2|$相比较，消除了 $q=0$ 和 $q>1$ 的众多频率分量。同时，在构成频谱搬移电路时，由于无用分量和有用分量之间的频率间隔很大，所以容易用滤波器滤除无用分量，取出有用分量。

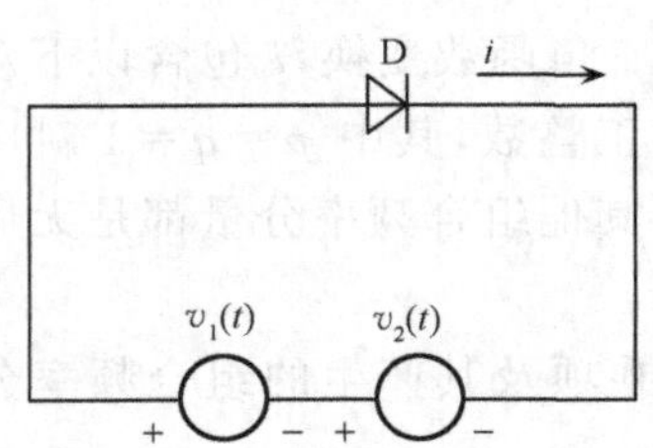

图 6-4　二极管混频器

例 6-1　一个晶体二极管两端加 v_1 和 v_2，如图 6-4 所示，$v_1=V_{1\mathrm{m}}\cos(\omega_1 t)$，$v_2=V_{2\mathrm{m}}\cos(\omega_2 t)$，设 $V_{1\mathrm{m}}$ 足够大，$V_{2\mathrm{m}}$ 足够小，推导电流 i 的表达式并给出有用的相乘项。

解　由于 $V_{2\mathrm{m}}$足够小，所以，二极管工作在线性时变状态，二极管电流 i 可表示为

$$i\approx I_0(v_1)+g(v_1)v_2 \tag{6.17}$$

由已知条件 $V_{1\mathrm{m}}$ 足够大可知，二极管将轮流工作在导通区和截止区，它的伏安特性可用自原点转折的两段折线逼近，导通区折线的斜率为 $g_\mathrm{D}=1/R_\mathrm{D}$。这样，在 v_1的作用下，$I_0(v_1)$为半周余弦脉冲序列，$g(v_1)$为矩形脉冲序列，如图 6-5 所示。

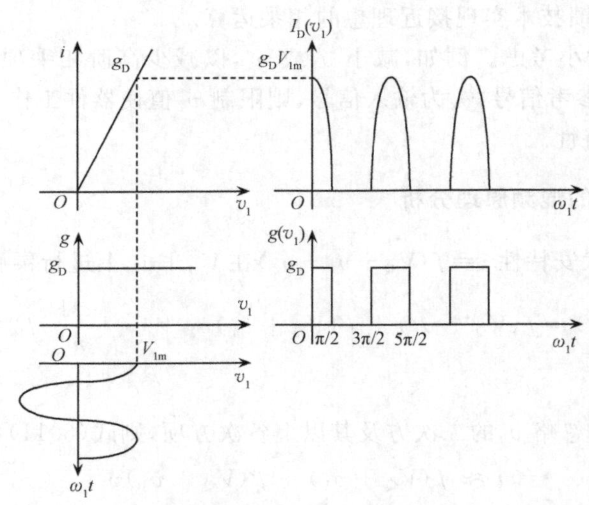

图 6-5　确定 $I_0(v_1)$和 $g(v_1)$的图解法

现引入高度为 1 的单向周期性方波 $K_1(\omega_1 t)$，如图 6-6 所示，称为单向开关函数，其傅里叶级数展开式为

$$K_1(\omega_1 t)=\frac{1}{2}+\frac{2}{\pi}\cos(\omega_1 t)-\frac{2}{3\pi}\cos(3\omega_1 t)+\cdots \tag{6.18}$$

则 $I_0(v_1)$和 $g(v_1)$可分别表示为

$$I_0(v_1)=I_0[V_{1m}\cos(\omega_1 t)]=g_D v_1 K_1(\omega_1 t) \tag{6.19}$$

$$g(v_1)=g[V_{1m}\cos(\omega_1 t)]=g_D K_1(\omega_1 t) \tag{6.20}$$

因此，二极管中的电流 i 为

$$i\approx I_0(v_1)+g(v_1)v_2=g_D(v_1+v_2)K_1(\omega_1 t) \tag{6.21}$$

其中，有用乘积项为$\frac{2}{\pi}g_D v_2\cos\omega_1 t$。

根据电流 i 的表达式可画出二极管的等效电路，如图 6-7 所示。图中二极管用开关串联 R_D等效，开关受 v_1控制，按角频率 ω_1作周期性闭合，闭合时的导通电阻为 R_D。

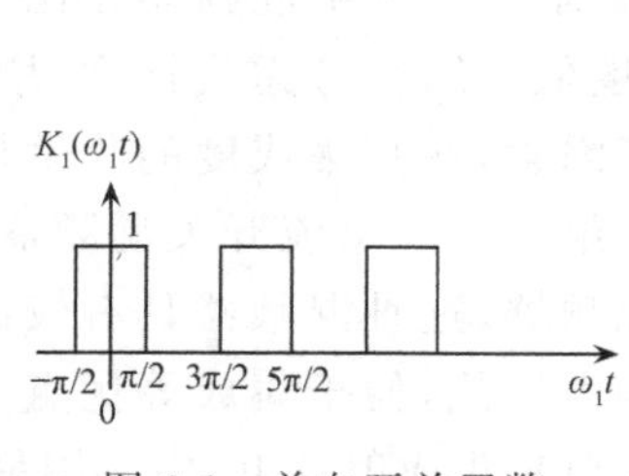

图 6-6 单向开关函数

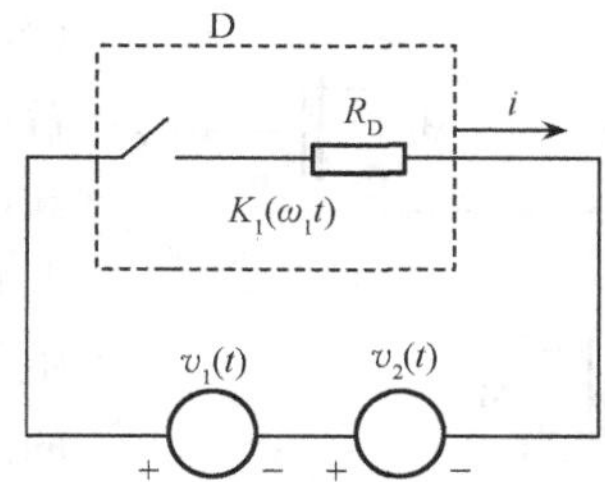

图 6-7 二极管的等效电路

6.4 混频器分类和电路结构

6.4.1 混频器分类

根据有无偏置电流，混频器可以分为有源混频器和无源混频器两大类。另外，还有一类混频器，它通过低于载波频率的采样速率对载波进行采样，从而实现下变频过程，本书将这类混频器单独作为一类，称为亚采样混频器。

1. 无源混频器

无源混频器一般是指利用二极管或晶体管在无偏置电流状态下实现混频功能的混频器，它有一定的变频损耗。无源混频器不进行 V-I 转换，通常直接将输入电压信号与本振电压信号在电压域进行混频。图 6-8 是一种常用的无源混频器，称为无源双平衡混频器。晶体管 $M_1\sim M_4$ 在本振信号 v_{LO}的控制下工作在开关状态，输入射频信号 v_{RF}直接加到开关管 $M_1\sim M_4$ 的源极，而输出信号 v_{IF}从开关管漏极输出。本振(LO)信号 v_{LO}加到 $M_1\sim M_4$ 的栅极以控制开关管交替导通和关断。如果 $M_1\sim M_4$ 为理想开关，在 v_{LO}的正半周，M_1、M_4 导通，M_2、M_3 截止，$v_{IF}=v_{RF}$；而在负半周，M_2、M_3 导通，M_1、M_4 截止，$v_{IF}=-v_{RF}$。因此，无源混频器的输出信号表示为

$$\begin{aligned} v_{IF}&=v_{RF}\,\mathrm{sgn}(v_{LO})\\ &=\frac{4V_{RF}}{\pi}\cos\omega_{RF}t\left(\sin\omega_{LO}t-\frac{1}{3}\sin3\omega_{LO}t+\cdots\right) \end{aligned} \tag{6.22}$$

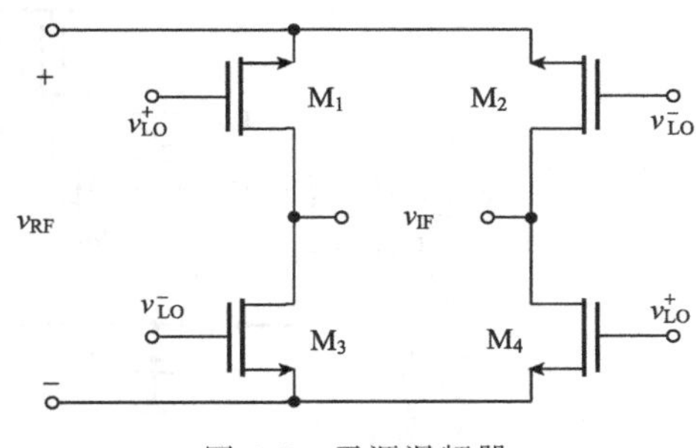

图 6-8 无源混频器

其中，$v_{RF}=V_{RF}\cos\omega_{RF}t$。从式(6.22)中可以看出，输出频谱中包含着输入信号与本振信号的基波和奇次谐波

的混频成分,其中输入信号与本振信号基波的乘积项为有用混频项,电压转换增益为 $2/\pi$。

无源混频器不需要偏置电流,因此,功耗很低。但是,为了使晶体管工作在近似理想开关状态,本振信号应具有足够的幅度。开关管应偏置在导通与截止的临界点上,开关管的尺寸应根据功耗和混频器性能进行优化。无源混频器的线性度仅由开关管引入的非线性决定,因而可以在较低的功耗下得到很高的线性度。

2. 有源混频器

有源混频器一般是指利用双极型晶体管(BJT)或场效应晶体管(FET)在具有偏置电流状态下实现混频功能的混频器,它具有一定的变频增益,从而减少对LNA的增益要求。与无源混频器相比,有源混频器增益高,但线性度低。综合考虑线性度、增益、噪声、功耗和电源电压等因素,在高集成度的收发机系统中,有源混频器的应用最广泛。电流开关混频器是有源混频器中最常见的混频器,这种混频器具有较高的增益,较好的线性度和噪声性能,便于集成等优点,所以电流开关混频器是目前单片集成射频 IC 中应用最广泛的一类混频器。一种常见的有源混频器如图 6-9 所示,后面会对其混频原理进行进一步分析。

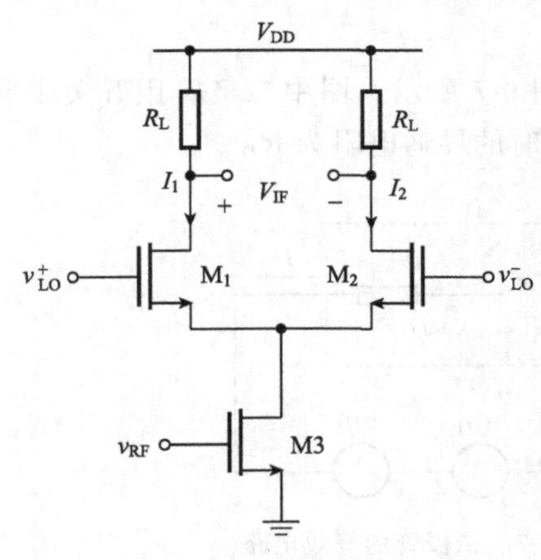

图 6-9　有源混频器

3. 亚采样混频器

根据奈奎斯特(Nyquist)采样定理,当采样频率大于信号带宽的两倍时,采样之后的信号可以完整地保留原始信号中的信息。射频信号的带宽很小,因此,可以用一个足够低的低频采样脉冲对射频载波脉冲进行采样重建后得到中频信号,由于采样带宽一定要比载波频率低,所以采样混频器只能用于下变频。亚采样过程如图 6-10 所示,在用点表示的时刻采样高频信号,通过重建就会得到需要的中频信号,完成下变频操作,这种采样—保持电路就是一个亚采样混频器。双平衡亚采样混频电路如图 6-11 所示。

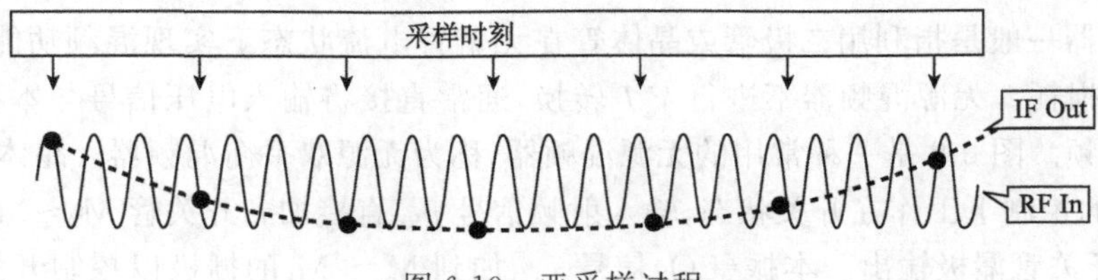

图 6-10　亚采样过程

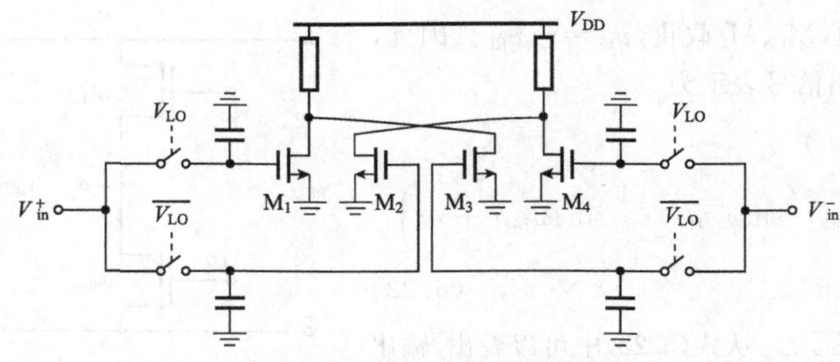

图 6-11　双平衡亚采样混频电路

亚采样混频器具有很好的线性度，它的核心是一个高精度的采样-保持电路，因此，采样时钟需要很高的时间精度和远小于载波信号周期的缝隙抖动，这样就对采样时钟的相位噪声提出了很高的要求。另外，在采样过程中，输入端的噪声同时折叠到中频频带，使噪声增大，增加的噪声约为射频和中频带宽之比，因此，亚采样混频器的噪声性能很差。

6.4.2　混频器电路结构

1. 电压开关混频器

电压开关混频器属于无源混频器。

1）理想开关混频器

理想开关混频电路如图 6-12 所示。

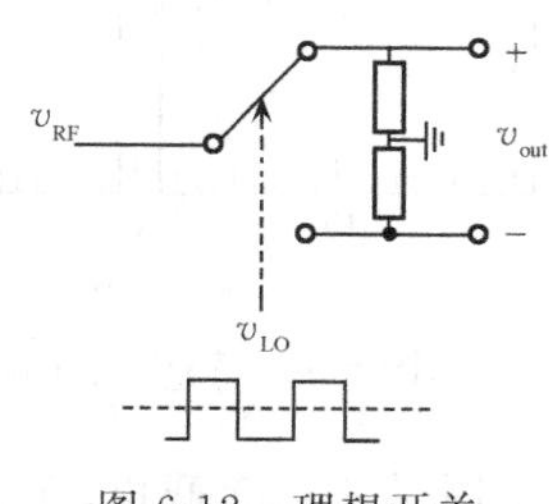

图 6-12　理想开关混频电路

令 $v_{RF}=A\cos(\omega_{RF}t)$，$v_{LO}$为方波信号，输出电压可以表示为

$$v_{out}=v_{RF}\,\mathrm{sgn}(v_{LO})=A\cos(\omega_{RF}t)\,\mathrm{sgn}(v_{LO}) \tag{6.23}$$

由 v_{out}表达式可知，式(6.23)对 v_{RF}来说是线性时变的，对 v_{LO}来说是非线性时变的。v_{out}表达式中的符号函数的傅里叶展开式为

$$\mathrm{sgn}(v_{LO})=\frac{4}{\pi}\left[\sin(\omega_{LO}t)-\frac{1}{3}\sin(3\omega_{LO}t)+\frac{1}{5}\sin(5\omega_{LO}t)-\cdots\right] \tag{6.24}$$

所以

$$\begin{aligned}v_{out}=\frac{2A}{\pi}[&\sin(\omega_{RF}+\omega_{LO})t-\sin(\omega_{RF}-\omega_{LO})t\\&+\frac{1}{3}\sin(\omega_{RF}+3\omega_{LO})t-\frac{1}{3}\sin(\omega_{RF}-3\omega_{LO})t\\&+\frac{1}{5}\sin(\omega_{RF}+5\omega_{LO})t-\frac{1}{5}\sin(\omega_{RF}-5\omega_{LO})t+\cdots]\end{aligned} \tag{6.25}$$

输出电压的时域波形和主要频谱分量分别如图 6-13 和图 6-14 所示。

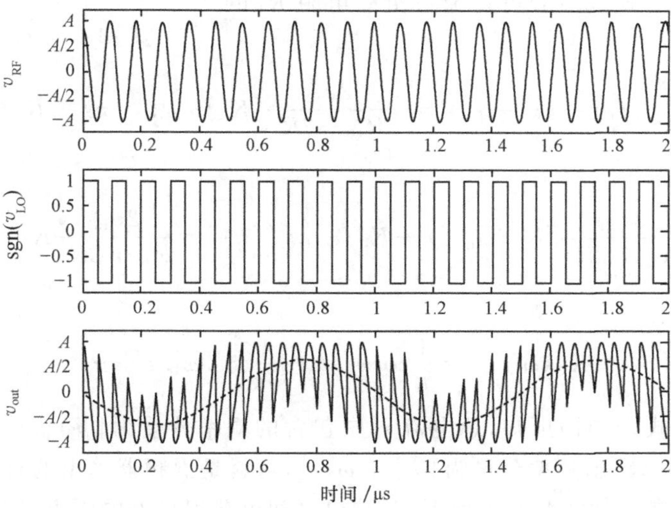

图 6-13　电压的时域波形

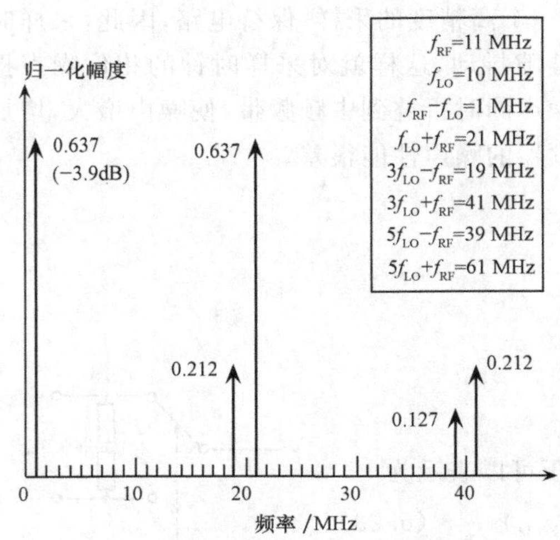

图 6-14 输出电压的主要频谱分量

如果开关是理想的，那么这个混频电路虽然引入了损耗，但它本身不产生噪声，具有理想的线性度，端口之间相互隔离，有用中频在输出信号中占较大比例(效率高)，没有直流功耗。

2）二极管环形混频电路

开关混频的原理在电路中有很多实现方式，微波电路中广泛使用硅 PN 结或肖特基势垒(Schottky barrier)二极管作为开关。用 4 个二极管构成的环形混频电路如图 6-15 所示。

设 $v_{RF}=V_{RF}\cos(\omega_{RF}t)$，$v_{LO}=V_{LO}\cos(\omega_{LO}t)$，本振信号 v_{LO} 幅度(V_{LO})足够大，使二极管 $D_1\sim D_4$ 工作于开关状态，并有 $V_{LO}\gg V_{RF}$。二极管 $D_1\sim D_4$ 的工作状态取决于 v_{LO} 是正半周还是负半周。当 v_{LO} 为正半周时，D_2、D_3 导通，D_1、D_4 截止；当 v_{LO} 为负半周时，D_2、D_3 截止，D_1、D_4 导通。

首先列出对应 v_{LO} 正半周的电压环路方程，有

$$\begin{cases}v_{LO}=i_2R_D+v_{RF}+(i_2-i_3)R_L\\ v_{LO}=(i_3-i_2)R_L-v_{RF}+i_3R_D\end{cases} \tag{6.26}$$

消去方程中的 v_{LO}，并使用开关函数 $K_1(\omega_{LO}t)$，可得

$$i_2-i_3=-\frac{2v_{RF}}{R_D+2R_L}K_1(\omega_{LO}t) \tag{6.27}$$

采用与正半周相同的方法可以列出 v_{LO} 负半周的电压环路方程，可以得到

$$i_1-i_4=-\frac{2v_{RF}}{R_D+2R_L}K_1(\omega_{LO}t-\pi) \tag{6.28}$$

根据式(6.27)和式(6.28)可得流过负载电阻 R_L 的总电流 i_L 为

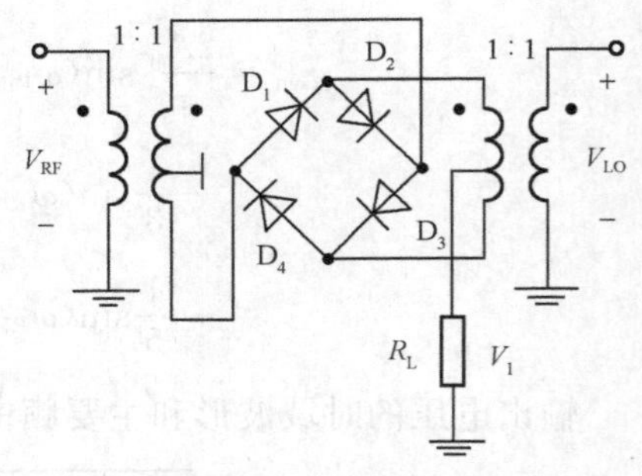

图 6-15 二极管环形混频电路

$$i_L=(i_1-i_4)-(i_2-i_3)=-\frac{2v_{RF}}{R_D+2R_L}[K_1(\omega_{LO}t-\pi)-K_1(\omega_{LO}t)] \tag{6.29}$$

整理后得

$$i_L=\frac{2v_{RF}}{R_D+2R_L}[K_1(\omega_{LO}t)-K_1(\omega_{LO}t-\pi)]=\frac{2v_{RF}}{R_D+2R_L}K_2(\omega_{LO}t) \tag{6.30}$$

其中

$$K_2(\omega_{LO}t)=\frac{4}{\pi}\cos\omega_{LO}t-\frac{4}{3\pi}\cos3\omega_{LO}t+\cdots \tag{6.31}$$

由式(6.30)和式(6.31)可知，总电流 i_L 中包含的频率分量为 $|p\omega_{LO}\pm\omega_{RF}|$，其中 p 为 1，3，5，…。当 $p=1$ 时，输出频率分量为 $|\omega_{LO}\pm\omega_{RF}|$，这就是混频器输出的有用中频分量。

这个混频电路在元件匹配的情况下，各端口之间可获得良好的隔离，因为在总电流中没有 RF 和 LO 信号。总之，二极管环行混频电路需要足够大的本振信号克服二极管的非线性而近

似开关工作。由于二极管的非线性,各二极管特性的匹配是一个较为困难的问题,再加上变压器的中心抽头不对称,所以各端口之间的隔离是不理想的,存在着信号的馈通。

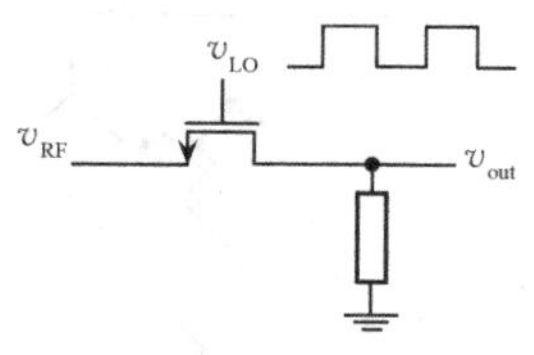

图 6-16 单个 MOS 开关混频电路

3) 单个 MOS 开关混频电路

单个 MOS 开关混频电路如图 6-16 所示,开关由 MOS 管构成。

若 MOS 管开关是理想的,$v_{RF}=V_{RF}\cos(\omega_{RF}t)$,则输出电压可以表示为

$$\begin{aligned}v_{out}&=v_{RF}\frac{1+\text{sgn}(v_{LO})}{2}=V_{RF}\cos\omega_{RF}t\cdot\left[\frac{1}{2}+\frac{2}{\pi}\left(\sin\omega_{LO}t-\frac{1}{3}\sin3\omega_{LO}t+\cdots\right)\right]\\&=\frac{V_{RF}}{2}\cos\omega_{RF}t+\frac{V_{RF}}{\pi}[\sin(\omega_{LO}+\omega_{RF})t+\sin(\omega_{LO}-\omega_{RF})t\\&\quad-\frac{1}{3}\sin(3\omega_{LO}+\omega_{RF})t-\frac{1}{3}\sin(3\omega_{LO}-\omega_{RF})t+\cdots]\end{aligned}\tag{6.32}$$

由输出电压表达式容易得出转换增益为

$$G_C=\frac{1}{\pi}\tag{6.33}$$

很明显,在输出信号 v_{out} 中出现了 v_{RF} 的成分,即存在 RF 到 IF 的馈通,因此,RF 到 IF 端的隔离不好。在以上的分析中假设开关是理想的,因此 v_{out} 的表达式没有出现 LO 成分。而实际上,MOS 开关并不是理想的,本振信号加在 MOS 管的栅极,其源极和漏极都会出现本振信号,即 LO 可以同时耦合到输入端和输出端。

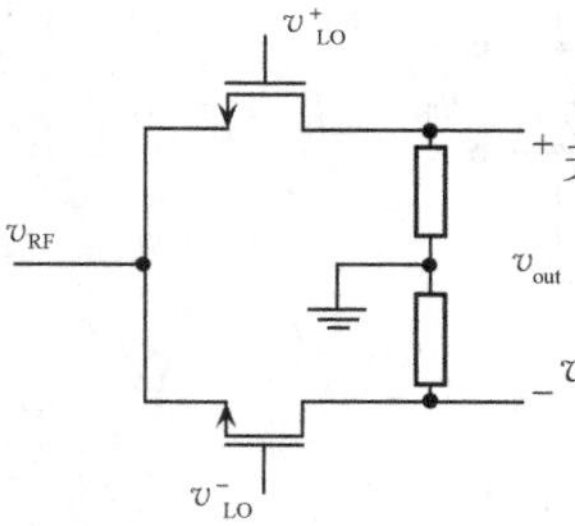

4) 单平衡 MOS 开关混频电路

单平衡开关混频电路如图 6-17 所示,其中使用了两个 MOS 开关,MOS 开关的栅极受差分本振信号的控制。

图 6-17 单平衡 MOS 开关混频电路

输出电压可以表示为

$$\begin{aligned}v_{out}&=v_{RF}\,\text{sgn}(v_{LO})=V_{RF}\cos\omega_{RF}t\cdot\left[\frac{4}{\pi}\left(\sin\omega_{LO}t-\frac{1}{3}\sin3\omega_{LO}t+\cdots\right)\right]\\&=\frac{2}{\pi}V_{RF}[\sin(\omega_{LO}+\omega_{RF})t+\sin(\omega_{LO}-\omega_{RF})t\\&\quad-\frac{1}{3}\sin(3\omega_{LO}+\omega_{RF})t-\frac{1}{3}\sin(3\omega_{LO}-\omega_{RF})t+\cdots]\end{aligned}\tag{6.34}$$

由输出电压表达式容易得出转换增益为

$$G_C=\frac{2}{\pi}\tag{6.35}$$

与单个开关混频电路相比,单平衡开关混频电路的输出电压中已不再有 RF 成分,LO 到 RF 的馈通也由于 LO 的差分特性而有所改善,但 LO 到 IF 的馈通仍然存在,因为图 6-17 所示电路可以近似看成差分放大器,其输入信号是差分 LO 信号,因此,输出信号中有 LO 成分。

5) 双平衡 MOS 开关混频电路

双平衡 MOS 开关混频电路由 4 个 MOS 开关组成,MOS 开关的栅极受差分本振信号的控制,如图 6-18 所示。

输出电压可以表示为

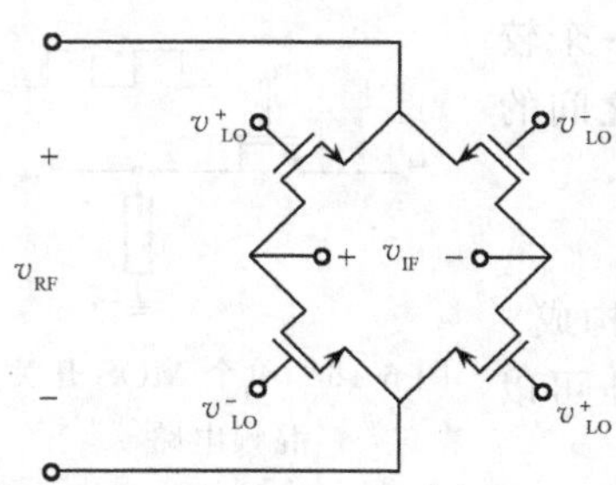

图 6-18　双平衡 MOS 开关混频电路

$$
\begin{aligned}
v_{IF} &= v_{RF}\,\mathrm{sgn}(v_{LO}) \\
&= V_{RF}\cos\omega_{RF}t\cdot\left[\frac{4}{\pi}\left(\sin\omega_{LO}t-\frac{1}{3}\sin3\omega_{LO}t+\cdots\right)\right] \\
&= \frac{2}{\pi}V_{RF}\,[\sin(\omega_{LO}+\omega_{RF})t+\sin(\omega_{LO}-\omega_{RF})t \\
&\quad -\frac{1}{3}\sin(3\omega_{LO}+\omega_{RF})t+\frac{1}{3}\sin(3\omega_{LO}-\omega_{RF})t+\cdots]
\end{aligned}
\tag{6.36}
$$

输出电压的表达式与单平衡开关混频电路完全相同，它的优点是解决了单平衡开关混频电路存在的 LO 到 IF 的馈通。

转换增益为

$$G_C=\frac{2}{\pi}\tag{6.37}$$

在上述开关混频电路的分析中，假设了 MOS 开关为理想开关，即输出电压等于输入 RF 信号乘以单位幅度的方波（方波频率为 LO 频率），此时转换增益为 $2/\pi$。实际上，MOS 开关不会在零时间内切换，因此，输入 RF 信号不是乘以一个纯方波信号，此时的转换增益将大于 $2/\pi$，注意这一结果与直觉恰好相反。

2. 平衡线性 MOSFET 混频器

平衡线性 MOSFET 混频器如图 6-19 所示。

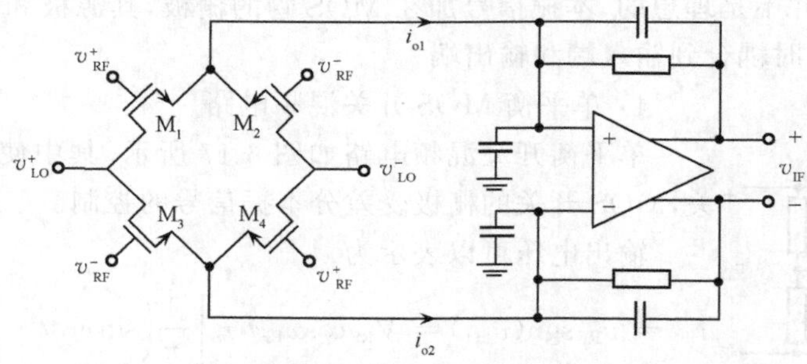

图 6-19　平衡线性 MOSFET 混频器

假设运放输入端保持虚地状态，$M_1\sim M_4$ 工作在线性区，在完全平衡的条件下，有

$$v_{LO}^+=-v_{LO}^-=\frac{v_{LO}}{2}$$

$$v_{RF}^+=-v_{RF}^-=\frac{v_{RF}}{2}$$

因此有

$$
\begin{cases}
I_1=\dfrac{\mu C_{ox}W}{L}\left[\left(V_{GS}+\dfrac{v_{RF}}{2}-V_{th}\right)\left(\dfrac{v_{LO}}{2}\right)-\dfrac{1}{2}\left(\dfrac{v_{LO}}{2}\right)^2\right] \\
I_2=\dfrac{\mu C_{ox}W}{L}\left[\left(V_{GS}-\dfrac{v_{RF}}{2}-V_{th}\right)\left(-\dfrac{v_{LO}}{2}\right)-\dfrac{1}{2}\left(\dfrac{v_{LO}}{2}\right)^2\right] \\
I_3=\dfrac{\mu C_{ox}W}{L}\left[\left(V_{GS}-\dfrac{v_{RF}}{2}-V_{th}\right)\left(\dfrac{v_{LO}}{2}\right)-\dfrac{1}{2}\left(\dfrac{v_{LO}}{2}\right)^2\right] \\
I_4=\dfrac{\mu C_{ox}W}{L}\left[\left(V_{GS}+\dfrac{v_{RF}}{2}-V_{th}\right)\left(-\dfrac{v_{LO}}{2}\right)-\dfrac{1}{2}\left(-\dfrac{v_{LO}}{2}\right)^2\right]
\end{cases}
\tag{6.38}
$$

于是有

$$I_{out}=i_{o1}-i_{o2}=I_1+I_2-I_3-I_4=\frac{\mu C_{ox}W}{L}v_{RF}v_{LO} \tag{6.39}$$

运算放大器所构成的滤波/放大电路一方面滤除高频信号,另一方面将输出电流转换成电压(即跨阻放大),并有

$$v_{IF}=-\frac{R}{jRC\omega+1}\frac{\mu C_{ox}W}{L}v_{RF}v_{LO} \tag{6.40}$$

平衡的线性 MOSFET 混频器可以达到极高的线性度(40dBm),但是噪声系数也很高(30dB),一部分噪声来自运放电路,而工作在线性区时过小的 g_m 对沟道热噪声也起到了“放大”的作用。因此,总的动态范围并无大的变化。另外为了保持线性区工作,$M_1\sim M_4$需要足够的栅极偏置电压,所以不适合于低电压电路。

3. 电流开关混频器

前面论述的电压开关混频器是用开关控制输入 RF 电压直接连接到输出端,此时输出电压包含输入 RF 电压乘以单位幅度的方波,在电压域内执行乘法。而电流开关混频器是先将 RF 电压信号转换为 RF 电流信号,然后用开关控制 RF 电流连接到输出端,在电流域内执行乘法,如图 6-20 所示。电流开关混频器的主要优点包括:

(1) 通过端接适当的负载,可以获得一定的增益。

(2) 对 LO 幅度的要求降低。

(3) 可获得更好的端口隔离。

(4) 更适于低电压工作。

但电路需要一定的偏置电流,所以会产生直流功耗。另外,由于电路使用了电压—电流转换电路(跨导放大器),所以线性度受跨导放大器的限制。

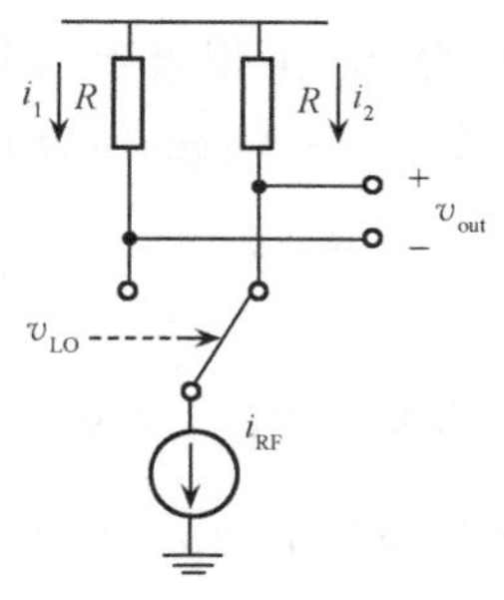

图 6-20 电流开关混频器

定义输出电流为 $i_{out}=i_1-i_2$,下面推导输出电流的表达式。假设当 $v_{LO}>0$ 时,开关与左边支路相连;当 $v_{LO}<0$ 时,开关与右边支路相连。令 $v_{LO}=V_{LO}\cos(\omega_{LO}t)$,$i_{RF}=I_{Bias}+I_{RF}\cos(\omega_{RF}t)$,则有

$$i_{out}=i_1-i_2=i_{RF}\text{sgn}(v_{LO})=[I_{Bias}+I_{RF}\cos(\omega_{RF}t)]\text{sgn}[V_{LO}\cos(\omega_{LO}t)] \tag{6.41}$$

1) 单平衡混频器

(1) BJT 单平衡混频器。

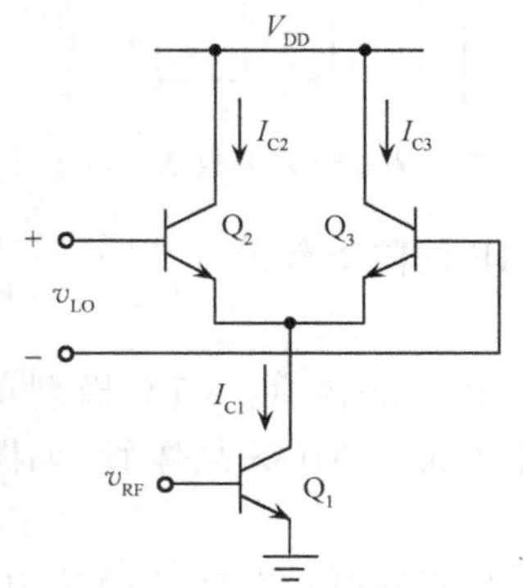

图 6-21 BJT 单平衡混频器

BJT 单平衡混频器如图 6-21 所示。

定义输出电流为

$$I_{out}=I_{C2}-I_{C3} \tag{6.42}$$

I_{C2}和 I_{C3}可以分别表示为

$$I_{C2}=I_S e^{v_{BE2}/V_T} \tag{6.43}$$

$$I_{C3}=I_S e^{v_{BE3}/V_T} \tag{6.44}$$

由式(6.43)和式(6.44)容易得到

$$\frac{I_{C2}}{I_{C3}}=e^{(v_{BE2}-v_{BE3})/V_T}=e^{v_{LO}/V_T} \tag{6.45}$$

由式(6.45)和 $I_{C1}=I_{C2}+I_{C3}$得

$$I_{C2}=\frac{I_{C1}}{1+e^{-v_{LO}/V_T}} \tag{6.46}$$

$$I_{C3}=\frac{I_{C1}}{1+e^{v_{LO}/V_T}} \tag{6.47}$$

最后得

$$I_{out}=I_{C2}-I_{C3}=I_{C1}\frac{e^{v_{LO}/V_T}-1}{e^{v_{LO}/V_T}+1}=I_{C1}\tanh\left(\frac{v_{LO}}{2V_T}\right) \tag{6.48}$$

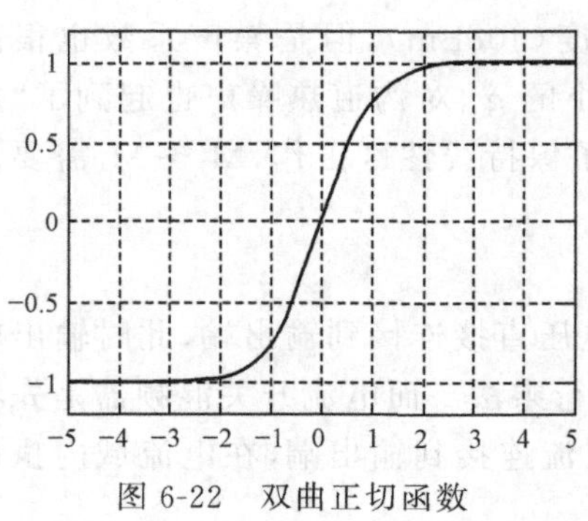

图 6-22　双曲正切函数

其中，$\tanh(x)=(e^x-e^{-x})/(e^x+e^{-x})$为双曲正切函数，随 x 的变化曲线如图 6-22 所示，近似表示为

$$\tanh(x)\approx\begin{cases}x, & |x|\ll 1\\ x-x^3/3+x^5/5+\cdots, & |x|<1\\ \mathrm{sgn}(x), & |x|\gg 1\end{cases} \tag{6.49}$$

当 $v_{LO}\gg 2V_T$ 时，输出电流表示为

$$I_{out}\approx I_{C1}\,\mathrm{sgn}\left(\frac{v_{LO}}{2V_T}\right)=\begin{cases}I_{C1}, & v_{LO}>0\\ -I_{C1}, & v_{LO}<0\end{cases} \tag{6.50}$$

此时，Q_2 和 Q_3 相当于两个电流开关。

令 $v_{LO}=V_1\cos(\omega_1 t)$，则有

$$I_{out}=I_{C1}\tanh\left(\frac{v_{LO}}{2V_T}\right)=I_{C1}\tanh\left[\frac{V_1\cos(\omega_1 t)}{2V_T}\right] \tag{6.51}$$

当 $V_1\gg 2V_T$（通常取 $V_1>260\text{mV}$）时，$\tanh\left[\frac{V_1\cos(\omega_1 t)}{2V_T}\right]$近似为周期性方波，即近似为双向开关函数 $K_2(\omega_1 t)$，如图 6-23 所示，$K_2(\omega_1 t)$傅里叶级数展开式为

$$K_2(\omega_1 t)=K_1(\omega_1 t)-K_1(\omega_1 t-\pi)=\frac{4}{\pi}\cos(\omega_1 t)-\frac{4}{3\pi}\cos(3\omega_1 t)+\cdots \tag{6.52}$$

得输出电流为

$$I_{out}=I_{C1}\tanh\left[\frac{V_1\cos(\omega_1 t)}{2V_T}\right]\approx I_{C1}K_2(\omega_1 t) \tag{6.53}$$

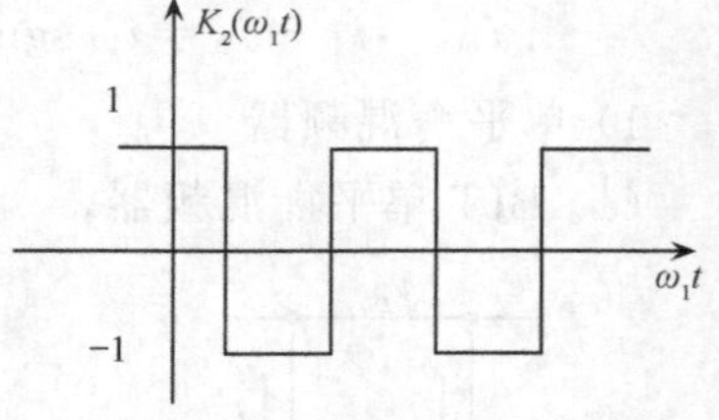

图 6-23　双向开关函数 $K_2(\omega_1 t)$

观察式(6.53)可以发现，由于双向开关函数的傅里叶级数展开式中没有直流分量，故 RF 电流信号没有出现在输出电流中，因此，双极型单平衡混频器 RF 到 IF 的隔离较好，同时具有较好的 LO 到 RF 的隔离。此外，由于 I_{C1} 中有偏置电流存在，LO 信号将出现在 IF 端的输出电流中，所以 LO 到 IF 的隔离较差。

(2) CMOS 单平衡混频器。

与许多其他电路一样，双极型晶体管电路结构也同样适用于 MOS 晶体管。与双极型单平衡混频器类似，MOS 单平衡混频器只是将其中的双极型晶体管换成了 MOS 晶体管，如图 6-24 所示。

由于 MOS 管电压电流之间的复杂关系，数学分析比较复杂。为了获得一个感性的认识，假设 MOS 管处于饱和区并以平方律工作，于是有

$$I_D = \frac{\mu C_{ox} W}{2L}(V_{GS} - V_{th})^2 = K(V_{GS} - V_{th})^2 \tag{6.54}$$

得

$$V_{GS} = \sqrt{I_D / K} + V_{th} \tag{6.55}$$

因此

$$v_{LO} = V_{GS2} - V_{GS3} = \frac{\sqrt{I_{D2}} - \sqrt{I_{D3}}}{\sqrt{K}} \tag{6.56}$$

$$\sqrt{K}\, v_{LO} = \sqrt{I_{D2}} - \sqrt{I_{D3}} \tag{6.57}$$

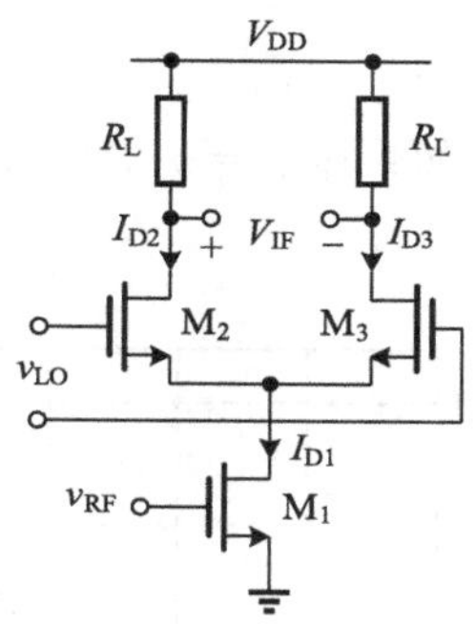

图 6-24 MOS单平衡混频器

因为 $I_{D2} + I_{D3} = I_{D1}$，对式(6.57)平方得

$$K v_{LO}^2 = I_{D2} + I_{D3} - 2\sqrt{I_{D2} I_{D3}} = I_{D1} - 2\sqrt{I_{D2} I_{D3}} \tag{6.58}$$

或

$$4 I_{D2} I_{D3} = (I_{D1} - K v_{LO}^2)^2 \tag{6.59}$$

定义

$$I_{out} = I_{D2} - I_{D3} \tag{6.60}$$

于是有

$$I_{out}^2 = (I_{D2} - I_{D3})^2 = (I_{D2} + I_{D3})^2 - 4 I_{D2} I_{D3} = I_{D1}^2 - (I_{D1} - K v_{LO}^2)^2 \tag{6.61}$$

令 $i_{out} = I_{out} / I_{D1}$ 为归一化输出电流，并对式(6.61)左右两边同除以 I_{D1}^2，得

$$i_{out}^2 = \frac{I_{out}^2}{I_{D1}^2} = 1 - \left(1 - \frac{K v_{LO}^2}{I_{D1}}\right)^2 \tag{6.62}$$

对式(6.62)两边开方，得归一化输出电流为

$$i_{out} = \sqrt{1 - \left(1 - \frac{K v_{LO}^2}{I_{D1}}\right)^2}\ \mathrm{sgn}(v_{LO}) \tag{6.63}$$

分析图 6-24 所示电路可得，当 $v_{LO} > 0$ 时，$i_{out} > 0$；当 $v_{LO} < 0$ 时，$i_{out} < 0$。故 i_{out} 符号由 v_{LO} 符号决定，因此，式(6.63)的右边应乘以 $\mathrm{sgn}(v_{LO})$。

正如所希望的，由式(6.63)可知 i_{out} 是 v_{LO} 的奇函数，当 $v_{LO} = 0$ 时，$i_{out} = 0$。

如果忽略 RF 信号的影响，单纯来看差分对 M_2 和 M_3 的工作情况，那么 I_{D1} 就是它们的静态偏置电流，设 M_2 和 M_3 的栅源偏置电压分别为 $V_{GS2,0}$ 和 $V_{GS3,0}$，并令

$$V_{GS2,0} = V_{GS3,0} = V_{GS,0} \tag{6.64}$$

$$V_{od} = V_{GS,0} - V_{th} \tag{6.65}$$

则有

$$\frac{I_{D1}}{2} = K(V_{GS2,0} - V_{th})^2 = K(V_{GS3,0} - V_{th})^2 = K(V_{GS,0} - V_{th})^2 = K V_{od}^2 \tag{6.66}$$

或

$$\frac{I_{D1}}{K} = 2 V_{od}^2 \tag{6.67}$$

因此，输出电流可以表示为

$$i_{\text{out}}=\sqrt{1-\left(1-\frac{v_{\text{LO}}^{2}}{2V_{\text{od}}^{2}}\right)^{2}}\,\text{sgn}(v_{\text{LO}})\tag{6.68}$$

如果令 $x=v_{\text{LO}}/V_{\text{od}}$，式(6.68)可以表示为

$$i_{\text{out}}=\sqrt{1-(1-x^{2}/2)^{2}}\,\text{sgn}(v_{\text{LO}})\tag{6.69}$$

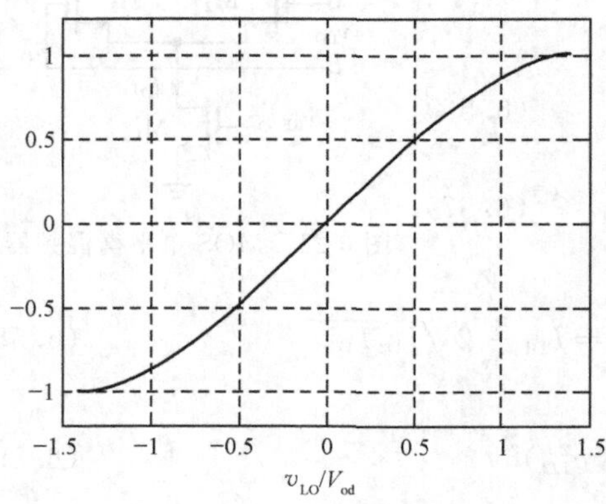

图 6-25　i_{out}输出变化曲线

当 x 在$[-\sqrt{2},\sqrt{2}]$变化时，i_{out}变化曲线如图 6-25 所示。当$|x|>\sqrt{2}$时，差分对中的一个管子截止，输出电流不再改变。所以，当$|x|>\sqrt{2}$，即 $v_{\text{LO}}>\sqrt{2}V_{\text{od}}$时，$M_2$和 M_3相当于两个电流开关。令 $v_{\text{LO}}=V_1\cos(\omega_1 t)$，当$V_1\gg\sqrt{2}V_{\text{od}}$时，$M_2$和 M_3在整个周期内近似为两个电流开关。

对于双极型单平衡混频器，Q_2和 Q_3工作于开关状态的条件为 $V_1\gg 2V_{\text{T}}$，即 $V_1\gg 52\text{mV}$。对于 MOS 单平衡混频器，M_2和 M_3工作于开关状态的条件为 $V_1\gg\sqrt{2}V_{\text{od}}$，而$\sqrt{2}V_{\text{od}}$通常为几百毫伏，与 BJT 相比，这里对 LO 信号的幅度要求更大。

当然，短沟道 MOS 管的电压电流不再是平方律关系，但这对开关工作的影响有限，它影响的是跨导管 M1 的工作，进而影响混频器的线性度。

2）双平衡混频器

单平衡结构实现了较好的 LO-RF 和 RF-IF 的隔离，但是 LO-IF 却没有隔离，这个问题可以通过双平衡结构来解决。

(1) BJT 双平衡混频器。

BJT 双平衡混频器，又称为 Gilbert 乘法器，如图 6-26 所示。它采用两个单平衡混频器构成，它们的本振采用反并联方式连接，因此，本振泄漏部分在输出端的和为零，从而解决了

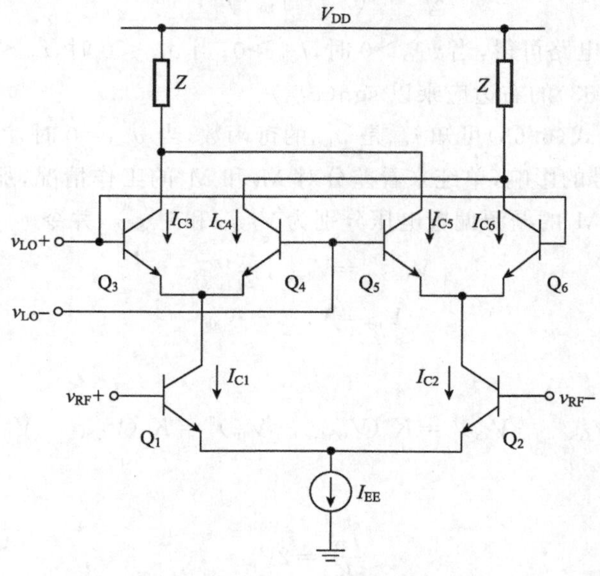

图 6-26　BJT 双平衡混频器

LO-IF 的隔离问题,这种结构一般能提供大于 40dB 的 LO-IF 的隔离。

根据图 6-26,输出电流可以表示为

$$\begin{aligned} I_{\text{out}} &= (I_{\text{C3}} + I_{\text{C5}}) - (I_{\text{C4}} + I_{\text{C6}}) = (I_{\text{C3}} - I_{\text{C4}}) - (I_{\text{C6}} - I_{\text{C5}}) \\ &= (I_{\text{C1}} - I_{\text{C2}}) \tanh\left(\frac{v_{\text{LO}}}{2V_{\text{T}}}\right) = I_{\text{EE}} \tanh\left(\frac{v_{\text{RF}}}{2V_{\text{T}}}\right) \tanh\left(\frac{v_{\text{LO}}}{2V_{\text{T}}}\right) \end{aligned} \tag{6.70}$$

当 $v_{\text{LO}} \gg 2V_{\text{T}}$,$v_{\text{RF}} \ll 2V_{\text{T}}$ 时,进一步整理式(6.70),得

$$I_{\text{out}} = I_{\text{EE}} \tanh\left(\frac{v_{\text{RF}}}{2V_{\text{T}}}\right) \tanh\left(\frac{v_{\text{LO}}}{2V_{\text{T}}}\right) \approx \frac{I_{\text{EE}}}{2V_{\text{T}}} v_{\text{RF}} \operatorname{sgn}(v_{\text{LO}}) \tag{6.71}$$

(2) CMOS 双平衡混频器(Gilbert 混频器)。

典型的 CMOS 双平衡混频器结构如图 6-27 所示。它由三部分构成,即由 Z 和 Z' 组成的负载级,由 M_1 和 M_2 所组成的跨导级以及由晶体管 M_3、M_4、M_5、M_6 所组成的开关级,另外,再加上一个尾电流源。跨导级将输入电压信号转换成电流信号,开关级通过本振信号交替控制开关管 M_3、M_6 和 M_4、M_5 的导通与截止实现混频。

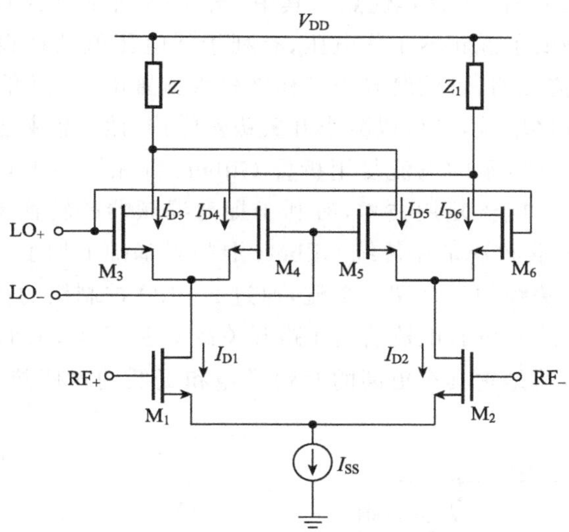

图 6-27 CMOS 双平衡混频器

令 $v_{\text{RF}} = V_{\text{RF}} \cos(\omega_{\text{RF}} t)$,$v_{\text{LO}} = V_{\text{LO}} \cos(\omega_{\text{LO}} t)$。

如图 6-27 所示,射频电压信号经跨导级晶体管 M_1、M_2 转化为射频差分电流信号:

$$I_{\text{D1}} = I_{\text{Bias}} + g_{\text{m}} V_{\text{RF}} \cos(\omega_{\text{RF}} t) \tag{6.72}$$

$$I_{\text{D2}} = I_{\text{Bias}} - g_{\text{m}} V_{\text{RF}} \cos(\omega_{\text{RF}} t) \tag{6.73}$$

其中,$I_{\text{Bias}} = I_{\text{SS}}/2$。此差分电流信号经开关级晶体管 M3、M4、M5、M6 后,得

$$I_{\text{D3}} = I_{\text{D1}} \{0.5 + 0.5 \operatorname{sgn}[\cos(\omega_{\text{LO}} t)]\} \tag{6.74}$$

$$I_{\text{D4}} = I_{\text{D1}} \{0.5 - 0.5 \operatorname{sgn}[\cos(\omega_{\text{LO}} t)]\} \tag{6.75}$$

$$I_{\text{D5}} = I_{\text{D2}} \{0.5 - 0.5 \operatorname{sgn}[\cos(\omega_{\text{LO}} t)]\} \tag{6.76}$$

$$I_{\text{D6}} = I_{\text{D2}} \{0.5 + 0.5 \operatorname{sgn}[\cos(\omega_{\text{LO}} t)]\} \tag{6.77}$$

则输出电流可以表示为

$$I_{out}=(I_{D3}+I_{D5})-(I_{D4}+I_{D6})=(I_{D3}-I_{D4})-(I_{D6}-I_{D5})$$
$$=(I_{D1}-I_{D2})\,\text{sgn}[\cos(\omega_{LO}t)]=2g_m V_{RF}\cos(\omega_{RF}t)\,\text{sgn}[\cos(\omega_{LO}t)] \quad (6.78)$$

从式(6.78)中可以看出，输出信号中既不包含射频信号频率，也不包含本振信号频率。因此，在理想情况下，双平衡混频器具有良好的射频到中频(RF—IF)的隔离度和本振到中频(LO—IF)的隔离度。同时该结构具有良好的本振到射频(LO—RF)的隔离度。除此之外，双平衡混频器还可抑制射频和本振信号的偶次谐波，因此，该电路的 IP2 较高。另外，差分的射频输入信号也可以有效抑制射频信号中的共模噪声。这些都是双平衡混频器的主要优点。其缺点是电路较为复杂，噪声系数比单平衡混频器高。在相同的转换增益下，其功耗是单平衡混频器的两倍。

(3) Gilbert 混频器的变种。

前面所讲述的 CMOS 双平衡混频器属于传统 Gilbert 混频器结构。下面介绍几种由传统 Gilbert 混频器演变而来的 Gilbert 混频器的变种。如图 6-28 所示是折叠 Gilbert 混频器；图 6-29 是电流复用折叠 Gilbert 混频器；图 6-30 是改进的低 $1/f$ 噪声的 Gilbert 混频器。所列的这三种 Gilbert 混频器的变种，各有其优点。其中，图 6-28 所示折叠 Gilbert 混频器具有以下优点：①折叠结构显著降低了混频器工作电压，有利于低电压低功耗设计；②跨导级和开关级分别位于两条不同的电流支路，可使跨导级工作在较大偏置电流，而开关级工作在较小的偏置电流，既有利于提高混频器增益，又可以减小开关级热噪声，改善混频器噪声性能；③有利于提高混频器线性度。图 6-29 所示的电流复用折叠 Gilbert 混频器除了具有折叠 Gilbert 混频器的优点之外，由于其采用了电流复用技术，有利于提高混频器的转换增益。图 6-30 所示改进的低 $1/f$ 噪声的 Gilbert 混频器是在传统 Gilbert 混频器基础上加了一个称为 2 * LO 的控制级，来控制跨导级流向开关级的 4 个端口电流，通过 2 * LO 控制级的控制，使得在本振信号过零点时，仅有很小的电流或者没有电流流过 I 路开关或 Q 路开关，从而显著降低了 $1/f$ 噪声。这种结构还有一些优点，就是它具有更高的变频增益和更低的衬底热噪声。它的缺点是需要较高的电源电压。

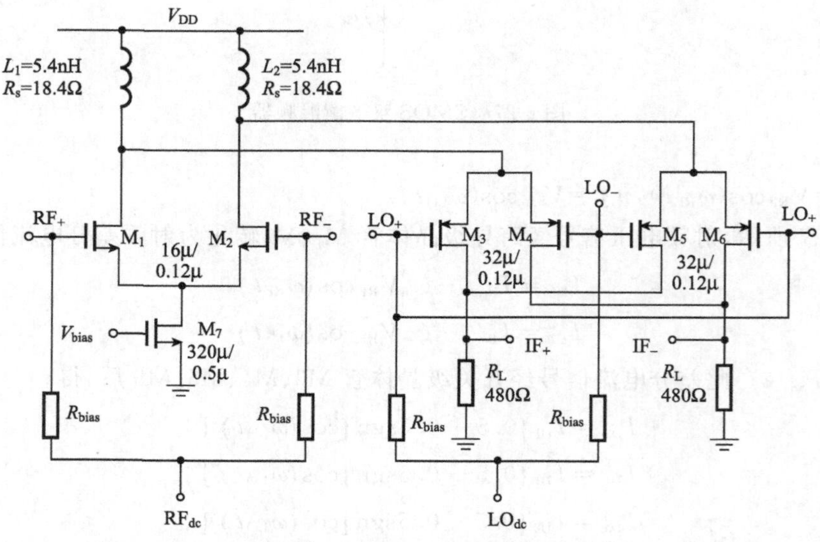

图 6-28　折叠 Gilbert 混频器

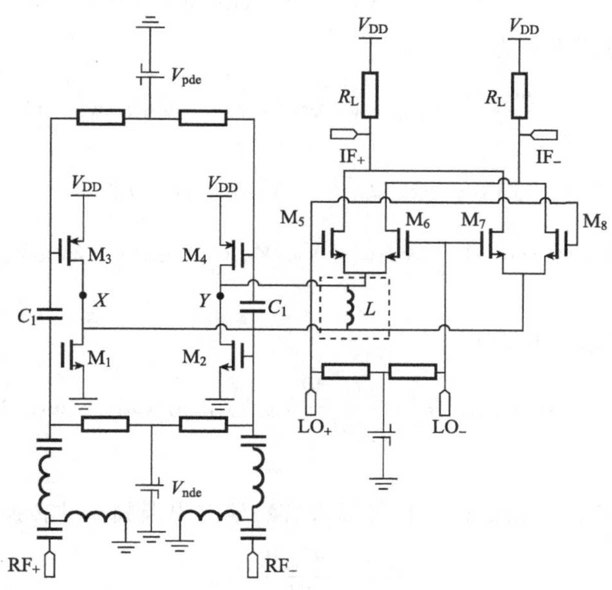

图 6-29 电流复用折叠 Gilbert 混频器

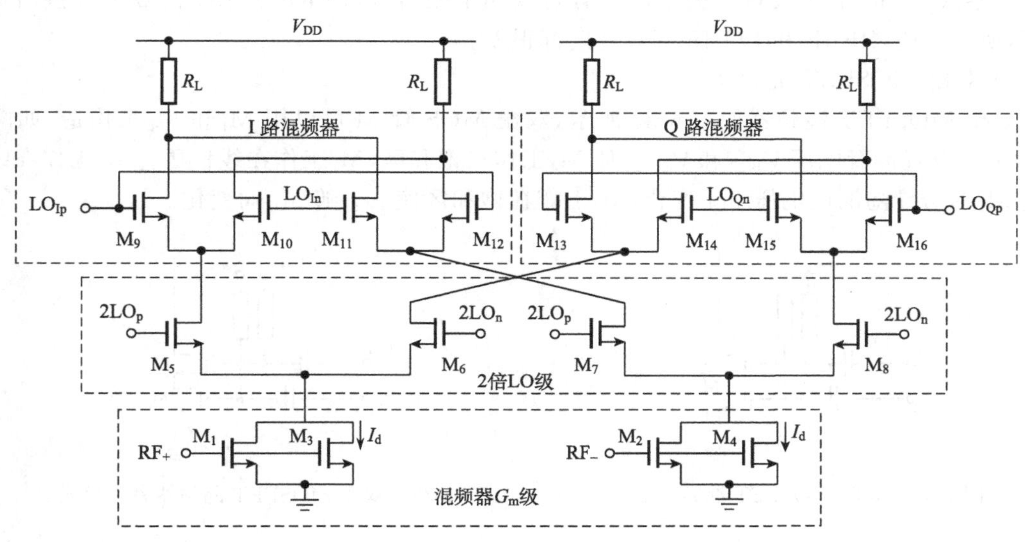

图 6-30 改进的低 $1/f$ 噪声的 Gilbert 混频器

4. 其他结构混频器

1) 平方律混频器

平方律混频器是利用长沟道 MOS 管的电流与电压接近平方律关系来实现混频，三极管也可以构成具有平方律关系的输入输出电路。假设平方律电路输入信号是两个正弦信号(v_{RF}和v_{LO})的和，如图 6-31 所示。

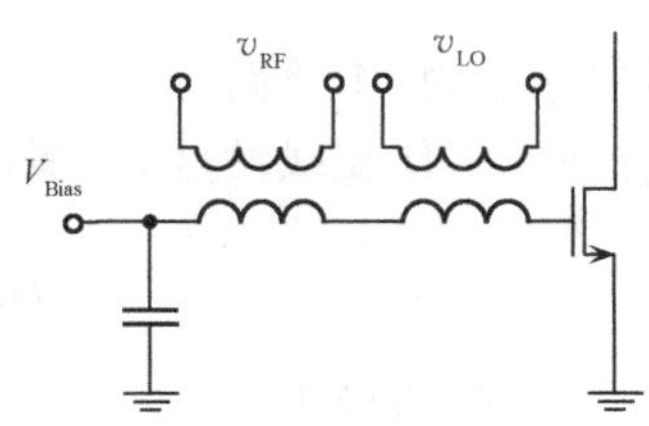

图 6-31 长沟道 MOS 管混频电路

令 $v_{RF}=V_{RF}\cos(\omega_{RF}t)$，$v_{LO}=V_{LO}\cos(\omega_{LO}t)$，MOS 管的栅源电压表示为

$$v_{GS}=v_{RF}+v_{LO}+V_{Bias}=V_{Bias}+V_{RF}\cos(\omega_{RF}t)+V_{LO}\cos(\omega_{LO}t) \tag{6.79}$$

MOS 管的漏极电流表示为

$$\begin{aligned} i_D &= \frac{\mu C_{ox}W}{2L}(v_{GS}-V_{th})^2=\frac{\mu C_{ox}W}{2L}[V_{Bias}+V_{RF}\cos(\omega_{RF}t)+V_{LO}\cos(\omega_{LO}t)-V_{th}]^2 \\ &= \frac{\mu C_{ox}W}{2L}\{(V_{Bias}-V_{th})^2+[V_{RF}\cos(\omega_{RF}t)]^2+[V_{LO}\cos(\omega_{LO}t)]^2 \\ &\quad +2(V_{Bias}-V_{th})V_{RF}\cos(\omega_{RF}t)+2(V_{Bias}-V_{th})V_{LO}\cos(\omega_{LO}t)+2V_{RF}V_{LO}\cos(\omega_{RF}t)\cos(\omega_{LO}t)\} \end{aligned} \tag{6.80}$$

其中,有用的混频项只有一项,为

$$\frac{\mu C_{ox}W}{2L}[2V_{RF}V_{LO}\cos(\omega_{RF}t)\cos(\omega_{LO}t)]=\frac{\mu C_{ox}W}{2L}V_{RF}V_{LO}[\cos(\omega_{RF}+\omega_{LO})t+\cos(\omega_{RF}-\omega_{LO})t] \tag{6.81}$$

所以该混频器的效率不高。由式(6.81)可以很容易地求出混频器的转换增益(这里是跨导)为

$$G_C=\frac{\mu C_{ox}W}{2L}V_{LO} \tag{6.82}$$

这一平方律电路的跨导 G_C 与偏置无关,但它与本振的幅度和温度(由于迁移率的变化)有关。观察式(6.80)容易发现漏极电流中有射频和本振信号,即 RF 和 LO 信号都直接出现在中频,换句话说,RF-IF 和 LO-IF 的隔离度都很差。

2) 双栅 MOSFET 混频器

双栅 MOSFET 混频器如图 6-32 所示,双栅 MOS 管 M 可以用 M_1 和 M_2 来构造,如图 6-33 所示。设置偏置电压 V_{Bias1} 和 V_{Bias2},使 M_2 工作在饱和区,M_1 工作在线性区。M_1 工作在线性区使 M_1 的跨导随漏极电压 v_{DS1} 变化,M_2 工作在饱和区使 v_{DS1} 随 v_{LO} 而变化。

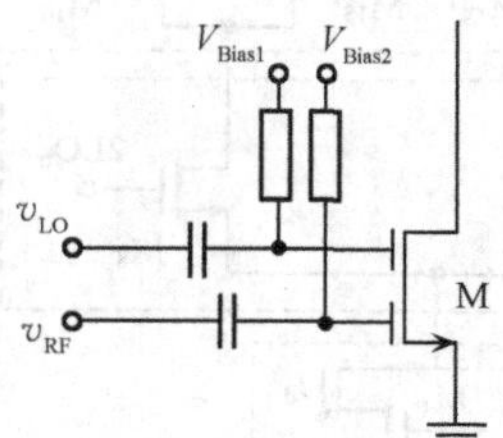

图 6-32　双栅 MOSFET 混频器

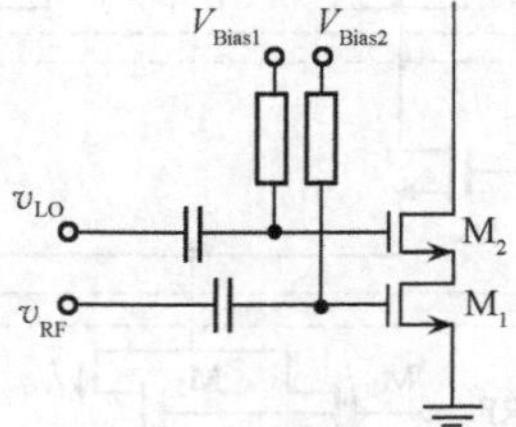

图 6-33　双栅 MOSFET 混频器另一形式

输出电流可以表示为

$$i_{out}=v_{RF}g_{m1} \tag{6.83}$$

其中,g_{m1} 为 M_1 管跨导。

M_1 工作在线性区,其漏极电流为

$$i_{D1}=\frac{\mu C_{ox}W}{2L}[2(v_{GS1}-V_{th})v_{DS1}-v_{DS1}^2] \tag{6.84}$$

M_1 管跨导为

$$g_{m1}=\frac{\partial i_{D1}}{\partial v_{GS1}}=\frac{\mu C_{ox}W}{L}v_{DS1} \tag{6.85}$$

M_2 工作在饱和区使 M_2 可以近似地被看成源极跟随器，有

$$v_{DS1}=v_{LO}+V_{DS1} \tag{6.86}$$

因此有

$$\begin{aligned} i_{out} &= v_{RF}g_{m1}=\frac{\mu C_{ox}W}{L}v_{RF}v_{DS1}=\frac{\mu C_{ox}W}{L}v_{RF}(v_{LO}+V_{DS1}) \\ &= \frac{\mu C_{ox}W}{L}v_{RF}v_{LO}+\frac{\mu C_{ox}W}{L}V_{DS1}v_{RF} \end{aligned} \tag{6.87}$$

其中，有用混频项为 $(\mu C_{ox}W/L)v_{RF}v_{LO}$。

当然，输出电流也可以直接用大信号电流公式计算，或者把 M_1 看成一个由 v_{RF} 控制的可变电导 g_{ds1}，计算 $i_{out}=v_{DS1}g_{ds1}$。

由式(6.87)看出，RF 信号将出现在 IF 端，尽管输出电流表达式中没有出现 LO 信号，但实际上 LO 信号也会出现在 IF 端，读者可以用大信号电流计算公式自行证明。因此，这一混频器的端口之间隔离度不好。

6.5 CMOS Gilbert 混频器分析

CMOS Gilbert 混频器是目前最常用的一种混频器电路结构，具有较高的增益，很好的隔离度，因此，是目前应用最广泛的一种结构。CMOS Gilbert 混频器电路前面已经给出，在这里重新画出，如图 6-34 所示。本节将对 CMOS Gilbert 混频器进行详细分析，以期给读者一个全面而深入的认识。

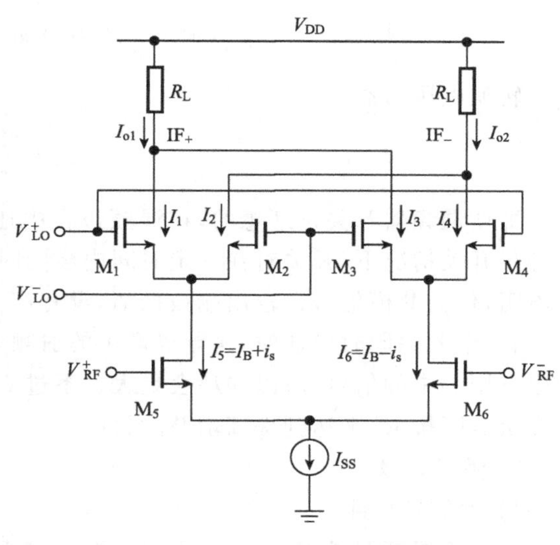

图 6-34 CMOS Gilbert 混频器

1. 变频增益

CMOS Gilbert 混频器由跨导级、开关级和负载级组成，跨导级将输入的射频电压信号转换为电流信号，然后由本振信号控制的开关级对电流信号进行周期性换向，完成频率变换功能。如果本振信号足够强，晶体管 M_1 ～ M_4 近似为理想开关，则输出电流表示为

$$\begin{aligned} I_o &= I_{o1}-I_{o2}=(I_1-I_2)-(I_4-I_3) \\ &= \text{sgn}[\cos(\omega_{LO}t)](I_B+i_s)-\text{sgn}[\cos(\omega_{LO}t)](I_B-i_s) \\ &= 2\text{sgn}[\cos(\omega_{LO}t)]i_s \end{aligned} \tag{6.88}$$

其中，$\text{sgn}[\cos(\omega_{LO}t)]$ 是一个幅度为 1，频率为 ω_{LO} 的方波信号。

$$\text{sgn}[\cos(\omega_{LO}t)]=\begin{cases}-1, & \cos(\omega_{LO}t)<0 \\ 1, & \cos(\omega_{LO}t)>0\end{cases} \tag{6.89}$$

将方波信号 $\text{sgn}[\cos(\omega_{LO}t)]$ 进行傅里叶变换，可得

$$\text{sgn}[\cos(\omega_{LO}t)]=\sum_{k=1}^{\infty}A_k\cos(k\omega_{LO}t) \tag{6.90}$$

其中，$A_k=\dfrac{\sin(k\pi/2)}{k\pi/4}$。

因此，方波信号是由本振信号的各奇次谐波组成的。

对于跨导级，其输出电流为

$$2i_s=g_m V_{RF}\cos(\omega_{RF}t) \tag{6.91}$$

其中，g_m为差分对 M_5、M_6的跨导，$g_m=g_{m5}=g_{m6}$。

因此，混频器输出电流为

$$I_o=g_m V_{RF}\sum_{k=1}^{\infty}\frac{\sin k\pi/2}{k\pi/2}\left[\cos(k\omega_{LO}+\omega_{RF})t+\cos(k\omega_{LO}-\omega_{RF})t\right] \tag{6.92}$$

I_o将在负载级上产生电压信号，送入后级电路。因此，输出信号由 LO 信号的各奇次谐波与 RF 信号的和频和差频组成。通常，$k=1$ 的 LO 与 RF 差频分量$|\omega_{LO}-\omega_{RF}|$是所需要的中频信号。其他成分都是干扰信号，需要滤波处理。

从式(6.92)可知，在理想开关情况下，CMOS Gilbert 混频器的有用信号的输出电压为

$$v_{IF}=\frac{2}{\pi}g_m R_L V_{RF}\cos(\omega_{LO}-\omega_{RF})t \tag{6.93}$$

转换电压增益为

$$CG_V=\frac{2}{\pi}g_m R_L \tag{6.94}$$

即使混频器开关是理想的，在混频过程中还是会有损耗，因为转换增益系数 $2/\pi<1$。在非理想开关情况下，开关对在一定时间内会同时导通。此时，RF 电流会同时流向左右两个负载电阻，作为共模信号在输出端被抵消，没有产生有用的中频信号，所以损耗会更大。换句话说，当 4 个开关同时导通时，跨导级产生的射频差分电流在开关级被短路，而不再流向负载，不产生有用的中频信号，所以损耗会更大。不过 CMOS Gilbert 混频器可以通过增加跨导 g_m或提高负载阻抗 R_L来达到提高增益的目的。

2. 噪声系数

1) 大信号特性

在分析混频器噪声之前，首先以如图 6-35 所示的单平衡 CMOS 混频器为例，分析其大信号特性。

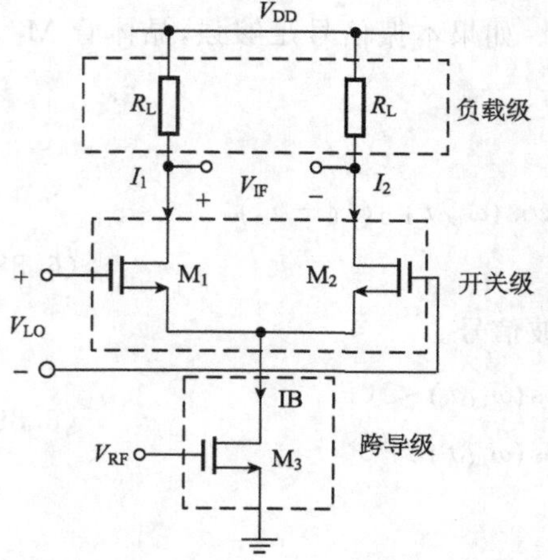

图 6-35　单平衡 CMOS 混频器

差分 LO 电压 $V_{LO}(t)$决定了开关级状态。如果差分电压超过某一电压值$|V_X|$，M_1、M_2两个晶体管中的一个将会关断，另一个会导通。此时，导通的晶体管中的电流等于开关级尾电流的偏置电流 I_B。如果忽略晶体管寄生电容，则开关对可以通过下面两个方程描述成一个差分对为

$$I_1(V_{GS1})+I_2(V_{GS2})=I_B \tag{6.95}$$

$$V_{GS1}(t)-V_{GS2}(t)=V_{LO}(t) \tag{6.96}$$

假设两个晶体管在它们导通期间都保持在饱和状态，则可以利用 MOS 管在饱和条件下的平方律关系。当电流流过其中一个晶体管且等于偏置电流 I_B，同时

栅源电压等于阈值电压 V_{th}时，通过求解 V_{LO}来计算开关电压 V_X。

$$|V_X| = V_{LO}(\Delta/2) = \sqrt{\frac{2I_B}{K_{12}}} \tag{6.97}$$

对于相同的晶体管 M_1 和 M_2，其跨导系数为

$$K_{12} = \frac{\mu_n C_{ox}}{2}\frac{W_{12}}{L_{12}} \tag{6.98}$$

其中，W_{12} 和 L_{12} 分别是晶体管的长和宽；μ_n 和 C_{ox} 是工艺参数。重叠时间 Δ 为

$$\Delta = \frac{1}{\pi f_{LO}}\arcsin\left(\frac{V_X}{A_{LO}}\right)\bigg|_{V_X \ll A_{LO}} \approx \frac{V_X}{\pi f_{LO} A_{LO}} \tag{6.99}$$

其中，A_{LO}为 LO 振幅；f_{LO}是 $V_{LO}(t)$的频率。混频器可以描述为一个双输入单输出系统。输出电流 I_{o1}是瞬时 LO 电压 $V_{LO}(t)$和跨导级输出电流的函数。

$$I_{o1}(t) = I_1(t) - I_2(t) = F[V_{LO}(t), I_B] \tag{6.100}$$

考虑在开关级的 RF 输入端有一个小信号电流 $i_s(t)$，为了确定开关级对这个小信号的响应，对 I_B进行线性化（忽略高阶项）得

$$I_{o1}(t) + i_{o1}(t) = F[V_{LO}(t), I_B] + \frac{\partial}{\partial I_B}F[V_{LO}(t), I_B] \cdot i_s(t) \tag{6.101}$$

在输出端产生的小信号电流为

$$i_{o1}(t) = \frac{\partial}{\partial I_B}F[V_{LO}(t), I_B] \cdot i_s(t) = p_1(t) \cdot i_s(t) \tag{6.102}$$

函数 $p_1(t)$称为混频函数（见图 6-36），它是一个周期函数，其周期为 $T_{LO} = 1/f_{LO}$。小信号 $i_s(t)$与混频函数 $p_1(t)$在时域的乘积对应于频域的离散卷积：

$$i_{o1}(f) = \sum_{k=-\infty}^{\infty} p_{1,k} i_s(f - kf_{LO}) \tag{6.103}$$

其中，$p_{1,k}$ 表示 $p_1(t)$的 k 阶傅里叶系数。

现在考虑在开关级的 LO 输入端有一个小信号电压 $v_{LO}(t)$，对 $V_{LO}(t)$进行线性化得

$$i_{o1}(t) = \frac{\partial}{\partial V_{LO}(t)}F[V_{LO}(t), I_B] \cdot v_{LO}(t) = G(t) \cdot v_{LO}(t) \tag{6.104}$$

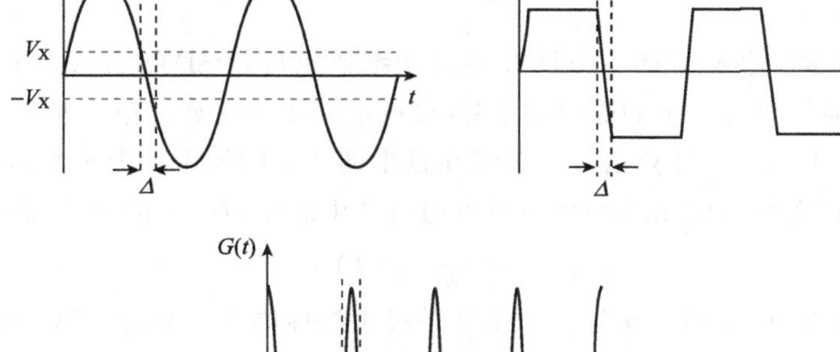

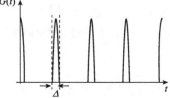

图 6-36 LO 电压和开关函数 $p_1(t)$和 $G(t)$

函数 $G(t)$ 描述了开关级的周期性时变跨导(见图 6-36)。与式(6.103)相同，$G(t)$ 与 $v_{\text{LO}}(t)$ 在时域的乘积可以表示为在频域的离散卷积：

$$i_{o1}(f)=\sum_{k=-\infty}^{\infty}G_k v_{\text{LO}}(f-kf_{\text{LO}}) \tag{6.105}$$

其中，G_k 表示 $G(t)$ 的 k 阶傅里叶系数。

2) 噪声分析

由于 CMOS Gilbert 混频器是由两个单平衡结构以差分形式构成的，为了简化分析，这里仅以如图 6-35 所示的单平衡结构为例对混频器噪声进行分析，其结论可类推到双平衡结构。

噪声分析的主要思路是将电路中的噪声等效到两个输入端，如图 6-37 所示，而将混频器看成无噪声混频器。这样，通过混频器的传递函数就可以计算出这些噪声源在输出端的噪声值。由于噪声源在工作点处仅引起小的扰动，所以各噪声源可单独分析，然后叠加就是总的噪声。

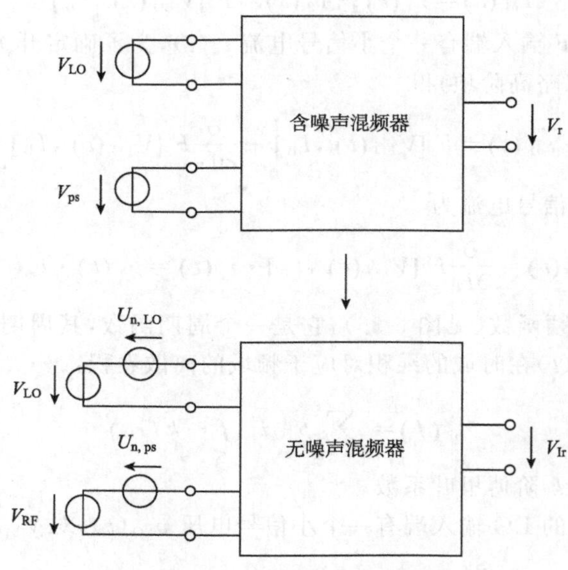

图 6-37　噪声源等效到混频器的输入端

(1) RF 端口噪声。

考虑在混频器 RF 输入端有一个具有稳态功率谱密度(PSD)$S_{\text{n,RF}}(f)$ 的噪声电压 $u_{\text{n,RF}}(t)$。则其在混频器输出端产生的噪声的 PSD 可通过两步来计算。第一步是计算转换到开关级输入端的噪声。第二步是计算通过开关级在输出端产生的噪声。由于晶体管 M_3 将输入电压转换为电流，所以跨导级输出端的噪声可以通过产生的噪声电流的 PSD 描述：

$$S_{\text{n,RF}}^{\text{i}}(f)=S_{\text{n,RF}}(f)\cdot g_{\text{m3}}^2 \tag{6.106}$$

其中，g_{m3} 是晶体管 M_3 的小信号跨导。由于开关级是线性周期时变(LPTV)系统，所以其输出端产生的噪声的 PSD 为

$$S_{\text{n,RF}}^{\text{o}}(f)=\sum_{k=-\infty}^{\infty}|p_{1,k}|^2\cdot S_{\text{n,RF}}^{\text{i}}(f-kf_{\text{LO}}) \tag{6.107}$$

将式(6.106)代入式(6.107)，可以得到计算混频器 RF 输入端噪声源在混频器输出端产

生的噪声电流的 PSD 表达式为

$$S_{\mathrm{n,RF}}^{\mathrm{o}}(f)=g_{\mathrm{m3}}^{2}\sum_{k=-\infty}^{\infty}|p_{1,k}|^{2}S_{\mathrm{n,RF}}(f-kf_{\mathrm{LO}}) \tag{6.108}$$

(2) LO 端口噪声。

由开关级 LO 输入端的一个具有稳态 PSD $S_{\mathrm{n,LO}}(f)$的噪声电压 $u_{\mathrm{n,LO}}(t)$在输出端产生的噪声电流的 PSD 为

$$S_{\mathrm{n,LO}}^{\mathrm{o}}(f)=\sum_{k=-\infty}^{\infty}|G_k|^{2}S_{\mathrm{n,LO}}(f-kf_{\mathrm{LO}}) \tag{6.109}$$

当输入噪声源是白噪声时,式(6.108)和式(6.109)可简化为

$$S_{\mathrm{n,RF}}^{\mathrm{o}}=g_{\mathrm{m3}}^{2}S_{\mathrm{n,RF}}\sum_{k=-\infty}^{\infty}|p_{1,k}|^{2} \tag{6.110}$$

$$S_{\mathrm{n,LO}}^{\mathrm{o}}=S_{\mathrm{n,LO}}\sum_{k=-\infty}^{\infty}|G_k|^{2} \tag{6.111}$$

根据 Parseval 定理,式(6.110)和式(6.111)中的求和可以写成下面的积分形式:

$$\alpha=\sum_{k=-\infty}^{\infty}|p_{1,k}|^{2}=\frac{1}{T_{\mathrm{LO}}}\int_{0}^{T_{\mathrm{LO}}}[p_1(t)]^{2}\mathrm{d}t \tag{6.112}$$

$$\beta=\sum_{k=-\infty}^{\infty}|G_k|^{2}=\frac{1}{T_{\mathrm{LO}}}\int_{0}^{T_{\mathrm{LO}}}[G(t)]^{2}\mathrm{d}t \tag{6.113}$$

当 $p_1(t)$在重叠区域(见图 6-36)近似为时间的线性函数时,才能推出 α 的解析表达式。同样,当函数 $G(t)$近似为方波函数时,才能推出 β 的解析表达式。通过这些近似并利用式(6.97)和式(6.99)可以得到

$$\alpha\approx\tilde{\alpha}=1-\frac{4}{3}\Delta f_{\mathrm{LO}}=1-\frac{4}{3\pi f_{\mathrm{LO}}A_{\mathrm{LO}}}\sqrt{\frac{2I_{\mathrm{B}}}{K_{12}}} \tag{6.114}$$

$$\beta=\tilde{\beta}=\frac{1}{\Delta f_{\mathrm{LO}}}\left(\frac{I_{\mathrm{B}}}{\pi A_{\mathrm{LO}}}\right)^{2}=\frac{I_{\mathrm{B}}\sqrt{2I_{\mathrm{B}}K_{12}}}{\pi A_{\mathrm{LO}}} \tag{6.115}$$

式(6.114)和式(6.115)说明噪声传递因子 α 和 β 依赖于由晶体管 M_1 和 M_2 特性所决定的 K_{12}。在不同的 LO 幅值 A_{LO} 条件下,对式(6.112)式(6.113)的估计值和式(6.114)、式(6.115)的近似值进行比较,如图 6-38 所示。图中显示,两种近似都在 LO 幅值较高时吻合得更好。

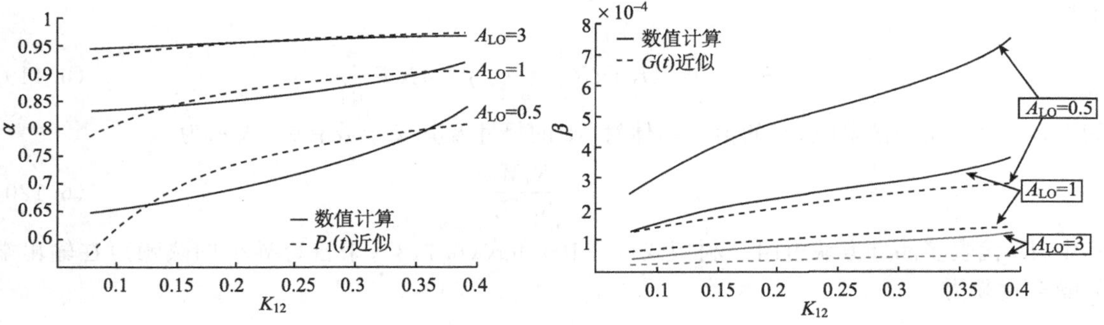

图 6-38 不同 LO 幅值下的噪声传递因子 α 和 β 随 K_{12} 的变化曲线

由于已经定义了计算混频器输出端噪声的方程，现在可以单独分析每个噪声源了。首先分析跨导级噪声源，它们与 RF 输入有关。然后分析开关级噪声源，它们与 LO 输入有关。根据噪声源与频率的相关性对其进行分类。热噪声的 PSD 是与频率无关的，因此，可以使用式(6.110)和式(6.111)作为热噪声到输出端的传递函数。而闪烁噪声的 PSD 是与频率相关的，因此，使用式(6.108)和式(6.109)表示。

(3) 混频器的噪声源。

混频器的噪声是由电路中的晶体管、负载和寄生电阻产生的。图 6-39 是一个忽略了所有寄生电容的 MOSFET 小信号噪声模型。MOSFET 中的沟道热噪声和闪烁噪声通常用漏端的噪声电流描述，也可以等效为与栅极串联的输入噪声电压。对于沟道热噪声，其等效的输入噪声电压 PSD 表示为

$$S_{\mathrm{n,th,ch}} = 4KT\gamma \frac{g_{\mathrm{d0}}}{g_{\mathrm{m}}^2} \approx \frac{4KT\gamma}{g_{\mathrm{m}}} \tag{6.116}$$

对于闪烁噪声，其等效的输入噪声电压 PSD 可以表示为

$$S_{\mathrm{n,fl}}(f) = \frac{K_{\mathrm{fl}}(V_{\mathrm{GS}})}{WLC_{\mathrm{ox}}} \frac{1}{f} \tag{6.117}$$

其中，K 是 Boltzmann 常数；K_{fl}为闪烁噪声因子；γ 为热噪声因子。K_{fl}和 γ 都与偏置相关，对于短沟道器件 γ 可以达到 2.5。由电阻 R 产生的热噪声的 PSD 为

$$S_{\mathrm{n,th,r}} = 4KTR \tag{6.118}$$

这个关系式可以用来计算由栅极多晶硅电阻 r_{g}、源电阻 R_{S}和负载电阻 R_{L}产生的热噪声。

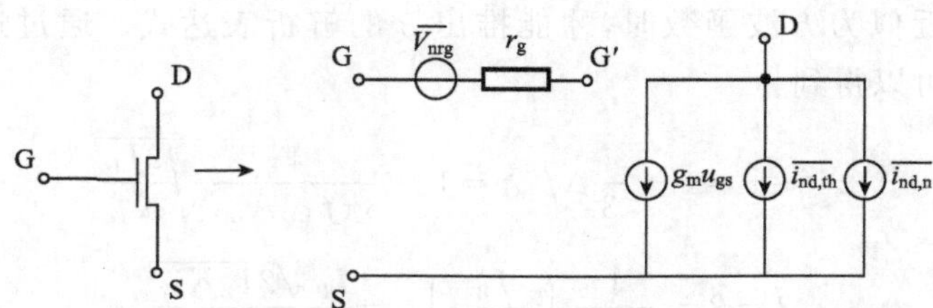

图 6-39　忽略寄生电容的 MOSFET 小信号噪声模型

(4) 跨导级噪声。

跨导级噪声源有晶体管 M_3和源电阻 R_{S3}。晶体管 M_3产生沟道热噪声和多晶硅栅电阻热噪声，还会产生闪烁噪声。跨导级在输入端等效热噪声电压可以利用式(6.116)和式(6.118)推导得

$$S_{\mathrm{n,th,RF}} = 4KT(R_{\mathrm{S3}} + r_{\mathrm{g3}}) + 4KT\frac{\gamma_3}{g_{\mathrm{m3}}} \tag{6.119}$$

其中，r_{g3}为多晶硅栅电阻，它的值与晶体管 M_3的尺寸及其叉指数有关，表示为

$$r_{\mathrm{g3}} = \frac{R_{\mathrm{P}}W_3}{3n^2L_3} \tag{6.120}$$

其中，R_{P}代表多晶硅方块电阻。利用式(6.110)和式(6.112)，来自跨导级的热噪声在输出端的噪声贡献为

$$S_{\mathrm{n,th,RF}}^{\mathrm{o}} = \alpha \cdot 4KT\left(R_{\mathrm{S3}} + r_{\mathrm{g3}} + \frac{\gamma_3}{g_{\mathrm{m3}}}\right) \cdot g_{\mathrm{m3}}^2 \tag{6.121}$$

为了计算在输出端电流中由晶体管 M_3 产生的闪烁噪声的贡献，需要利用式(6.108)。由于 MOSFET 的闪烁噪声的拐角频率在千赫兹范围，这远远低于 LO 频率。式(6.108)表明晶体管 M_3 产生的闪烁噪声会出现在输出端，并且在 LO 频率及其奇次谐波附近。对于下变频混频器，所关心的输出频带在零中频附近，因此，跨导级产生的闪烁噪声影响不大。

(5) 开关级噪声。

开关级噪声是由晶体管 M_1 和 M_2 产生的，且都在沟道和栅极产生热噪声和闪烁噪声。

将开关级等效为单个晶体管 M_{12}，其跨导为 $G(t)$。在此简化下，由时变电阻产生的热噪声可以等效为时不变的情况，由等效晶体管产生的输入等效热噪声电压的 PSD 为

$$S_{\mathrm{n,th,12}}(t)=4KT\frac{\gamma_{12}}{G(t)}\approx 4KT\frac{\gamma_{12}}{\bar{G}} \tag{6.122}$$

其中，$\bar{G}$ 是 $G(t)$ 的时间平均值，表示为

$$\bar{G}=\frac{1}{T_{\mathrm{LO}}}\int_0^{T_{\mathrm{LO}}}G(t)\,\mathrm{d}t \tag{6.123}$$

将 $G(t)$ 近似为一个类方波函数可以得到

$$\bar{G}\approx\frac{I_{\mathrm{B}}}{\pi A_{\mathrm{LO}}} \tag{6.124}$$

开关级输入等效热噪声电压为

$$S_{\mathrm{n,th,LO}}=8KT(R_{\mathrm{S12}}+r_{\mathrm{g12}})+4KT\frac{\gamma_{12}}{\bar{G}} \tag{6.125}$$

利用式(6.106)，来自开关级的热噪声在输出端的噪声贡献为

$$S_{\mathrm{n,th,LO}}^{\mathrm{o}}=\beta\cdot 8KT\left(R_{\mathrm{S12}}+r_{\mathrm{g12}}+\frac{\gamma_{12}}{2\bar{G}}\right) \tag{6.126}$$

假设式(6.117)给出的计算模型恰当且串联在栅极的是时不变闪烁噪声电压源，则仍然可以对开关级闪烁噪声贡献进行计算。式(6.109)表明晶体管 M_1 和 M_2 产生的闪烁噪声出现在输出端，且在直流和 LO 频率的偶次谐波附近。仅考虑 $k=0$ 时的情况，可以利用式(6.109)计算闪烁噪声在输出端直流附近的噪声贡献

$$S_{\mathrm{n,fl,LO}}^{\mathrm{o}}(f)=|G_0|^2 S_{\mathrm{n,fl,LO}}(f) \tag{6.127}$$

其中，G_0 是 $k=0$ 时，$G(t)$ 的傅里叶系数，其值等于

$$G_0=\frac{2I_{\mathrm{B}}}{\pi A_{\mathrm{LO}}} \tag{6.128}$$

现在，将式(6.117)、式(6.128)代入式(6.127)，可以得到由 M_1 和 M_2 在混频器输出端产生的闪烁噪声的 PSD 表达式

$$S_{\mathrm{n,fl,LO}}^{\mathrm{o}}(f)=\left(\frac{2I_{\mathrm{B}}}{\pi A_{\mathrm{LO}}}\right)^2\cdot\frac{K_{\mathrm{fl}}}{W_{12}L_{12}C_{\mathrm{ox}}}\frac{1}{f} \tag{6.129}$$

(6) 混频器总噪声。

混频器输出端中频附近总的噪声电流包括来自跨导级、开关级和负载级的热噪声，以及来自开关级的闪烁噪声，表示为

$$S_{\mathrm{n}}^{\mathrm{o}}(f)=S_{\mathrm{n,th,RF}}^{\mathrm{o}}+S_{\mathrm{n,th,LO}}^{\mathrm{o}}+S_{\mathrm{n,th,L}}^{\mathrm{o}}+S_{\mathrm{n,fl,LO}}^{\mathrm{o}}(f) \tag{6.130}$$

其中,来自负载级的噪声电流的 PSD 可表示为

$$S^{o}_{n,th,L}=4KT\frac{1}{R_L} \tag{6.131}$$

利用噪声系数的定义,单平衡 CMOS 混频器的单边带(SSB)噪声系数表示为

$$NF_{SSB}=1+\frac{S^{o}_{n}(f)}{\alpha g^{2}_{m}\cdot 4KTR_{S3}} \tag{6.132}$$

3. 线性度

当混频器的负载是线性负载时,混频器的线性度与跨导级和开关级有关。这里先针对三阶截点进行定性说明,之后再给出定量分析。由于双平衡混频器是由两个单平衡混频器以差分结构构成的,双平衡混频器的输入功率在两个单平衡混频器之间平分,所以双平衡混频器的线性度性能比单平衡混频器高 3dB。下面仅针对单平衡混频器进行说明。

对于单平衡混频器,跨导级是一个共源放大器,它的线性度限制了混频器能达到的最高线性度。当跨导级是一个理想的电压-电流线性变换器时,混频器的线性度也会受到开关对引入的交调的限制。当本振信号频率较低,可以忽略电路中的节点寄生电容时,开关对引入的三阶交调分量与本振信号过零处的斜率成反比,随本振信号幅度的增加而减小。因此,当开关对可近似作为理想开关时,可以忽略开关对引入的三阶交调分量的影响。而当本振信号频率较高时,开关对共源节点的寄生电容会严重恶化混频器的三阶交调性能,共源节点的寄生电容越大,三阶交调分量越高。而且,与在低频情况下不同,高频下开关对引入的三阶交调分量与本振信号幅度之间不是单调关系,当本振信号幅度较小时,增加本振信号幅度,开关对引入的三阶交调分量会减小。而当本振信号幅度增加到一定程度后,开关对引入的三阶交调分量反而会随着本振信号幅度的增加而增加。因此,存在一个最优化的本振信号幅度,可以最大程度地减小开关对引入的三阶交调分量。

无论在高频下还是低频下,混频器的三阶交调分量近似为跨导级的三阶交调分量和开关对引入的三阶交调分量之和。因此,为了提高混频器的三阶截点,就要提高跨导级的线性度,这可以采用负反馈技术、AB 类工作的跨导级技术和分段线性化技术等。关于混频器线性化具体技术将在后面的章节介绍。为了减小开关对引入的三阶交调分量,应对本振信号幅度和开关对尺寸进行优化,选择使三阶交调分量最小的本振信号幅度和开关对尺寸。

下面给出当开关对晶体管离开饱和区时对混频器线性度影响的定性分析。如果开关晶体管进入线性区,那么有源混频器的线性度就会下降。下面以单平衡混频器为例进行说明。单平衡混频器如图 6-40 所示,图 6-40(a)为单平衡混频器原理图,当开关管 M_2 进入线性区时,等效电路如图 6-40(b)所示。注意,负载电阻和电容确立的带宽与中频信号相适应,且 IF 信号与 LO 波形不相关。如果 M_2 和 M_3 同时工作于饱和区,那么射频电流 I_{RF} 在两个开关管之间的分配是由跨导决定的,而与它们的漏极电压无关(这里忽略了沟道长度调制效应)。此外,如果 M_2 工作于线性区,那么 I_{D2} 是 X 点 IF 信号电压的函数,M_2 和 M_3 的电流分配就与信号有关了。为了避免非线性,当 M_3 导通时,M_2 不能进入线性区;而当 M_2 导通时,M_3 不能进入线性区。因此,LO 信号摆幅不能过大。

1) 跨导级的线性度

有源混频器的线性度主要是由输入跨导管的过驱动电压决定的,放大器的非线性模型可以描述为 $y=\alpha_0+\alpha_1x+\alpha_2x^2+\alpha_3x^3$。令 $x=0$,可得 α_0 值;对多项式求导,可得 $\alpha_1\sim\alpha_3$ 值:

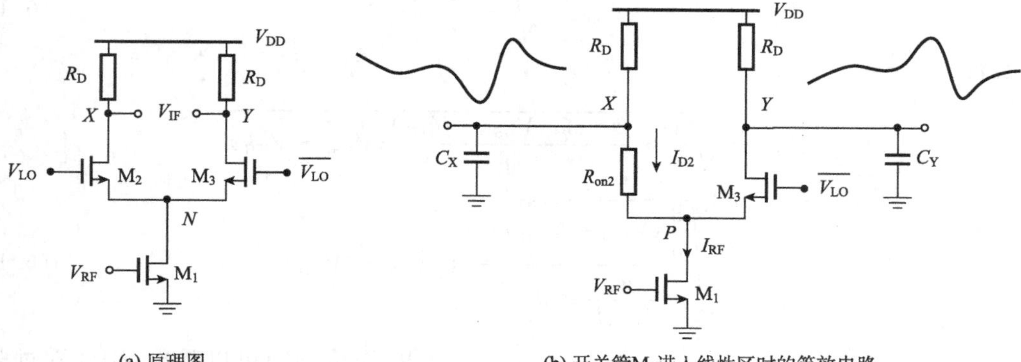

图 6-40　单平衡混频器原理图和开关管 M_2 进入线性区时的等效电路

$$\alpha_1 = \left.\frac{\partial y}{\partial x}\right|_{x=0} \tag{6.133}$$

$$\alpha_2 = \left.\frac{1}{2}\frac{\partial^2 y}{\partial x^2}\right|_{x=0} \tag{6.134}$$

$$\alpha_3 = \left.\frac{1}{6}\frac{\partial^3 y}{\partial x^3}\right|_{x=0} \tag{6.135}$$

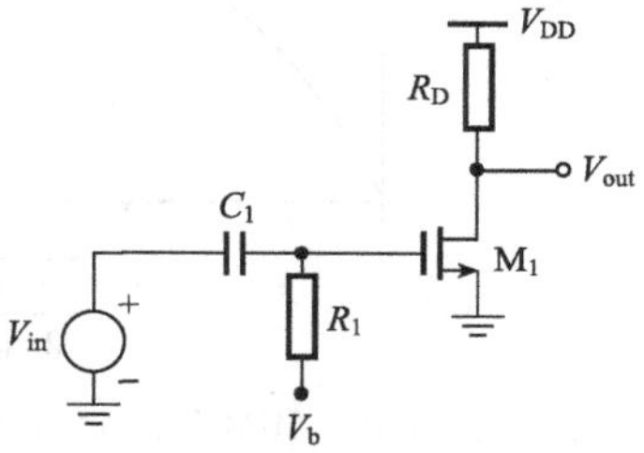

图 6-41　简单跨导放大器电路

简单跨导放大器电路如图 6-41 所示，受短沟道条件下载流子速度饱和及纵向电场引起迁移率退化的影响，亚微米晶体管不再具有平方律特性，其漏极饱和电流 I_D可以表示为

$$I_D = \frac{1}{2}\mu_0 C_{ox}\frac{W}{L}\frac{(V_{GS}-V_{TH})^2}{1+\left(\dfrac{\mu_0}{2v_{sat}L}+\theta\right)(V_{GS}-V_{TH})} \tag{6.136}$$

其中，v_{sat}为载流子饱和速度；θ 为纵向电场的影响。由于，当 $\varepsilon \ll 1$ 时，$(1+\varepsilon)^{-1} \approx 1-\varepsilon$，那么如果式(6.136)中的分母第二项远小于 1，式(6.136)可写为

$$I_D \approx \frac{1}{2}\mu_0 C_{ox}\frac{W}{L}\left[(V_{GS}-V_{TH})^2 - \left(\frac{\mu_0}{2v_{sat}L}+\theta\right)(V_{GS}-V_{TH})^3\right] \tag{6.137}$$

输入信号 V_{in}叠加到偏置电压 V_{GS0}上构成了 $V_{GS}=V_{in}+V_{GS0}$，代入式(6.137)可得

$$\begin{aligned} I_D \approx{} & K[2-3a(V_{GS0}-V_{TH})](V_{GS0}-V_{TH})V_{in} + K[1-3a(V_{GS0}-V_{TH})]V_{in}^2 \\ & - KaV_{in}^3 + K(V_{GS0}-V_{TH})^2 - aK(V_{GS0}-V_{TH})^3 \end{aligned} \tag{6.138}$$

其中，$K=\dfrac{1}{2}\mu_0 C_{ox}\dfrac{W}{L}$，$a=\dfrac{\mu_0}{2v_{sat}L}+\theta$。从式(6.138)可以看出，后两项是偏置电流，前三项分别为 V_{in}的一次项、二次项和三次项，则

$$a_1 = K[2-3a(V_{GS0}-V_{TH})](V_{GS0}-V_{TH}) \tag{6.139}$$

$$a_3 = -Ka \tag{6.140}$$

由于

$$A_{\mathrm{IIP3}}=\sqrt{\frac{4}{3}\left|\frac{\alpha_1}{\alpha_3}\right|} \tag{6.141}$$

所以可得

$$A_{\mathrm{IIP3}}=\sqrt{\frac{4}{3}\times\frac{2-3a(V_{\mathrm{GS0}}-V_{\mathrm{TH}})}{a}(V_{\mathrm{GS0}}-V_{\mathrm{TH}})}$$
$$=\sqrt{\frac{\frac{8}{3}(V_{\mathrm{GS0}}-V_{\mathrm{TH}})}{\frac{\mu_0}{2v_{\mathrm{sat}}L}+\theta}-4(V_{\mathrm{GS0}}-V_{\mathrm{TH}})^2} \tag{6.142}$$

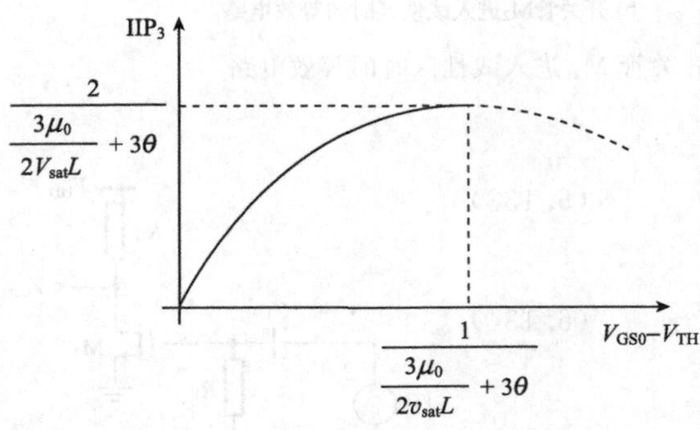

图 6-42　IIP3 随过驱动电压变化曲线

从式(6.142)可以看出,IIP3 随过驱动电压的增加而先增加再减小,并在 $V_{\mathrm{GS0}}-V_{\mathrm{TH}}=(3a)^{-1}$ 处取得最大值(见图 6-42):

$$A_{\mathrm{IIP3,max}}=\frac{2}{3a}=\frac{2}{3}\frac{1}{\frac{\mu_0}{2v_{\mathrm{sat}}L}+\theta} \tag{6.143}$$

2) 开关级的线性度

对开关级非线性的分析仍然要从开关管的大信号特性开始。这里沿用分析噪声特性时的过程,把输出电流 I_{o1} 看成瞬时 LO 电压 $V_{\mathrm{LO}}(t)$ 和跨导级输出电流的函数,写为

$$I_{\mathrm{o1}}(t)+i_{\mathrm{o1}}(t)=F[V_{\mathrm{LO}}(t),I_{\mathrm{B}}+i_{\mathrm{s}}(t)] \tag{6.144}$$

对式(6.144)进行三阶泰勒展开,并只保留信号项为

$$i_{\mathrm{o1}}(t)=\frac{\mathrm{d}F}{\mathrm{d}I_{\mathrm{B}}}\cdot i_{\mathrm{s}}+\frac{1}{2}\frac{\mathrm{d}^2F}{\mathrm{d}I_{\mathrm{B}}^2}\cdot i_{\mathrm{s}}^2+\frac{1}{6}\frac{\mathrm{d}^3F}{\mathrm{d}I_{\mathrm{B}}^3}\cdot i_{\mathrm{s}}^3 \tag{6.145}$$

或写为

$$i_{\mathrm{o1}}(t)=p_1(t)\cdot i_{\mathrm{s}}+p_2(t)\cdot i_{\mathrm{s}}^2+p_3(t)\cdot i_{\mathrm{s}}^3 \tag{6.146}$$

其中,$p_1(t)$、$p_2(t)$ 和 $p_3(t)$ 的波形都是周期的,它们典型的波形如图 6-43 所示。

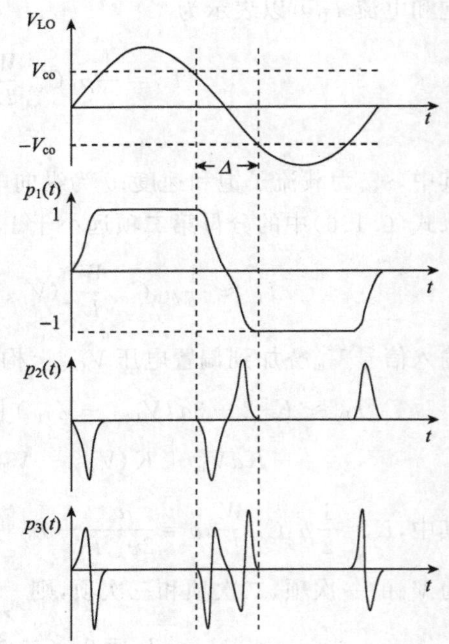

图 6-43　典型的 $p_1(t)$、$p_2(t)$ 和 $p_3(t)$ 波形

不失一般性,$p_1(t)$、$p_2(t)$ 和 $p_3(t)$ 都是时间的奇函数,并且可用正弦序列展开,式(6.146)变为

$$i_{\mathrm{o1}}(t)=\sum_{k=1}^{\infty}[p_{1,k}\cdot i_{\mathrm{s}}+p_{2,k}\cdot i_{\mathrm{s}}{}^2+p_{3,k}\cdot i_{\mathrm{s}}{}^3]\cdot\sin(2\pi kf_{\mathrm{LO}}t) \tag{6.147}$$

其中,$p_{i,k}$ 是 $p_i(t)$ 正弦展开式中第 k 次项的系数;f_{LO} 是本振频率。混频器一般通过本振的基频相乘作用实现频谱搬移功能,式(6.147)中只需要保留 $k=1$ 的项,

从而写为

$$i_{o1}(t)=b_1\cdot i_s+b_2\cdot i_s^2+b_3\cdot i_s^3 \tag{6.148}$$

其中

$$b_i=\frac{p_{i,1}}{2}=\frac{1}{T_{LO}}\int_0^{T_{LO}}p_i(t)\sin(2\pi f_{LO}t)\mathrm{d}t \tag{6.149}$$

T_{LO}是本振周期。如果输入信号 i_s 包含两个幅度相等并等于 I_s，频率位于相距很近的 f_1 与 f_2 上的单音信号，写为

$$i_s=I_s\cos(2\pi f_1t)+I_s\cos(2\pi f_2t) \tag{6.150}$$

则其产生的归一化三阶交调等于

$$\mathrm{IM}_3=\frac{3}{4}\frac{b_3}{b_1}I_s^2 \tag{6.151}$$

令 $\mathrm{IM}_3=1$ 得到开关级具有的 IIP_3 为

$$\mathrm{IIP}_3=\sqrt{\frac{4}{3}\frac{b_1}{b_3}} \tag{6.152}$$

3）总线性度

混频器的总线性度是由跨导级和开关级共同决定的，假设跨导级的非线性表示为

$$i_s=a_1\cdot v_{in}+a_2\cdot v_{in}^2+a_3\cdot v_{in}^3 \tag{6.153}$$

其中，v_{in}是输入电压。把跨导级的幂级数序列与开关级的幂级数序列级联起来，输出电流就可以通过一个新的时变幂级数与输入电压联系起来。将式(6.153)代入式(6.146)得到

$$\begin{aligned}i_{o1}(t)=&a_1p_1(t)\cdot v_{in}+[a_2p_1(t)+a_1^2p_2(t)]\cdot v_{in}^2\\&+[a_3p_1(t)+2a_1a_2p_2(t)+a_1^3p_3(t)]\cdot v_{in}^3\end{aligned} \tag{6.154}$$

把 $p_1(t)$、$p_2(t)$和 $p_3(t)$的正弦序列展开式代入式(6.164)，得到

$$\begin{aligned}i_{o1}(t)=&\sum_{k=1}^{\infty}[a_1p_{1,k}\cdot v_{in}+(a_2p_{1,k}+a_1^2p_{2,k})\cdot v_{in}^2\\&+(a_3p_{1,k}+2a_1a_2p_{2,k}+a_1^3p_{3,k})\cdot v_{in}^3]\cdot\sin(2\pi kf_{LO}t)\end{aligned} \tag{6.155}$$

只有 $k=1$ 的项对混频起作用，忽略其他项，则

$$i_{o1}(t)=c_1\cdot v_{in}+c_2\cdot v_{in}^2+c_3\cdot v_{in}^3 \tag{6.156}$$

其中

$$c_1=a_1b_1 \tag{6.157}$$

$$c_2=a_2b_1+a_1{}^2b_2 \tag{6.158}$$

$$c_3=a_3b_1+2a_1a_2b_2+a_1{}^3b_3 \tag{6.159}$$

因此，总的三阶交调成分由下式给出

$$\mathrm{IM}_3=\frac{3}{4}\frac{c_3}{c_1}V_{in}^2\approx\frac{3}{4}\left(\frac{a_3}{a_1}V_{in}^2+\frac{b_3}{b_1}a_1^2V_{in}^2\right) \tag{6.160}$$

式(6.160)右边的第二项因为较小而被忽略掉，总的交调分量大约等于跨导级或开关级单独作用而另一个理想时的交调分量之和。

4. 接口电路

对于下变频混频器，输入信号为射频信号，因此，需要考虑射频输入端的阻抗匹配问题。如果混频器与接收机中其他模块集成在同一个芯片上，那么阻抗匹配相对比较简单。通常，混频器的前级为低噪声放大器，在设计低噪声放大器时，应将混频器的输入阻抗作为其负载来考虑。在设计混频器时，应将低噪声放大器的输出阻抗作为信号源阻抗来考虑。但对于单片实现的混频器，射频输入端必须匹配到某一个特定的阻抗(一般为 50Ω)。下面介绍几种常用的阻抗匹配技术。

与低噪声放大器一样，混频器的跨导级也可以采用源极电感负反馈和在栅极串联电感谐振的方法来达到阻抗匹配的要求，如图 6-44 所示。该跨导级可以采用与低噪声放大器相同的设计方法来进行优化。由于串联谐振可以提供电压增益，所以，这种跨导级可以提供较大的跨导和较低的噪声系数。但由于它需要多个电感元件，占用的芯片面积会较大。

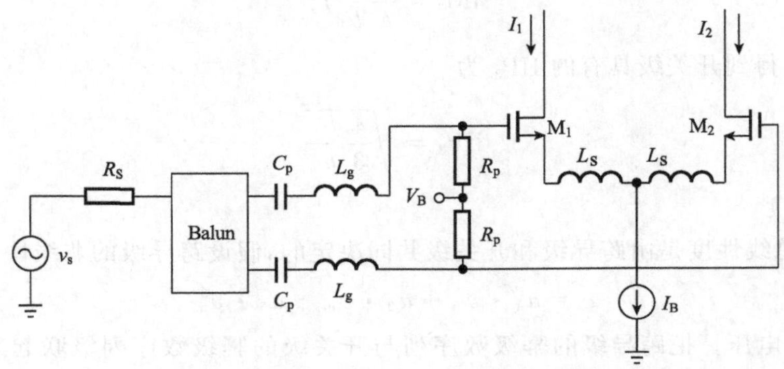

图 6-44　采用电感源简并技术的混频器跨导级

混频器的跨导级还可以采用共栅结构来实现阻抗匹配，如图 6-45 所示。通过设置共栅晶体管的跨导等于 20mS，就可以实现 50Ω 的宽带输入阻抗。这种跨导级会引入较大的噪声电流，但考虑到混频器的输出噪声主要是由开关对在混频过程中产生的，跨导级的噪声对混频器的整体噪声性能影响并不大；同时这种结构不需要无源元件就实现了阻抗匹配，因此，在单片集成的混频器中，共栅结构的跨导级得到了广泛的应用。

在射频接口上，单平衡混频器采用单端输入，而双平衡混频器采用差分输入，因此，当驱动混频器的信号(低噪声放大器输出信号或者射频信号源)是单端形式时，双平衡混频器还需要一个单端－差分转换电路。当对对称性要求不高时，将双平衡混频器的一个输入端通过电容接地，也可以实现单端输入。另一种办法是采用单端输入的双平衡混频器。这种混频器如图 6-46 所示。共栅晶体管 M_1 和共源晶体管 M_2 的跨导都设计为相同值，因此，当信号以电压形式加到 A 端时，跨导级的输出信号电流 i_1 和 i_2 具有相同的幅度和 180°的相位差，这样就完成了单端-差分转换功能。共栅晶体管 M_1 还提供输入阻抗匹配功能。因此，该跨导级完成了阻抗匹配、单端电压-差分电流转换等功能。为了保证两个支路的混频器特性一致，流过两个支路的直流电流应该相同，这可以通过调节偏置电流 I_B 和共栅晶体管的偏置电压 V_B 来实现。

本振信号幅度对混频器的转换增益、线性度和噪声系数等性能都有很大的影响。驱动混频器开关对的本振信号应具有足够的电压摆幅，使得开关对可以近似作为一个理想开关。但本振信号幅度过大，由于对开关对共源节点的寄生电容充放电，充放电电流可能出现尖峰脉

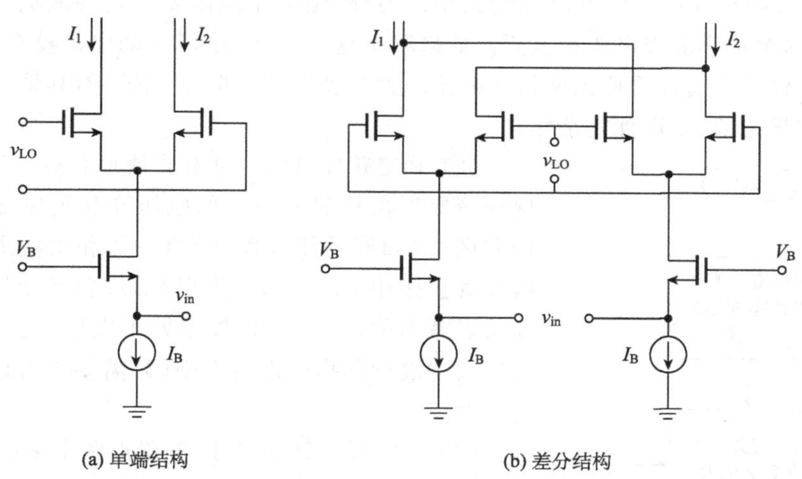

图 6-45　采用共栅结构的混频器跨导级单端结构和差分结构

冲,而且开关对中的晶体管可能还会瞬间离开饱和区,反而降低了混频器的性能。对于 MOS 开关对,本振信号电压幅度为 100～300mV 是比较合适的。考虑到射频信号的 50Ω 匹配要求,当片上没有集成本地振荡器时,需要由外部驱动电路来提供这么强的信号。即使片上集成了本地振荡器,本振信号幅度也足够大,为了消除本地振荡器和混频器之间的相互影响也需要一个缓冲器进行隔离。因此,本地振荡器的输出端会同时集成本振缓冲电路。图 6-47 给出了一种常用的本振信号缓冲电路,它是采用 LC 并联谐振电路作负载的共源放大器,开关对的栅电容已经被吸收到 LC 谐振负载中了,开关对的尺寸和对本振信号幅度的要求决定了本振缓冲器的功耗。

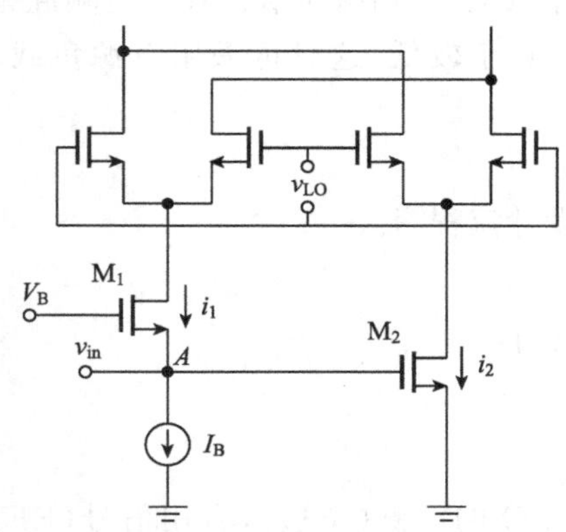

图 6-46　单端输入的双平衡混频器

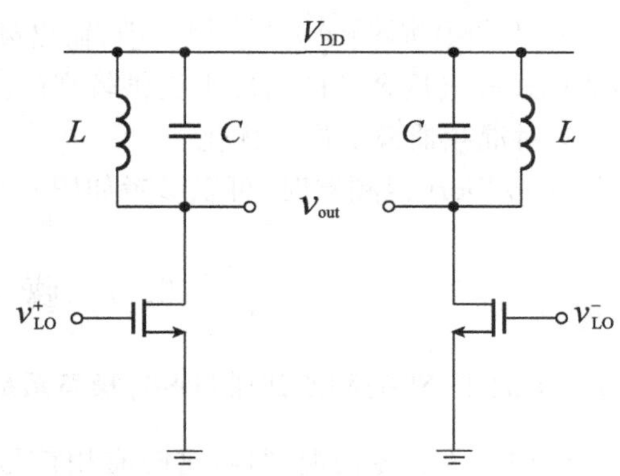

图 6-47　本振缓冲器

当本地振荡器和本振缓冲器没有集成在同一块芯片中,而是用 50Ω 传输线连接时,为了避免反射信号对本地振荡器造成干扰,本振缓冲器的输入需要提供 50Ω 阻抗。一般简单地采用栅极与地之间并联 50Ω 电阻的办法来实现。如果本振信号源是单端信号,本振缓冲器输入端还需要一个单端－差分转换电路。

5. 设计流程

设计一个 Gilbert 双平衡混频器时,可以采用以下的设计流程。

(1) 根据系统指标确定尾电流源的大小。另外,尾电流源需要一定的漏极电压以维持恒流工作,确定这个最小漏极电压很重要。如果小于这个电压,电流源的电流就会急速下降,产生很大的非线性。不管什么原因使得尾电流源大幅度变化,都会使混频器其他部分决定的参数偏离原来的理论值,使设计复杂化。

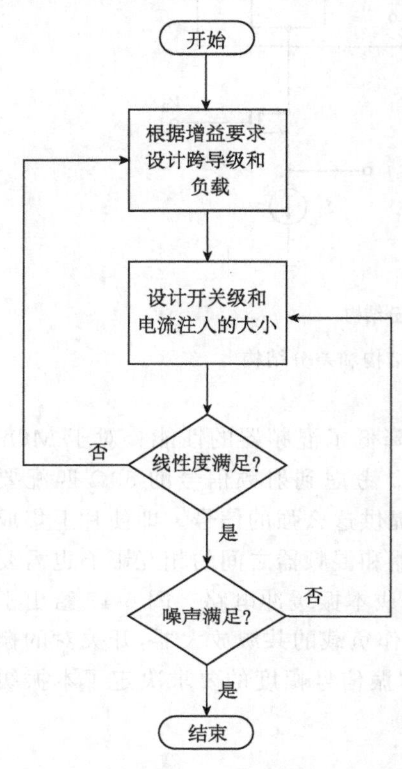

图 6-48　Gilbert 混频器设计流程图

(2) 确定跨导管的尺寸和直流偏置点。基本原则是要保证跨导管在其漏极一定的电压变化范围之内始终处于饱和区,混频器的线性度、噪声系数和增益等指标都是与跨导管直接相关的。对于发射机,增益和线性度是首先需要重点考虑的,而噪声系数则处于次要位置。因此,在对发射机中混频器指标进行折中时,需要先考虑增益和线性度指标。

(3) 确定开关管的尺寸、偏置点和本振信号幅度大小。根据噪声指标考虑,应该减小流过开关管的电流,但是,如果采用叠层结构流过跨导级的电流也会减小,不利于获得高的跨导。这时可采用折叠结构,使得跨导级与开关级的电流相互独立;或采用电流注入技术,即用恒定电流源与开关级并联,以减小通过开关的电流。流过开关的电流最优值需要通过仿真确定。同样,开关管在开启时也需要工作在饱和区,这样才能将混频器的非线性降到最低。

(4) 选择负载网络。混频器负载有电阻负载、有源负载和 LC 并联谐振网络负载。在上变频混频器中,输出射频频率高,采用 LC 负载所需电感小,容易集成。因此,上变频混频器适合采用 LC 并联谐振负载。在下变频混频器中,输出频率为中频,频率较低,这时可采用有源负载,以在不消耗过多电压余度的情况下提供较高的负载电阻。

(5) 对混频器模块进行优化。

设计 Gilbert 混频器时,可以参考如图 6-48 所示的设计流程图。

6.6　噪声优化技术

6.6.1　单边带(SSB)和双边带(DSB)噪声系数

对于中频不为零的混频器,这时有用信号只存在于 LO 的一侧(单边),有用信号(RF)和镜像(image)干扰都会被搬移到中频,噪声也一样。在这种情况下获得的噪声系数称为单边带噪声系数(SSB NF),如图 6-49 所示。

对于中频为零的混频器,这时有用信号存在于 LO 的左右两边,或者镜像频率被有效地滤除,由此而得到噪声系数称为双边带噪声系数(DSB NF)。一般情况下,SSB NF 比 DSB NF 大约高 3dB。

由于本振的输出端既有和频又有差频,而实际上只有其中之一是有用的,所以信号本身存在 3dB 的衰减,这会使噪声系数增加 3dB。

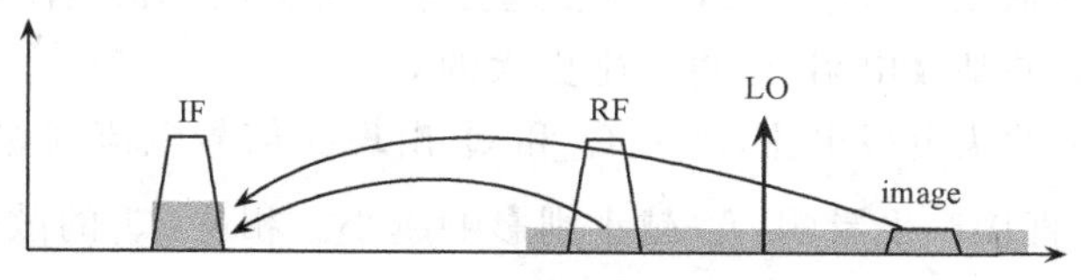

图 6-49 RF 与镜像噪声被搬移到中频

6.6.2 噪声优化技术

混频器的噪声系数往往比放大器高得多，因为来自希望的 RF 以外频率的噪声通过混频也会出现在 IF 中。SSB NF 的典型值在 10dB 以上，正是由于这一原因，接收机中的第一个有源电路是 LNA，该放大器具有很低的噪声，同时具有适当的增益，以抑制包括混频器在内的后续电路的噪声。

考虑如图 6-50 所示的电路，定性地分析电路中存在的噪声源，并给出噪声优化的方法。

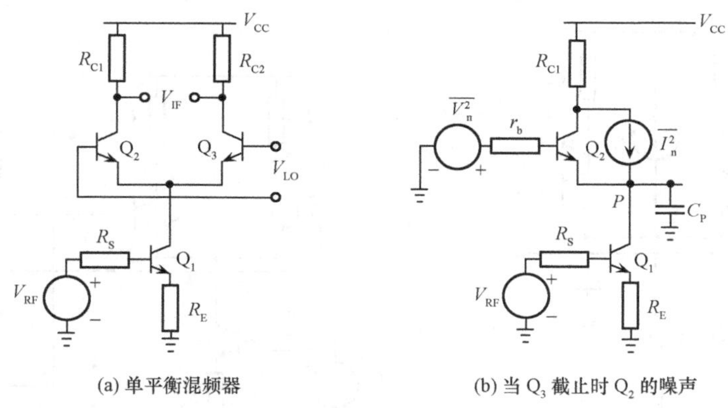

(a) 单平衡混频器　　(b) 当 Q_3 截止时 Q_2 的噪声

图 6-50 单平衡混频器

在 RF 通路中，噪声源主要包括 Q_1 的基极电阻和发射极电阻(R_E)的热噪声，以及 Q_1 的集电极散弹噪声；在 IF 通路中，电阻 R_{C1} 和 R_{C2} 会引入热噪声。

下面分析 Q_2 和 Q_3 产生的噪声。首先假设 Q_2 和 Q_3 的控制电压(LO)为理想的方波，使这些晶体管瞬时导通和关断。如图 6-50(b)所示，每个晶体管在半个本振周期中导通，因为 P 点存在寄生电容 C_P，所以会在输出端引入噪声。因此，Q_2 的基极电阻和集电极电流产生的 RF 噪声通过该晶体管的开关作用转移到了 IF。

现在考虑实际情况，即 LO 信号不再是方波，在周期中有一部分时间 Q_2 和 Q_3 会同时导通。在这段时间，Q_2 和 Q_3 将放大基极电阻的热噪声，并将它们的集电极散弹噪声注入输出端。需要注意的是，当 Q_2 和 Q_3 同时导通时，这两个晶体管会同时向输出端注入噪声，此时 Q_1 的集电极电流产生的散弹噪声对输出端的影响将变得很小，因为该噪声对输出端来说近似为共模噪声。因此，当开关对同时导通时，开关的噪声很大而跨导电路的噪声很小。

通过上述分析得出优化热噪声和散弹噪声方法如下：

(1) 使用大的 LO 摆幅，使波形的上升和下降沿足够陡峭。但是过大的 LO 幅度会引起共射或共源点电压的变化而影响跨导电路的工作，同时会增加 LO 与其他端口间隔离度的要求。

(2) 降低 C_P，即降低 $Q_1 \sim Q_3$ 的尺寸，当然这会导致更大的基极电阻噪声。

(3) 减小 Q_2 和 Q_3 的基极电阻，这将产生更大的 C_P。

(4) 减小 Q_2 和 Q_3 的集电极电流，因为 Q_2 和 Q_3 出现在信号电流通路上，它们的散弹噪声电流 $\overline{I_n^2}=2qI_C$ 对信号直接产生影响，I_C 越小则影响越小。相反，Q_1 的散弹噪声的影响可以将其等效到输入端来看，输入等效噪声电压 $\overline{V_n^2}=2kT/g_m=2kTV_T/I_C$，显然 I_C 越大噪声越小。

减小散弹噪声需要减小 $Q_2 \sim Q_3$ 的偏置电流和增加 Q_1 的偏置电流，这就需要独立地设置 $Q_2 \sim Q_3$ 和 Q_1 的集电极电流，为此可以在 Q_2 和 Q_3 之间增加一个电流源，如图 6-51 所示。例如，取 $I_S=0.8I_{C1}$，$Q_2 \sim Q_3$ 集电极电流减小为原来的 1/5，从而大大减小了 $Q_2 \sim Q_3$ 的散弹噪声电流。另外，对于给定的 R_{C1} 和 R_{C2} 上的压降，这两个电阻值可以增加至以前的 5 倍，以增加电压转换增益。但这会带来两个问题。首先，由于 $Q_2 \sim Q_3$ 的集电极电流降低了，由发射极看进去的阻抗就会增加，所以 Q_1 提供的 RF 电流通过 C_P 会被更多地旁路到地。其次，I_S 自身的噪声电流将直接叠加在 RF 信号上。因此，I_S 的增加会减小混频器的噪声系数，但减小的量很有限。

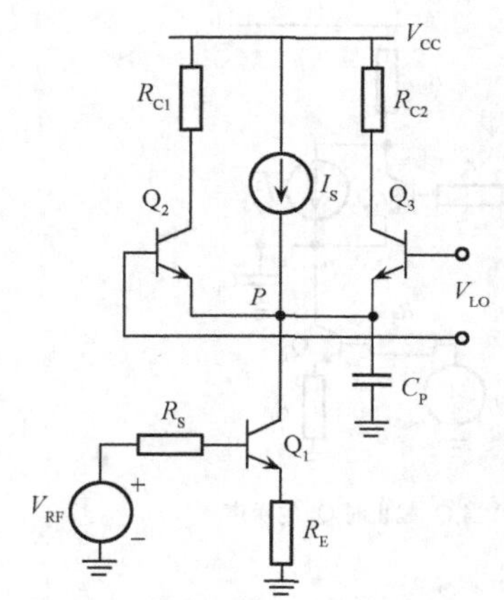

图 6-51　增加电流源 I_S 以降低 Q_2 和 Q_3 的集电极电流

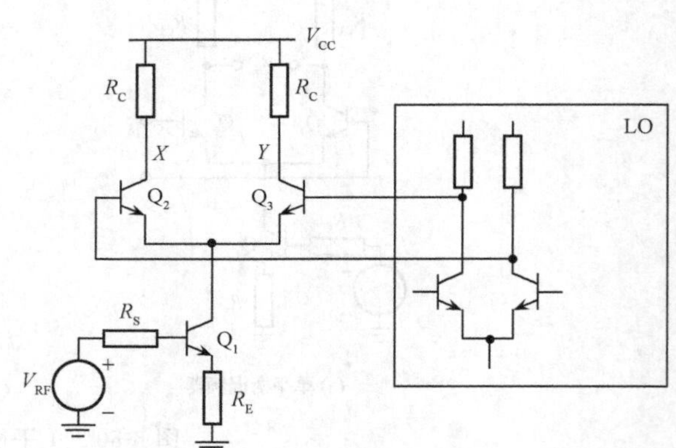

图 6-52　在混频器中加入 LO 输出噪声

现在考虑 LO 噪声对混频器的影响。LO 输出电阻的热噪声将增加混频器的噪声系数。考虑如图 6-52 所示电路，LO 端口的前面是一个差分对，这一级的噪声将远大于 Q_2 和 Q_3 产生的噪声。解决这一问题的方法是采用双平衡混频器，这种结构对 LO 噪声具有一定的免疫力。下面考虑 $1/f$ 噪声的影响，如果混频器的输出是单端输出，例如，取自节点 X 和地之间，则 Q_1 集电极电流的低频噪声直接流向输出。由于低频噪声在 RF 通路中不会被寄生电容衰减，所以这种现象总是很严重。

如果用沟道热噪声取代上面的集电极散弹噪声电流，上述大多数分析同样适用于 MOSFET 混频器。如图 6-53 所示，增加电流源 I_P 以降低开关对的电流，它与图 6-51 所采用的方法类似，通过在开关晶体管 M_2、M_3 的源极注入一个固定的偏置电流 I_P 以减小开关对的电流，增大跨导管 M_1 的偏置电流，从而达到减小噪声系数的目的。BJT 和 MOSFET 混频器噪声性能的一些不同之处叙述如下。

在如图 6-54 所示的 MOSFET 混频器中，对于正弦本振信号，M_2 和 M_3 同时导通时间比

BJT 的时间长，M_2 和 M_3 会向输出注入更多的噪声。然而对于给定的偏置电流，MOSFET 的沟道噪声电流只是 BJT 的集电极散弹噪声电流的几分之一。结论是，两种情况下开关对的总噪声基本相同。但是 MOSFET 混频器的转换增益可能更低，因为当 M_2 和 M_3 同时导通时，RF 信号相当于共模干扰信号。这里讨论的噪声和转换增益与具体设计和本振幅度密切相关。另一个不同之处是，对于相同的器件尺寸和寄生电容，MOSFET 的栅极电阻远小于 BJT 的基极电阻。

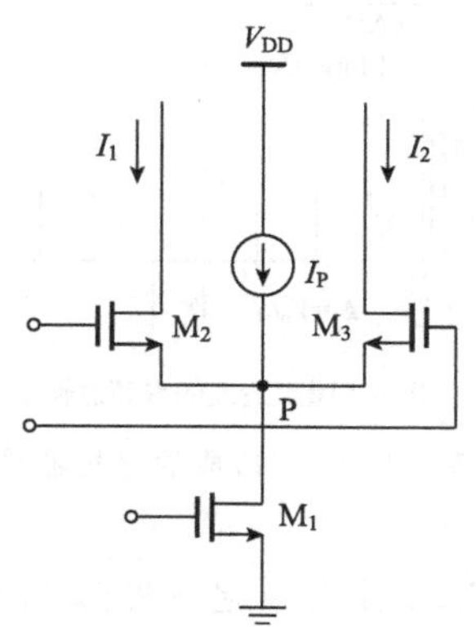

图 6-53 增加电流源 I_P 以降低开关对的电流

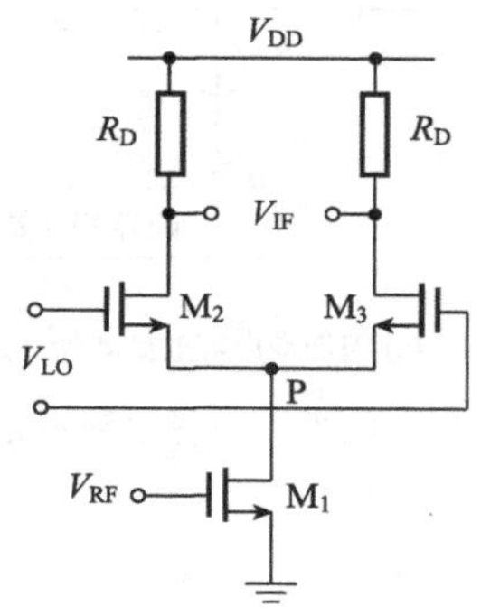

图 6-54 CMOS 有源混频器

混频器输出端的噪声主要是由跨导级的热噪声、开关对产生的热噪声和 $1/f$ 噪声、负载噪声引起的。跨导级是一个共源放大器，因此，可以采用与 LNA 相同的噪声优化方法来优化跨导级中晶体管的尺寸和偏置，使得跨导级产生的热噪声尽可能低。在零中频或低中频接收机中，影响接收机灵敏度的主要是低频噪声，即 $1/f$ 噪声。下面给出优化开关级 $1/f$ 噪声和热噪声的一些具体技术实例。

掌握 $1/f$ 噪声产生的物理机制对于识别和消除噪声源是至关重要的，所以首先要分析 $1/f$ 噪声产生的原因。现在来分析一个双平衡混频器。在没有 RF 输入的情况下，用一个电流源 I 来代替跨导级如图 6-55(a)所示。虽然混频器是一个非线性时变系统，但是每个器件到输出端的噪声传递函数却是线性的。而开关晶体管的噪声是不相关的，所以线性叠加原理成立。因此，开关对的噪声可以等效为在任一开关对输入端串入一个低频电压源(图 6-55(a)中的 v_n)。由于混频器是由一个大的正弦 LO 信号驱动，所以，实际上开关对的切换行为是由 LO 信号和开关对 $1/f$ 噪声共同决定的。因此，开关切换可能被提前或延迟 Δt，Δt 是由开关对噪声量级(图 6-55(a)中的 v_n)决定的。这将导致出现一个频率为两倍 LO 频率(见图 6-55(b))，随机宽度为 Δt，固定振幅为 $2I$ 的脉冲序列，其中 I 是每个开关对的偏置电流，Δt 可表示为

$$\Delta t = \frac{v_n(t)}{S} \tag{6.161}$$

其中，$v_n(t)$ 为开关对的等效闪烁噪声；S 是 LO 信号在开关瞬间的斜率。输出噪声电流的闪烁分量是噪声脉冲序列的平均值，如图 6-55(b)所示，表示为

$$i_{o,n} = 4I \times \frac{v_n}{S \times T} \tag{6.162}$$

其中，T 是 LO 周期。由于噪声脉冲序列的频率是 LO 频率的两倍，所以，混频器输出频谱由直流分量和 LO 的偶次谐波分量组成(见图 6-56)。输出闪烁噪声电流是噪声脉冲序列的平均

值，如式(6.162)所示。混频器中采用的是大振幅LO信号，所以开关级的低频噪声在每个开关对的过零点处缓慢调整。

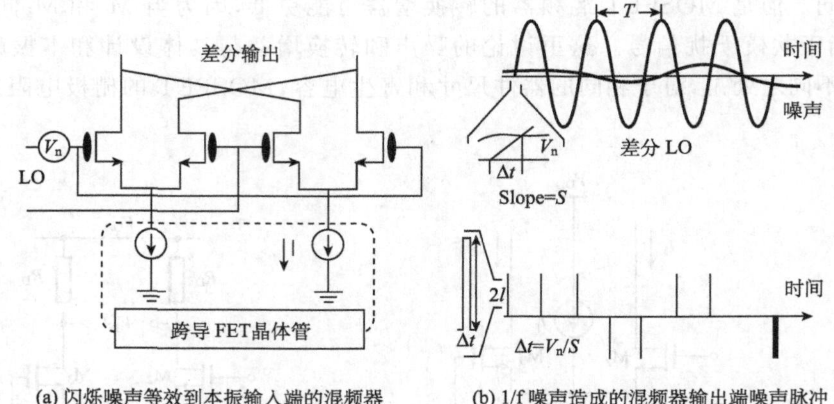

图 6-55　闪烁噪声等效到本振输入端的混频器和 $1/f$ 噪声造成的混频器输出端噪声脉冲

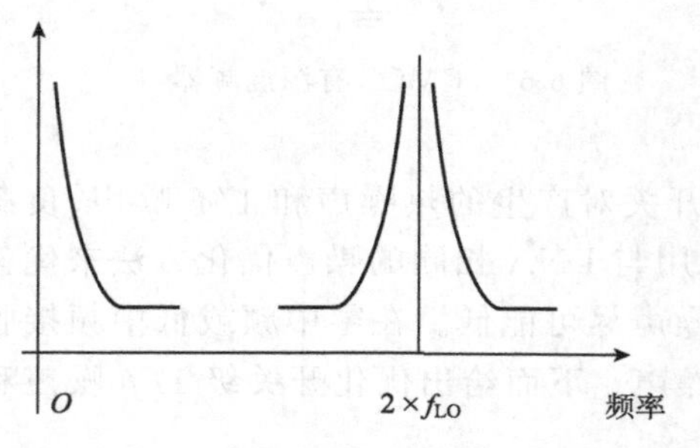

图 6-56　开关级 $1/f$ 噪声作用下的混频器输出频谱

图 6-55 让人想起一种降低混频器闪烁噪声的方法就是减小噪声脉冲的宽度。这需要增加LO信号的斜率或者减少开关晶体管的闪烁噪声分量。而后者是不可行的，因为它需要增加开关对的尺寸，这会增大开关对共源端的寄生电容，导致闪烁噪声间接转换到输出端。此外，LO幅度被限制在电源电压，并且在高频段增加LO斜率会直接导致LO缓冲功耗变得更大。

改善混频器 $1/f$ 噪声的另外一种方法就是降低噪声脉冲的高度。这只需要通过减小混频器开关级的偏置电流就可以做到，因为噪声脉冲高度等于 $2I$。如图 6-57 所示，注入一个固定电流到跨导级，以降低开关对切换的电流。这样就降低了噪声脉冲序列的高度，从而降低开关对的闪烁噪声。然而，这项技术具有一些严重缺陷。首先，减小开关对偏置电流增加了从开关对源端看进去的阻抗值(图 6-57 中的 $1/g_{ms}$)，使得更多的RF电流通过源端的寄生电容分流出去。这样会降低混频器增益并且使线性度下降。其次，电流源的白噪声会叠加到跨导级上，增加了混频器的白噪声系数。由于这些原因，注入固定电流与混频器偏置电流的比值通常很小，对开关级 $1/f$ 噪声仅起到很小的改善作用。

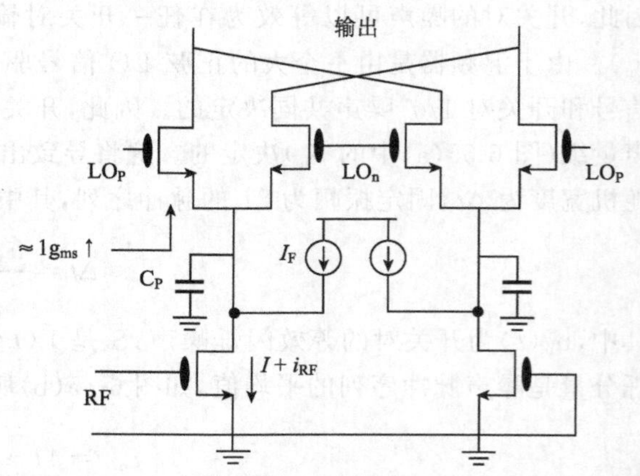

图 6-57　利用静态电流注入技术改善 Gilbert 混频器开关级 $1/f$ 噪声

从前面的分析可知，噪声脉冲仅出现在本振差分对开关切换的时刻，因此，如果仅在开关切换的时刻注入一个与开关对偏置电流相等的动态电流，就足以彻底消除输出端的闪烁噪声分量。这种新方法称为动态电流注入技术，如图 6-58(a)所示，其中电流源 I_D通过控制电路仅在开关切换时刻注入。开关的切换动作是通过检测每个开关对共源端节点(图 6-58(a)中的节点 A 和 B)电压来实现的。由于 LO 振幅很大，每个开关对类似一个全波整流，图 6-58(b)给出了在节点 A 和 B 上生成的电压波形。当这个电压到达最小值时，开关开始切换，这也是电流注入的时刻。它有效地使噪声脉冲的高度在输出端降为 0，如图 6-58(b)所示，并消除了闪烁噪声分量。在其他时刻，没有电流注入，混频器正常工作。利用动态电流注入技术消除混频器开关级闪烁噪声的一个具体电路实例如图 6-59 所示。

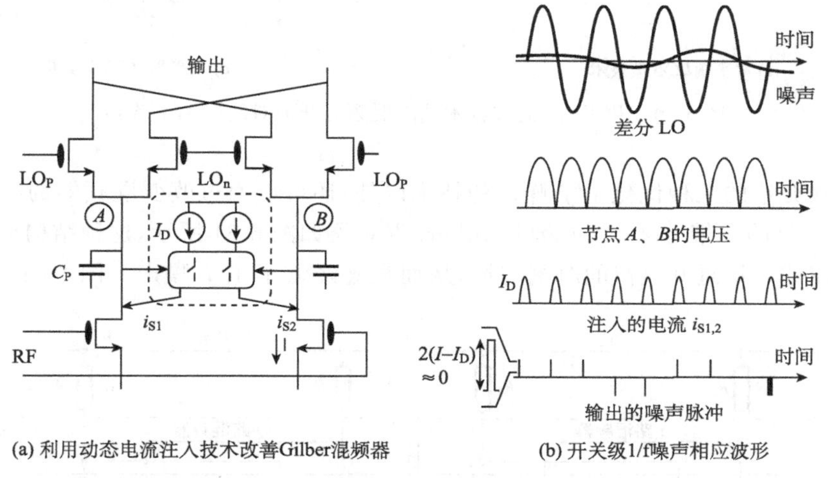

图 6-58 利用动态电流注入技术改善 Gilbert 混频器开关级 $1/f$ 噪声和相应的波形

不同于静态电流注入技术，动态电流注入技术没有增加混频器自身的白噪声，因为注入仅在开关切换时发生，而此时 LO 差分对是平衡的。因此，电流源噪声在输出端表现为一个共模项。经过对使用相同工艺和相同功耗下的静态电流注入混频器和动态电流注入混频器的测试表明，动态电流混频器除了具有较低的闪烁噪声外，转换增益与噪声性能同样优于静态电流混频器。

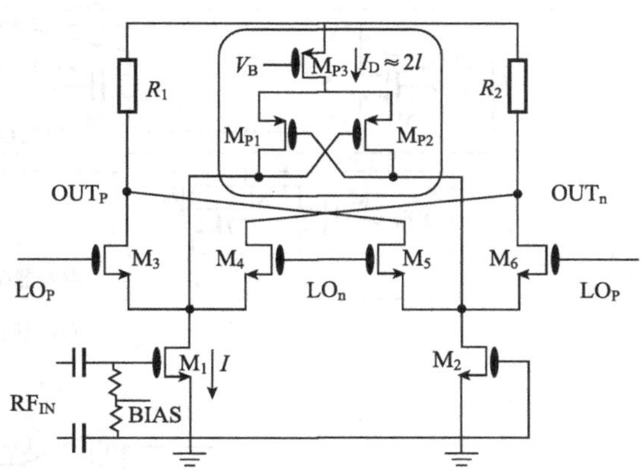

图 6-59 利用动态电流注入技术的电路实例

前面分析的 $1/f$ 噪声属于开关级直接闪烁噪声。换一个角度分析，混频器输出端的 $1/f$ 噪声还与开关对共源节点的寄生电容 C_p和 LO 频率 ω_{LO}有关，这种 $1/f$ 噪声属于开关级间接闪烁噪声，它们之间的关系为

$$i_{o,n}=\frac{2C_p}{T}V_n\cdot\frac{(C_p\omega_{LO})^2}{(g_{ms})^2+(C_p\omega_{LO})^2} \tag{6.163}$$

其中，C_p是开关对共源节点的寄生电容；V_n是 LO 信号在半个周期内对 C_p充电达到的电压峰值；ω_{LO}是 LO 频率；T 是 LO 周期；g_{ms}是开关级晶体管跨导。为了克服这个问题，可以利用 LC 滤波器来抑制开关级间接 $1/f$ 噪声，如图 6-60 所示。其中电感 L_{SW}的作用就是抵消寄生

电容 C_p 的影响。

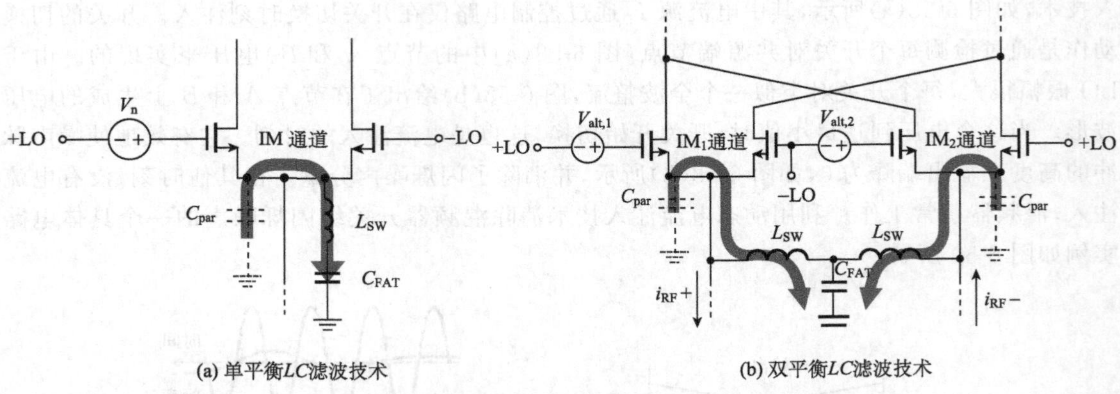

图 6-60　利用 LC 滤波技术消除混频器开关对间接 $1/f$ 噪声

除了上述介绍的几种优化 $1/f$ 噪声的技术以外，还可以通过改变混频器的结构来达到降低 $1/f$ 噪声的目的。带有 2＊LO 级的 Gilbert 混频器如图 6-61 所示，这种结构可以使开关级在很低的电流或者接近 0 电流的时刻切换，从而显著降低了 $1/f$ 噪声。图 6-61 中，提供给混

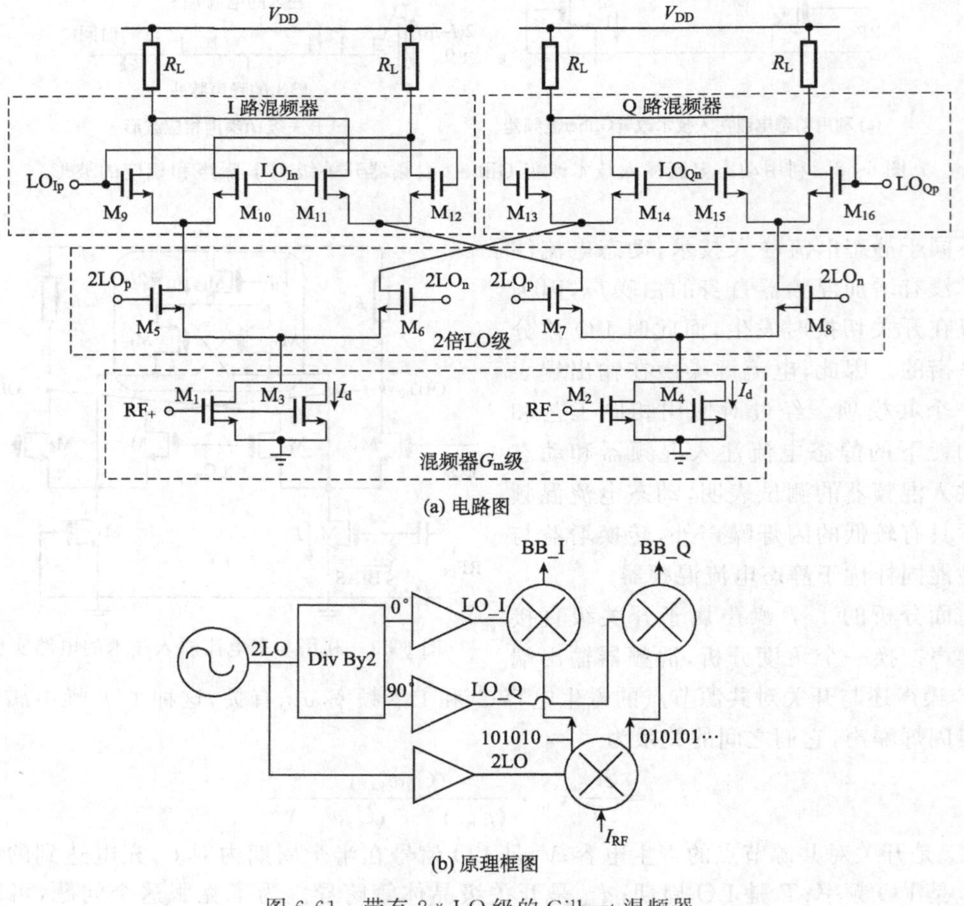

图 6-61　带有 2＊LO 级的 Gilbert 混频器

频器开关级的电流被开关对 M_5-M_6 和 M_7-M_8 调整，开关对 M_5-M_6 和 M_7-M_8 称为 2＊LO 级，其工作的时钟频率为两倍 LO 频率。在 2＊LO 的正相位期间，电流从混频器跨导级通过 M_5 和 M_7 的漏极切换到达 I 路混频器的开关级 M_9-M_{12}。在 2＊LO 的负相位期间，电流从混频器跨导级通过 M_6 和 M_8 的漏极切换到达 Q 路混频器的开关级 M_9-M_{12}。这样，LO 信号对于开关级和 2＊LO 级（$M_5\sim M_8$）的相位差就得到了调整，如图 6-62 所示，因此，在开关级切换发生时刻，没有瞬时电流通过开关级，其结果就是从混频器开关级到输出端的 $1/f$ 噪声显著减小。而 $M_5\sim M_8$ 的 $1/f$ 噪声影响将被其后的差分级转化为共模噪声而得到抑制。理想情况下，LO 和 2＊LO 电压之间的相位差应该被校准，如图 6-62 和图 6-63 所示。即使两者相位差不是中心精确的，只要使 2＊LO 级电压切换与开关级电压切换间保持一个固定的最小延时，仍然可以得到很低的 $1/f$ 噪声。此外，这种结构还有其额外的优点，就是它具有更高的变频增益、更低的基底热噪声、更低的二阶互调分量（IM2），以及出色的正交（I/Q）匹配，其缺点就是需要较高的工作电压，另外工作频率不能太高。

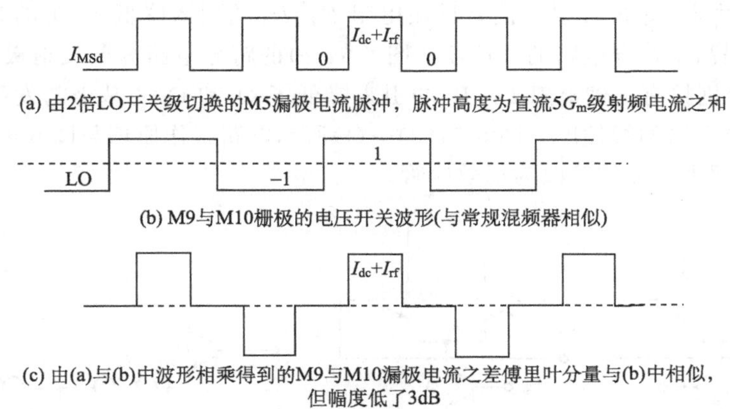

(a) 由2倍LO开关级切换的M5漏极电流脉冲，脉冲高度为直流5G_m级射频电流之和

(b) M9与M10栅极的电压开关波形(与常规混频器相似)

(c) 由(a)与(b)中波形相乘得到的M9与M10漏极电流之差傅里叶分量与(b)中相似，但幅度低了3dB

图 6-62　带有 2＊LO 级的 Gilbert 混频器各节点对应的电压或电流波形图

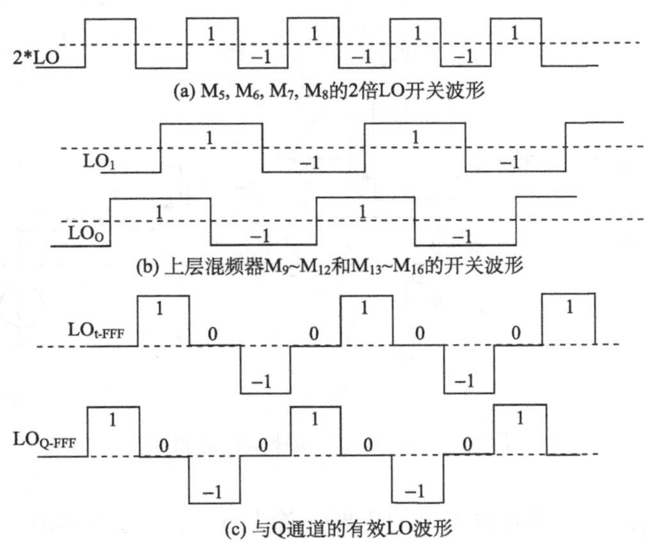

(a) M_5, M_6, M_7, M_8的2倍LO开关波形

(b) 上层混频器M_9~M_{12}和M_{13}~M_{16}的开关波形

(c) 与Q通道的有效LO波形

图 6-63　带有 2＊LO 级的 Gilbert 混频器的有效开关波形图

除了上述介绍的带有 2＊LO 级的 Gilbert 混频器结构能有效抑制 $1/f$ 噪声外，还有其他一些混频器结构也可以达到有效减小混频器噪声的目的，如折叠结构的 Gilbert 混频器就具有抑制混频器噪声的天然优势。后面的实例章节中会对这种结构抑制噪声的原因进行分析。

6.7　线性度改善技术

6.7.1　提高线性度技术

1. 负反馈技术

提高跨导电路的线性度是设计混频器时所面临的重要挑战。无论共源或共射电路，还是共栅或共基电路，最常用的方法是采用源极或射极负反馈来提高线性度，如图 6-64 所示。图 6-64(a)的跨导电路为共基极放大器，输入射频信号通过电阻 R_E 接至 Q_1 的发射极，R_E 的引入降低了 Q_1 的基极与发射极之间的射频信号，提高了跨导电路的线性度。图 6-64(b)的跨导电路为共发射极放大器，Q_1 的发射极接有反馈电阻 R_E，R_E 的引入降低了 Q_1 的基极与发射极之间的射频信号，提高了跨导电路的线性度。图 6-64(c)的跨导电路为共发射极差分放大器，Q_1 和 Q_2 的发射极分别接有反馈电感 L_E，L_E 的引入降低了 Q_1 和 Q_2 的基极与发射极之间的射频信号，提高了跨导电路的线性度。图 6-64(d)～(f)所示电路工作原理与图 6-64(a)～(c)类似，不同之处只是将双极型晶体管改为场效应管。

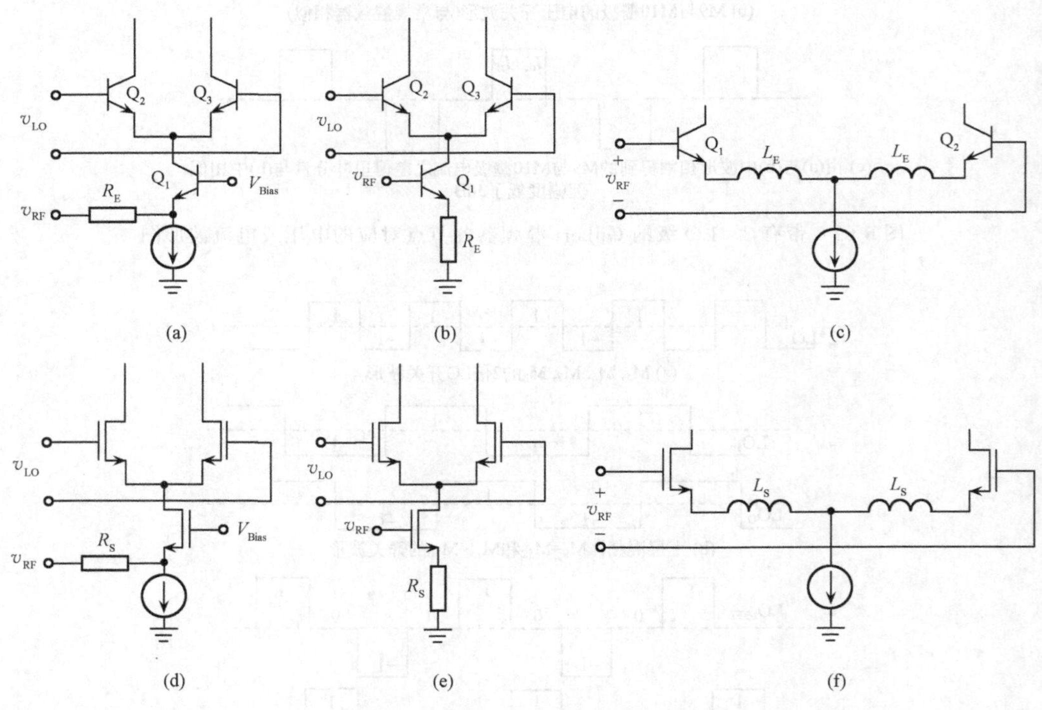

图 6-64　采用负反馈技术的混频器

电感负反馈比电阻负反馈具有更多的优点。首先，电感没有热噪声，不会恶化噪声系数。其次，电感不存在直流电压降，有利于低电压和低功耗设计。最后，电感的电抗随频率的增加有助于抑制谐波和互调分量。

2. 不对称差分对组

不对称差分对的发射极面积分别为 A 和 nA，不对称差分对组由两个不对称差分对构成，如图 6-65 所示。

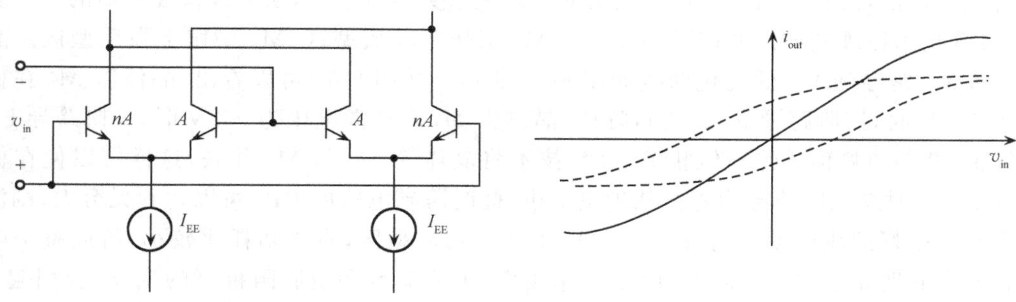

图 6-65 不对称差分结构

图 6-65 中的两条虚线分别表示两个不对称差分对输出电流与输入电压的特性曲线，图中的实线表示差分对组的输出电流与输入电压的特性曲线，显然实线的线性范围比虚线的线性范围扩展了很多。

3. 分段线性化

分段线性化是基于这样一个事实，即任何电路在一足够小的范围内都是线性的。分段线性化是将线性范围分配在几个电路上，每个电路只在一个小范围内线性工作，所有电路线性范围加在一起就可以构成宽的线性范围。分段线性化跨导电路如图 6-66 所示。电路使用 3 个差分对，分别在以 V_B，0，$-V_B$为中心的一定输入电压范围上具有线性跨导。当输入电压在零附近时，跨导由中间的差分对提供，并且近似为常数。当输入电压在 V_B附近时，跨导由左边的差分对提供，并且近似为常数。当输入电压在$-V_B$附近时，跨导由右边的差分对提供，并且近似为常数。通过选择偏置电压 V_B，可以调整跨导电路的线性范围。

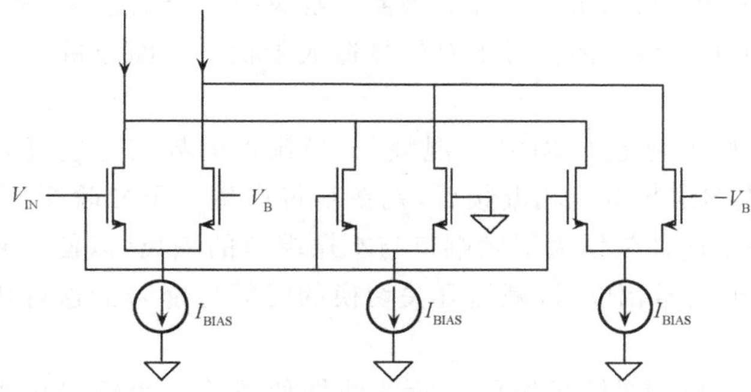

图 6-66 CMOS g_m单元

总跨导是各个分支跨导的和，通过使用足够多的差分对并进行合理分布，就可以使总跨导在任意宽的范围内近似为常数。代价是功耗和输入电容大大增加。

4. 导数叠加 DS(derivative superposition)技术

由式(6.141)可知，跨导级的线性度取决于 a_3/a_1，该值越小，跨导级线性度越高。场效应管的漏极电流 i_d与栅源电压 v_{gs}的关系表示为

$$i_d = I_{dc} + g_{m1} v_{gs} + g_{m2} v_{gs}^2 + g_{m3} v_{gs}^3 + \cdots \tag{6.164}$$

DS 技术是利用两个分别工作于弱反型区和强反型区的晶体管并联构成跨导，通过选择合适的晶体管宽度和偏置电压使得工作在弱反型区的正三阶项系数的峰值和工作在强反型区的负三阶项系数的峰值相互抵消，使并联后的三阶项系数接近于零，从而改善混频器的三阶交调性能。DS 技术原理图如图 6-67 所示，其中 M_1 工作于弱反型区，M_2 工作于强反型区。晶体管 M_1 和 M_2 跨导随 V_{GS} 的变化曲线如图 6-68 所示。从图 6-68 可以看出，晶体管 M_1 在栅源电压为 0.5V 时，三阶跨导 g_{m3M1} 为负峰值；晶体管 M_2 在栅源电压为 0.5V 时，三阶跨导 g_{m3M2} 为正峰值，并与负峰值的绝对值相等。DS 技术将晶体管 M_2 与 M_1 并联，这样可以使在栅源电压为 0.5V 时总三阶跨导为零。从理论上讲，此时跨导电路的 IIP_3 可以达到无穷大，则混频器就会获得很好的线性度。同时，由于 M_1 工作于弱反型区，直流功耗比较小，所以整个电路的功耗不会有明显增加。实际上，由于工作频率、工艺参数和负载阻抗等的变化，会引起 g_{m3} 的改变，从而限制了线性度的改善效果。

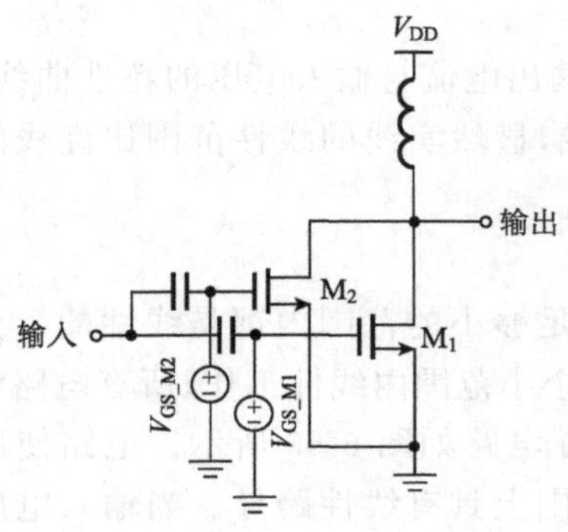

图 6-67　DS 技术原理图

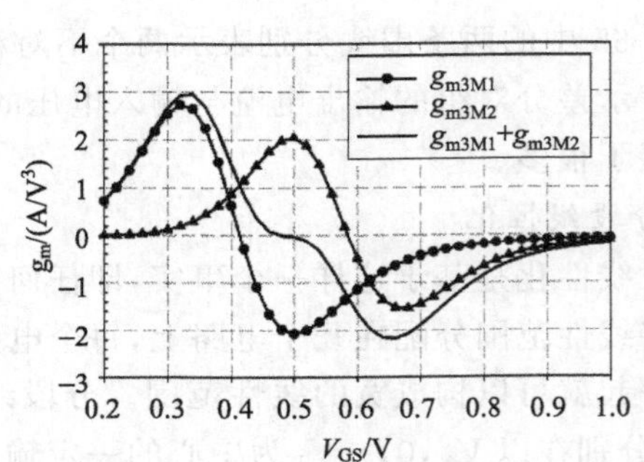

图 6-68　M_1 和 M_2 跨导随 V_{GS} 的变化曲线

5. IP_2 改善技术

在直接下变频接收机中，二阶非线性成为需要解决的一个问题，因为二阶交调成分频率在直流附近，直接叠加在下变频后的信号上对信号造成干扰。下面分析 IM_2 产生的几种机制和解决的方法。

产生 IM_2 的第一种机制是所谓的“自混频”。当输入射频信号通过某种途径耦合到本振端口，并与跨导级产生的射频电流相混频后，就在基带产生一个二阶交调分量。显然，抑制这种 IM_2 产生机制的一个途径是增大射频端口与本振端口的隔离，以使射频到本振端的耦合减小；另外，通过增大本振信号幅度，以减短开关切换的时间也能降低这种机制的二阶交调分量大小。

产生 IM_2 的第二种机制是跨导级的二阶非线性使得跨导级输出包含二阶交调成分。这些二阶交调成分再通过开关对的非理想性泄漏到输出端。当跨导级输出电流包含低频的二阶交调成分时，如果开关对是理想的，则这些低频成分会被上变频到本振频率附近，不会对输出产生影响，然而开关管的非理想性如两个管子的不理想一致（失配）就会产生到输出的频谱泄露，在输出形成二阶交调成分。抑制这种 IM_2 产生机制的方法是提高跨导级的线性度和减小开关对的失配。

另一种产生 IM_2 的机制是由于开关对共源结点存在寄生电容，在每个本振周期都对这个电容充放电。当尾电流源大小受到调制时，开关对共源结点的电压存在位于本振附近的频谱成分，这些成分通过开关的混频作用后产生位于直流附近的输出，形成交调干扰。

改善 IP_2 的一种电路如图6-69所示，在共源节点处连接一个电感 L_1，使其与共源节点寄生电容在 f_{LO} 处并联谐振。若谐振回路品质因数为 Q，则与没有电感相比，电流减少为原来的1/Q，混频器的 IIP_2 就提高了。同时并联一个电容到地，形成 LC 滤波网络，电感可以直接抑制跨导电流产生的低频二阶差分信号，电容可以使差分对在信号频率处去耦。LC 滤波网络还提高了差分对的噪声性能。另外，在跨导级晶体管 M_1 和 M_2 源极分别并联反馈电容 C_1 和 C_2，C_1、C_2 在射频频率时相当于短路，低频时相当于开路，使得跨导晶体管在低频时的等效跨导很小，不能放大输入的低频二阶交调成分，而对射频频率其跨导不变。

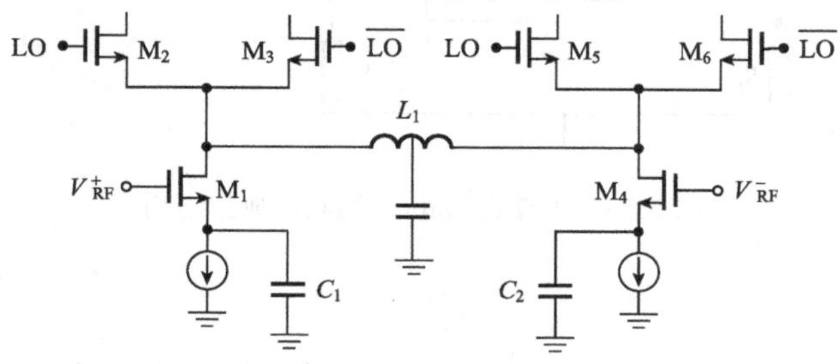

图6-69 IP_2 改善电路

6.8 Gilbert 混频器设计实例

通过前面的学习，读者已经掌握了混频器的指标参数、混频原理、电路结构和关键指标的优化技术。下面给出两个Gilbert混频器的设计实例，使读者对混频器电路的设计、分析有一个更加直观的认识和学习。

6.8.1 低电压低功耗 Gilbert 下变频混频器设计

无线传感器网络（WSN）是当前一个热门研究领域，它是由部署在监测区域内的大量廉价微型传感器节点组成的，通过无线通信方式形成的一个多跳的自组织的网络系统。因此，在WSN收发机系统中，特别要求做到低电压低功耗。这里将介绍一个应用于WSN的2.4GHz低压低功耗正交下变频Gilbert混频器设计，采用TSMC 0.18μm RF CMOS工艺。

1. 电路结构选择与分析

1）电路结构

传统的Gilbert双平衡混频器由于其跨导级、开关级和负载级均工作在同一直流支路上，即使在0.18μm CMOS工艺条件下，其工作电压也不会低至1V，所以其不适合低电压设计。另外，传统Gilbert双平衡混频器若要获得较好的性能，其跨导级的工作电流一般较大，这也不利于低功耗设计。为了满足低电压低功耗的设计要求，这里采用折叠式Gilbert混频器典型结构，如图6-70所示。折叠式结构不仅能解决低电压问题，还能解决传统Gilbert混频器中遇到的开关级电流和跨导级电流矛盾的问题。如图6-70所示，因为混频器开关级和跨导级分别处于不同的电流支路，所以流过开关对的电流 I_3 和 I_4 与流过跨导对的电流 I_5 和 I_6 可以单独偏置，其中 I_3 与 I_5 之和受电流源 I_1 的限制。根据6.7节的噪声分析，I_3 和 I_4 可以设置得较小，I_5 和 I_6 设置得较大，这样就达到了提高增益、降低噪声的目的，这是折叠结构混频器具有的天然优势。为防止电流失配使得跨导工作不正常,可以加入共模负反馈电路。

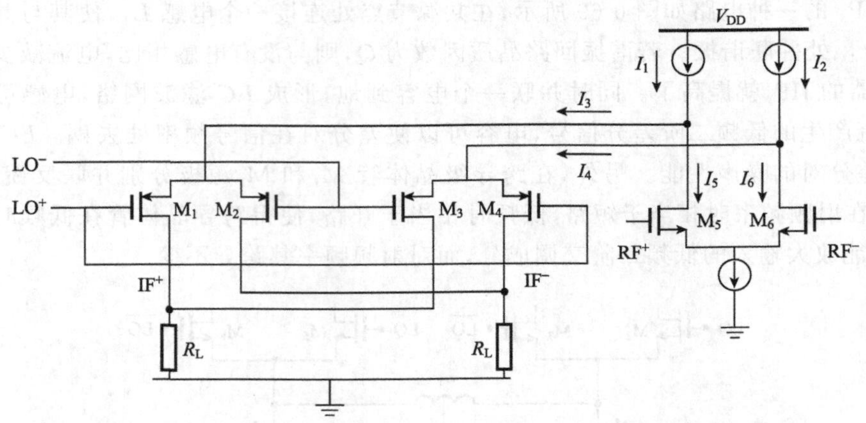

图 6-70　折叠式 Gilbert 混频器典型结构

2）跨导级选择

混频器的跨导级大致有 4 种结构,即全差分跨导级、伪差分跨导级、LC 简并跨导级和电流复用跨导级,如图 6-71 所示。在全差分跨导级中,晶体管 M_1、M_2 构成差分跨导,尾电流源 I_{ss} 具有抑制共模输入信号的作用,其缺点是使混频器的工作电压更高。而伪差分跨导级由于去掉了尾电流源 I_{ss},所以更适合低电压工作,并增加混频器的输出摆幅,但是没有共模抑制能

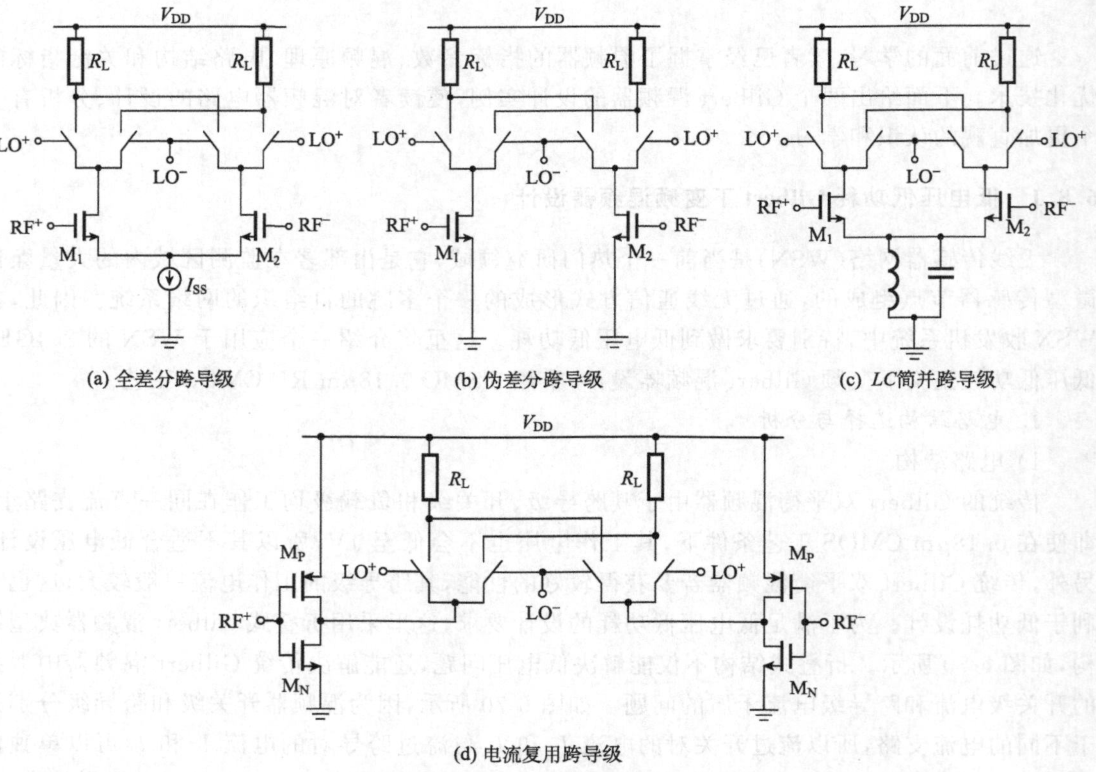

图 6-71　4 种混频器跨导级结构

力。将全差分跨导级的尾电流源 I_{ss} 换成 LC 谐振电路，就成为 LC 简并跨导级，伪差分结构具有较好的三阶交调性能，但是二阶交调性能较差。LC 并联谐振电路谐振在射频频率处，对共模信号提供一个很高的阻抗，具有一定的共模抑制能力。对于直流，电感短路接地，没有直流压降，因此，也适用于低电压应用，其缺点是电感电容会增大芯片面积。电流复用跨导级如图6-71(d)所示，它将跨导级单独作为一个支路。在相同偏置电流下，跨导级的跨导由原来的NMOS的跨导 g_{mn} 变成 NMOS 晶体管和 PMOS 晶体管的跨导之和 $g_{mn}+g_{mp}$，但这会使跨导级与开关级连接处的寄生电容变大，导致混频器中频输出端的间接噪声变大。另外跨导级增加了 PMOS 噪声源，使得混频器噪声进一步增大。

综上所述，为了获得比较高的线性度和减小芯片面积，跨导级采用伪差分跨导级。

3) 开关级晶体管尺寸选择

以图 6-70 中的折叠式 Gilbert 混频器典型结构为例。晶体管 $M_1 \sim M_4$ 构成了混频器的两个开关对，其沟道长度一般设为工艺所能达到的最小值，以获得最快的开关速度。在本例中，沟道长度设为 0.18μm。而栅宽设计需要仔细考虑，更大的栅宽可以使开关管的过驱动电压减小，从而使开关管切换更迅速，提高了混频器的增益和噪声性能，同时开关管的导通电阻变得更小，有利于改善混频器线性度；但过大的栅宽也使得开关对共源节点的寄生电容变得更大，从而使增益、噪声和线性度性能变差。不同的栅宽也使本振信号在开关管栅极产生的电压不同，从而使开关管切换的速度不同。所以，开关晶体管尺寸的选择需要根据具体电路具体仿真，从而得到一个最优值。

4) 负载级选择

混频器负载级一般有三种形式，即电阻负载、晶体管负载(也称有源负载)和 LC 并联谐振电路负载，如图 6-72 所示。

电阻负载是最常见的一种负载形式，电阻不会引入非线性，而且具有很宽的带宽。缺点是电阻上会产生直流压降，电阻越大，直流压降就越大，这会使跨导级和开关级晶体管离开饱和区，进入线性区，从而限制了混频器的转换增益。因此，电阻负载一般不适合在低电压混频器设计中采用。另外，单纯的电阻负载不具有滤波作用，无法滤除混频器 IF 端的杂散以及泄漏的 LO 和 RF 信号，这时可以用一个小电容与电阻负载并联，组成 RC 低通滤波网络来滤除高频成分。

MOS 管工作在线性区时等效为一个电阻，因此，可以作为晶体管负载，为避免短沟道效应带来额外的非线性，一般采用长沟道 MOS 管作为晶体管负载。但由于沟道长度调制效应的存在，混频器的线性度还是会受到一定程度的影响。此外，还可以利用工作在饱和区的 MOS 管作为电流源负载，为了稳定输出共模电平，保证各晶体管工作在饱和区，这时需要加入输出共模反馈(CMFB)电路，如图 6-73 所示。图 6-73(b)与(a)相比输出摆幅更大，线性度更好，但是图 6.73(b)结构需要设计运算放大器，电路结构更复杂。与电阻负载相比较，采用 MOS 管作为负载在相同的电压降条件下可以得到更大的负载阻抗，这有利于提高混频器的变频增益。

LC 并联谐振负载是一种窄带负载，具有很好的选频功能，没有直流压降，不会影响线性度。理想 LC 并联谐振电路的谐振频率公式为

$$\omega_{osc}=\frac{1}{\sqrt{LC}} \tag{6.165}$$

谐振频率越低，所需的电感和电容越大，且在 CMOS 工艺中，螺旋电感 Q 值在低频情况下很低，增益难以提高。由于在下变频中，IF 频率较低，需要的电感和电容值很大，难以在片

集成,所以这种负载不适用于低中频下变频混频器。

从上述分析中可见,在低电压低功耗折叠 Gilbert 混频器中,采用晶体管负载(即有源负载)是一种比较好的选择。

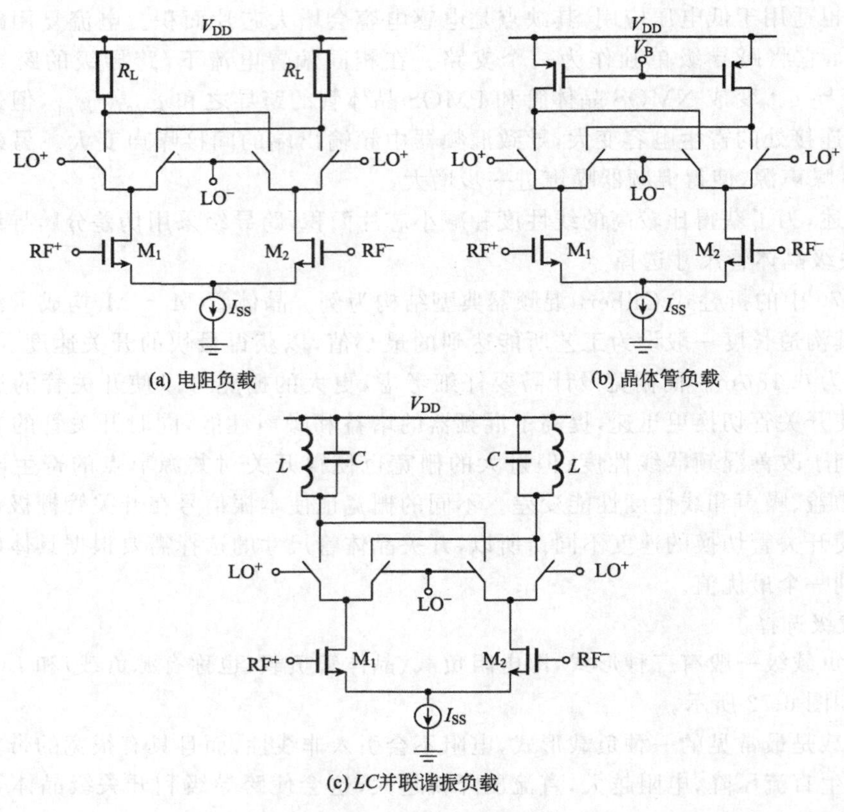

图 6-72　3 种负载形式

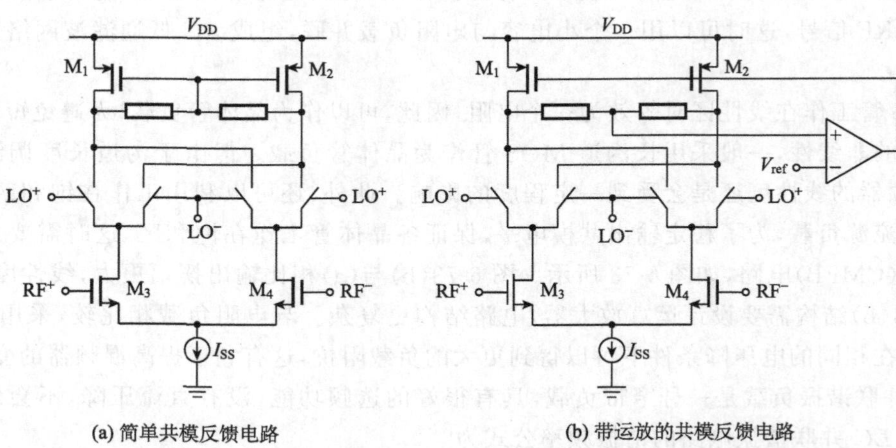

图 6-73　晶体管作为负载时的带输出共模反馈电路的混频器

经过上述对混频器电路结构选择、原理的分析,设计的应用于 WSN 的低电压低功耗折叠结构正交下变频 Gilbert 混频器如图 6-74 所示。本设计所采用的混频器拓扑结构,是基于传统 Gilbert 单元混频器改进得到的，旨在减小电源电压和功耗，同时不降低其他性能。从图 6-74 可见，晶体管 M_1 和 M_2 构成了混频器的跨导级，该跨导级被位于其左边的同相(I)混频器和右边的正交(Q)混频器所共享，这样可以使两个混频器具有更好的对称性与平衡性。否则，如果将两个混频器的跨导级分开，将很难为同相和正交两个混频器提供相同的跨导，这将导致混频器输出幅度失配。另外，由于同相正交两个混频器共享跨导级，所以折叠结构 Gilbert 双平衡混频器的跨导级的输出电流只有一半分别进入 I、Q 混频器，所以其电压转换增益为传统 Gilbert 双平衡混频器的一半，由 6.5 节式(6.94)可知，其转换电压增益为

$$CG_{\mathrm{V}}=\frac{1}{\pi}g_{\mathrm{mc}}R_{\mathrm{L}} \tag{6.166}$$

其中，g_{mc} 为共享跨导级跨导，$g_{\mathrm{mc}}=g_{\mathrm{m1}}=g_{\mathrm{m2}}$。为了得到更大的电压裕量并改善混频器的线性度，$M_1$ 和 M_2 直接接地而没有加尾电流，即采用伪差分跨导结构。晶体管 M_5～M_8 构成有源负载级，这种设计增加了负载阻抗却没有减小电压裕量，提高了变频增益，同时也改善了混频器线性度。晶体管 M_9～M_{16} 构成了 4 组开关对，其沟道长度被设计为最小值，即 0.18μm，以使开关具有最快的开关速度。

通过上述设计，该混频器不仅具有较低的工作电压，同时采用折叠结构还获得了一个天然的优势就是它的跨导级和开关级分别位于不同的电流路径上，这一点和传统的 Gilbert 单元混频器有很大的不同。这样就可以使跨导级工作在较大的电流状态，而开关级工作在较小的电流状态，既降低了电路功耗，又提高了开关速度，同时也减小了开关级产生的噪声，而混频器的变频增益和线性度却没有变差。

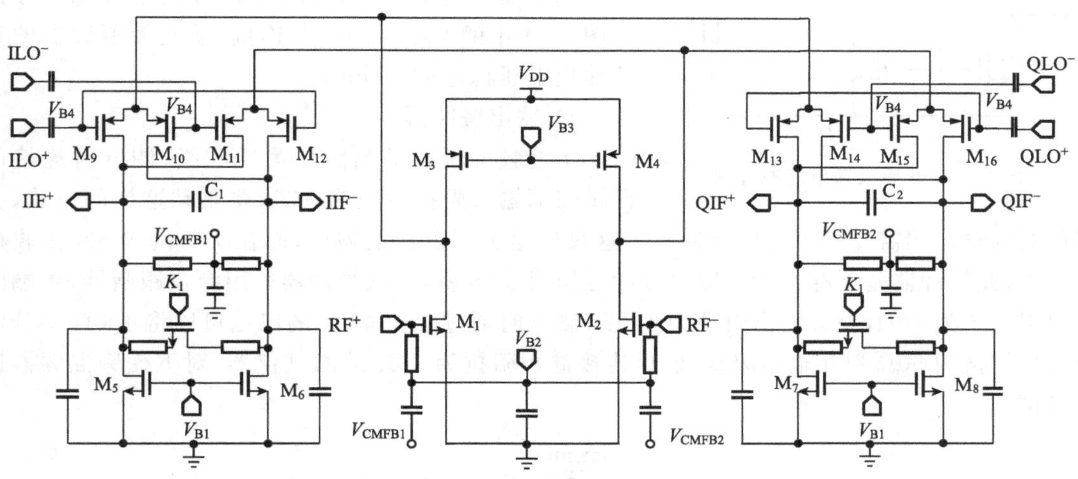

图 6-74　应用于 WSN 的低电压低功耗折叠结构正交下变频 Gilbert 混频器

2. 其他设计考虑

1) 共享跨导级

根据前面的分析，折叠结构正交下变频 Gilbert 混频器的电压增益如式(6.166)所示，保持其他条件不变，要使该混频器的电压增益与非共享跨导的混频器相同，g_{m1}(或 g_{m2})要变为非共享跨导的两倍。为了便于说明问题，不妨用长沟道 MOS 管跨导公式：

$$g_{\mathrm{m1}}=\mu C_{\mathrm{ox}}\frac{L_1}{W_1}(V_{\mathrm{GS1}}-V_{\mathrm{TH1}})=\frac{2I_{\mathrm{D1}}}{V_{\mathrm{GS1}}-V_{\mathrm{TH1}}} \tag{6.167}$$

过驱动电压 $V_{GS1}-V_{TH1}$ 不变，M_1 的漏电流 I_{D1} 变成原来的两倍才能使得电压增益与非共享跨导正交混频器一样，由此可见，共享跨导并没有节省功耗，而且过驱动电压相同时，这两种正交混频器的跨导级线性度也没有区别。但是共享跨导级使得 I、Q 两路混频器有着非常好的对称性和平衡性，不容易出现 I、Q 信号幅度失配的情况。在版图设计时，只需要考虑跨导自身的对称性，这就是共享跨导级的优势。

2）M_3、M_4 采用低阈值晶体管

在跨导级设计时，晶体管 M_3、M_4 采用了低电压工艺设计。如果 M_3、M_4 采用普通 0.18μm 工艺，M_3 与 M_1、M_4 与 M_2 平分电源电压，这样经折叠之后，I、Q 两路混频器所得到的电压就只有 0.5V 了，这样显然不能保证 I、Q 两路混频器正常工作；如果 M_3、M_4 的 $V_{DS}=0.3V$，则跨导管 M_1、M_2 不能得到足够大的偏置电流，则混频器的增益又受到严重影响。为了保证跨导管 M_1、M_2 的偏置电流足够大，同时保证 I、Q 两路混频器能正常工作，晶体管 M_3、M_4 采用了低阈值晶体管。这样当 M_3、M_4 的 V_{DS} 保持在 0.3V 左右时，I、Q 两路混频器还有大约 0.7V 的电压空间，可以保证其正常工作，而跨导管 M_1、M_2 也能够得到足够大的偏置电流，这样就解决了两者间的矛盾。

3）共模反馈（CMFB）电路

在本设计中，有源负载是通过晶体管 $M_5 \sim M_8$ 实现的，其共模电平会不稳定，这时需要 CMFB 电路来稳定输出点的直流电压。CMFB 电路原理图如图 6-75 所示，I_{ref} 为基准电流（20μA），在基准电阻 R_{ref}（25kΩ）上产生一个参考电压 V_{ref}（500mV）。V_{CMFB1}、V_{CMFB2} 分别与图 6-74 中的 V_{CMFB1}、V_{CMFB2} 连接，从而使混频器的直流输出电压稳定在 500mV。

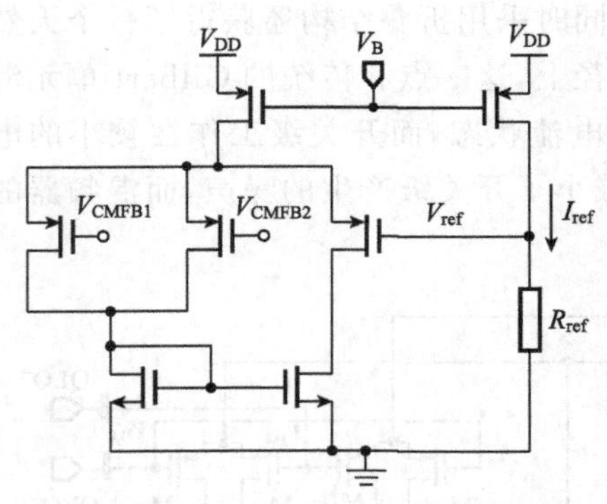

图 6-75 共模反馈电路原理图

4）输出缓冲器

下变频混频器输出阻抗为千欧级，测试时连接的测试仪器输入阻抗一般为 50Ω，要驱动这样的负载，在混频器的输出端需要一个输出缓冲器。这仅仅是为了测试的需要，而在实际的 WSN 接收机系统中，此缓冲器是不存在的。输出缓冲器如图 6-76 所示，该缓冲器采用源极跟随器，单端的输出阻抗约为 50Ω，差分输出阻抗为 100Ω，测试时通过 1.414∶1 的巴伦可以将 100Ω 差分输出阻抗转换为 50Ω 单端输出阻抗，然后连接输入阻抗为 50Ω 的测试仪器，对下变频混频器进行测试。

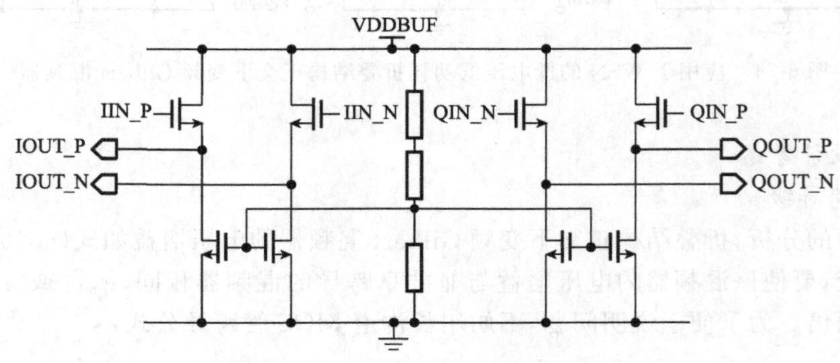

图 6-76 输出缓冲器

通过对所设计的混频器进行后仿真，得到混频器电压转换增益（CG_V）达到 8.5dB，输入 1dB 压缩点（IP_{1dB}）为－7.3dBm，输入三阶截点（IIP_3）为－2.20dBm，单边带（SSB）噪声系数（NF）是 13.9dB。在 1V 电源电压下，其工作电流是 1.2mA。后仿真结果表明，本次所设计的 2.4GHz 低电压低功耗折叠结构正交下变频 Gilbert 混频器各项指标良好，可以满足 WSN 应用要求。

6.8.2 低电压低功耗 Gilbert 上变频混频器设计

正交混频器电路如图 6-77 所示。将 I、Q 两路基带信号送入混频器的输入端，正交本振信号送入混频器本振端，在混频器的输出端将得到正交调制的射频信号。理想情况下，混频器的输出电压为

$$\begin{aligned} V_{\text{out}}(t) &= V_{\text{o}}\cos\omega_{\text{bb}}t\cos\omega_{\text{lo}}t - V_{\text{o}}\sin\omega_{\text{bb}}t\sin\omega_{\text{lo}}t \\ &= V_{\text{o}}\cos(\omega_{\text{bb}}+\omega_{\text{lo}}) \end{aligned} \tag{6.168}$$

最终的输出信号只有和频信号，没有差频信号，即差频信号得到了抑制，实现了单边带调制。

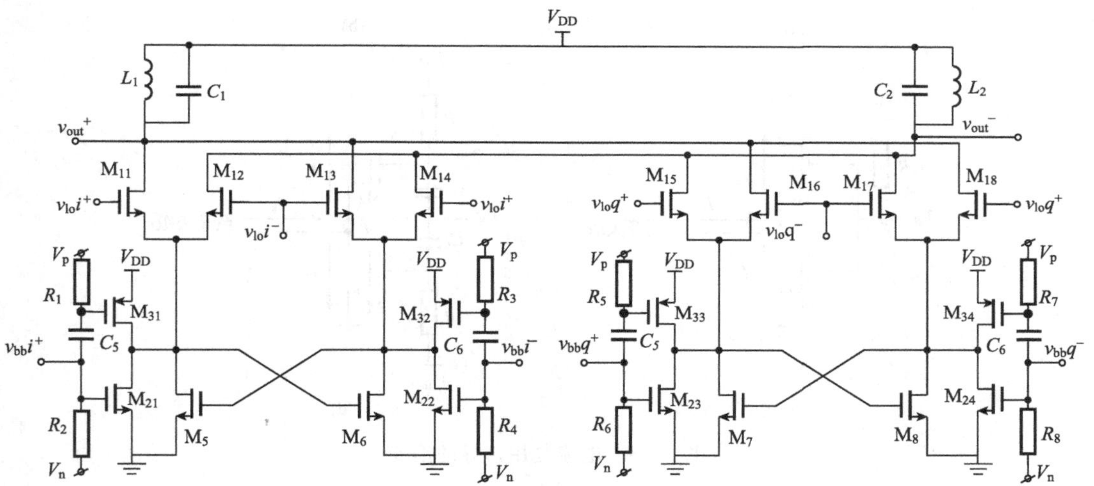

图 6-77 正交混频器电路图

传统的 Gilbert 混频器的跨导管是由单一的 NMOS 管构成的，图 6-78 给出了由单个 NMOS 管跨导演变来的电流复用跨导形式。图 6-78(a)是单个 NMOS 管跨导的最简单改进结构，来增加 NMOS 管的偏置电流，NMOS 管产生的交流电流 I_n，分流到开关管 I_s和电阻 R（I_r），实际上，电阻为交流电流提供了通路，限制了输入信号的传递和放大，所以为了减小 I_r，需要增大电阻 R；而又要保证 A 点电压足够高以确保 M_1 管饱和，在低电源电压下比较困难。图 6-78(b)使用有源负载代替电阻负载，PMOS 管的高输出阻抗使流过它的交流电流 I_p大大减少，增益得到了提高，同时 PMOS 管也不会消耗太多的直流压降。图 6-78(c)中的 CMOS 反相器结构，不仅可以避免交流信号通过 PMOS 管的输出阻抗流入交流地，还放大了输入信号，这种结构采用了电流复用技术。PMOS 管和 NMOS 管放大的交流电流之和 I_s流入开关级，得到总跨导为 $g_{\text{mn}}+g_{\text{mp}}$，而不消耗额外的功耗，可以满足高增益和低功耗，工作的最小电源电压为

$$V_{\text{dd,min}} = V_{\text{ov1}} + V_{\text{ov2}} + 2V_{\text{t}} \tag{6.169}$$

其中，V_{ov1} 和 V_{ovw} 分别是 NMOS 管和 PMOS 管的过驱动电压；V_t 为 MOS 管的阈值电压。0.18μm 的阈值电压在 0.5V 左右，那么最小电压将大于 1V。为了减小最低电压的限制，将 NMOS 管和 PMOS 管的偏置电压分别设置，如图 6-78(d)所示。最小电源电压为

$$V_{DD,min} = V_{ov1} + V_{ov2} + 2V_t + V_p - V_n \tag{6.170}$$

其中，V_p 和 V_n 分别为 PMOS 管和 NMOS 管的偏置电压。只要选择 $V_n > V_p$，就可以降低电路工作所需的电源电压，使混频器在 1V 的低电源电压下仍能正常工作。改进的上变频混频器跨导级电路结构如图 6-79 所示。

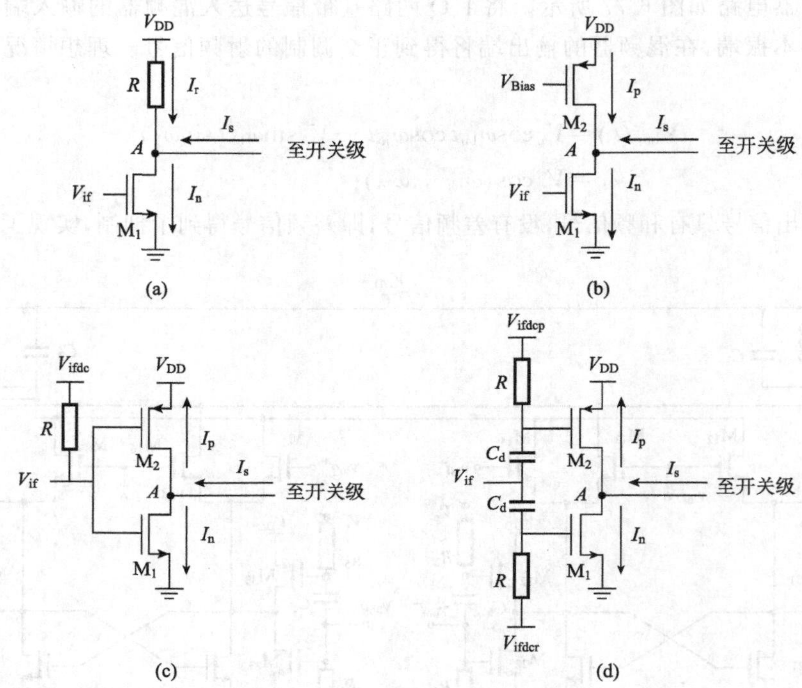

图 6-78 电流复用跨导的演变

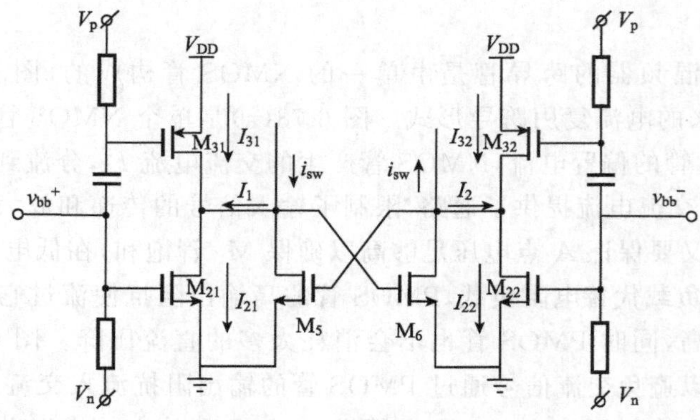

图 6-79 混频器跨导级电路结构

图 6-79 中，PMOS 管 M_{31} 和 M_{32} 作为跨导级的一部分，复用了交流小信号，令 $v_{bb}=v_{bb}^{+}-v_{bb}^{-}=V_{bb}\cos w_{bb}t$，则 I_1 与 I_2 分别表示为

$$I_1=(I_{21}-I_{31})+\frac{1}{2}(g_{m21}+g_{m31})V_{bb}\cos\omega_{bb}t \tag{6.171}$$

$$I_2=(I_{22}-I_{32})-\frac{1}{2}(g_{m22}+g_{m32})V_{bb}\cos\omega_{bb}t \tag{6.172}$$

交叉耦合晶体管 M_5 和 M_6 产生的负跨导 $-g_{m5,6}$ 可以减小从开关对源极看进去的等效跨导 G_{sw}，那么流过开关对的电流为

$$i_{sw}=\frac{G_{sw}}{2(G_{sw}-g_{m5,6})}(g_{m21}+g_{m31})v_{bb} \tag{6.174}$$

那么，混频器的转换电压增益为

$$G_c=\frac{2}{\pi}\frac{G_{sw}}{(G_{sw}-g_{m5,6})}(g_{m21}+g_{m31})R_L \tag{6.173}$$

与传统 Gilbert 混频器相比，电路的总跨导由 g_{m21} 增加为 $G_{sw}(g_{m21}+g_{m31})/(G_{sw}-g_{m5,6})$；另外，跨导级采用了电流复用技术，减少了电路所需的电流，降低了电路功耗。同时还减少了流过开关管的电流，改善了混频器的噪声系数。

开关管 $M_{11}\sim M_{18}$ 工作于饱和区，开关管的栅源偏置电压近似等于阈值电压，即过驱动电压近似为零，使开关管工作在临界导通和截止状态，以便在本振信号控制下实现开关的快速切换。本振信号幅度应该足够大，以确保开关工作在近似理想切换状态，减小开关管同时导通时引入的损耗和噪声。

由于上变频混频器的输出频率在 2.4GHz 左右，所以选用 LC 并联谐振网络作为负载，谐振于输出射频频率。由于 LC 谐振网络不会产生直流压降，而且谐振时可以提供较高的阻抗，从而增加了输出电压的动态范围和转换增益；另外，谐振网络具有滤波特性，可以抑制除输出有用 RF 频率以外的其他谐波分量。在上变频混频器中，输出射频频率很高，采用 LC 谐振负载所需电感量小，容易集成，因此，LC 谐振负载在上变频混频器中得到了广泛使用。

6.9 本章小结

非线性器件具有相乘作用，可以完成混频功能，但其相乘特性不是理想的，会产生许多无用组合频率分量，因此，需要采取措施来减少无用乘积项。如使用具有平方律特性的场效应管，或者使用平衡电路结构抵消一部分无用组合频率分量，或者采用补偿或负反馈技术实现接近理想的相乘运算，或者通过限制输入信号大小使器件工作在线性时变状态等。

开关类混频器与其他类型混频器相比具有更好的噪声和线性度等杂波响应等特性，因此，在实际应用中占主要地位。但为了达到开关工作状态，往往需要较大的本振信号(数百毫伏甚至更大)来驱动开关器件。

无源混频器与有源混频器相比，具有更高的线性度，极低的功耗，但由于引入了衰减，后续电路的噪声将被“放大”，所以整体的噪声系数更大。无源混频器需要相对较高的电源电压，当电源电压较低时，线性度难以得到保证。

MOSFET 混频器与 BJT 混频器相比，MOSFET 的最大优点是可以作为较理想的开关，线性度高。缺点是热噪声和 $1/f$ 噪声大，等效输入噪声高，需要用更大的电流来抑制噪声。

由于 MOSFET 线性度高，所以可以节省线性化所需要的功耗。

本章在介绍混频器变频增益或损耗、噪声系数、线性度、隔离度（平衡度）和阻抗匹配等主要指标基础上，给出了混频的基本原理，介绍了混频器的分类和电路结构，明确了混频器的分析方法，讨论了混频器噪声系数及其优化技术和线性度及其改善技术，并给出了两个低电压低功耗 Gilbert 混频器设计实例。

参 考 文 献

谢嘉奎. 2002. 电子线路非线性部分. 2 版. 北京：高等教育出版社

Brandolini M, Rossi P, Sanzigni D, et al. 2005. A CMOS direct down-converter with +78dBm minimum IIP2 for 3G cell-phones. IEEE International Solid-State Circuits Conference

Chan P Y, Rofougaran A, Ahmed K A, et al. 1993. A highly linear 1-GHz CMOS downconversion mixer. Nineteenth Europeanon Solid-State Circuits Conference, ESSCIRC'93

Chen C H, Chiang P Y, Jou C F. 2009. A low voltage mixer with improved noise figure. IEEE Microwaveand Wireless Component Letters, 19(2): 92-94

Choi K, Shin D H, Yue C P. 2007. A 1. 2V, 5. 8mW, ultra-wideband folded mixer in 0. 13μm CMOS. IEEERadio Frequency Integrated Circuits(RFIC)Symposium

Crols J, Steyaert M. 1995. A 1. 5GHz highly linear CMOS downconversion mixer. IEEE Journal of Solid-State Circuits, 30: 736-742

Darabi H, Chiu J. 2005. A noise cancellation technique in active RF-CMOS mixers. IEEE Journal of Solid-State Circuits, 40(12): 2628-2632

Darrat A H, Mathis W. 2009. Noise analysis in RF CMOS active switching Mixers. International Symposium on Theoretical Engineering

Lee S G, Choi J K. 2000. Current-reuse bleeding mixer. IEEE Electronics Letters, 36: 696-697

Lee T H. 2002. The Design of CMOS Radio-Frequency Integrated Circuits. Publishing House of Electronics Industry

Manstretta D, Brandolini M, Svelto F. 2003. Second-order intermodulation mechanisms in CMOS downconverters. IEEE Journal of Solid-State Circuits, 38(3): 394-406

Murad S A Z, Pokharel R K, Abdelghany M A, et al. 2010. High linearity 5. 2 GHz CMOS up-conversion mixer using derivative superposition method. TENCON 2010 - 2010 IEEE Region 10 Conference

Pullela R S, Sowlati T, Rozenblit D. 2006. Low flicker-noise quadrature mixer topology. IEEE International Solid-State Circuits Conference, Digest of Technical Papers: 1870-1879

Razavi B. 1998. RF Microelectronics. Prentice

Razavi B. 2012. RF Microelectronics. 2ed. Prentice

Shen D G, Li Z Q. 2011. A 2. 4 GHz low power folded down-conversion quadrature mixer in 0. 18-μm CMOS. 2011 International Conference on Wireless Communications and Signal Processing.

Terrovitis M T, Meyer R G. 1999. Noise in current-commutating CMOS mixers. IEEE Journal of Solid-State Circuits, 34(6): 772-783

Terrovitis M T, Meyer R G. 2000. Intermodulation distortion in current-commutating CMOS mixers. IEEE Journal of Solid-State Circuits, 35(10): 1461-1473

Vidojkovic V, Van der Tang J, Leeuwenburgh A, et al. 2005. A low-voltage folded-switching mixer in 0. 18μm CMOS. IEEE Journal of Solid-State Circuits, 40(6): 1259-1264

Webster D R, Haigh D G, Scott J B, et al. Derivative superposition-a linearisation technique for ultra broadband systems. IEE Colloquium on Wideband Circuits, Modelling and Techniques

Wei H J, Meng C C, Chien H I, et al. 2010. Flicker Noise and Power Performance of CMOS Gilbert Mixers Using Static and Dynamic Current-Injection Techniques. Asia-Pacific Microwave Conference Proceedings

Wu C H, Huang W H. 2010. A high-linearity up-conversion mixer utilizing negative risistor. Proceedings of International Symposium on Signals, Systems and Electronics.

Ziabakhsh S, Nirouei M, Saberkari A, et al. 2009. Reduction parasitic capacitance in switching stage RF-CMOS Gilbert mixer for 2.4 GHz application. 16th IEEE International Conference on Electronics, Circuits, and Systems, ICECS 2009.

习 题

6-1 试比较平衡混频器与非平衡混频器、单平衡混频器与双平衡混频器、有源混频器与无源混频器在转换增益、噪声因子、线性度、频谱纯度、端口隔离度和功耗等方面的差异，并说明选择混频器类型的依据。

6-2 应用于零中频接收机的混频器有何特殊要求？如何增强混频器的性能，使它更适合于零中频应用？

6-3 某超外差收音机，其中频 $f_i=465\text{kHz}$。

(1) 当收听 $f_{s1}=550\text{kHz}$ 电台节目时，还能听到 $f_{n1}=1480\text{kHz}$ 强电台的声音，分析产生干扰的原因。

(2) 当收听 $f_{s2}=1480\text{kHz}$ 电台节目时，还能听到 $f_{n2}=740\text{kHz}$ 强电台的声音，分析产生干扰的原因。

6-4 当 $f_{n1}=1.5\text{MHz}$、$f_{n2}=900\text{kHz}$ 时，若接收机在 1～3.5MHz 波段工作，问在哪几个频率上会产生互调干扰？

6-5 一个超外差式广播接收机，中频 f_i 为 465kHz，在收听频率 $f_s=931\text{kHz}$ 的电台广播时，发现除了正常信号外，还伴有音调约为 1kHz 的哨叫声，而且如果转动接收机的调谐旋钮，此哨声的音调还会变化。试分析：

(1) 此现象是如何引起的，属于哪种干扰？

(2) 在 535～1605kHz 波段内，在哪些频率刻度上还会出现这种现象？

(3) 如何减小这种干扰？

6-6 某发射机发出某一频率的信号。现在打开接收机在全波段寻找（设无其他任何信号），发现在接收机频率刻度盘的 3 个频率（6.5MHz、7.25MHz、7.5MHz）上均能听到发射的信号，其中以 7.5MHz 处为最强。试分析为什么会出现此现象？设接收机 $f_i=0.5\text{MHz}$，$f_o>f_s$。

6-7 晶体三极管混频器的输出中频频率为 $f_I=200\text{kHz}$，本振频率为 $f_L=500\text{kHz}$，输入信号频率为 $f_c=300\text{kHz}$。晶体三极管的静态转移特性在静态偏置电压上的幂级数展开式为 $i_c=I_0+av_{bc}+bv_{bc}^2+cv_{bc}^3$。设还有一干扰信号 $v_M=V_{Mm}\cos(2\pi\times3.5\times10^5 t)$，作用于混频器的输入端。试问：

(1) 干扰信号 v_M 通过什么寄生通道变成混频器输出端的中频电压？

(2) 若转移特性为 $i_c=I_0+av_{bc}+bv_{bc}^2+cv_{bc}^3+dv_{bc}^4$，求其中交叉调制失真的振幅。

6-8 混频器中晶体三极管在静态工作点上展开的转移特性由下列幂级数表示：$i_c=I_0+av_{bc}+bv_{bc}^2+cv_{bc}^3+dv_{bc}^4$。已知混频器的本振频率为 $f_L=23\text{MHz}$，中频频率 $f_I=f_L-f_c=3\text{MHz}$。若在混频器输入端同时作用 $f_{M1}=19.6\text{MHz}$ 和 $f_{M2}=19.2\text{MHz}$ 的干扰信号。试问在混频器输出端是否会有中频信号输出？它是通过转移特性的几次项产生的？

6-9 已知混频晶体三极管转移特性为

$$i_c=a_0+a_2v^2+a_3v^3$$

其中，$v(t)=V_s\cos\omega_s t+V_o\cos\omega_o t$，$V_o\gg V_s$。求混频器对于 $(\omega_o-\omega_s)$ 和 $(2\omega_o-\omega_s)$ 的变频跨导。

6-10 题图 6-10 所示是一个传统的双栅混频器。假设当 M_1 导通时的导通电阻为 R_{on1}，本振信号是占空比为 50% 的方波信号，忽略沟道调制效应和体效应。试计算混频器的电压转换增益，假设 M_2 不会进入三极管区，其跨导表示为 g_{m2}。

6-11 考虑如题图 6-11 所示的双平衡无源混频器。

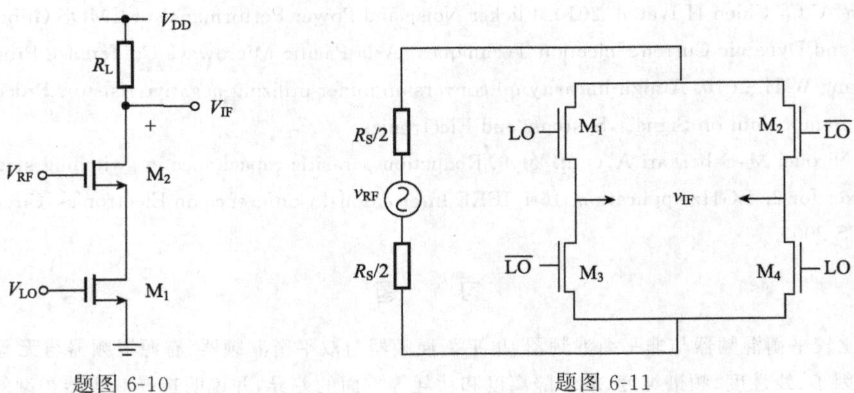

题图 6-10　　题图 6-11

(1) 如果 IF 口的终端电阻等于 R_s，假设开关切换无穷快并且忽略开关的电阻，变换增益是多少？

(2) 若 RF 的输入是单个频率的正弦波，本振信号是一个具有 50% 占空比的方波信号，画出近似的输出频谱，并讨论对混频器后级滤波的要求。

(3) 如果本振信号是一个占空比为 D(D 不等于 50%)的方波信号，试推导中频输出信号的频谱成分。

6-12　某时变混频电路的本振电压 $u_L = U_{Lm}\cos\omega_L t$，时变跨导 $g(t) = gk_2(\omega_L t)$，输出中频谐振回路的谐振频率 $f_I = f_L - f_S$，带宽大于输入信号的带宽，谐振阻抗为 R_L。在下列输入信号时试求输出电压 $u_o(t)$。

(1) $u_S = U_{sm}[1 + m_a f(t)]\cos\omega_S t$

(2) $u_S = U_{sm} f(t)\cos\omega_S t$

(3) $u_S = U_{sm}\cos(\omega_S + \Omega)t$

(4) $u_S = U_{sm}\cos(\omega_S t + m_f\sin\Omega t + \varphi_o)$

6-13　在一个由二极管构成的环形混频器中，设

$$u_s = 0.3\times(1 + 0.5\cos 500t)\cos 10^6 t\,(\text{V})$$

$$u_{LO} = \cos(1.5\times 10^6 t)\,(\text{V})$$

问输出电流 i 中含有哪些频率成分(谐波次数取 5)？

6-14　场效应管混频器及其转移特性如题图 6-14 所示。已知 $u_1 = \cos(2\pi\times 1.2\times 10^6 t)$V，回路的谐振电阻 $R_L = 10\text{k}\Omega$，$u_1 \gg u_2$。

(1) 画出时变跨导 $g_m(t)$ 的波形，并写出表示式。

(2) 若 $u_2 = 0.2[1 + 0.5\sin(2\pi\times 10^3 t)]\cos(2\pi\times 735\times 10^3 t)$V，输出回路的谐振频率 $f_o = 465\text{kHz}$。试求混频跨导 g_c 和输出电压 u_o。

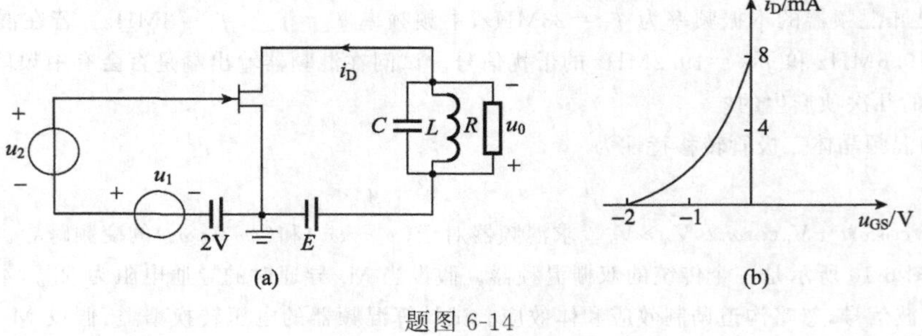

题图 6-14

6.15　在如题图 6-15(a)所示的晶体管混频电路中，设 Q_1 和 Q_2 管的转移特性如题图 6-15(b)所示。已知 $u_L = 0.2\cos(2\pi\times 1.3\times 10^6 t)$V，$u_s = 10(1 + 0.6\sin 6\pi\times 10^3 t)\cos(2\pi\times 8\times 10^5 t)$mV，集电极回路的谐振频率等

于 500kHz，带宽大于 6kHz。

(1) 试画出晶体管时变跨导的波形，并写出表达式。

(2) 求混频跨导和输出电压 u_i。

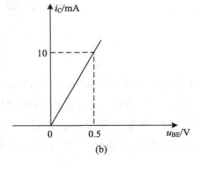

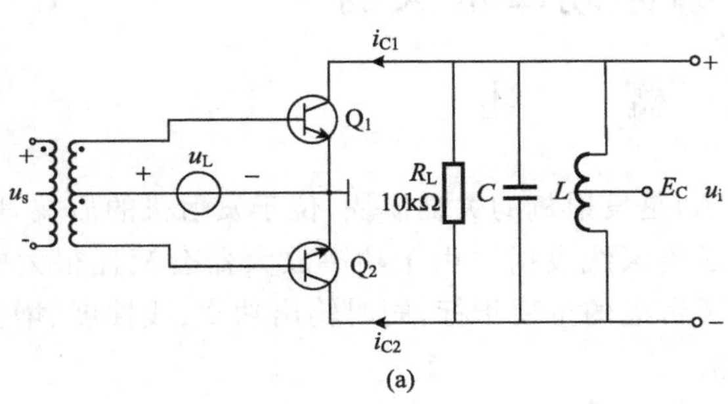

题图 6-15

第 7 章　射频功率放大器

7.1　概　　述

射频功率放大器(power amplifier, PA)是发射机的关键模块,位于发射机的后端,用于放大射频信号并达到一定的输出功率,然后送给天线发射。由于功率放大器会消耗很大的直流功率,所以效率是功率放大器设计时首先要考虑的重要指标,同时输出功率、线性度、增益和输入输出匹配等也是功率放大器的关键指标。

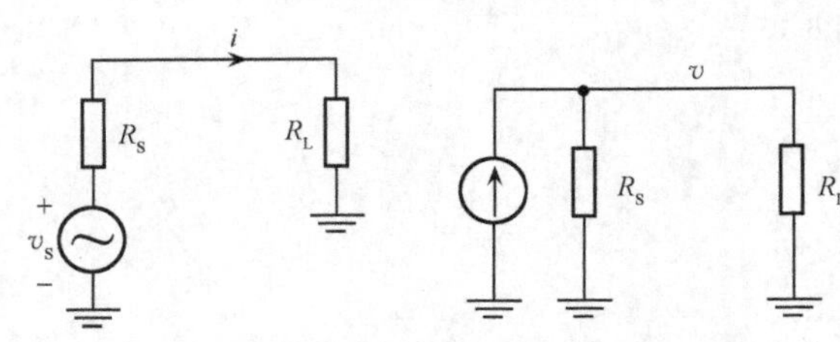

图 7-1　小信号放大器匹配

对于小信号放大器,为了从信号源(电压或电流)获取最大的功率,需要使负载与信号源内阻形成共轭匹配,这时的功率传输效率为 50%,如图 7-1 所示。注意,功率传输效率是负载上的信号功率与负载和内阻上的信号功率和之比,50%的传输效率意味着一半的功率被消耗在了内阻上。电压源的负载电阻越大、电流源的负载电阻越小,内阻上的消耗的功率就越小,功率传输效率就越高。

然而,在实际设计功率放大器输出端匹配网络时,共轭匹配往往不被采用。因为前面所讨论的共轭匹配并没有涉及实际设计中的一些限制条件,如信号源所能提供的最大电流,以及信号源两端所能承受的最大电压(这点尤为重要)。例如,一个电流源所能提供的最大电流为 1A,内阻 R_S 为 100Ω。根据共轭匹配理论,要实现最大功率传输,负载阻抗 R_L 应为 100Ω,此时电流源两端的电压为 50V;如果这个电流源是一个晶体管,那么其两端电压很可能超过晶体管的额定电压;另外,晶体管两端电压的摆幅会受到电源电压的限制。

共轭匹配与功率匹配如图 7-2 所示,晶体管在共轭匹配下的最大电流要明显小于它能提供的最大电流,由此可见,共轭匹配所能传输的最大功率会受到电源电压和晶体管所能提供最

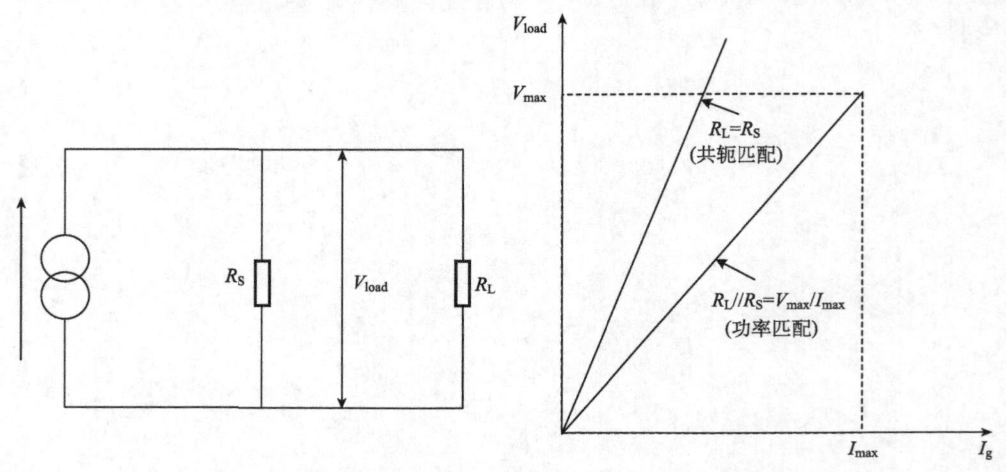

图 7-2　共轭匹配($R_L=R_S$)与功率匹配($R_L//R_S=V_{max}/I_{max}$)

大电流的限制。这说明，共轭匹配下的晶体管并没有被充分利用。

因此，为了能够使功率放大器输出更大功率，需要选择较小的负载值($R_L<R_S$)。为了使功率放大器达到最大输出功率，需要进行功率匹配，也称负载线匹配，对应的负载值称为最佳负载值 R_{opt}，满足：

$$\frac{R_S R_{opt}}{R_S+R_{opt}}=\frac{V_{max}}{I_{max}}$$

若 $R_S \gg R_{opt}$，则有 $R_{opt}=V_{max}/I_{max}$。由此可见，在电源电压一定的情况下，负载线匹配比共轭匹配更能获得最大输出功率。

某一线性功率放大器在两种不同匹配下的功率传输特性曲线如图 7-3 所示，实线为小信号共轭匹配下的功率传输特性曲线，虚线为功率匹配。其中 A、A'点为线性最大输出功率点，B、B'点为 1dB 压缩点。可以看出，B'点比 B 点高 2dB 左右。

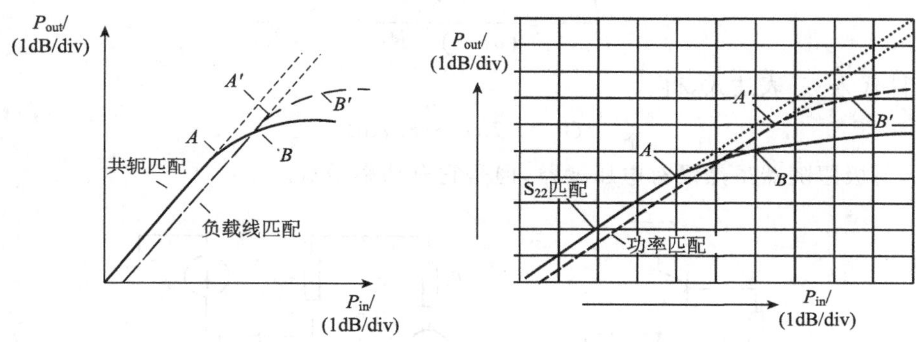

图 7-3　某一线性功率放大器在不同输出匹配下的功率传输特性曲线

由于功率放大器的作用是向负载输出足够的信号功率，为此它需要消耗大量的直流功率，并将直流功率转换为交流功率提供给负载。负载上得到的交流功率与电源提供的直流功率的比值称为功率放大器的效率，这是功率放大器的一个关键指标。由于小信号放大器输出的功率非常有限，所以通常不考虑效率问题。功率放大器的另一个重要指标是线性度，若信号波形的包络含有信息，功率放大器就应不失真地放大信号，因此功率放大器的线性度就显得十分重要。效率和线性度是一对矛盾，放大器的效率越高，线性度就越低。另一方面输出功率越大，效率就越高，而由非线性引起的失真或干扰也越强。设计时需要对效率和线性度进行折中考虑。

本章讨论功率放大器与小信号放大器的区别，给出功率放大器的主要指标，讨论 A 类、B 类、C 类、D 类、E 类和 F 类功率放大器设计，以及大信号阻抗匹配，最后给出前馈、反馈、预失真、采用非线性元件的线性放大、包络消除与恢复和包络跟踪等线性化技术。

7.2　功率放大器与小信号放大器的区别

功率放大器与小信号放大器的主要区别在于，小信号放大器工作在小信号状态，提供放大的信号电流和电压，功率常常是微不足道的。而功率放大器工作在大信号状态，提供较大的功率输出，其晶体管应同时具有足够的电流驱动能力和较高的击穿电压。例如，功率放大器在 50Ω 负载上输出 1W 的功率，意味着在该负载上信号电压和电流的幅度分别达到 10V 和

200mA。由于功率放大器工作于大信号下，有很大的动态范围，其输出阻抗随电压和电流而改变，是非线性阻抗，所以阻抗匹配是难点。

对于小信号放大器，其电压增益是设计放大器时应重点考虑的指标之一，而对于功率放大器，不仅要看电压增益，还要看功率增益。放大器没有电压增益并不一定意味着没有功率增益。以低频射极跟随器为例，如图 7-4 所示，电压增益和源电压增益分别为

$$A_v=\frac{v_o}{v_{in}}=\frac{(1+\beta)R_L}{r_\pi+(1+\beta)R_L}\approx\frac{R_L}{1/g_m+R_L} \tag{7.1}$$

$$A_{vs}=\frac{v_o}{v_s}=\frac{(1+\beta)R_L}{R_S+r_\pi+(1+\beta)R_L}\approx\frac{R_L}{R_S/\beta+1/g_m+R_L} \tag{7.2}$$

如果 $R_S=100\Omega$，$R_L=50\Omega$，$g_m=1S$，$\beta=100$，计算得 $A_v\approx0.98$，$A_{vs}\approx0.96$，电压增益约为 1，因此没有电压增益。电路的转化功率增益表示为

$$G_T=\frac{P_L}{P_{AVS}}=\frac{v_o^2/R_L}{(v_s/2)^2/R_S}=4\frac{v_o^2}{v_s^2}\frac{R_S}{R_L} \tag{7.3}$$

将以上条件代入 G_T 表达式，得

$$G_T\approx7.4\approx8.7\text{dB}$$

因此，射极跟随器虽然没有电压增益，但是它有功率增益。

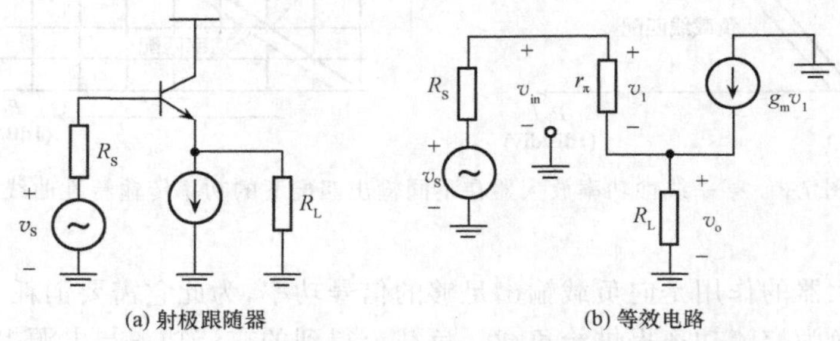

图 7-4　射极跟随器及其等效电路

7.3　功率放大器的主要指标

1. 输出功率和增益

输出功率(P_{out})指的是功率放大器可以向特定负载(通常为 50Ω 等效电阻的天线)传输的总功率。这个总功率指的是系统带宽内的射频功率，不包括谐波成分和其他杂散功率。而输出功率对输入功率的比值为功率增益(G)。

功率放大器的输出功率大小由系统标准确定，不同系统所要求的输出功率也不尽相同。在个人无线通信系统中要求的输出功率大致在 1 毫瓦到几瓦之间。为了获得这一范围的输出功率，根据输入信号的大小，放大器的功率增益为 20～40dB。

射频和微波系统中信号的功率可以用瓦(W)、毫瓦(mW)和 dBm 表示。单位 dBm 是信号功率相对于 1 mW 的对数值，定义为

$$P_{dBm}=10\lg(P_{mW})=10\lg(P_W)+30$$

如果使用统一的负载，功率与幅度是一一对应的。在 50Ω 的系统中，10V 的信号幅度所

对应的功率为

$$P=\frac{V_{\max}^2}{2R}=\frac{10^2}{2\times 50}=1(\mathrm{W})=1000(\mathrm{mW})$$

$$P_{\mathrm{dBm}}=10\lg(P_{\mathrm{mW}})=10\lg(10^3)=30(\mathrm{dBm})$$

表 7-1 给出了 50Ω 系统中不同信号幅度对应的功率。

表 7-1　50Ω 系统中信号幅度与功率的对应关系

电压幅度	功率/mW	功率/dBm
10V	1000	30
1V	10	10
0.316V	1	0
0.1V	0.1	−10
10μV	10^{-9}	−90

2. *效率(efficiency)和功率附加效率(power added efficiency, PAE)*

由于功率放大器将电源的直流功率转换为交流信号功率输出给负载,在转换过程中,只有一部分直流功率转换成有用的信号功率并为负载所获得,剩余部分被放大器本身和电路中的寄生元件所消耗。若用 P_{L}表示负载上的功率,P_{D}表示电源提供的直流功率,则功率放大器效率定义为

$$\eta=\frac{P_{\mathrm{L}}}{P_{\mathrm{D}}} \tag{7.4}$$

但是,上述效率的定义没有反映功率放大器的放大功能,即没有考虑输出功率与输入功率的关系。若用一个相当大功率的输入信号驱动放大器,得到了一个比输入功率还小的输出功率,这时放大器相对于输入信号来讲,就等于没有效率,尽管此时由式(7.4)表达的效率可能很高。因此,引入功率附加效率以全面反映放大器输出功率与外加功率的关系,定义为

$$\mathrm{PAE}=\frac{P_{\mathrm{L}}-P_{\mathrm{in}}}{P_{\mathrm{D}}}=\eta\left(1-\frac{1}{G}\right) \tag{7.5}$$

其中,G 表示功率增益。

3. *线性度*

功率放大器产生的非线性失真会同时表现在幅度和相位上,即在信号的幅度和相位上会同时出现失真。功率放大器的非线性可以通过双音测试来表征,即在放大器输入端加两个幅度相等、频率间隔很小的正弦信号,然后在放大器输出端测量互调分量。对相邻信道的干扰情况,用三阶互调量(IM3)来表示,对邻近信道的干扰情况,用五阶互调量(IM5)来表示。

然而,在现代通信系统中,双音测试法并不能完全反映实际情况。为此,功率放大器线性度可以通过测量放大器对已调波形响应的频谱扩展情况来评价,如相邻信道功率比(adjacent channel power ratio, ACPR)。信道带宽内的信号功率与相邻信道带宽内泄漏的信号功率如图 7-5 所示,ACPR 定义为信道带

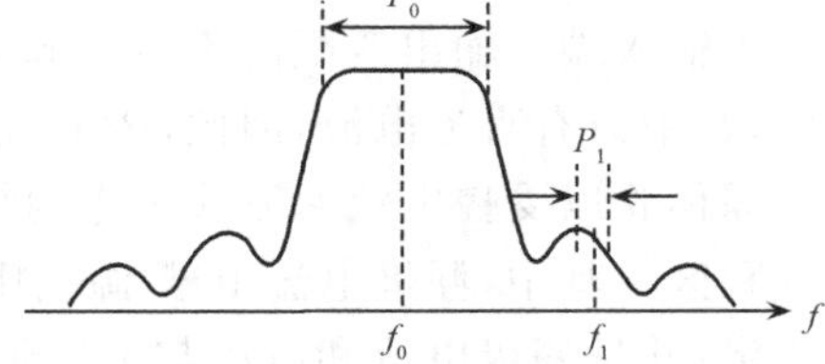

图 7-5　信道带宽内的信号功率与相邻信道带宽内泄漏的信号功率

宽内的信号功率 P_0 与相邻信道带宽内泄漏或扩展的信号功率 P_1 之比，即

$$\mathrm{ACPR}=\frac{P_0}{P_1}$$

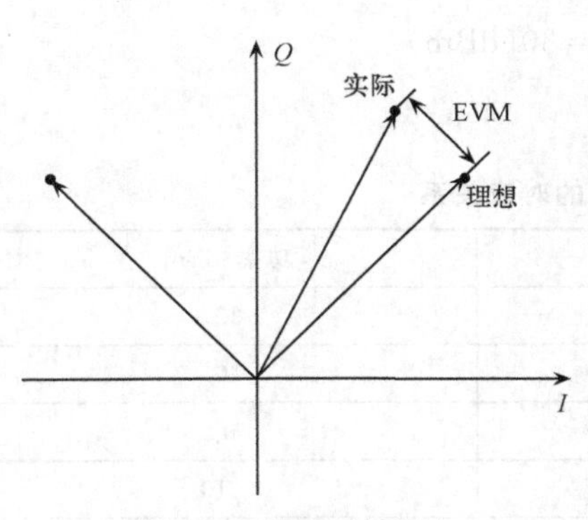

图 7-6　误差矢量幅度

由于非线性失真会使信号幅度和相位同时出现失真，所以用星座图中实际信号的点和理想信号的点之间的距离来表示误差，称为误差矢量幅度（error vector magnitude，EVM），如图 7-6 所示。

4. 功率控制

功率控制是节省能量，减少对其他用户干扰的有效手段。在 CDMA 系统中更是一个基本要求。控制信号可以是连续变化的模拟信号或按一定的步长或 dB 值变化的数字信号。

线性功率放大器可以通过控制偏置电压或者输出端负载大小，达到改变输出功率的目的。由于输出功率大小会随着输入信号幅度的改变而改变，所以另一种改变输出功率的方法，是在功率放大器前级放置一个可变增益放大器。然而，对于非线性功放的功率控制，却不能采用改变输入信号幅度的方法，因为非线性功放的输入信号只包含相位信息。另一种输出功率控制方法如图 7-7 所示，该方法采用多个晶体管并联，通过控制其中开关导通与关断，来实现对输出功率的控制。

5. 输入输出反射系数或电压驻波比

为了获得最大的输入功率，需要较小的输入反射系数。为了表征失配引起的反射，引入电压驻波比（VSWR）的概念。电压驻波比是最大绝对值电压与最小绝对值电压之比。当端口完全匹配时，VSWR＝1；开路或短路的端口会造成 VSWR→∞。为了获得高效率，通常会在输出端有意地造成失配，这样会在输出端形成较大的电压驻波比。

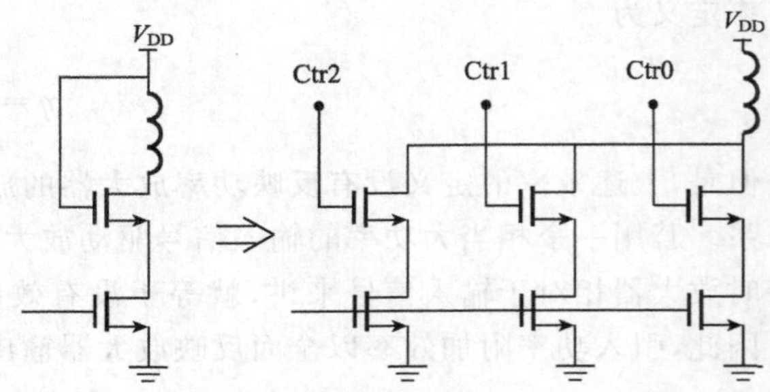

图 7-7　另一种输出功率控制方法

7.4　PA 的工作原理

功率放大器结构框图如图 7-8 所示。它由四部分组成：晶体管（MOSFET、MESFET 或者 BJT）、输入匹配网络、输出匹配网络和射频扼流圈（RF choke，RFC）。晶体管既可以作为受控电流源，也可以作为开关。输入匹配网络的主要作用是使射频信号源能将最大功率传输给晶体管输入端。输出匹配网络主要起到阻抗匹配和滤波的作用。RFC 对于交流电流相当于开路，其中只有直流电流，因此，RFC 可以被看成直流电流源。

晶体管以受控电流源方式工作的功率放大器等效电路如图 7-9(a)所示，此时晶体管工作在饱和区。其中，漏极电流由栅-源电压 v_{GS} 和晶体管工作点决定，漏极电压由受控源和负载网络决定；并且漏极电流和电压与 v_{GS} 的大小近似呈线性关系，所以该工作方式适用于线性功率放大器。

晶体管以开关方式工作的功率放大器等效电路如图 7-9(b)所示。导通时，晶体管工作在

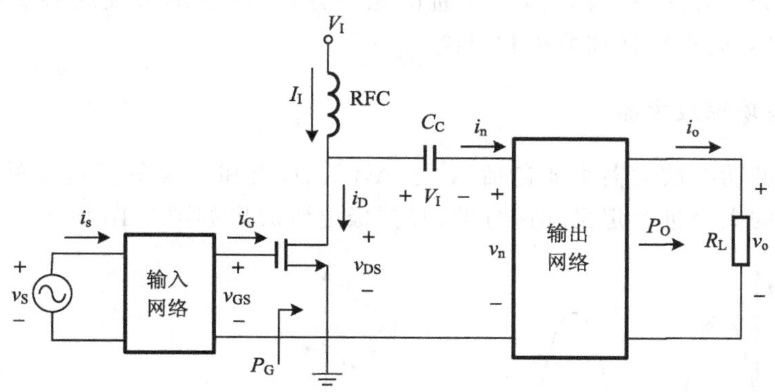

图 7-8　功率放大器结构框图

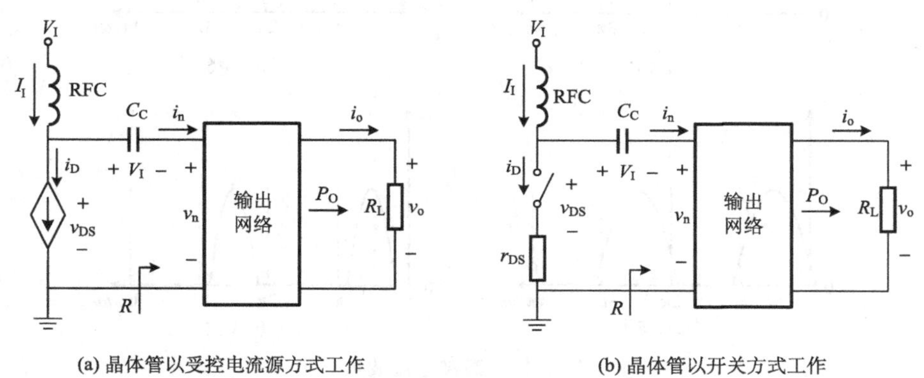

图 7-9　功率放大器等效电路

线性电阻区，漏源电压 v_{DS} 很低，漏极电流 i_D 由外部电路决定；关断时，晶体管处于截止区，流过晶体管的电流为零，漏极电压由外部电路决定。在大多数情况下，驱动晶体管的栅-源电压 v_{GS} 为方波信号。但在某些高频情况下，方波信号产生比较困难，仍采用正弦波作为驱动信号。如果 v_{GS} 是幅度较大的正弦信号，则晶体管就处于过驱动状态。在这种情况下，当 v_{GS} 瞬时值比较小时，晶体管工作在饱和区；当 v_{GS} 瞬时值比较大时，晶体管工作在开关状态。

7.5　PA 的分类

RF 功率放大器按照不同分类方式可以划分为不同种类。按晶体管类型可以分为双极型晶体管(BJT)功率放大器、砷化镓场效应管(GaAs MESFET)功率放大器和砷化镓异质结晶体管(GaAs HBT) 功率放大器等；按工作频带可分为窄带功率放大器和宽带功率放大器；按工作特性可分为线性功率放大器和非线性功率放大器；按晶体管导通情况可分为 A 类、AB 类、B 类、C 类、D 类、E 类和 F 类等。其中，又可将 A 类、AB 类、B 类和 C 类归为一大类，它们的特点是晶体管等效为受控电流源；D 类和 E 类归为一类，晶体管等效为开关工作；而 F 类功放的晶体管既可以按受控电流源方式工作，也可以按开关方式工作。另外，还可以按元件集成度等方式进行划分。

在以上不同分类方式中，按晶体管导通情况划分，最能够细致反映各类型 PA 的效率差异。因此，下面将对此进行详细分析和讨论。

7.5.1 电流源型功率放大器

等效电流源型功率放大器主要包括 A 类、AB 类、B 类和 C 类等。这 4 种类型的 PA 是根据晶体管导通角的大小进行定义和区分的，其漏极电流波形如图 7-10 所示。

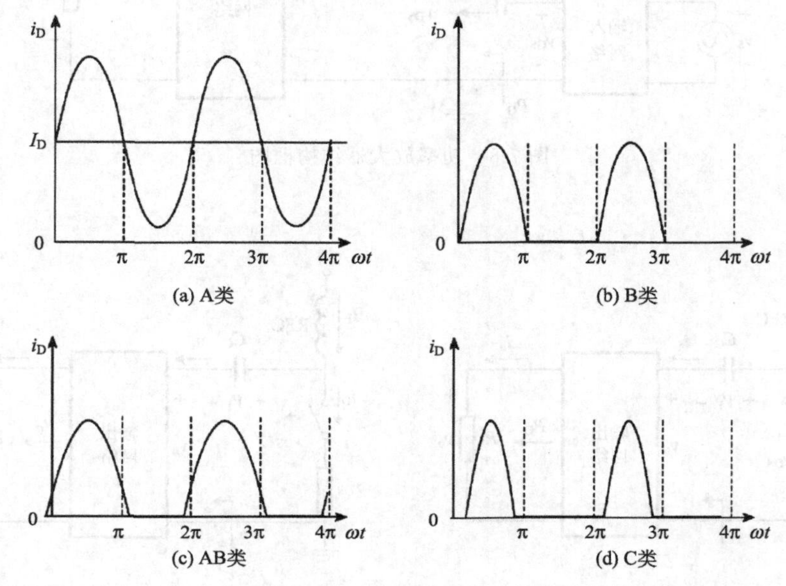

图 7-10 漏极电流波形

它们的静态工作点和输出特性曲线如图 7-11 所示。

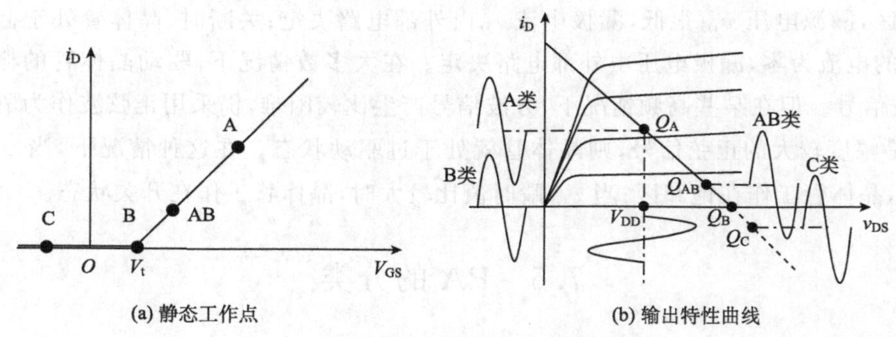

图 7-11 由导通角定义的 PA

1. A 类功率放大器

A 类(中文称甲类)功率放大器是线性功率放大器，能够对输入信号进行线性放大，不会使信号的幅值和相位产生明显的失真。A 类功放通过选择合适的直流偏置电压 V_{GS}，使晶体管静态工作点位于图 7-11(a)的 A 点。晶体管在整个信号周期内保持导通，即导通角为 2π。典型 A 类功率放大器的结构如图 7-12 所示。该结构由晶体管、LC 并联谐振网络、RF 扼流圈 L_f、隔直电容 C_C 和负载 R 组成。

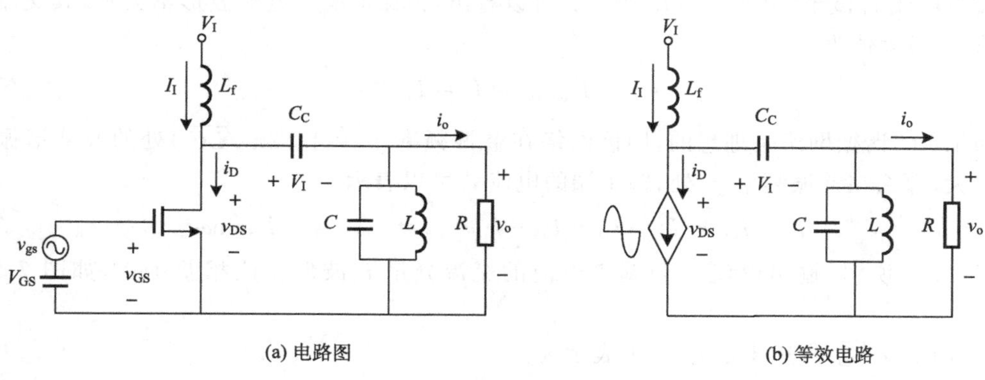

图 7-12　A 类功率放大器

1）波形分析

晶体管的栅-源电压 v_{GS} 可表示为

$$v_{GS} = V_{GS} + v_{gs} = V_{GS} + V_{gsm}\sin\omega t \tag{7.6}$$

其中，V_{GS} 为栅-源直流偏置电压；v_{gs} 为栅-源电压 v_{GS} 中的交流分量；V_{gsm} 为 v_{gs} 的幅值；ω 为工作角频率。

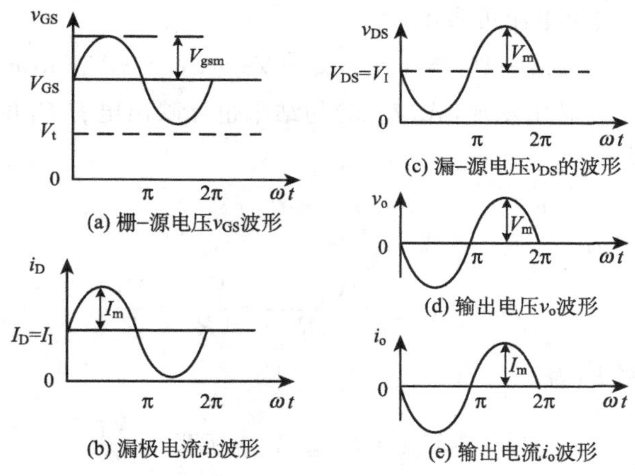

图 7-13　A 类功率放大器电压和电流波形

栅-源电压 v_{GS} 波形如图 7-13(a)所示。可以看出：直流偏置电压 V_{GS} 大于 MOSFET 阈值电压 V_t，为确保晶体管在整个信号周期内都工作在导通状态，即保证漏极电流的导通角为 2π，应满足：

$$V_{GS} - V_{gsm} > V_t \tag{7.7}$$

漏极电流 i_D 可表示为

$$i_D = I_D + i_d = I_D + I_m\sin\omega t = I_I + I_m\sin\omega t \tag{7.8}$$

其中，漏极电流的直流分量为 I_D，等于电源电流 I_I；交流分量 i_d 可以表示为

$$i_d = I_m\sin\omega t \tag{7.9}$$

其中，I_m 表示漏极电流交流分量 i_d 的幅值。

漏极电流 i_D波形如图 7-13(b)所示。可以看出：为保证漏极电流波形不失真，其交流分量的幅值 I_m最大值为

$$I_{m(max)} = I_I = I_D \tag{7.10}$$

如果 LC 谐振网络是理想的，即该网络在谐振频率 $f_0 = 1/(2\pi\sqrt{LC})$处的并联谐振阻抗为无穷大，那么在谐振频率 f_0处，输出端的电流 i_o可以表示为

$$i_o = i_{CC} = I_I - i_D = I_I - I_I - i_d = -i_d = -I_m \sin\omega t \tag{7.11}$$

式(7.7)说明，输出电流 i_o与漏极电流的交流分量 i_d波形相位相差 180°，如图 7-13(e)所示。

漏-源电压 v_{DS}的基波分量 v_{ds}可表示为

$$v_{ds} = Ri_o = -RI_m \sin\omega t = -V_m \sin\omega t \tag{7.12}$$

则在谐振频率 f_0处，漏-源电压 v_{DS}可表示为

$$v_{DS} = V_{DS} + v_{ds} = V_{DS} - V_m \sin\omega t = V_I - V_m \sin\omega t \tag{7.13}$$

其中，V_{DS}为 v_{DS}的直流分量，等于电源电压 V_I；V_m为 v_{DS}的交流分量幅值。

漏-源电压 v_{DS} 的波形如图 7-13(c)所示。可以看出：若要保证 $v_{DS} \geqslant 0$，V_m 的最大值 $V_{m(max)}$需满足：

$$V_{m(max)} = RI_{m(max)} = V_I = V_{DS} \tag{7.14}$$

在谐振频率 f_0处，输出电压可表示为

$$v_o = v_{DS} - V_{C_c} = V_I + v_{ds} - V_I = v_{ds} = -V_m \sin\omega t \tag{7.15}$$

通过与漏-源电压 v_{DS}对比发现，式(7.15)的结果也反映出电容 C_C的隔直作用。输出电压 v_o波形如图 7-13 (d)所示。

2）输出功率和效率

电源电流 I_I可表示为

$$I_I = I_{m(max)} = \frac{V_{m(max)}}{R} = \frac{V_{DS}}{R} = \frac{V_I}{R} \tag{7.16}$$

则电源提供的直流功率 P_I为

$$P_I = I_D V_{DS} = I_{m(max)} V_I = I_I V_I = \frac{V_I^2}{R} \tag{7.17}$$

可以看到，该直流功率大小是恒定的，且与输出电压幅度 V_m大小无关。

另外，漏极功率 P_{DS}(交流功率)可表示为

$$P_{DS} = \frac{I_m V_m}{2} = \frac{RI_m^2}{2} = \frac{V_m^2}{2R} \tag{7.18}$$

且式(7.18)在 $V_m = V_{m(max)} = V_I$时取得最大值，即 P_{DS}的最大值为

$$P_{DSmax} = \frac{V_I^2}{2R} = \frac{P_I}{2} \tag{7.19}$$

因此，A 类功率放大器的漏极效率可表示为

$$\eta_D = \frac{P_{DS}}{P_I} = \frac{1}{2}\left(\frac{I_m}{I_I}\right)\left(\frac{V_m}{V_I}\right) = \frac{V_m^2}{2RV_I I_{m(max)}} = \frac{V_m^2}{2V_I V_{m(max)}} = \frac{1}{2}\left(\frac{V_m}{V_I}\right)^2 \tag{7.20}$$

其理论上可达到的最大效率为

$$\eta_{D(max)}=\frac{V_{m(max)}}{2V_I}=0.5 \tag{7.21}$$

而事实上，为了保证 MOSFET 工作在饱和区，其漏-源电压 v_{DS}必须大于一个最小值，即

$$V_{DSmin}=v_{GS}-V_t=V_{GS}+V_{gsm}-V_t \tag{7.22}$$

因此，由图 7-13(c)所示的 v_{DS}波形可知，漏-源电压 v_{DS}的交流分量幅值 V_m最大值由下式决定：

$$V_{m(max)}=V_I-V_{DSmin}=V_I-V_{GS}-V_{gsm}+V_t \tag{7.23}$$

则最大漏极效率为

$$\eta_{D(max)}=\frac{V_{m(max)}}{2V_I}=\frac{V_I-V_{DSmin}}{2V_I}=\frac{1}{2}\left(1-\frac{V_{DSmin}}{V_I}\right)<0.5 \tag{7.24}$$

至此，可以看到：A 类功放的效率不高，其高的线性度是以牺牲效率为代价获得的；另外，考虑到晶体管导通电压、工作点漂移以及不可避免的传输损耗，实际 A 类功放的效率更低，如音频 A 类功放的漏极效率在 25%以下，因为射频扼流圈在低频下被电阻取代，产生了更大的损耗。因此，A 类功放适用于一些低功率应用场合，或者作为级联放大器的中间级使用。

例 7-1　设计一个如图 7-12 (a)所示的 A 类功率放大器，满足以下指标：$P_o=0.25\text{W}$，$f_o=1\text{GHz}$，$\text{BW}=100\text{MHz}$，$V_I=3.3\text{V}$，$r_L=0.05\Omega$，$r_C=0.01\Omega$，$r_{CC}=0.07\Omega$，$r_{Lf}=0.02\Omega$。

解　假设 $V_{DSmin}=0.5\text{V}$，根据式(7.24)，漏极效率为

$$\eta_D=\frac{1}{2}\left(1-\frac{V_{DSmin}}{V_I}\right)=\frac{1}{2}-\frac{0.5}{2\times 3.3}=0.4242=42.42\%$$

另外，根据式(7.23)，漏极电压的交流分量幅度，即输出电压的幅值 V_m为

$$V_m=V_I-V_{DSmin}=3.3-0.5=2.8(\text{V})$$

漏-源电压的最大值为

$$V_{DSmax}=V_I+V_m=3.3+2.8=6.1(\text{V})$$

负载阻抗为

$$R=\frac{V_m^2}{2P_o}=\frac{2.8^2}{2\times 0.25}=15.68(\Omega)$$

电路有载品质因数 Q_L为

$$Q_L=\frac{f_o}{\text{BW}}=\frac{10^9}{10^8}=10$$

利用 Q_L，可计算出电感、电容元件参数值，并由此计算出电感电容上的功耗。

谐振网络电感和电容值分别为

$$L=\frac{R}{\omega_0 Q_L}=\frac{15.68}{2\pi\times 10^9\times 10}=0.25(\text{nH})$$

$$C=\frac{Q_L}{\omega_0 R}=\frac{10}{2\pi\times 10^9\times 15.68}=101.5(\text{pF})$$

负载电流的幅值和漏电流的交流成分为

$$I_m=\frac{V_m}{R}=\frac{2.8}{15.68}=0.1786(\text{A})$$

漏电流的直流成分为

$$I_D = I_m = 0.1786(\text{A})$$

谐振网络电感和电容上的功耗可分别由下式计算：

$$P_{rL} = \frac{r_L I_{Lm}^2}{2} = \frac{r_L Q_L^2 I_m^2}{2} = \frac{0.05 \times 10^2 \times 0.1786^2}{2} = 0.07975(\text{W})$$

$$P_{rC} = \frac{r_C I_{Cm}^2}{2} = \frac{r_C Q_L^2 I_m^2}{2} = \frac{0.01 \times 10^2 \times 0.1786^2}{2} = 0.0159(\text{W})$$

RF 扼流圈电感 L_f的电抗为

$$X_{Lf} = 10R = 10 \times 15.68 = 156.8(\Omega)$$

因此，L_f的电感值为

$$L_f = \frac{X_{Lf}}{\omega} = \frac{156.8}{2\pi \times 10^9} = 24.96(\text{nH})$$

电感 L_f上的功耗为

$$P_{rLf} = r_{Lf} I_I^2 = 0.02 \times 0.1786^2 = 0.0006379(\text{W})$$

隔直电容 C_C的电抗为

$$X_{C_C} = \frac{R}{10} = \frac{15.68}{10} = 1.568(\Omega)$$

因此，C_C的电容值为

$$C_C = \frac{1}{\omega X_{C_C}} = \frac{1}{2\pi \times 10^9 \times 1.568} = 101.5(\text{pF})$$

电容 C_C上的功耗可由下式计算：

$$P_{rC_C} = \frac{r_{C_C} I_m^2}{2} = \frac{0.07 \times 0.1786^2}{2} = 0.001(\text{W})$$

那么，整个谐振网络上的功耗为

$$P_r = P_{rL} + P_{rC} + P_{rC_C} + P_{rLf} = 0.07975 + 0.0159 + 0.001 + 0.0006379 = 0.09728(\text{W})$$

谐振网络的效率为

$$\eta_r = \frac{P_o}{P_o + P_r} = \frac{0.25}{0.25 + 0.09728} = 71.98\%$$

那么，功率放大器的整体效率为

$$\eta = \eta_D \eta_r = 0.4242 \times 0.7198 = 30.53\%$$

接下来，选择 POWER MOSFET M_2，设晶体管参数为 $K_n = \mu_n C_{OX} = 0.142\ \text{mA/V}^2$，$V_t = 0.356\text{V}$，$L = 0.35\mu\text{m}$。假设直流偏置电压 $V_{GS} = 1\text{V}$，那么 M_2的宽长比可由下式计算：

$$\frac{W}{L} = \frac{2I_D}{K_n (V_{GS} - V_t)^2} = \frac{2 \times 0.1786}{0.142 \times 10^{-3} (1 - 0.356)^2} = 6065$$

则

$$W = 6065L = 6065 \times 0.35 \times 10^{-6} = 2122.75(\mu\text{m}) = 2.12275(\text{mm})$$

下面考虑用电流镜结构作为晶体管的偏置电路，如图 7-14 所示。

基准电流可表示为

$$I_{\text{ref}}=\frac{1}{2}\mu_{n}C_{\text{OX}}\left(\frac{W_{1}}{L_{1}}\right)(V_{\text{GS}}-V_{t})^{2}$$

晶体管 M_2 的漏极电流为

$$I_{\text{D}}=\frac{1}{2}\mu_{n}C_{\text{OX}}\left(\frac{W}{L}\right)(V_{\text{GS}}-V_{t})^{2}=\frac{1}{2}\times 0.142\times 6065\times(1-0.356)^{2}=178.59(\text{mA})$$

考虑晶体管 M_1 和 M_2 的栅长相等，即 $L=L_1$，且直流电流增益为 $A_I=I_D/I_{\text{ref}}=100$，则有

$$I_{\text{ref}}=\frac{I_{\text{D}}}{100}=\frac{178.59}{100}=1.786(\text{mA})$$

那么，电流镜结构中 M_1 的栅宽为

$$W_{1}=\frac{W}{100}=\frac{2122.75}{100}=21.2275(\mu\text{m})$$

且电流镜的功耗可由下式计算：

$$P_{\text{M1}}=I_{\text{ref}}V_{\text{I}}=1.786\times 10^{-3}\times 3.3=5.8938(\text{mW})$$

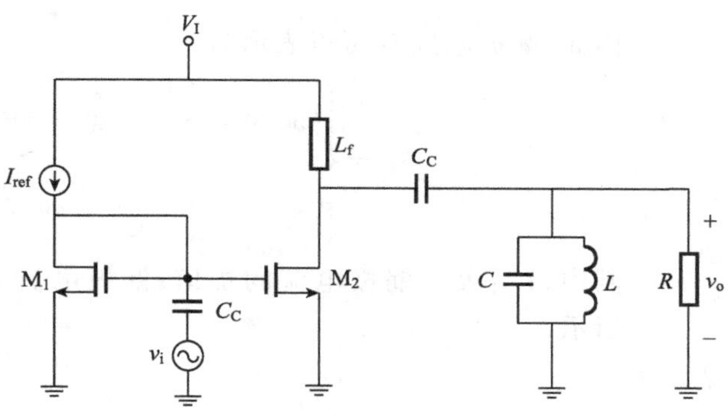

图 7-14　带电流镜偏置的 A 类功率放大器

2. B 类功率放大器

无论有无信号，A 类功率放大器都保持导通，因此，效率不高。B 类（乙类）功率放大器中的晶体管也是以受控电流源的方式工作的，如图 7-15 所示。晶体管的直流偏置电压 V_{GS} 大小等于其阈值电压 V_t。晶体管静态偏置电流 I_D 为零，导通角为 π，没有输入信号时晶体管截止，有输入信号时晶体管只在信号正半周导通。B 类功率放大器的晶体管静态工作点严格处于导通与截止的临界处，如图 7-11 中的 B 点所示。

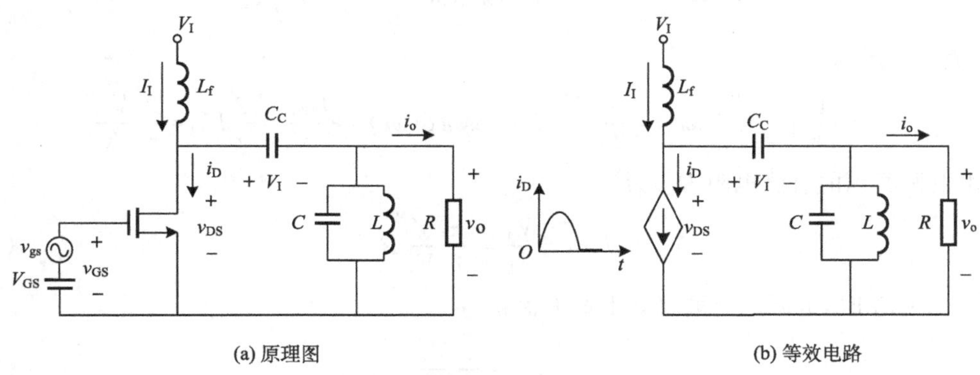

图 7-15　B 类功率放大器

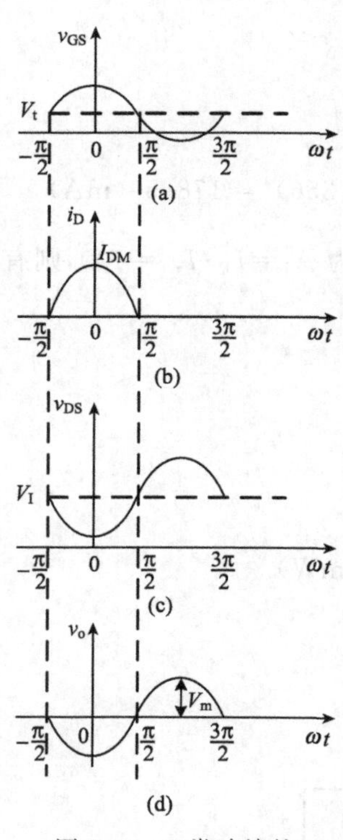

图 7-16　B 类功放的输入输出信号波形

当栅-源电压 v_{GS} 的交流分量 v_{gs} 为正弦波时，漏极电流 i_D 为正弦半波信号，其中包括直流分量、基波分量和谐波分量。图中 LC 并联谐振网络的作用相当于带通滤波器，其 Q_L 值越高，对于谐波的抑制越强，从而使输出电压电流波形接近正弦波。输入输出信号波形如图 7-16 所示。

1) 波形分析

栅-源电压 v_{GS} 可表示为

$$v_{GS}=V_t+V_{gsm}\cos\omega t \tag{7.25}$$

对于大信号工作，当 $v_{GS}>V_t$ 时，漏极电流 i_D 与 v_{GS} 大小几乎呈线性关系，即

$$i_D=K(v_{GS}-V_t)=KV_{gsm}\cos\omega t \tag{7.26}$$

另外，当 v_{GS} 小于 V_t 时，有

$$i_D=0 \tag{7.27}$$

因此，漏极电流 i_D 可以表示为

$$i_D=\begin{cases}I_{DM}\cos\omega t, & -\dfrac{\pi}{2}<\omega t\leqslant\dfrac{\pi}{2}\\[2ex] 0, & \dfrac{\pi}{2}<\omega t\leqslant\dfrac{3\pi}{2}\end{cases} \tag{7.28}$$

其中，I_{DM} 表示漏极电流的幅值；漏极电流 i_D 波形如图 7-16(b)所示。

漏-源电压 v_{DS} 可表示为

$$v_{DS}=V_I-V_m\cos\omega t \tag{7.29}$$

波形如图 7-16(c)所示。

输出电压 v_o 为漏极电压 v_{DS} 的交流分量：

$$v_o=-V_m\cos\omega t \tag{7.30}$$

其中，V_m 为输出电压幅值；v_o 波形如图 7-16(d)所示。

2) 输出功率与效率

漏极电流 i_D 的基波分量可表示为

$$I_m=\frac{1}{\pi}\int_{-\frac{\pi}{2}}^{\frac{\pi}{2}}I_{DM}\cos^2\omega t\,d(\omega t)=\frac{I_{DM}}{2}=\frac{\pi}{2}I_I \tag{7.31}$$

电源电流可表示为

$$I_I=\frac{1}{2\pi}\int_{-\frac{\pi}{2}}^{\frac{\pi}{2}}i_D\,d(\omega t)=\frac{1}{2\pi}\int_{-\frac{\pi}{2}}^{\frac{\pi}{2}}I_{DM}\cos\omega t\,d(\omega t)=\frac{I_{DM}}{\pi}=\frac{2}{\pi}I_m=\frac{2}{\pi}\frac{V_m}{R} \tag{7.32}$$

因此，由电源看到的直流电阻 R_{DC} 为

$$R_{DC}=\frac{V_I}{I_I}=\frac{\pi}{2}\frac{V_I}{V_m}R \tag{7.33}$$

当 $V_m=V_I$ 时，电源电流取得如下最大值：

$$I_{Imax}=\frac{2}{\pi}\frac{V_I}{R} \tag{7.34}$$

此时，R_{DC}取得如下最小值：

$$R_{DCmin}=\frac{V_I}{I_{Imax}}=\frac{\pi}{2}R \tag{7.35}$$

另外，当 $V_m=0$ 时，R_{DC}取得最大值，且为无穷大。

输出电压 v_o的幅值可表示为

$$V_m=RI_m \tag{7.36}$$

因此，电源提供的直流功率可表示为

$$P_I=I_IV_I=\frac{I_{DM}}{\pi}V_I=\frac{2}{\pi}V_II_m=\frac{2}{\pi}\frac{V_IV_m}{R}=\frac{2}{\pi}\left(\frac{V_I^2}{R}\right)\left(\frac{V_m}{V_I}\right) \tag{7.37}$$

可以看到，与 A 类功放不同的是：P_I的大小与输出电压幅值 V_m有关。

输出功率可表示为

$$P_O=\frac{I_mV_m}{2}=\frac{V_m^2}{2R}=\frac{1}{2}\left(\frac{V_I^2}{R}\right)\left(\frac{V_m}{V_I}\right)^2 \tag{7.38}$$

效率为

$$\eta_D=\frac{P_O}{P_I}=\frac{\pi V_m}{4V_I}=\frac{\pi(V_I-V_{DSmin})}{4V_I}=\frac{\pi}{4}\left(1-\frac{V_{DSmin}}{V_I}\right) \tag{7.39}$$

当 $V_m=V_I$ 时，输出功率取得最大值，此时的效率为

$$\eta_D=\frac{P_{Omax}}{P_I}=\frac{\pi}{4}\approx 78.54\% \tag{7.40}$$

因此，B 类功率放大器的最大效率为 78.5%。

另外，晶体管的功耗为

$$\begin{aligned}P_D&=\frac{1}{2\pi}\int_{-\frac{\pi}{2}}^{\frac{\pi}{2}}i_Dv_{DS}\mathrm{d}(\omega t)=P_I-P_O=\frac{2}{\pi}\frac{V_IV_m}{R}-\frac{V_m^2}{2R}\\&=\frac{2}{\pi}\left(\frac{V_I^2}{R}\right)\left(\frac{V_m}{V_I}\right)-\frac{1}{2}\left(\frac{V_I^2}{R}\right)\left(\frac{V_m}{V_I}\right)^2\end{aligned} \tag{7.41}$$

下面计算晶体管功耗的最大值。对式(7.41)关于 V_m求导，并令其等于零，即

$$\frac{\mathrm{d}P_D}{\mathrm{d}V_m}=\frac{2}{\pi}\frac{V_I}{R}-\frac{V_m}{R}=0 \tag{7.42}$$

得

$$V_{m(cr)}=\frac{2V_I}{\pi} \tag{7.43}$$

代入式(7.41)，可得晶体管功耗的最大值为

$$P_{Dmax}=\frac{4}{\pi^2}\frac{V_I^2}{R}-\frac{2}{\pi^2}\frac{V_I^2}{R}=\frac{2}{\pi^2}\frac{V_I^2}{R} \tag{7.44}$$

通过对比发现：B 类功率放大器的最大效率要明显高于 A 类功率放大器，但是由于其只在半个周期内导通，所以会产生失真，所以 B 类功放是以失真为代价换取高效率。

3. 推挽式 B 类功率放大器

B 类功率放大器的另一种结构是推挽式结构，它可以有效地避免失真，推挽式 B 类功率放大器原理图如图 7-17 所示。

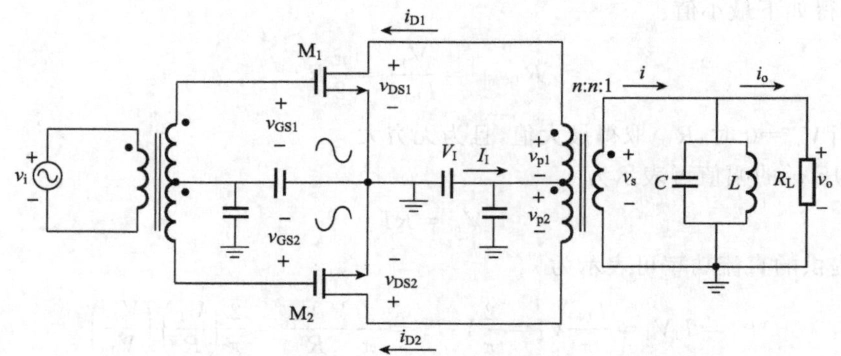

图 7-17　推挽式 B 类功率放大器原理图

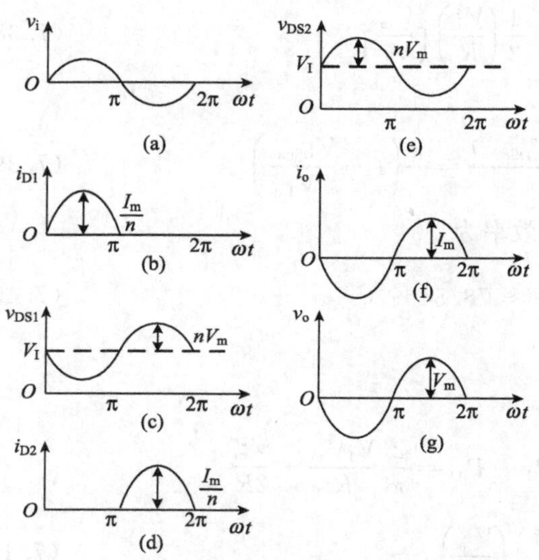

图 7-18　推挽式 B 类功率放大器电压电流波形

放大器使用两个晶体管分别放大信号的正半周和负半周，输入变压器使两个晶体管的输入信号相位相差 180°，输出变压器将两个晶体管输出的半个正弦波合成为一个完整的正弦波，同时具有隔直流的作用，变压器的匝数比可用于阻抗变换。相关电压电流波形如图 7-18 所示。

1）波形分析

输出电流 i_o 波形如图 7-18(f) 所示，可表示为

$$i_o = -I_m \sin\omega t = -nI_{dm}\sin\omega t \tag{7.45}$$

其中，I_m 为输出电流的幅度；I_{dm} 为漏极电流峰值；n 为线圈匝数比，即

$$n = \frac{I_m}{I_{dm}} = \frac{V_{dm}}{V_m} \tag{7.46}$$

输出电压 v_o 波形如图 7-18(g) 所示，可表示为

$$v_o = -V_m \sin\omega t = -\frac{V_{dm}}{n}\sin\omega t \tag{7.47}$$

其中，电压幅度为 $V_m = I_m R_L$。

每个晶体管向负载端看到的负载值为

$$R = n^2 R_L \tag{7.48}$$

对于输入信号的正半周（$0<\omega t\leqslant\pi$），晶体管 M_1 导通，M_2 关断，则有

$$i_{D1} = I_{dm}\sin\omega t = \frac{I_m}{n}\sin\omega t \tag{7.49}$$

$$i_{D2} = 0 \tag{7.50}$$

$$v_{p1} = -i_{D1}R = -i_{D1}n^2R_L = -RI_{dm}\sin\omega t = -\frac{I_m}{n}R\sin\omega t = -nI_mR_L\sin\omega t \tag{7.51}$$

且

$$v_{DS1}=V_I+v_{p1}=V_I-i_{D1}R=V_I-i_{D1}n^2R_L=V_I-I_{dm}R\sin\omega t$$
$$=V_I-\frac{I_m}{n}R\sin\omega t=V_I-nI_mR_L\sin\omega t \tag{7.52}$$

此时，晶体管 M_1 的漏极电流、电压波形分别如图 7-18(b)和图 7-18(c)所示。

对于输入信号的负半周($\pi<\omega t\leqslant 2\pi$)，晶体管 M_2 导通，M_1 关断，则有

$$i_{D1}=0 \tag{7.53}$$

$$i_{D2}=-I_{dm}\sin\omega t=-\frac{I_m}{n}\sin\omega t \tag{7.54}$$

$$v_{p2}=i_{D2}R=i_{D2}n^2R_L=-RI_{dm}\sin\omega t=-\frac{I_m}{n}R\sin\omega t=-nI_mR_L\sin\omega t \tag{7.55}$$

且

$$v_{DS2}=V_I-v_{p2}=V_I-i_{D2}R=V_I-i_{D2}n^2R_L=V_I+I_{dm}R\sin\omega t$$
$$=V_I+\frac{I_m}{n}R\sin\omega t=V_I+nI_mR_L\sin\omega t \tag{7.56}$$

此时，晶体管 M_2 的漏极电流、电压波形分别如图 7-18(d)和图 7-18(e)所示。两个晶体管漏极之间的电压为

$$v_{D1D2}=v_{p1}+v_{p2}=-n^2R_L(i_{D1}-i_{D2})=-2nR_LI_m\sin\omega t \tag{7.57}$$

理想情况下，输出端变压器次级线圈两端电压为

$$v_S=\frac{v_{D1D2}}{2n}=-\frac{nR_L}{2}(i_{D1}-i_{D2})=-R_LI_m\sin\omega t \tag{7.58}$$

2）输出功率和效率

流过电源的电流 i_I 表示为

$$i_I=i_{D1}+i_{D2}=I_{dm}|\sin\omega t|=\frac{I_m}{n}|\sin\omega t| \tag{7.59}$$

直流电源电流可表示为

$$I_I=\frac{1}{2\pi}\int_0^{2\pi}I_{dm}|\sin\omega t|\,d(\omega t)=\frac{1}{2\pi}\int_0^{2\pi}\frac{I_m}{n}|\sin\omega t|\,d(\omega t)=\frac{2}{\pi}\frac{I_m}{n}=\frac{2}{\pi}\frac{V_m}{nR_L} \tag{7.60}$$

电源提供的直流功率为

$$P_I=V_II_I=\frac{2}{\pi}\frac{V_IV_m}{nR_L} \tag{7.61}$$

输出功率可以表示为

$$P_O=\frac{V_m^2}{2R_L} \tag{7.62}$$

则效率为

$$\eta_D=\frac{P_O}{P_I}=\frac{\pi}{4}\frac{V_{dm}}{V_I}=\frac{\pi}{4}\frac{nV_m}{V_I} \tag{7.63}$$

晶体管的功耗为

$$P_{\mathrm{D}}=P_{\mathrm{I}}-P_{\mathrm{O}}=\frac{2}{\pi}\frac{V_{\mathrm{I}}V_{\mathrm{m}}}{nR_{\mathrm{L}}}-\frac{V_{\mathrm{m}}^{2}}{2R_{\mathrm{L}}} \tag{7.64}$$

同样,可求出 P_{D}的最大值出现在

$$V_{\mathrm{m(cr)}}=\frac{2}{\pi}\frac{V_{\mathrm{I}}}{n} \tag{7.65}$$

此时,每个晶体管的最大功耗均为

$$P_{\mathrm{Dmax}}=\frac{2}{\pi^{2}}\frac{V_{\mathrm{I}}^{2}}{n^{2}R_{\mathrm{L}}}=\frac{2}{\pi^{2}}\frac{V_{\mathrm{I}}^{2}}{R} \tag{7.66}$$

当 $V_{\mathrm{dm}}=nV_{\mathrm{m}}=V_{\mathrm{I}}$ 时,直流功率为

$$P_{\mathrm{I}}=V_{\mathrm{I}}I_{\mathrm{I}}=\frac{2}{\pi}\frac{V_{\mathrm{I}}^{2}}{n^{2}R_{\mathrm{L}}}=\frac{2}{\pi}\frac{V_{\mathrm{I}}^{2}}{R} \tag{7.67}$$

输出功率为

$$P_{\mathrm{O}}=\frac{V_{\mathrm{m}}^{2}}{2R_{\mathrm{L}}}=\frac{n^{2}V_{\mathrm{I}}^{2}}{2R_{\mathrm{L}}} \tag{7.68}$$

则漏极最大效率为

$$\eta_{\mathrm{Dmax}}=\frac{\pi}{4}\approx 78.5\% \tag{7.69}$$

例 7-2　设计一个如图 7-15(a)所示结构的 B 类功率放大器,且满足以下指标:输出功率为 20W,$f=2.4\mathrm{GHz}$,带宽 BW=480MHz,电源电压 $V_{\mathrm{I}}=24\mathrm{V}$,$V_{\mathrm{DSmin}}=2\mathrm{V}$。

解　输出电压的幅度为

$$V_{\mathrm{m}}=V_{\mathrm{I}}-V_{\mathrm{DSmin}}=24-2=22(\mathrm{V})$$

负载阻抗为

$$R=\frac{V_{\mathrm{m}}^{2}}{2P_{\mathrm{O}}}=\frac{22^{2}}{2\times 20}=12.1(\Omega)$$

选择 $R=12\Omega$,那么输出电流的幅度为

$$I_{\mathrm{m}}=\frac{V_{\mathrm{m}}}{R}=\frac{22}{12}=1.833(\mathrm{A})$$

电源直流电流可表示为

$$I_{\mathrm{I}}=\frac{2}{\pi}I_{\mathrm{m}}=\frac{2}{\pi}\times 1.833=1.167(\mathrm{A})$$

漏极电流最大值为

$$I_{\mathrm{DM}}=\pi I_{\mathrm{I}}=\pi\times 1.167=3.666(\mathrm{A})$$

漏-源电压最大值为

$$V_{\mathrm{DSM}}=2V_{\mathrm{I}}=2\times 24=48(\mathrm{V})$$

电源提供的直流功率为

$$P_{\mathrm{I}}=I_{\mathrm{I}}V_{\mathrm{I}}=1.167\times 24=28(\mathrm{W})$$

因此,功率放大器的效率为

$$\eta_{\mathrm{D}}=\frac{P_{\mathrm{O}}}{P_{\mathrm{I}}}=\frac{20}{28}=71.43\%$$

另外，晶体管的功耗为

$$P_D = P_I - P_O = 28 - 20 = 8(\mathrm{W})$$

有载品质因数 Q_L 为

$$Q_L = \frac{f}{\mathrm{BW}} = \frac{2.4}{0.48} = 5$$

谐振网络电感和电容的电抗为

$$X_L = X_C = \frac{R}{Q_L} = \frac{12}{5} = 2.4(\Omega)$$

则电感和电容值分别为

$$L = \frac{X_L}{\omega} = \frac{2.4}{2\pi \times 2.4 \times 10^9} = 0.1592(\mathrm{nH})$$

$$C = \frac{1}{\omega X_C} = \frac{1}{2\pi \times 2.4 \times 10^9 \times 2.4} = 27.6(\mathrm{pF})$$

4. AB 类功率放大器

AB 类功放晶体管的静态工作点在 A 类和 B 类功放之间，如图 7-11(a)中 AB 点所示。AB 类功放的线性度和效率介于 A 类和 B 类功放之间，导通角也介于 A 类和 B 类功率放大器之间。AB 类功率放大器兼顾了线性度和效率，是实际应用比较多的一类功率放大器。

前面在讨论推挽式 B 类功率放大器时，假设晶体管工作在理想状态，即晶体管在信号的正半周导通，而在信号的负半周截止。也就是，功率放大器在有信号时导通，无信号时截止，没有静态偏置电流。但实际上，晶体管工作时，导通和截止特性不可能是理想的，所以如图 7-17 所示的推挽式 B 类功放经常出现交越失真，即在负载端合成的电流波形正、负半周不能相互衔接。为了避免交越失真的出现，通常给晶体管加上一个小的偏置电压，这样就构成了 AB 类功率放大器。

5. C 类(丙类)功率放大器

如果进一步减小晶体管的导通角，让其小于 π，则可以获得更高的效率，这就是 C 类功率放大器的工作原理。C 类功率放大器是非线性的，它是以非线性来换取放大器的高效率。由于 C 类功率放大器比前面两类功放具有更高的效率，所以对于恒包络信号，它是非常有吸引力的功率放大器。C 类功率放大器结构和图 7-15(a)所示的 B 类功率放大器相同，晶体管静态工作点如图 7-11(a)中 C 点所示，该点位于截止区。输入输出信号波形如图 7-19 所示。

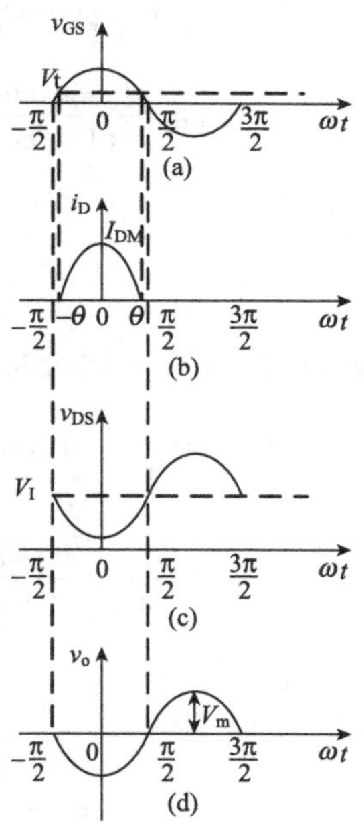

图 7-19　C 类功率放大器输入输出信号波形

1) 波形分析

当晶体管栅-源直流偏置电压 V_{GS} 小于阈值电压 V_t 时，漏极电流 i_D 的导通角 $2\theta < \pi$，漏极电流 i_D 可表示为

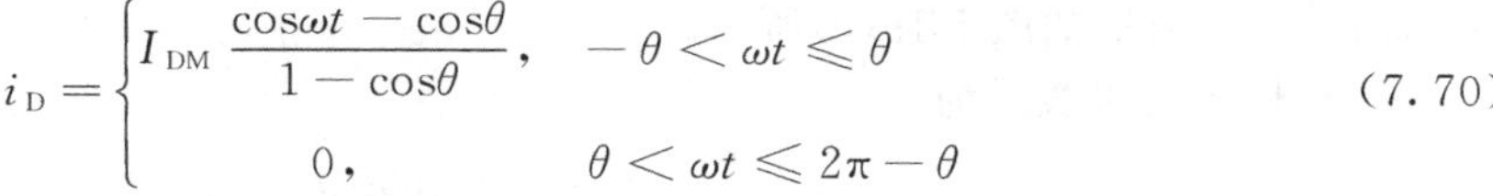

$$i_D = \begin{cases} I_{DM}\dfrac{\cos\omega t - \cos\theta}{1 - \cos\theta}, & -\theta < \omega t \leqslant \theta \\ 0, & \theta < \omega t \leqslant 2\pi - \theta \end{cases} \tag{7.70}$$

其中，I_{DM}为i_D的峰值；漏极电流波形如图 7-19(b)所示。

漏极电流i_D的波形是关于ωt的偶函数，且满足条件：$i_D(\omega t)=i_D(-\omega t)$，因此，傅里叶级数展开式表示为

$$i_D(\omega t)=I_{DM}\left[\alpha_0+\sum_{n=1}^{\infty}\alpha_n\cos n\omega t\right] \tag{7.71}$$

漏极电流i_D的直流分量可表示为

$$\begin{aligned}I_I&=\frac{1}{2\pi}\int_{-\theta}^{\theta}i_D\mathrm{d}(\omega t)=\frac{1}{\pi}\int_{0}^{\theta}i_D\mathrm{d}(\omega t)=\frac{I_{DM}}{\pi}\int_{0}^{\theta}\frac{\cos\omega t-\cos\theta}{1-\cos\theta}\mathrm{d}(\omega t)\\&=I_{DM}\frac{\sin\theta-\theta\cos\theta}{\pi(1-\cos\theta)}=\alpha_0 I_{DM}\end{aligned} \tag{7.72}$$

其中

$$\alpha_0=\frac{I_I}{I_{DM}}=\frac{\sin\theta-\theta\cos\theta}{\pi(1-\cos\theta)} \tag{7.73}$$

将式(7.72)代入式(7.70)，漏极电流i_D可表示为

$$i_D=I_I\frac{\pi(\cos\omega t-\cos\theta)}{\sin\theta-\theta\cos\theta},\quad -\theta<\omega t\leqslant\theta \tag{7.74}$$

漏极电流i_D基波分量的幅值可表示为

$$\begin{aligned}I_m&=\frac{1}{\pi}\int_{-\theta}^{\theta}i_D\cos\omega t\,\mathrm{d}(\omega t)=\frac{2}{\pi}\int_{0}^{\theta}i_D\cos\omega t\,\mathrm{d}(\omega t)=\frac{2}{\pi}I_{DM}\int_{0}^{\theta}\frac{\cos\omega t-\cos\theta}{1-\cos\theta}\cos\omega t\,\mathrm{d}(\omega t)\\&=I_{DM}\frac{\theta-\sin\theta\cos\theta}{\pi(1-\cos\theta)}=\alpha_1 I_{DM}\end{aligned} \tag{7.75}$$

其中

$$\alpha_1=\frac{I_m}{I_{DM}}=\frac{\theta-\sin\theta\cos\theta}{\pi(1-\cos\theta)} \tag{7.76}$$

漏极电流i_D的n次谐波分量幅值可表示为

$$\begin{aligned}I_{m(n)}&=\frac{1}{\pi}\int_{-\theta}^{\theta}i_D\cos n\omega t\,\mathrm{d}(\omega t)=\frac{2}{\pi}\int_{0}^{\theta}i_D\cos n\omega t\,\mathrm{d}(\omega t)\\&=\frac{2}{\pi}\int_{0}^{\theta}\frac{\cos\omega t-\cos\theta}{1-\cos\theta}\cos n\omega t\,\mathrm{d}(\omega t)=I_{DM}\frac{2}{\pi}\frac{\sin n\theta\cos\theta-n\cos n\theta\sin\theta}{n(n^2-1)(1-\cos\theta)}=\alpha_n I_{DM}\end{aligned} \tag{7.77}$$

其中

$$\alpha_n=\frac{I_{m(n)}}{I_{DM}}=\frac{2}{\pi}\frac{\sin n\theta\cos\theta-n\cos n\theta\sin\theta}{n(n^2-1)(1-\cos\theta)},\quad n=2,3,4,\cdots \tag{7.78}$$

漏-源电压v_{DS}可表示为

$$v_{DS}=V_I-V_m\cos\omega t=V_I\left(1-\frac{V_m}{V_I}\cos\omega t\right) \tag{7.79}$$

漏-源电压v_{DS}波形如图 7-19(c)所示。

输出电压v_o可表示为

$$v_o=-V_m\cos\omega t \tag{7.80}$$

输出电压 v_o波形如图 7-19(d)所示。

2) 输出功率和效率

电源提供的直流功率为

$$P_I = V_I I_I = \alpha_0 I_{DM} V_I \tag{7.81}$$

输出功率为

$$P_O = \frac{1}{2} I_m V_m = \frac{1}{2} \alpha_1 I_{DM} V_m \tag{7.82}$$

因此,导通角为 2θ 的功率放大器效率(漏极效率)表示为

$$\eta_D = \frac{P_O}{P_I} = \frac{1}{2}\left(\frac{I_m}{I_I}\right)\left(\frac{V_m}{V_I}\right) = \frac{1}{2}\gamma_1 \xi_1 = \frac{1}{2}\frac{\alpha_1}{\alpha_0}\frac{V_m}{V_I} = \frac{1}{2}\left(\frac{V_m}{V_I}\right)\frac{\theta - \sin\theta\cos\theta}{\sin\theta - \theta\cos\theta} \tag{7.83}$$

当 $V_m = V_I - V_{DSmin}$ 时,η_D 达到最大值 η_{Dmax}。

最大漏源电压为

$$V_{DSM} = V_I + V_m = 2V_I \tag{7.84}$$

最大漏极电流为

$$I_{DM} = \frac{I_m}{\alpha_1} = \frac{I_m \pi (1 - \cos\theta)}{\theta - \sin\theta\cos\theta} \tag{7.85}$$

可以看到:漏极效率 η_D 是导通角 θ 的函数。随着导通角的不断减小,效率不断提高。当 2θ 趋向于 0 时,C 类功放的理想最高效率趋向于 100%(当 $V_m = V_I$时),但此时输出功率为零,漏极电流趋向于无穷大。

6. A 类、B 类、AB 类、C 类功率放大器小结

A 类、B 类和 AB 类功放效率同样满足式(7.83)。至此,可以对 A 类、B 类、AB 类和 C 类功率放大器进行小结。它们的晶体管都以压控电流源方式工作,不同之处在于,设置静态工作点使晶体管具有不同的导通角 2θ,A 类的 2θ 为 360°,B 类的 2θ 为 180°,AB 类的 2θ 为 180°~360°,C 类的 2θ 小于 180°。它们的最大效率表示为

$$\eta_{Dmax} = \frac{V_I - V_{DSmin}}{V_I} \frac{2\theta - \sin 2\theta}{4(\sin\theta - \theta\cos\theta)} \tag{7.86}$$

A 类、B 类、AB 类和 C 类功率放大器的导通角和最大效率如表 7-2 所示。

表 7-2　功率放大器的导通角和最大效率

分类	导通角(2θ)	最大效率(η_{Dmax})
A	360°	50%
AB	360°~180°	50%~78.5%
B	180°	π/4≈78.5%
C	<180°	>π/4→100%

7.5.2　包络跟踪功率放大器(ET PA)

现代通信系统除了追求高的线性度,另外一个重要目标就是高效率。包络跟踪技术(envelope tracking,ET)通过将包络信号叠加在功率管的漏极,使 RF 放大器始终工作在饱和状

态来提高功率放大器的效率。RF 功率管工作在 AB 类区域，包络信号则提供一个动态的电源给 RF PA。与恒定直流电源相比，提高了功率放大器的效率。包络跟踪 RF 功率放大器的整体效率为

$$\eta_{ET} \cong \eta_{RF} \cdot \eta_{env} \tag{7.87}$$

其中，η_{RF} 和 η_{env} 分别为 RF 线性放大器和包络放大器的效率。因此，优化 RF 线性放大器和包络放大器的效率对于优化整体效率很重要。

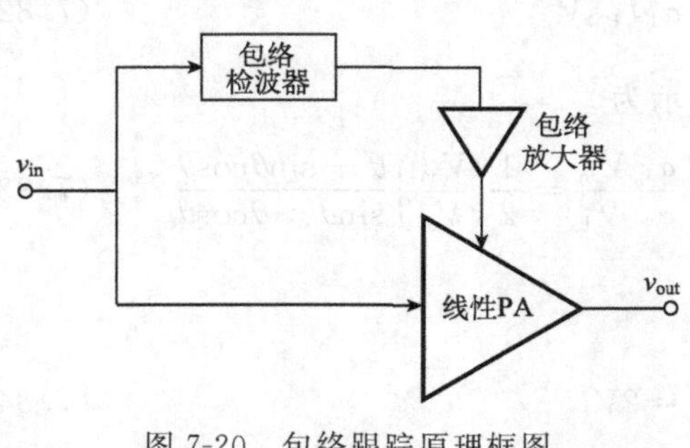

图 7-20　包络跟踪原理框图

包络跟踪技术如图 7-20 所示，主要由线性功率放大器、包络检波器和包络放大器组成。在动态电源调制方面与包络消除与恢复技术（envelope elimination and restoration，EE&R）相似。它们的主要区别在于 ET 使用线性 PA，而 EE&R 使用非线性开关类 PA。线性 PA 的电源电压能够随着输入包络信号幅度的变化而变化，小包络时采用低电压供电，使线性 PA 在不同输入功率下实现高效率。

传统 PA 与 ET PA 的比较如图 7-21 所示。传统的功率放大器的电源电压是固定的，如图 7-21(a)所示，那么对于高峰均比（peak-to-average ratio，PAR）的信号，大部分功率将作为热量被消耗掉，影响了效率。为了提高效率，ET 技术通过在功率管的漏极施加随包络信号变化的电源（包络调制），使功率放大器始终工作在饱和状态，从而减小了损耗，提高了效率，如图 7-21(b)所示。

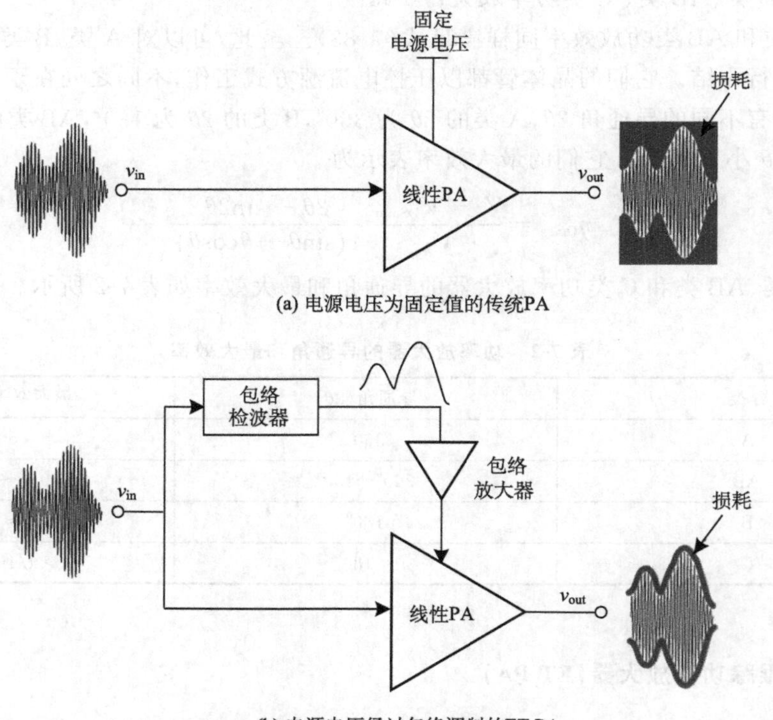

图 7-21　传统 PA 与 ET PA 的比较

包络跟踪功率放大器有两条信号路径。一条信号路径是线性功率放大器，另一条信号路径由包络检波器和 DC-DC 开关电源（也称为包络放大器）组成。ET 系统调制的对象不是 RF 功率放大器本身，而是其电源电压，使输出电压（漏源极电压）幅度 V_m 与电源电压 V_I 的比值（V_m/V_I）总接近于 1，保证高效率线性放大。

电流模式功率放大器的漏极效率随着漏源极电压 V_m 的下降而下降。例如，A 类、AB 类、B 类、C 类等电流模式功率放大器，晶体管作为受控电流源方式工作。这些放大器的漏源电压 V_m 与输入电压 V_{im} 的幅值成正比。放大器工作在谐振频率时的漏极效率为

$$\eta_D = \frac{P_{DS}}{P_I} = \frac{1}{2}\left(\frac{I_m}{I_I}\right)\left(\frac{V_m}{V_I}\right) \tag{7.88}$$

由式(7.88)可以看出，漏极效率正比于 V_m/V_I。电源电压 V_I 固定时，V_m 随着 V_{im} 的减小而减小，同时 V_m/V_I 的比值也会下降，导致漏极效率下降。如果电源电压 V_I 也随着输入电压 V_{im} 按比例变化，那么 V_{im}/V_I 和 V_m/V_I 可以维持在一个接近于 1 的固定值（如 0.9），无论 V_m 为何值都可以获得高效率。当电流模式功率放大器的输入电压幅值 V_{im} 变化时，漏极电流的导通角近似保持恒定，I_m/I_I 也保持恒定，如 B 类放大器，$I_m/I_I=\pi/2$。因此，ET 技术改善了功率放大器的效率，同时保留了线性功率放大器的低失真特性。

包络跟踪技术与后面讨论的包络消除与恢复技术的区别在于包络跟踪技术去除了 RF 路径上的限幅器，使幅度调制信号存在于 PA 信号路径。由于输入信号具有幅值和相位信息，包络信号仅调制电源电压就可以使功率放大器放大 RF 信号，而不会发生压缩失真。而且 ET 对调制器的带宽要求比较低，对包络和 RF 信号之间的时间对准精度要求不高。当然，代价是使用效率不高的线性 PA。此外，ET 技术所需要的带宽远小于 EE&R 需要的带宽，同时避免了 EE&R 技术遇到的动态范围问题。

包络跟踪技术主要应用于 GaAs 或 SiGe PA，在 CMOS PA 中的应用十分有限，其主要原因如下。①随着 CMOS 工艺尺寸的减小，MOS 管的击穿电压及其跨导均会减小。MOS 管击穿电压减小，限制了电源电压 V_{DD} 的最大值；MOS 管跨导减小会导致功率增益下降，效率下降。这两个问题对 PA 的性能有很大影响。较低的 V_{DD} 和较高的 V_{KNEE} 限制了 V_{KNEE} 至 V_{DD} 的电压范围，减小了 ET PA 的动态范围。可以通过叠加共栅管来增加动态范围，但代价是增加了 V_{KNEE} 电压。也可以采用厚氧层共源共栅管或蓝宝石硅（silicon-on-sapphire）技术来进一步增加输出功率。②包络跟踪技术应用于 CMOS PA 时，低增益问题会变得越来越严重。因为，动态电源电压下 PA 得到的增益比固定电源电压时得到的增益小，这是动态电源电压的平均值小的缘故。虽然，理想情况下的功率增益不受电源电压的影响。然而由于功率管寄生电容的存在，实际的功率增益将会受电源电压的影响。若信号的峰均比增加，则施加至 PA 的平均电源电压会下降，这将导致增益进一步下降，使得整体 PAE 下降。值得一提的是 ET 技术可以和其他技术相结合，如 ET 多合体（ET doherty）PA，来获取更好的效果。

根据包络跟踪方式的不同，ET 又分为以下三种类型：当电源电压实时地跟踪包络信号时，称为宽带 ET（wide band ET，WBET）；当电源电压在一段时间内平均地跟踪包络信号时，称为平均 ET（average ET，AET）；当电源电压根据包络信号在不同电平之间切换时，称为步进 ET（step ET，SET）。

包络放大器电路如图 7-22 所示。它由线性放大器（OPA、R_1、R_2）、滞回比较器和窄带降压型开关转换器组成。通过使用滞回电流反馈实现功率在线性级和开关级的切换。由于包络信号的快速转换有快速的 OPA 处理，同时降压型转换器处理 DC 和缓慢的转换，所以这个切

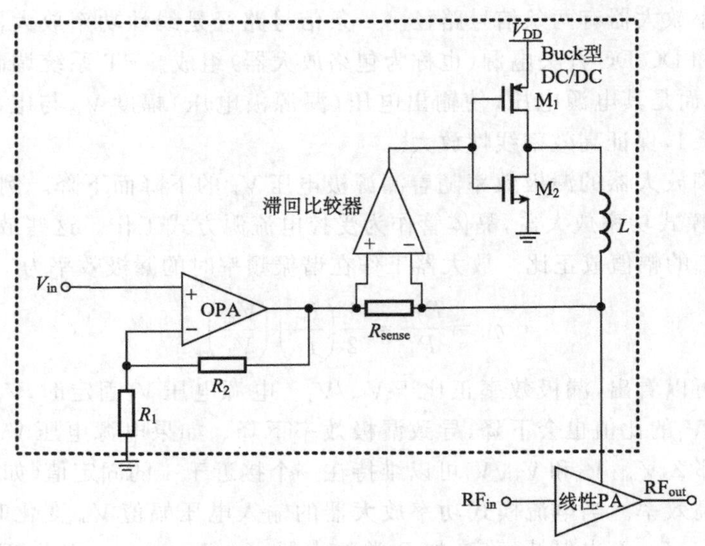

图 7-22　包络放大器电路

换设计减轻了降压型转换器对开关的要求。包络放大器有三种不同的工作方式。

(1) 小信号包络的线性工作(即小信号工作)。当开关电流的平均摆率比负载电流的平均摆率高很多时,采取这种工作方式。此时,降压型转换器能完全提供负载电流,即开关级能完全提供 DC 和 AC 包络信号。

(2) 大信号工作。当开关电流的平均摆率比负载电流的平均摆率低很多时,采取这种工作方式。开关级只能提供包络信号的 DC 成分,AC 成分则由线性级提供。降压型转换器的平均切换频率与信号频率相同,这一频率可以用电流感应器 R 检测到。

(3) 匹配摆率点。当开关电流的平均摆率等于负载电流的平均摆率时,采取这种工作方式。

与 EE&R 技术相比,ET 技术具有以下优点。

(1) 在低功率输出时具有较高的效率。因为,此时 PA 接近饱和,但不像 EE&R 那样完全饱和。

(2) 对包络路径和 RF 路径的时间差不敏感。

(3) 包络放大器对带宽的要求比较低。对带宽的要求与包络放大器对效率的要求一样重要,如果系统要求带宽很宽,那么带宽将会成为 ET 系统的限制因素。

(4) RF 路径上的电路对带宽的要求比较宽松。由于 ET 系统使用 RF 调制信号作为 PA 的输入,PA 只要满足调制信号的带宽即可,使 ET 更适于宽带无线应用。

(5) ET 具有更少的输出馈通 RF 信号。EE&R 的输入信号是硬限幅信号,具有能够引起互调失真(IMD)的边带信息,这一边带信息被 PA 功率器件大的栅-漏电容或基极-集电极电容耦合至输出端,从而引起 EVM 问题。

基于以上优点,ET 系统更适用于低功耗、高效率的便携 RF 发射设备。

7.5.3　开关类功率放大器

开关类功率放大器晶体管工作在开关状态,即晶体管在导通和截止两种状态下交替工作。

当晶体管导通时，晶体管中有电流流过，而晶体管两端电压为零；当晶体管截止时，晶体管两端有电压，而电流为零。因此，无论晶体管导通还是截止，晶体管的功耗都为零，即开关类功放的理想效率可达 100%。但与此同时，开关类功放具有很强的非线性。下面将对几种典型的开关类功放进行讨论。

1. D 类(丁类)功率放大器

与 A 类、B 类、AB 类和 C 类不同，开关类功率放大器晶体管工作在开关状态，即晶体管在导通和截止两种状态下交替工作。

D 类功率放大器的晶体管工作在开关状态，在半个周期内导通，而在另外半个周期内截止。下面介绍一种推挽式 D 类功率放大器，如图 7-23 所示，图中电压电流波形如图 7-24 所示。

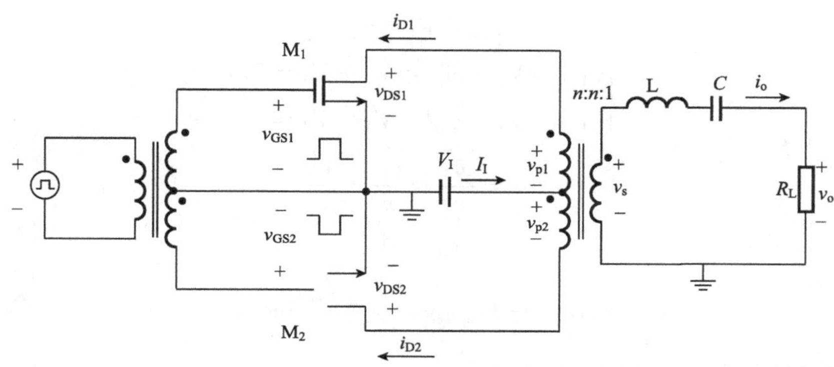

图 7-23　推挽式 D 类功率放大器

1) 波形分析

漏-源电压 v_{DS1} 和 v_{DS2} 均为方波，漏极电流 i_{D1} 和 i_{D2} 为半个正弦波。如果工作频率和谐振频率相同，则串联谐振电路迫使输出电流 i_o 表示为

$$i_o = I_m \sin\omega t \tag{7.89}$$

输出电流 i_o 波形如图 7-24(g)所示。

输出电压 v_o 可表示为

$$v_o = V_m \sin\omega t \tag{7.90}$$

其中

$$V_m = R_L I_m \tag{7.91}$$

输出电压 v_o 波形如图 7-24(h)所示。

每个晶体管向初级看到的阻抗(当另一初级开路时)均为

$$R = n^2 R_L \tag{7.92}$$

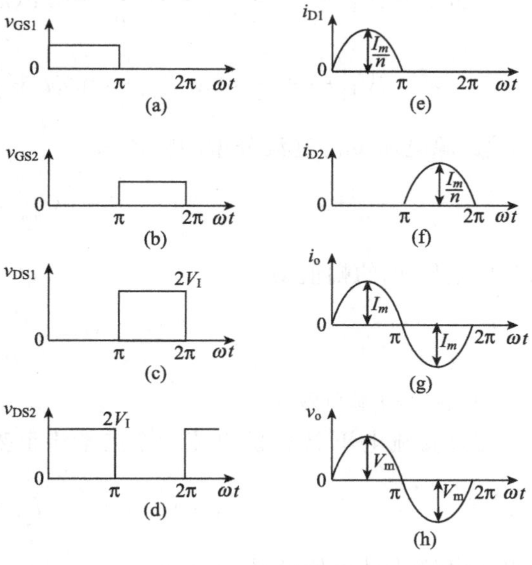

其中，n 为输出端变压器初级线圈与次级线圈匝数比。

图 7-24　推挽式 D 类功放电压电流波形

当 $0<\omega t\leqslant\pi$ 时，晶体管 M_1 导通，M_2 截止。电流、电压关系如下：

$$v_{p1}=-V_I=v_{p2} \tag{7.93}$$

$$\begin{cases} v_{DS1}=v_{p1}+V_I=-V_I+V_I=0 \\ v_{DS2}=-v_{p2}+V_I=V_I+V_I=2V_I \end{cases} \tag{7.94}$$

$$v_S=\frac{v_{p1}}{n}=\frac{v_{p2}}{n}=-\frac{V_I}{n} \tag{7.95}$$

$$i_{D1}=I_{dm}\sin\omega t=\frac{I_m}{n}\sin\omega t \tag{7.96}$$

$$i_{D2}=0 \tag{7.97}$$

其中，I_{dm}为漏极峰值电流。晶体管 M_1的漏极电流 i_{D1}如图 7-24(e)所示。

当 $\pi<\omega t\leqslant 2\pi$ 时，晶体管 M_1截止，M_2导通。电流、电压关系如下：

$$v_{p2}=V_I=v_{p1} \tag{7.98}$$

$$\begin{cases} v_{DS1}=V_I+v_{p1}=V_I+V_I=2V_I \\ v_{DS2}=V_I-v_{p2}=V_I-V_I=0 \end{cases} \tag{7.99}$$

$$v_S=\frac{v_{p1}}{n}=\frac{v_{p2}}{n}=\frac{V_I}{n} \tag{7.100}$$

$$i_{D1}=0 \tag{7.101}$$

$$i_{D2}=-I_{dm}\sin\omega t=-\frac{I_m}{n}\sin\omega t \tag{7.102}$$

晶体管 M_2的漏极电流 i_{D2}如图 7-24(f)所示。

将漏-源电压 v_{DS2}用傅里叶展开为

$$\begin{aligned} v_{DS2}&=2V_I\left[\frac{1}{2}+\frac{2}{\pi}\sum_{n=1}^{\infty}\frac{1-(-1)^n}{2n}\sin(n\omega t)\right]=2V_I\left[\frac{1}{2}+\frac{2}{\pi}\sum_{K=1}^{\infty}\frac{\sin(2k-1)\omega t}{2k-1}\right] \\ &=2V_I\left(\frac{1}{2}+\frac{2}{\pi}\sin\omega t+\frac{2}{3\pi}\sin 3\omega t+\frac{2}{5\pi}\sin 5\omega t+\cdots\right) \end{aligned} \tag{7.103}$$

可得漏-源电压 v_{DS2}基波分量的幅值为

$$V_{dm}=\frac{4}{\pi}V_I \tag{7.104}$$

则输出电压 v_o的幅值为

$$V_m=\frac{V_{dm}}{n}=\frac{4}{\pi}\frac{V_I}{n} \tag{7.105}$$

2) 输出功率与效率

流过直流电压源 V_I的电流为全波整流正弦波，表示为

$$i_I=i_{D1}+i_{D2}=I_{dm}\,|\sin\omega t\,|=\frac{I_m}{n}\,|\sin\omega t\,| \tag{7.106}$$

其直流电流通过积分可得

$$I_I=\frac{1}{2\pi}\int_0^{2\pi}\frac{I_m}{n}\,|\sin\omega t\,|\,\mathrm{d}(\omega t)=\frac{2}{\pi}\frac{I_m}{n}=\frac{2}{\pi}I_{dm}=\frac{2}{\pi}\frac{V_{dm}}{n^2R_L}=\frac{8}{\pi^2}\frac{V_I}{n^2R_L} \tag{7.107}$$

直流电源 V_I看到的功率放大器直流电阻为

$$R_{DC}=\frac{V_I}{I_I}=\frac{\pi^2}{8}n^2R_L=\frac{\pi^2}{8}R \tag{7.108}$$

直流电源提供的直流功率为

$$P_I=I_IV_I=\frac{8}{\pi^2}\frac{V_I^2}{n^2R_L}=\frac{8}{\pi^2}\frac{V_I^2}{R} \tag{7.109}$$

输出功率可表示为

$$P_O=\frac{V_m^2}{2R_L}=\frac{8}{\pi^2}\frac{V_I^2}{n^2R_L}=\frac{8}{\pi^2}\frac{V_I^2}{R} \tag{7.110}$$

如果忽略 MOSFET 导通时的功耗和晶体管开关切换过程中的功耗，则效率为

$$\eta_D=\frac{P_O}{P_I}=1 \tag{7.111}$$

最大漏极电流和最大漏-源电压分别为

$$I_{SM}=\frac{I_m}{n} \tag{7.112}$$

$$V_{SM}=2V_I=\frac{\pi}{2}nV_m \tag{7.113}$$

从电路结构上看，推挽式 D 类功率放大器与推挽式 B 类功率放大器类似。负载上的信号产生过程也一样，但它们的区别在于 D 类功放晶体管工作在开关状态，而且其效率明显比 B 类功率放大器要高。

例 7-3　设计一个如图 7-23 所示的推挽结构 D 类功率放大器，并满足以下指标：

$$V_I=28\text{V},\ P_o=50\text{W},\ R_L=50\Omega,\ \text{BW}=240\text{MHz},\ f=2.4\text{GHz}$$

忽略晶体管开关切换的损耗，但考虑晶体管导通时的损耗(设晶体管导通电阻为 $r_{DS}=0.2\Omega$)。

解　假设谐振网络的效率为 $\eta_r=0.96$，则漏极功率为

$$P_{DS}=\frac{P_O}{\eta_r}=\frac{50}{0.96}=52.083(\text{W})$$

为了保证晶体管工作在饱和区，漏-源电压必须大于一个最小值，假设该最小值为 $V_{DSmin}=1\text{V}$，单个晶体管向负载端看到的阻抗为

$$R=\frac{8}{\pi^2}\frac{(V_I-V_{DSmin})^2}{P_{DS}}=\frac{8}{\pi^2}\frac{(28-1)^2}{52.083}=11.345(\Omega)$$

计算匝数比：

$$n=\sqrt{\frac{R}{R_L}}=\sqrt{\frac{11.345}{50}}=0.476$$

取 $n=0.5$。

根据式(7.105)，漏-源电压的基波分量幅值为

$$V_{dm}=\frac{4}{\pi}V_I=\frac{4}{\pi}\times 28=35.65(\text{V})$$

漏极电流的基波分量幅值为

$$I_{dm}=\frac{V_{dm}}{R}=\frac{35.65}{11.345}=3.142(\text{A})$$

根据式(7.107),电源电流为

$$I_{\mathrm{I}}=\frac{2}{\pi}I_{\mathrm{dm}}=\frac{2}{\pi}\times 3.142=2(\mathrm{A})$$

则电源提供的直流功率为

$$P_{\mathrm{I}}=I_{\mathrm{I}}V_{\mathrm{I}}=28\times 2=56(\mathrm{W})$$

单个晶体管漏极电流的有效值为

$$I_{\mathrm{Srms}}=\frac{I_{\mathrm{dm}}}{\sqrt{2}}=\frac{3.142}{\sqrt{2}}=2.222(\mathrm{A})$$

已知晶体管的导通电阻为 $r_{\mathrm{DS}}=0.2\Omega$,则单个晶体管的导通损耗可由下式计算:

$$P_{r\mathrm{DS}}=r_{\mathrm{DS}}I_{\mathrm{Srms}}^{2}=0.2\times 2.222^{2}=0.9875(\mathrm{W})$$

此时漏极效率(忽略晶体管的开关损耗)可表示为

$$\eta_{\mathrm{D}}=\frac{P_{\mathrm{DS}}}{P_{\mathrm{I}}}=\frac{52.083}{56}=93\%$$

最大漏极电流为

$$I_{\mathrm{SM}}=I_{\mathrm{dm}}=3.142(\mathrm{A})$$

最大漏-源电压为

$$V_{\mathrm{SM}}=2V_{\mathrm{I}}=2\times 28=56(\mathrm{V})$$

谐振网络品质因数 Q_{L} 为

$$Q_{\mathrm{L}}=\frac{f_{\mathrm{C}}}{\mathrm{BW}}=\frac{2400}{240}=10$$

则串联谐振网络中的电感值为

$$L=\frac{Q_{\mathrm{L}}R_{\mathrm{L}}}{\omega_{\mathrm{c}}}=\frac{10\times 11.345}{2\pi\times 2.4\times 10^{9}}=7.523(\mathrm{nH})$$

电容值为

$$C=\frac{1}{\omega_{\mathrm{c}}Q_{\mathrm{L}}R_{\mathrm{L}}}=\frac{1}{2\pi\times 2.4\times 10^{9}\times 10\times 11.345}=0.585(\mathrm{pF})$$

2. E类功率放大器

E类功率放大器的晶体管工作于开关状态,典型的E类功率放大器如图7-25所示。扼流圈电感 L_{f} 为电路提供直流电流,电感 L、电容 C 和负载电阻 R 组成了串联谐振网络,C_1 为漏极并联电容。晶体管等效为一个受控开关,占空比为50%的输入方波信号控制开关周期性导通与关断。在理想情况下,当晶体管导通时漏极电压为零;当晶体管关断时漏极电压为电源电压,漏极电流为零。因此,晶体管的瞬时功耗为0,效率达到100%。

实际上,晶体管并非理想开关,在导通和关断时会有一段时间电压和电流都不为0,此时晶体管将消耗功率。在关断时,漏极电流不会立即降为0;在导通时,漏极电流需要一定的上升时间。为了减轻关断时的影响,在晶体管的漏极并联电容 C_1(通常器件的寄生电容可以满足要求),以放慢漏极电压的上升。导通时存在的问题可以通过选择 L 和 C 的谐振频率略低于工作频率来解决,这样在工作频率上电压和电流之间会产生相移,使漏极电压在晶体管导通之前降为0。E类功率放大器的工作波形如图7-26所示,并满足以下3个条件:

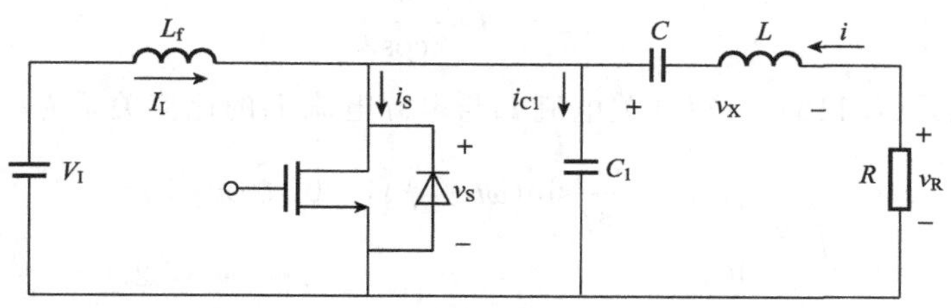

图 7-25　E 类功率放大器

(1) 晶体管关断时，v_S 必须保持在低电压足够长的时间，使漏极电流降到 0。

(2) 晶体管导通前，v_S 必须降到 0，即 $v_S(2\pi)=0$

(3) 晶体管导通时，v_S 斜率为 0，即 $\left.\dfrac{dv_S(\omega t)}{d(\omega t)}\right|_{\omega t=2\pi}=0$

1) 波形分析

流过串联谐振网络的输出电流 i 为正弦波(谐振网络 Q_L 值足够高的话)，可表示为

$$i=I_m\sin(\omega t+\phi) \tag{7.114}$$

其中，I_m 为输出电流的幅值；ϕ 为其初始相位。波形如图 7-26(c) 所示。

根据图 7-26 中的电流关系，得

$$i_S+i_{C1}=I_I-i=I_I-I_m\sin(\omega t+\phi) \tag{7.115}$$

当 $0<\omega t\leqslant\pi$ 时，开关导通，流过并联电容 C_1 的电流 $i_{C1}=0$。因此，流过 MOSFET 的电流 i_S 可表示为

$$i_S=\begin{cases}I_I-I_m\sin(\omega t+\phi), & 0<\omega t\leqslant\pi\\ 0, & \pi<\omega t\leqslant 2\pi\end{cases} \tag{7.116}$$

流过晶体管的电流 i_S 波形如图 7-26(e) 所示。

当 $\pi<\omega t\leqslant 2\pi$ 时，开关关断，电流 $i_S=0$。因此，流过并联电容 C_1 的电流为

$$i_{C1}=\begin{cases}0, & 0<\omega t\leqslant\pi\\ I_I-I_m\sin(\omega t+\phi), & \pi<\omega t\leqslant 2\pi\end{cases} \tag{7.117}$$

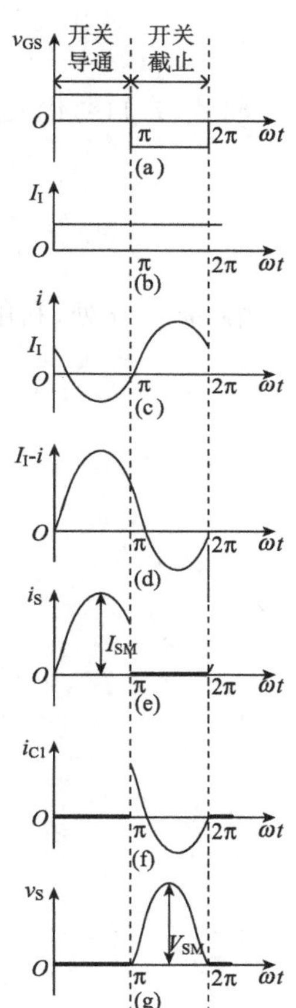

图 7-26　E 类功率放大器的工作波形

流过并联电容 C_1 的电流 i_{C1} 波形如图 7-26(f) 所示。

并联电容 C_1 和开关两端的电压为

$$v_S=v_{C1}=\frac{1}{\omega C_1}\int_{\pi}^{\omega t}i_{C1}\,d(\omega t)=\frac{1}{\omega C_1}\int_{\pi}^{\omega t}[I_I-I_m\sin(\omega t+\phi)]\,d(\omega t)$$

$$=\begin{cases}0, & 0<\omega t\leqslant\pi\\ \dfrac{1}{\omega C_1}\{I_I(\omega t-\pi)+I_m[\cos(\omega t+\phi)+\cos\phi]\}, & \pi<\omega t\leqslant 2\pi\end{cases} \tag{7.118}$$

电压 v_S 波形如图 7-26(g) 所示。

将条件(2)，即 $v_S(2\pi)=0$ 代入式(7.118)，可得 I_I、I_m 和 ϕ 之间的关系为

$$I_{\mathrm{m}} = -I_{\mathrm{I}} \frac{\pi}{2\cos\phi} \tag{7.119}$$

将式(7.119)代入式(7.116),可得开关电流 i_{S}与电源电流 I_{I}的比值关系为

$$\frac{i_{\mathrm{S}}}{I_{\mathrm{I}}} = \begin{cases} 1 + \dfrac{\pi}{2\cos\phi}\sin(\omega t + \phi), & 0 < \omega t \leqslant \pi \\ 0, & \pi < \omega t \leqslant 2\pi \end{cases} \tag{7.120}$$

同样地,将式(7.119)代入式(7.117),可得电流 i_{C1}与电源电流 I_{I}的比值关系为

$$\frac{i_{\mathrm{C1}}}{I_{\mathrm{I}}} = \begin{cases} 0, & 0 < \omega t \leqslant \pi \\ 1 + \dfrac{\pi}{2\cos\phi}\sin(\omega t + \phi), & \pi < \omega t \leqslant 2\pi \end{cases} \tag{7.121}$$

将式(7.119)代入式(7.118),则开关两端电压 v_{S}还可表示为

$$v_{\mathrm{S}} = \begin{cases} 0, & 0 < \omega t \leqslant \pi \\ \dfrac{I_{\mathrm{I}}}{\omega C_1}\left[\omega t - \dfrac{3\pi}{2} - \dfrac{\pi}{2\cos\phi}\cos(\omega t + \phi)\right], & \pi < \omega t \leqslant 2\pi \end{cases} \tag{7.122}$$

在 $\omega t = 2\pi$ 处,利用条件(3),即 $\mathrm{d}v_{\mathrm{S}}/\mathrm{d}(\omega t) = 0$,得到

$$\tan\phi = -\frac{2}{\pi} \tag{7.123}$$

则

$$\phi = \pi - \arctan\left(\frac{2}{\pi}\right) = 2.5747\mathrm{rad} = 147.52^\circ \tag{7.124}$$

以及

$$\sin\phi = \frac{2}{\sqrt{\pi^2 + 4}} \tag{7.125}$$

$$\cos\phi = -\frac{\pi}{\sqrt{\pi^2 + 4}} \tag{7.126}$$

$$I_{\mathrm{m}} = \frac{\sqrt{\pi^2 + 4}}{2} I_{\mathrm{I}} \approx 1.8621 I_{\mathrm{I}} \tag{7.127}$$

因此

$$\frac{i_{\mathrm{S}}}{I_{\mathrm{I}}} = \begin{cases} 1 - \dfrac{\sqrt{\pi^2 + 4}}{2}\sin(\omega t + \phi), & 0 < \omega t \leqslant \pi \\ 0, & \pi < \omega t \leqslant 2\pi \end{cases} \tag{7.128}$$

$$\frac{i_{\mathrm{C1}}}{I_{\mathrm{I}}} = \begin{cases} 0, & 0 < \omega t \leqslant \pi \\ 1 - \dfrac{\sqrt{\pi^2 + 4}}{2}\sin(\omega t + \phi), & \pi < \omega t \leqslant 2\pi \end{cases} \tag{7.129}$$

以及

$$v_{\mathrm{S}} = \begin{cases} 0, & 0 < \omega t \leqslant \pi \\ \dfrac{I_{\mathrm{I}}}{\omega C_1}\left(\omega t - \dfrac{3\pi}{2} - \dfrac{\pi}{2}\cos\omega t - \sin\omega t\right), & \pi < \omega t \leqslant 2\pi \end{cases} \tag{7.130}$$

电源电压 V_I 可表示为

$$V_I = \frac{1}{2\pi}\int_{\pi}^{2\pi} v_S \mathrm{d}(\omega t) = \frac{I_I}{2\pi\omega C_1}\int_{\pi}^{2\pi}\left(\omega t - \frac{3\pi}{2} - \frac{\pi}{2}\cos\omega t - \sin\omega t\right)\mathrm{d}(\omega t) = \frac{I_I}{\pi\omega C_1} \tag{7.131}$$

则 E 类功率放大器的直流输入阻抗为

$$R_{DC} \equiv \frac{V_I}{I_I} = \frac{1}{\pi\omega C_1} \tag{7.132}$$

将式(7.132)代入式(7.127)，可得

$$I_m = \frac{\sqrt{\pi^2+4}}{2}\pi\omega C_1 V_I \tag{7.133}$$

由式(7.130)和式(7.131)可得开关两端电压 v_S 与电源电压 V_I 的比值关系为

$$\frac{v_S}{V_I} = \begin{cases} 0, & 0 < \omega t \leqslant \pi \\ \pi\left(\omega t - \dfrac{3\pi}{2} - \dfrac{\pi}{2}\cos\omega t - \sin\omega t\right), & \pi < \omega t \leqslant 2\pi \end{cases} \tag{7.134}$$

2）电压和电流的最大值

对 i_S 进行微分并令其等于零，即

$$\frac{\mathrm{d}i_S}{\mathrm{d}(\omega t)} = -I_I\frac{\sqrt{\pi^2+4}}{2}\cos(\omega t + \phi) = 0 \tag{7.135}$$

可知，开关电流的峰值发生在

$$\omega t_{im} = \frac{3}{2}\pi - \phi = 270° - 147.52° = 122.48° \tag{7.136}$$

开关电流的峰值为

$$I_{SM} = I_I\left(\frac{\sqrt{\pi^2+4}}{2} + 1\right) = 2.862 I_I \tag{7.137}$$

同样地，对式(7.122)中电压 v_S 进行微分并令其等于零，即

$$\frac{\mathrm{d}v_S}{\mathrm{d}(\omega t)} = \pi V_I\left[1 + \frac{\pi}{2\cos\phi}\sin(\omega t + \phi)\right] = 0 \tag{7.138}$$

得到

$$\sin(\omega t_{vm} + \phi) = -\frac{2\cos\phi}{\pi} = \frac{2}{\sqrt{\pi^2+4}} = \sin\phi = \sin(\pi - \phi) = \sin(2\pi + \pi - \phi) \tag{7.139}$$

可知，开关两端电压的峰值发生在

$$\omega t_{vm} = 3\pi - 2\phi = 3 \times 180° - 2 \times 147.52° = 244.96° \tag{7.140}$$

开关两端电压峰值为

$$V_{SM} = 2\pi(\pi - \phi)V_I = 2\pi(\pi - 2.5747)V_I = 3.562 V_I \tag{7.141}$$

3）输出功率

输出电压可表示为

$$v_R = iR = V_{Rm}\sin(\omega t + \phi) \tag{7.142}$$

其中，$V_{Rm} = RI_m$ 为输出电压的幅度；ϕ 为其初始相位，且

$$V_{\mathrm{Rm}}=\frac{1}{\pi}\int_{\pi}^{2\pi} v_{\mathrm{S}}\sin(\omega t+\phi)\mathrm{d}(\omega t)$$

$$=\frac{1}{\pi}\int_{\pi}^{2\pi} V_{\mathrm{I}}\pi\left(\omega t-\frac{3\pi}{2}-\frac{\pi}{2\cos\phi}\cos(\omega t+\phi)\right)\sin(\omega t+\phi)\mathrm{d}(\omega t)$$

$$=\frac{4}{\sqrt{\pi^2+4}}V_{\mathrm{I}}\approx 1.074V_{\mathrm{I}} \tag{7.143}$$

输出功率为

$$P_{\mathrm{O}}=\frac{V_{\mathrm{Rm}}^2}{2R}=\frac{8}{\pi^2+4}\frac{V_{\mathrm{I}}^2}{R}\approx 0.5768\frac{V_{\mathrm{I}}^2}{R} \tag{7.144}$$

E类功率放大器中电感电容元件值可由下列公式计算：

$$R=\frac{8}{\pi^2+4}\frac{V_{\mathrm{I}}^2}{P_{\mathrm{O}}}\approx 0.5768\frac{V_{\mathrm{I}}^2}{P_{\mathrm{O}}} \tag{7.145}$$

$$X_{\mathrm{C1}}=\frac{1}{\omega C_1}=\frac{\pi(\pi^2+4)R}{8}\approx 5.4466R \tag{7.146}$$

$$X_{\mathrm{L}}=\omega L=Q_{\mathrm{L}}R \tag{7.147}$$

$$X_{\mathrm{C}}=\frac{1}{\omega C}=\left[Q_{\mathrm{L}}-\frac{\pi(\pi^2-4)}{16}\right]R\approx(Q_{\mathrm{L}}-1.1525)R \tag{7.148}$$

其中，P_{O}是希望的输出功率，Q值的选择由带宽确定。如果R的值不等于希望的负载，则需要通过输出匹配网络将负载变成希望的R。

扼流圈电感的选择主要考虑纹波电流，能够使纹波电流的峰-峰值小于电源电流10%的最小扼流圈电感值为

$$L_{\mathrm{fmin}}=2\left(\frac{\pi^2}{4}+1\right)\frac{R}{f}\approx\frac{7R}{f} \tag{7.149}$$

例 7-4　设计一个如图7-25所示的E类功率放大器，满足以下指标：$V_{\mathrm{I}}=100\mathrm{V}$，$P_{\mathrm{Omax}}=80\mathrm{W}$，$f=1.2\mathrm{MHz}$，设占空比 D=0.5。

解　由式(7.145)可得负载阻抗R为

$$R=\frac{8}{\pi^2+4}\frac{V_{\mathrm{I}}^2}{P_{\mathrm{O}}}=0.5768\frac{100^2}{80}=72.1(\Omega)$$

根据式(7.132)和式(7.146)，可得放大器直流电阻为

$$R_{\mathrm{DC}}=\frac{1}{\pi\omega C_1}=\frac{(\pi^2+4)R}{8}=1.7337\times 72.1=125(\Omega)$$

根据式(7.143)可得输出电压幅度为

$$V_{\mathrm{Rm}}=\frac{4}{\sqrt{\pi^2+4}}V_{\mathrm{I}}\approx 1.074V_{\mathrm{I}}=1.074\times 100=107.4(\mathrm{V})$$

根据式(7.132)，可得直流电源提供的电流为

$$I_{\mathrm{I}}=\frac{V_{\mathrm{I}}}{R_{\mathrm{DC}}}=\frac{8}{\pi^2+4}\frac{V_{\mathrm{I}}}{R}=0.5768\times\frac{100}{72.1}=0.8(\mathrm{A})$$

根据式(7.127)，输出电流i的幅度为

$$I_m = \frac{\sqrt{\pi^2+4}}{2} I_I = 1.8621 \times 0.8 = 1.49(\text{A})$$

假设 $Q_L = 7$，可得

$$L = \frac{Q_L R}{\omega} = \frac{7 \times 72.1}{2\pi \times 1.2 \times 10^6} = 66.9(\mu\text{H})$$

以及

$$C = \frac{1}{\omega R\left[Q_L - \frac{\pi(\pi^2-4)}{16}\right]} = \frac{1}{2\pi \times 1.2 \times 10^6 \times 72.1 \times (7 - 1.1525)} = 314.6(\text{pF})$$

电容 C 和电感 L 两端电压的幅度分别为

$$V_{Cm} = \frac{I_m}{\omega C} = \frac{1.49}{2\pi \times 1.2 \times 10^6 \times 314.6 \times 10^{-12}} = 628.07(\text{V})$$

$$V_{Lm} = \omega L I_m = 2\pi \times 1.2 \times 10^6 \times 66.9 \times 10^{-6} \times 1.49 = 751.57(\text{V})$$

假设，当 $f = 1.2\text{MHz}$ 时，$r_L = 0.5\Omega$，$r_C = 50\text{m}\Omega$，则 L 和 C 上的损耗分别为

$$P_{rL} = \frac{r_L I_m^2}{2} = \frac{0.5 \times 1.49^2}{2} = 0.555(\text{W})$$

$$P_{rC} = \frac{r_C I_m^2}{2} = \frac{0.05 \times 1.49^2}{2} = 0.056(\text{W})$$

另外

$$C_1 = \frac{8}{\pi(\pi^2+4)\omega R} = \frac{8}{2\pi^2(\pi^2+4) \times 1.2 \times 10^6 \times 72.1} = 337.4(\text{pF})$$

如果晶体管输出端的寄生电容为 $C_0 = 50\text{pF}$，则需要额外并联的电容值为

$$C_{1\text{ext}} = C_1 - C_0 = 337.4 - 50 = 287.4(\text{pF})$$

流过 C_1 的电流有效值可由下式计算：

$$I_{C1\text{rms}} = \sqrt{\frac{1}{2\pi}\int_{\pi}^{2\pi} i_{C1}^2 \,\text{d}(\omega t)} = \frac{I_I\sqrt{\pi^2-4}}{4}$$

则

$$I_{C1\text{rms}} = \frac{I_I\sqrt{\pi^2-4}}{4} = 0.8 \times 0.6057 = 0.485(\text{A})$$

假设 $r_{C1} = 76\text{m}\Omega$，则 C_1 上的损耗为

$$P_{rC1} = r_{C1} I_{C1\text{rms}}^2 = 0.076 \times 0.485^2 = 0.018(\text{W})$$

根据式(7.149)，RF 扼流圈 L_f 的电感值应大于

$$L_f = 2\left(\frac{\pi^2}{4}+1\right)\frac{R}{f} = \frac{7 \times 72.1}{1.2 \times 10^6} = 420.58(\mu\text{H})$$

如果 L_f 的等效寄生电阻为 $r_{Lf} = 0.15\Omega$，则 L_f 上的功耗为

$$P_{rLf} = r_{Lf} I_I^2 = 0.15 \times 0.8^2 = 0.096(\text{W})$$

下面计算开关的损耗。

开关两端和并联电容 C_1 电压 v_S 的最大值为

$$V_{SM}=V_{C1m}=3.562V_I=3.562\times 100=356.2(\text{V})$$

当占空比 $D=0.5$ 时，开关导通电流的有效值可由下式计算：

$$I_{Srms}=\sqrt{\frac{1}{2\pi}\int_0^{\pi} i_S^2\,\mathrm{d}(\omega t)}=\frac{I_I\sqrt{\pi^2+28}}{4}=\frac{I_m}{2}\sqrt{\frac{\pi^2+28}{\pi^2+4}}$$

代入 $I_I=0.8$，即

$$I_{Srms}=\frac{I_I\sqrt{\pi^2+28}}{4}=0.8\times 1.5385=1.231(\text{A})$$

另外，根据式(7.137)，开关电流 i_S 的最大值为

$$I_{SM}=\left(\frac{\sqrt{\pi^2+4}}{2}+1\right)I_I=2.862\times 0.8=2.29(\text{A})$$

选择 IRF840 功率 MOSFET，$V_{DSS}=500\text{V}$，$I_{Dmax}=8\text{A}$，$r_{DS}=0.85\Omega$，$t_f=20\text{ns}$，$Q_g=63\text{nC}$，因此，开关导通时的损耗为

$$P_{rDS}=r_{DS}I_{Srms}^2=0.85\times 1.231^2=1.288(\text{W})$$

开关关断时的损耗可由下式计算：

$$P_{tf}=\frac{(\omega t_f)^2P_O}{12}$$

其中，t_f 为漏极电流下降时间。

由于漏极电流的下降时间为 $t_f=20\text{ns}$，因此，$\omega t_f=2\pi\times 1.2\times 10^6\times 20\times 10^{-19}=0.151\text{rad}$，则关断时的损耗为

$$P_{tf}=\frac{(\omega t_f)^2P_O}{12}=\frac{0.151^2\times 80}{12}=0.152(\text{W})$$

损失的总功率为

$$\begin{aligned}P_{LS}&=P_{rLf}+P_{rDS}+P_{rC1}+P_{rL}+P_{rC}+P_{tf}\\&=0.096+1.288+0.018+0.555+0.056+0.152\\&=2.165(\text{W})\end{aligned}$$

因此，功率放大器的效率为

$$\eta=\frac{P_O}{P_O+P_{LS}}=\frac{80}{80+2.165}=97.365\%$$

3. F 类功率放大器

从晶体管的工作特性来看，F 类功放既可以工作在受控电流源状态，也可以工作在开关状态。但其效率的提高是通过输出谐波控制实现的，即通过控制输出谐波来改善晶体管漏极电流或电压波形，使两者重合部分减小，从而减小晶体管的功耗，这就是 F 类谐波控制功率放大器提高效率的基本思想。

具体而言，F 类功率放大器的特征是：它的负载网络不仅在载波频率上会发生谐振，而且在一个或多个谐波频率上也会发生谐振。图 7-27 所示电路是一个三次谐波峰化放大器(third harmonic peaking amplifier)，也称为 F_3 类功率放大器，它的并联谐振器(shunt resonator)谐振在基频，而串联谐振器(series resonator)谐振在三次谐波。

F_3 类功率放大器电压电流波形如图 7-28 所示。

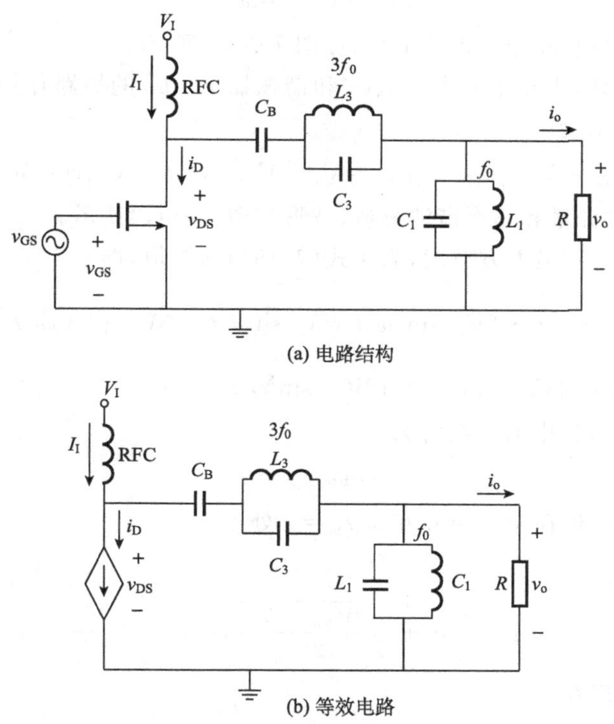

图 7-27　F_3类功率放大器

1）波形分析

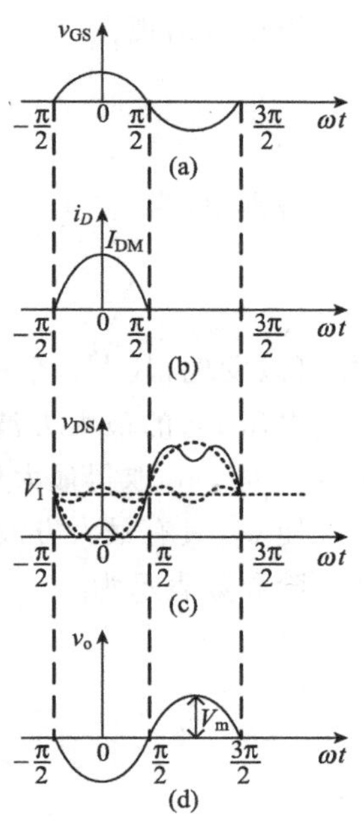

图 7-28　F_3类功率放大器电压电流波形

在大多数应用场合，当晶体管受到正弦波激励时，它大约在一半时间内导通，在另一半时间内截止，即导通角为 π（这点与 B 类功放类似）。漏极电流为正弦半波信号，可表示为

$$i_D=\begin{cases}I_{DM}\cos\omega_0 t, & -\dfrac{\pi}{2}<\omega_0 t\leqslant\dfrac{\pi}{2}\\[2mm] 0, & \dfrac{\pi}{2}<\omega_0 t\leqslant\dfrac{3\pi}{2}\end{cases}\tag{7.150}$$

对于输出电压，谐振器 L_1、C_1 起到带通滤波器的作用，滤除高次谐波，使得输出电压 v_o为正弦波，可表示为

$$v_o=-V_m\cos\omega_0 t\tag{7.151}$$

漏极电压 v_{DS}的基波分量可表示为

$$v_{ds1}=v_o=-V_m\cos\omega_0 t\tag{7.152}$$

在二次谐波频率处，负载网络在漏极和地之间近似短路，即输出电流的二次谐波通过 C_B、谐振器 L_3、C_3 和谐振器 L_1、C_1 短路到地，因此，二次谐波分量得到抑制。在三次谐波频率处，负载网络在漏极和地之间呈现高阻抗，输出电流的三次谐波被谐振器 L_3、C_3 阻断而不会流向负载，同时漏极电压的三次谐波则通过谐振器 L_3、C_3 而得到加强。

漏极电压的三次谐波分量可表示为

$$v_{\mathrm{ds3}} = V_{\mathrm{m3}} \cos 3\omega_0 t \tag{7.153}$$

且三次谐波电压相位与基波分量相差 180°，如图 7-28(c)所示。

在其他谐波频率处，由于谐振器 L_3、C_3 和谐振器 L_1、C_1 的短路作用，谐波电压为零。所以，漏极电压 v_{DS} 可表示为

$$v_{\mathrm{DS}} = V_{\mathrm{I}} + v_{\mathrm{ds1}} + v_{\mathrm{ds3}} = V_{\mathrm{I}} - V_{\mathrm{m}} \cos\omega_0 t + V_{\mathrm{m3}} \cos 3\omega_0 t \tag{7.154}$$

它包括直流分量、基波分量和三次谐波分量，波形如图 7-28(c)所示。

为了使漏极电压达到最大方波度，需对式(7.154)求极值，即

$$\begin{aligned}\frac{\mathrm{d}v_{\mathrm{DS}}}{\mathrm{d}(\omega_0 t)} &= V_{\mathrm{m}} \sin\omega_0 t - 3V_{\mathrm{m3}} \sin 3\omega_0 t = V_{\mathrm{m}} \sin\omega_0 t - 3V_{\mathrm{m3}} (3\sin\omega_0 t - 4\sin^3\omega_0 t) \\ &= \sin\omega_0 t\,(V_{\mathrm{m}} - 9V_{\mathrm{m3}} + 12V_{\mathrm{m3}} \sin^2\omega_0 t) = 0\end{aligned} \tag{7.155}$$

对于 V_{m3}、V_{m} 非零，其中的一组解为

$$\sin\omega_0 t_{\mathrm{m}} = 0 \tag{7.156}$$

对应的两个极值分别出现在 $\omega_0 t_{\mathrm{m}} = 0$ 和 $\omega_0 t_{\mathrm{m}} = \pi$ 处。

另一组解为

$$\sin\omega_0 t_{\mathrm{m}} = \pm\sqrt{\frac{9V_{\mathrm{m3}} - V_{\mathrm{m}}}{12V_{\mathrm{m3}}}},\quad V_{\mathrm{m3}} \geqslant \frac{V_{\mathrm{m}}}{9} \tag{7.157}$$

对应的两个极大值出现在

$$\omega_0 t_{\mathrm{m}} = \pm\arcsin\sqrt{\frac{9V_{\mathrm{m3}} - V_{\mathrm{m}}}{12V_{\mathrm{m3}}}} \tag{7.158}$$

两个极小值出现在

$$\omega_0 t_{\mathrm{m}} = \pi \pm \arcsin\sqrt{\frac{9V_{\mathrm{m3}} - V_{\mathrm{m}}}{12V_{\mathrm{m3}}}} \tag{7.159}$$

特别地，当

$$\frac{V_{\mathrm{m3}}}{V_{\mathrm{m}}} = \frac{1}{9} \tag{7.160}$$

时，可以发现，其中 3 个极值的位置收敛于 0，另外 3 个极值的位置收敛于 π。据此，可以判断：漏极电压 v_{DS} 的最大方波度出现在 $\omega_0 t = 0$ 和 $\omega_0 t = \pi$ 处，且在 $\omega_0 t = 0$ 处，v_{DS} 取得最小值；在 $\omega_0 t = \pi$ 处，v_{DS} 取得最大值。

使 v_{DS} 具有最大方波度的傅里叶系数可以通过对 v_{DS} 的各阶导数置零来得到，v_{DS} 的一阶和二阶导数表示为

$$\frac{\mathrm{d}v_{\mathrm{DS}}}{\mathrm{d}(\omega_0 t)} = V_{\mathrm{m}} \sin\omega_0 t - 3V_{\mathrm{m3}} \sin 3\omega_0 t \tag{7.161}$$

$$\frac{\mathrm{d}^2 v_{\mathrm{DS}}}{\mathrm{d}(\omega_0 t)^2} = V_{\mathrm{m}} \cos\omega_0 t - 9V_{\mathrm{m3}} \cos 3\omega_0 t \tag{7.162}$$

在 $\omega_0 t = 0$ 和 $\omega_0 t = \pi$ 处，一阶导数为零；对于二阶导数，在 $\omega_0 t = 0$ 处，有

$$\left.\frac{\mathrm{d}^2 v_{\mathrm{DS}}}{\mathrm{d}(\omega_0 t)^2}\right|_{\omega_0 t = 0} = V_{\mathrm{m}} - 9V_{\mathrm{m3}} = 0 \tag{7.163}$$

即

$$\frac{V_{m3}}{V_m}=\frac{1}{9} \tag{7.164}$$

因此,最大方波度的条件为三次谐波电压幅度是基波电压幅度的 1/9。

理想情况下,最小漏-源电压 $V_{DSmin}=0$,即

$$v_{DSmin}=v_{DS}(0)=V_I-V_m+V_{m3}=V_I-V_m+\frac{V_m}{9}=V_I-\frac{8V_m}{9}=0 \tag{7.165}$$

所以,有

$$V_m=\frac{9}{8}V_I \tag{7.166}$$

$$V_{m3}=\frac{1}{8}V_I \tag{7.167}$$

因此,最大漏-源电压为

$$v_{DSM}=v_{DS}(\pi)=V_I+V_m-V_{m3}=V_I+\frac{9}{8}V_I-\frac{1}{8}V_I=2V_I \tag{7.168}$$

2) 输出功率和效率

负载电流等于漏极电流的基波分量,即

$$i_o=i_{d1}=I_m\cos\omega_0 t \tag{7.169}$$

其中,I_m为其幅值,且

$$I_m=\frac{1}{\pi}\int_{-\frac{\pi}{2}}^{\frac{\pi}{2}}i_D\cos\omega_0 t\,d(\omega_0 t)=\frac{1}{\pi}\int_{-\frac{\pi}{2}}^{\frac{\pi}{2}}I_{DM}\cos^2\omega_0 t\,d(\omega_0 t)=\frac{I_{DM}}{2} \tag{7.170}$$

或

$$I_m=\frac{V_m}{R}=\frac{9(V_I-V_{DSmin})}{8R} \tag{7.171}$$

直流电源电流等于漏极电流 i_D的直流分量

$$I_I=\frac{1}{2\pi}\int_{-\frac{\pi}{2}}^{\frac{\pi}{2}}i_D d(\omega_0 t)=\frac{1}{2\pi}\int_{-\frac{\pi}{2}}^{\frac{\pi}{2}}I_{DM}\cos\omega_0 t\,d(\omega_0 t)=\frac{I_{DM}}{\pi}=\frac{2I_m}{\pi}=\frac{9(V_I-V_{DSmin})}{4\pi R} \tag{7.172}$$

则电源提供的直流功率为

$$P_I=V_I I_I=\frac{9V_I(V_I-V_{DSmin})}{4\pi R} \tag{7.173}$$

由于输出功率只含有基波成分,所以输出功率表示为

$$P_O=\frac{1}{2}V_m I_m=\frac{1}{2}\times\frac{I_{DM}}{2}\times\frac{9(V_I-V_{DSmin})}{8}=\frac{9}{32}I_{DM}(V_I-V_{DSmin}) \tag{7.174}$$

或

$$P_O=\frac{V_m^2}{2R}=\frac{81\ (V_I-V_{DSmin})^2}{128R}=0.6328\ \frac{(V_I-V_{DSmin})^2}{R} \tag{7.175}$$

因此,F_3类功率放大器的效率为

$$\begin{aligned}\eta_D&=\frac{P_O}{P_I}=\frac{1}{2}\left(\frac{I_m}{I_I}\right)\left(\frac{V_m}{V_I}\right)=\frac{1}{2}\times\frac{\pi}{2}\times\left(\frac{V_m}{V_I}\right)=\frac{\pi}{4}\times\frac{V_m}{V_I}=\frac{\pi}{4}\times\frac{9}{8}\left(1-\frac{V_{DSmin}}{V_I}\right)\\&=\frac{9\pi}{32}\left(1-\frac{V_{DSmin}}{V_I}\right)=0.8836\left(1-\frac{V_{DSmin}}{V_I}\right)\end{aligned} \tag{7.176}$$

可以看到，最大效率将会达到88.4%。此外，漏极电压变化范围为从0到电源电压的两倍，其平均值为V_I。

在设计如图7-27(a)所示的F类功率放大器时，首先由放大器的带宽来决定C_1。假设电路的Q值完全由L_1、C_1和R_L决定，那么有

$$Q=\omega_0 C_1 R_L=\frac{\omega_0}{\Delta\omega} \tag{7.177}$$

或者

$$C_1=\frac{1}{R_L\Delta\omega} \tag{7.178}$$

由谐振器L_1、C_1谐振在基频ω_0可得

$$L_1=\frac{1}{\omega_0^2 C_1} \tag{7.179}$$

在频率$2f_0$上，谐振器L_1、C_1组成的并联谐振电路的电抗为负，L_3、C_3组成的并联谐振电路的电抗为正。因此，电容C_B和C_3可以设置成使晶体管漏极对二次谐波短路到地，即

$$-\frac{1}{2\omega_0 C_B}+\frac{2\omega_0 L_3}{1-(2\omega_0)^2 L_3 C_3}+\frac{2\omega_0 L_1}{1-(2\omega_0)^2 L_1 C_1}=0 \tag{7.180}$$

对式(7.180)两边乘以ω_0，并利用已知条件$L_3C_3=1/(9\omega_0^2)$，$L_1C_1=1/\omega_0^2$，式(7.180)可以化简为

$$-\frac{1}{C_B}+\frac{2/(9C_3)}{1-4/9}+\frac{2/C_1}{1-4}=0 \tag{7.181}$$

或者

$$\frac{1}{C_B}=\frac{4}{5C_3}-\frac{4}{3C_1} \tag{7.182}$$

式(7.182)给出了二次谐波短路到地的条件。

此外，通过调整C_B和L_3C_3并联谐振电路使晶体管和负载R_L之间的电抗在基频为零，可以消除L_3C_3并联谐振电路在基频电抗为零这一近似，因此有

$$-\frac{1}{\omega_0 C_B}+\frac{\omega_0 L_3}{1-\omega_0^2 L_3 C_3}=0 \tag{7.183}$$

化简得

$$\omega_0^2 L_3(C_3+C_B)=1 \tag{7.184}$$

考虑到$L_3C_3=1/(9\omega_0^2)$，最后得

$$C_B=8C_3 \tag{7.185}$$

将式(7.185)代入(7.182)得

$$C_3=\frac{81}{160}C_1 \tag{7.186}$$

L_3、C_3谐振在三次谐波上，因而有

$$L_3=\frac{1}{9\omega_0^2 C_3} \tag{7.187}$$

如图7-27(a)所示的F类功率放大器的漏极电压的三次谐波是通过谐振器L_3、C_3而得到加强，使器件电压波形接近于方波。为了使器件漏极电压波形更接近于方波，可以想办法加强

漏极电压的所有奇次谐波。实际上，如果在基频上使用 $\lambda/4$ 传输线来取代集总元件三次谐波谐振器，就可以形成无限多个奇次谐波谐振器，从而加强漏极电压的所有奇次谐波，如图 7-29 所示。当然这种方法只适用于传输线长度不是过长的微波频率范围。

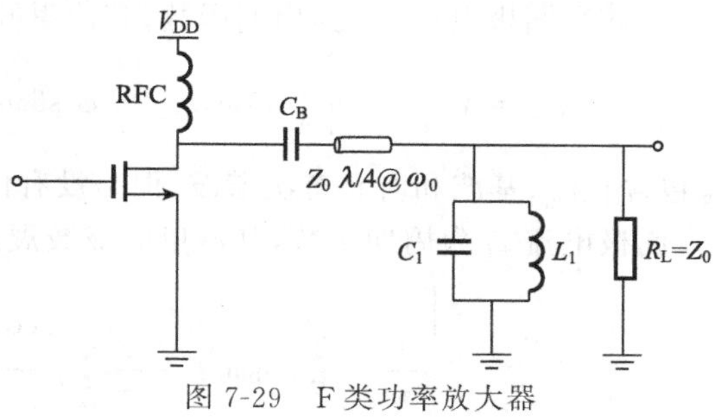

图 7-29　F 类功率放大器

设传输线特征阻抗为 Z_0，对应的导纳为 Y_0。在基频，传输线的输入端向右看到的导纳(Y'_L)和阻抗(Z'_L)分别为

$$Y'_L = \frac{Y_0^2}{1/R_L + sC_1 + 1/(sL_1)} \tag{7.188}$$

$$Z'_L = \frac{1}{Y'_L} = \frac{1/R_L + sC_1 + 1/(sL_1)}{Y_0^2} = \frac{Z_0^2}{R_L} + sC_1 Z_0^2 + \frac{Z_0^2}{sL_1}$$
$$= R'_L + sL' + \frac{1}{sC'} \tag{7.189}$$

其中

$$R'_L = \frac{Z_0^2}{R_L} \tag{7.190}$$

$$L' = C_1 Z_0^2 \tag{7.191}$$

$$C' = \frac{L_1}{Z_0^2} \tag{7.192}$$

由式(7.189)可知，$\lambda/4$ 传输线将并联负载转换成串联负载。

对于二次谐波，传输线长度等效为 $\lambda/2$，谐振器 L_1、C_1 相当于短路，因此有

$$Z'_L(2\omega_0) = 0 \tag{7.193}$$

采用同样的方法容易求出每个谐波的有效负载分别如下：

(1) $Z'_L(3\omega_0) = \infty$，传输线长度为 $3\lambda/4$；

(2) $Z'_L(4\omega_0) = 0$，传输线长度为 λ；

(3) $Z'_L(5\omega_0) = \infty$，传输线长度为 $5\lambda/4$。

$\lambda/4$ 传输线可以等效为无穷多个并联谐振电路串联，并具有对偶次谐波短路和对奇次谐波开路的特性。因此，图 7-29 可以等效为图 7-30。

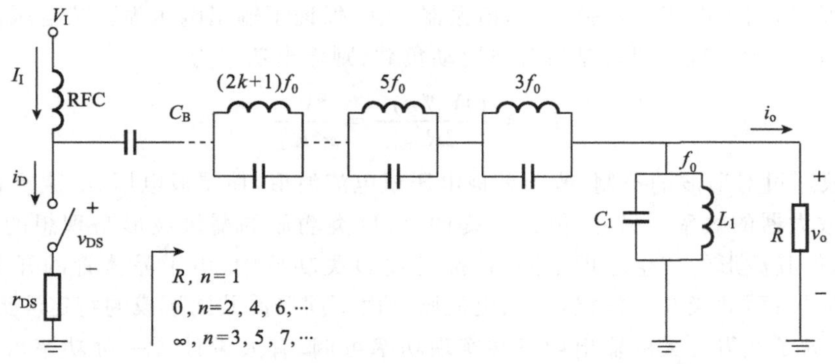

图 7-30　当 $Z_0=R_L$ 时图 7-29 的等效电路

晶体管漏极电压 v_{DS} 为周期函数，其傅里叶级数展开式为

$$v_{DS}=V_I\left[1+\frac{4}{\pi}\left(\cos\omega_0 t-\frac{1}{3}\cos 3\omega_0 t+\frac{1}{5}\cos 5\omega_0 t-\frac{1}{7}\cos 7\omega_0 t+\cdots\right)\right] \tag{7.194}$$

v_{DS} 包含直流、基波和所有奇次谐波，但是没有偶次谐波。

漏极电流 i_D 为周期函数，其傅里叶级数展开式为

$$\begin{aligned} i_D &= I_{DM}\left[\frac{1}{\pi}+\frac{1}{2}\cos\omega_0 t+\frac{2}{\pi}\sum_{n=2}^{\infty}\frac{\cos\left(\frac{n\pi}{2}\right)}{1-n^2}\cos n\omega_0 t\right] \\ &= I_{DM}\left(\frac{1}{\pi}+\frac{1}{2}\cos\omega_0 t+\frac{2}{3\pi}\cos 2\omega_0 t-\frac{2}{15\pi}\cos 4\omega_0 t+\frac{2}{35\pi}\cos 6\omega_0 t+\cdots\right) \end{aligned} \tag{7.195}$$

i_D 包含直流、基波和所有偶次谐波，但没有奇次谐波。

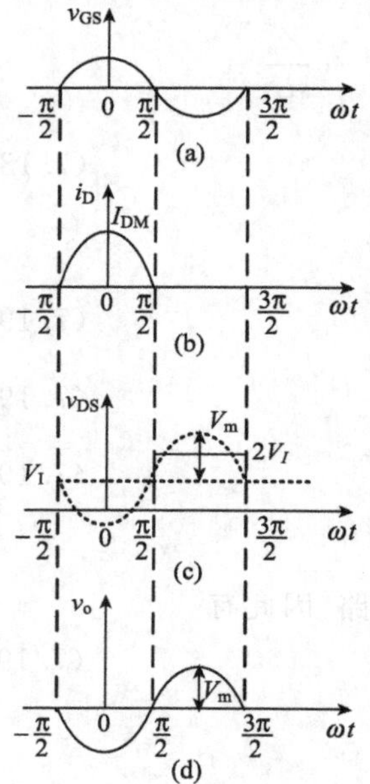

图 7-31　带 $\frac{\lambda}{4}$ 传输线的 F 类功放的电压和电流波形

假设晶体管工作在理想的开关状态，则漏极电压波形为理想的方波，因为占空比为 50% 的方波只有基波和奇次谐波，最大漏极电压是电源电压的两倍。同理，漏极电流波形为理想的正弦半波信号。所以漏极电流和电压波形如图 7-31(b)和(c)所示。

由式(7.194)可知漏极基波电压的幅度 V_m 为

$$V_m=\frac{4}{\pi}V_I \tag{7.196}$$

由式(7.195)可知漏极基波电流的幅度 I_m 为

$$I_m=\frac{I_{DM}}{2} \tag{7.197}$$

由于基波电流等于基波电压除以传输线等效输入电阻 R'_L，所以有

$$I_m=\frac{V_m}{R'_L} \tag{7.198}$$

因此，漏极电流最大值 I_{DM} 为

$$I_{DM}=2I_m=2\frac{V_m}{R'_L}=2\frac{4}{\pi}\frac{V_I}{R'_L}=\frac{8V_I}{\pi R'_L} \tag{7.199}$$

由于传输线输入端对所有奇次谐波相当于开路，所以流入传输线的唯一电流是基波电流。当晶体管导通时，漏极电流为正弦电流，谐振器 L、C 保证了输出电压为正弦电压，输出电压波形如图 7-31(d)所示。现在只有基波分量驱动负载，则输出功率为

$$P_O=\frac{(4V_I/\pi)^2}{2R'_L}=\frac{8V_I^2}{\pi^2 R'_L} \tag{7.200}$$

F 类功放通过对谐波的控制，改善漏极电压或电流波形，使漏极电压、电流重合部分减小，从而提高了放大器的效率。另外，值得一提的是，D 类功放的漏极波形与理想的 F 类功放漏极波形相同，但其波形的产生原理不同：在推挽式 D 类功放中，由于晶体管的开关特性，漏极电压为方波信号；而 F 类功放漏极电压、电流则是由不同谐波共同形成的特定波形。

例 7-5　为了获得更大的输出功率并实现功率可调，有人设计了一种功率可调 F 类功率放大器，如图 7-32(a)所示。当驱动级控制端 V_{Ci} $(i=1,2,3)$ 为高电平时，对应的功率放大器

正常工作，对输入信号进行放大并驱动 $M_i(i=1,2,3)$；当控制端为低电平时，对应的功率放大器不工作。所以只要改变 V_{C1}、V_{C2} 和 V_{C3} 的电平就可以实现输出功率的数字控制。

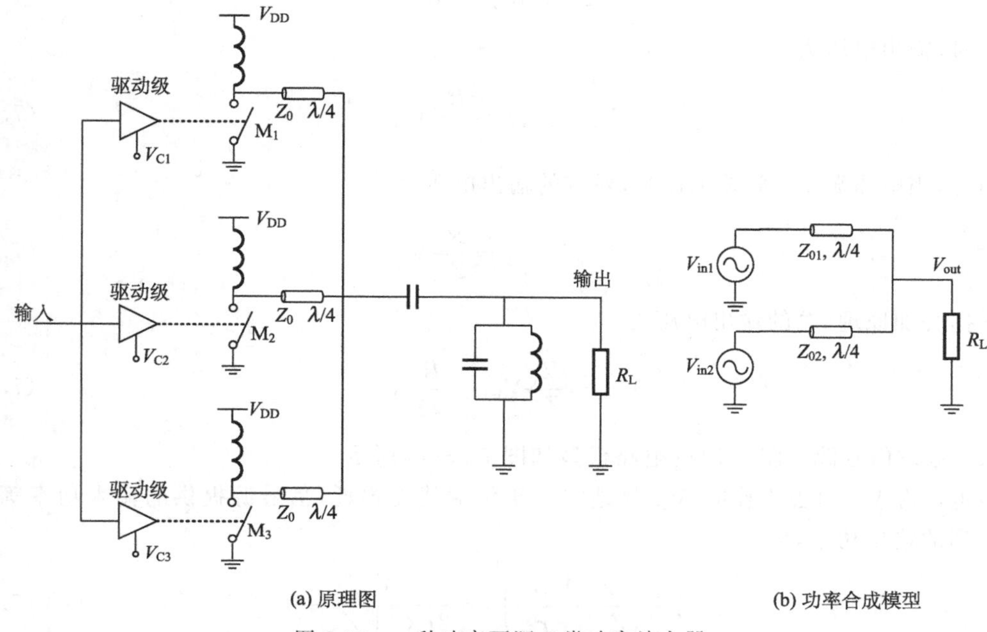

图 7-32　一种功率可调 F 类功率放大器

(1) 图 7-32(a)所示电路的功率合成可以通过图 7-32(b)中的简单模型来解释，已知输入信号电压为 V_{in1} 和 V_{in2}，传输线无损耗，求输出电压 V_{out}。

(2) 若在图 7-32(b)中增加信号源内阻，其他条件和(1)相同，求输出电压 V_{out}。

(3) 计算图 7-32(a)中的输出电压。

解　(1)图 7-32(b)所示的模型属于线性系统。因此，输出端电压 V_{out} 满足电压叠加原理，具体如下。

电压源 V_{in1} 单独工作时，V_{in2} 接地，在不考虑电压源内阻的情况下，V_{in2} 对应支路的输出阻抗为无穷大(λ/4 传输线将输入端的短路变为输出端的开路)，如图 7-33(a)所示。

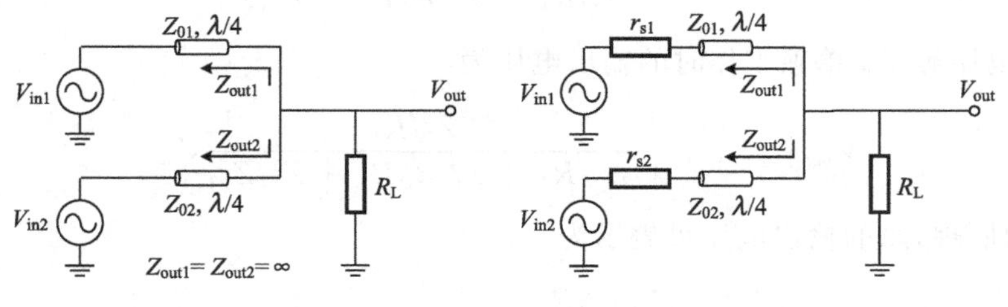

图 7-33　λ/4 传输线的阻抗变换和考虑信号源内阻的阻抗变换

当 $V_{in2}=0$ 时，V_{in1} 对应的输入阻抗为

$$Z_{in}\big|_{V_{in2}=0}=\frac{Z_{01}^2}{R_L} \tag{7.201}$$

由于传输线无损耗，所以输入功率等于输出功率，即

$$\frac{V_{\text{in1}}^2}{2Z_{01}^2/R_{\text{L}}}=\frac{V_{\text{out}}^2}{2R_{\text{L}}} \tag{7.202}$$

此时，输出电压为

$$V_{\text{out}}\big|_{V_{\text{in2}}=0}=\frac{R_{\text{L}}}{Z_{01}}V_{\text{in1}} \tag{7.203}$$

同理，当电压源 V_{in2} 单独工作时，对应的输出电压为

$$V_{\text{out}}\big|_{V_{\text{in1}}=0}=\frac{R_{\text{L}}}{Z_{02}}V_{\text{in2}} \tag{7.204}$$

根据叠加原理，总的输出电压为

$$V_{\text{out}}=\frac{R_{\text{L}}}{Z_{01}}V_{\text{in1}}+\frac{R_{\text{L}}}{Z_{02}}V_{\text{in2}} \tag{7.205}$$

(2) 考虑信号源内阻 r_{s}时的电路模型如图 7-33(b)所示。

当电压源 V_{in1} 单独工作时，V_{in2} 接地。由于传输线无损耗，信号源提供的输入功率等于负载上得到的输出功率，即

$$\frac{1}{2Z_{\text{in1}}}\left(\frac{Z_{\text{in1}}V_{\text{in1}}}{Z_{\text{in1}}+r_{\text{s1}}}\right)^2=\frac{V_{\text{out}}^2}{2(R_{\text{L}}\parallel Z_{\text{out2}})} \tag{7.206}$$

Z_{in1} 为图 7-33(b)中第一条传输线的输入阻抗，即

$$Z_{\text{in1}}=\frac{Z_{01}^2}{R_{\text{L}}\parallel Z_{\text{out2}}} \tag{7.207}$$

其中，Z_{out2} 为图 7-33(b)中第二条传输线的输出阻抗，即

$$Z_{\text{out2}}=\frac{Z_{02}^2}{r_{\text{s2}}} \tag{7.208}$$

将式(7.207)和式(7.208)代入式(7.206)，可得 V_{in1} 单独工作时的输出电压为

$$V_{\text{out}}\big|_{V_{\text{in2}}=0}=\frac{Z_{01}Z_{02}^2R_{\text{L}}}{Z_{01}^2r_{\text{s2}}R_{\text{L}}+Z_{02}^2r_{\text{s1}}R_{\text{L}}+Z_{01}^2Z_{02}^2}V_{\text{in1}} \tag{7.209}$$

同理，当电压源 V_{in2} 单独工作时的输出电压为

$$V_{\text{out}}\big|_{V_{\text{in1}}=0}=\frac{Z_{02}Z_{01}^2R_{\text{L}}}{Z_{02}^2r_{\text{s1}}R_{\text{L}}+Z_{01}^2r_{\text{s2}}R_{\text{L}}+Z_{01}^2Z_{02}^2}V_{\text{in2}} \tag{7.210}$$

根据叠加原理，总的输出电压可表示为

$$V_{\text{out}}=\frac{Z_{01}Z_{02}R_{\text{L}}}{Z_{01}^2r_{\text{s2}}R_{\text{L}}+Z_{02}^2r_{\text{s1}}R_{\text{L}}+Z_{01}^2Z_{02}^2}(Z_{02}V_{\text{in1}}+Z_{01}V_{\text{in2}}) \tag{7.211}$$

(3) 单个 F 类功率放大器的输出电压表示为

$$V_{\text{out}}=\frac{4}{\pi}\frac{R_{\text{L}}}{Z_0}V_{\text{DD}} \tag{7.212}$$

根据叠加原理，可得输出电压为

$$V_{\text{out}}=\frac{4}{\pi}R_{\text{L}}V_{\text{DD}}\sum_{i=1}^{3}\frac{D_i}{Z_{0i}}=\frac{4}{\pi}R_{\text{L}}V_{\text{DD}}\left(\frac{D_1}{Z_{01}}+\frac{D_2}{Z_{02}}+\frac{D_3}{Z_{03}}\right) \tag{7.213}$$

其中

$$D_i=\begin{cases}1, & \text{当 } V_{Ci} \text{ 为高电平时}\\ 0, & \text{当 } V_{Ci} \text{ 为低电平时}\end{cases},\quad i=1,2,3$$

7.6　大信号阻抗匹配

由于有源器件的输出阻抗随输出电压和电流而变化，所以它是非线性的，且通常是复数阻抗，那么仅用线性 S-参数确定器件的行为特性往往是不够的。为了将这样的非线性复数输出阻抗与负载阻抗进行匹配，实际中采用“负载牵引测试”(load-pull test)方法。

负载牵引技术使用能够合成不同应用环境中负载阻抗的系统，用实验的方法确定晶体管的性能。一般来说，负载牵引技术特指用一种精确控制的方式，给被测器件(DUT)产生一个已知阻抗，从而获得器件的最佳性能。负载牵引系统通过改变反射系数 Γ_{L} 的值来确定合适的匹配阻抗值，如图 7-34 所示。合成的匹配阻抗可以帮助人们从 DUT 中提取有助于满足设计要求的参数，如输出功率、直流到射频的功率转换效、功率增益和增益压缩，以及功率附加效率等。

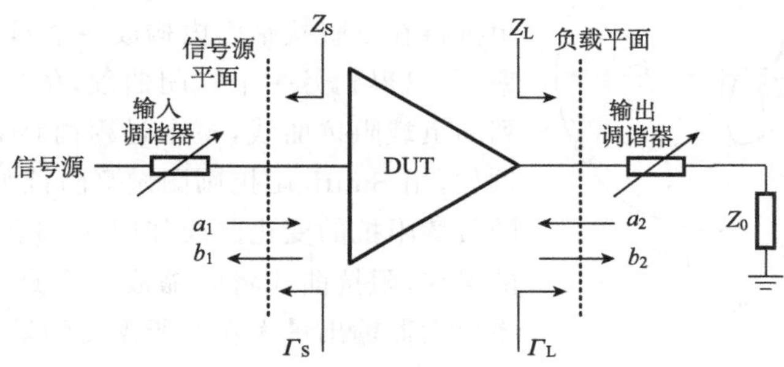

图 7-34　负载牵引测试框图

DUT 输出端口的负载阻抗为 Z_{L}，输出端口的入射波和反射波分别为 a_2 和 b_2，负载反射系数为 Γ_{L}，它们之间有如下关系式：

$$\Gamma_{\text{L}}=\frac{a_2}{b_2} \tag{7.214}$$

$$\Gamma_{\text{L}}=\frac{Z_{\text{L}}-Z_0}{Z_{\text{L}}+Z_0} \tag{7.215}$$

其中，Z_0 是系统特征阻抗(通常为 50Ω)。

调谐器的功能是改变 a_2 的幅度和相位，以便合成正确的 Γ_{L}。取决于实际应用，调谐器可以是有源的，也可以是无源的。这个功能可以通过向上、向下、向前、向后移动无源调谐器中的嵌条(slug)或截线(stub)来改变调谐器的设置，如图 7-35 所示。

在无源调谐器中，由于探头/嵌条/截线是插入调谐器传输线中的，所以它会通过增加并联电纳来引入失配。当探头/嵌条/截线向传输线靠近时，并联电纳会增加，从而有助于合成所需要的反射系数。失配阻抗的幅度由探头位置(深度)决定，失配阻抗的相位由滑动部分的位置(长度)决定。

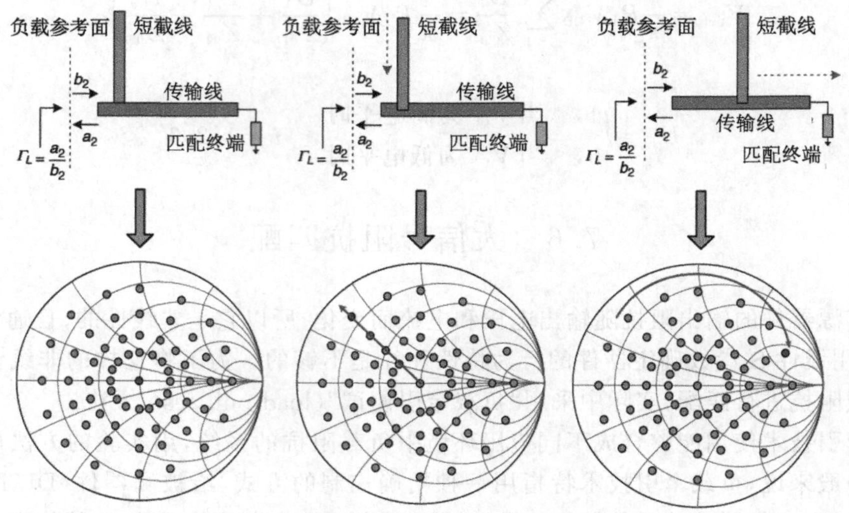

图 7-35　探头/嵌条/截线的位置和它的运动决定负载参考面处的 Γ_L

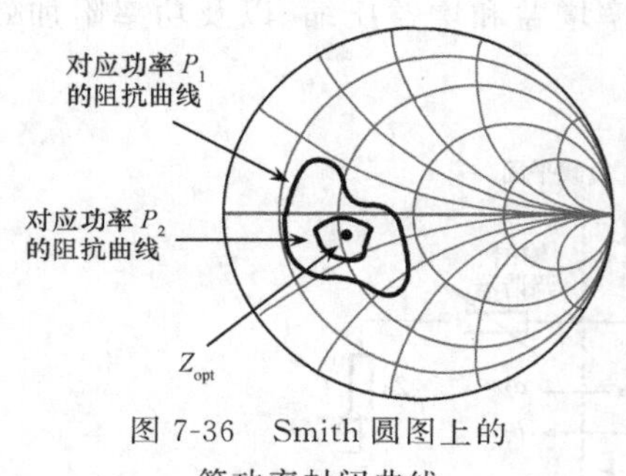

图 7-36　Smith 圆图上的等功率封闭曲线

负载牵引测试是测量输出功率随负载阻抗的变化曲线，对于某一测量功率，找出对应的所有复阻抗，这些阻抗将在复阻抗平面内构成一个封闭曲线，改变测量功率，可以得到另一个封闭曲线，依次类推可以得到一系列的负载阻抗曲线，整个过程由计算机控制自动完成。例如，用 Smith 阻抗圆图做复阻抗平面得到的输出功率随负载阻抗的变化曲线如图 7-36 所示。随着测量功率的增加，阻抗曲线将收缩成一个点，该点的阻抗就是功率放大器输出最大功率所需要的最佳阻抗。

7.7　线性化技术

随着无线通信技术的发展，线性功率放大器的应用越来越广泛。例如，对提高频带利用率的一些调制方法，如滤波后的 QPSK、p/4-QPSK 等就需要线性功率放大器以减小频谱扩展。如果放大器处理的是多信道信号，这个放大器必须是线性的以避免交叉调制。这种情况将发生在多载波系统中，如基站的发射机、有线电视发射机和正交频分复用系统等。

目前，大多数移动设备的线性功率放大器使用 A 类输出级，其效率为 20%～30%。为了实现更高的效率，可以采用非线性功率放大器并结合线性化技术来完成。

7.7.1　前馈(feedforward)

非线性失真后的信号可以看成线性放大的信号与一个误差信号之和，前馈技术将这一误差信号从放大后的信号中提取出来并去除。前馈技术原理如图 7-37 所示。

图 7-37 中的主放大器输出端电压表示为

$$V_A = V_{in}G + V_{err} \tag{7.216}$$

其中，$V_{in}G$ 为线性放大的信号，V_{err} 为误差信号。

B 点电压为

$$V_B = V_A/G - V_{in} = V_{err}/G \tag{7.217}$$

C 点电压为

$$V_C = V_B G = V_{err} \tag{7.218}$$

最后得输出电压为

$$V_{out} = V_A - V_C = V_{in}G \tag{7.219}$$

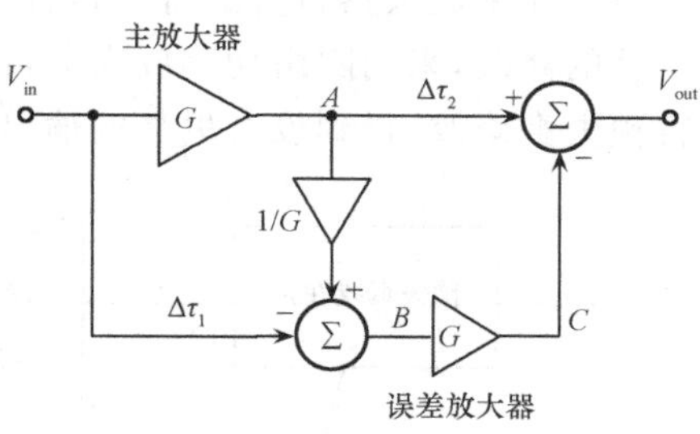

图 7-37　前馈技术原理图

显然，式(7.219)表明输出电压是输入电压的线性放大。

由于前馈技术不存在反馈环路，所以它具有良好的稳定性。线性化的性能依赖于信号幅度和相位的精确匹配，需要用延迟线来达到相位的匹配，因此会引入损耗并且不易集成。同时，它对相加器的要求也很高，往往只能用低损耗的无源元件来实现。可以证明，如果到达第一个减法器两条路径的相位失配为 $\Delta\Phi$ 和相对增益失配为 $\Delta A/A$，则输出电压 V_{out} 中互调分量的抑制度表示为

$$E = \sqrt{1 - 2\left(1 + \frac{\Delta A}{A}\right)\cos\Delta\Phi + \left(1 + \frac{\Delta A}{A}\right)^2} \tag{7.220}$$

如果 $\Delta A/A = 5\%$，$\Delta\Phi = 5°$，则 $E = 0.102$，前馈技术将互调分量减小了 20dB。误差校正环路中的增益和相位失配会进一步恶化它的性能。

7.7.2　反馈(feedback)

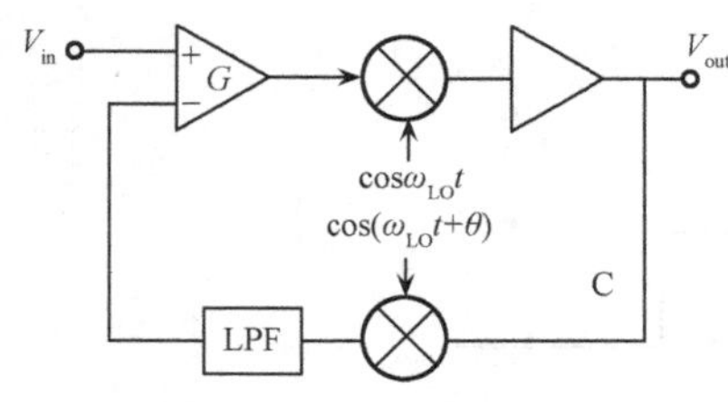

图 7-38　负反馈技术原理图

由负反馈基本原理可知，负反馈放大器增益 $A_F = A/(1+AF)$，A 为开环放大器增益，F 为反馈系数，AF 为环路增益。如果环路增益 $AF \gg 1$，则负反馈放大器的增益 $A_F \approx 1/F$，仅取决于反馈系数 F，并等于反馈系数的倒数。由于反馈系数是线性的，所以放大器就成为线性放大器。采用反馈技术构成的功率放大器如图 7-38 所示。前向通路由低频高增益误差放大器、上变频混频器和功率放大器组成，混频器将输入信号频率 f_i 向上搬移到射频频率 $f_{RF} = f_i + f_{LO}$，其中 f_{LO} 为本振频率；反馈通路由下变频混频器和低通滤波器(LPF)组成，混频器将射频频率 f_{RF} 向下搬移到输入信号频率 $f_i = f_{RF} - f_{LO}$。

由于高频时的环路增益不易提高，同时环路存在严重的稳定性问题，所以希望反馈环路在低频工作，于是环路中包含了变频电路，该结构在低频时可得到较高的环路增益 T。从这点上来说，该负反馈通路对于线性度的提高是很有效的。由于环路的高频通路引入了可观的相移，所以需要在解调时引入相位 θ 进行补偿，相移的控制是一个难点，同时存在稳定性问题。

7.7.3　预失真(predistortion)

很多电路都使用预失真(predistortion)技术，如镜像电流源等。预失真同样可以应用于功率放大器的线性化，以实现高效率和低失真。预失真分为模拟预失真和数字预失真，图 7-39 给出了预失真技术的原理框图。

根据功率放大器自身的特性，在信号被功率放大器放大之前，对信号进行与功率放大器特性相反的修改，来消除由功率放大器自身产生的失真。图 7-39 表示在信号被放大之前对信号进行预失真修改，得到没有失真的输出。

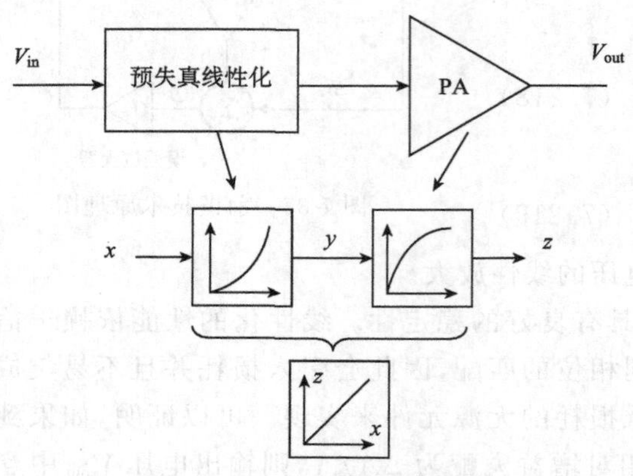

图 7-39 预失真技术原理框图

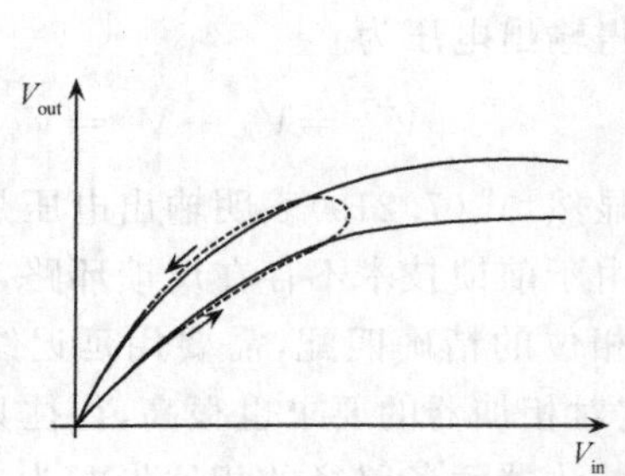

图 7-40 功率放大器的记忆效应

功率放大器存在记忆效应，这是由滤波器、匹配网络、非线性电容和偏置电路的频率响应所引起的，如图 7-40 所示。记忆效应使得非线性特性不仅取决于当前的输入信号幅度，而且与以前的信号有关，因此，增加了预失真算法的复杂度。

例 7-6 如果一个功率放大器的电压传递函数有以下特性：小信号电压增益为 $A_1=100$，大信号电压增益 $A_2=50$，如图 7-41 所示。试问：预失真电路传递函数应该满足怎样的特性，才能使整个系统的传递函数是线性的？

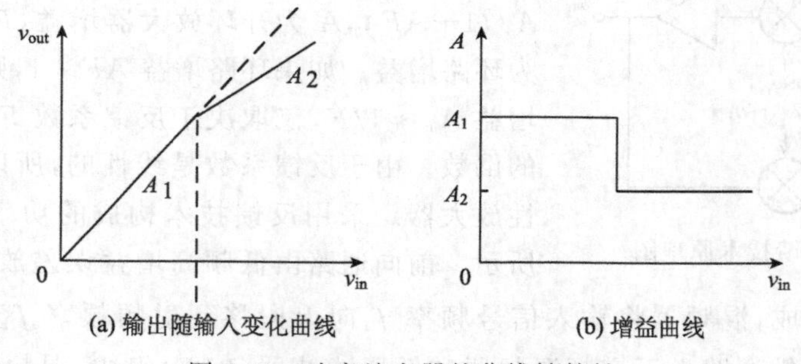

(a) 输出随输入变化曲线 (b) 增益曲线

图 7-41 功率放大器的非线性特性

解 假设预失真电路的小信号增益为 $A_3=1$。由功率放大器的小信号和大信号电压增益之比为

$$\frac{A_1}{A_2}=\frac{100}{50}=2$$

可知，为满足整个系统的线性度，预失真电路的大信号电压增益应该为

$$A_4=2$$

因此，预失真电路的非线性特性如图 7-42 所示。

此时，整个系统的小信号增益为

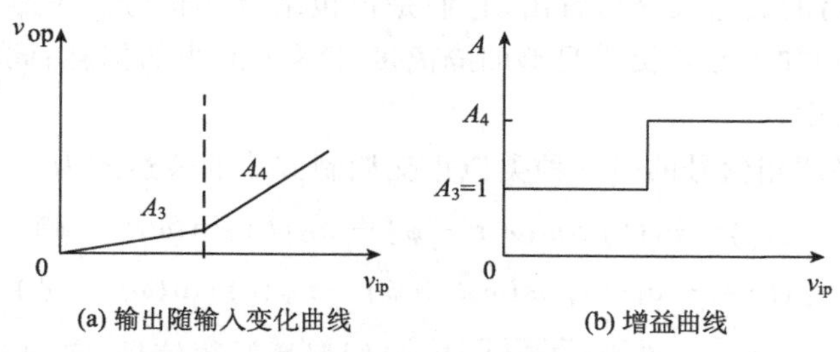

图 7-42　预失真电路的非线性特性

$$A_5 = A_1 A_3 = 100 \times 1 = 100$$

大信号增益为

$$A_6 = A_2 A_4 = 50 \times 2 = 100$$

可以得到 $A_6 = A_5$，这说明整个系统在输入信号动态范围比较大的情况下都是线性的。加上预失真电路的功率放大器特性如图 7-43 所示。

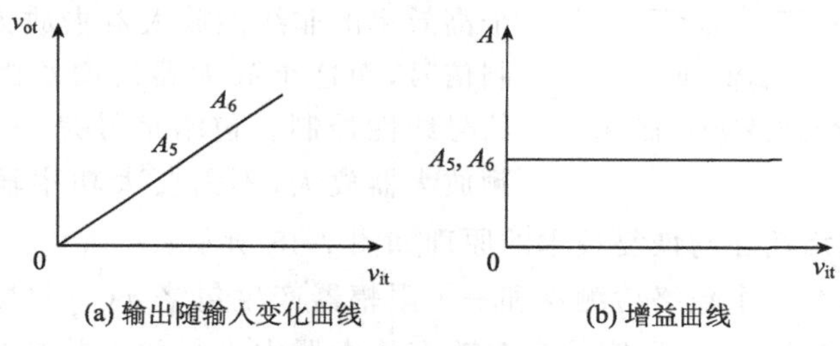

图 7-43　整个系统的特性

7.7.4　采用非线性元件的线性放大

非线性元件的线性放大(linear amplification with nonlinear components，LINC)原理是将非恒包络调制信号经信号分解器分解为两个恒包络调相信号，用两个高效率放大器去分别放大这两个恒包络调相信号，然后对它们求和即可得到线性放大的信号，如图 7-44 所示。

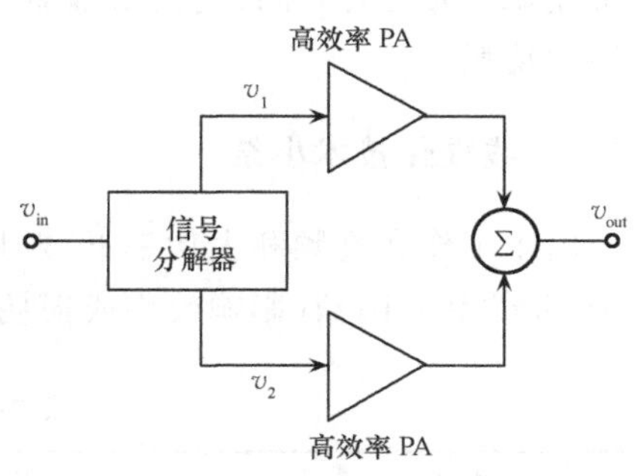

图 7-44　LINC 原理框图

非恒包络调制信号可以分解为两个恒包络调相信号之和，并表示为

$$v_{in}(t) = a(t)\cos[\omega_c t + \phi(t)] = v_1(t) + v_2(t) \tag{7.221}$$

其中

$$v_1(t) = \frac{1}{2}V_0 \sin[\omega_c t + \phi(t) + \theta(t)] \tag{7.222}$$

$$v_2(t) = -\frac{1}{2}V_0 \sin[\omega_c t + \phi(t) - \theta(t)] \tag{7.223}$$

$$\theta(t) = \arcsin[a(t)/V_0] \tag{7.224}$$

由 $v_1(t)$ 和 $v_2(t)$ 的表达式容易看出，它们是恒包络调相信号。不难看出，这两路信号必须具有良好的匹配，相加器必须提供足够的隔离度和尽可能小的损耗；同时，两个调相信号的产生具有相当的复杂度。

产生两个恒包络调相信号的另一种类似正交调制方法的表达式为

$$v_1(t)=v_I(t)\cos(\omega_c t+\phi)+v_Q(t)\sin(\omega_c t+\phi) \tag{7.225}$$

$$v_2(t)=-v_I(t)\cos(\omega_c t+\phi)+v_Q(t)\sin(\omega_c t+\phi) \tag{7.226}$$

其中，$v_I(t)=a(t)/2$，$v_Q(t)=\sqrt{V_0^2-a^2(t)}/2$，它们都是低频信号，实现起来更容易。另外容易证明 $v_I^2(t)+v_Q^2(t)=V_0^2/4$，因此，$v_1(t)$ 和 $v_2(t)$ 是恒包络调相信号。

7.7.5　包络消除与恢复(envelope elimination and restoration，EE&R)

任何带通信号都可以表示为 $v(t)=a(t)\cos[\omega_c t+\varphi(t)]$，也即由包络 $a(t)$ 和相位 $\varphi(t)$ 表示。因此，非恒包络调制信号可以分解成一个低频的包络和一个高频恒包络角度调制信号。这时可以使用一个高效率的非线性放大器去放大高频恒包络角度调制信号，而这个放大器的增益由线性放大后的包络信号线性控制。包络信号是一个低频信号，可由低频放大器放大，不需要大功率输出，因此，该放大器的实现比较容易。包络消除与恢复技术的原理如图 7-45 所示。

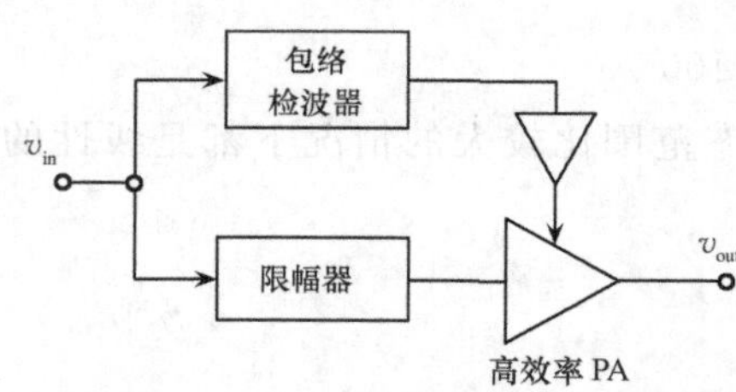

图 7-45　包络消除与恢复原理框图

输入信号同时送给一个包络检测器和一个限幅器产生包络 $a(t)$ 和相位调制信号 $b(t)=b_0\cos[\omega_c t+\varphi(t)]$。接下来，这些信号会在功率放大器中进行放大并恢复成需要的信号。相位调制信号输入功率放大器工作管的栅极，包络信号用来调制功率放大器的电源电压。EE&R 系统的优点是不需要线性的功率放大器。这种技术的难点是：低频和高频信号的延时必须保持一致，由相位不匹配引起的互调项可表示为 $\mathrm{IDM}\approx 2\pi \mathrm{BW}_{RF}^2\Delta\tau^2$，其中 BW_{RF} 为射频信号带宽，$\Delta\tau$ 为延时时间；使用限幅器去除包络时会引入相位失真；需要使用开关电源技术减小控制的功耗。

7.7.6　线性化技术小结

由于工作在高频和大功率下，射频功率放大器的线性化会受到很多限制，如幅度和相位的匹配，元件品质因数(影响效率或损耗)，稳定性等。表 7-3 给出了不同线性化技术的比较。

表 7-3　不同线性化技术的比较

类型	PAE	带宽	复杂度
前馈	低	宽	高
反馈	中	窄	低
预失真	中	中	中
LINC	高	中	高
EE&R	高	窄	高

7.8　CMOS 功率放大器特点

CMOS 工艺的载流子迁移率较低，因此电流驱动能力低，输出功率有限；CMOS 工艺的高掺杂衬底会引起较大的串扰和损耗，器件高频大信号模型的精确度低，EDA 工具的仿真结果只能起参考作用；CMOS 工艺无源元件的 Q 值低，尤其是电感的 Q 值低，这将造成匹配困难以及效率低下，需要使用片外电感，有时可利用高 Q 值的键合线作为电感。因此，CMOS 功率放大器适合作为小功率放大器，如输出功率小于 23dBm (200mW)，在短距离小功率无线通信系统中有广泛应用，如蓝牙(bluetooth)、无线局域网(WLAN)等。随着 CMOS 功率放大器设计技术的发展，瓦级输出功率已成为可能。采用 CMOS 工艺实现功率放大器可以降低系统成本，有利于单片集成。

7.9　本 章 小 结

射频功率放大器位于发射机的后端，用于放大射频信号并达到一定的输出功率。由于功率放大器会消耗很大的直流功率，所以效率是功率放大器设计时首先要考虑的重要指标。若信号波形的包络含有信息，功率放大器就应不失真地放大信号，因此，功率放大器的线性度也是重要指标。效率和线性度是一对矛盾，一方面放大器的效率越高，线性度就越低。另一方面，输出功率越大，效率就越高，而由非线性引起的失真或干扰也越强。设计功率放大器时需要对效率和线性度进行折中考虑。为了获得最大的输入功率，需要在功率放大器输入端形成共轭匹配。为了获得高效率，通常会在输出端有意地造成失配，这样会在输出端形成较大的驻波比。

本章首先讨论功率放大器与小信号放大器的区别，说明了功率放大器的输出功率和增益、效率和功率附加效率、线性度、输入输出反射系数和驻波比等主要指标的意义，讨论了 A 类、B 类、AB 类、C 类、D 类、E 类和 F 类功率放大器的工作原理和设计方法，以及大信号阻抗匹配，给出了前馈、反馈、预失真、采用非线性元件的线性放大、包络消除与恢复等线性化技术，以及提高效率的包络跟踪技术，最后给出了 CMOS 功率放大器的特点。

参 考 文 献

Coleman C. 2004. An Introduction to Radio Frequency Engineering, CAMBRIDGE University Press,

Kazimierczuk M K. 2008. RF Power Amplifiers. John Wiley & Sons

Kenington P B. High-linearity RF Amplifier Design, Artech House.

Lee T H. 2002. The Design of CMOS Radio-Frequency Integrated Circuits. Publishing House of Electronics Industry.

Lopez J. 2009. Design of highly efficient wideband RF polar transmitters using the envelope-tracking technique. IEEE Journal of Solid-State Circuits, 44,(9): 2276-2293

Mohammad S H, Fadhel M G. 2011. Highly reflective load-pull. IEEE Microwave Magazine - IEEE MICROW MAG , 12(4):96-107

Myoungbo K. 2012. High efficiency wideband envelope tracking power amplifier with direct current sensing for LTE applications. IEEE Conference Publications:41-44

Razavi B. 1998. RF Microelectronics, Prentice

Ruiz H S. 2014. Linear CMOS RF Power Amplifiers- A Complete Design Workflow. Springer:91-92

Shirvani A, et al. 2002. A CMOS RF power amplifier with parallel amplification for efficient power control. IEEE J Solid-State Circutis, 37:684-693

Wang F P. 2006. An improved power-added efficiency 19-dBm hybrid envelope elimination and restoration power amplifier for 802. 11g WLAN applications. IEEE Transactions on Microwave Theory and Techniques, 54(12):4086-4099

习 题

7.1 设计一个工作在 1GHz 的线性功率放大器,要求为 50Ω 提供 1W 的功率。假设采用的电源是 3.3V,计算所有元件的值并估算漏极效率。

7.2 当单级放大器不能获得足够的增益时,就必须采用多级放大器电路。在设计多级的功率放大器时,应该如何设计级间匹配网络,如何分配各级增益?

7.3 采用 Motorola MRF652 晶体管,在 470MHz 设计一个乙类放大器,对 50Ω 的负载输出功率 5W。当 Motorola MRF652 晶体管工作电压为 12.5V,输出功率 $P_{out}=5W$ 时,大信号阻抗参数如题表 7-3 所示(表中 Z_{ol} 是工作在给定功率,电压和频率条件下,器件对应的最佳负载阻抗的共轭)。

题表 7-3

f/MHz	Z_{in}/Ω	$Z_{ol}{}^*/\Omega$
400	1.18+j0.54	6.7−j6.9
440	1.19+j0.88	7.05−j6.1
470	1.19+j1.11	7.6−j5.1
512	1.19+j1.35	8.1−j4.1

7.4 功率放大器的偏置与小信号放大器是不一样的。对于功放,不仅电流更高,而且温度效应和输入信号电平都会对偏置网络产生影响。一般来说,一个好的偏置应该满足哪几个条件?

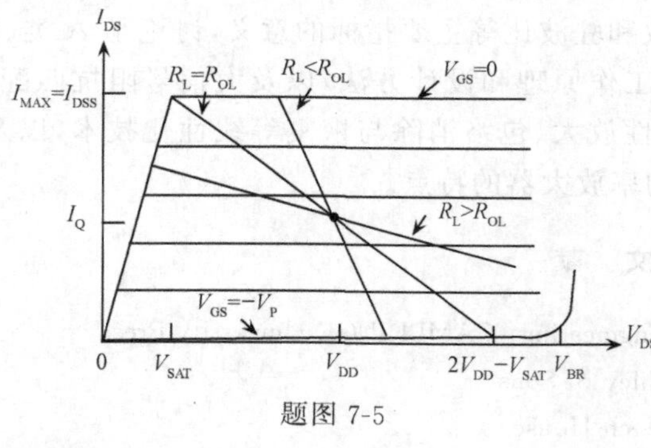

题图 7-5

7.5 某理想器件的 I-V 曲线如题图 7-5 所示,假设 $I_{DSS}=500mA$。当器件的漏极偏置电压为 10V 时,请画出最佳负载线。如果忽略 V_{SAT},则最佳负载电阻是多少?理论上的饱和输出功率是多少?

7.6 假设设计好习题 7-5 的功放后,发现饱和输出功率并没有预测的那么高。

(1) 当输入电源电压从 10V 增加到 12V 时,能进一步增加输入功率并获得一个更高的饱和输出功率。那么器件是电压受限还是电流受限?应该增加还是减少器件终端上的负载电阻?画出实际的负载线并说明原因。

(2) 现在假设器件的击穿电压是 20V。如果当输入电源电压增加时,输出功率下降。画出实际的负载线并说明可能的情况。

7.7 A 类功率放大器如题图 7-7 所示,已知 $V_{CC}=12V$, $I_{CQ}=50mA$, $R_L=0.2k\Omega$,晶体管饱和电压 $V_{ccsat}=0.4V$。要求:

(1) 在晶体管的输出曲线上画出其直流负载线和交流负载线。

(2) 计算不失真最大输出功率 P。

(3) 计算集电极效率。

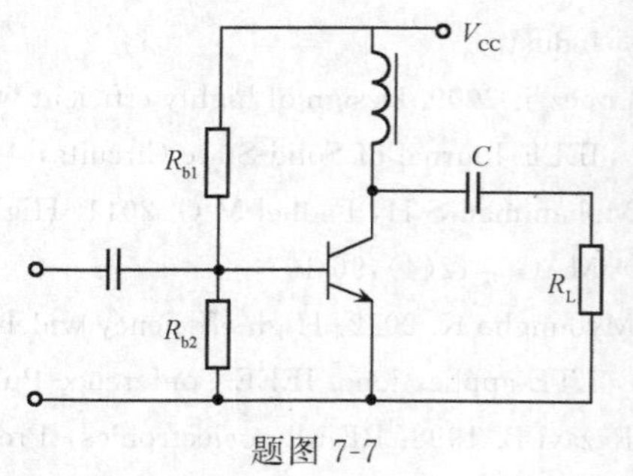

题图 7-7

7.8 发射机天线的电阻 $r_A=50\Omega$,所得射频功率 $P_A=5W$,输出阻抗变换网络的损耗为 1.5dB,功率放大器的集电极效率为

60%，晶体管饱和电压为 0.4V，电源电压为 $V_{CC}=12V$。求：

(1) 放大器的最佳负载 R_{opt} 和电源输入直流功率 P_{dc}。

(2) 若采用低通 L 形阻抗变换网络，计算变换网络的感抗 X_L 和容抗 X_C。

7.9　画出具有下列特点的 C 类谐振功率放大器电路，要求：

(1) 采用 NPN 晶体三极管和共射组态。

(2) 输出匹配采用 T 形网络，输入采用变压器耦合。

(3) 负电源供电，基极自给负偏压，集电极并联负反馈。

7.10　设计一个题图 7-10 所示的射频功率放大器时，通常在电源端会并联几个到地的电容（C_1、C_2、C_3），试说明原因。

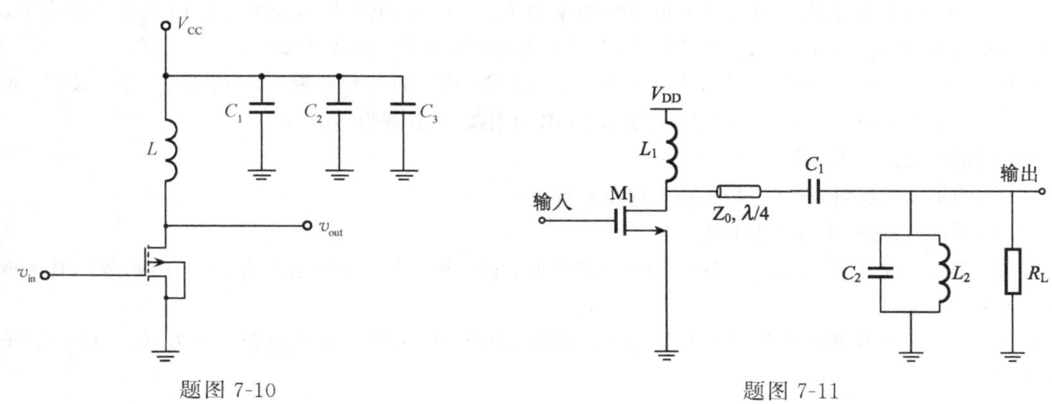

题图 7-10　　　　题图 7-11

7.11　功率放大器的电路如题图 7-11 所示，该电路的工作频率为 w_o，传输线的特征阻抗 Z_0 等于负载电阻 R_L，长度为 $\lambda/4(@w_o)$。

(1) 该放大器属于哪一类功放？L_2 和 C_2 的谐振频率是多少？

(2) L_1、C_1 和传输线分别有什么作用？

7.12　为了获得一定的功率，功率放大器负载上的电压和电流都可能很大，例如，1W 正弦信号功率在 50Ω 负载上将产生 10V 的电压幅度和 200mA 的电流幅度。但很多高速晶体管，包括 CMOS、Si BJT 和 SiGe HBT，所能承受的最大电压却可能远小于 10V。有什么办法能够让这样的晶体管为同样的负载提供相同的功率？

7.13　设计一低通 L 形网络，完成题图 7-13 所示两级放大器的级间匹配。已知 Q_2 的输入阻抗 $R_{in}=2.7\Omega$，Q_1 的输出电容 $C_{01}=3pF$，要求最佳负载 $R_{opt}=53\Omega$，工作频率为 900MHz。要求：

(1)画出匹配网络电路结构，计算元件数值。

(2)计算该网络的带宽和对二次谐波的抑制比。

(3)要求匹配网络中增加一个二次谐波吸收点。

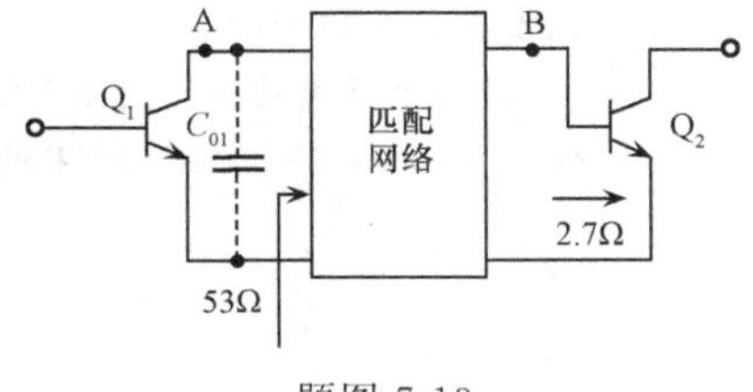

题图 7-13

7.14　一放大器在 1GHz 频率点的功率增益为 $G=8dB$，1dB 压缩点 $P_{out,1dB}=12dBm$，输出 3 阶截点为 $OIP_3=25dBm$。求级连放大器第 2 级、第 3 级的输出 3 阶截点。当级连数目趋于无穷大时，OIP_3 为何值？

7.15　一个由四级组成的 4GHz 微波放大器如题图 7-15 所示。每一级功率增益已标注在图中，第一级的输入阻抗为 50Ω。请确定输入功率（P_{IN}）和输出功率（P_{OUT}）的 dBm 值。

7.16　用一个 BJT 设计一个 4GHz 的功率放大器。晶体管在 4GHz 的 S 参数和功率特性为 $S_{11}=0.32\angle-145°$，$S_{12}=0.08\angle-98°$，$S_{21}=1.38\angle-113°$，$S_{22}=0.8\angle-177°$，$OP_{1dB}=27.5dBm$，$G_{1dB}=7dB$，负载反射系数 $G_{LP}=0.1\angle0°$。

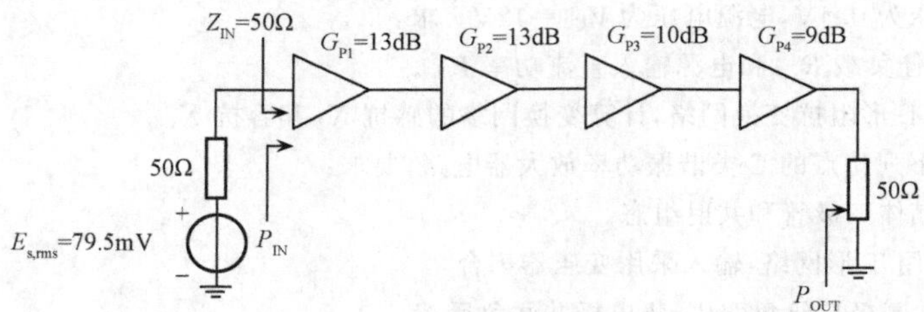

题图 7-15

7.17 一个 RF 功率放大器输出至负载的功率为 $P_o=100$W，电源输入至集电极的直流功率为 $P_{dc}=150$W，功率增益为 $G_p=10$dB。计算集电极效率、整体效率和功率附加效率为多少？

7.18 一个 MESFET 单级功率放大器工作在 2.25GHz，此时的 S 参数为 $S_{11}=0.83\angle-132°$，$S_{12}=0.03\angle22°$，$S_{21}=4.9\angle71°$，$S_{22}=0.36\angle-82°$，要求有 18dB 的增益，并且假设 $S_{12}=0$。

(1) 确定该电路是否无条件稳定？

(2) 当满足最佳反射系数时，最大功率增益是多少？

(3) 调整反射系数，实现要求的增益

7.19 设计一个 A 类功率放大器为 50 Ω负载输出 $P_o=1$W。直流电源电压为 $V_{dc}=10$V，忽略管子饱和压降和电阻。

7.20 设计一个推挽式 B 类功率放大器向 50 Ω负载输出 $P_o=8$W。直流电源电压为 $V_{dc}=12$V，管子饱和压降 $V_{sat}=2$V。

7.21 设计一个 AB 类功率放大器，在 $f=5$GHz 时，可以向负载提供 12W 功率。工作带宽 BW=500MHz，电源电压为 $V_I=24$V，$V_{DSmin}=1$V，导通角为 $\theta=120°$。

7.22 设计一个 C 类功率放大器，在 $f=2.4$GHz 时，可以向负载提供 6W 功率。工作带宽 BW=240MHz，电源电压为 $V_I=12$V，$V_{DSmin}=1$V，导通角为 $\theta=60°$。

7.23 设计一个传输线匹配网络将负载 $Z_L=(50+j10)\Omega$ 匹配至 $Z=(20-j10)\Omega$。

7.24 设计一个变压器耦合的 D 类功率放大器，工作在 $f=13.56$MHz，输出至负载 $R_L=3.8\ \Omega$功率 $P_o=300$W。

7.25 设计一个带有并联谐振的 E 类功率放大器，满足以下指标：$V_I=3.3$V，$P_{Omax}=1$W，$f=2.4$GHz。假设占空比 D=0.5。

7.26 设计一个 E 类功率放大器工作在 $f=1$ GHz，并满足以下指标：$V_I=3.3$V，$P_{Omax}=0.25$W，$BW=0.2$GHz。假设占空比 D=0.5。

7.27 设计一个 F 类功率放大器工作在 $f_c=5$ GHz，用 λ/4 传输线将 16W 功率送至 50Ω 负载。直流电源电压为 28V，$V_{DSmin}=1$V。MOSFET 的导通电阻为 $r_{DS}=0.2\Omega$。

第8章 振 荡 器

8.1 概 述

振荡器(oscillator)是将直流电源能量转换成交流能量的电路。为了在没有外部输入信号的情况下能够产生自我维持的输出振荡信号,振荡器本身必须有正反馈和足够的增益以克服反馈路径上的损耗,同时还需要有选频网络。

振荡器广泛应用于各种无线收发机中,如接收机将射频信号下变频为基带信号时需要本振信号,发射机将基带信号上变频为射频信号时也需要本振信号。本振信号由锁相环频率合成器提供,振荡器为其中的核心模块。

振荡器的性能通常用以下指标来衡量:振荡频率、振荡幅度、相位噪声和波形失真等。振荡器的分类有多种方法,可以分为环形振荡器、*LC* 振荡器、*RC* 振荡器、晶体振荡器和压控振荡器。也可以从单端或双端的角度来区分振荡器。单端振荡器有一个负载和一个带有负阻的谐振器,二者在同一端口;双端振荡器有两个端口并在两个端口上都有负载。在任何一种情况下,都必须有正反馈通路。

本章讨论环行振荡器、*LC* 振荡器和压控振荡器,分析振荡器的干扰和相位噪声及其对系统的影响,给出正交信号的产生方法。

8.2 振荡器基本原理

正反馈放大器原理框图如图 8-1 所示。

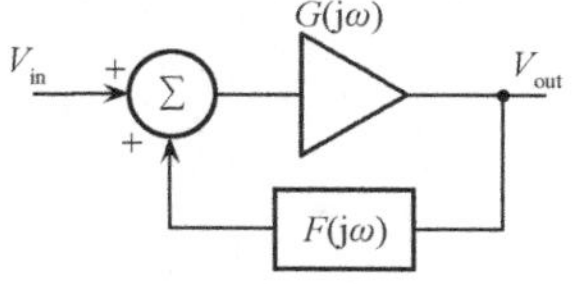

图 8-1 正反馈放大器原理框图

根据图 8-1,放大器的输出电压为

$$V_{out} = G(j\omega)\ V_{in} + F(j\omega)G(j\omega)\ V_{out} \tag{8.1}$$

整理后得放大器的闭环增益为

$$T(j\omega) = \frac{V_{out}}{V_{in}} = \frac{G(j\omega)}{1 - F(j\omega)\ G(j\omega)} \tag{8.2}$$

正反馈将不断增加的输出电压反馈到输入端,直至下列关系成立:

$$F(j\omega)\ G(j\omega) = 1 \tag{8.3}$$

这个关系式就是振荡器振荡的巴克豪森条件(Barkhausen criterion),用幅度和相位可以表示为

$$\begin{gathered} |F(j\omega_o)\ G(j\omega_o)| = 1 \\ \angle F(j\omega_o)\ G(j\omega_o) = 360^\circ \end{gathered} \tag{8.4}$$

当满足式(8.4)的两个条件时,振荡器就会产生振荡,振荡的角频率为 w_o。巴克豪森条件是输出等幅持续振荡而必须满足的平衡条件,分别称为振幅平衡条件和相位平衡条件。实际上,振荡器是一个强非线性系统,起振时的环路增益必须大于 1,电路中的噪声被放大到一定的幅度后,环路进入平衡,满足平衡条件,维持等幅持续振荡。

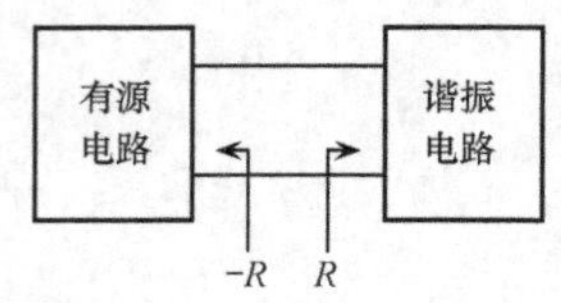

图 8-2　振荡器的单端口负阻模型

以上是从正反馈角度来分析振荡器，并将振荡器看成有输入端口和输出端口的双端口网络。另一种方法是从负阻的角度来看，将振荡器看成单端口网络，称为单端口系统（负阻）模型，如图 8-2 所示。从负阻的角度可以将振荡器分成左边的有源电路和右边的谐振电路，有源电路产生一个负阻，谐振器产生一个电阻。在平衡状态下，负阻正好抵消谐振电路中的等效电阻，或者说谐振电路中的能量损耗由有源电路补偿。

下面用负阻的方法来分析三点式振荡器，其连接法则是：发射极（或源极）接同性质电抗，集电极（或漏极）和基极（或栅极）接异性质电抗，如图 8-3 所示。

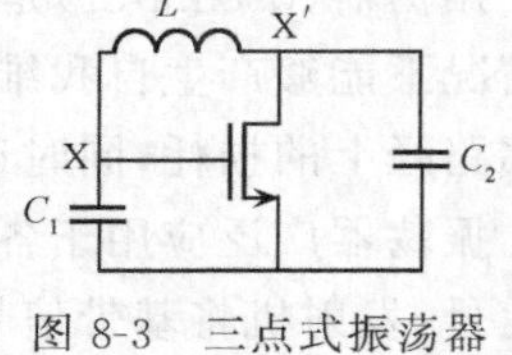

图 8-3　三点式振荡器

如果将 XX′处开路，则从此端口向晶体管看过去的等效阻抗为

$$Z_{XX'}=\frac{g_m}{s^2C_1C_2}+\frac{1}{sC_1}+\frac{1}{sC_2} \tag{8.5}$$

在稳态情况下，$Z_{XX'}$ 包含了一个负电阻：

$$R_{neg}=\frac{g_m}{\omega^2C_1C_2} \tag{8.6}$$

和一个等效电容：

$$C_{eq}=\frac{C_1C_2}{C_1+C_2} \tag{8.7}$$

在 XX' 处接上电感 L 后的电路振荡角频率就是电路的谐振频率，表示为

$$\omega_o=\frac{1}{\sqrt{LC_{eq}}} \tag{8.8}$$

其中，电感 L 的损耗由负电阻抵消。

8.3　环行振荡器

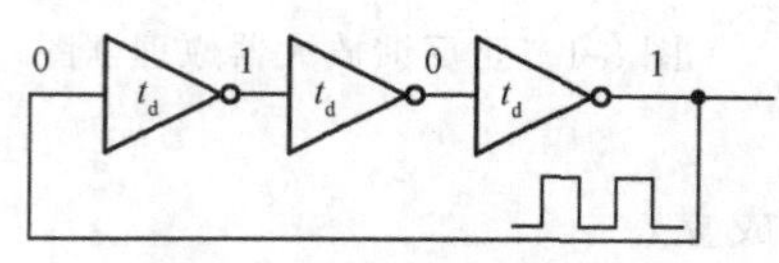

图 8-4　行振荡器原理框图

环行振荡器（ring oscillator）是由一串延时单元构成的环行电路。为了实现振荡它必须满足正反馈条件。具体方法是，在不计电路延时时，让它构成一个负反馈电路，产生 180°相移。若电路没有延时，则电路的总相移为 180°，不满足相位平衡条件。若电路有延时并达到 180°相移时，则环行电路的总相移就达到 360°，满足相位平衡条件，即满足正反馈条件。若此时环路增益大于 1，环行振荡器就可以振荡。环行振荡器原理框图如图 8-4 所示。为了使电路产生 360°相移，延时 t_d 应满足条件 $3t_d=T/2$，其中 T 为振荡周期。

综上所述，环行振荡器是由一串延时单元构成的负反馈环路。如果在某个频率 f 上满足环路增益大于 1 和总延时 $T_d=T/2=1/(2f)$，它就可以在该频率上产生振荡。因此，环行振荡器可能是一种最容易实现的高频振荡器。

延时单元可以用反相器和差分放大器构成。若用反相器构成延时单元，必须使用奇数（$N>1$）个反相器，此时环行振荡器的振荡频率为

$$f=\frac{1}{2T_d}=\frac{1}{2N t_d} \tag{8.9}$$

其中，t_d 为单个反相器的延时，T_d 为总延时。

若使用差分放大器作为延时单元，既可以使用偶数级也可以使用奇数级来实现环行振荡器，原理框图如图 8-5 所示。图 8-6 是用两级差分放大器构成的环行振荡器原理图，改变差分放大器的偏置电流可以改变单位延时从而控制振荡频率。

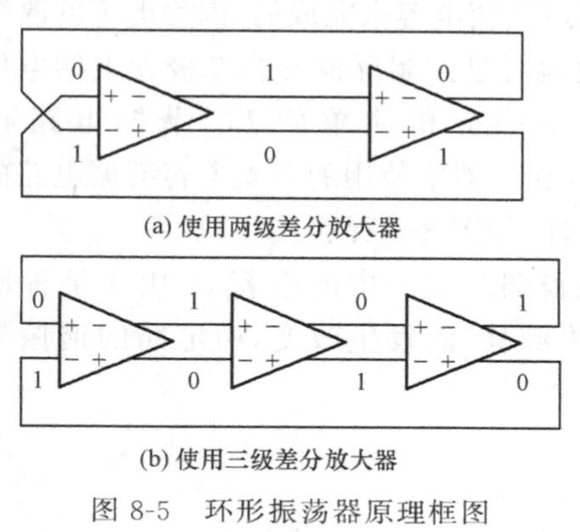

(a) 使用两级差分放大器

(b) 使用三级差分放大器

图 8-5　环形振荡器原理框图

图 8-6　两级差分放大器构成的环行振荡器

8.4　*LC* 振荡器

8.4.1　*LC* 振荡器分类

LC 振荡器主要分为三点式 *LC* 振荡器（属于双端振荡器）和差分 *LC* 振荡器（属于单端振荡器）。三点式 *LC* 振荡器类型取决于放大器的反馈电路的不同连接方法，图 8-7 给出了 5 种振荡器类型，分别为 Colpitts、Hartley、Clapp-Gouriet、Armstrong 和 Vackar 型振荡器。

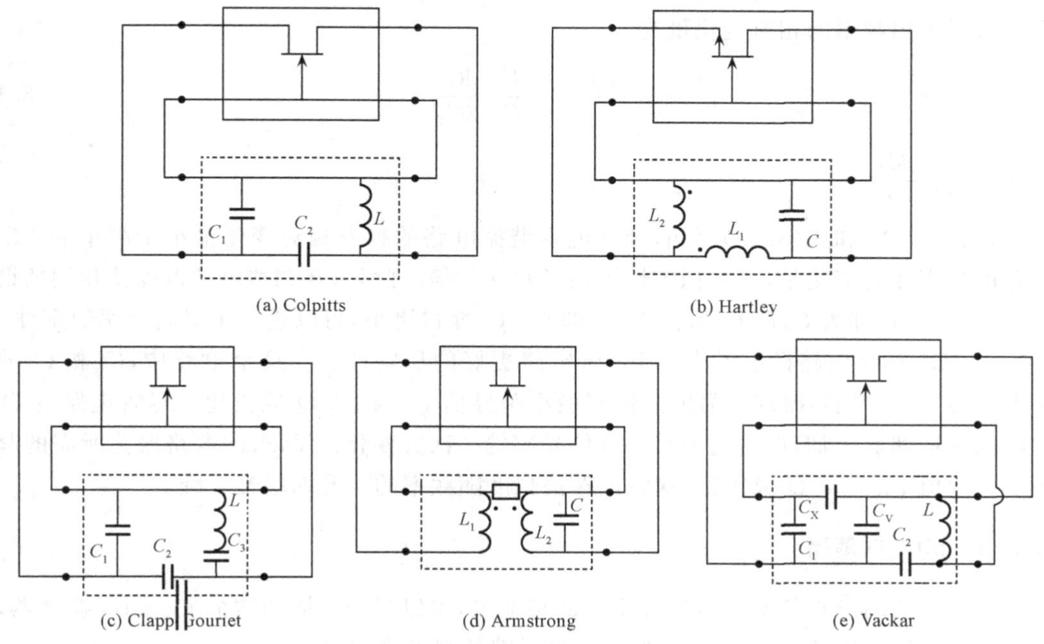

(a) Colpitts　(b) Hartley

(c) Clapp-Gouriet　(d) Armstrong　(e) Vackar

图 8-7　5 种类型 *LC* 振荡器

Colpitts 振荡器比 Hartley 振荡器应用得更广泛。这是因为 Colpitts 振荡器是电容三点式，而 Hartley 振荡器是电感三点式。通常在射频频率上电容的 Q 值比电感的 Q 值高，占用芯片面积小。此外，Hartley 电路中的电感可能会和器件的寄生电容产生谐振，从而产生杂散频率。Colpitts 电路的第一个元件是旁路电容，因此，它可以看成低通电路。同理，Hartley 电路可以视为高通电路，而 Clapp-Gouriet 电路可以视为带通电路。

在 LC 压控振荡器的应用中，频率的改变通常是通过改变电容来完成的，因为电容的改变可以方便地通过控制反偏变容二极管上的电压来实现。下面分析简单的 LC 谐振电路和在 Colpitts 振荡器中使用的分支电容谐振电路的频率稳定性，如图 8-8 所示。

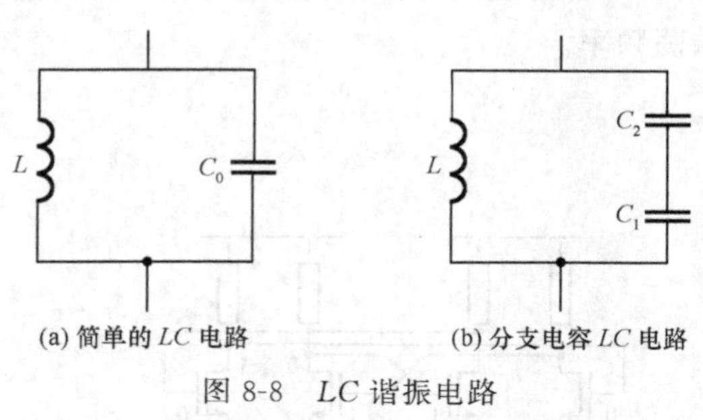

图 8-8　LC 谐振电路

假设图 8-8(a)中的电容 C_0 由于某种原因(如温度漂移)而发生改变，由电路的谐振频率可以推导出频率的变化量，谐振频率表示为

$$f=\frac{1}{2\pi\sqrt{LC_0}} \tag{8.10}$$

求导数得

$$\frac{\mathrm{d}f}{\mathrm{d}C_0}=-\frac{f}{2C_0} \tag{8.11}$$

整理后得频率的相对变化量为

$$\frac{\mathrm{d}f}{f}=-\frac{\mathrm{d}C_0}{2C_0} \tag{8.12}$$

图 8-8 (b)所示分支电容谐振电路中的 C_2 用于 Colpitts 电路的频率调整。采用同样的计算方法可以求出频率的相对变化量为

$$\frac{\mathrm{d}f}{f}=-\frac{C_0}{C_2}\frac{\mathrm{d}C_2}{2C_2} \tag{8.13}$$

其中，$C_0=\dfrac{C_1C_2}{C_1+C_2}$。

比较式(8.12)和式(8.13)可知，分支电容谐振电路的频率相对变化量小于简单的 LC 谐振电路的频率相对变化量，频率稳定性提高了 C_0/C_2 倍。此外，在调整电感以保持相同的谐振频率的同时，通过加大 C_0 使 C_2 增大更多，即 C_0/C_2 变得更小，可以进一步提高频率稳定性。

Clapp-Gouriet 电路显示了比 Colpitts 电路更好的稳定性。在这个电路中，C_1 和 C_2 的值比调谐电容 C_3 大得多，振荡所需的晶体管最小跨导值 g_m 与 ω^3/Q 成正比。尽管电路的 Q 值通常随频率增加而增加，但是它不足以补偿频率的 3 次方变化。Vackar 电路振荡所需的晶体管最小跨导值 g_m 与 ω/Q 成正比，这将使振荡幅度随频率的上升而缓慢下降。

8.4.2　Colpitts 振荡器

根据放大器的三种基本组态选择不同的接地点，可以得到不同结构的 Colpitts 振荡器，如图 8-9 所示，其工作原理也可以很方便地通过反馈的观点来解释。

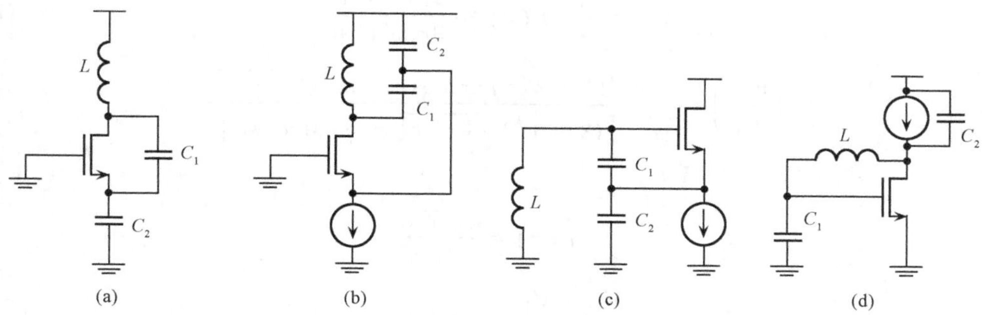

图 8-9 不同结构的 Colpitts 振荡器

下面分析图 8-9(c)所示共漏极 CMOS Colpitts 振荡器的工作原理。首先,在小信号条件下,振荡器的等效电路如图 8-10 (a)所示。

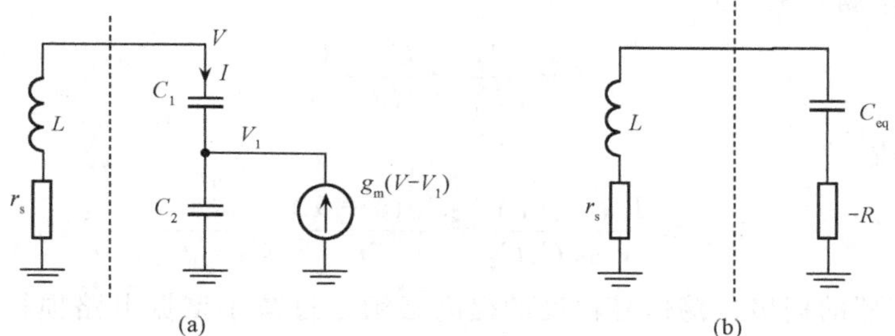

图 8-10 Colpitts 振荡器的等效电路

图 8-10(a)中,r_s表示 LC 谐振电路的损耗,对于虚线右边电路,其小信号阻抗为

$$Z=\frac{V}{I}=\frac{1}{\mathrm{j}\omega C_1}+\frac{1}{\mathrm{j}\omega C_2}-\frac{g_m}{\omega^2 C_1 C_2}=\frac{1}{\mathrm{j}\omega C_{eq}}-R \tag{8.14}$$

其中

$$C_{eq}=\frac{C_1 C_2}{C_1+C_2},\quad R=\frac{g_m}{\omega^2 C_1 C_2}$$

因此,图 8-10(a)所示等效电路可以用图 8-10(b)电路等效。

当电路进入等幅持续振荡时,有 $R=r_s$,因此可以定义临界跨导为

$$g_{mc}=\omega^2 C_1 C_2 r_s \tag{8.15}$$

为了保证电路能够起振,必须满足条件 $R>r_s$,即

$$R=\frac{g_m}{\omega^2 C_1 C_2}>r_s \tag{8.16}$$

或

$$g_m>g_{mc}=\omega^2 C_1 C_2 r_s \tag{8.17}$$

MOS 管的平均电流等于偏置电流,电流中的交流分量通过 LC 网络后会在栅极产生正弦信号。假设 MOS 管电流和电压为平方律关系,栅极振荡信号的幅度可以由以下关系式获得

$$V_{\mathrm{m}} \approx \frac{I_0}{g_{\mathrm{mc}}} f(x) \approx \frac{I_0(5+x)}{3r_{\mathrm{s}}\omega_0^2 C_1 C_2} \tag{8.18}$$

$$\left(\frac{g_{\mathrm{m0}}}{g_{\mathrm{mc}}}\right)^2 = \frac{9\pi}{2} \frac{(1+2x^2)\arccos x - 3x\sqrt{1-x^2}}{\left[(2+x^2)\sqrt{1-x^2} - 3x\arccos x\right]^2} \tag{8.19}$$

其中

$$f(x) = \frac{g_{\mathrm{mc}} V_{\mathrm{m}}}{I_0}$$

$$x = \frac{V_{\mathrm{th}} - V_{\mathrm{B}}}{V_{\mathrm{m}}}, \quad -1 \leqslant x \leqslant 1$$

$$g_{\mathrm{m0}} = \sqrt{2I_0 \mu C_{\mathrm{ox}} W/L}$$

在 x 的变化范围内，$f(x)$的改变有限(33%)，因此，可以说振荡幅度正比于偏置电流，反比于临界跨导。

由于振荡频率满足关系式：

$$\omega_0^2 = \frac{1}{LC_{\mathrm{eq}}} = \frac{C_1 + C_2}{LC_1 C_2} \tag{8.20}$$

式(8.18)可以写成

$$V_{\mathrm{m}} \approx \frac{I_0(5+x)}{3r_{\mathrm{s}}\omega_0^2 C_1 C_2} = \frac{I_0(5+x)}{3r_{\mathrm{s}}} \frac{L}{C_1 + C_2} \tag{8.21}$$

这表明，振荡器的栅极振荡信号幅度的提高必须通过减小谐振电路损耗和提高电感电容比值来实现。

8.4.3　差分 *LC* 振荡器

差分 *LC* 振荡器由差分耦合放大器和谐振电路组成，如图 8-11 所示，其中差分耦合放大器构成负阻。

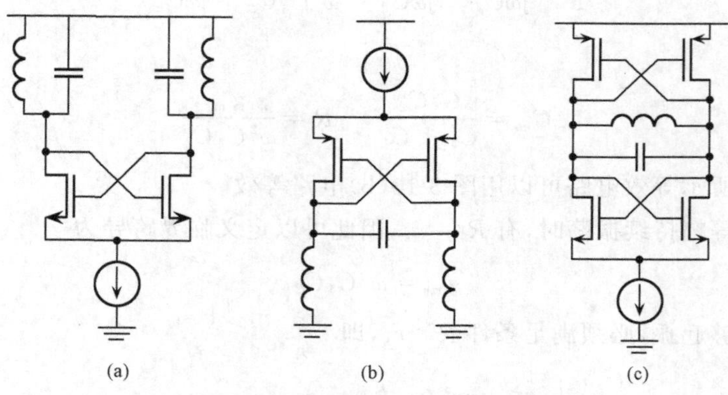

图 8-11　差分 *LC* 振荡器

图 8-11(a)中的差分耦合放大器采用 NMOS 管。图 8-11(b)采用 PMOS 管，而图 8-11(c)是采用了两个 NMOS 管和 PMOS 管的差分耦合放大器。差分耦合放大器及其等效电路如图 8-12 所示。

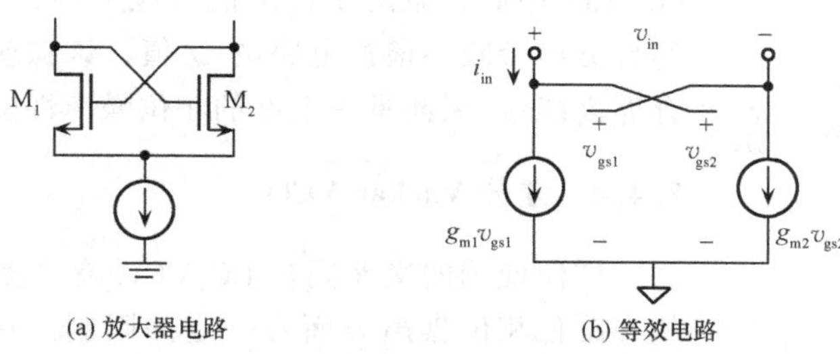

图 8-12 差分耦合放大器及其等效电路

根据图 8-12(b)的等效电路可以列出如下方程:

$$v_{in}=v_{gs2}-v_{gs1}$$

$$i_{in}=g_{m1}v_{gs1}=-g_{m2}v_{gs2}$$

容易推导出放大器的输入电阻(等效负阻)为

$$R_{in}=\frac{v_{in}}{i_{in}}=-\frac{1}{g_{m1}}-\frac{1}{g_{m2}} \tag{8.22}$$

其中,g_{m1}和g_{m2}分别为 M_1和 M_2的跨导。若 g_{m1}和 g_{m2}相等并等于 g_m时,有

$$R_{in}=-\frac{2}{g_m}$$

设与差分耦合放大器相连的 LC 谐振电路的并联等效电阻为 R_P,为了保证电路能够起振,R_{in}必须满足关系式:

$$|R_{in}|=\frac{2}{g_m}<R_P \tag{8.23}$$

或

$$g_m>\frac{2}{R_P}$$

对于图 8-11(c)所示电路,设 NMOS 管和 PMOS 管的跨导分别为 g_{mn}和 g_{mp},则用 NMOS 管和 PMOS 管构成的差分耦合放大器的等效负阻分别为 $-2/g_{mn}$和 $-2/g_{mp}$,并联后的总负阻为

$$R_{neg}=-\frac{2}{g_{mn}+g_{mp}} \tag{8.24}$$

与图 8-11(a)和(b)相比,总负阻变大了,在相同偏置电流下,电路更容易满足起振条件。为了使谐振电路的峰值振幅超过器件的击穿电压或者电源电压,可以使用带有中间抽头的谐振电路,如图 8-13 所示。

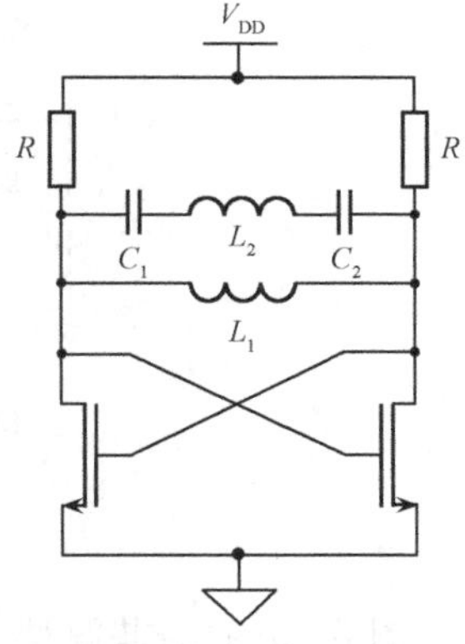

图 8-13 使用修改过的谐振电路的负阻振荡器

为了看清楚中间抽头谐振电路结构,仅考虑图 8-13 的半电路,如图 8-14 所示。在这个半电路中,晶体管用一个负阻($-R$)代替,电容为 $2C_1$和 $2C_2$的串联等效电容,正电阻没有画出。

由于使用了抽头结构,等效电容上的电压幅度可以超过电源电压,甚至超过晶体管的击穿电压。这种结构在思想上与 Clapp-

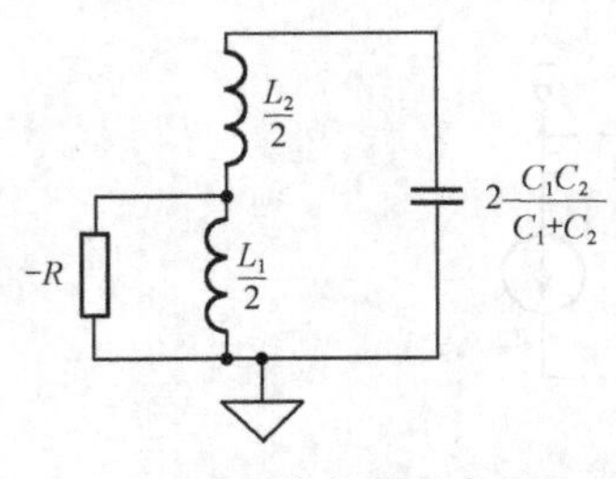

图 8-14　简化了的负阻振荡器的半电路

Gouriet 相似。振荡器输出信号应从缓冲器输出端引出，否则容性分压会减小谐振电路的 Q 值。该振荡器在谐振电路中能存储高能量，因此具有很好的相位噪声性能。

8.4.4　差分 Vackar VCO

广泛使用的交叉耦合 LC-VCO 有许多优点。但是，这个结构在降低相位噪声方面有一定的限制。这是因为尾电流源的闪烁噪声通过开关管的 AM-PM 转换和可变电容的非线性影响相位噪声。

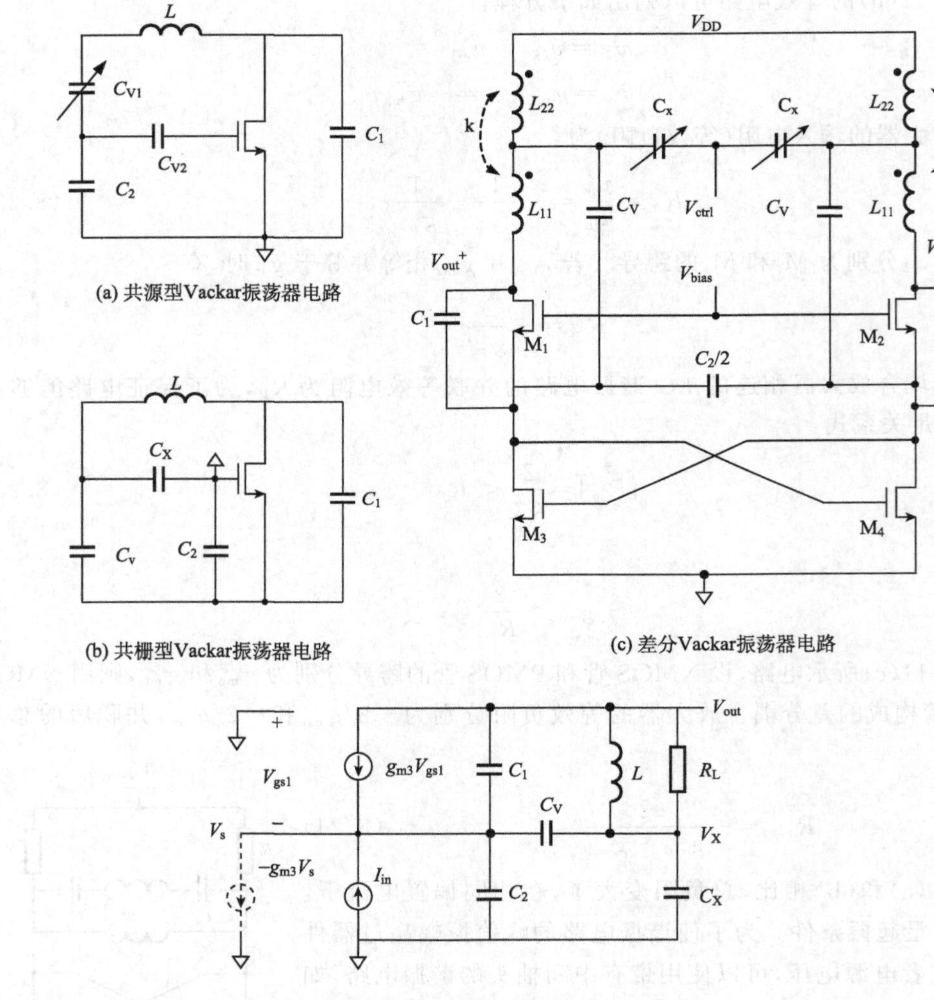

(a) 共源型Vackar振荡器电路

(b) 共栅型Vackar振荡器电路

(c) 差分Vackar振荡器电路

(d) 单端共栅Vackar振荡器交流等效电路图

图 8-15　Vackar 振荡器结构图

图 8-15(a)是共源型 Vackar 振荡器的电路原理。C_1 和 C_2 构成电容分压电路，L 与 C_{V1} 构成一个串联 LC 谐振回路。Vackar 振荡器是 Clapp 振荡器的一个改进模式，比 Clapp 振荡器多了一个电容 C_{V2}。当 C_{V2} 是一个变容二极管时，它可以为 LC 谐振器提供相移来最大化振荡

器的品质因数，从而使振荡器有一个稳定的输出。在Clapp振荡器中，调节频率的 C_{V1} 直接耦合到晶体管，导致晶体管负载变化，从而使振荡器输出随着频率的改变而改变。在 Vackar 振荡器中，C_{V2} 使晶体管参数与 LC 隔离，从而使振荡器的输出幅度变化小于 Clapp 振荡器的输出幅度变化。另外一个优点是随着频率的上升，Vackar 振荡器输出幅度减小得比 Clapp 慢。

将图 8-15(a)中的 C_{V1}、C_{V2}、C_2 构成的 T 形电路转换为 π 形电路，即可得到图 8-15(b)所示的共栅型 Vackar 振荡器。将两个如图 8-15(b)所示的共栅型 Vackar 振荡器合并，形成图 8-15(c)所示的结构，即构成一个差分 Vackar 振荡器。交叉耦合对管 M_3 和 M_4 提供额外的负阻和直流电流源，电感 L_{22} 为变容管 C_X 提供直流耦合，在差分结构中两个电容 C_2 合并为一个电容 $C_2/2$。

图 8-15(d)是图 8-15(b)所示的单端共栅 Vackar 振荡器的交流等效电路。R_L 作为负载电阻和谐振回路的损耗与 L 并联。当电路的闭环增益 $A_v = V_{out}/I_{in}$ 达到无穷大时，电路发生振荡，振荡频率可以表示为

$$f_{osc} = \frac{1}{2\pi}\sqrt{\frac{C_X C_1 + C_1 C_2 + C_V C_2 + C_V C_X + C_X C_2 + \dfrac{L C_X g_{m1}}{R_L}}{L(C_V C_1 C_2 + C_X C_1 C_2 + C_V C_X C_1)}} \tag{8.25}$$

当 C_V 为 0 时，那么式(8.25)就简化成为 Clapp 压控振荡器的频率。假设 $R_L \gg g_{m1} L C_X$，那么式(8.25)就简化为

$$f_{osc} \cong \frac{1}{2\pi}\sqrt{\frac{1}{L C_{vackar}}} \tag{8.26}$$

考虑到 MOS 管栅-源电容 C_{GS1} 与 C_2 并联，C_{vackar} 是图 8-15(d)中所有与 L 并联的电容的等效电容，其表达式为

$$\frac{1}{C_{vackar}} \cong \frac{1}{C_1} + \left[C_V + \left(\frac{1}{C_2 + C_{GS1}} + \frac{1}{C_X}\right)^{-1}\right]^{-1} \tag{8.27}$$

Vackar 压控振荡器的起振条件是

$$g_{m1} R_L \geqslant \frac{(2\pi f_{osc})^2 (C_X C_1 + C_1 C_2 + C_V C_2 + C_V C_X + C_X C_2) L}{C_X} \tag{8.28}$$

8.4.5 频率调谐

大多数射频振荡器的频率都必须是可以调节的。如果振荡器的输出频率可以由电压控制，这样的电路称为压控振荡器(VCO)，其输出的振荡频率是控制电压的线性函数，表示为

$$\omega_{out} = \omega_0 + K_{VCO} V_{cont} \tag{8.29}$$

其中，ω_0 是控制电压 $V_{cont}=0$ 时的振荡频率，K_{VCO} 是 VCO 的增益，单位为 rad/(s · V)，VCO 的输出频率范围称为调谐范围。

调谐范围会受到工艺和温度变化的影响。K_{VCO} 是衡量 VCO 的一个重要参数，其值越高，调谐范围越宽。随着 CMOS 工艺技术的发展，电源电压越来越低，VCO 控制电压的取值范围也越来越小，这会导致 K_{VCO} 越来越大。但 K_{VCO} 很大时，控制线上的微小电压扰动(如噪声和耦合干扰等)都会引起振荡器输出频率的很大变化。因此，从减小噪声影响的角度考虑，K_{VCO} 取值应该尽量低。减弱控制线噪声影响的另一种办法是采用差分调谐方式，控制线采用差分结构，振荡器的振荡频率由一对差分信号控制，这种办法可以抑制共模噪声干扰，但在某些振

荡器中,这种调谐方式并不适用。开关电容阵列结构也可以解决噪声和调谐范围之间的冲突问题。

K_{VCO}的线性度也是很重要的一个参数,当 VCO 应用于锁相环中时,它会影响环路的建立时间等瞬态特性。实际的振荡器通常在控制电压取中间值时具有最大的 K_{VCO},而在控制电压两端,K_{VCO}会比较小,如图 8-16 所示。

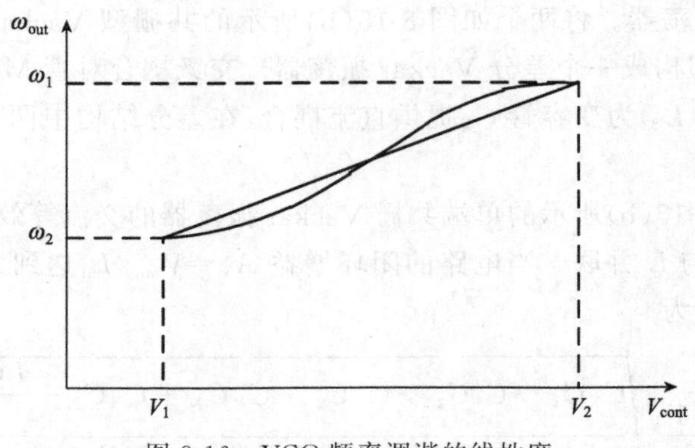

图 8-16　VCO 频率调谐的线性度

8.4.6　可变电容(varactor)

VCO 可以通过改变控制电压来改变振荡频率,其谐振电路中包括可变电容以调谐输出信号的频率。可变电容作为可调单元广泛用于压控振荡器的谐振电路中。在 CMOS 工艺中,实现可变电容主要有 4 种结构:变容二极管、普通 MOS 管可变电容、反型 MOS 管可变电容和积累型 MOS 管可变电容。

1）变容二极管

变容二极管由 PN 结组成,在反向偏压下呈现一定的势垒电容,而且这个电容灵敏地随着反向偏压在一定范围内变化,图 8-17 给出了电容随电压变化曲线和 CMOS 工艺变容二极管示意图。

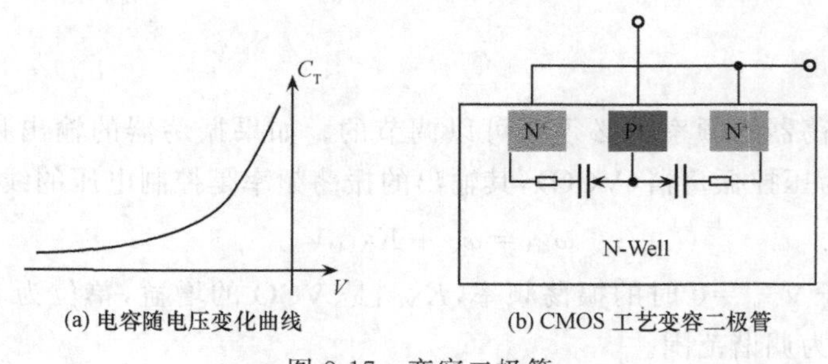

(a) 电容随电压变化曲线　　(b) CMOS 工艺变容二极管

图 8-17　变容二极管

变容二极管的势垒电容 C_T随反向偏压的变化关系可表示为

$$C_T = \frac{K}{(V_\varphi - V)^m} \tag{8.30}$$

其中,K 为常数,它决定于变容二极管所用半导体材料、杂质浓度等;V_φ为接触电位差;V 为外加电压(由于反向偏置,故 $V<0$);m 为电容变化系数,它决定于结的类型,对于缓变结 $m\approx 1/3$,突变结 $m\approx 1/2$,超突变结 $m\approx 2$。

在当今主流的N阱CMOS工艺中,PN结二极管可变电容可由 N^+/P衬底或N阱/P衬底构成。更为常见的做法是在N阱上作一层 P^+ 有源区,实现一个 P^+/N阱之间的PN结二极管可变电容,如图8-17(b)所示。使用变容二极管时,需要注意的是防止大摆幅信号使PN结正偏。

2) 普通MOS管可变电容

若将MOS管的漏极(D)、源极(S)和衬底(B)三端短接,并与栅极一起就构成一个与 V_{BG} 相关的电容。这就是普通MOS管可变电容的原理。如图8-18所示,对于常用的PMOS可变电容,当 $V_{BG}>|V_T|$ 时,反型沟道形成(其中 $|V_T|$ 为该PMOS的阈值电压);当 $V_{BG}\gg|V_T|$ 时,PMOS管工作在强反型区;当 $V_G>V_B$ 时,PMOS进入积累区。在强反型区和积累区中,PMOS电容 C_{MOS} 大小近似等于氧化层电容 C_{ox} 的大小。其电容值为 $C_{ox}=\varepsilon_{ox}S/\nu_{ox}$,其中 S 和 ν_{ox} 分别是沟道的面积和栅氧层的厚度。

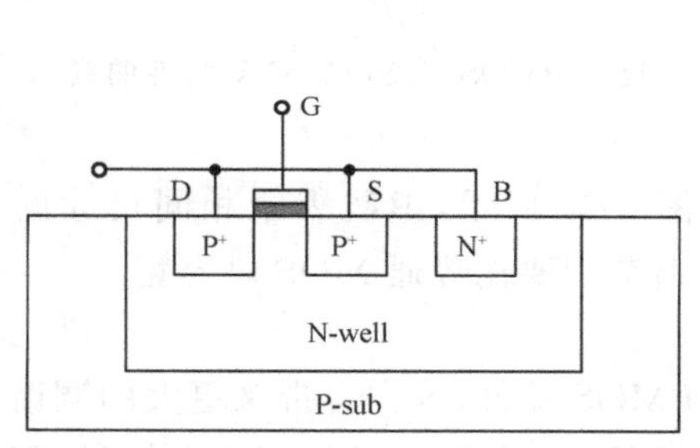

图8-18 PMOS可变电容(D=S=B)

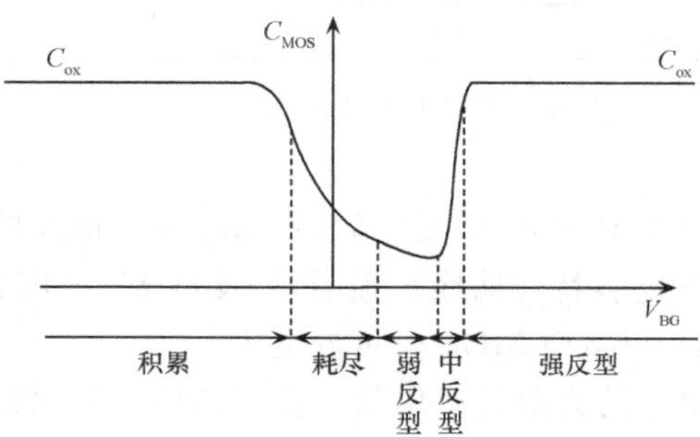

图8-19 PMOS可变电容特性曲线(D=S=B)

在强反型区和积累区之间还有3个工作区域:中反型区、弱反型区和耗尽区。这些区域只有很少的移动载流子,使 C_{MOS} 电容值减少(小于 C_{ox}),此时的 C_{MOS} 电容可以看成 C_{ox} 与 $C_b//C_i$ 串联。其中,C_b 表示耗尽层调制电容,而 C_i 与栅氧化层界面的空穴数量变化密切相关。如果PMOS器件工作在耗尽区,则电容 $C_b\gg C_i$。如果PMOS器件工作在中反型区,则电容 $C_i\gg C_b$。如果PMOS器件工作在弱反型区,则需要同时考虑电容 C_b 和 C_i。C_{MOS} 电容值随 V_{BG} 变化的曲线如图8-19所示。

工作在强反型区的PMOS的沟道寄生电阻值可以表示为

$$R_{MOS}=\frac{L}{12k_pW(V_{BG}-|V_T|)} \tag{8.31}$$

其中,W、L 和 k_p 分别是PMOS晶体管的宽度、长度和增益因子。值得注意的是,随着 V_{BG} 接近 V_T 值的绝对值,R_{MOS} 逐步增加,当 V_{BG} 等于阈值电压绝对值时,R_{MOS} 为无限大。式(8.31)基于最简单的PMOS模型。事实上,随着空穴浓度的稳步减少,R_{MOS} 在整个中反型区会保持有限值。

3) 反型MOS管可变电容

通过上面的分析可知,MOS变容管调谐特性是非单调的。目前有两种方法可以获得单调的调谐特性。

一种方法是确保晶体管在 V_G 变化范围大的情况下不进入积累区,即将衬底(B)与漏源

(D-S)的连接断开,而将衬底连接至电路中的最高直流电压(如电源电压 V_{DD}),这样 PMOS 管将只工作于强、中、弱反型区,不会进入积累区,该 PMOS 管电容称为反型 MOS 管可变电容(I-MOS),其结构图如图 8-20 所示。另一种等效的反型 NMOS 可变电容器可以通过将 NMOS 衬底接地和漏源端浮空来实现,可以在 P 衬底 CMOS 工艺中得到,与 PMOS 电容相比,它的优点是具有更小的寄生电阻,但不像 PMOS 电容那样可以用单独的阱,因而对衬底感应噪声更为敏感。

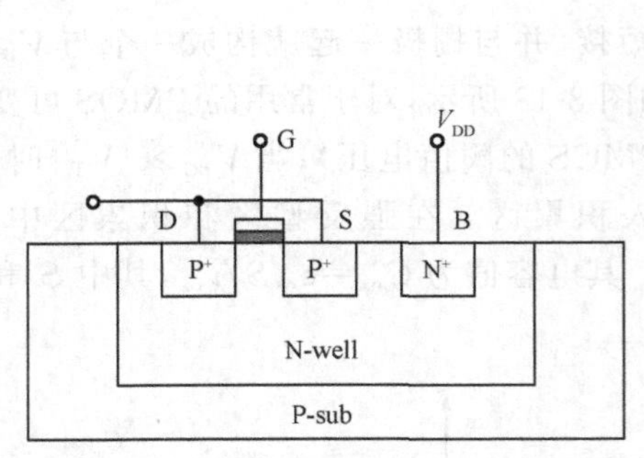

图 8-20　反型 PMOS 电容

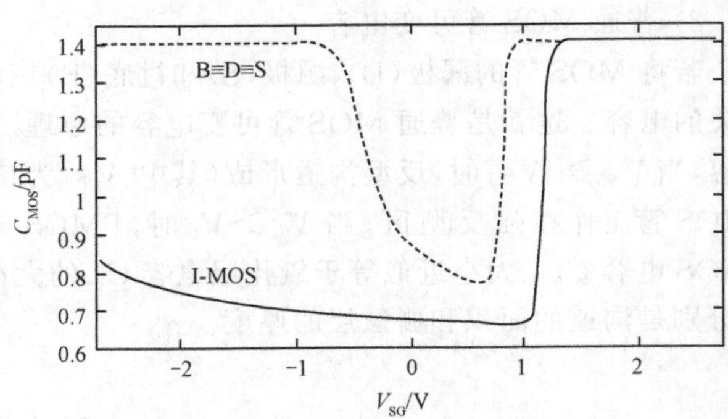

图 8-21　反型 PMOS 可变电容 C-V 特性曲线

反型 PMOS 可变电容的 C_{MOS}-V_{SG} 特性曲线如图 8-21 所示,虚线表示相同尺寸的普通 PMOS 电容特性曲线。很明显,反型 MOS 电容的调谐范围要比普通 MOS 电容宽。

4) 积累型 MOS 管可变电容

更好的方法是使用只工作于耗尽区和积累区的 PMOS 器件,这样会带来更大的调谐范围并且有更低的寄生电阻,即意味着更高的品质因数。原因是 PMOS 器件工作在耗尽区时,其耗尽区与 N 阱界面至 N 阱接触孔之间的电子是多数载流子,同样 PMOS 器件工作在积累区时,其积累区的电子是多数载流子,电子比空穴的迁移率高 3 倍多。要得到一个积累型 MOS 电容,必须确保强、中和弱反型区被禁止,这就需要抑制空穴注入 MOS 沟道。方法是将 MOS 器件中的漏源极的 P^+ 掺杂替换为 N^+ 掺杂的衬底接触,其结构如图 8-22 所示。这种结构的 MOS 管电容称为积累型 MOS 可变电容(A-MOS),其 *C-V* 特性曲线如图 8-23 所示。由图可以看到,积累型 MOS 电容良好的单调性。

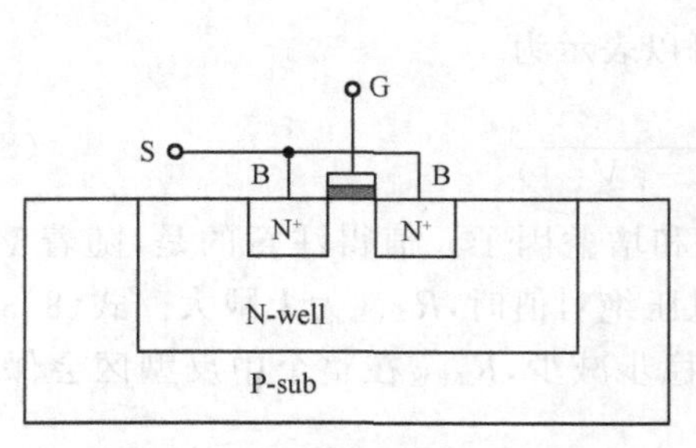

图 8-22　积累型 MOS 电容

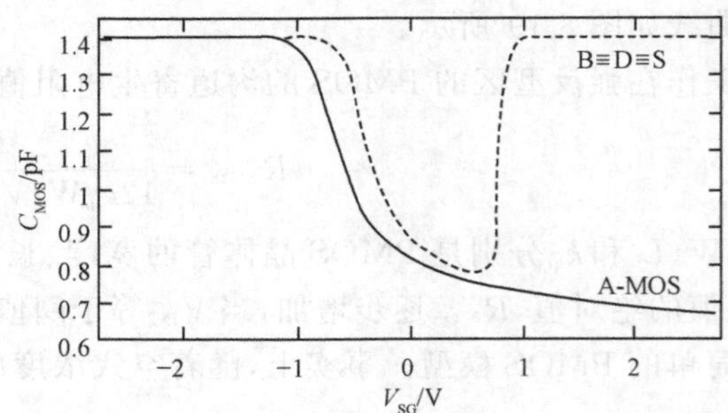

图 8-23　积累型 MOS 可变电容 *C-V* 特性曲线

在上述 3 种 MOS 管可变电容中,反型 MOS 管和积累型 MOS 管可变电容是单调的,而普通 MOS 管可变电容是非单调的。可变电容的非单调特性会降低电压控制范围,因此,普通

MOS管电容不适合于电感电容压控振荡器电路。而变容二极管作为可变电容的缺点是在谐振电压大的时候,PN结有可能进入正偏状态,增加了漏电流,导致品质因数下降,故在全集成宽调谐范围的电感电容压控振荡器的设计中,变容二极管使用已逐渐淡出。所以,在当今主流CMOS工艺中,反型MOS管和积累型MOS管可变电容适用于电感电容压控振荡器,压控振荡器的调谐范围主要取决于可变电容的最大值与最小值的比值 C_{max}/C_{min},同时与谐振电路中固定电容大小和寄生电容有关。研究表明,采用积累型MOS管的电感电容压控振荡器具有更小的功耗和更好的相位噪声。

8.4.7 开关电容阵列

采用MOS管可变电容的压控振荡器调谐范围有限,一般不超过20%。为了增加压控振荡器的输出频率调谐范围,通常会采用可变电容加电容阵列的设计。图8-24为开关电容阵列示意图。其中开关一般由MOS管构成,如图8-24(b)所示。通常在开关管的源、漏极上通过反相器和大电阻加入反向的控制信号,以保证开关良好导通和关断。

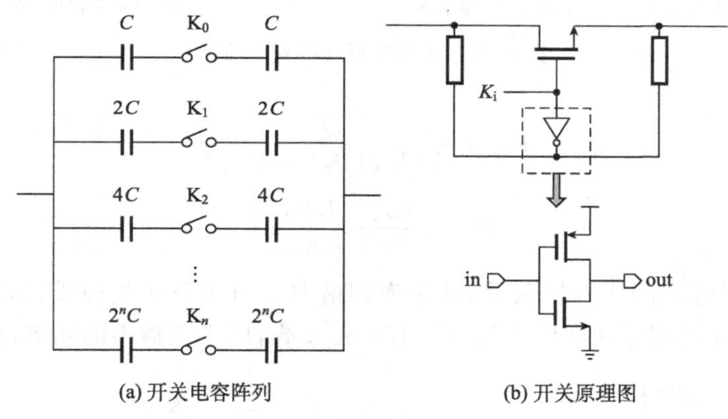

(a) 开关电容阵列　　(b) 开关原理图

图8-24　开关电容阵列示意图

在如图8-24所示的开关电容阵列设计中,开关管对电路性能影响非常大。当开关管关断时,源、漏极之间存在一个寄生电容,该寄生电容与受控的固定电容串联,会在振荡回路中引入一个电容;当开关管导通时,源、漏极之间存在一个寄生电阻,该电阻会降低谐振回路的 Q 值,使相位噪声恶化。提高开关管的宽长比,会减少寄生电阻,增加寄生电容;反之,降低开关管宽长比,会减少寄生电容,增加寄生电阻。在实际中,需要根据电路工作情况合理设计开关管。

除了如图8-24所示的开关电容阵列外,还有其他开关电容阵列设计方式,如图8-25所示。该设计用变容管代替MOS管开关,同样采用反相器和大电阻,给变容管 iC_0 两端加入相反的电压。当控制信号 V_{Si} 为高电平时,变容管 iC_0 的栅极为低电平,源漏极为高电平,$V_{SG}=V_{DD}$,由图8-23可得变容管电容值最小;V_{Si} 为低电平时,变容管 iC_0 的栅极为高电平,源漏极为低电平,$V_{SG}=-V_{DD}$,由图8-23可得变容管电容值最大。通过控制信号 V_{Si} 可以使 iC_0 在最小值和最大值间切换。

图8-25(a)中的电阻值选取要恰当。如果阻值过小,会降低振荡回路的 Q 值;如果阻值过大,电阻的热噪声会恶化振荡器的相位噪声。电阻取值的上下限由式(8.32)和式(8.33)确定,具体阻值可以通过仿真确定。

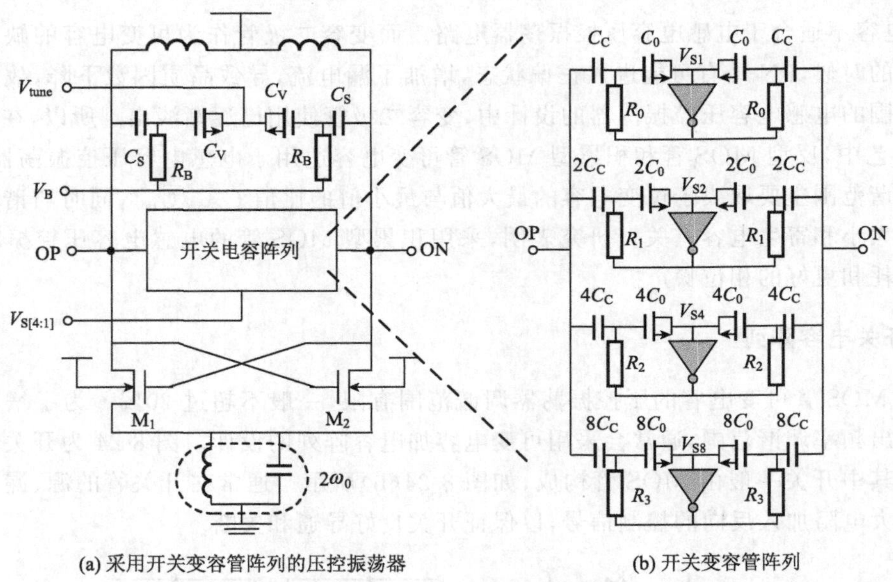

(a) 采用开关变容管阵列的压控振荡器　　(b) 开关变容管阵列

图 8-25　开关变容管阵列示意图

$$R_B \gg \frac{Q}{\omega_0 C_V (1 + C_V / C_S)} \tag{8.32}$$

$$R_B \ll \frac{2\omega_m^2 \cdot L(\omega_m)}{4kT \cdot K_{VCO}^2} \tag{8.33}$$

采用开关电容阵列的压控振荡器，其频率调谐曲线由多条曲线构成，如图 8-26 所示。在设计时需要注意，保证相邻两条曲线的频率有一定交叠，以避免输出的频谱出现断点。

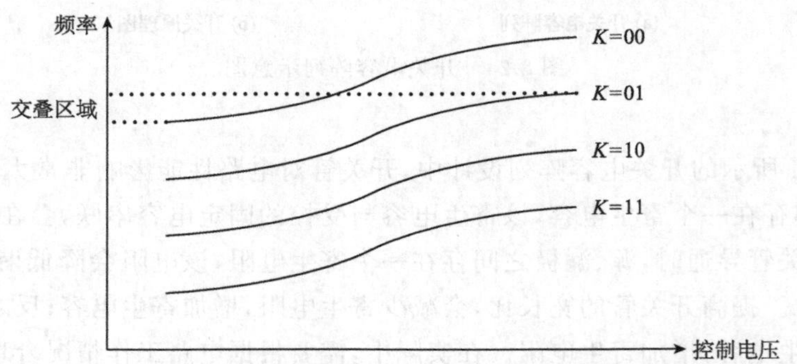

图 8-26　采用开关电容阵列的压控振荡器频率调谐曲线

8.4.8　电感调谐技术

根据式(8.8)可知，除了改变电容以外，改变电感值也可以改变振荡器的输出频率。传统的压控振荡器多采用固定的片上电感。随着集成电路工艺和设计技术的发展，出现了以下几种针对可变电感的电路。

1) 梯级结构(ladder structure)

在 LC 振荡器的设计中，电感可以用传输线来实现，其电路结构如图 8-27 所示。电感值与传输线类型、厚度和长度等有关。

一般情况下，传输线的形状是固定的，其感值也是固定的。如果传输线的形状发生变化，其感值也会改变。梯级结构电感就是根据以上原理设计的，其结构如图 8-28(a)所示。可以通过聚焦离子束(focused ion beam，FIB)等加工方式切断梯级，如图 8-28(b)所示，来使传输线的有效长度发生变化，改变其电感值和 Q 值，如图 8-29 所示，从而使振荡频率发生变化。

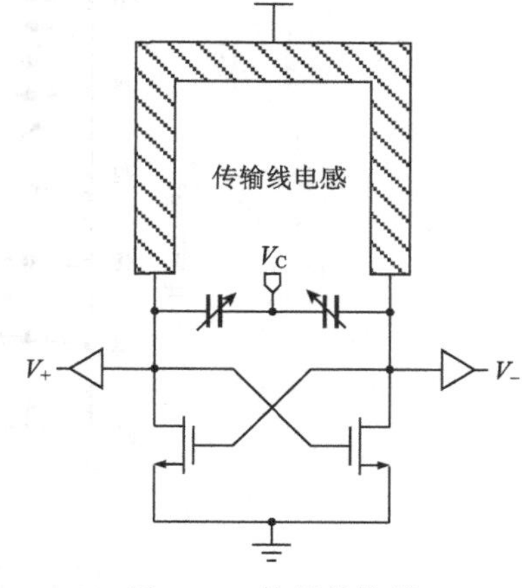

图 8-27 使用传输线电感的 LC 振荡器

2) 数控人工电介质(DiCAD)传输线

人工电介质是天线设计中经常使用的一种技术。该技术通过在磁透镜中加入多个小型电导元件来减小磁透镜的尺寸。当电磁波进入磁透镜时，这些电导元件可以被看成小型偶极子，产生和电场方向相同的极化向量 $\boldsymbol{P}$，该向量可以有效地将电介质的介电常数提升至 ε'：

$$\boldsymbol{D}=\varepsilon_0\boldsymbol{E}+\boldsymbol{P}=\varepsilon'\boldsymbol{E} \tag{8.34}$$

其中，$\boldsymbol{D}$ 为电位移，$\boldsymbol{E}$ 为介质中的场强。

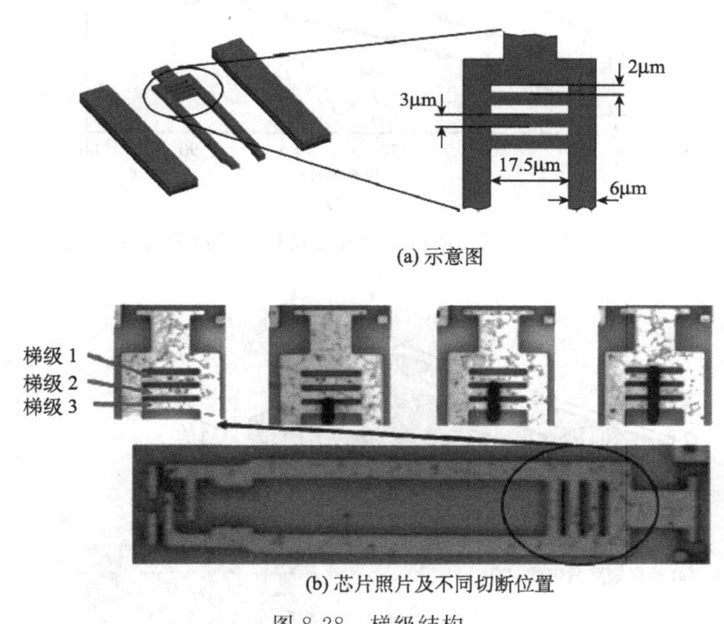

(a) 示意图

(b) 芯片照片及不同切断位置

图 8-28 梯级结构

在 CMOS 工艺中，该技术可以通过在平面传输线底部加入悬浮的金属微带线的方式实现。对于不同形状的微带线，如图 8-30 所示，人工电介质的介电常数也不同。

数控人工电介质(DiCAD)传输线是在如图 8-30(b)所示的结构基础上，在断开的微带线中间加入一组开关，通过开关控制人工电介质的介电常数。图 8-31 是 DiCAD 的结构图。该结构由一对差分传输线和底部的金属线以及控制开关组成。图 8-32 是不同开关状态下介电常数的变化曲线。由图 8-32 可见，DiCAD 结构可以实现较大范围内的电介质介电常数调节。

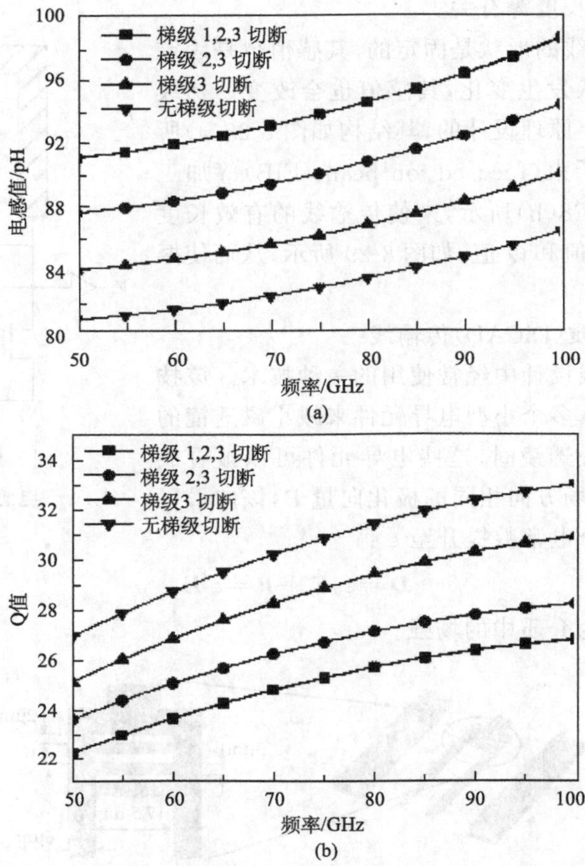

图 8-29　不同切断位置时梯级结构电感值和 Q 值

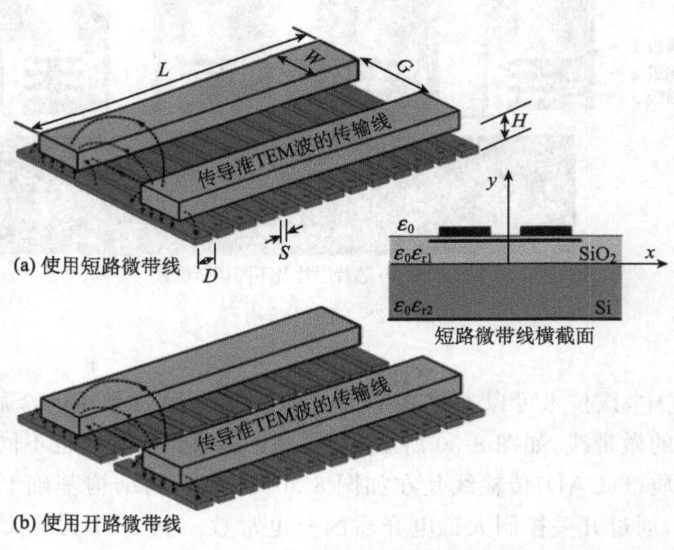

图 8-30　人工电介质传输线结构图

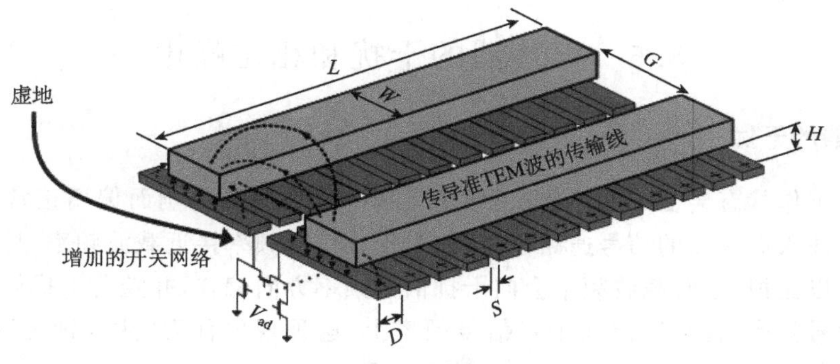

图 8-31　DiCAD 结构图

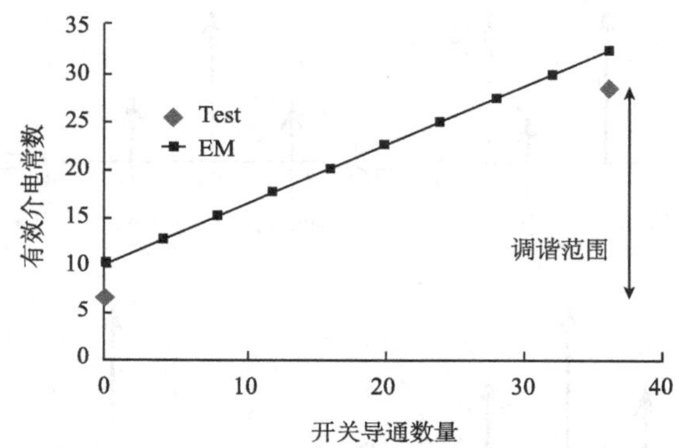

图 8-32　不同开关状态下介电常数的改变

DiCAD 结构的简化电路模型如图 8-33 所示。该结构可以抽象为传输线电感 L_{TL} 与传输线电容 C_{TL}、耦合电容 C_{AD} 组成的 L 形 LC 网络。改变开关的通、断状态可以改变传输线间的耦合电容值 C_{AD}，从而控制电路的谐振频率。

图 8-34 是一种采用 DiCAD 结构的数控振荡器。与开关电容阵列相同，DiCAD 结构实现了电路的数字化控制。将 DiCAD 技术应用于压控振荡器时需要配合可变电容来使用，以保证振荡器输出频率的连续性。

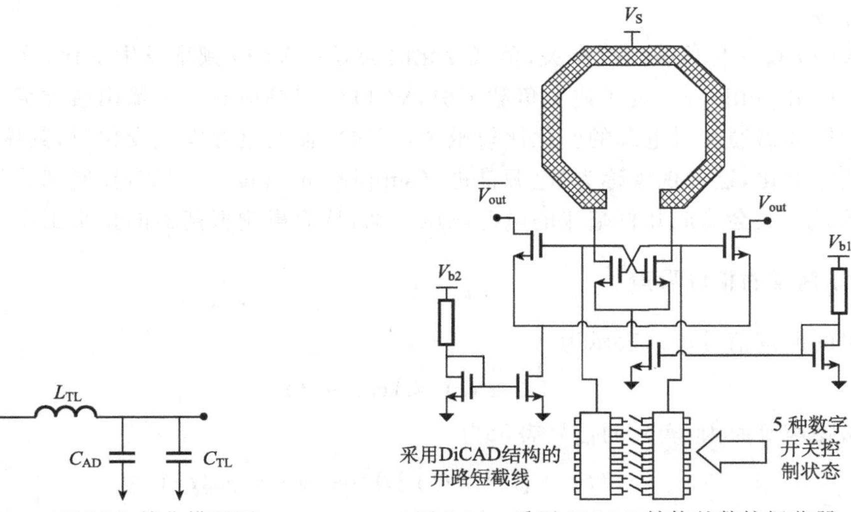

图 8-33　DiCAD 简化模型图　　图 8-34　采用 DiCAD 结构的数控振荡器

8.5 振荡器的干扰和相位噪声

8.5.1 振荡器的干扰

振荡器的工作状态会受外部干扰、负载变化和电源变化的影响而偏离正常工作状态。当外部干扰信号注入振荡器的信号通路中时,如果干扰信号频率接近载波频率,且干扰信号幅度与载波幅度可以比拟,这时载波频率会向干扰信号频率方向偏移,并随着干扰信号幅度的增大更接近干扰信号频率,直至锁定在干扰信号频率上,这种现象称为"注入锁定"(injection locking)或"注入牵引"(injection pulling),如图 8-35 所示。

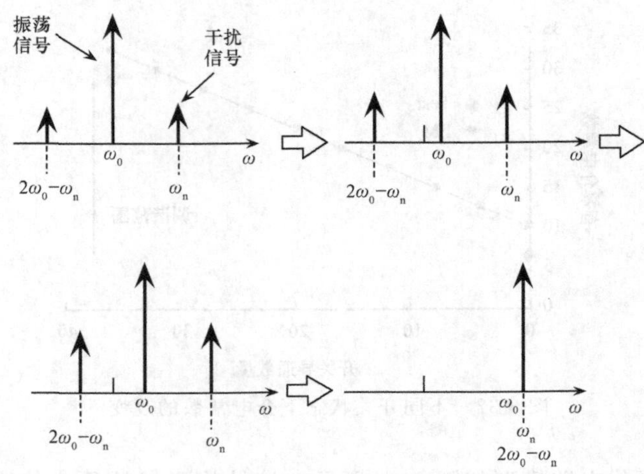

图 8-35 当噪声幅度增加时振荡器的注入锁定/牵引

对于收发机,有多种干扰源会导致"注入牵引",如发射机的功率放大器输出会耦合到本振。又如接收机的接收信号中伴随着很大的干扰信号,当干扰频率接近本振频率且耦合到混频器的本振口时,本振频率可能被牵引至干扰频率上。因此,VCO 输出端应有一个高反向隔离的缓冲级。

若 VCO 频率与负载阻抗有关,负载变化时会导致 VCO 频率发生变化,这种现象称为"负载牵引"(load pulling)。为了避免负载牵引,VCO 输出端应有一个输出缓冲级。

射频振荡器通常对电源的变化比较敏感,当振荡器的电源发生变化时,其振荡频率和幅度都可能发生变化,这种现象称为"电源推进"(supply pushing)。例如,在便携式收发机中,功率放大器的开和关会造成几百毫伏的电源电压波动,从而影响振荡器的正常工作。

8.5.2 振荡器的相位噪声

理想的振荡信号可以表示为

$$x(t)=A\cos(\omega_c t)$$

由于电路噪声等原因,实际的信号表示为

$$x(t)=[1+a(t)]A\cos[\omega_c t+\phi_n(t)] \tag{8.35}$$

其中,$a(t)$为幅度上的噪声,称为寄生调幅成分;$\phi_n(t)$为相位噪声。

振荡器的时域波形 $x(t)$ 如图 8-36 所示，信号含有相位噪声对应信号时域波形存在相位抖动。

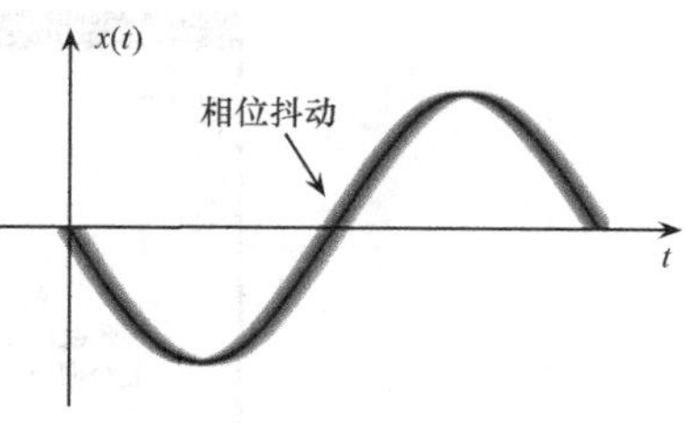

图 8-36 含有相位噪声的振荡信号时域波形

在很多情况下，寄生调幅成分 $a(t)$ 的影响可以忽略，如果噪声引起的相位抖动 $\phi_n(t)$ 很小，式(8.35)可以近似表示为

$$x(t) \approx A\cos(\omega_c t) - A\phi_n(t)\sin(\omega_c t) \tag{8.36}$$

因此，相位噪声频谱被调制或搬移到了载波 ω_c 处，$x(t)$ 的频谱如图 8-37 所示。

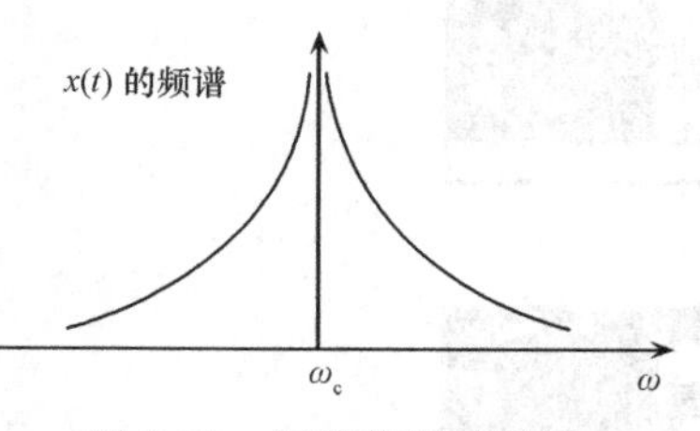

图 8-37 振荡信号的频谱

相位噪声的计算定义为噪声功率密度与载波功率之比的分贝数，即

$$L(\Delta\omega) = 10\lg\left(\frac{P_n/\Delta f}{P_{sig}}\right) \tag{8.37}$$

或

$$L(\Delta\omega) = (P_n)_{dBm} - (P_{sig})_{dBm} - 10\lg(\Delta f) \tag{8.38}$$

其中，$\Delta\omega$ 为相对于中心频率 ω_0 的偏移量；Δf 为噪声功率的测量带宽，单位为 Hz；P_n 为噪声功率；P_{sig} 为载波功率或信号功率。注意相位噪声的单位为 dBc/Hz。

采用 Agilent E4440A 频谱仪测量某一 VCO 得到的 VCO 频谱和相位噪声曲线如图 8-38 所示。根据图 8-38(a)所示的频谱可以计算出 VCO 的相位噪声，由图读出频谱分析仪的分辨率带宽(即测量带宽 Δf)为 Res BW＝91kHz，振荡频率为 1.14136GHz，振荡信号功率为 －2.64dBm，在偏移振荡频率 1MHz 处的噪声功率约为－87dBm，根据式(8.38)可以方便地计算出在偏移振荡频率 1MHz 处的相位噪声为

$$\begin{aligned} L(\Delta\omega) &= (P_n)_{dBm} - (P_{sig})_{dBm} - 10\lg(\Delta f) \\ &\approx -87 + 2.64 - 10\lg(91\times 10^3) \\ &= -133.9(\text{dBc/Hz}) \end{aligned}$$

根据如图 8-38(b)所示的相位噪声测试曲线可以直接读出不同频率偏移下的相位噪声，如表 8-1 所示。

表 8-1 VCO 的相位噪声

$\Delta\omega/(2\pi)$	10 kHz	100kHz	1MHz	10MHz
$L(\Delta\omega)/(\text{dBc/Hz})$	－89.51	－112.41	－133.97	－148.86

8.5.3 振荡器的 Q 值与相位稳定性

若正反馈系统的开环传递函数为 $H(j\omega) = |H(j\omega)|e^{j\phi(j\omega)}$，并且其选频网络为 LC 谐振电路(LC tank)，其 Q 值为

$$Q = \frac{\omega_0}{\Delta\omega}$$

其中，ω_0 为 LC 谐振电路谐振频率；$\Delta\omega$ 为 3dB 带宽。Q 越高，在偏离 ω_0 的频率上幅度衰减越

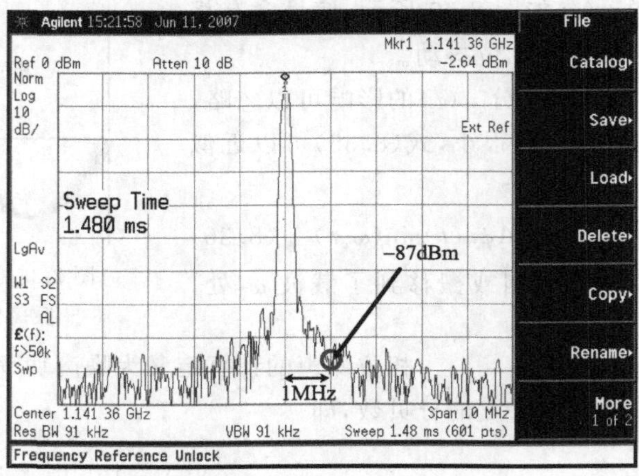

(a) 频谱

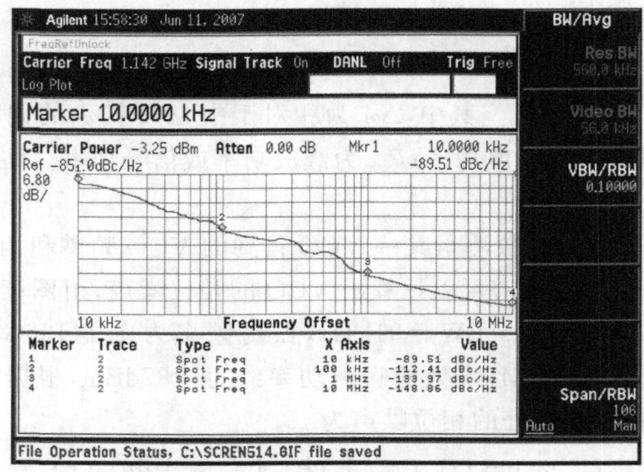

(b) 相位噪声

图 8-38　VCO 测量曲线

大,因而越容易维持准确的振荡频率。对于振荡器,从相位稳定的角度来定义 Q 值显得更有意义,此时 Q 定义为

$$Q=\frac{\omega_0}{2}\left|\frac{\mathrm{d}\phi}{\mathrm{d}\omega}\right|_{\omega=\omega_0} \tag{8.39}$$

其中,ω_0 为 LC 谐振电路谐振频率;ϕ 为开环传递函数的相位。振荡器开环传递函数的幅频和相频特性曲线如图 8-39 所示。在相频特性曲线上 ω_0 处的相位斜率决定了振荡器相位的稳定

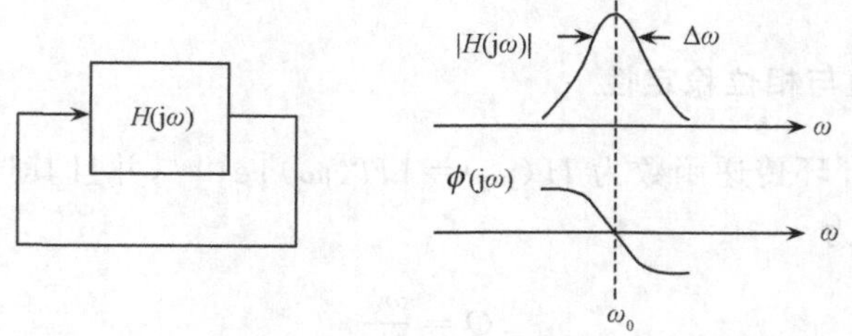

图 8-39　振荡器开环传递函数的频率特性

性，这是因为产生振荡必须满足 360°的环路相位条件，$\left|\mathrm{d}\phi/\mathrm{d}\omega\right|_{\omega=\omega_0}$越大则偏离 ω_0 后的环路相移离振荡条件越远。

8.5.4　相位噪声产生的机理

电路参数的非线性和周期性变化等效应使相位噪声的分析非常困难，而对于简单的 LC 振荡器，线性化分析可以在允许误差范围内给出相位噪声的预测。

振荡器的相位噪声主要有两种产生机理，通过噪声注入的通路来区分，包括信号反馈通路和频率控制通路。下面采用线性化方法对它们分别进行分析。

1）信号反馈通路中的噪声

信号反馈通路存在的噪声可以用如图 8-40 所示的模型来表示。

图 8-40　信号反馈通路存在噪声的振荡器模型

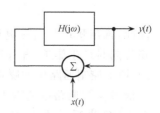

噪声信号 $x(t)$ 的传输函数为

$$T(s)=\frac{Y(s)}{X(s)}=\frac{H(s)}{1-H(s)} \tag{8.40}$$

在 ω_0 附近可以将 $H(\mathrm{j}\omega)$ 展开为

$$H(\mathrm{j}\omega)\approx H(\mathrm{j}\omega_0)+\Delta\omega\left.\frac{\mathrm{d}H}{\mathrm{d}\omega}\right|_{\omega=\omega_0} \tag{8.41}$$

根据 Barkhausen 条件，在振荡频率 ω_0 处有 $H(\mathrm{j}\omega_0)=1$，在 ω_0 附近有

$$\left|\Delta\omega\left.\frac{\mathrm{d}H}{\mathrm{d}\omega}\right|_{\omega=\omega_0}\right|\ll 1 \tag{8.42}$$

可得

$$T[\mathrm{j}(\omega_0+\Delta\omega)]\approx\frac{-1}{\Delta\omega\left.\dfrac{\mathrm{d}H}{\mathrm{d}\omega}\right|_{\omega=\omega_0}} \tag{8.43}$$

因此，振荡频率附近的噪声功率传输函数为

$$\left|T[\mathrm{j}(\omega_0+\Delta\omega)]\right|^2\approx\frac{1}{(\Delta\omega)^2\left|\dfrac{\mathrm{d}H}{\mathrm{d}\omega}\right|^2_{\omega=\omega_0}} \tag{8.44}$$

式(8.44)表明输出噪声谱密度等于噪声 $x(t)$ 的功率谱密度乘以噪声功率传输函数。换句话说，噪声 $x(t)$ 的功率谱密度将被噪声功率传输函数成型，如图 8-41 所示。

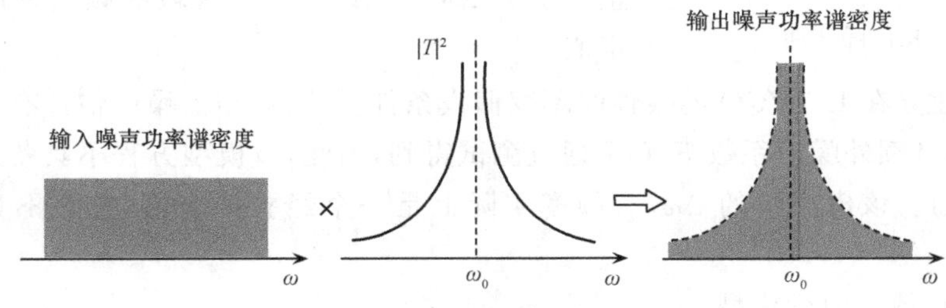

图 8-41　噪声功率谱密度成型

由

$$H(\mathrm{j}\omega)=|H|\mathrm{e}^{\mathrm{j}\phi},\quad \frac{\mathrm{d}H}{\mathrm{d}\omega}=\left(\frac{\mathrm{d}|H|}{\mathrm{d}\omega}+\mathrm{j}|H|\frac{\mathrm{d}\phi}{\mathrm{d}\omega}\right)\mathrm{e}^{\mathrm{j}\phi} \tag{8.45}$$

可得

$$\left|\frac{\mathrm{d}H}{\mathrm{d}\omega}\right|^2=\left|\frac{\mathrm{d}|H|}{\mathrm{d}\omega}\right|^2+\left|\frac{\mathrm{d}\phi}{\mathrm{d}\omega}\right|^2|H|^2 \tag{8.46}$$

$$|T[\mathrm{j}(\omega_0+\Delta\omega)]|^2\approx\frac{1}{(\Delta\omega)^2\left|\frac{\mathrm{d}H}{\mathrm{d}\omega}\right|^2_{\omega=\omega_0}}=\frac{1}{(\Delta\omega)^2\left|\frac{\mathrm{d}\phi}{\mathrm{d}\omega}\right|^2_{\omega=\omega_0}}=\frac{1}{4Q^2}\left(\frac{\omega_0}{\Delta\omega}\right)^2 \tag{8.47}$$

因此，输出噪声与谐振电路 Q 值、中心频率 ω_0 和偏移频率 $\Delta\omega$ 有关。噪声将对载波的幅度和相位同时产生影响，相位噪声近似为式(8.47)的一半。

2）频率控制通路中的噪声

与信号反馈通路中的噪声不同，频率控制通路中的噪声将直接影响 VCO 的工作频率，相当于对 VCO 进行了频率调制。

8.5.5　相位噪声的分析模型

VCO 内部的噪声分别来自其内部器件，包括谐振腔产生的噪声、交叉耦合差分对管产生的噪声和尾电流源产生的噪声。VCO 外部的干扰噪声主要包括衬底耦合噪声和电源噪声。本节所述模型只对其内部噪声进行定量的分析。

1）Leeson 模型

1966 年，Leeson 提出了一种时不变相位噪声模型，并给出了计算相位噪声的 Leeson 公式为

$$L(\Delta\omega)=10\lg\left\{\frac{2FkT}{P_{\mathrm{sig}}}\left[1+\left(\frac{\omega_0}{2Q\Delta\omega}\right)^2\right]\left(1+\frac{\Delta\omega_{1/f^3}}{|\Delta\omega|}\right)\right\} \tag{8.48}$$

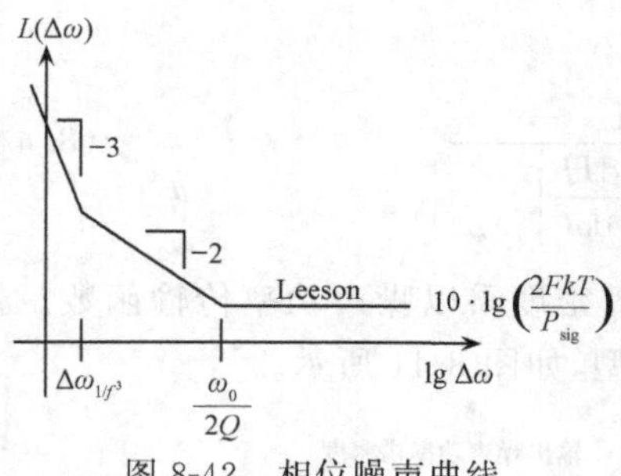

图 8-42　相位噪声曲线

其中，F 为经验值，由测量确定；$\Delta\omega_{1/f^3}$ 是与器件噪声特性相关的一个拟合参数；Q 为谐振电路的 Q 值；P_{sig} 为信号功率；ω_0 为振荡频率；$\Delta\omega$ 为频率偏移量。Leeson 公式的相位噪声曲线如图 8-42 所示。

该式(8.48)描述了振荡器频谱的 3 个区域：$1/\Delta\omega^3$ 区域、$1/\Delta\omega^2$ 区域和平坦区域。前两个区域的频谱密度分别正比于 $1/\Delta\omega^3$、$1/\Delta\omega^2$，平坦区域的频谱密度接近一个恒定值。

该模型是建立在 LC-VCO 的线性时不变假设条件下的，对相位噪声估计有一定的指导意义但不够准确，且额外噪声系数 F 必须通过测试得到，因此，该模型方程不具备进行相位噪声预先分析的能力。该模型中的 $\Delta\omega_{1/f^3}$ 频率实际上是一个经验拟合值，它并不具备任何物理意义。

2）Hajimiri 线性时变模型

前面的相位噪声讨论假设了振荡器是线性和时不变的。通常线性假设是合理的，而时不变假设却缺乏明显的依据，因为振荡器本质上是时变系统。Hajimiri 线性时变模型引入了一

个脉冲灵敏度函数(impulse sensitivity function,ISF)。该函数在信号幅度最大时有最小值 0,在信号过零点时有最大值。根据该相位噪声理论,要获得良好的相位噪声,有源电路应该在 ISF 最小时对谐振电路充电,尽量采用对称设计可以减小 $1/f$ 噪声的影响。对应的相位噪声公式为

$$L(\Delta\omega)=10\lg\left(\frac{\frac{\overline{i_n^2}}{\Delta f}\sum_{0}^{\infty}c_m^2}{4q_{max}^2\Delta\omega^2}\right) \tag{8.49}$$

其中,$\overline{i_n^2}/\Delta f$ 是振荡器输入噪声电流的功率谱密度;c_m 是脉冲灵敏度函数的傅里叶级数展开式的系数;$\Delta\omega$ 是距离载波频率的频率偏移量。

该模型表明,电流噪声源产生振荡器输出电压的过程,可以看成两个子系统的级联。第一级为线性时变系统,噪声电流转变成相位增量;第二级是一个非线性系统,表示相位调制,将相位增量转换成电压。图 8-43 最上面的图为一个随机噪声电流源的功率谱密度,它包括闪烁噪声区域和白噪声区域。其在 N 次谐波附近$(n\omega_0+\Delta\omega)$的噪声会在频率 $\omega_0\pm\Delta\omega$ 处产生低频的相位增量噪声 $S_\Phi(\omega)$,相位增量噪声 $S_\Phi(\omega)$经过非线性的相位调制转化成振荡器的邻近相位噪声 $S_v(\omega)$。

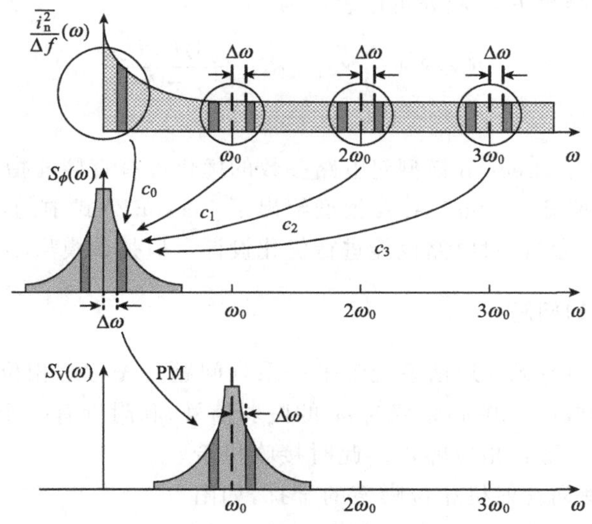

图 8-43　Hajimiri 相位噪声模型中器件噪声到相位噪声的转换过程

同时,该模型表明,任何振荡器的相位噪声主要分为 3 个区域:$1/f^3$ 区域、$1/f^2$ 区域和白噪声区域。$1/f^3$ 区域的噪声主要来源于器件噪声中的低频闪烁噪声与系数 c_0 的加权;$1/f^2$ 区域的噪声是 N 次谐波上的器件白噪声与系数 c_m 的加权之和;而白噪声区域是振荡器本身的白噪声造成的。该方法可以使设计者清楚地知道电路中的每个噪声源对振荡电路整体相位噪声的影响,从而针对相位噪声中最主要的噪声来源采取一些措施来加以抑制。

3) Abidi A. A 模型

为了分析压控振荡器中的噪声机制,Abidi A. A 模型分别给出了振荡器各个部分噪声源产生的相位噪声。下面分析如图 8-44 所示的带尾电流源的 LC 振荡器的噪声特性。

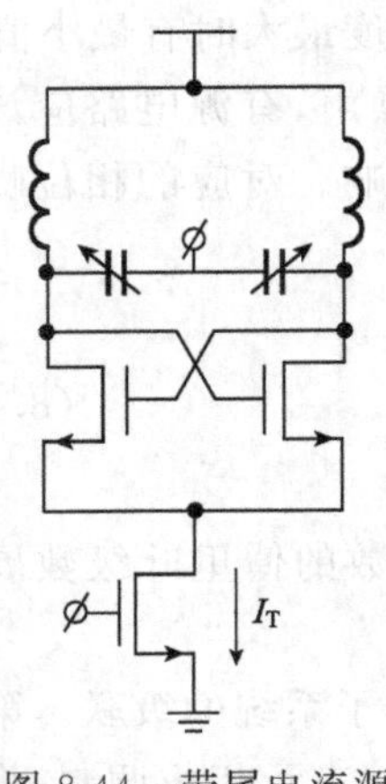

图 8-44 带尾电流源的 LC 振荡器

(1) LC 谐振器寄生等效并联电阻 R_p 产生的相位噪声为

$$L_{\text{tank}}(\Delta\omega)=\frac{8kTR_p}{V_0^2}\left(\frac{\omega_0}{2Q\Delta\omega}\right)^2 \tag{8.50}$$

(2) 交叉耦合差分对管的热噪声产生的相位噪声为

$$L_{\text{diff}}(\Delta\omega)=\frac{32I_{\text{tail}}R_p\gamma}{\pi V_0}\cdot\frac{kTR_p}{V_0^2}\left(\frac{\omega_0}{2Q\Delta\omega}\right)^2 \tag{8.51}$$

其中,I_{tail}为偏置电流;γ 为噪声系数,其值与 MOS 晶体管沟道长度有关;V_0为 VCO 单端输出电压峰峰值,$V_0=(2/\pi)I_{\text{tail}}R_p$。

(3) 尾电流源产生的相位噪声为

$$L_{\text{tail}}(\Delta\omega)=\frac{32}{9}\gamma g_{m,\text{tail}}R_p\frac{kTR_p}{V_0^2}\left(\frac{\omega_0}{2Q\Delta\omega}\right)^2 \tag{8.52}$$

其中,$g_{m,\text{tail}}$为尾电流中的晶体管的跨导。

由式(8.50)~式(8.52)合成的总的相位噪声为

$$L(\Delta\omega)=\frac{4kTR_p}{V_0^2}\left[2+\frac{8\gamma I_{\text{tail}}R_p}{\pi V_0}+\frac{8}{9}\gamma g_{m,\text{tail}}R_p\right]\left(\frac{\omega_0}{2Q\Delta\omega}\right)^2 \tag{8.53}$$

则 Leeson 公式中经验参数 F 在此处可以表示为

$$F=2+\frac{8}{9}\gamma g_{m,\text{tail}}R_p+\frac{8\gamma R_p I_{\text{tail}}}{\pi V_0} \tag{8.54}$$

4) 噪声模型小结

3 种相位噪声模型中,Leeson 模型对电路参数的优化没有直接的指导作用,Hajimiri 模型计算复杂,适用于仿真验证。Abidi A. A 模型给出了 Leeson 公式中的经验参数 F,可以根据 F 来调整振荡器的设计参数,对电路性能进行优化设计。但是该模型不包括闪烁噪声。

8.5.6 相位噪声带来的问题

VCO 的相位噪声会给无线通信系统带来一系列问题。先考虑相位噪声对邻近信道造成的干扰,假设接收机接收一个中心频率为 ω_2 的微弱信号,其附近有一个发射机发射一个频率为 ω_1 的大功率信号并伴随着相位噪声。此时接收机希望接收的微弱信号会受到发射机相位噪声的干扰,如图 8-45 所示。在 900MHz 和 1.9GHz 周围频率 ω_1 和 ω_2 的差可以小到几十千赫,因此,LO 的输出频谱必须非常尖锐以减小对有用信号的影响。例如,在 IS-54 系统中,相位噪声在 60kHz 频率偏移量上必须小于−115dBc/Hz。

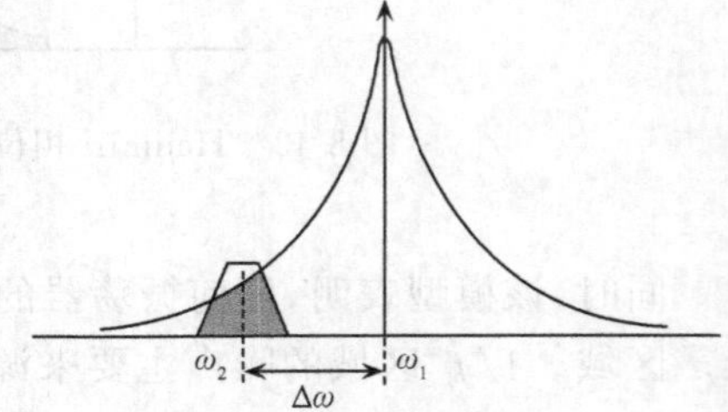

图 8-45 相位噪声对接收信号的影响

下面举例说明相位噪声对接收信号的影响。考虑如图 8-46 所示情况,其中有用信道的带宽是 30kHz,信号功率与相距 60kHz 干扰信道相比低 60dB。那么,为了使信噪比达到 15dB,干扰信道的相位噪声在偏移量为 60kHz 时应为多少?干扰信道在有用信道上产生的总噪声功率等于

$$P_{n,\text{tot}}=\int_{f_L}^{f_H}S_n(f)\,df \tag{8.55}$$

其中，$S_n(f)$为干扰信道的相位噪声；f_L和f_H分别为有用信道的低端和高端截止频率。为了计算方便，假设$S_n(f)$在有用信道带宽内等于S_0，故有

$$P_{n,tot}=S_0(f_H-f_L) \tag{8.56}$$

若信号功率用P_{sig}表示，干扰信道的功率用P_{int}表示，则信噪比可以表示为

$$\mathrm{SNR}=\frac{P_{sig}}{P_{n,tot}}=\frac{P_{sig}}{S_0(f_H-f_L)} \tag{8.57}$$

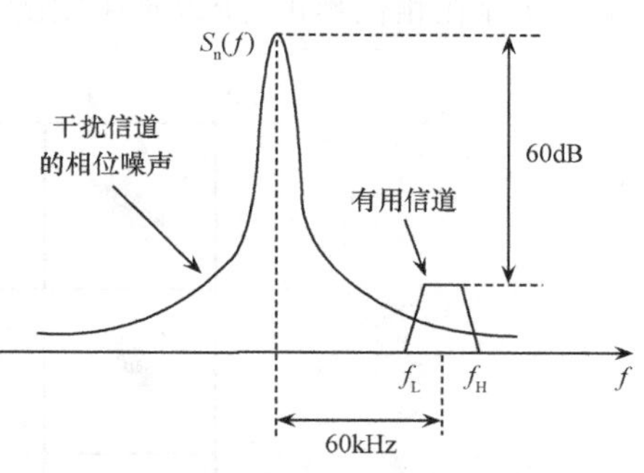

图 8-46 相位噪声和有用信道的分布

得

$$\frac{S_0}{P_{sig}}=\frac{1}{\mathrm{SNR}(f_H-f_L)} \tag{8.58}$$

$$10\lg\frac{S_0}{P_{sig}}=-10\lg[\mathrm{SNR}(f_H-f_L)]=-\mathrm{SNR}_{dB}-10\lg(f_H-f_L) \tag{8.59}$$

则有

$$\begin{aligned}相位噪声&=10\lg\frac{P_{n,tot}/(f_H-f_L)}{P_{int}}\\&=10\lg\frac{S_0}{P_{int}}=10\lg S_0-10\lg P_{int}\\&=10\lg S_0-10\lg P_{sig}-60\mathrm{dB}\\&=-\mathrm{SNR}_{dB}-10\lg(f_H-f_L)-60\mathrm{dB}\end{aligned} \tag{8.60}$$

将相关的数值代入式(8.60)得

$$相位噪声=-15-10\lg(30\times10^3)-60\approx-120(\mathrm{dBc/Hz})$$

经过以上分析得出的结论：为了使信噪比达到15dB，干扰信道的相位噪声在偏移量为60kHz时应小于-120dBc/Hz。

下面来分析当接收机同时收到有用信号和相邻信道的强干扰信号时，LO的相位噪声对接收信号造成的干扰，如图8-47所示。

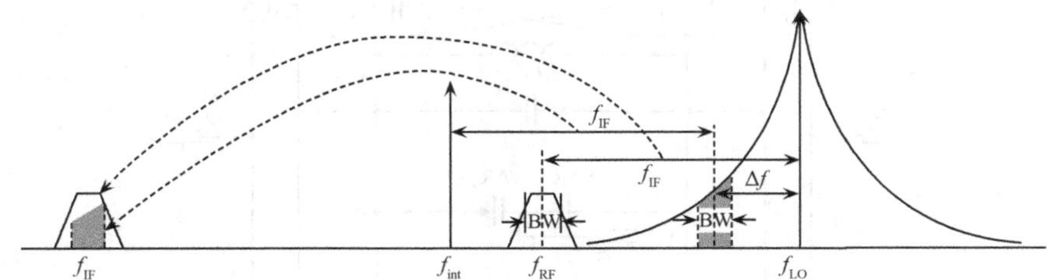

图 8-47 LO的相位噪声对接收信号的干扰

图8-47中的有用信号(f_{RF})和本振信号(f_{LO})经混频后产生中频信号(f_{IF})。同时，LO的相位噪声和相邻信道(f_{int})的强干扰信号经混频后，相位噪声也被搬移到中频，从而对有用信号形成干扰，这种干扰称为倒易混频(reciprocal mixing)。另外，LO的相位噪声显然会影响载波相位上携带的信息，如图8-48所示。理想情况下，星座图的各点应在各个方格的中心，但

由于 LO 存在相位噪声，所以星座图的各点相对于中心会发生旋转，这会造成误码率的上升。

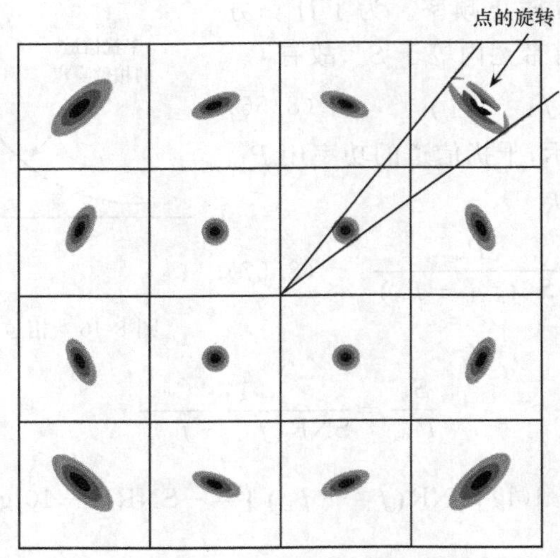

图 8-48　LO 相位噪声影响载波相位上携带的信息

8.6　*LC* 交叉耦合振荡器优化设计

8.6.1　电路结构

互补型 *LC* 交叉耦合振荡器的电路结构如图 8-49 所示。电路同时采用了 PMOS 管互耦对和 NMOS 管互耦对。其优点是电流复用，即相同的直流偏置能够提供更大的负阻值。谐振电路由一个对称电感和两个变容管以及一个并联电容组成。输出缓冲级由两个反相器构成。L_2、C_2 和 L_3、C_3 组成两个谐振在 $2\omega_0$ 的噪声滤波网络。

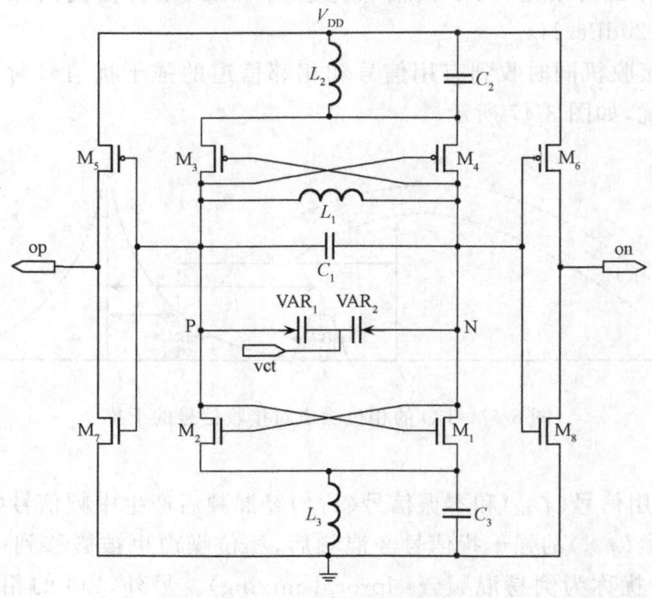

图 8-49　压控振荡器电路图

振荡频率由谐振电路电感电容确定，即

$$\omega_0 = 1/\sqrt{LC} \tag{8.61}$$

其中，L 是电感 L_1 的感值，C 包含变容管 VAR_1、VAR_2 和谐振电路并联电容 C_1。实际使用中的电感电容都是非理想器件，它们的损耗可以等效为并联在谐振电路两端 P、N 节点间的电阻。通过对谐振电路的 S 参数仿真可以得到这个电阻，一般在百欧姆数量级，换算成电导就是毫西门子，其大小主要取决于电感的 Q 值。为了获得最大的振荡幅度，P 和 N 点的偏置电压应设为 $V_{DD}/2$。

交叉耦合晶体管对 M_1、M_2 和 M_3、M_4 等效为跨接在谐振电路两端的负阻，抵消谐振电路的损耗，维持稳定振荡。负阻的大小由晶体管跨导 g_{mn}（NMOS 管）和 g_{mp}（PMOS 管）确定：

$$r_{neg} = -\frac{2}{g_{mn} + g_{mp}} \tag{8.62}$$

而

$$\begin{aligned} g_{mn} &= \mu C_{ox}(W/L)(V_{GS} - V_{TH}) \\ &= K(V_{GS} - V_{TH}) \end{aligned} \tag{8.63}$$

其中，μ 是载流子迁移率；C_{ox}是单位面积的栅氧化层电容；$K = \mu C_{ox}(W/L)$。图 8-49 中的振荡器结构为电压偏置型。而为了振荡波形对称（有利于降低相位噪声），节点 P 和 N 的直流电位一般设置在电源电压的中点。因此晶体管跨导只有通过改变晶体管宽长比（W/L）设置，且 g_m随 W/L 线性增加。通过增加晶体管宽长比，能够得到足够的负阻，保证振荡器稳定振荡。但 W/L 的增加也带来一些负面效应，如引起直流电流的增加和容性电抗的增加。图 8-50 给出了这些参数随 W/L 的变化曲线。直流电流的增加导致功耗增加，而容性电抗的增加导致振荡频率的降低，因而 g_{mn}不是越大越好。而且由于寄生电容的存在，设计谐振电路的自谐振频率要稍高于工作频率。

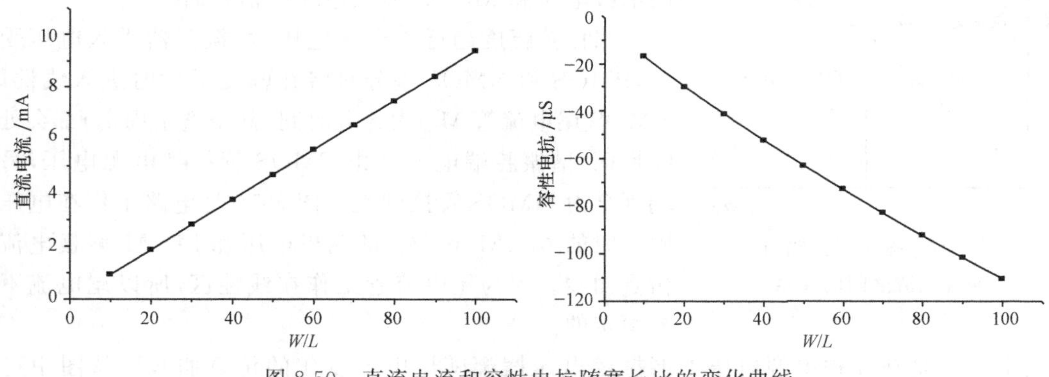

图 8-50 直流电流和容性电抗随宽长比的变化曲线

8.6.2 电压受限区与电流受限区

图 8-51 是一个电流偏置型 LC-VCO 电路结构，当振荡幅度大于差分对的线性范围时，M_1、M_2、M_3、M_4工作于开关模式，总电流 I 在开关之间来回切换，导致流过 LC 谐振回路的电流是一个幅度为$\pm I$ 的方波信号。在半个周期内 VCO 的电流 I 从 M_3 流过 M_2，在另外半个周期内，则从 M_4 流过 M_1。该方波信号经 LC 谐振回路滤除高次谐波，产生一个近似理想的

正弦电压波形，幅度为

$$V=4IR/\pi \tag{8.64}$$

其中，R 是谐振电路等效并联电阻。因此，振荡幅度正比于偏置电流，该区域称为电流受限区(current-limited region)。当偏置电流增加时，振荡幅度也会增加，当单端振荡幅度逐渐增加到接近 $V_{DD}/2$ 时，由于电源节点和地节点的限制，继续增加偏置电流不会导致振荡幅度的明显增加，这个区域称为电压受限区(voltage-limited region)。图 8-52 给出振荡器振幅与偏置电流之间的关系。

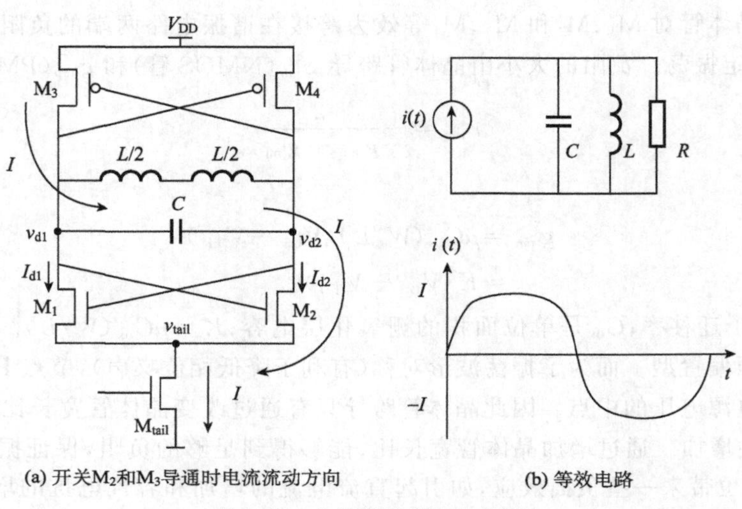

图 8-51 电流偏置型 LC-VCO

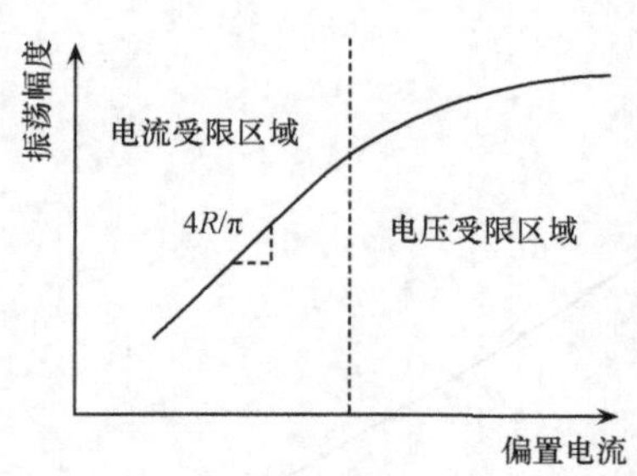

图 8-52 振荡器振幅与偏置电流之间的关系

图 8-53 是电路工作在电流受限区时的 M_1、M_2 和 M_{tail} 的漏极电压和 M_1、M_2 漏极电流的仿真曲线。

当振荡幅度趋近于电源电压时，振荡器进入电压受限区，PMOS 和 NMOS 差分对将在幅度最大时进入线性区。NMOS 尾电流管 M_{tail} 大部分时间(甚至整个周期)都会处于线性区，谐振腔端电压会由 PMOS 管拉到电源电压，另一端则会由 NMOS 管拉到地。图 8-54 是电路工作在电压受限区时的 M_1、M_2 和 M_{tail} 的漏极电压和 M_1、M_2 漏极电流的仿真曲线。因为尾电流管工作在线性区，所以尾电流不再是恒定的。

图 8-55 是在 3 种电源电压下谐振腔电压摆幅随尾电流变化的仿真曲线。从图中可以看到，在电流受限区，谐振腔摆幅与尾电流成正比，而在电压受限区，摆幅受电源电压的限制。

电压偏置型振荡器中，振幅随晶体管的尺寸而变化。当晶体管的宽长比(W/L)由小变大时，谐振电路振幅 A 先随 W/L 增大(电流受限区)，然后趋于 $V_{DD}/2$(电压受限区)。为了对振荡器进行相位噪声的优化分析，需要根据晶体管的导通状况对电流受限区进一步细分。由于晶体管 M_2 的漏极电压就是 M_1 的栅极电压，当振幅 $A<V_{GS}-V_{TH}$ 时，晶体管一直工作于导通区，当 $A>V_{GS}-V_{TH}$ 时，晶体管部分时间工作于截止区，因此，随振荡幅度的增加，晶体管在一

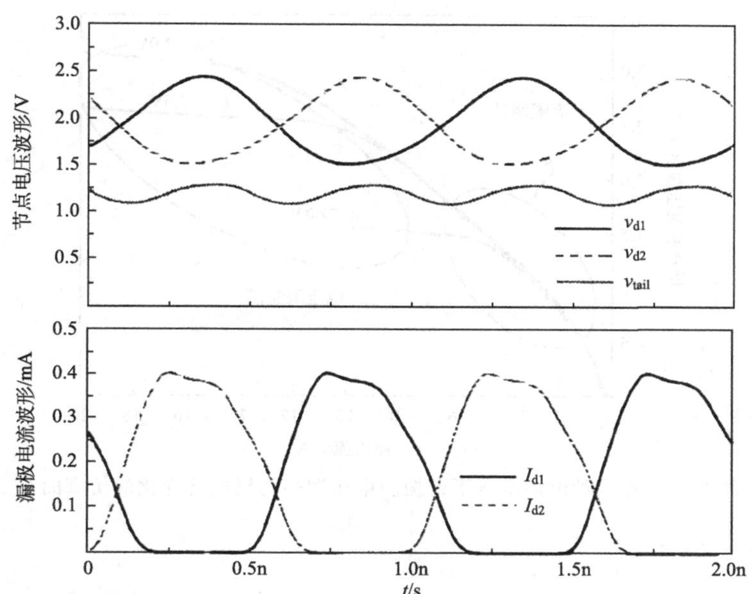

图 8-53 电流受限区时 M_1 和 M_2 的漏极电压和漏极电流仿真曲线

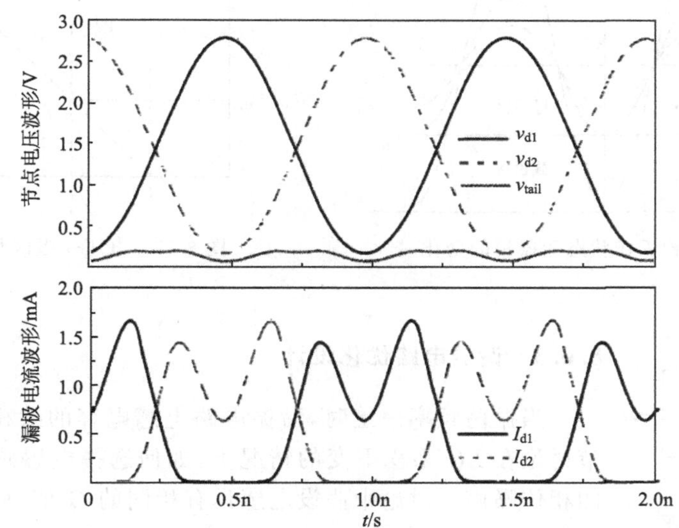

图 8-54 电压受限区时 M_1 和 M_2 的漏极电压和漏极电流仿真曲线

个周期内越来越多的时间工作于截止区，如图 8-56 所示。据此把电流受限区分为两个区域，区域 I 中，$A<V_{GS}-V_{TH}$，晶体管工作在饱和区，区域 II 中，$A>V_{GS}-V_{TH}$，晶体管在一个周期内部分工作在饱和区，如图 8-57 所示。

电流受限区中，振幅 A 与 W/L 成正比。

$$A=(4/\pi)IR=(4/\pi)K\ (V_{GS}-V_{TH})^2R \tag{8.65}$$

其中，I 是静态电流；R 是并联谐振电路等效电阻。而在电压受限区中，振幅 A 基本为常数。

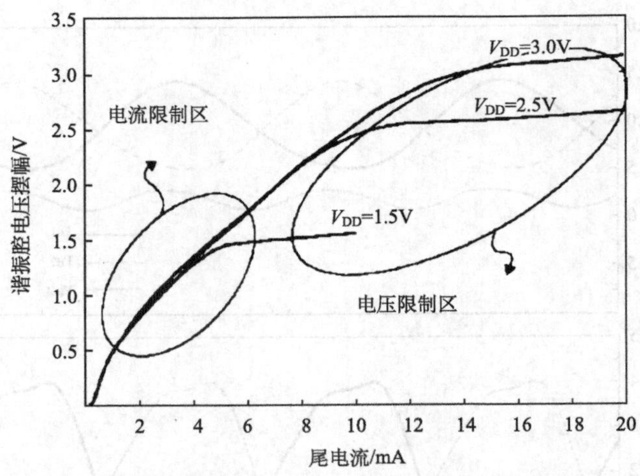

图 8-55　在 3 种电源电压下谐振腔电压摆幅随尾电流变化的仿真曲线

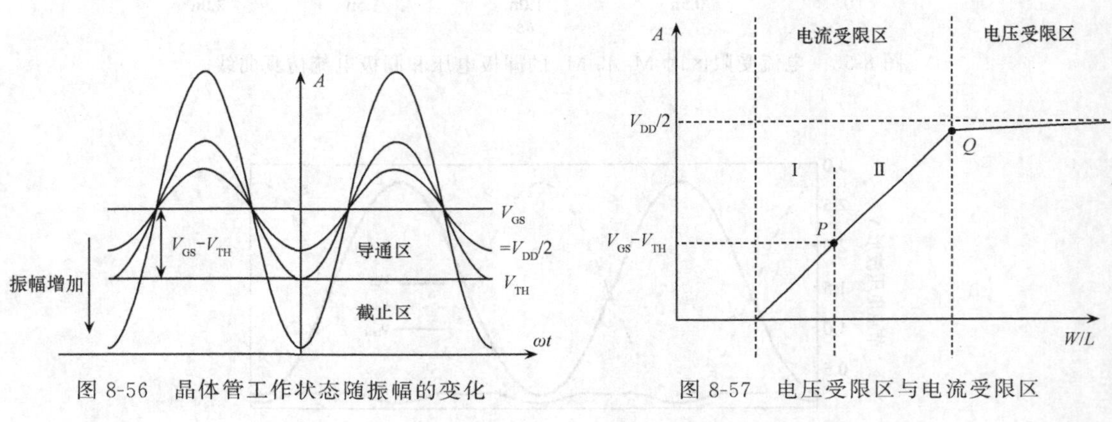

图 8-56　晶体管工作状态随振幅的变化　　图 8-57　电压受限区与电流受限区

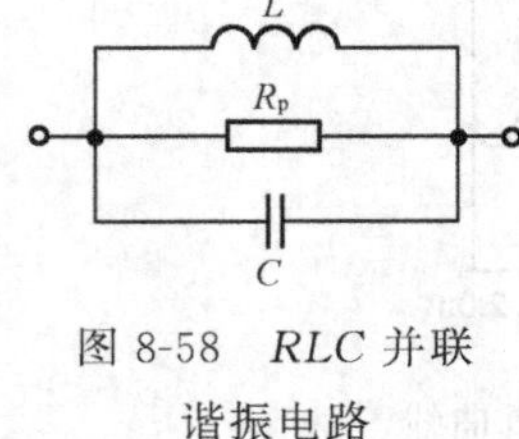

图 8-58　*RLC* 并联谐振电路

8.6.3　谐振电路优化设计

当振荡频率一定时，谐振电路电感电容的乘积是一个定值。本节讨论在 *LC* 乘积不变的情况下，如何选择电感感值能够得到最小的相位噪声。讨论中假设电感具有相同的 *Q* 值，而把谐振电路等效为如图 8-58 所示的 *RLC* 并联谐振电路。其中并联电阻表示为

$$R_p = Q\omega_0 L \tag{8.66}$$

由式(8.66)看出，振荡频率和电感 *Q* 值不变时，R_p正比于电感值。当 *L* 过小时，R_p过小。这时有源器件产生能量不足以抵消 R_p上的能量消耗，振荡器会停振。这是振荡器设计中最严重的事故，必须避免。所以电感取值不能太小。

把式(8.66)代入式(8.65)得到

$$A = (4/\pi)K\ (V_{GS} - V_{TH})^2 Q\omega_0 L \tag{8.67}$$

这表示在电流受限区中晶体管尺寸不变时，振荡幅度 *A* 和电感 *L* 成正比。当电感由小变大时，振荡器从电流受限区变化到电压受限区。

根据线性时变(LTV)模型得到谐振电路等效损耗电阻引起的相位噪声计算公式为

$$L(\Delta\omega)=10\lg\left(\frac{\Gamma_{\rm rms}^2\cdot\overline{i_R^2}}{2C^2A^2\Delta\omega^2}\right) \tag{8.68}$$

其中,$\overline{i_R^2}$是电阻热噪声电流均方值,表示为

$$\overline{i_R^2}=4kT/R_{\rm p} \tag{8.69}$$

C 是谐振电路节点电容;A 是谐振电路振幅;$\Gamma_{\rm rms}$是脉冲灵敏度函数(ISF)一个周期内的均方根值。ISF 描述了噪声源噪声到相位噪声的转化因子。括号部分就是噪声载波功率比:

$$\frac{P_{\rm noise}}{P_{\rm carrier}}=\frac{1}{2C^2\Delta\omega^2}\cdot\frac{\Gamma_{\rm rms}^2\cdot\overline{i_R^2}}{A^2} \tag{8.70}$$

对于稳定噪声源(噪声的统计特性不随时间和电路工作点的变化而变化)$\Gamma_{\rm rms}$是常数。将式(8.67)和式(8.69)代入式(8.70)得

$$\frac{P_{\rm noise}}{P_{\rm carrier}}\propto\frac{1}{C^2A^2R_{\rm p}}=\frac{1}{C^2A^2L}=\frac{L}{\omega_0^2A^2}\propto\frac{L}{A^2}=\begin{cases}1/L, & \text{电流受限}\\ L, & \text{电压受限}\end{cases} \tag{8.71}$$

从式(8.71)看出,当 L 较小时,电路工作在电流受限区,振荡幅度 A 与电感 L 成正比,噪声载波功率比和电感值 L 成反比;当 L 较大时,电路工作在电压受限区,A 为常数,噪声载波功率比和电感值成正比。基于以上结论,用仿真软件对相同的振荡器进行电感扫描,以找到最佳电感值。仿真中设定电感 Q 值为 10,并保持 LC 乘积不变,对应 L 的不同值得到的相位噪声示于图 8-59。从图中看出,电感值在 5nH 附近有最小的相位噪声,此时相应的电容值取 2pF 左右。

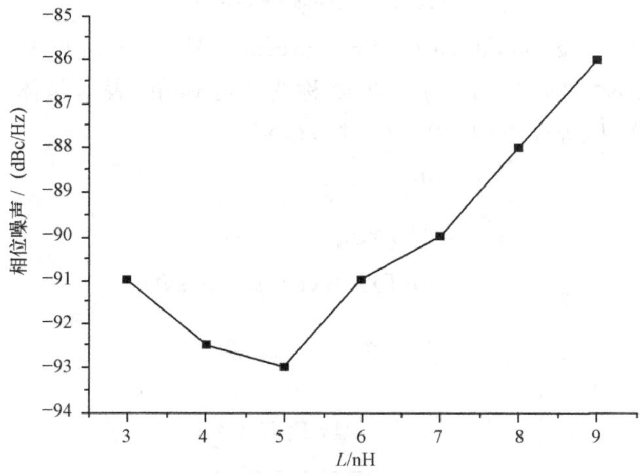

图 8-59 相位噪声与电感值的关系

8.6.4 MOSFET 优化设计

LTV 模型中,由沟道电流散弹噪声引起的相位噪声的计算公式为

$$L(\Delta\omega)=10\lg\left(\frac{\Gamma_{\rm rms}^2\cdot\overline{i_{\rm ds}^2}}{2C^2A^2\Delta\omega^2}\right)=10\lg\left(\frac{\Gamma_{\rm rms,eff}^2\cdot\overline{i_{\rm n0}^2}}{2C^2A^2\Delta\omega^2}\right) \tag{8.72}$$

其中,$\overline{i_{\rm ds}^2}$是单位带宽内的沟道噪声电流均方值,可以分解为稳定噪声源$\overline{i_{\rm n0}^2}$和一个描述噪声幅

度调制的周期函数 $\alpha(\omega t)$ 的积；$\Gamma_{\mathrm{rms,eff}}$ 称为有效脉冲灵敏度函数均方根值，定义为 $\Gamma_{\mathrm{rms,eff}} = \Gamma_{\mathrm{rms}}\alpha(\omega t)$。噪声载波功率比为

$$\frac{P_{\text{noise}}}{P_{\text{carrier}}} = \frac{1}{2C^2\Delta\omega^2} \cdot \frac{\Gamma_{\text{rms}}^2 \cdot \overline{i_{\text{ds}}^2}}{A^2} \tag{8.73}$$

在电流受限区 I 中，由于晶体管始终导通，把沟道噪声电流近似为稳定噪声源（噪声的统计特性不随时间和电路工作的变化而变化）仍能得到正确结果，因此有

$$\overline{i_{\text{ds}}^2} = 4kT\gamma g_{\text{m}} = 4kT\gamma K(V_{\text{GS}} - V_{\text{TH}}) \propto W/L \tag{8.74}$$

其中，k 为玻耳兹曼常数；T 是热力学温度；g_{m} 是跨导；对于短沟道器件，γ 取 2.5～3。稳定噪声源条件下，Γ_{rms} 是常数。所以在电流受限区 I 中，噪声载波功率比与 W/L 成反比，在图 8-57 中的 P 点有最小的相位噪声。

在电流受限区 II 中，由于振幅增大，且晶体管一个周期内部分工作在饱和区。所以沟道噪声电流的周期效应不能忽略，此时的 Γ_{rms} 也是 W/L 的函数。在此区域中，假设谐振电路输出信号为

$$V_{\text{p}} = A\cos\phi, \quad V_{\text{n}} = -A\cos\phi \tag{8.75}$$

则晶体管 M_1，M_2 的跨导可表示为

$$\begin{aligned} g_{\text{m1}} &= K[V_{\text{GS}} + A\cos\phi - V_{\text{TH}}] \\ &= KA\left[\cos\phi + \frac{V_{\text{GS}} - V_{\text{TH}}}{A}\right] \\ &= KA(\cos\phi - \cos\Phi) \end{aligned} \tag{8.76}$$

$$g_{\text{m2}} = KA(-\cos\phi - \cos\Phi) \tag{8.77}$$

其中，$(V_{\mathrm{GS}} - V_{\mathrm{TH}})/A = -\cos\Phi$，也即 $\Phi = \pi - \arccos[(V_{\mathrm{GS}} - V_{\mathrm{TH}})/A]$，$\pi/2 \leqslant \Phi \leqslant \pi$。由于 $g_{\mathrm{m1}} \geqslant 0$，所以 $\cos\phi \geqslant \cos\Phi$，即有 $-\Phi \leqslant \phi \leqslant \Phi$，$\Phi$ 称为半导通角，表示晶体管在一个周期中部分时间导通。当过驱动电压等于 0 时，由式(8.76)得到

$$\phi = \Phi \tag{8.78}$$

$$\begin{aligned} \overline{i_{\text{ds1}}^2} &= 4kT\gamma g_{\text{m1}} \\ &= 4kT\gamma KA(\cos\phi - \cos\Phi) \\ &= \overline{i_{\text{n0}}^2} \cdot \alpha^2 \end{aligned} \tag{8.79}$$

其中

$$\overline{i_{\text{n0}}^2} = 4kT\gamma KA$$

$$\alpha = \sqrt{\cos\phi - \cos\Phi} \tag{8.80}$$

由文献（Andreani，2006）得到沟道噪声电流均方值和相应的 ISF 函数

$$\Gamma_{\text{ids1}}(\phi) = -\sin\phi \cdot \frac{g_{\text{m2}}}{g_{\text{m1}} + g_{\text{m2}}} \tag{8.81}$$

其中，α 用来描述沟道噪声电流的周期性调制。周期稳定噪声源（噪声的统计特性随时间周期变化）可以表示为一个稳定噪声源和一个周期函数的乘积，这样就可以将周期稳定噪声源中随时间变化的部分计入 ISF 函数，而用稳定噪声源计算沟道噪声电流。由式(8.79)和式(8.65)得

$$\overline{i_{n0}^2} = 4kT\gamma KA = \frac{\pi kT\gamma}{(V_{GS} - V_{TH})^2 R} A^2 \propto A^2 \tag{8.82}$$

代入式(8.73)得到此区域中的噪声载波功率比为

$$\frac{P_{noise}}{P_{carrier}} \propto \frac{\Gamma_{rms}^2 \cdot \overline{i_{n0}^2}}{A^2} \propto \Gamma_{rms}^2 \tag{8.83}$$

而

$$\begin{aligned}\Gamma_{rms,eff}^2 &= \frac{1}{2\pi}\int_{-\Phi}^{\Phi} \Gamma_{ids1}^2(\phi)\alpha^2 d\phi = \frac{1}{2\pi}\int_{-\Phi}^{\Phi} \sin^2\phi \cdot \left(\frac{g_{m2}}{g_{m1} + g_{m2}}\right)^2 \cdot \alpha^2 d\phi \\ &= \frac{1}{8\pi}\int_{-\Phi}^{\Phi} \sin^2\phi \cdot \left(\frac{\cos\phi + \cos\Phi}{\cos\Phi}\right)^2 \cdot (\cos\phi - \cos\Phi) d\phi\end{aligned} \tag{8.84}$$

借助 Maple 的运算得到式(8.84)积分为

$$\begin{aligned}\Gamma_{rms,eff}^2 = &\frac{1}{480\pi \cos^2\Phi}(46\sin\Phi\cos^4\Phi - 17\cos^2\Phi\sin\Phi \\ &+ 16\sin\Phi + 15\Phi\cos\Phi - 60\Phi\cos^3\Phi)\end{aligned} \tag{8.85}$$

把式(8.78)和式(8.65)代入式(8.85)，并代入相应的工艺参数，可以得到 $\Gamma_{rms,eff}^2$ 关于 W/L 的函数，进而得到此区域中噪声载波功率比相对 W/L 的变化关系，对应的函数曲线如图 8-60 所示。图中，曲线是噪声载波功率比，其纵坐标对最小值进行了归一化，图中离散的圆点是相位噪声的仿真值。可以看出，理论推导的结果和仿真结果趋势相近。NMOS 晶体管宽长比为 80～90，振荡器电路有最小的相位噪声，而 PMOS 晶体管的宽长比应是 NMOS 的 4 倍。

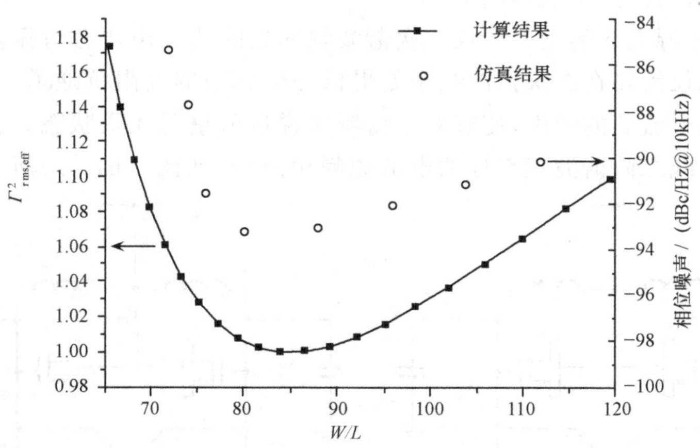

图 8-60 相位噪声与宽长比的关系

在电压受限区中，信号振幅 A 不再明显增长，可以认为不变，因而半导通角 Φ 也不再变化，由式(8.85)可知此时的 $\Gamma_{rms,eff}^2$ 是常数。由式(8.80)可得 $\overline{i_{n0}^2}$ 表示为

$$\overline{i_{n0}^2} = 4kT\gamma KA \propto W/L \tag{8.86}$$

这样得到电压受限区中，噪声载波功率比与 W/L 成正比，在图 8-57 中的 Q 点有最小的相位噪声。

综上所述，只有在电流受限区 II 中才存在噪声载波功率比的最小值，这一点也是相位噪声的最优值。

8.6.5 噪声滤波技术

对于电流偏置结构，从混频的观点来讨论尾电流源噪声转化为相位噪声的全过程。在振荡器中，差分对相当于一个单平衡混频器，电流源引入的低频噪声上变频到振荡频率附近，在载波附近形成两个相关的AM边带。此时，低频噪声并没有直接转化为相位噪声。该AM噪声通过谐振电路中的变容管对基波频率进行调制，形成相位噪声；电流源引入的基频附近噪声成分经上变频后转换到二次谐波频率处或者经下变频后转换到低频频率处，这些成分都会被LC谐振回路衰减；而电流源引入的二次谐波频率处噪声成分经下变频后转换到振荡频率附近，经上变频后转换到三次谐波频率处，三次谐波频率成分会被LC谐振回路衰减。电流源引入的噪声的其他高次谐波成分经混频后都被转移到基波频率以外的其他的频率成分处（实际上，差分对的非线性有可能将高次谐波噪声成分转移到基波频率处，但转换增益将大大降低，在分析中可以忽略），这些频率成分都会被LC谐振回路衰减。因此，在电流源引入的噪声中，仅低频成分和二次谐波频率处的噪声成分可以转移到基波频率附近，注入到LC谐振电路中。LC谐振电路会将这些注入的频率成分相等地分解为振荡频率附近的AM和PM边带，仅PM边带成分才会对相位噪声产生影响。

电流源在差分LC振荡器中起到两方面的作用，一方面它设置了振荡器的偏置电流，另一方面它在差分对的共源点和地之间插入了一个高阻抗通道。注意到，在差分电路中，奇次谐波在差分路径上流动，而偶次谐波则在共模路径（谐振回路的接地电容或者差分对晶体管到地）上流动。因此，严格说来，电流源仅需要在偶次谐波频率处提供一个高阻抗就可以了，而偶次谐波中，主要是二次谐波产生的影响。

综上所述，电流源引入的噪声中仅二次谐波频率处的热噪声才会对振荡器相位噪声产生影响，而且，电流源仅需要在二次谐波频率处提供一个到地的高阻抗通道。这表明，可以用一个窄带电路来压缩电流源的噪声，使它对振荡器来说近似呈现无噪状态。将一个大的电容与电流源并联可以衰减二阶谐波频率处的电流源噪声成分，如图 8-61 (a)所示。为了给差分对

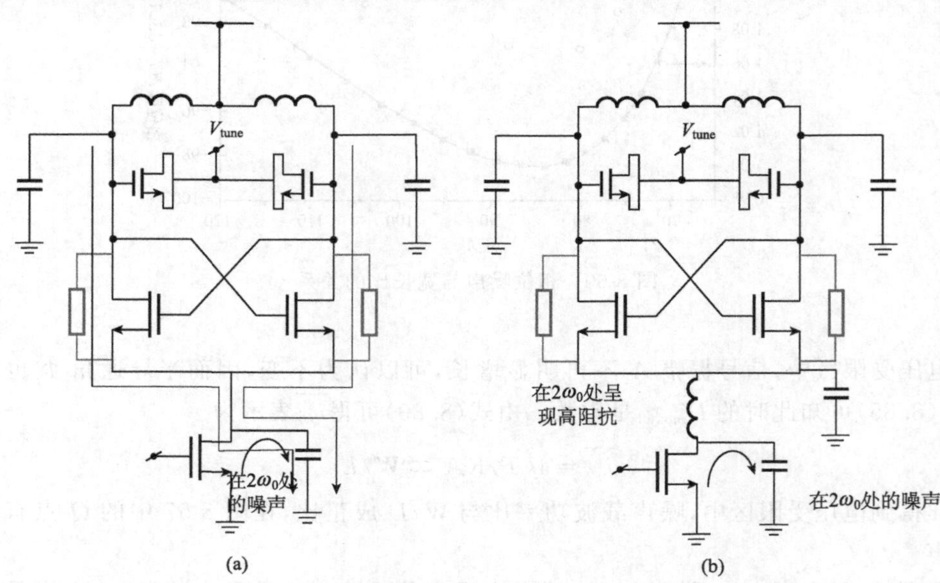

图 8-61 噪声滤波技术

管的源极提供一个高阻抗，可以在电流源和差分对的共源点之间插入一个电感，如图 8-61（b）所示。该电感与差分对共源节点的寄生电容在 $2\omega_0$ 处谐振，在二次谐波频率附近提供一个高阻抗，所实现的阻抗大小依赖于电感的品质因数。这种高阻抗阻止了电流源在二次谐波频率处的热噪声进入振荡器核，二次谐波频率处的热噪声由于电流源并联的大电容短路到地，该电容必须足够大，使得在二次谐波频率处，电流源漏极近似短路到地。插入的电感和与电流源并联的大电容组成的网络称为噪声滤波器。

在采用顶部偏置的电流型振荡器中，电流源从电源电压注入差分电感的中心抽头处，如图 8-62 所示。如果忽略到地的结电容，既然偏置电流源都是与电源电压串联，顶部偏置的振荡器和尾部偏置的振荡器的性能是完全一样的。但考虑到接地的结电容，这个两种结构存在一些不同之处，如顶部偏置的振荡器对衬底耦合噪声具有更好的抑制作用（电流源可以放到一个单独的 N 阱中），顶部偏置的振荡器的 $1/f$ 噪声影响更小（PMOS 管的 $1/f$ 噪声要远小于 NMOS 管）等。顶部偏置振荡器和尾部偏置振荡器最大的不同在于噪声滤波电路。在顶部偏置振荡器中，与电流源并联的大电容仍然将二次谐波频率处的电流源热噪声短路到地，但电感只能接在差分对的共源点和地之间，与共源节点的寄生电容在二次谐波频率处谐振，阻止二次谐波电流流到地。

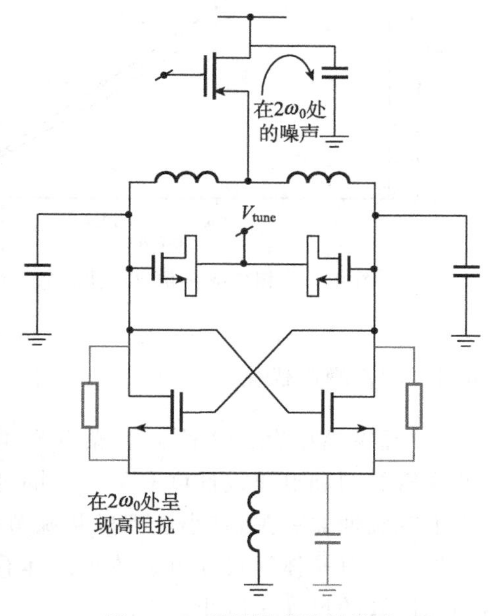

图 8-62　采用噪声滤波技术的顶部偏置负阻振荡器

从原理上讲，噪声滤波器可以使差分 LC 振荡器的噪声系数 F 达到最小值。噪声滤波器对振荡器的振荡幅度会产生一定的影响。如果电流偏置型振荡器采用了噪声滤波技术，则振荡器漏极的正峰值受限于差分对的击穿电压，而负峰值原则上可以降至零电平以下，且比零电平低一个晶体管的正偏电压值。瞬态的负电压会被滤波电感吸收，而与电流源并联的大电容可以稳定电流源的漏源电压 V_{DS}，从而使电流源晶体管一直工作在饱和区。实际上，LC 振荡回路上的差分电压摆幅可以近似达到 $2V_{DD}$。

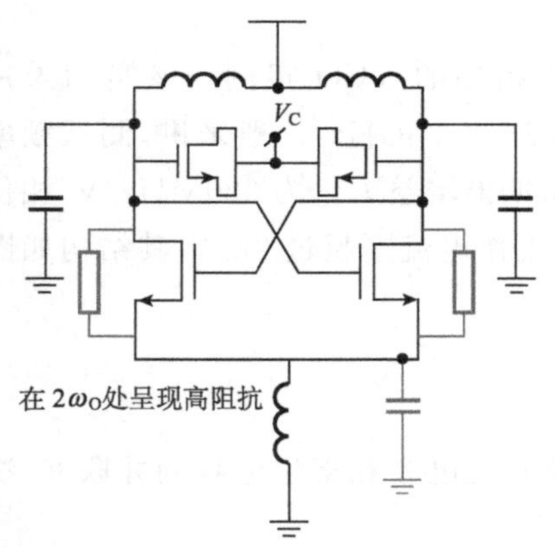

图 8-63　带有噪声滤波的电压偏置振荡器

对于电压偏置型振荡器，如果不采用噪声滤波技术，那么线性区工作的晶体管会给振荡回路引入额外的损耗，使相位噪声性能恶化，而如果采用噪声滤波器技术，如图 8-63 所示，噪声滤波器则可以阻止线性区工作的晶体管给振荡回路引入损耗。这种振荡器可以提供最高的振荡幅度（没有电流源与电源电压串联，不会消耗电压空间），因此，它的相位噪声性能是最好的，但它的工作电流也是最大的，直流电流为 $I=V_{DD}/R_p$。实际上，图 8-63 中的电路用噪声滤波器替代了提供偏置的尾电流源，由于没有了漏源电压 V_{DS}，振荡器的振荡幅度可以达到最大，整个电路相当于电流偏置型振荡器。

下面考虑噪声滤波器对电源噪声的抑制能力。在没有采用噪声滤波器技术的尾部偏置振荡器中，电路中存在的各种寄生非线性结电容会使电源噪声耦合到谐振回路中，而且 V_{DD} 上的低频噪声会通过谐振回路电感来调制差分对的漏极，这些都会产生 FM 噪声。当采用了噪声滤波器技术时，由于振荡器仅受直流或者二次谐波频率处的共模噪声的影响，但噪声滤波器所提供的高阻抗会阻止二次谐波电流流动，所以采用噪声滤波器技术可以提高振荡器对电源噪声的抑制能力。

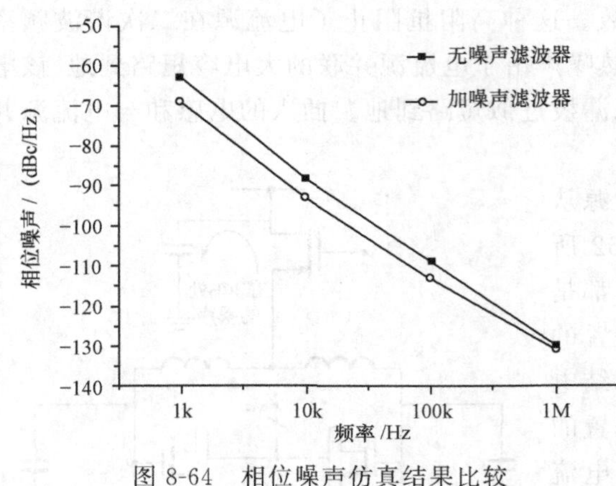

图 8-64　相位噪声仿真结果比较

在两个振荡器的元件参数相同条件下，分别对带有噪声滤波网络和不带噪声滤波网络的振荡器的相位噪声进行仿真，结果如图 8-64 所示。从图中可见，采用 $2\omega_0$ 的噪声滤波网络后，在频率偏移小于 100kHz 时相位噪声至少改善了 5dB。

8.6.6　1/*f* 噪声优化

LC 振荡器中存在 3 种 1/*f* 噪声源：电流源、变容管和差分对。变容管所引入的 1/*f* 噪声与变容管类型和电压线性度有关。互耦对的 1/*f* 噪声影响与晶体管的 1/*f* 噪声大小以及1/*f* 噪声上变频增益有关，减小互耦对共源节点的寄生电容可以减小 1/*f* 噪声上变频增益，而适当增加差分对晶体管尺寸可以减小晶体管的 1/*f* 噪声。而电流源的 1/*f* 噪声影响可以通过增加晶体管的尺寸来减小。

但是，上述要求都是互相影响的。例如，减小差分对共源节点的寄生电容可以减小差分对的 1/*f* 噪声上变频增益，但这要求减小电流源晶体管的尺寸，从而增加电流源的 1/*f* 噪声影响，反之亦然。而且在优化 1/*f* 噪声性能时，必须注意不要增加热噪声的影响。虽然可以通过一定的版图设计技术(如电流源晶体管采用环形晶体管版图)降低差分对共源节点的寄生电容，但更好的办法是采用噪声滤波器技术。

8.7　*LC* 振荡器设计举例

本节给出一个应用在 2.4GHz 无线传感网芯片中锁相环的 VCO 实例。该实例采用 TSMC 0.18μmRF-CMOS 工艺，要求 VCO 调谐范围为 4.8～4.96GHz，一般来讲，测试频率比仿真频率低，因此设计的频率范围拓展为 4.3～5.3GHz，调谐增益 K_{vco} 为 320MHz/V，相位噪声低于−99dBc/Hz@1MHz 和−109 dBc/Hz@3MHz，工作电流不超过 2mA，其结构如图 8-65 所示。

8.7.1　谐振腔设计

LC-VCO 的谐振频率主要由电感 L_{tank}、可变电容 C_v 及开关电容和寄生电容的并联 C_T 决定，表示为

$$f_O = 1/\left[2\pi\sqrt{L_{tank}(C_V/2+C_T)}\right] \tag{8.87}$$

谐振腔的 Q 值 Q_{tank} 主要由电感 Q 值 Q_L 和可变电容 Q 值 Q_{CV} 决定(因为固定电容 Q 值远大于电感 Q 值和可变电容 Q 值),即

$$Q_{tank} \approx \frac{Q_L Q_{CV}}{Q_L + Q_{CV}} \tag{8.88}$$

谐振腔 Q 值越高,VCO 相位噪声越好。而对于台积电 0.18μm CMOS 工艺库,现有的电感 Q 值是非常有限的。同样物理形状与大小的电感,差分电感具有更高的 Q 值。其他条件相同的情况下,内半径越大,片上差分电感 Q 值越大,但这样带来的问题是芯片面积也越大,成本越高。

VCO 单端输出电压峰峰值与其偏置电流 I_{bias} 的关系为

$$V_o = \frac{2}{\pi} I_{bias} R_p = \frac{2}{\pi} I_{bias} (\omega_0 L Q_{tank}) \tag{8.89}$$

其中,R_p 为谐振腔寄生等效电阻;ω_0 为谐振频率。由式(8.89)可知,为了使 VCO 输出幅度最大并实现低功耗,LQ_{tank} 的值必须达到最大。当 Q_{tank} 值一定时,只能尽量增大电感 L 的感值。但是,在频率固定的情况下,增大电感意味着要减小谐振腔电容。由于电路中寄生电容的存在,可变电容和开关电容就会更小,从而影响调谐频率的范围。因此,需要根据仿真情况进行折中。

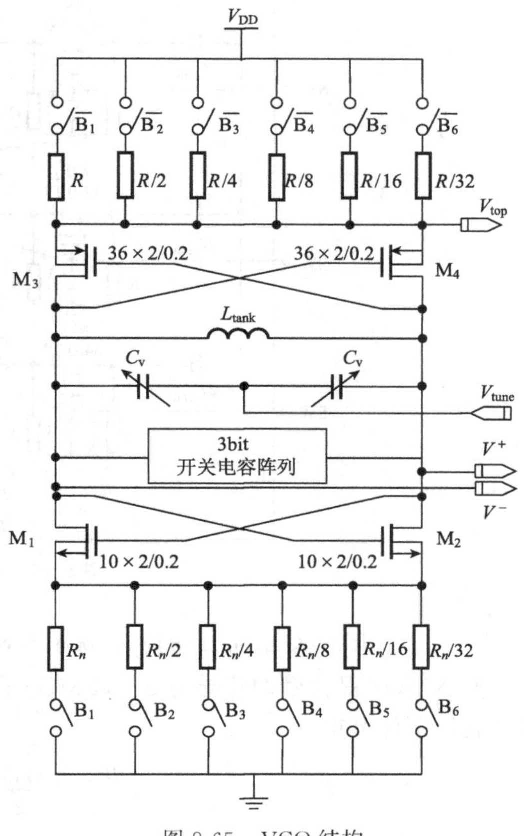

图 8-65 VCO 结构

通过对 VCO 的相位噪声、功耗、调谐范围和成本进行折中考虑后,最后通过仿真确定本例中所用差分电感 L_{tank} 参数为:2 圈,线宽 15μm,内径 112μm,感值 1.76nH;可变电容采用积累型 MOS 电容,即 A-MOS(accumulation-mode MOSFET)器件;Q_{tank} 值为 13(4.88GHz)。

8.7.2 开关电容阵列设计

开关电容阵列如图 8-66 所示,电容采用二进制加权处理。SW_i 为高电平时,开关管 MS_i 导通,此时 MS_i 近似为一个导通电阻。增大开关管的宽长比,可以减小导通电阻阻值,从而减小对谐振回路 Q 值的恶化。但开关管宽长比越大,寄生电容越大,其最大尺寸要受谐振腔所能接受的最大寄生电容的限制。SW_i 为低电平时,开关管 MS_i 截止,相当于无穷大电阻,开关电容被开路。反相器的作用是使开关管 MS_i 能彻底的导通或截止,大电阻 R 使开关电容不被短路。因为开关管存在寄生电容,为使并联的电容呈两倍比例关系,在设计开关管的尺寸时,也要相应按两倍关系设计。

8.7.3 互补差分负阻管设计

由于谐振腔的 Q 值 Q_{tank} 为 13(4.88GHz),于是谐振腔的等效并联电阻 R_p 的值为

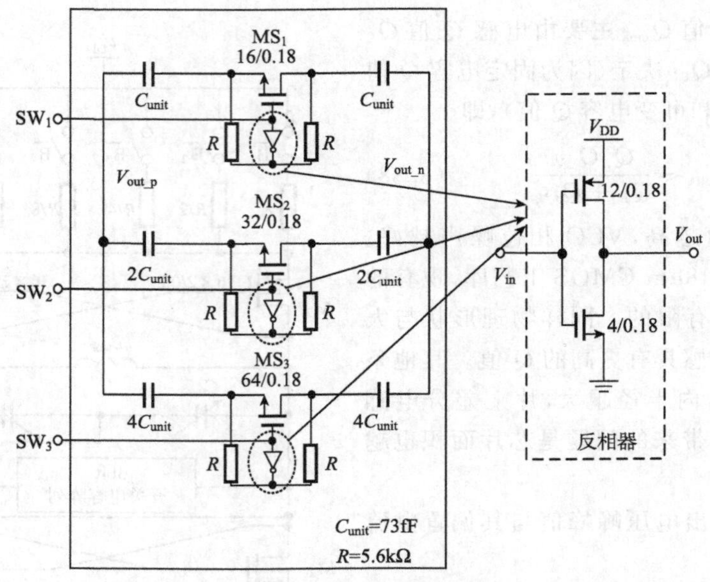

图 8-66　开关电容阵列

$$R_{\mathrm{p}}=Q_{\mathrm{tank}}\omega_0 L=13\times 2\pi\times 4.88\times 10^9\times 1.73\times 10^{-9}\approx 689(\Omega)$$

设 NMOS 晶体管的跨导为 g_{mn}，PMOS 晶体管的跨导为 g_{mp}，总跨导为 G_{m}，则根据振荡器的起振条件可得

$$\frac{g_{\mathrm{mn}}}{2}+\frac{g_{\mathrm{mp}}}{2}=G_{\mathrm{m}}>\frac{1}{R_{\mathrm{p}}} \tag{8.90}$$

当 $g_{\mathrm{mn}}=g_{\mathrm{mp}}=g_{\mathrm{m}}$ 时，由式(8.90)得 $g_{\mathrm{m}}>1.45\mathrm{mS}$。因为谐振腔中其他非理想效应会使谐振回路的 Q 值下降，所以设计时需要留出一定裕量，故取 $g_{\mathrm{m}}=2\mathrm{mS}$，根据此跨导值设计负阻管尺寸。

8.7.4　开关电阻偏置设计

如图 8-65 所示，VCO 采用电流偏置结构。VCO 顶部和尾部分别设置 6 路开关电阻。电阻阻值按 2 的倍数依次递减，开关管尺寸按 2 的倍数依次递增(导通电阻按 2 的倍数依次递减)。这样，通过控制电流偏置开关，来调节 VCO 电流大小，从而控制 VCO 输出振荡幅度。

8.8　正交(I/Q)信号的产生

在讨论收发机结构时已多次用到正交信号，实际上正交本振信号在现代通信系统中使用的非常广泛。这里给出产生正交信号的几种方法。

1. 环形振荡器

用两级差分放大器构成的环行振荡器(ring oscillator)可以产生正交信号，原因是两级差分放大器的输出相位正好相差 $\pi/2$，如图 8-67 所示。

2. RC-CR 移相

RC-CR 移相网络如图 8-68 所示，容易证明，当电阻和电容匹配时，a、b 两点之间的相位差为 $\pi/2$。

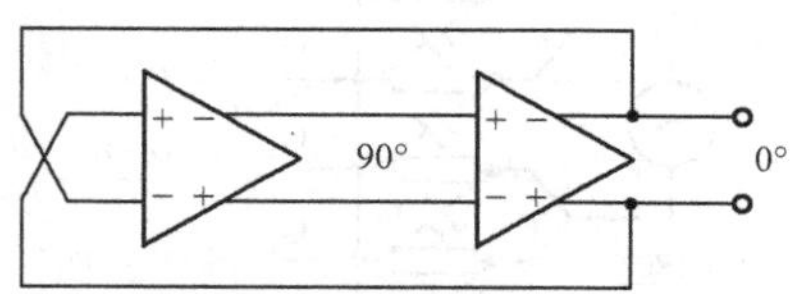

图 8-67 环行振荡器的正交输出

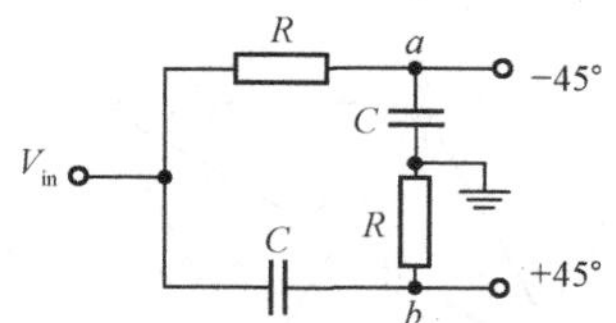

图 8-68 RC-CR 移相网络的正交输出

3. 分频

采用分频的方法可以得到正交输出，如图 8-69 所示，Q_1 和 Q_2 两路输出相差 $\pi/2$。

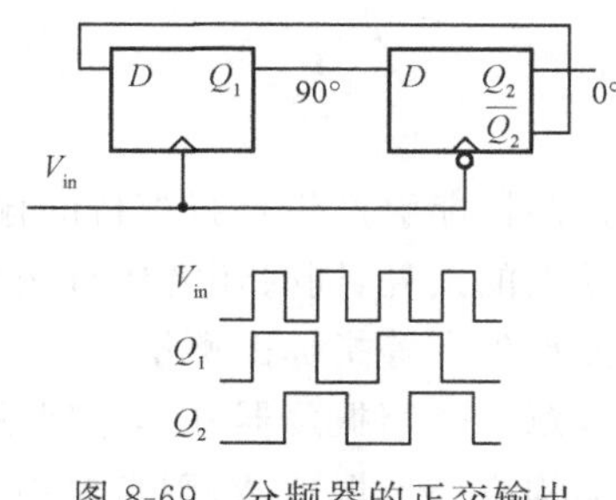

图 8-69 分频器的正交输出

4. 正交振荡器(quadrature oscillator)

图 8-70 为一种正交耦合振荡器结构。它通过两个振荡频率相同的振荡器之间的互相耦合，迫使两个振荡器的相位保持 90°的相移，这样能够得到 4 路相互正交的振荡信号。该方法是目前基于 CMOS 工艺实现全集成正交输出振荡器的有效方法。

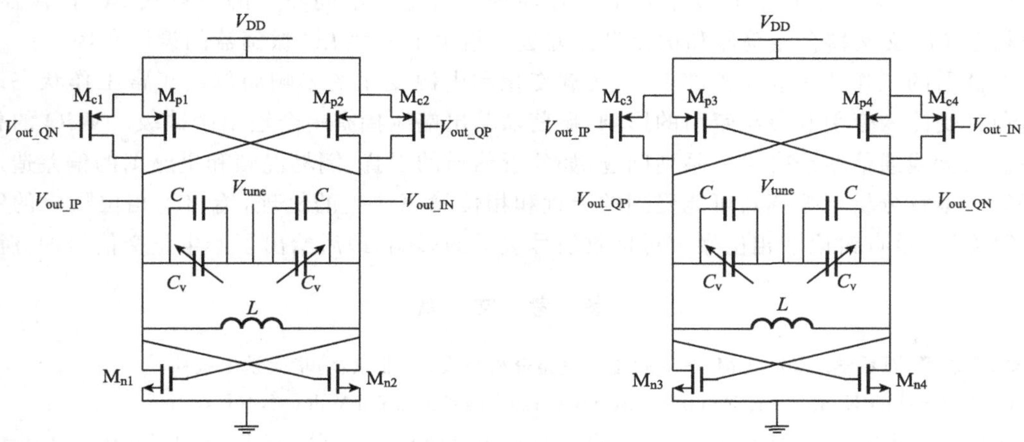

图 8-70 正交耦合压控振荡器

图 8-70 中 M_{n1}、M_{n2} 和 M_{p1}、M_{p2} 管产生左边振荡器所需的负阻，M_{c1} 和 M_{c2} 管将右边的振荡信号耦合到左边振荡器。同样，M_{n3}、M_{n4} 和 M_{p3}、M_{p4} 管产生右边振荡器所需的负阻，M_{c3} 和 M_{c4} 管将左边的振荡信号耦合到右边振荡器。V_{out_IP}、V_{out_IN} 和 V_{out_QP}、V_{out_QN} 为输出差分正交信号。

5. Havens 技术(Havens' Technique)

如果两个信号幅度相同，相位差不等于 π 的整数倍，则它们之间的加减运算将产生两个正交信号，如图 8-71 所示。

6. 多相滤波器(polyphase filter)

采用多相滤波器可以得到正交差分信号，如图 8-72 所示，若电阻和电容完全匹配，则可以得到一对正交的差分信号。

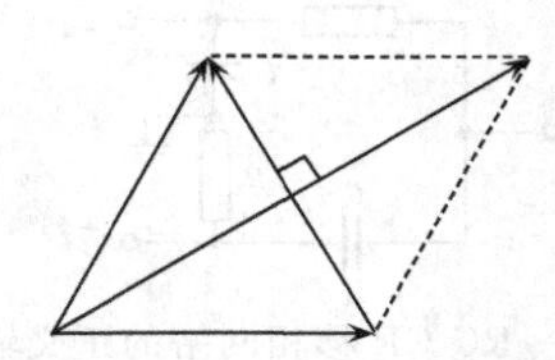

图 8-71　Havens 技术的正交相量图

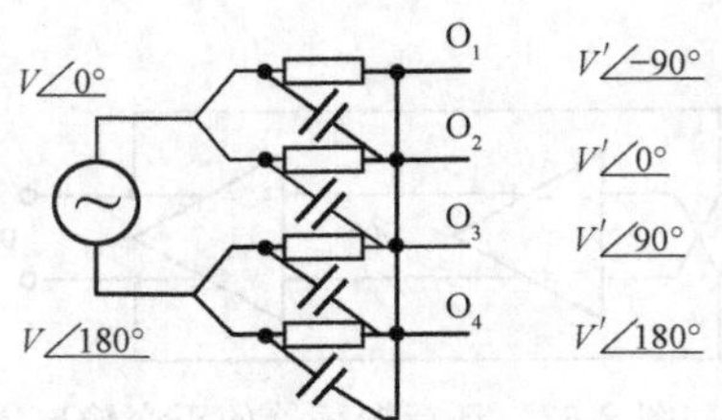

图 8-72　多相滤波器的正交差分输出

8.9　本章小结

振荡器能够产生自我维持的输出振荡信号，其本身必须有正反馈和足够的增益以克服反馈路径上的损耗，同时还需要有选频网络。振荡器的性能通常用振荡频率、振荡幅度、相位噪声和波形失真等指标来衡量。

本章在介绍振荡器基本原理基础上，讨论了环形振荡器和 *LC* 振荡器的工作原理。若用反相器构成环形振荡器，则需要用奇数个反相器；若用差分放大器构成环形振荡器，则可以用奇数个也可以用偶数个差分放大器。分析了变容二极管、普通 MOS 可变电容、反型 MOS 管可变电容和积累型 MOS 管可变电容的工作原理。讨论了不同类型的三点式 *LC* 振荡器，重点分析了 *LC* 交叉耦合振荡器和优化设计方法。给出了一种 *LC* 振荡器的设计实例。

振荡器的工作状态会受外部干扰、负载变化和电源变化的影响而偏离正常工作状态。为了避免其受注入牵引和负载牵引的影响，振荡器输出端应接有一个输出缓冲级。VCO 的相位噪声会给无线通信系统带来一系列问题，如邻近信道的干扰、倒易混频和星座图的偏差造成的误码等。本章分析了振荡器可能受到的干扰和相位噪声产生的机理，给出了相位噪声的定义和计算方法，重点讨论了相位噪声对接收信号造成的影响，最后给出了产生正交信号的方法。

参 考 文 献

池保勇，余志平，石秉学. 2006. CMOS 射频集成电路分析与设计. 北京：清华大学出版社

Alan D W, Krishna K A. 2001. Radio Frequency Circuit Design. John Wiley & Sons, Inc

Andreani P, Fard A. 2006. More on the 1/f2 phase noise performance of CMOS differential-pair LC-tank oscillators. IEEE Solid State Circuits, 41(12):2703-2712

Andreani P , Mattisson S. 2000. On the use of MOS varactors in RF VCO's. IEEE Solid-State Circuits, 35: 905-910

Berenguer R, Liu G, Akhiyat A, et al. 2010. A 117mW 77GHz receiver in 65nm CMOS with ladder structured tunable VCO. Proceedings of the ESSCIRC, 2010:494-497

Collin R E. 1990. Field Theory of Guided Waves. 2ed. John Wiley & Sons, Inc

Hajimiri A, Lee T H. 1998. A general theory of phase noise in electrical oscillators. IEEE Solid State Circuits, 33(2):179-194

Hajimiri A, Lee T H. 1999. Design issues in CMOS differential LC oscillators. IEEE Solid State Circuits, 34 (5):717-724

Hegazi E, Sjoland H, Abidi A A. 2001. A filtering technique to lower LC oscillator phase noise. IEEE Solid-State Circuits, 36(12):1921-1930

Huang Q T. 1997. Power consumption vs LO amplitude for CMOS colpitts oscillators: Custon IC Conf

(CICC): 255-258

Huang Q T. 1998. On the exact design of RF oscillators. Custom IC Conf (CICC): 41-44

Lee T H, Hajimiri A. 2000. Oscillator phase noise: a tutorial. IEEE Solid-State Circuits, 35: 326-336

Lee T H. 1998. The Design of CMOS Radio-Frequency integrated Circuits. Cambridge University Press.

Leeson D B. 1966. A simple model of feedback oscillator noises spectrum. Proc. IEEE, 54: 329-330

Li Z Q, Wang L D, Wang Z Q, et al. 2014. A 0.5V LC-VCO with improved varactor tuning technique for WSN. Analog Integrated Circuits and Signal Processing, 78(3): 835-842

Nguyen T N, Lee J W. 2010. Low phase noise differential vackar VCO in 0.18μm CMOS technology. IEEE Microwave and Wireless Components Letters, 20: 88-90

Rael J J, Abidi A A. 2000. Physical processes of phase noise in differential LC oscillators. IEEE Custom Integrated Circuits Conf: 569-572

Razavi B. 1998. RF Microelectronics, Prentice Hall

Rocca T L, Liu J, Wang F, et al. 2009. CMOS digital controlled oscillator with embedded DiCAD resonatorfor 58-64GHz linear frequency tuning and low phase noise. IEEE MTT-S International Microwave Symposium Digest: 685-688

Rocca T L, Tam S W, Huang D Q, et al. 2008. Millimeter-wave CMOS digital controlled artificial dielectric differential mode transmission lines for reconfigurable ICs. IEEE MTT-S International Microwave Symposium Digest: 181-184

Rofougaran A, Real J, Rofougaran M, et al. 1996. A 900MHz CMOS LC oscillator with quadrature outputs. Proc. of the IEEE Infernational Solid State Circuirs Conference

Tiebout M. 2001. Low-power low-phase-noise differentially tuned quadrature VCO design in standard CMOS. IEEE Solid State Circuits, 36(7): 1018-1024

习　　题

8.1　求如题图 8-1 所示电路的开环传输函数并计算相位裕度。假设 $V_{DD}=3V$，$g_{m1}=g_{m2}=g_m$，并忽略其他电容。

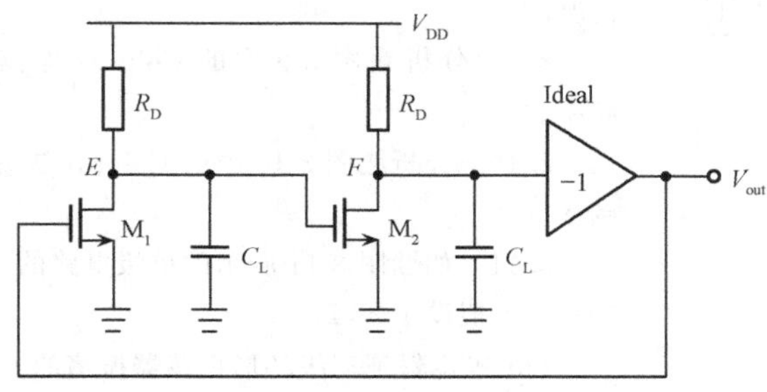

题图 8-1

8.2　题图 8-2 所示电路中，假设 $g_{m1}=g_{m2}=g_m=(200\Omega)^{-1}$。

① 保证振荡所需的 R_D 的最小值是多少？

② 当振荡频率为 1GHz 并且总的低频环路增益为 16 时，请确定 C_L 的值。

8.3　求题图 8-3 所示电路中确保振荡的 I_{SS} 的最小值。（提示：如果电路处在振荡的边缘，输出幅度非常小。）

8.4　题图 8-4 中若只考虑 M_3 的栅源电容，试解释在什么条件下，从 M_3 的漏极看进去的负载阻抗是感性的？

8.5　证明习题 8.4 中的复合负载的小信号阻抗大约等于 $1/g_{m3}$。

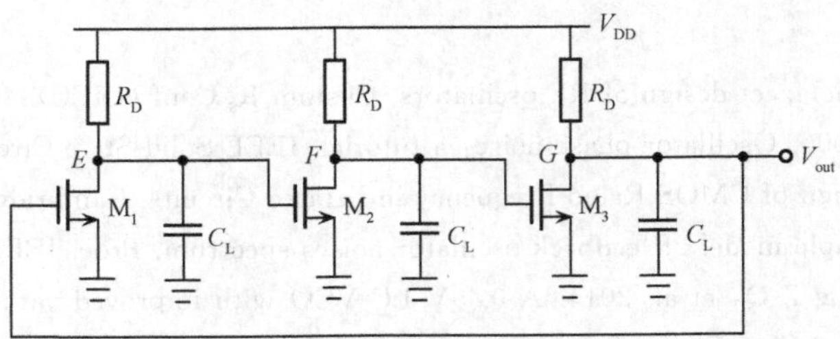

题图 8-2

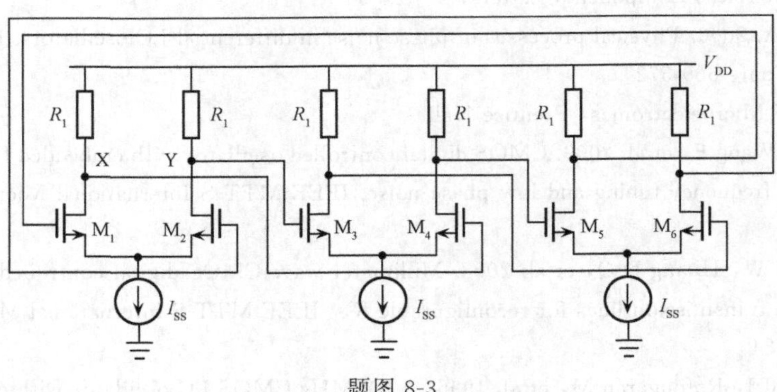

题图 8-3

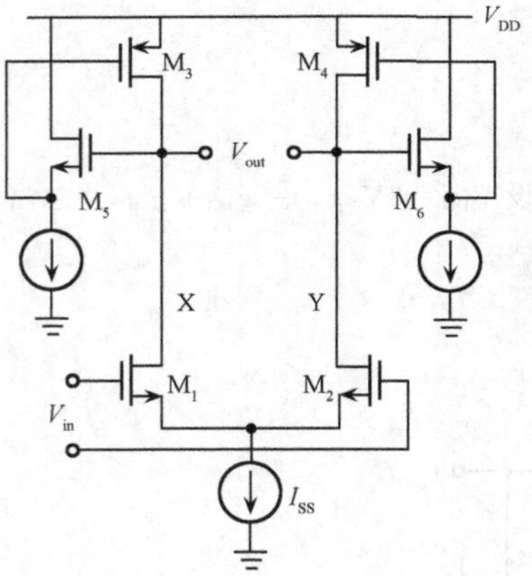

题图 8-4

8.6　若题图 8-6 中的电感均串联一个电阻 R_S，为确保低频环路增益小于 1，试问 R_S 应小到多少？（该条件是避免环路锁定的必要条件）。

8.7　求题图 8-7 中保证振荡的 I_{SS} 的最小值。估算保证 M_1 和 M_2 不进入线性区的 I_{SS} 的最大值。

8.8　分析题图 8-8 所示的 Colpitts 振荡器，它的振荡条件是通过在源极施加电流激励得出的。重复分析在 M_1 的栅极加电压激励的情况。

8.9　分析题图 8-9 中的 Colpitts 振荡器，确定振荡条件和振荡频率。

8.10　分析题图 8-10 中的 Colpitts 振荡器，确定振荡条件和振动频率。

8.11　如题图 8-11 所示的单级电路的 $I_T=1\text{mA}$ 并且 $(W/L)_{1,2}=50/0.5$。假设 $I_H \leqslant I_1$。

(1) 确定保证三级环形振荡器振荡的 $R_1=R_2=R$ 的最小值。

(2) 当 M_3 和 M_4 各承载 $I_T/2$ 电流时，确定使 $g_{m3,4}R=0.5$ 的 $(W/L)_{3,4}$ 的值。

(3) 计算保证振荡的 I_H 的最小值。

(4) 如果 V_{cont1} 和 V_{cont2} 的共模电平为 1.5V，计算当 $V_{cont1}=V_{cont2}$ 时，电流源 I_T 保持在 0.5V 的 $(W/L)_{5,6}$ 值。

8.12　串联型石英晶振电路如题图 8-12 所示，要求：

(1) 分析电路工作原理。

(2) 回路 L、C_1、C_2 的谐振频率应取多大？

(3) 该振荡器的频率稳定性如何？

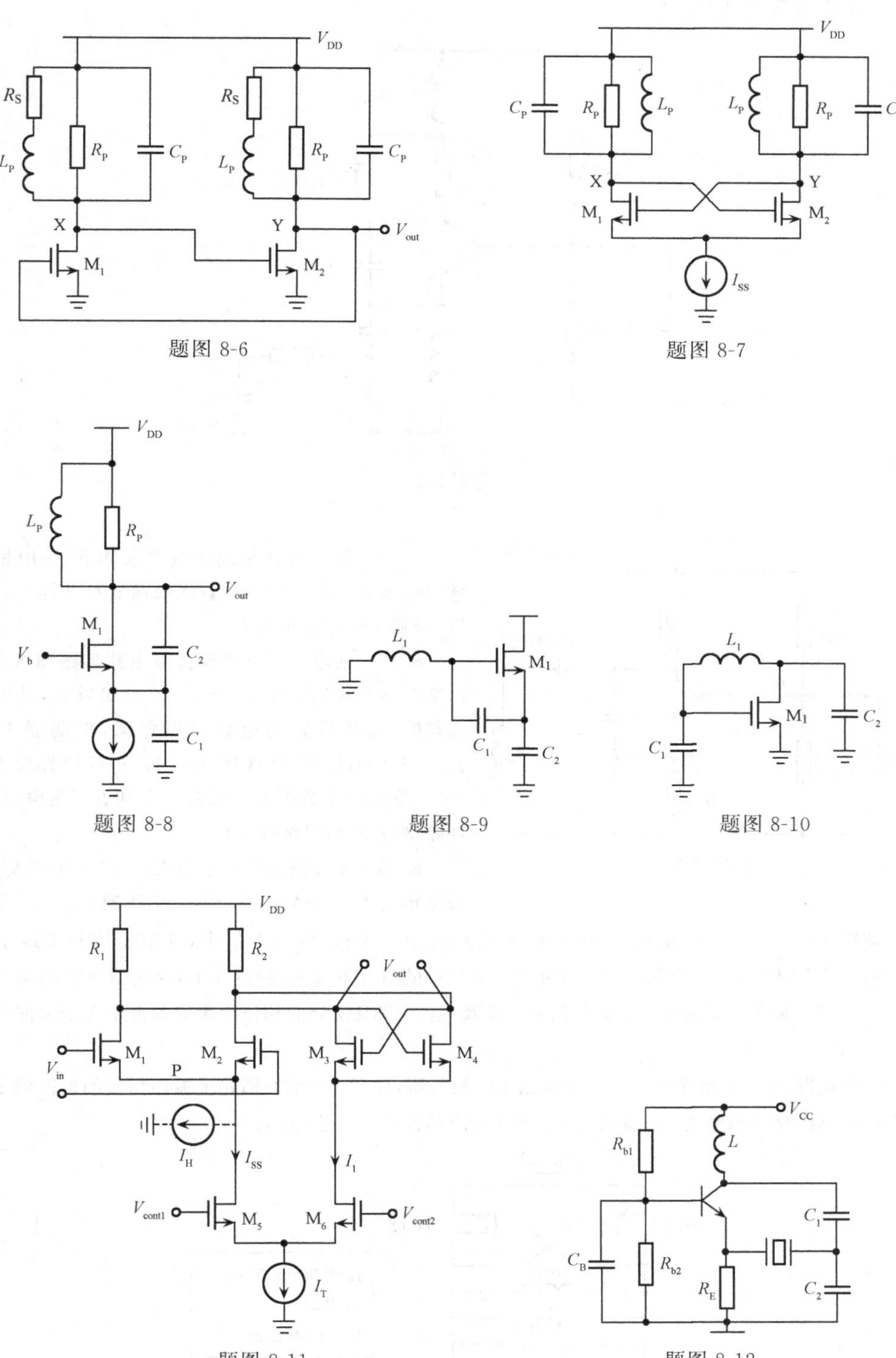

题图 8-6　　题图 8-7

题图 8-8　　题图 8-9　　题图 8-10

题图 8-11　　题图 8-12

8.13　一压控振荡器电路如题图 8-13 所示，要求：

(1) 分析此电路工作原理，说明电路中每个器件的作用，画出其直流通路和交流通路图。

(2) 若晶体管在工作点处跨导 $g_m=0.2\mathrm{S}$，共基输出阻抗 $r_o=10\mathrm{k}\Omega$，变容管 $C_j=20\mathrm{pF}$，电感 $L=0.1\mu\mathrm{H}$，

计算振荡器工作频率，并进行分析。

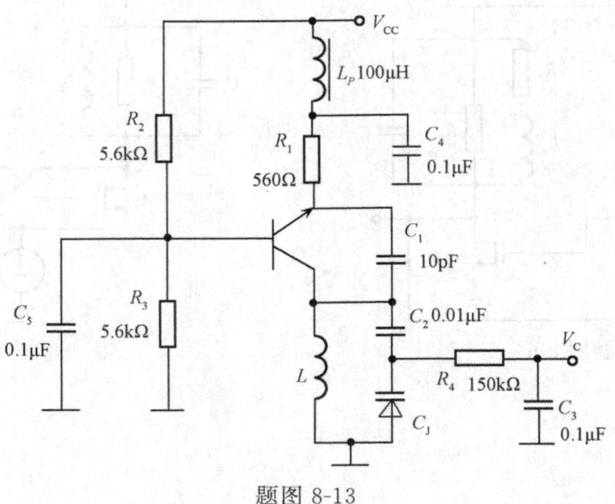

题图 8-13

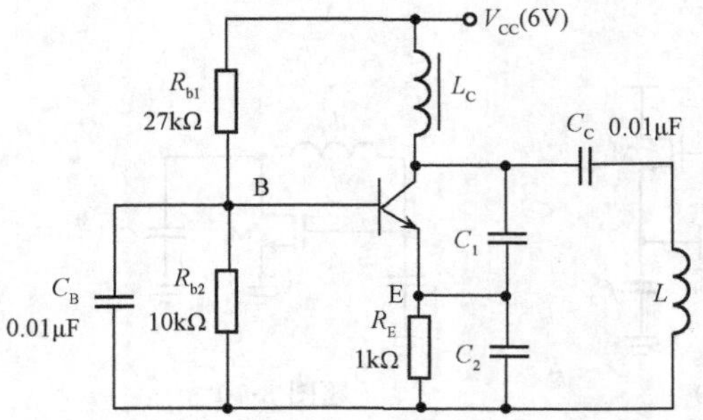

题图 8-15

8.14　晶体管在相同的偏置条件下，采用相同的电感和电容分别构成电感三点式振荡器和电容三点式振荡器，问哪个输出波形好？

8.15　某电容三点式振荡器电路如题图 8-15 所示，已知晶体管导通电压 $V_{BE}=0.6V$，β 足够大，基极电流可以忽略，晶体管极间电容可以忽略，振荡器工作频率 $f_{osc}=100MHz$，回路线圈 $L=0.5\mu H$，回路空载 $Q_0=100$。取反馈系数为 1/3 和 1/8，分别求回路电容 C_1、C_2、环路增益 T 和回路有载 Q_e。

8.16　无线局域网标准 IEEE 802.11b 规定：当采用数据传输率为 11Mbit/s 的 CCK 调制方式时，在保证接收机的误帧率达到 8×10^{-2} 的情况下，中心频率相差大于 25MHz 的两个信道，其信道抑制率最小应达到 35dB。现有一个接收机系统，在保证误帧率小于 8×10^{-2} 的情况下输入模数(A/D)变换器所需的信号的信噪比(SNR)为 10dB，则该接收机的本地振荡信号在偏离载波 25MHz 处的相位噪声必须低于多少才能满足系统要求？

8.17　根据题图 8-17 给出的一个差分负阻 LC 振荡器，计算 LC 谐振回路上振荡信号的振荡频率和振荡幅度。假设电感的品质因数为 10，忽略除 C_{gs} 之外所有的晶体管寄生电容。

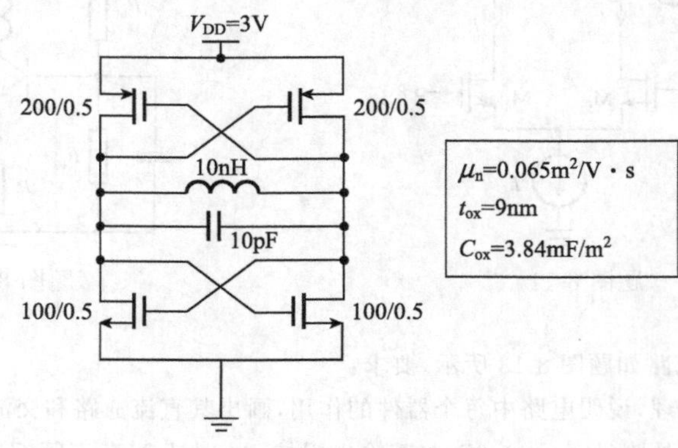

题图 8-17

8.18 在如题图 8-18 所示的振荡器中，输出稳态振荡信号的幅度为 1V，计算在偏离载波 100kHz 频率处，比较器输出信号 V_{out} 的相位噪声值。已知 $L_1=25\text{nH}$、$L_2=100\text{nH}$、$M=10\text{nH}$、$C=100\text{pF}$、$\overline{i_{n1}^2}=4kTG_{eff}\Delta f$、$1/G_{eff}=50\Omega$、$T=300\text{K}$。

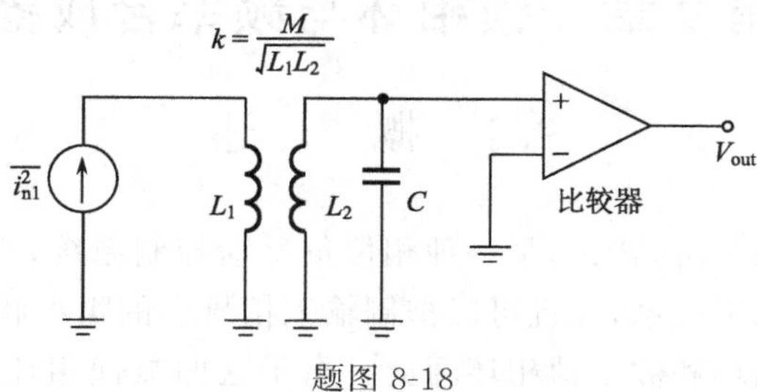

题图 8-18

第 9 章　锁相环与频率合成器

9.1　概　　述

锁相环(phase locked loop,PLL)是一种相位负反馈控制系统,它能使受控振荡器的频率和相位与输入信号保持确定关系,并且可以抑制输入信号中的噪声和压控振荡器的相位噪声。

锁相环分为模拟锁相环和数字锁相环两类。由于这两类锁相环工作原理基本相同,本章侧重讨论模拟锁相环的工作原理、典型电路和主要性能。

锁相环主要有两种工作形式,其一为锁定状态下的跟踪过程,其二为由失锁进入锁定的捕获过程。锁定情况下,输入信号与受控振荡器之间的瞬时相位差较小,故跟踪过程可以近似按线性系统处理。而在捕获过程中,输入信号与受控振荡器之间可能存在较大的频率差,瞬时相位将在大范围内变化,大大超越了锁相环各部件的线性工作范围,是一个非线性过程,故需要采用非线性系统分析方法。

电荷泵锁相环是当今最流行的锁相环结构,具有捕获范围宽和锁定时相位误差小等优点,本章讨论其工作原理和设计方法,重点讨论鉴频鉴相器和电荷泵的结构与设计。本章最后讨论频率合成器的工作原理和设计方法,包括整数频率合成器和小数频率合成器。

9.2　PLL 基本原理

9.2.1　PLL 的组成

PLL 是由鉴相器(phase detector,PD)、环路滤波器(loop filter,LF)和压控振荡器(voltage control oscillator,VCO)3 个基本模块组成的一种相位负反馈系统,如图 9-1 所示。

鉴相器的输出信号 $v_D(t)$是输入信号 $v_i(t)$和压控振荡器输出信号 $v_o(t)$之间相位差的函数。它经环路滤波器滤除高频分量和噪声后,成为压控振荡器的控制信号 $v_C(t)$。在 $v_C(t)$的作用下,压控振荡器输出信号 $v_o(t)$的频率将发生变化并反馈到鉴相器。由上述讨论可知,锁相环是一个传递相位的反馈系统,系统的变量是相位,系统响应是对输入输出信号的相位而言,而不是它们的幅度。因此,在分析锁相环性能之前,应先给出每一个模块的数学模型。

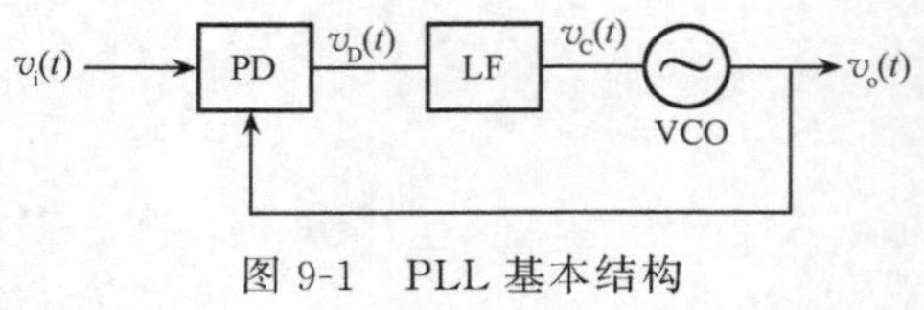

图 9-1　PLL 基本结构

1) 鉴相器

鉴相器完成输入信号与压控振荡器输出信号之间的相位差到电压的转换。PD 有两个输入信号($v_i(t)$和 $v_o(t)$)和一个输出信号($v_D(t)$)。$v_D(t)$可以表示为

$$v_D(t) = f\,[\varphi_i(t) - \varphi_o(t)] \tag{9.1}$$

其中,$\varphi_i(t)$是 $v_i(t)$的瞬时相位;$\varphi_o(t)$是 $v_o(t)$的瞬时相位;$f[\cdot]$表示相位差与电压之间的函数关系。

设输入信号为

$$v_i(t)=V_{im}\sin[\omega_i t+\theta_i(t)]=V_{im}\sin[\varphi_i(t)] \tag{9.2}$$

其中，V_{im}为正弦信号振幅；ω_i 为正弦信号角频率；$\theta_i(t)$是以相位 $\omega_i t$ 为参考的瞬时相位；$\varphi_i(t)=\omega_i t+\theta_i(t)$为输入信号的瞬时相位。

设 VCO 的输出信号为

$$v_o(t)=V_{om}\cos[\omega_r t+\theta_2(t)]=V_{om}\cos[\varphi_o(t)] \tag{9.3}$$

其中，V_{om}为余弦信号振幅；ω_r 为 VCO 自由振荡角频率或中心角频率；$\theta_2(t)$是以相位 $\omega_r t$ 为参考的瞬时相位；$\varphi_o(t)=\omega_r t+\theta_2(t)$为输出信号的瞬时相位。

一般情况下，两个信号的频率是不同的。为了便于比较，现统一以 VCO 自由振荡相位 $\omega_r t$ 为参考，于是输入信号可以改写为

$$v_i(t)=V_{im}\sin[\varphi_i(t)]=V_{im}\sin[\omega_r t+(\omega_i-\omega_r)t+\theta_i(t)]=V_{im}\sin[\omega_r t+\theta_1(t)] \tag{9.4}$$

其中，$\theta_1(t)=(\omega_i-\omega_r)t+\theta_i(t)=\Delta\omega t+\theta_i(t)$是以相位 $\omega_r t$ 为参考的瞬时相位；$\varphi_i(t)=\omega_r t+\theta_1(t)$。

理想鉴相器能产生一个输出电压，其平均分量 $v_D(t)$正比于两个输入信号的相位差，它们之间的关系表示为

$$v_D(t)=K_D[\varphi_i(t)-\varphi_o(t)]=K_D[\theta_1(t)-\theta_2(t)] \tag{9.5}$$

其中，K_D 为鉴相灵敏度，单位为 V/rad。然而，在很多情况下，鉴相器并不满足这个线性关系。例如，用模拟乘法器做鉴相器时，鉴相器具有正弦鉴相特性。设乘法器的系数为 K，单位为 1/V，则乘法器的输出为

$$\begin{aligned}v_D(t)&=Kv_i(t)v_o(t)=KV_{im}V_{om}\sin[\varphi_i(t)]\cos[\varphi_o(t)]\\&=\frac{1}{2}KV_{im}V_{om}\{\sin[\varphi_i(t)-\varphi_o(t)]+\sin[\varphi_i(t)+\varphi_o(t)]\}\\&=\frac{1}{2}KV_{im}V_{om}\{\sin[\theta_1(t)-\theta_2(t)]+\sin[2\omega_r t+\theta_1(t)+\theta_2(t)]\}\end{aligned} \tag{9.6}$$

由于鉴相器后面有一个低通滤波器，它将滤除上述信号中的 $2\omega_r$ 的高频分量，所以乘法器的输出可以等效地表示为

$$v_D(t)=\frac{1}{2}KV_{im}V_{om}\sin[\theta_1(t)-\theta_2(t)] \tag{9.7}$$

令 $K_D=KV_{im}V_{om}/2$，$\theta_e(t)=\theta_1(t)-\theta_2(t)$，则有

$$v_D(t)=K_D\sin\theta_e(t) \tag{9.8}$$

其中，K_D 为鉴相器的最大输出电压，反映了鉴相器的灵敏度。该鉴相器显然具有正弦鉴相特性，如图 9-2 所示。

鉴相器的一般特性可以表示为

$$v_D(t)=f[\theta_e(t)] \tag{9.9}$$

2）环路滤波器

PLL 中的环路滤波器(LF)是一个线性低通滤波器，由电阻、电容和运算放大器组成。它滤除鉴相器输出电压中的高频分量和噪声，输出低频分量 $v_C(t)$去控制 VCO 的频率。它可以改善 VCO 控制电压的频谱纯度，提高系统的稳定性。

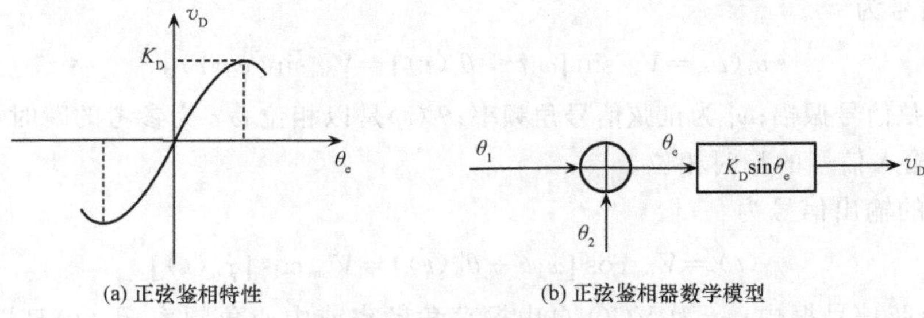

图 9-2 鉴相器

环路滤波器的特性可以用传递函数表示为

$$H(s)=\frac{V_C(s)}{V_D(s)} \tag{9.10}$$

其中，$V_C(s)$和$V_D(s)$分别为 LF 的输出信号$v_C(t)$和输入信号$v_D(t)$的拉普拉斯变换。

PLL 中常用的一阶低通滤波器，又称为比例积分滤波器，如图 9-3 所示。其中图 9-3(a)为无源比例积分滤波器，图 9-3(b)为有源比例积分滤波器。

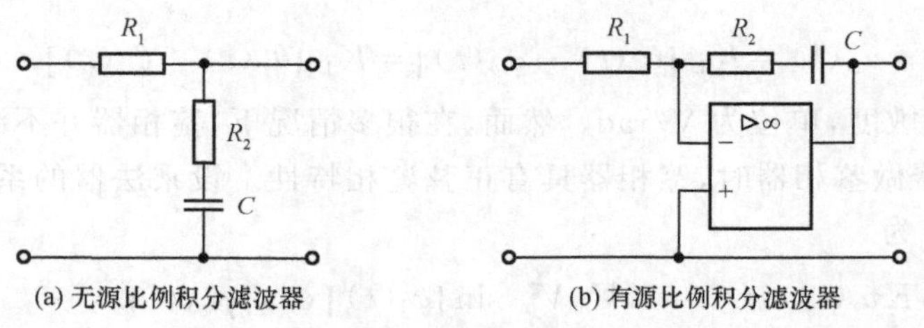

图 9-3 比例积分滤波器

图 9-3(a)所示的无源比例积分滤波器的传递函数表示为

$$H(s)=\frac{\tau_2 s+1}{(\tau_1+\tau_2)s+1} \tag{9.11}$$

其中，$\tau_1=R_1C$，$\tau_2=R_2C$。其频率特性如图 9-4(a)所示。当$\omega=0$时，$|H(\mathrm{j}0)|=1$；当$\omega\to\infty$时，$|H(\mathrm{j}\omega)|\to\tau_2/(\tau_1+\tau_2)$。

图 9-3(b)所示的有源比例积分滤波器的传递函数为

$$H(s)=-\frac{R_2}{R_1}\frac{s+1/\tau_2}{s+1/(A\tau_1)}=-A\,\frac{1+\tau_2 s}{1+A\tau_1 s} \tag{9.12}$$

其中，$\tau_1=R_1C$，$\tau_2=R_2C$，A为运算放大器电压增益，并假定$A\gg1$，$R_1\gg R_2$。当运算放大器的增益为无穷大时，有源比例积分滤波器称为理想积分滤波器，其传递函数变为

$$H(s)=-\frac{\tau_2 s+1}{\tau_1 s} \tag{9.13}$$

其中，$\tau_1=R_1C$，$\tau_2=R_2C$。当$\omega\to0$时，$|H(\mathrm{j}\omega)|\to\infty$；当$\omega\to\infty$时，$|H(\mathrm{j}\omega)|\to\tau_2/\tau_1$。式中的负号表示滤波器输出和输入电压之间相位相反。假如环路原来工作在鉴相特性的正斜率处，那么加入有源比例积分滤波器之后就自动地工作到鉴相特性的负斜率处，其负号与滤波器的负号相抵消。因此，这个负号对环路的工作没有影响，分析时可以不予考虑。有源比例积分滤

波器和理想积分滤波器的频率特性分别如图 9-4(b)和(c)所示。

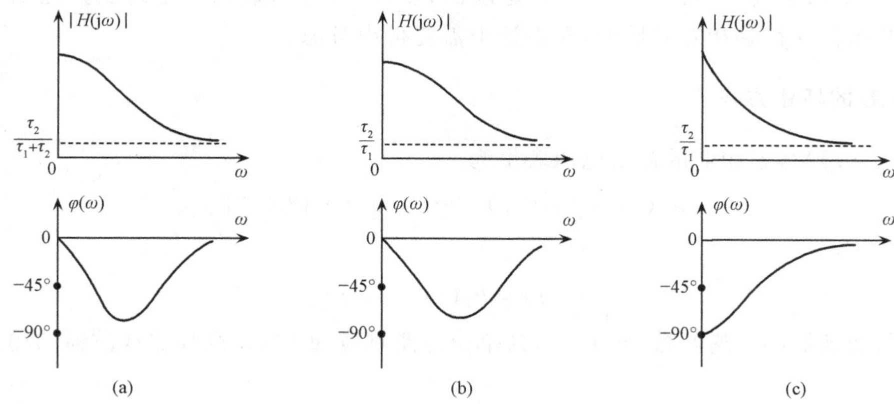

图 9-4　比例积分滤波器的频率特性

环路滤波器的主要指标有带宽、直流增益和高频增益，由滤波器的时间常数和类型决定。无源比例积分滤波器的高频增益小于 1，有源比例积分滤波器的高频增益可以大于 1。高频时有一定的增益，对 PLL 的捕捉特性有利。由于比例积分滤波器的传递函数有一个零点，所以增加了环路的稳定性。

3) 压控振荡器

压控振荡器是频率受电压控制的振荡器。在 PLL 中，VCO 的控制电压为 $v_C(t)$，它的振荡频率与控制电压之间的关系表示为

$$\omega_o(t)=\omega_r+g\,[v_C(t)] \tag{9.14}$$

其中，$\omega_o(t)$为压控振荡器的瞬时角频率；ω_r 为压控振荡器的中心角频率或自由振荡频率，即 $v_C(t)=0$ 时的振荡频率；$g[\cdot]$表示频率随电压变化的函数关系。压控振荡器的频率随电压变化的关系(又称为压控曲线)如图 9-5 所示。

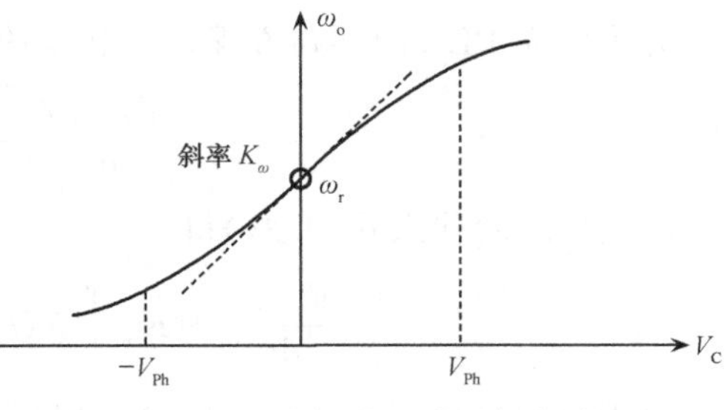

图 9-5　压控振荡器的压控曲线

在 ω_r 附近，压控振荡器的频率与控制电压关系可近似为线性关系：

$$\omega_o(t)=\omega_r+K_\omega v_C(t) \tag{9.15}$$

其中，K_ω 是压控曲线在 $\omega_o(t)=\omega_r$，即 $v_C(t)=0$ 时的斜率，称为压控灵敏度，单位为 rad/(V · s)，如图 9-5 所示。

在 PLL 中，VCO 的输出将送到鉴相器的输入端，但在鉴相器中起作用的是其瞬时相位，而不是角频率 $\omega_o(t)$。由于正弦信号的瞬时角频率等于其相位对时间的导数，所以 VCO 输出信号的瞬时相位为

$$\varphi_o(t)=\int_0^t \omega_o(\tau)\,d\tau=\omega_r t+\int_0^t g\,[v_C(\tau)]\,d\tau \tag{9.16}$$

在 ω_r 附近，压控曲线近似为线性关系，VCO 输出信号的相位可以表示为

$$\varphi_o(t)=\omega_r t+K_\omega\int_0^t v_C(\tau)\,d\tau \tag{9.17}$$

由此可见，VCO 在锁相环中起了一次积分的作用，因此，称为环路中的固有积分环节。对 VCO 的基本要求是：相位噪声小，频率稳定度高，线性区域宽，达到一定的变频范围和压控灵敏度。这些指标往往是相互矛盾的，在设计中需要折中考虑。

9.2.2 PLL 的环路方程

根据式(9.1)得鉴相器的输出电压表示为

$$v_D(t)=f\,[\varphi_i(t)-\varphi_o(t)]=f\,[\theta_e(t)] \tag{9.18}$$

其中

$$\theta_e(t)=\theta_1(t)-\theta_2(t) \tag{9.19}$$

若环路滤波器的传递函数为 $H(s)$，其单位冲激响应为 $h(t)$，则环路滤波器的输出电压表示为

$$v_C(t)=\int_0^t h(t-\tau)v_D(\tau)\mathrm{d}\tau=\int_0^t h(t-\tau)f\,[\theta_e(\tau)]\,\mathrm{d}\tau \tag{9.20}$$

假定压控振荡器工作在线性区，根据式(9.15)其振荡频率表示为

$$\omega_o(t)=\omega_r+K_\omega v_C(t)=\omega_r+K_\omega\int_0^t h(t-\tau)f\,[\theta_e(\tau)]\,\mathrm{d}\tau \tag{9.21}$$

根据定义有 $\varphi_o(t)=\omega_r t+\theta_2(t)$，对其左右两边求导，有

$$\omega_o(t)=\frac{\mathrm{d}\varphi_o(t)}{\mathrm{d}t}=\omega_r+\frac{\mathrm{d}\theta_2(t)}{\mathrm{d}t} \tag{9.22}$$

故有

$$\frac{\mathrm{d}\theta_2(t)}{\mathrm{d}t}=K_\omega\int_0^t h(t-\tau)f\,[\theta_e(\tau)]\,\mathrm{d}\tau \tag{9.23}$$

为了建立 PLL 的环路方程，对式(9.19)求导，得

$$\frac{\mathrm{d}\theta_e(t)}{\mathrm{d}t}=\frac{\mathrm{d}\theta_1(t)}{\mathrm{d}t}-\frac{\mathrm{d}\theta_2(t)}{\mathrm{d}t} \tag{9.24}$$

将式(9.23)代入式(9.24)得

$$\frac{\mathrm{d}\theta_e(t)}{\mathrm{d}t}+K_\omega\int_0^t h(t-\tau)f\,[\theta_e(\tau)]\,\mathrm{d}\tau=\frac{\mathrm{d}\theta_1(t)}{\mathrm{d}t} \tag{9.25}$$

由于 $\theta_1(t)=(\omega_i-\omega_r)t+\theta_i(t)$，因此式(9.25)也可表示为

$$\frac{\mathrm{d}\theta_e(t)}{\mathrm{d}t}+K_\omega\int_0^t h(t-\tau)f\,[\theta_e(\tau)]\,\mathrm{d}\tau=(\omega_i-\omega_r)+\frac{\mathrm{d}\theta_i(t)}{\mathrm{d}t} \tag{9.26}$$

式(9.26)是假定 VCO 工作在线性区的情况下的，描述环路特性的微积分方程，称为 PLL 的环路方程。环路方程的右侧可以看成环路的输入，第一项$(\omega_i-\omega_r)$是输入信号和 VCO 输出信号的中心角频率之差，不随时间变化，取决于环路开始工作时的状态，称为起始频差或固有频差。右边第二项反映输入信号相位随时间变化部分对时间的微分。当输入为恒定频率信号时，它等于零。环路方程左边第二项是 VCO 在控制电压 $v_C(t)$的作用下，所产生的角频率相对于中心角频率 ω_r 的频差，即 $\omega_o(t)-\omega_r$，一般称为控制频差。左边第一项是瞬时相位误差 $\theta_e(t)$对时间的微分，也就是输入信号与 VCO 输出信号的瞬时频差。

将式(9.26)两端对时间积分，得

$$\theta_e(t) + K_\omega \int_0^t \int_0^t h(t-\tau) f[\theta_e(\tau)] \mathrm{d}\tau \mathrm{d}t = (\omega_i - \omega_r)t + \theta_i(t) \tag{9.27}$$

根据式(9.27)可以构成 PLL 的相位模型，如图 9-6 所示。它描述了 PLL 输出相位和输入相位变化之间的关系，故称为相位模型。

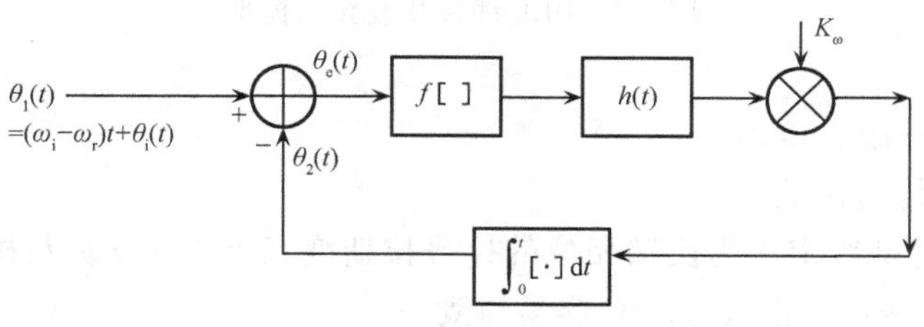

图 9-6　PLL 的相位模型

9.3　PLL 的线性分析

PLL 的两个基本状态是锁定和失锁，对应着跟踪和捕捉两种动态过程。当环路处于跟踪状态时，通常相位误差较小，PLL 可近似为线性系统；而在捕捉时，必须对环路进行非线性分析。下面分析 PLL 在锁定状态下的跟踪特性。

9.3.1　PLL 的线性模型与传递函数

1. PLL 的线性模型

当 PLL 进入锁定状态，即 VCO 的振荡频率等于输入信号频率，并且两者的相位差很小时，鉴相特性可以用线性关系式表示为

$$v_D(t) = f[\theta_e(t)] = K_D \theta_e(t) \tag{9.28}$$

将式(9.28)代入式(9.23)得

$$\frac{\mathrm{d}\theta_2(t)}{\mathrm{d}t} = K_\omega K_D \int_0^t h(t-\tau)\theta_e(\tau)\mathrm{d}\tau \tag{9.29}$$

由于 $\theta_2(t) = \theta_1(t) - \theta_e(t)$，代入式(9.29)得

$$\frac{\mathrm{d}\theta_e(t)}{\mathrm{d}t} + K_\omega K_D \int_0^t h(t-\tau)\theta_e(\tau)\mathrm{d}\tau = \frac{\mathrm{d}\theta_1(t)}{\mathrm{d}t} \tag{9.30}$$

设 $\theta_e(s)$、$\theta_1(s)$、$\theta_2(s)$和 $H(s)$分别表示 $\theta_e(t)$、$\theta_1(t)$、$\theta_2(t)$和 $h(t)$的拉普拉斯变换，对式(9.29)进行拉普拉斯变换可以得到

$$s\theta_2(s) = K_P H(s)\theta_e(s) \tag{9.31}$$

其中，$K_P = K_\omega K_D$。

对式 $\theta_e(t) = \theta_1(t) - \theta_2(t)$进行拉普拉斯变换可以得到

$$\theta_e(s) = \theta_1(s) - \theta_2(s) \tag{9.32}$$

根据式(9.31)和式(9.32)容易得到环路的线性化复频域模型，如图 9-7 所示。

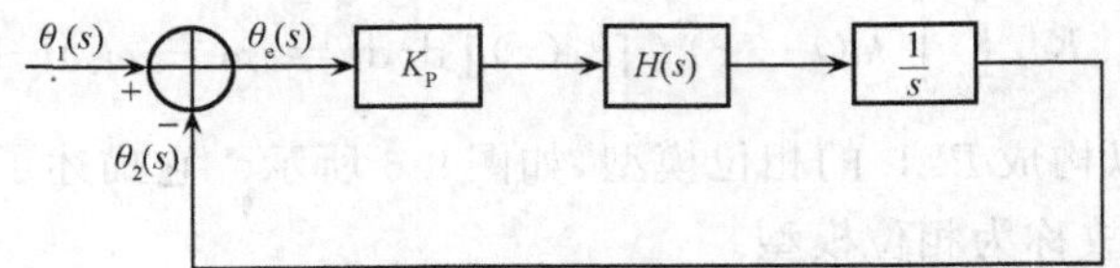

图 9-7 PLL 线性化复频域模型

2. 传递函数的一般表示式

1）环路的开环传递函数

环路的开环传递函数定义为反馈相位的拉普拉斯变换 $\theta_2(s)$ 与误差相位的拉普拉斯变换 $\theta_e(s)$ 之比，用 $T_o(s)$ 表示。由式(9.31)容易得到

$$T_o(s)=\frac{\theta_2(s)}{\theta_e(s)}=\frac{K_P H(s)}{s} \tag{9.33}$$

2）环路的误差传递函数

环路的误差传递函数定义为误差相位的拉普拉斯变换 $\theta_e(s)$ 与输入相位的拉普拉斯变换 $\theta_1(s)$ 之比，用 $T_e(s)$ 表示。由式(9.31)和式(9.32)可得

$$s\theta_e(s)+K_P H(s)\theta_e(s)=s\theta_1(s)$$

因此有

$$T_e(s)=\frac{\theta_e(s)}{\theta_1(s)}=\frac{s}{s+K_P H(s)} \tag{9.34}$$

3）环路的闭环传递函数

环路的闭环传递函数定义为输出相位的拉普拉斯变换 $\theta_2(s)$ 与输入相位的拉普拉斯变换 $\theta_1(s)$ 之比，用 $T(s)$ 表示。由式(9.32)得

$$\frac{\theta_2(s)}{\theta_1(s)}=1-\frac{\theta_e(s)}{\theta_1(s)}$$

将式(9.34)代入上式得

$$T(s)=\frac{\theta_2(s)}{\theta_1(s)}=\frac{K_P H(s)}{s+K_P H(s)} \tag{9.35}$$

3. 实际环路的传递函数

1）无滤波器的一阶环路

此时环路内无环路滤波器，即 $H(s)=1$，将其代入式(9.33)～式(9.35)，得各传递函数分别为

$$T_o(s)=\frac{K_P}{s} \tag{9.36}$$

$$T(s)=\frac{K_P}{s+K_P} \tag{9.37}$$

$$T_e(s)=\frac{s}{s+K_P} \tag{9.38}$$

由于上述传递函数为一阶函数，故称为一阶 PLL。

2）采用 RC 积分滤波器的二阶环路

当环路滤波器采用 RC 积分滤波器时，有

$$H(s)=\frac{1}{1+\tau s} \tag{9.39}$$

其中，$\tau=RC$ 为滤波器的时间常数。

将式(9.39)代入式(9.33)～式(9.35)，得各传递函数分别为

$$T_o(s)=\frac{K_P/\tau}{s^2+s/\tau} \tag{9.40}$$

$$T(s)=\frac{K_P/\tau}{s^2+s/\tau+K_P/\tau} \tag{9.41}$$

$$T_e(s)=\frac{s^2+s/\tau}{s^2+s/\tau+K_P/\tau} \tag{9.42}$$

3）采用无源比例积分滤波器的二阶环路

当环路滤波器采用无源比例积分滤波器时，有

$$H(s)=\frac{1+s\tau_2}{1+s(\tau_1+\tau_2)} \tag{9.43}$$

其中，$\tau_1=R_1C_1$，$\tau_2=R_2C_2$。

将式(9.43)代入式(9.33)～式(9.35)，得各传递函数分别为

$$T_o(s)=\frac{K_P(1+s\tau_2)}{s^2(\tau_1+\tau_2)+s} \tag{9.44}$$

$$T(s)=\frac{K_P(1+s\tau_2)}{s^2(\tau_1+\tau_2)+s(1+K_P\tau_2)+K_P} \tag{9.45}$$

$$T_e(s)=\frac{s^2(\tau_1+\tau_2)+s}{s^2(\tau_1+\tau_2)+s(1+K_P\tau_2)+K_P} \tag{9.46}$$

4）采用有源比例积分滤波器的二阶环路

当环路滤波器采用有源比例积分滤波器时，有

$$H(s)=A\cdot\frac{1+s\tau_2}{1+sA\tau_1} \tag{9.47}$$

其中，$\tau_1=R_1C_1$，$\tau_2=R_2C_2$。

将式(9.47)代入式(9.33)～式(9.35)，得各传递函数分别为

$$T_o(s)=\frac{sK_PA\tau_2+K_PA}{s^2A\tau_1+s} \tag{9.48}$$

$$T(s)=\frac{sK_PA\tau_2+K_PA}{s^2A\tau_1+s(1+K_PA\tau_2)+K_PA} \tag{9.49}$$

$$T_e(s)=\frac{s^2A\tau_1+s}{s^2A\tau_1+s(1+K_PA\tau_2)+K_PA} \tag{9.50}$$

5）采用理想积分滤波器的二阶环路

当环路滤波器采用理想积分滤波器时，有

$$H(s)=\frac{1+s\tau_2}{s\tau_1} \tag{9.51}$$

其中，$\tau_1=R_1C_1$，$\tau_2=R_2C_2$。

将式(9.51)代入式(9.33)～式(9.35)，得各传递函数分别为

$$T_o(s)=\frac{K_P(1+s\tau_2)/\tau_1}{s^2} \tag{9.52}$$

$$T(s)=\frac{K_P(1+s\tau_2)/\tau_1}{s^2+s(K_P\tau_2/\tau_1)+K_P/\tau_1} \tag{9.53}$$

$$T_e(s)=\frac{s^2}{s^2+s(K_P\tau_2/\tau_1)+K_P/\tau_1} \tag{9.54}$$

上述各传递函数是用各模块参数 K_P、τ_1 和 τ_2 来表示的，这些参数意义明确，但整个环路的动态性能不易从这些式子看出。由于 PLL 是一个自动调节系统，可以引用自动调节系统的参数，即环路自然角频率 ω_n 和阻尼系数 ζ 来描述。

将上述环路传递函数 $T(s)$ 和 $T_e(s)$ 的分母表示为 $s^2+2\zeta\omega_n s+\omega_n^2$，对应于不同环路滤波器的 ω_n 和 ζ 如表 9-1 所示。

表 9-1　对应于不同环路滤波器的 ω_n 和 ζ

	RC 积分滤波器	无源比例积分滤波器	有源比例积分滤波器	理想积分滤波器
ω_n	$\sqrt{\frac{K_P}{\tau}}$	$\sqrt{\frac{K_P}{\tau_1+\tau_2}}$	$\sqrt{\frac{K_P}{\tau_1}}$	$\sqrt{\frac{K_P}{\tau_1}}$
ζ	$\frac{1}{2}\sqrt{\frac{1}{K_P\tau}}$	$\frac{1}{2}\sqrt{\frac{K_P}{\tau_1+\tau_2}}\left(\tau_2+\frac{1}{K_P}\right)$	$\frac{1}{2}\sqrt{\frac{K_P}{\tau_1}}\left(\tau_2+\frac{1}{AK_P}\right)$	$\frac{\tau_2}{2}\sqrt{\frac{K_P}{\tau_1}}$

采用 RC 积分滤波器时，环路的传递函数为

$$T(s)=\frac{\omega_n^2}{s^2+2\zeta\omega_n s+\omega_n^2} \tag{9.55}$$

$$T_e(s)=\frac{s^2+2\zeta\omega_n s}{s^2+2\zeta\omega_n s+\omega_n^2} \tag{9.56}$$

采用无源比例积分滤波器时，环路的传递函数为

$$T(s)=\frac{s\omega_n(2\zeta-\omega_n/K_P)+\omega_n^2}{s^2+2\zeta\omega_n s+\omega_n^2} \tag{9.57}$$

$$T_e(s)=\frac{s^2+s\omega_n^2/K_P}{s^2+2\zeta\omega_n s+\omega_n^2} \tag{9.58}$$

采用有源比例积分滤波器时，环路的传递函数为

$$T(s)=\frac{s\omega_n[2\zeta-\omega_n/(AK_P)]+\omega_n^2}{s^2+2\zeta\omega_n s+\omega_n^2} \tag{9.59}$$

$$T_e(s)=\frac{s^2+s\omega_n^2/(AK_P)}{s^2+2\zeta\omega_n s+\omega_n^2} \tag{9.60}$$

采用理想积分滤波器时，环路的传递函数为

$$T(s)=\frac{2\zeta\omega_n s+\omega_n^2}{s^2+2\zeta\omega_n s+\omega_n^2} \tag{9.61}$$

$$T_e(s)=\frac{s^2}{s^2+2\zeta\omega_n s+\omega_n^2} \tag{9.62}$$

4. PLL 的频率响应

锁相环的频率响应是指环路在角频率 ω 的正弦输入相位下,稳态输出相位与输入相位的比值。通过研究环路的频率响应可以了解锁相环的滤波特性。环路的频率响应可由传递函数得到,即将 s 用 $j\omega$ 代替即可。下面以两种不同环路来求解其频率响应。

1) 无滤波器的一阶环路

此时有 $H(s)=1$,由一阶环路的闭环传递函数式(9.35)可得

$$T(j\omega)=\frac{K_P}{j\omega+K_P}=\frac{1}{1+j\dfrac{\omega}{K_P}} \tag{9.63}$$

其模和相位分别表示为

$$\begin{cases}|T(j\omega)|=\dfrac{1}{\sqrt{1+(\omega/K_P)^2}}\\ \varphi_T(\omega)=-\arctan(\omega/K_P)\end{cases} \tag{9.64}$$

根据式(9.63)和式(9.64)可得相应的幅频特性和相频特性,如图 9-8 所示。

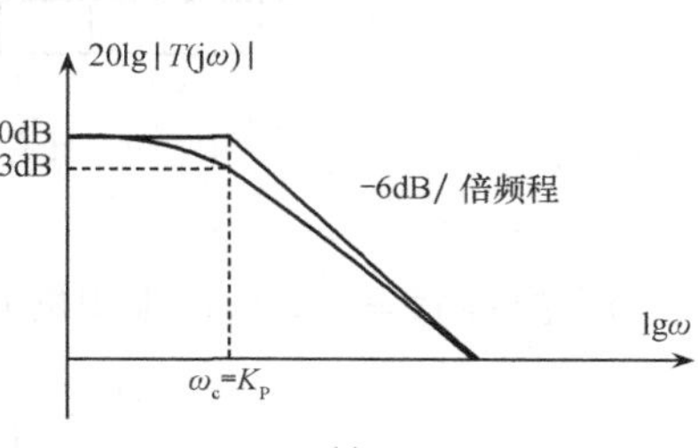

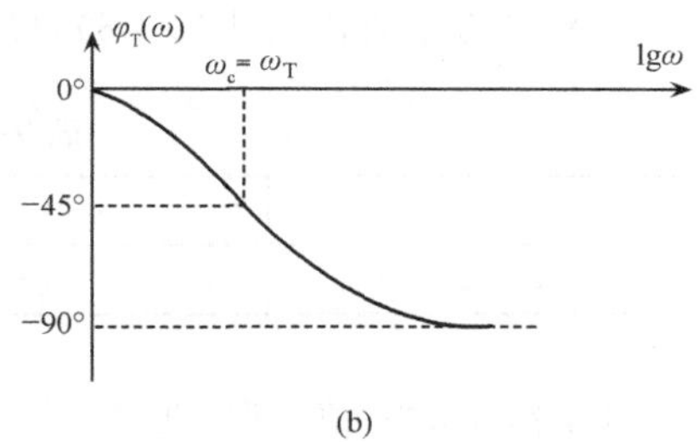

图 9-8　一节环路的闭环幅频特性和相频特性

由图 9-8 可见,一阶环路的相频特性是滞后型的,幅频特性是低通特性,其截止频率(或称环路的 3dB 带宽)为

$$\omega_c=K_P \tag{9.65}$$

式(9.65)说明一阶环路增益 K_P 越小,则环路的带宽越窄,环路的抗输入干扰能力就越强。这里需要指出的是,环路的频率特性是对输入信号相位 $\theta_1(t)$ 的频谱而言的,而不是指输入电压 $v_i(t)$ 的频谱。

2) 采用理想积分滤波器的二阶环路

此时有 $H(s)=\dfrac{1+s\tau_2}{s\tau_1}$,由二阶环路闭环传递函数式(9.61)可得

$$T(j\omega)=\frac{2\zeta\omega_n(j\omega)+\omega_n^2}{(j\omega)^2+2\zeta\omega_n(j\omega)+\omega_n^2}=\frac{1+j2\zeta\omega/\omega_n}{1-(\omega/\omega_n)^2+j2\zeta\omega/\omega_n} \tag{9.66}$$

其模为

$$|T(j\omega)|=\frac{\sqrt{1+(2\zeta\omega/\omega_n)^2}}{\sqrt{[1-(\omega/\omega_n)^2]^2+(2\zeta\omega/\omega_n)^2}} \tag{9.67}$$

由式(9.67)可见,环路的闭环幅频特性与环路阻尼系数 ζ 有关,对应不同 ζ 值的幅频特性如图 9-9 所示。

由图 9-9 可见,采用理想积分滤波器的二阶环路,对于输入相位,相当于一个低通滤波器,但会出现峰值,且阻尼系数 ζ 越小,峰值越高。所有曲线在 $\omega/\omega_n=\sqrt{2}$ 处相交于 0dB,在 $\omega/\omega_n>\sqrt{2}$ 的范围内,幅频特性下降,ζ 越小,下降得越快。

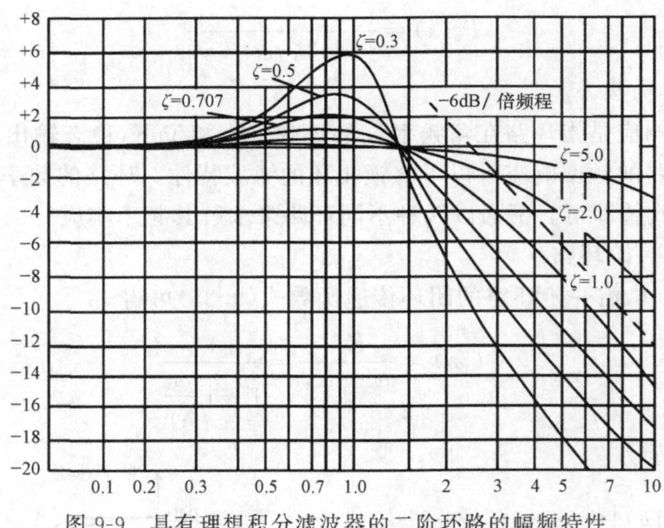

图 9-9　具有理想积分滤波器的二阶环路的幅频特性

令 $|T(j\omega)|=1/\sqrt{2}$，可求得截止频率 ω_c 满足：

$$\frac{\omega_c}{\omega_n}=\left[2\zeta^2+1+\sqrt{(2\zeta^2+1)^2+1}\right]^{\frac{1}{2}} \tag{9.68}$$

将不同的 ζ 值代入式(9.68)，可求出对应的 ω_c/ω_n 的值，如表 9-2 所示。

表 9-2　不同的 ζ 值对应的 ω_c/ω_n

ζ	0.5	0.707	1
ω_c/ω_n	1.82	2.06	2.48

对于给定的 ζ 值，环路带宽 ω_c 与环路固有频率 ω_n 成正比，因此，通常用 ω_n 来说明环路带宽 ω_c 的大小。

同样，可以根据环路误差传递函数求出误差频率特性。经分析可知，误差频率特性具有高通滤波特性，其特性曲线形状与环路阻尼系数 ζ 的大小有关。

前面给出了一阶和二阶环路的分析，由于二阶环路结构简单、性能良好，所以在实际中得到了广泛的应用。在实际应用中，有时也会使用三阶环路，例如，环路滤波器是由两个相同的理想积分滤波器级联组成时，就构成了三阶环路。此时滤波器的传递函数表示为

$$H(s)=\frac{(1+s\tau_2)^2}{s^2\tau_1^2} \tag{9.69}$$

环路的闭环传递函数则表示为

$$T(s)=\frac{K_P(1+s\tau_2)^2}{s^3\tau_1^2+s^2K_P\tau_2^2+2sK_P\tau_2+K_P} \tag{9.70}$$

比三阶更高的环路实际很少采用。

前面讨论的是锁相环在锁定状态下的复频域模型和传递函数。由于这时 PLL 中的各个模块均工作在线性区，所以环路是一个线性反馈控制系统。下面利用已经求得的一阶和二阶环路的传递函数分析其线性特性，即 PLL 的跟踪特性、稳态相差、频率特性、噪声特性和稳定

性等。

9.3.2　PLL 的跟踪特性

对于已经锁定的环路，当输入信号的相位和频率发生变化时，环路将使 VCO 的相位和频率跟踪输入信号的变化。若输入信号相位的变化是有规律的，则在输入信号相位变化之初，环路会有一个瞬变过程，在瞬变过程结束后，环路存在一个稳态相位误差。这个稳态相位误差可以用来衡量环路跟踪性能的好坏。跟踪特性可以用误差传递函数来描述。当输入信号相位的变化规律不同时，环路的跟踪过程也不同。

输入信号相位 $\theta_1(t)$是时间函数，在分析比较各种环路性能时，采用的典型输入信号通常有以下几种。

1）相位阶跃 $\Delta\theta$

输入信号相位 $\theta_1(t)$表示为

$$\theta_1(t)=\begin{cases}\Delta\theta, & t>0\\ 0, & t<0\end{cases} \\ =\Delta\theta\cdot u(t) \tag{9.71}$$

2）频率阶跃 $\Delta\omega$

输入信号的频率发生阶跃可表示为

$$\omega_i(t)=\begin{cases}\omega_i+\Delta\omega, & t>0\\ \omega_i, & t<0\end{cases} \tag{9.72}$$

其中，ω_i 为锁定时的频率。当输入信号的频率在时刻零发生了 $\Delta\omega$ 的跳变时，输入信号的频率变为 $\omega_i+\Delta\omega u(t)$。由于相位是频率的积分，所以输入频率阶跃可以变换为输入相位的变化，即

$$\theta_1(t)=\begin{cases}\Delta\omega t, & t>0\\ 0, & t<0\end{cases} \\ =\Delta\omega\cdot t\cdot u(t) \tag{9.73}$$

3）频率斜升 $\Delta\omega\cdot t$

输入信号的频率可表示为

$$\omega_i(t)=\begin{cases}\omega_i+\Delta\omega\cdot t, & t>0\\ \omega_i, & t<0\end{cases} \tag{9.74}$$

其中，ω_i 为锁定时的频率。当输入信号的频率在时刻零发生了斜升时，输入信号的频率变为 $\omega_i+\Delta\omega\cdot t\cdot u(t)$。由于相位是频率的积分，所以输入频率斜升可以变换为输入相位的变化，即

$$\theta_1(t)=\begin{cases}\frac{1}{2}\Delta\omega\cdot t^2, & t>0\\ 0, & t<0\end{cases} \\ =\frac{1}{2}\Delta\omega\cdot t^2\cdot u(t) \tag{9.75}$$

上述 3 种输入信号相位和拉普拉斯变换如表 9-3 所示。

表 9-3 输入信号相位及其拉普拉斯变换

输入形式	$\theta_1(t)$	$\theta_1(s)$
相位阶跃 $\Delta\theta$	$\Delta\theta\cdot u(t)$	$\frac{\Delta\theta}{s}$
频率阶跃 $\Delta\omega$	$\Delta\omega\cdot t\cdot u(t)$	$\frac{\Delta\omega}{s^2}$
频率斜升 $\Delta\omega\cdot t$	$\frac{1}{2}\Delta\omega\cdot t^2\cdot u(t)$	$\frac{\Delta\omega}{s^3}$

当输入信号相位变化时，环路要经历一段过渡过程才会趋于稳定状态，因此，在分析环路的跟踪特性时，应考虑这两个阶段的跟踪相位误差，即瞬态相位误差和稳态相位误差。

1. 瞬态相位误差

下面以采用理想积分滤波器的二阶环路为例，研究在相位阶跃、频率阶跃和频率斜升 3 种输入信号情况下的环路相位误差的时域响应。

1）输入相位阶跃 $\Delta\theta$

输入信号相位的拉普拉斯变换为

$$\theta_1(s)=\frac{\Delta\theta}{s} \tag{9.76}$$

理想积分滤波器的二阶环路误差传递函数由式(9.62)给出，瞬态相位误差的拉普拉斯变换为

$$\theta_e(s)=T_e(s)\cdot\theta_1(s)=\frac{s\Delta\theta}{s^2+2\zeta\omega_n s+\omega_n^2} \tag{9.77}$$

对式(9.77)求拉普拉斯反变换，得

$$\theta_e(t)=\begin{cases}\Delta\theta\left[\cos(\sqrt{1-\zeta^2}\,\omega_n t)-\dfrac{\zeta}{\sqrt{1-\zeta^2}}\sin(\sqrt{1-\zeta^2}\,\omega_n t)\right]e^{-\zeta\omega_n t}, & \zeta<1\\ \Delta\theta(1-\omega_n t)e^{-\omega_n t}, & \zeta=1\\ \Delta\theta\left[\cosh(\sqrt{\zeta^2-1}\,\omega_n t)-\dfrac{\zeta}{\sqrt{\zeta^2-1}}\sinh(\sqrt{\zeta^2-1}\,\omega_n t)\right]e^{-\zeta\omega_n t}, & \zeta>1\end{cases} \tag{9.78}$$

式(9.78)对应的曲线如图 9-10 所示。由图可以看出，在 $t=0$ 时，环路有最大的瞬态相位误差，这是因为该时刻，环路还来不及反馈控制的缘故。对于具有理想积分滤波器的二阶环路，当输入信号的相位发生阶跃时，输出信号和输入信号之间的相位差最终将趋向于零，即输出信号能完全跟踪输入信号相位的变化，但跟踪过程将随着 ζ 和 ω_n 的不同而不同。

2）输入频率阶跃 $\Delta\omega$

输入信号相位的拉普拉斯变换为

$$\theta_1(s)=\frac{\Delta\omega}{s^2} \tag{9.79}$$

将式(9.79)代入式(9.62)，得

$$\theta_e(s)=T_e(s)\cdot\theta_1(s)=\frac{\Delta\omega}{s^2+2\zeta\omega_n s+\omega_n^2} \tag{9.80}$$

对式(9.80)求拉普拉斯反变换，得

$$\theta_e(t)=\begin{cases}\dfrac{\Delta\omega}{\omega_n}\left[\dfrac{1}{\sqrt{1-\zeta^2}}\sin(\sqrt{1-\zeta^2}\,\omega_n t)\right]e^{-\zeta\omega_n t}, & \zeta<1\\ \dfrac{\Delta\omega}{\omega_n}(\omega_n t)e^{-\omega_n t}, & \zeta=1\\ \dfrac{\Delta\omega}{\omega_n}\left[\dfrac{1}{\sqrt{\zeta^2-1}}\sinh(\sqrt{\zeta^2-1}\,\omega_n t)\right]e^{-\zeta\omega_n t}, & \zeta>1\end{cases} \tag{9.81}$$

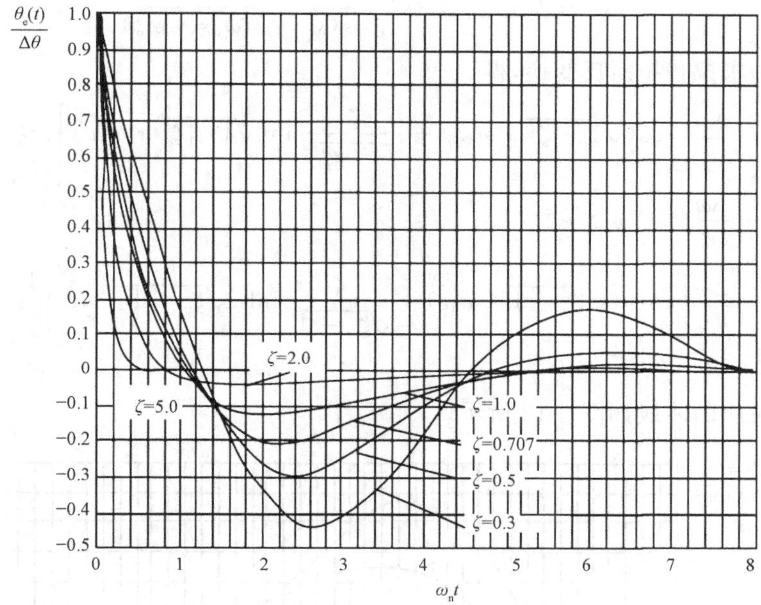

图 9-10　二阶环路对相位阶跃的跟踪过程

式(9.81)对应的曲线如图 9-11 所示。

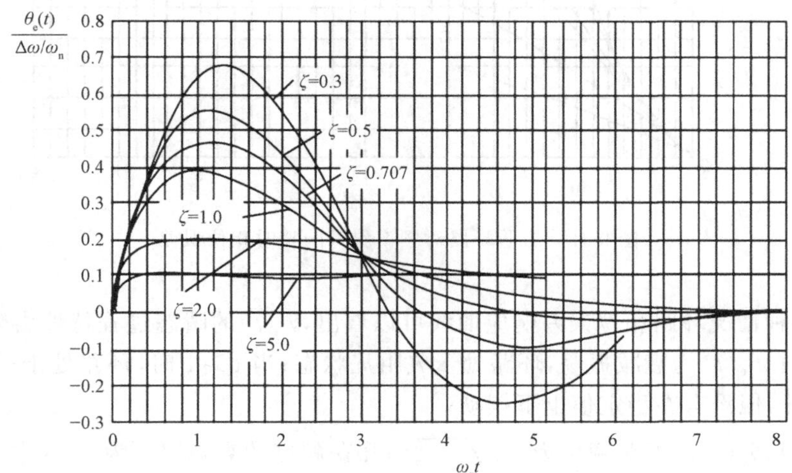

图 9-11　二阶环路对频率阶跃的跟踪过程

由图 9-11 可见，最大的相位误差值随阻尼系数的增加而减小。

3）输入频率斜升 $\Delta\omega \cdot t$

输入信号相位的拉普拉斯变换为

$$\theta_1(s)=\frac{\Delta\omega}{s^3} \tag{9.82}$$

将式(9.82)代入式(9.62)，可得

$$\theta_e(s)=T_e(s)\cdot\theta_1(s)=\frac{\Delta\omega}{s(s^2+2\zeta\omega_n s+\omega_n^2)} \tag{9.83}$$

对式(9.83)求拉普拉斯反变换，得

$$\theta_e(t)=\begin{cases}\dfrac{\Delta\omega}{\omega_n^2}-\dfrac{\Delta\omega}{\omega_n^2}\left[\cos(\sqrt{1-\zeta^2}\cdot\omega_n t)+\dfrac{\zeta}{\sqrt{1-\zeta^2}}\sin(\sqrt{1-\zeta^2}\cdot\omega_n t)\right]e^{-\zeta\omega_n t}, & \zeta<1\\ \dfrac{\Delta\omega}{\omega_n^2}-\dfrac{\Delta\omega}{\omega_n^2}(1+\omega_n t)e^{-\omega_n t}, & \zeta=1\\ \dfrac{\Delta\omega}{\omega_n^2}-\dfrac{\Delta\omega}{\omega_n^2}\left[\cosh(\sqrt{\zeta^2-1}\cdot\omega_n t)+\dfrac{\zeta}{\sqrt{\zeta^2-1}}\sinh(\sqrt{\zeta^2-1}\cdot\omega_n t)\right]e^{-\zeta\omega_n t}, & \zeta>1\end{cases} \tag{9.84}$$

式(9.84)对应的曲线如图 9-12 所示。

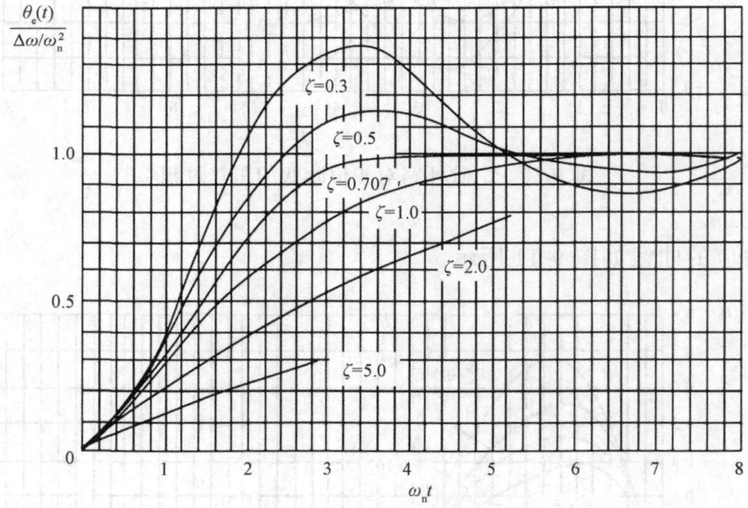

图 9-12　二阶环路对频率斜升的瞬时相位误差

从以上 3 种情况环路相位误差响应曲线可以看出，$\theta_e(t)$的瞬态过程特性由阻尼系数 ζ 决定。当 $\zeta<1$ 时，$\theta_e(t)$为衰减振荡，环路处于欠阻尼状态；当 $\zeta>1$ 时，环路处于过阻尼状态，$\theta_e(t)$可能有过冲，但没有在稳定值上下摆动。

当 $\zeta<1$ 时，$\theta_e(t)$的振荡频率为 $\omega_n\sqrt{1-\zeta^2}$，振荡幅度的衰减因子为 $-\zeta\omega_n$。若 $\zeta=0$，则为无阻尼振荡，振荡频率为 ω_n，此时环路处于自激状态，完全失去跟踪能力。因此，$\zeta=0$ 的状态是禁止的。由响应曲线可见，ζ 越大，环路响应越快。

2. PLL 的稳态相位误差

稳态相位误差是指时间 t 趋近于无穷大时的相位误差，用 $\theta_{e\infty}$ 来表示。它可以利用拉普拉斯变换的终值定理求得。

$$\theta_{e\infty}=\lim_{t\to\infty}\theta_e(t)=\lim_{s\to 0}s\cdot\theta_e(s) \tag{9.85}$$

其中

$$\theta_e(s)=T_e(s)\cdot\theta_1(s)=\frac{s\cdot\theta_1(s)}{s+K_P H(s)} \tag{9.86}$$

下面就 5 种不同的输入信号变化来讨论采用不同滤波器的环路的稳态相位误差，以便比较它们的跟踪性能。

1）输入相位阶跃 $\Delta\theta$

将 $\theta_1(s)=\dfrac{\Delta\theta}{s}$ 代入式(9.86)，得

$$\theta_e(s)=\frac{\Delta\theta}{s+K_P H(s)} \tag{9.87}$$

根据拉普拉斯变换终值定理得到稳态相位误差为

$$\theta_{e\infty}=\lim_{t\to\infty}\theta_e(t)=\lim_{s\to 0}s\cdot\theta_e(s)=\lim_{s\to 0}\frac{s\Delta\theta}{s+K_P H(s)}=0 \tag{9.88}$$

这一结果对于采用任何形式滤波器的环路都是正确的，但必须是 $H(0)\neq 0$。式(9.88)说明，当输入相位阶跃变化和 $H(0)\neq 0$ 时，稳态相位误差等于零。

2）输入频率阶跃 $\Delta\omega$

将 $\theta_1(s)=\dfrac{\Delta\omega}{s^2}$ 代入式(9.86)，得

$$\theta_e(s)=\frac{\Delta\omega}{s[s+K_P H(s)]} \tag{9.89}$$

根据拉普拉斯变换终值定理得稳态相位误差为

$$\theta_{e\infty}=\lim_{s\to 0}s\cdot\theta_e(s)=\lim_{s\to 0}\frac{\Delta\omega}{s+K_P H(s)}=\frac{\Delta\omega}{K_P H(0)} \tag{9.90}$$

其中，$K_P H(0)$ 称为环路的直流增益，其单位为 rad/s。

由于 $H(0)$ 随环路滤波器而异，所以当环路采用不同的滤波器时，环路在输入频率阶跃信号的作用下，产生的稳态相位误差是不同的。

对于无滤波器（即 $H(s)=1$）的一阶环路和无源比例积分滤波器（即 $H(s)=\dfrac{1+s\tau_2}{1+s(\tau_1+\tau_2)}$）的二阶环路，由于 $H(0)$ 都等于 1，所以稳态相位误差为

$$\theta_{e\infty}=\frac{\Delta\omega}{K_P} \tag{9.91}$$

对于采用有源比例积分滤波器（$H(s)=A\cdot\dfrac{1+s\tau_2}{1+sA\tau_1}$）的二阶环路，由于 $H(0)=A$，所以稳态相位误差为

$$\theta_{e\infty}=\frac{1}{A}\frac{\Delta\omega}{K_P} \tag{9.92}$$

对于采用理想积分器（$H(s)=\dfrac{1+s\tau_2}{s\tau_1}$）的二阶环路，由于 $H(0)=\infty$，所以稳态相位误差 $\theta_{e\infty}\approx 0$。

3）输入频率斜升 $\Delta\omega$

将 $\theta_1(s)=\dfrac{\Delta\omega}{s^3}$ 代入式(9.86)，得

$$\theta_e(s)=\frac{\Delta\omega}{s^2[s+K_P H(s)]} \tag{9.93}$$

根据拉普拉斯变换终值定理得稳态相位误差为

$$\theta_{e\infty}=\lim_{s\to 0}s\cdot\theta_e(s)=\lim_{s\to 0}\frac{\Delta\omega}{s[s+K_P H(s)]} \tag{9.94}$$

对于无滤波器的一阶环路（$H(s)=1$），采用 RC 积分滤波器（$H(s)=\dfrac{1}{1+s\tau}$）或无源比例积分滤波器（$H(s)=\dfrac{1+s\tau_2}{1+s(\tau_1+\tau_2)}$）的二阶环路，由于 $H(0)=1$，所以 $\theta_{e\infty}=\infty$，即这些环路对于频率斜升输入信号不能跟踪，其稳态相位误差之所以为无穷大，是由于频率斜升在环路中形成了频差，经时间的积累相位差越来越大，直至无穷大。

对于采用理想积分滤波器的二阶环路，由于 $H(s)=\dfrac{1+s\tau_2}{s\tau_1}$，所以，稳态相位误差为

$$\theta_{e\infty}=\lim_{s\to 0}s\cdot\theta_e(s)=\lim_{s\to 0}\frac{\Delta\omega}{s\left[s+K_P\dfrac{1+s\tau_2}{s\tau_1}\right]}=\frac{\tau_1\Delta\omega}{K_P}=\frac{\Delta\omega}{\omega_n^2} \tag{9.95}$$

若采用两级理想积分滤波器的三阶环路，则由于 $H(s)\approx\dfrac{(1+s\tau_2)^2}{(s\tau_1)^2}$，所以，稳态相位误差为

$$\theta_{e\infty}=\lim_{s\to 0}s\cdot\theta_e(s)=\lim_{s\to 0}\frac{\Delta\omega}{s\left[s+K_P\dfrac{(1+s\tau_2)^2}{(s\tau_1)^2}\right]}=0 \tag{9.96}$$

从上述分析可以看出，对于输入频率斜升信号，若希望稳态相位误差 $\theta_{e\infty}$ 为 0，则环路中必须包含 3 个理想积分环节，其中一个是由压控振荡器提供的，另外两个是由两级理想积分滤波器提供的。

上面的分析结果，可归纳于表 9-4 中。

由表 9-4 可以得到以下结论。

（1）一阶环路可以跟踪相位阶跃输入信号而没有稳态相位误差；在跟踪频率阶跃输入信号时就存在一定的稳态相位误差；对于频率斜升输入，它将无法跟踪，环路失锁。

（2）对于输入频率斜升信号，采用两级理想积分滤波器的三阶环路可以取得无稳态相位误差的跟踪；采用一级理想积分滤波器的二阶环路，在跟踪时将存在一定的稳态相位误差；而对于不用滤波器的一阶环路和非理想的二阶环路将不能跟踪，环路失锁。由此可以看到，增加环路滤波器中理想积分环节的个数可以起改善环路跟踪性能的作用。

表 9-4　稳态相位误差

环路阶数		一阶环路	非理想二阶环路			理想二阶环路	理想三阶环路
滤波器类型		无滤波器 $H(s)=1$	RC 积分滤波器 $H(s)=\frac{1}{1+s\tau}$	无源比例积分滤波器 $H(s)=\frac{1+s\tau_2}{1+s(\tau_1+\tau_2)}$	有源比例积分滤波器 $H(s)=A\cdot\frac{1+s\tau_2}{1+sA\tau_2}$	理想积分滤波器 $H(s)=\frac{1+s\tau_2}{s\tau_1}$	两级理想积分滤波器 $H(s)=\frac{(1+s\tau_2)^2}{(s\tau_1)^2}$
输入信号	相位阶跃 $\Delta\theta$	0	0	0	0	0	0
	频率阶跃 $\Delta\omega$	$\frac{\Delta\omega}{K_P}$	$\frac{\Delta\omega}{K_P}$	$\frac{\Delta\omega}{K_P}$	$\frac{\Delta\omega}{AK_P}$	0	0
	频率斜升 $\Delta\omega$	∞	∞	∞	∞	$\frac{\Delta\omega}{\omega_n^2}$	0

理想比例积分滤波器相当于环路滤波器的直流放大增益 A 为无穷大的情况，实际上，A 为有限值，所以在环路的设计中 A 值往往选取使稳态相位误差小于要求的数值就。一阶环路中没有滤波器的积分作用，因而它是没有记忆能力的环路，即当输入信号突然衰弱或中断，压控振荡器将立即回到它的中心频率。而具有一个理想比例积分环节的二阶环路具有速度记忆能力。速度记忆能力指的是当输入为相位速度变化(频率阶跃)信号时，万一发生信号丢失，比例积分滤波器将会保持锁定时的状态，即压控振荡器的控制电压保持不变，当信号恢复时，因频率牵引效应环路将很快进入锁定。具有两个比例积分滤波器的三阶环路具有加速度记忆能力。这就是说，如果一个加速度相位信号被衰减或中断，那么环路将以相同的频率变化来保持跟踪。

3. 锁相环的稳定性

由于锁相环是一种反馈控制系统，所以环路的稳定性是必须考虑的一个重要问题。

环路是否能稳定工作，要看在外来扰动下环路系统能否在脱离原来的稳定平稳后，经过瞬态过程而达到原来的或新的稳定平衡状态。若能恢复原状态或是建立新的平衡状态，则环路是稳定的，否则是不稳定的。由于锁相环路是一个非线性系统，其稳定性不仅与系统本身的参数有关，还与外加扰动的强弱有关。根据扰动的大小，非线性系统的稳定性可分为强干扰作用下的稳定性问题和弱干扰下的稳定性问题。前者又称为大稳定性问题，后者又称为小稳定性问题。由于在强干扰作用下，环路失锁，处于“捕捉状态”，所以大稳定性问题主要是研究捕捉带方面的问题。小稳定性问题是研究同步状态下的问题，就是线性化系统的稳定性问题。确定了环路小稳定性条件，就可以找出在保证环路稳定工作的情况下最大允许的环路增益，因此，满足小稳定性条件是环路正常工作的前提，也是系统的大稳定性的必要条件。

这里主要研究环路在同步状态下的小稳定性条件，即假设由外部干扰引起的相位误差的起伏小到仍可以把环路看成线性的。

判别环路稳定性的方法很多，如劳斯准则、根轨迹法、奈奎斯特准则和波特准则等。这里仅介绍常用的波特准则。

波特准则是利用环路的开环频率特性直接判别闭环稳定性的方法。系统的闭环传递函数 $T(s)$ 与开环传递函数 $T_o(s)$ 有如下的关系：

$$T(s)=\frac{T_o(s)}{1+T_o(s)}$$

对应的频率特性为

$$T(j\omega)=\frac{T_o(j\omega)}{1+T_o(j\omega)} \tag{9.97}$$

当某一频率满足 $T_o(j\omega)=-1$ 时，则分母为零，$T(j\omega)\to\infty$，此时系统的增益为∞。任一微小扰动，就会引起极大的输出，这和正反馈一样将引起连续的振荡或发散。对于 $T_o(j\omega)=-1$，可以看成

$$T_o(j\omega)=|T_o(j\omega)|e^{j\varphi(\omega)}=-1$$

即

$$\begin{cases}|T_o(j\omega)|=1\\|\varphi(\omega)|=180^\circ\end{cases} \tag{9.98}$$

由于式(9.98)是产生振荡的临界条件，所以其环路的稳定条件为

$$\begin{cases}|T_o(j\omega)|<1\\|\varphi(\omega)|=180^\circ\end{cases} \tag{9.99}$$

或者

$$\begin{cases}|T_o(j\omega)|=1\\|\varphi(\omega)|<180^\circ\end{cases} \tag{9.100}$$

波特准则可用波特图表示，如图 9-13 所示，其中图 9-13(a)、(b)、(c)分别表示稳定、临界和不稳定 3 种状况。

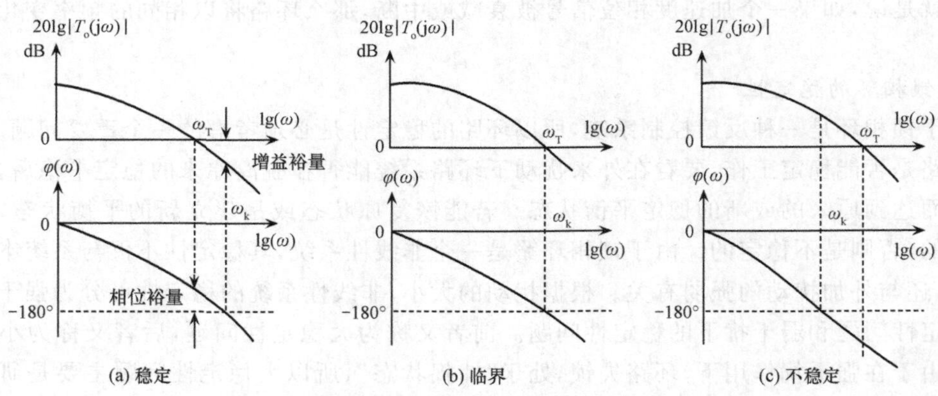

图 9-13 稳定、临界、不稳定 3 种情况下的波特图

由图 9-13(a)可见，当 $\omega<\omega_T$ 时，开环增益大于 1，环路满足起振的振幅条件，但在此频率范围内，相移不足180°，即不满足起振的相位条件，所以环路不能起振，是稳定的。当 $\omega=\omega_T$ 时，相移与180°的差值称为相位余量，记为 φ_m，这时有

$$\begin{cases}20\lg|T_o(j\omega_T)|=0\\\varphi_m=180+\varphi(\omega_T)\end{cases} \tag{9.101}$$

其中，ω_T 称为增益临界频率。

由图 9-13(a)可见，当 $\omega \geqslant \omega_k$ 时，相移达到和超过180°，即满足了相位条件，但此时开环增益已小于 1，振幅条件不满足，所以环路仍然是稳定的。当 $\omega = \omega_k$ 时的开环增益称为增益余量，记为 G_M，这时有

$$\begin{cases} |\varphi(\omega_k)| = 180° \\ G_M = -20\lg|T_o(j\omega_k)| \end{cases} \tag{9.102}$$

其中，ω_k 称为相位临界频率。当 $\omega_T < \omega < \omega_k$ 时，振幅和相位条件均不满足，当然环路是稳定的。

由图 9-13(b)可见，由于 $\omega_T = \omega_k$，环路处于临界状态。

由图 9-13(c)可见，当 $\omega = \omega_k$ 时，环路同时满足起振的振幅和相位条件，环路起振，即不稳定。

从波特图可以看出，当开环传递函数的对数幅频特性过零分贝线时，开环传递函数的相角滞后或超前不足180°，则系统在闭环时是稳定的；若相角滞后或超前超过180°，则系统是不稳定的。

9.3.3　锁相环的捕捉过程

在对环路跟踪性能进行分析时，假定环路已处于锁定状态，在跟踪过程中，相位误差很小，因此允许对环路进行线性分析。当研究环路的捕捉过程(即环路是如何进入锁定状态的)、捕捉带(即保证环路在任意起始条件下必然锁定所允许的最大固有频差的大小)、捕捉时间(即环路进入锁定所需要的时间)等时，环路相位误差可能达到很大的值。当环路相位误差的绝对值 $|\theta_e| > 30°$时，就不再允许进行线性近似，而必须求解环路的非线性微分方程即对环路进行非线性分析。因此，本节着重定性分析环路的捕捉过程。

根据起始频差 $\Delta\omega_o = \omega_i - \omega_r$ 的大小，环路的捕捉过程可分为如下 3 种情况来讨论。

(1) 当 $\Delta\omega_o$ 比较小时，鉴相器输出电压 $v_D(t)$的频率为两个输入信号频率的差拍频率，即起始频差 $\Delta\omega_o$。这时由于 $v_D(t)$的频率较低，通过低通滤波器后得到的控制电压 $v_C(t)$就较大，这使 VCO 输出频率 $\omega_o(t)$随 $v_D(t)$的变化而变化，使 $\omega_o(t)$逐渐向 ω_i 靠拢，最后使 VCO 输出电压和环路输入电压的频率相等，它们的相位差不再随时间变化而为一常数，$v_D(t)$就为一直流电压，这时环路进入锁定状态。图 9-14 画出 VCO 的控制特性，纵坐标为频率，原点表示 VCO 的起始频率 ω_r。若输入信号频率 ω_i 在频率轴上用 A 点表示。这时控制电压 $v_C(t)$以差拍频率 $\omega_i - \omega_r$ 从原点开始变化，当电压变化到 a 点时，频率 $\omega_o(t)$和 ω_i 相等，环路锁定。若 ω_i'比 ω_r 小，用频率轴上 B 点表示，当 $v_C(t)$的电压变化到 b 点时，$\omega_o(t) = \omega_i'$，环路锁定。由此可见，当 $\Delta\omega_o = |\omega_i - \omega_r|$比较小时，$v_C(t)$的电压变化不超过一个周期，环路就可锁定，也就是 θ_e 变化不超过 2π，环路就可以锁定，这种捕捉过程称为快捕过程。环路在锁定过程中，$\theta_e(t)$在 2π 范围内能使环路进入锁定的最

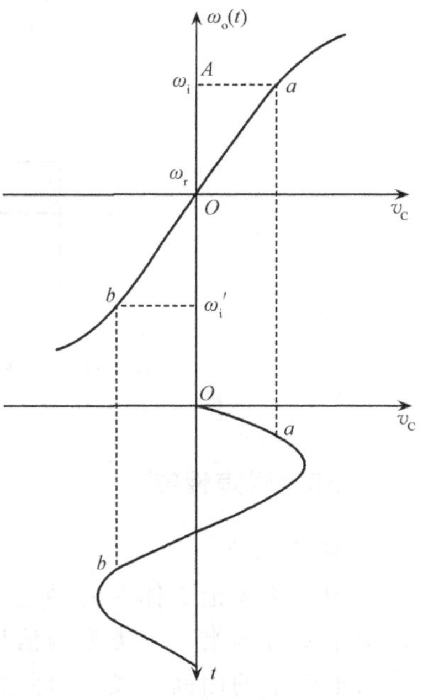

图 9-14　环路的快捕过程

大起始频差 $\Delta\omega_o$ 称为环路的快捕带 $\Delta\omega_L$。

(2) 当 $\Delta\omega_o$ 很大时，鉴相器输出电压 $v_D(t)$ 的频率 $\Delta\omega_o = \omega_i - \omega_r$ 就很大。由于低通滤波器的衰减作用，使 $v_C(t) \approx 0$，这时控制电压对环路不起作用，不能使 $\omega_o(t)$ 向 ω_i 靠拢，环路处于失锁状态。

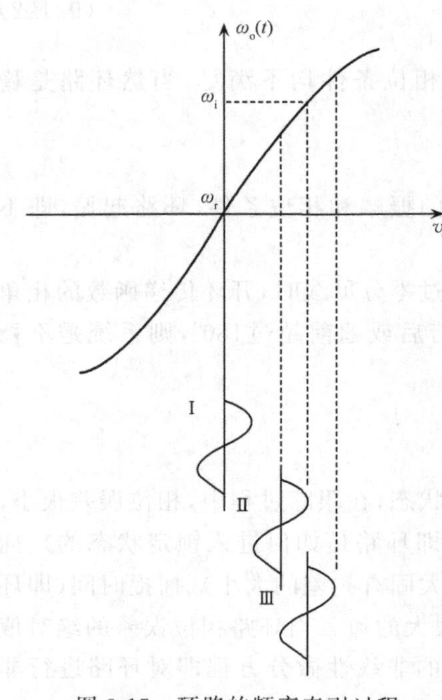

图 9-15 环路的频率牵引过程

(3) 当 $\Delta\omega_o$ 不是很大时，$v_D(t)$ 的频率也就不是很高，但通过低通滤波器后有一定的衰减作用，这就使得环路在 $v_C(t)$ 的作用下不能直接由快捕进入锁定状态，如图 9-15 曲线Ⅰ所示。这时 VCO 的输出电压为调频波，鉴相器的两个输入电压中一个为正弦波，另一个为调频波，鉴相器的输出为尖叶波形，如图 9-16 所示。从此波形中可以看出，它包含有一定的直流分量 V_o，该直流分量使 $v_C(t)$ 变成图 9-15 中的曲线Ⅱ，此直流分量使 VCO 的频率逐渐向 ω_i 靠拢。由于二阶环路有一定的积分作用，使这个直流分量不断地积累，$v_C(t)$ 的变化曲线不断地移动，最后使 $v_C(t)$ 变化曲线为图 9-15 中的曲线Ⅲ，环路就能进入锁定状态。这样，环路从起始状态到锁定状态，$v_C(t)$ 已变化了若干周期，也就是 θ_e 变化了若干个 2π，这个过程称为频率牵引过程，又称为频率捕捉过程。在环路没有锁定之前，在任意起始状态下，保证环路能通过自身的捕捉过程进入锁定所允许的最大频差 $|\Delta\omega_o|$ 称为环路的捕捉带 $\Delta\omega_P$。

另外环路处于锁定状态时，环路有能力维持锁定的最大起始频差称为环路的同步带 $\Delta\omega_H$。环路这“三带”的关系如图 9-17 所示。

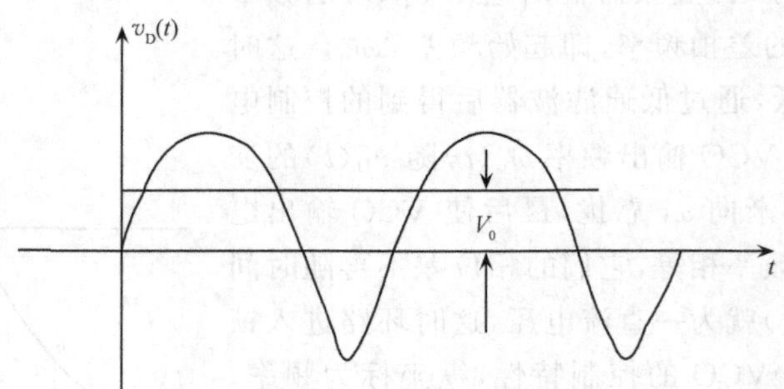

图 9-16 正弦波和调频波经鉴相后的输出电压（尖叶波形）

9.3.4 环路噪声性能

1. *环路噪声*

锁相环路无论工作在哪种应用场合，都不可避免地受到噪声与干扰的影响。噪声与干扰的来源主要有两类。一类是与信号一起进入环路的输入噪声与谐波干扰。输入噪声包括信号源或信道产生的白高斯噪声、环路进行载波提取时信号调制形成的调制噪声。另一类是环路部件产生的内部噪声与谐波干扰，以及压控振荡器控制端感应的寄生干扰等，其中压控振荡器

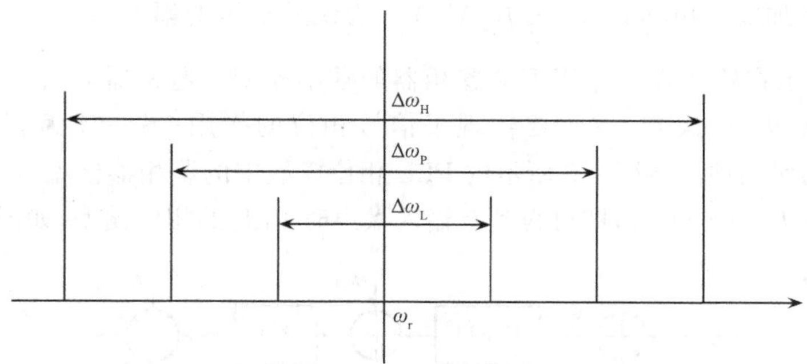

图 9-17　环路 $\Delta\omega_H$、$\Delta\omega_P$、$\Delta\omega_L$之间的关系

内部噪声是主要的噪声源。

噪声与干扰的作用必然会增加环路捕获的困难，降低跟踪性能，使环路输出相位产生随机的抖动。因此，分析噪声与干扰对环路性能的影响是完全必要的，它对工程上进行环路的优化设计与性能估算是不可缺少的。

2. 环路噪声相位模型

图 9-18 为仅计及输入白高斯噪声 $n(t)$作用的锁相环路基本组成。

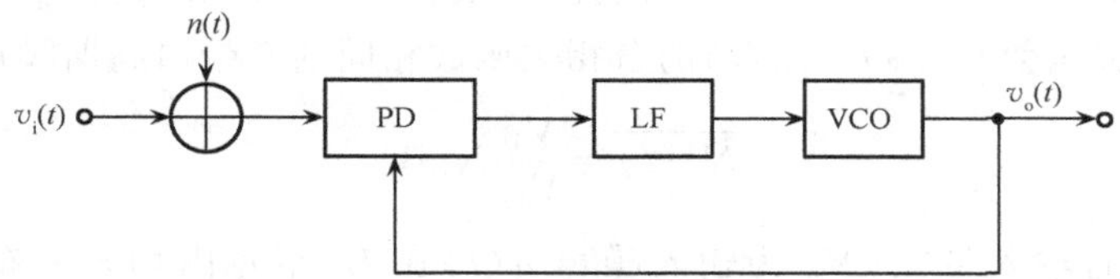

图 9-18　有输入噪声时环路的基本组成

图 9-18 中 $v_i(t)$为环路输入信号电压，其表示式为

$$v_i(t)=V_{im}\sin[\omega_r t+\theta_1(t)]$$

经环路前置带通滤波器的作用，$n(t)$为一个窄带白高斯噪声电压，可表示为

$$n(t)=n_c(t)\cos\omega_r t-n_s(t)\sin\omega_r t \tag{9.103}$$

这样，加在环路输入端的电压是信号与噪声之和，即

$$v_i(t)+n(t)=V_{im}\sin[\omega_r t+\theta_1(t)]+[n_c(t)\cos\omega_r t-n_s(t)\sin\omega_r t] \tag{9.104}$$

压控振荡器输出电压为

$$v_o(t)=V_{om}\cos[\omega_r t+\theta_2(t)]$$

$v_i(t)+n(t)$与 $v_o(t)$经鉴相器相乘作用，并略去二次谐波项后，其输出为

$$\begin{aligned}v_D(t)&=\frac{1}{2}K_m V_{im}V_{om}\sin[\theta_1(t)-\theta_2(t)]\\&\quad+\frac{1}{2}K_m V_{om}[n_c(t)\cos\theta_2(t)+n_s(t)\sin\theta_2(t)]\\&=V_D\sin\theta_e(t)+N(t)\end{aligned} \tag{9.105}$$

其中，$\theta_e(t)=\theta_1(t)-\theta_2(t)$为瞬时相位误差；$N(t)=\dfrac{V_D}{V_{im}}[n_c(t)\cos\theta_2(t)+n_s(t)\sin\theta_2(t)]=$

$\frac{V_D}{V_{im}}n'(t)$为等效相加噪声电压；$V_D=\frac{1}{2}K_m V_{im} V_{om}$为误差电压的幅度。

式(9.105)表示在输入噪声作用下的鉴相器的数学模型。鉴相器输出电压由两项组成：一项由瞬时相位误差 $\theta_e(t)$决定，它主要体现了信号相位的作用；另一项为等效相加噪声电压 $N(t)$，它是噪声的作用项。将图 9-6 所示的 PLL 相位模型中的鉴相器模型 $v_D(t)=f[\theta_e(t)]$替换为 $v_D(t)=V_D\sin\theta_e(t)+N(t)$，即可得到有输入噪声时 PLL 的相位模型，如图 9-19 所示。

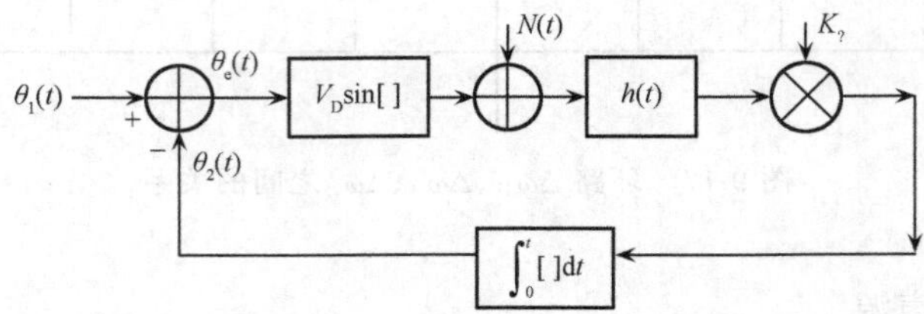

图 9-19 有输入噪声时 PLL 的相位模型

它与无噪声时的环路相位模型相比，在鉴相器输出端增加了相加项 $N(t)$。$N(t)$是一个随机的变化量，其统计特性与 $n_c(t)$、$n_s(t)$和 $\theta_2(t)$有关。在环路带宽比输入信号带宽窄得多时，则仅由输入噪声作用引起的环路输出相位 $\theta_2(t)$的变化要比 $n_c(t)$、$n_s(t)$慢得多，因而可认为 $\theta_2(t)$与 $n_c(t)$、$n_s(t)$互不相关。在这个前提下，根据 $n_c(t)$、$n_s(t)$的性质，不难证明 $N(t)$也是均值为零、自相关函数与 $n_c(t)$、$n_s(t)$的自相关函数相同的窄带白高斯噪声，而且方差值为

$$\overline{N^2(t)}=\frac{V_D^2}{V_{im}^2}N_o B_i \tag{9.106}$$

其中，B_i 为环路前置输入带宽；N_o 为输入噪声 $n(t)$在 B_i 带宽内均匀分布的单边功率谱密度，单位为 W/Hz。

由于 $N(t)$是一个反映 $n(t)$变化的随机函数，所以有输入噪声时的 PLL 对应一个随机函数驱动的高阶非线性微分方程。为了分析 PLL 性能，需要对环路非线性进行适当的近似处理，以求得一些对工程实践有用的结果。在弱噪声作用下，经统计分析表明，当相位差 $\theta_e(t)$的均方根抖动值 $\sigma_{\theta e}\leqslant 13°$时，环路中的正弦非线性项可进行线性近似，即把图 9-19 中的 $V_D\sin[\ ]$近似用 K_D 代替(在数值上 $K_D=V_D$，但单位不同)，即 $V_D\sin[\theta_e]\approx K_D\theta_e$。这样，得到的就是线性化噪声相位模型与方程，可用它对环路噪声性能进行线性分析。这是最常用的一种近似方法，近似结果对环路设计与估价环路跟踪性能都很有用处。下面将进行较为详细的分析。

3. 对输入白高斯噪声的线性过滤特性

在线性近似下，输入噪声等效为 $N(s)$的环路的线性化噪声相位模型如图 9-20(a)所示。对于线性系统，运算上可使用拉普拉斯变换。由于环路已近似为线性系统，研究环路对噪声电压 $N(t)$的响应就成为环路对噪声的线性过滤问题。此外，对于线性系统，若只研究噪声的过滤问题，可令输入信号相位 $\theta_1(s)=0$，这不影响分析的结果。按照图 9-20(a)模型，可列出环路方程式为

$$\begin{cases}\theta_e(s)=-\theta_2(s)\\ \dfrac{[N(s)+\theta_e(s)K_D]H(s)K_\omega}{s}=\theta_2(s)\end{cases}$$

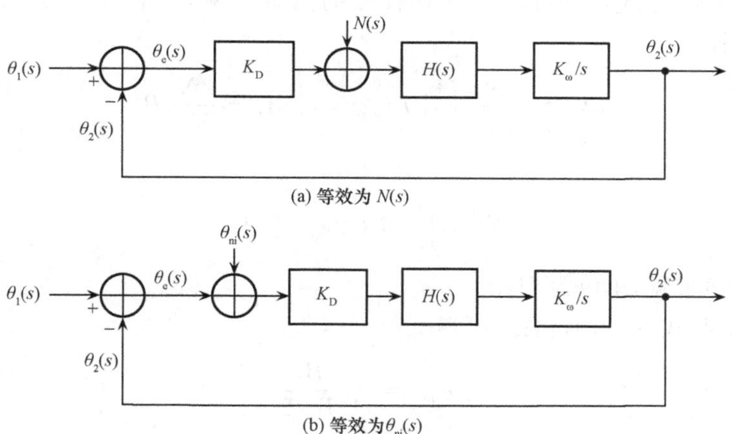

图 9-20　有输入噪声时环路线性化噪声相位模型

因此得

$$\theta_2(s)=\frac{\dfrac{N(s)H(s)K_\omega}{s}}{1+\dfrac{K_PH(s)}{s}}=\frac{K_PH(s)}{s+K_PH(s)}\frac{N(s)}{K_D}=T(s)\frac{N(s)}{K_D} \tag{9.107}$$

若将式(9.107)中 $N(s)/K_D$看成等效输入相位噪声 $\theta_{ni}(s)$,则有

$$\theta_2(s)=T(s)\theta_{ni}(s) \tag{9.108}$$

式(9.108)是表示环路与输入噪声过滤特性的基本公式,根据式(9.108),输入噪声等效为 $\theta_{ni}(s)$的线性化噪声相位模型如图 9-20(b)所示。下面由式(9.108)出发,分几个方面来进一步阐述环路的噪声过滤性能。

1) 环路输出噪声相位方差

前面已经谈到,等效相加噪声电压 $N(t)$是一个功率谱在$[0,B_i/2]$内均匀分布的白高斯噪声电压,其单边功率谱密度为 $2(V_D^2/V_{im}^2)N_o$,故等效输入相位噪声 $S_{\theta ni}(t)$的单边功率谱密度为

$$S_{\theta ni}(f)=\begin{cases}\dfrac{2N_o}{V_{im}^2}\quad(\text{rad}^2/\text{Hz}), & 0\leqslant f\leqslant B_i/2\\ 0, & f>B_i/2\end{cases} \tag{9.109}$$

对应地,环路等效输入相位噪声方差则为

$$\sigma_{\theta ni}^2=\frac{N_o}{V_{im}^2}B_i\quad(\text{rad}^2) \tag{9.110}$$

按照式(9.108),可获得经环路过滤后的输出相位噪声的单边功率谱密度 $S_{\theta no}(f)$为

$$S_{\theta no}(f)=\begin{cases}\dfrac{2N_o}{V_{im}^2}\,|T(j2\pi f)|^2, & 0\leqslant f\leqslant B_i/2\\ 0, & f>B_i/2\end{cases} \tag{9.111}$$

环路输出相位噪声方差为

$$\sigma_{\theta no}^2=\int_0^{B_i/2}\frac{2N_o}{V_{im}^2}\,|T(j2\pi f)|^2\,\mathrm{d}f\quad(\text{rad}^2) \tag{9.112}$$

通常，环路带宽比 $B_i/2$ 小得多，且有较强的阻带衰减，即在 $f > B_i/2$ 时，可认为 $|T(j2\pi f)|^2 \approx 0$，这样

$$\sigma_{\theta no}^2 \approx \frac{2N_o}{V_{im}^2}\int_0^\infty |T(j2\pi f)|^2 df = \frac{2N_o}{V_{im}^2} B_L \tag{9.113}$$

其中

$$B_L = \int_0^\infty |T(j2\pi f)|^2 df$$

称为环路单边噪声带宽，单位为 Hz。

将式(9.113)与式(9.110)相比，可得

$$\sigma_{\theta no}^2 = \sigma_{\theta ni}^2 \frac{B_L}{B_i/2} \tag{9.114}$$

通常，$B_L \ll B_i/2$，因此，$\sigma_{\theta no}^2 \ll \sigma_{\theta ni}^2$，反映了环路对噪声的抑制作用。显然 B_L 值越小，即环路带宽越窄，环路对输入噪声的抑制能力越强。

各种环路的 B_L 是不相同的，下面将讨论其含义与计算。

需要指出，在线性近似与假设 $\theta_1(\tau)=0$ 的情况下，环路输出噪声相位差方差与环路相位差方差是相等的，即有 $\sigma_{\theta no}^2 = \sigma_{\theta ne}^2$。这是一个有用的结论，在进一步分析环路的非线性噪声性能时也将要用到。而且输出噪声相位差方差也就是通常所指的环路输出均方相位抖动 $\overline{\theta_{no}^2}$。

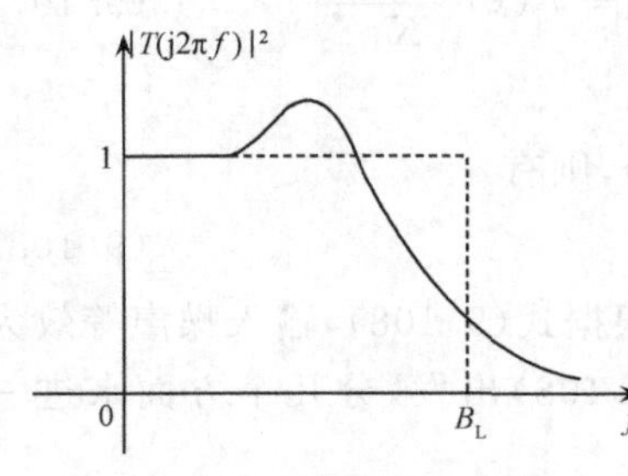

图 9-21　环路噪声带宽

2）环路噪声带宽

由 B_L 的定义不难看出其物理含义。功率谱密度 $S_{\theta ni}(f)$ 为常数的等效输入相位噪声经功率响应为 $|T(j2\pi f)|^2$ 的环路过滤后，其输出相位噪声功率与 $S_{\theta ni}(f)$ 通过一个宽度为 B_L、功率响应为 $|T(j0)|^2=1$ 的矩形响应过滤后的输出相等效，如图 9-21 所示。

这样就有

$$S_{\theta ni}(f)\int_0^\infty |T(j2\pi f)|^2 df = S_{\theta ni}(f)\,|T(j0)|^2 B_L \tag{9.115}$$

因此，等效矩形滤波器的带宽为

$$B_L = \int_0^\infty |T(j2\pi f)|^2 df \tag{9.116}$$

B_L 的大小很好地反映了环路对输入噪声的滤除能力。B_L 越小，$\sigma_{\theta no}^2$ 也越小，说明环路对噪声的滤波能力越强。

采用不同滤波器的环路，其闭环频率响应 $T(j2\pi f)$ 是不同的，因此，对应的 B_L 也不同。计算 B_L 可采用下面的定积分：

$$I_n = \int_0^\infty \left| \frac{c_{n-1}(j\omega)^{n-1} + \cdots + c_0}{d_n(j\omega)^n + \cdots + d_0} \right|^2 df \tag{9.117}$$

当 $n=1\sim3$ 时，可得积分结果为

$$I_1 = \frac{c_0^2}{4d_0 d_1} \tag{9.118}$$

$$I_2=\frac{c_1^2d_0+c_0^2d_2}{4d_0d_1d_2} \tag{9.119}$$

$$I_3=\frac{c_2^2d_0d_1+(c_1^2-2c_0c_2)d_0d_3+c_0^2d_2d_3}{4d_0d_3(d_1d_2-d_0d_3)} \tag{9.120}$$

3）环路信噪比

在定义环路信噪比之前，先看看环路输入信噪比。输入信噪比$(S/N)_i$指的是输入信号载波功率$V_{im}^2/2$与通过环路前置带宽B_i的噪声功率N_oB_i之比，即

$$\left(\frac{S}{N}\right)_i=\frac{V_{im}^2/2}{N_oB_i}=\frac{V_{im}^2}{2N_oB_i} \tag{9.121}$$

根据式(9.110)，式(9.121)可以表示为

$$\left(\frac{S}{N}\right)_i=\frac{1}{2\sigma_{\theta ni}^2} \tag{9.122}$$

因此，$(S/N)_i$与$\sigma_{\theta ni}^2$有单值对应关系。

根据前面分析可以看出，输入噪声对输出噪声相位方差起作用的仅仅是处于输入中心频率两旁$\pm B_L$宽度内的那部分噪声，其余噪声皆被环路滤除了。因此，可以定义一个“环路信噪比”来反映环路对噪声的抑制能力，用$(S/N)_L$表示环路信噪比，其定义为环路输入端的信号功率$V_{im}^2/2$与可通过单边噪声带宽B_L的噪声功率N_oB_L之比，即

$$\left(\frac{S}{N}\right)_L=\frac{V_{im}^2/2}{N_oB_L}=\frac{V_{im}^2}{2N_oB_L} \tag{9.123}$$

根据式(9.113)，式(9.123)可以表示为

$$\left(\frac{S}{N}\right)_L=\frac{1}{\sigma_{\theta no}^2} \tag{9.124}$$

因此，$(S/N)_L$与$\sigma_{\theta no}^2$也有单值对应关系。

环路信噪比$(S/N)_L$无法在环路任何一点上测量得到，但是用它却能很方便地说明环路对噪声的抑制能力。比较式(9.123)与式(9.121)，有

$$\left(\frac{S}{N}\right)_L=\left(\frac{S}{N}\right)_i\frac{B_i}{B_L} \tag{9.125}$$

通常，$B_i\gg B_L$，故而$(S/N)_L\gg(S/N)_i$。因此$(S/N)_L$高，反映了环路对输入噪声的抑制能力强。环路信噪比$(S/N)_L$在环路噪声性能分析与工程设计中是一个相当重要的参量。

例 9-1　在一部接收机的中频部分，使用了锁相环作为载波提取设备。已知接收机输入端等效噪声温度$T_e=600\text{K}$，输入信号功率$P_s=10^{-13}\,\text{mW}$，单边噪声功率谱密度$N_o=kT_e$，k是玻耳兹曼常量，因此有

$$N_o=kT_e=1.38\times10^{-23}\times600=8.3\times10^{-21}(\text{W/Hz})=8.3\times10^{-18}(\text{mW/Hz})$$

锁相环为一个高增益二阶环，环路增益$K_P=2\times10^5\,\text{rad/s}$，自然谐振角频率$\omega_n=200\text{rad/s}$，阻尼系数$\xi=0.707$。由于$\omega_n/K_P=10^{-3}$比$2\xi$小得多，因此近似地有

$$B_L\approx\frac{\omega_n}{8\xi}(1+4\xi^2)\approx106\text{Hz}$$

再根据式(9.123)，有

$$\left(\frac{S}{N}\right)_{L} = 10\lg\frac{P_{s}}{N_{o}B_{L}} = 10\lg 10^{-13} - [10\lg 8.3 + 10\lg 10^{-18} + 10\lg 10^{6}] \approx 20.5(\text{dB})$$

及

$$\sigma_{\theta no}^{2} = \sigma_{\theta ne}^{2} = \frac{1}{(S/N)_{L}} \approx 0.01\text{rad}^{2}$$

4）环路对压控振荡器相位噪声的线性过滤

压控振荡器的内部噪声可以等效为一个无噪的压控振荡器在其输出端再叠加一个相位噪声 $\theta_{nv}(t)$。$\theta_{nv}(t)$的功率谱为幂律谱 $S_{\theta nv}(f)$。这样一来，考虑了压控振荡器相位噪声之后的环路线性化噪声相位模型如图 9-22 所示。

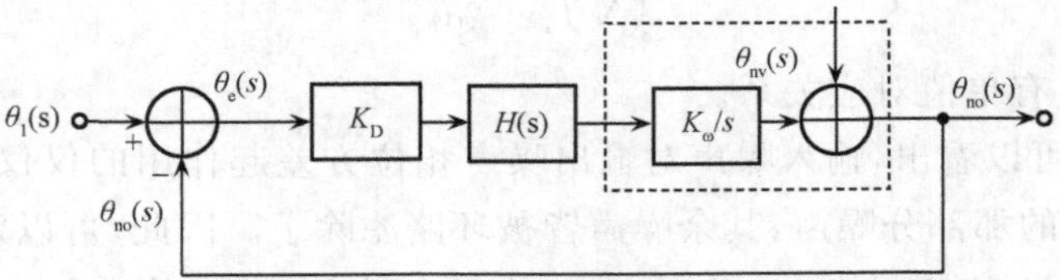

图 9-22 考虑 VCO 相位噪声的环路线性化噪声相位模型

分析环路对压控振荡器相位噪声的线性过滤，即在如图 9-22 所示的线性化模型上计算压控振荡器的相位噪声 $\theta_{nv}(t)$对环路输出相位噪声 $\theta_{no}(t)$的响应，可令 $\theta_{1}(t)=0$。推导后可以得到

$$\frac{\theta_{no}(s)}{\theta_{nv}(s)} = -\frac{\theta_{e}(s)}{\theta_{nv}(s)} = \frac{s}{s+K_{P}H(s)} = T_{e}(s) \tag{9.126}$$

可见，$\theta_{nv}(s)$对 $\theta_{e}(s)$和 $\theta_{no}(s)$的作用均通过环路误差传递函数的高通过滤。

据此，可用下式计算 $\theta_{no}(t)$和 $\theta_{e}(t)$的功率谱密度和方差。

$$S_{\theta no}(f) = S_{\theta e}(f) = |T_{e}(\text{j}2\pi f)|^{2} S_{\theta nv}(f) \tag{9.127}$$

$$\sigma_{\theta no}^{2} = \sigma_{\theta e}^{2} = \int_{0}^{\infty} S_{\theta nv}(f)\,|T_{e}(\text{j}2\pi f)|^{2}\text{d}f \tag{9.128}$$

式(9.128)的精确运算往往是比较困难的。这里介绍一种工程上适用的近似图解法。

由式(9.127)可见，根据 $S_{\theta nv}(f)$的频谱图和$|T_{e}(j2\pi f)|^{2}$的波特图就不难作出 $S_{\theta no}(f)$和 $S_{\theta e}(f)$的频谱图。

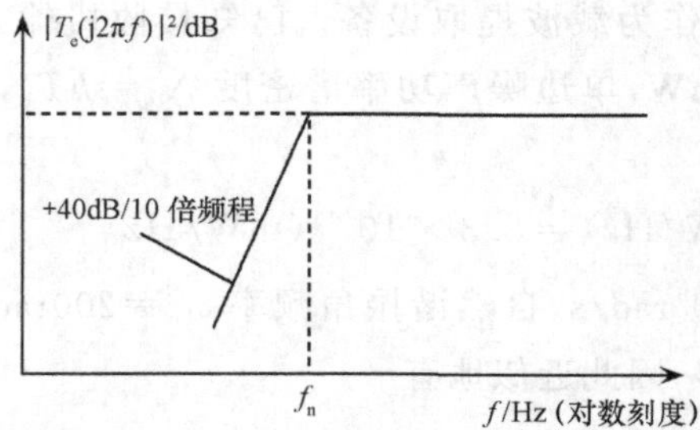

图 9-23 采用有源比例积分滤波器二阶环的$|T_{e}(\text{j}2\pi f)|^{2}$波特图

例 9-2 采用有源比例积分滤波器的二阶环，其$|T_{e}(\text{j}2\pi f)|^{2}$的波特图如图 9-23 所示，并假设 LC 压控振荡器的中心频率 $f_{o}=100\text{MHz}$，回路品质因素 $Q=158$，已知 $S_{\theta nv}(f)$满足关系式：

$$\frac{S_{\theta nv}(f)}{f_{o}^{2}} \approx \frac{1}{f^{3}}\frac{10^{-11.6}}{Q^{2}} + \frac{1}{f^{2}}\frac{10^{-15.6}}{Q^{2}} + \frac{1}{f}\frac{10^{-11}}{f_{o}^{2}} + \frac{10^{-15}}{f_{o}^{2}}$$

其中，f_{o}为振荡器的中心频率；Q 为振荡回路品质因数。因此，得压控振荡器归一化相位噪声功率谱密

度为

$$\frac{S_{\theta nv}(f)}{f_o^2}=\frac{1}{f^3}\times10^{-16}+\frac{1}{f^2}\times10^{-20}+\frac{1}{f}\times10^{-27}+10^{-31}$$

据此可作出 $S_{\theta nv}(f)/f_o^2$ 的频谱图，如图 9-24 实线所示。若选择 $f_n=5\times10^4$ Hz，经环路过滤后的输出相位噪声谱如图 9-24 虚线所示。由图 9-24 看出，在 $f>f_n$ 的高频段内，由于 $|T_e(j2\pi f)|^2=0$dB，噪声未受到抑制，全部输出。在 $f<f_n$ 的低频段内，则受到 $|T_e(j2\pi f)|^2$ 高通特性的抑制，故式(9.127)的相乘关系可按对数相加进行作图，最后得到过滤后的相位噪声输出。

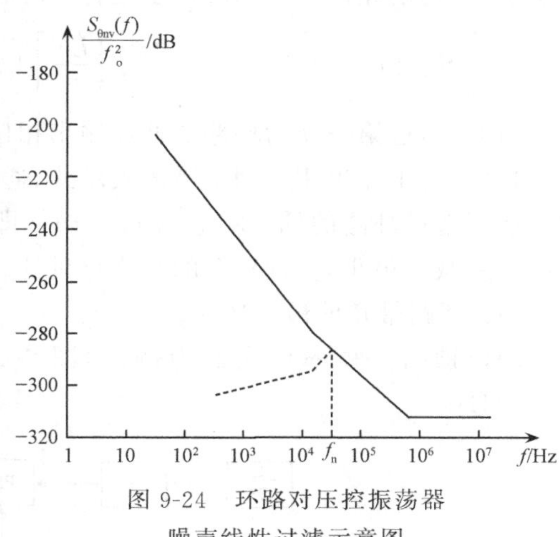

图 9-24　环路对压控振荡器噪声线性过滤示意图

可见，压控振荡器相位噪声的功率主要集中在低频部分，锁相环路 $|T_e(j2\pi f)|^2$ 的高通过滤作用是相当显著的。仅从过滤压控噪声来说，应选择 f_n 越大越好。但是，假设同时存在输入噪声，环路对它是低通过滤作用，放宽环路带宽显然是有害的。因此，在同时存在输入噪声和环内压控噪声的条件之下，环路带宽应选择适中，f_n 存在一个最佳值。这个问题将在下节中讨论。

5）环路对各类噪声与干扰的线性过滤

(1) 环路输出的总相位噪声功率谱密度。

如前所述，实际环路存在着各种来源的噪声与干扰。在线性近似下，运用线性分析方法，可求得环路对各类噪声与干扰的总过滤特性。为分析方便，设基本环路存在着 3 个主要噪声源，考虑噪声与干扰的环路线性相位模型如图 9-25 所示。

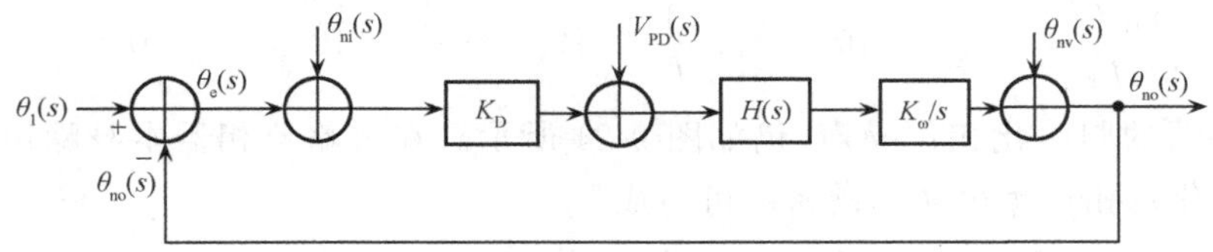

图 9-25　考虑多个噪声源的环路线性相位模型

图 9-25 中，$\theta_{ni}(s)$ 为输入高斯白噪声形成的等效输入相位噪声；$V_{PD}(s)$ 为输出谐波或鉴相器本身的输出噪声电压；$\theta_{nv}(s)$ 为压控振荡器内部噪声形成的相位噪声。

运用线性分析方法，并设输入信号相位 $\theta_1(s)=0$，可得环路方程：

$$\begin{cases}\theta_e(s)=-\theta_{no}(s)\\ \theta_{no}(s)=\{[\theta_{ni}(s)+\theta_e(s)]K_D+V_{PD}(s)\}H(s)\dfrac{K_o}{s}+\theta_{nv}(s)\end{cases}$$

经合并运算后，可得环路总输出相位噪声为

$$\theta_{no}(s)=\left[\theta_{ni}(s)+\frac{V_{PD}(s)}{K_D}\right]T(s)+\theta_{nv}(s)[1-T(s)]\tag{9.129}$$

式(9.129)右边第一项为括号内噪声通过环路闭环响应(低通特性)的过滤,故将这类噪声称为低通型噪声;第二项为$\theta_{nv}(s)$经过环路误差响应(高通特性)的过滤,故称为高通型噪声。

无论何种类型的噪声,噪声源皆是相互独立的,故可采用各自的噪声功率谱密度表示。若设$S_{\theta ni}(f)$为$\theta_{ni}(t)$的相位噪声功率谱密度,$S_{VPD}(f)$为$V_{PD}(t)$的电压噪声功率谱密度,$S_{\theta nv}(f)$为$\theta_{nv}(t)$的相位噪声功率谱密度,则环路输出的总相位噪声功率谱密度$S_{\theta no}(f)$为

$$S_{\theta no}(f)=\left[S_{\theta ni}(f)+\frac{S_{VPD}(f)}{K_D^2}\right]|T(j2\pi f)|^2+S_{\theta nv}(f)|1-T(j2\pi f)|^2 \quad (9.130)$$

式(9.130)右边第一项为环路的低通输出相位噪声谱;第二项为高通输出相位噪声谱。

显然,有了输出相位功率谱的表示式,通过积分不难求得总的输出噪声相位方差。而且,只要适当选择环路的低通响应$|T(j2\pi f)|$,即适当设计环路的参数ζ与ω_n,可使总的输出相位噪声方差减至最小,实现环路的最优化设计。

(2) 环路带宽的最佳选择。

现以锁相式频率合成器为例,如图 9-26 所示,来说明环路带宽的选择。设参考晶振$f_r=5\text{MHz}$。

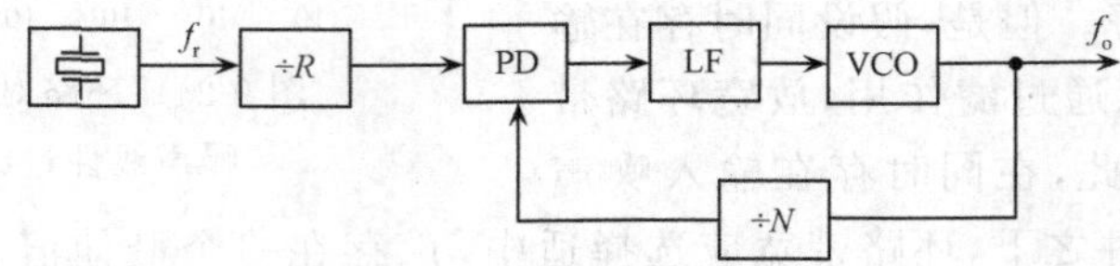

图 9-26　锁相式频率合成器原理框图

已知参考晶振的归一化相位噪声功率谱密度表示为

$$\frac{S_{\theta nr}(f)}{f_r^2}=\frac{1}{f^3}\times 10^{-37.25}\times f_r^2+\frac{1}{f^2}\times 10^{-39.4}\times f_r^2+\frac{1}{f}\times\frac{10^{-12.15}}{f_r^2}+\frac{10^{-14.9}}{f_r^2} \quad (9.131)$$

因此,得参考晶振的归一化相位噪声功率谱密度为

$$\frac{S_{\theta nr}(f)}{f_r^2}=\frac{1}{f^3}\times 10^{-23.85}+\frac{1}{f^2}\times 10^{-26}+\frac{1}{f}\times 10^{-25.55}+10^{-28.30}$$

压控振荡器的归一化相位噪声,仍如图 9-24 所示。在忽略鉴相器本身噪声的条件下,环路输出的归一化总相位噪声功率谱密度可写成

$$\frac{S_{\theta n}(f)}{f_o^2}=\frac{S_{\theta nr}(f)}{f_r^2}|T(j2\pi f)|^2+\frac{S_{\theta nv}(f)}{f_o^2}|T_e(j2\pi f)|^2 \quad (9.132)$$

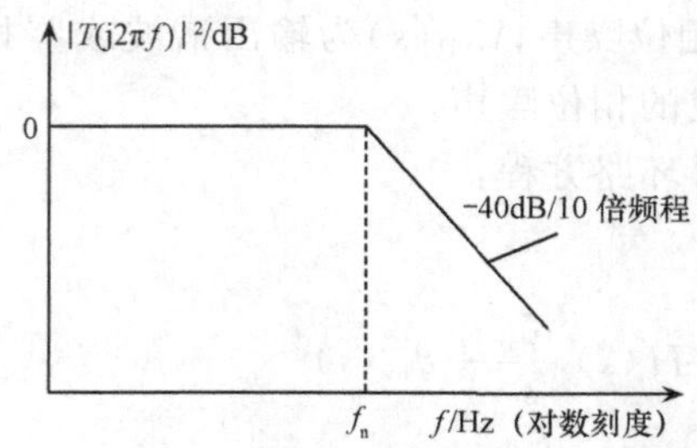

图 9-27　采用有源比例积分滤波器二阶环的$|T(j2\pi f)|^2$的波特图($\zeta=0.5$)

若环路滤波器采用有源比例积分滤波器,在$\zeta=0.5$的条件下,环路闭环频率响应$|T(j2\pi f)|^2$的波特图如图 9-27 所示。

将$S_{\theta nr}(f)/f_r^2$与$S_{\theta nv}(f)/f_o^2$一起画在图 9-28(a)中,可见两噪声谱相交于$f=2\times10^4\text{Hz}$附近。由于环路对晶振噪声呈低通过滤,故希望f_n低,这样对滤除晶振噪声有利,但是f_n选低了就不能抑制压控振荡器噪声的低频分量。综上考虑,选择在两谱线相交频率处显然是有利的,即$f_n=2\times10^4\text{Hz}$。分别过滤后的相位噪声如图

9-28(a)虚线所示。由图可见，晶振噪声经低通过滤之后，在 $f>f_n$ 的高频段内的噪声谱已等于或低于压控振荡器噪声；压控振荡器噪声经高通过滤之后，在 $f<f_n$ 的低频段内的噪声谱已低于晶振的噪声。图 9-28(a)是归一化的输出相位噪声，实际的输出相位噪声则应乘以 f_o^2，如图 9-28(b)所示。

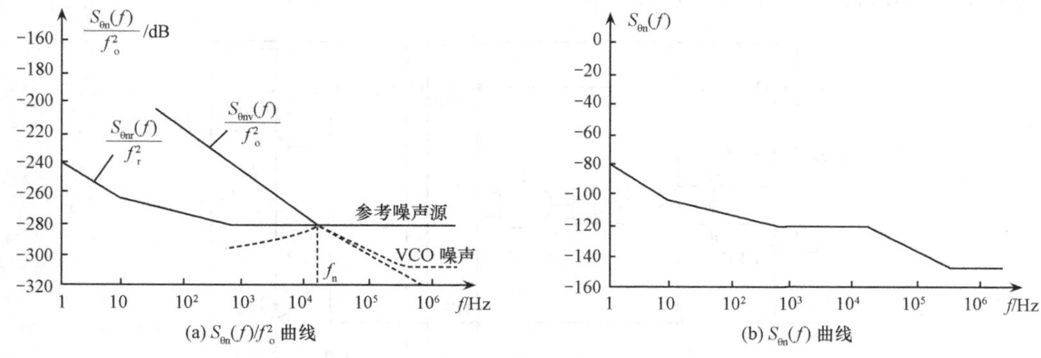

图 9-28　最佳 f_n 选择示意图

不同噪声源情况下，最佳 f_n 的选择可能是不同的，但在一般情况之下，选择 f_n 在两噪声源谱密度线的交叉点频率附近总是比较接近于最佳状态的，这可作为工程上适用的一种方法。

9.4　电荷泵锁相环频率综合器

9.4.1　电荷泵锁相环频率综合器的组成

电荷泵锁相环频率综合器主要由鉴频鉴相器(PFD)、电荷泵(CP)、环路滤波器(LF)、压控振荡器(VCO)和可编程分频器(divider)组成，其基本结构如图 9-29 所示。

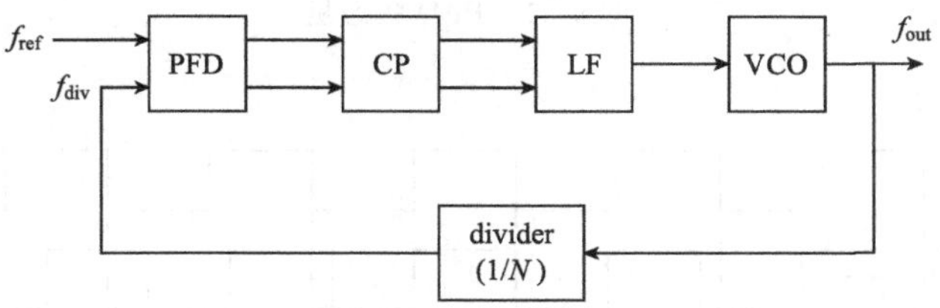

图 9-29　电荷泵锁相环频率综合器基本结构图

PFD 检测参考信号频率 f_{ref} 与分频信号频率 f_{div} 间的频率(或相位)差，然后控制 CP 对环路滤波器进行充电(或放电)，改变 VCO 的振荡频率。当环路锁定时，$f_{ref}=f_{div}$，输出信号频率 $f_{out}=Nf_{ref}$，其中 N 为分频比。

1. PFD 与 CP

PFD 电路有多种实现形式，其中应用最广泛的是基于边沿触发的三态鉴频鉴相器。PFD 和 CP 原理图如图 9-30 所示。

加入了延迟单元的三态鉴频鉴相器在实际工作时具有 4 个状态，只不过其中一个状态(UP 和 DN 同时为高电平)的持续时间非常短而已，习惯上人们仍然将其称为三态鉴频鉴相器。

PFD 的工作原理可用状态机及其输入输出波形加以描述。PFD 在 f_{ref} 的上升沿将 UP 置 1,而在 f_{div} 的上升沿将 DN 置 1;当 UP 和 DN 均为 1,经过 t_d 延时后,UP 和 DN 被复位为 0。图 9-31 与图 9-32 分别给出了 PFD 的状态机及其输入输出波形图,其中,$\Delta\phi$ 表示 f_{ref} 与 f_{div} 之间的相位误差,单位为弧度。$\Delta\phi>0$ 表示 f_{ref} 的相位超前于 f_{div},$\Delta\phi<0$ 表示 f_{ref} 的相位滞后于 f_{div},$\Delta\phi=0$ 则表示 f_{ref} 与 f_{div} 的相位相同。

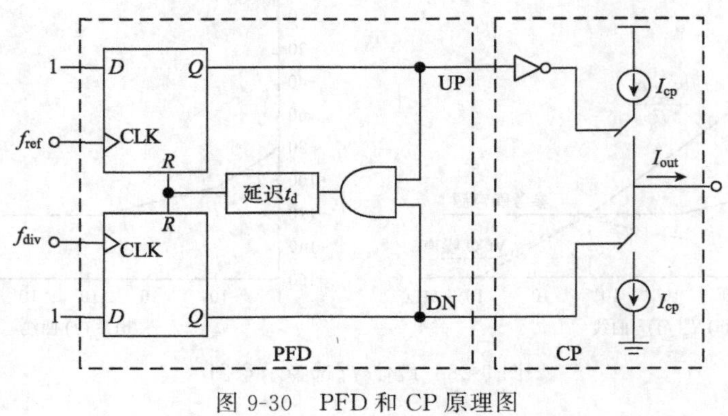

图 9-30　PFD 和 CP 原理图

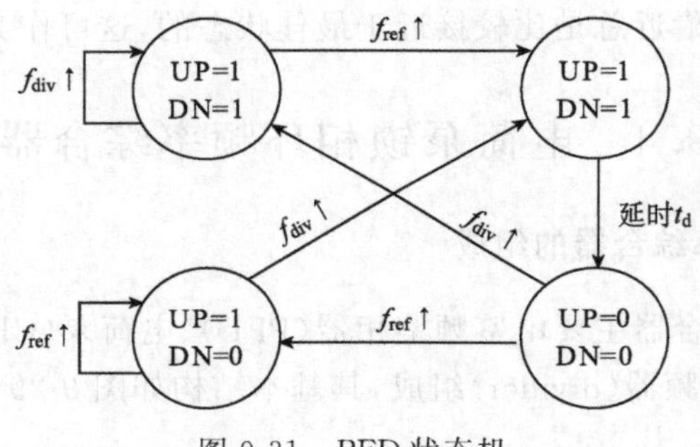

图 9-31　PFD 状态机

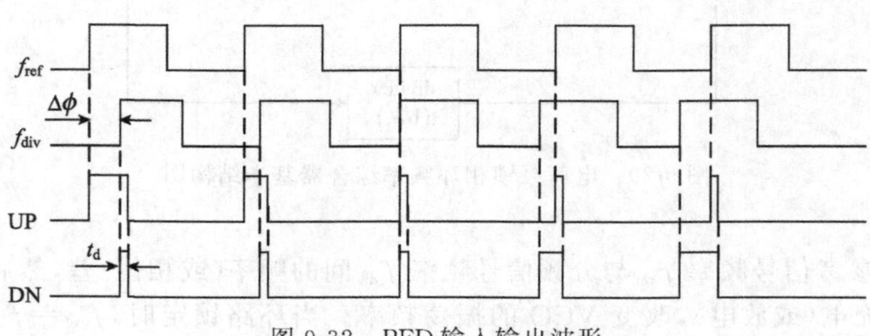

图 9-32　PFD 输入输出波形

CP 的作用是将 PFD 输出的 UP 与 DN 信号的脉冲宽度的差值转换为电流脉冲 I_{out}。图 9-33给出了 PFD/CP 的输入输出波形。当 UP 为高电平且 DN 为低电平时,CP 输出电流 $I_{out}=I_{cp}$;当 UP 与 DN 同时为高电平(或同时为低电平)时,CP 输出电流 $I_{out}=0$;当 UP 为低电平且 DN 为高电平时,CP 输出电流 I_{out} 等于 $-I_{cp}$。

用 $\overline{I_{out}}$ 表示 CP 输出电流脉冲 I_{out} 在每个参考时钟周期内的平均值。当 $f_{ref}=f_{div}$ 时,$\overline{I_{out}}$

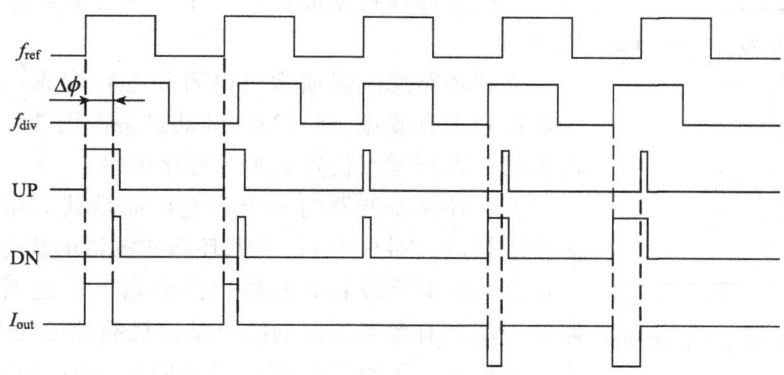

图 9-33　PFD/CP 的输入输出波形

与 PFD 输入端的相位差 $\Delta\phi(-2\pi<\Delta\phi<2\pi)$成正比，表示为

$$\overline{I_{out}}=\frac{\Delta\phi}{2\pi}I_{cp} \tag{9.133}$$

图 9-34 给出了 PFD/CP 鉴相特性曲线，从图中可知 PFD/CP 的线性鉴相范围为 $-2\pi\sim2\pi$。

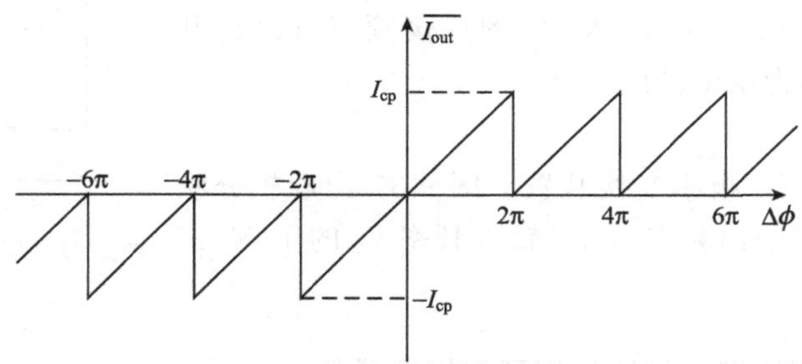

图 9-34　PFD/CP 的鉴相特性曲线

2. 环路滤波器

电荷泵输出的是一系列脉冲电流，而 VCO 的输入端必须是纯净的电压信号。因此，在 CP 与 VCO 之间需要一个具有低通滤波和电流电压转换作用的环路滤波器。其设计参数对锁相环频率综合器的环路稳定性与系统性能都有重要的影响。

PLL 中常用的环路滤波器主要包括无源滤波器和有源滤波器两种。图 9-35 分别给出了

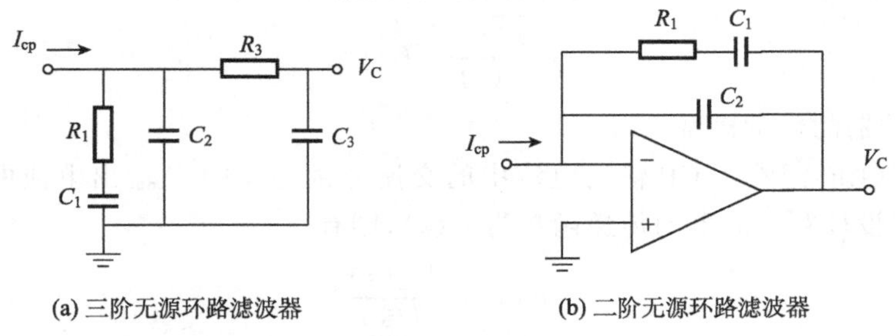

图 9-35　环路滤波器

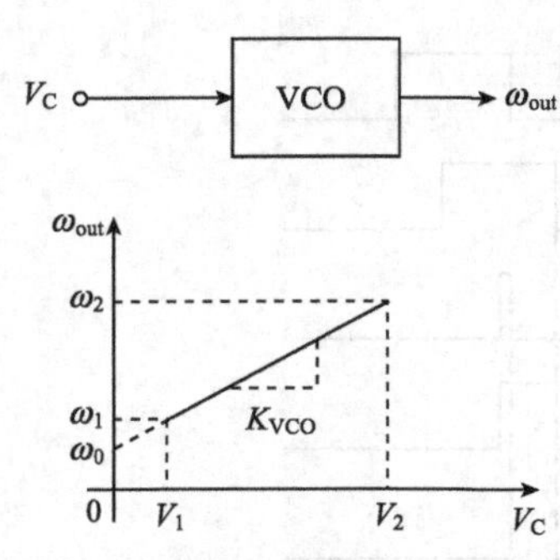

图 9-36 理想 VCO 输入输出特性

一个三阶无源环路滤波器和一个二阶有源环路滤波器的电路原理图。

无源环路滤波器通常由电阻和电容构成,具有结构简单、无功耗和无有源噪声的优点,其缺点是占用芯片面积较大且滤波器的极点与零点位置对工艺变化敏感。

有源环路滤波器的一个典型特征是其电路中含有一个或多个运算放大器(OPA),有源环路滤波器的优点是其极点与零点位置可以灵活设置且其输出的调谐电压范围不受电荷泵电路的限制。有源滤波器的缺点是消耗额外的功率,另外运算放大器不但引入了额外的有源噪声同时也使环路滤波器的输入输出传递函数更加复杂。

3. 压控振荡器

压控振荡器(VCO)是一个电压-频率变换装置,是频率受电压控制的振荡器,如图 9-36 所示。理想 VCO 的输出频率 ω_{out} 是其输入控制电压 V_C 的线性函数:

$$\omega_{out} = \omega_0 + K_{VCO} V_C \tag{9.134}$$

其中,ω_0 表示 $V_C=0$ 时的截距,单位为 rad/s;K_{VCO} 表示 VCO 的调谐增益,单位为 rad/(s·V)。VCO 的振荡频率可以达到的范围 $\omega_1 \sim \omega_2$,被称为调谐范围。

4. 分频器

分频器是一个频率-频率变换装置。图 9-37 为理想分频器的输入输出特性,其输出频率 ω_{out} 是输入频率 ω_{in} 的 $1/N$,N 称为分频器的分频比。

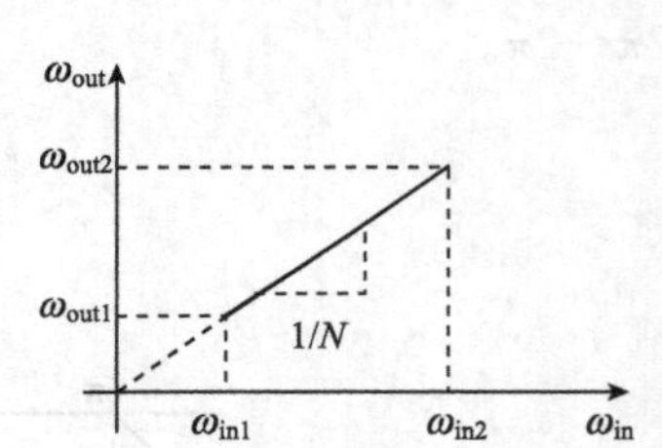

图 9-37 理想分频器输入输出特性

9.4.2 电荷泵锁相环连续时间线性模型与传递函数

1. 组成模块的数学模型

1) PFD/CP 的数学模型

从前面叙述可知,当 PFD 输入端的相位误差 $\Delta\phi$ 较小时,CP 输出的平均电流为

$$\overline{I_{out}} = \frac{I_{cp}}{2\pi}\Delta\phi = K_{cp}\Delta\phi \tag{9.135}$$

其中,K_{cp} 表示 PFD 与 CP 组合后的增益。为避免混淆,下面将相位误差 $\Delta\phi$ 改用 θ_e 表示,而 $\Delta\phi$ 则表示相位的阶跃。PFD 与 CP 组合后的传递函数可写为

$$\frac{\overline{I(s)}}{\theta_e(s)} = K_{cp} \tag{9.136}$$

2) 环路滤波器的数学模型

环路滤波器(LF)滤除了 CP 输出电流中的交流分量,并将 CP 输出电流的平均值转换为相应的电压。假设环路滤波器的传递函数为 $F(s)$,则有

$$F(s) = \frac{V_C(s)}{I(s)} \tag{9.137}$$

对于无源 RC 环路滤波器,传递函数 $F(s)$ 就是滤波器的输入阻抗 $Z_{LF}(s)$。

3）压控振荡器的数学模型

VCO 输出信号的角频率可以表示为

$$\omega_{\text{out}}(t)=\omega_0+\Delta\omega(t)=\omega_0+K_{\text{VCO}}V_{\text{C}}(t) \tag{9.138}$$

锁相环锁定时，式(9.138)中的 ω_0 值是固定不变的，故在对 VCO 进行相位域传递函数分析时，只考虑 $\Delta\omega$ 部分。根据频率与相位的关系，对式(9.138)中的频率变化部分 $K_{\text{VCO}}V_{\text{C}}(t)$ 进行积分，得到相位变化量 θ_{out} 为

$$\theta_{\text{out}}(t)=\int\Delta\omega(t)\,\mathrm{d}t=K_{\text{VCO}}\int V_{\text{C}}(t)\,\mathrm{d}t$$

根据拉普拉斯理论，$\theta_{\text{out}}(t)$ 的拉普拉斯变换可写成

$$\theta_{\text{out}}(s)=\frac{K_{\text{VCO}}}{s}V_{\text{C}}(s) \tag{9.139}$$

所以 VCO 的相位域传输函数为

$$\theta_{\text{out}}(s)/V_{\text{C}}(s)=K_{\text{VCO}}/s \tag{9.140}$$

4）分频器的数学模型

频率综合器中分频器(divider)不但将 VCO 输出信号的频率除以因子 N，也将 VCO 输出信号的相位按比例缩小为原来的 $1/N$。因此，在相位域，分频器可看成增益为 $1/N$ 的“增益模块”，其相位域传递函数可写成

$$\theta_{\text{div}}(s)/\theta_{\text{out}}(s)=1/N \tag{9.141}$$

2. 锁相环连续时间系统模型和传递函数

根据频率综合器各组成部分的数学模型，可以得到频率综合器的相位域线性模型如图 9-38所示。由于 VCO 在原点处有一个极点，所以 PLL 系统的阶数总是比环路滤波器的阶数高一阶。

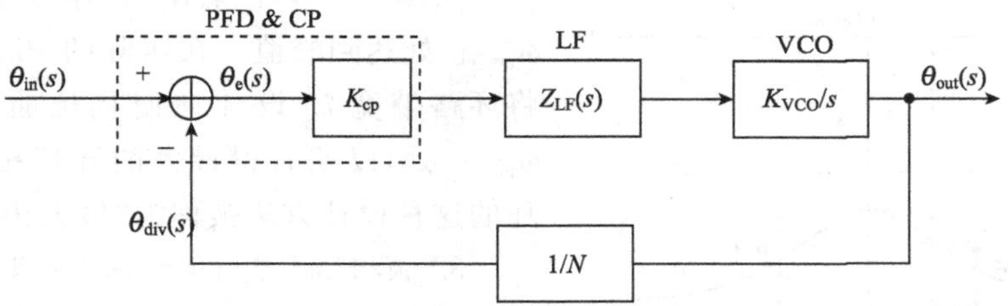

图 9-38　CP-PLL 频率综合器相位域线性模型

锁相环的开环传递函数定义为

$$H_{\text{OL}}(s)=\frac{\theta_{\text{div}}(s)}{\theta_{\text{in}}(s)}=\frac{\theta_{\text{div}}(s)}{\theta_{\text{e}}(s)}=\frac{K_{\text{cp}}K_{\text{VCO}}Z_{\text{LF}}(s)}{N\cdot s} \tag{9.142}$$

锁相环闭环时的输出相位 $\theta_{\text{out}}(s)$ 与输入相位 $\theta_{\text{in}}(s)$ 之比定义为锁相环的闭环传递函数 $H_{\text{CL}}(s)$，表示为

$$H_{\text{CL}}(s)=\frac{\theta_{\text{out}}(s)}{\theta_{\text{in}}(s)}=\frac{K_{\text{cp}}K_{\text{VCO}}Z_{\text{LF}}(s)/s}{1+H_{\text{OL}}(s)}=N\frac{H_{\text{OL}}(s)}{1+H_{\text{OL}}(s)} \tag{9.143}$$

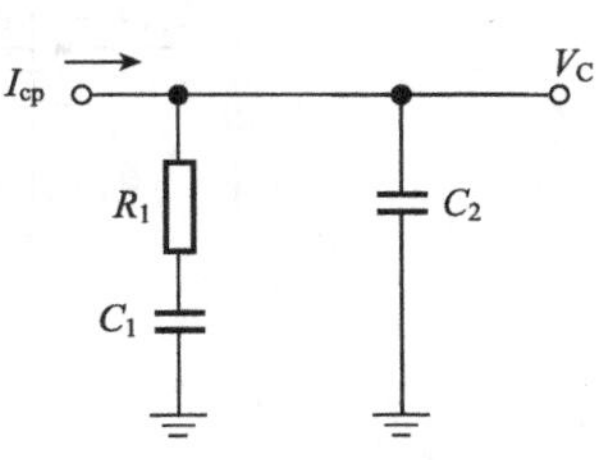

图 9-39　二阶无源环路滤波器

图 9-39 给出了二阶无源环路滤波器的电路结构图，其传递

函数为

$$Z_{\mathrm{LF}}(s)=\frac{\left(R_1+\frac{1}{C_1 s}\right)\frac{1}{C_2 s}}{\left(R_1+\frac{1}{C_1 s}\right)+\frac{1}{C_2 s}}=\frac{1+sR_1C_1}{s(C_1+C_2)+s^2R_1C_1C_2}$$
$$=\frac{1}{s}\cdot\frac{1+sR_1C_1}{1+s\frac{R_1C_1C_2}{C_1+C_2}}\cdot\frac{1}{C_1+C_2}=\frac{1}{s}\cdot\frac{1+s/\omega_{\mathrm{z}}}{1+s/\omega_{\mathrm{p2}}}\cdot\frac{1}{C_1+C_2} \tag{9.144}$$

其中

$$\omega_{\mathrm{z}}=1/R_1C_1 \tag{9.145}$$

$$\omega_{\mathrm{p2}}=\frac{C_1+C_2}{R_1C_1C_2} \tag{9.146}$$

将式(9.144)代入式(9.142)可得三阶锁相环的开环传递函数为

$$H_{\mathrm{OL3}}(s)=\frac{K_{\mathrm{cp}}K_{\mathrm{VCO}}Z_{\mathrm{LF}}(s)}{N\cdot s}=\frac{K_{\mathrm{cp}}K_{\mathrm{VCO}}}{N}\cdot\frac{1+s/\omega_{\mathrm{z}}}{s^2(1+s/\omega_{\mathrm{p2}})}\cdot\frac{1}{C_1+C_2} \tag{9.147}$$

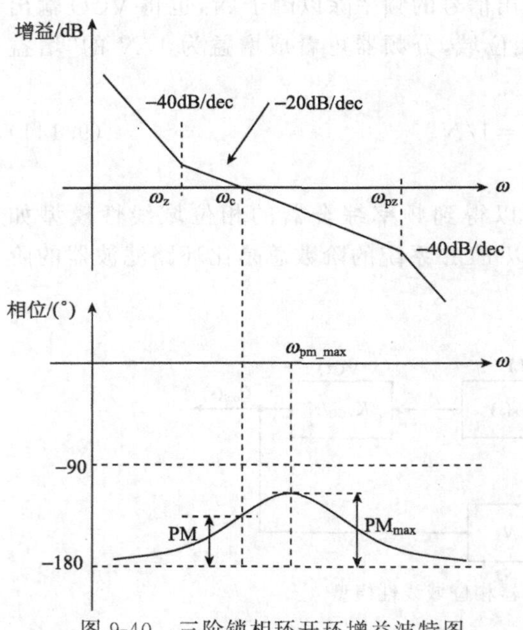

图 9-40　三阶锁相环开环增益波特图

图 9-40 画出了一个三阶锁相环开环传递函数的增益波特图，开环传递函数增益为 0dB 时的频率定义为环路带宽 ω_{c}。根据极点与零点的位置可将幅度响应波特图分为 3 段：①在零点 ω_{z} 之前，开环增益幅值以 −40dB/dec 速率下降；②在零点和极点 ω_{p2} 之间，开环增益以 −20dB/dec 速率下降；③在极点 ω_{p2} 之后，开环增益以 −40dB/dec 的速率下降。

从图 9-40 可以看出，开环传递函数的相位在 $\omega_{\mathrm{pm\_max}}$ 处达到峰值。在实际的 PLL 设计中，通常将环路带宽 ω_{c} 设计在使相位曲线达到峰值的 $\omega_{\mathrm{pm\_max}}$ 处，以期获得最大的开环相位裕度。锁相环的这种设计方法被称为“最大相位裕度”法。

3. 锁相环连续时间相位噪声模型和传递函数

将电荷泵锁相环(CP-PLL)中各模块的输出等效噪声加入到如图 9-38 所示的模型中即可得到如图 9-41 所示的 CP-PLL 的相位噪声模型。

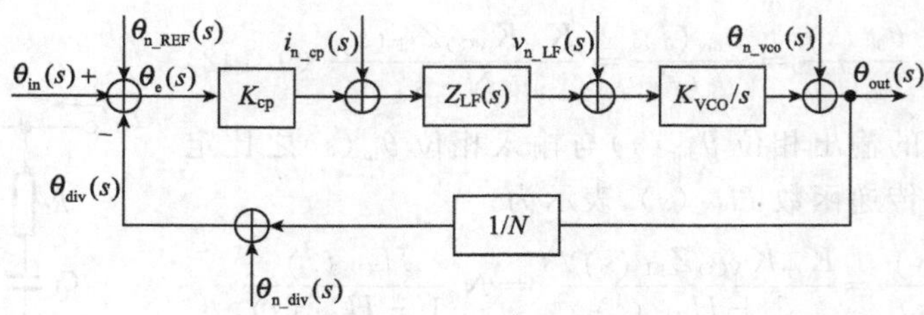

图 9-41　CP-PLL 相位噪声模型

图 9-41 中，$\theta_{n_REF}(s)$为输入参考时钟的相位噪声；$i_{n\_cp}(s)$ 为 PFD 和 CP 产生的等效电流噪声；$v_{n\_LF}(s)$ 为环路滤波器产生的电压噪声；$\theta_{n_vco}(s)$为 VCO 产生的相位噪声；$\theta_{n_div}(s)$为分频器产生的相位噪声；K_{cp}为 PFD/CP 组合后的增益，单位为 A/rad：$K_{cp}=I_{cp}/2\pi$，其中 I_{cp}为电荷泵充放电电流，单位为 A；$Z_{LF}(s)$为低通滤波器传递函数；K_{VCO}为 VCO 调谐增益，单位为 rad/(s · V)；N 为环路分频比。

表 9-5 给出了 PLL 中各模块的相位噪声传递函数和传递特性。

表 9-5　PLL 中各模块的相位噪声传递函数和传递特性

噪声源	相位噪声传递函数表达式	传递特性
输入参考信号噪声	$\frac{\theta_{n\_out}(s)}{\theta_{n\_REF}}=N\cdot\frac{H_{OL}(s)}{1+H_{OL}(s)}$	低通
PFD/CP 噪声	$\frac{\theta_{n\_out}(s)}{i_{n\_cp}(s)}=\frac{N}{K_{cp}}\cdot\frac{H_{OL}(s)}{1+H_{OL}(s)}$	低通
LPF 噪声	$\frac{\theta_{n\_out}(s)}{v_{n\_LF}(s)}=\frac{K_{VCO}}{s}\cdot\frac{1}{1+H_{OL}(s)}$	带通
VCO 噪声	$\frac{\theta_{n\_out}(s)}{\theta_{n\_VCO}(s)}=\frac{1}{1+H_{OL}(s)}$	高通
分频器噪声	$\frac{\theta_{n\_out}(s)}{\theta_{n\_div}(s)}=-N\cdot\frac{H_{OL}(s)}{1+H_{OL}(s)}$	低通

将式(9.147)代入表 9-5 中的各个传递函数中，可以得到无源二阶环路滤波器电荷泵锁相环各模块的噪声传递函数分别如下。

(1) 参考时钟的噪声传递函数为

$$H_{n\_REF}(s)=\frac{\theta_{n\_out}(s)}{\theta_{n\_REF}}=N\frac{1+s/\omega_z}{s^3\dfrac{N(C_1+C_2)}{\omega_{p2}K_{cp}K_{VCO}}+s^2\dfrac{N(C_1+C_2)}{K_{cp}K_{VCO}}+\dfrac{s}{\omega_z}+1}\tag{9.148}$$

(2) 鉴频鉴相器和电荷泵的噪声传递函数为

$$H_{n\_cp}(s)=\frac{\theta_{n\_out}(s)}{i_{n\_cp}(s)}=\frac{N}{K_{cp}}\cdot\frac{1+s/\omega_z}{s^3\dfrac{N(C_1+C_2)}{\omega_{p2}K_{cp}K_{VCO}}+s^2\dfrac{N(C_1+C_2)}{K_{cp}K_{VCO}}+\dfrac{s}{\omega_z}+1}\tag{9.149}$$

(3) 环路滤波器的噪声传递函数为

$$H_{n\_LF}(s)=\frac{\theta_{n\_out}(s)}{v_{n\_LF}(s)}=\frac{N(C_1+C_2)}{K_{cp}}\cdot\frac{s^2/\omega_{p2}+s}{s^3\dfrac{N(C_1+C_2)}{\omega_{p2}K_{cp}K_{VCO}}+s^2\dfrac{N(C_1+C_2)}{K_{cp}K_{VCO}}+\dfrac{s}{\omega_z}+1}\tag{9.150}$$

(4) 压控振荡器的噪声传递函数为

$$H_{n\_vco}(s)=\frac{\theta_{n\_out}(s)}{\theta_{n\_vco}(s)}=\frac{s^3/\omega_{p2}+s^2}{s^3/\omega_{p2}+s^2+s\dfrac{K_{cp}K_{VCO}}{\omega_zN(C_1+C_2)}+\dfrac{K_{cp}K_{VCO}}{N(C_1+C_2)}}\tag{9.151}$$

(5) 分频器的噪声传递函数为

$$H_{\text{n\_div}}(s)=\frac{\theta_{\text{n\_out}}(s)}{\theta_{\text{n\_div}}(s)}=-N\frac{1+s/\omega_z}{s^3\dfrac{N(C_1+C_2)}{\omega_{p2}K_{cp}K_{VCO}}+s^2\dfrac{N(C_1+C_2)}{K_{cp}K_{VCO}}+\dfrac{s}{\omega_z}+1} \tag{9.152}$$

有了锁相环的噪声传递函数，利用 MATLAB 可以方便地画出各噪声传递函数的幅频响应曲线。图 9-42 给出了一个三阶锁相环的噪声传递函数的幅频特性曲线，其中环路参数设置如表 9-6 所示。

表 9-6 环路参数

ω_z/kHz	ω_{p2}/kHz	K_{VCO}/MHz	I_{cp}/μA	N	C_1/pF	C_2/pF
2	72	350	100	2440	245.23	18.86

从图 9-42 可以看出锁相环的噪声传递函数具有如下特性。

(1) 参考时钟和分频器的噪声传递函数具有低通特性，环路带宽外以 40dB/dec 的速率下降，从式(9.148)可以看出该噪声传递函数的低频增益近似为 N。

(2) PFD/CP 的噪声传递函数也具有低通特性，且从式(9.149)可以看出该噪声传递函数的低频增益近似为 $N/K_{cp}=2\pi N/I_{cp}$。因此，减小分频比或提高电荷泵的充放电电流可以减小鉴频鉴相器与电荷泵对锁相环噪声的影响。

(3) 环路滤波器 LF 的噪声传递函数具有带通特性。

(4) VCO 的噪声传递函数具有高通特性，且带外增益为 1。

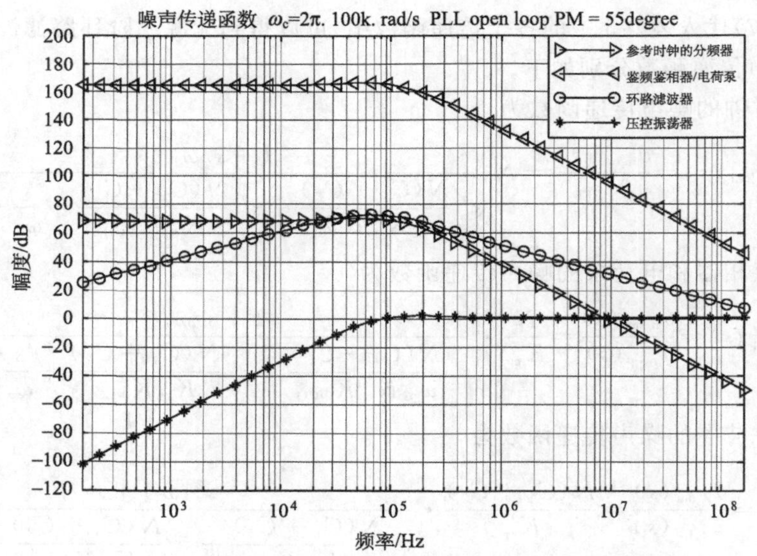

图 9-42 三阶锁相环各模块的噪声传递函数幅频响应曲线

4. 环路带宽对锁相环性能的影响

锁相环环路带宽 ω_c 对锁相环的影响主要体现在以下三方面。

(1) 环路带宽 ω_c 对相位噪声的影响。从图 9-42 可知，增大环路带宽可以抑制 VCO 的噪声，但是同时来自参考时钟、分频器、鉴频鉴相器和电荷泵的噪声就会增加。因此，环路带宽的选择要折中考虑，以使锁相环总的输出噪声最小。

(2) 环路带宽对连续时间模型的影响。锁相环本身是一个离散时间采样系统，并不能无条件的用连续时间 s 域模型来分析锁相环路的特性，特别是在进行锁相环的稳定性分析时，由于离散效应的存在使利用 s 域模型分析出来的结果可能与实际情况发生较大的偏移。研究表明，当 $\omega_c < 2\pi f_{ref}/10$ 时锁相环连续时间模型可以较好地模拟锁相环的环路特性。因此，环路带宽必须满足关系式 $\omega_c < 2\pi f_{ref}/10$，否则连续时间模型将产生较大误差。

(3) 环路带宽 ω_c 对锁定时间 T_L 的影响。由经验公式 $T_L = 4/f_c$ 可得，增大 f_c 可以缩短环路的锁定时间。对于给定的通信系统，锁相环路的锁定时间必须小于某个确定的值，因此，环路带宽必须满足关系式 $\omega_c > 8\pi/T_L$。

由前面的讨论可知，锁相环环路带宽的选择必须满足：

$$8\pi/T_L < \omega_c < 2\pi f_{ref}/10 \tag{9.153}$$

9.4.3 鉴频鉴相器

1. 三态鉴频鉴相器的基本原理

鉴频鉴相器(PFD)是电荷泵型锁相环中的重要组成部分，它主要将系统的输入信号(晶振)与内部的反馈信号进行频率和相位的比较，输出结果直接用来控制 VCO 的频率，以产生系统所需要的各种频率信号。

PFD 的工作原理示意图如图 9-43 所示。其输入输出示意图如图 9-43(a)所示。PFD 检测两个输入(f_{ref} 和 f_{div})之间的上升沿间差值，产生与之成正比的输出(UP 和 DW)。当输入参考信号相位提前于输入反馈信号时，输入输出波形如图 9-43(c)所示，UP 输出与相位差呈线性关系的脉冲信号。当输入参考信号频率大于输入反馈信号时，输入输出波形如图 9-43(d)所示，UP 输出与每个周期相位差呈线性关系的不等脉冲信号。

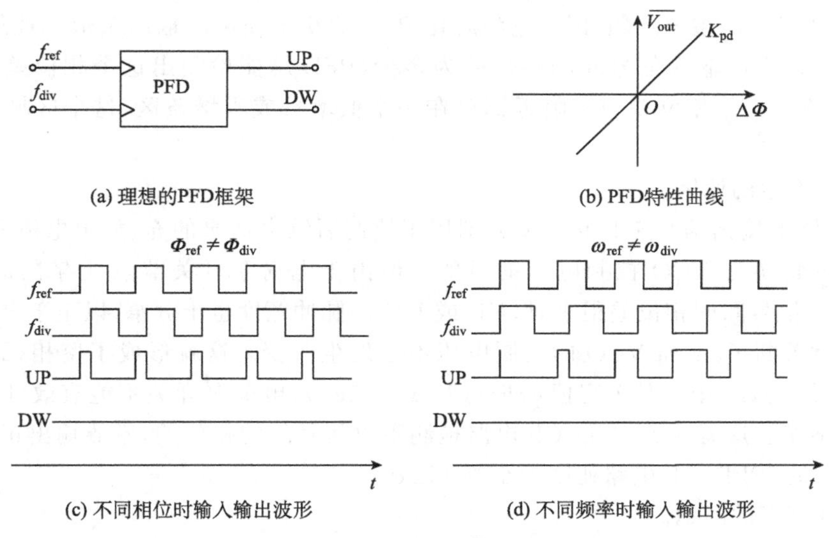

图 9-43　PFD 工作原理

可见，PFD/CP/LF 的平均输出 V_{out} 与其两个输入的相位差 $\Delta\Phi$ 呈线性正比关系：$\overline{V_{out}} = K_{pd}(\Phi_1 - \Phi_2) = K_{pd}\Delta\Phi$。$\overline{V_{out}}$ 和 $\Delta\Phi$ 之间的关系是直线的，直线的斜率 K_{pd} 就是 PFD 的增益。

图 9-43(b)所示为理想 PFD 的特性曲线。

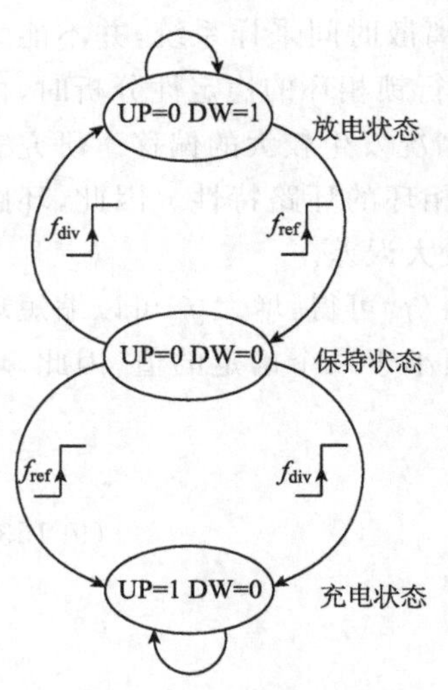

图 9-44　PFD 状态机示意图

理论上的 PFD 工作在 3 个状态，如图 9-44 为 PFD 的状态机示意图。

(1) 当 PFD 处于“保持状态”时，输出信号 UP 为“0”，DW 为“0”。当 UP 或 DW 的上升沿到来时，PFD 状态随之改变为“充电状态”或“放电状态”。

(2) 当 PFD 处于“充电状态”时，输出信号 UP 为“1”，DW 为“0”。当 $f_{\rm ref}$ 信号的上升沿到来时，UP 从“0”转化为“1”，直到 $f_{\rm div}$ 信号的上升沿到来，再由“1”转化为“0”。只有 $f_{\rm div}$ 信号的上升沿先到来，PFD 改变状态到“保持状态”。

(3) 当 PFD 处于“状态 DW”时，输出 UP 为“0”，DW 为“1”。当 $f_{\rm div}$ 信号的上升沿到来时，DW 从“0”转化为“1”，直到 $f_{\rm ref}$ 信号的上升沿到来，再由“1”转化为“0”。只有当 $f_{\rm ref}$ 信号的上升沿先到来，PFD 改变状态到“保持状态”。

在前面提到，锁相环有 3 个工作状态：频率捕捉、相位跟踪和相位锁定。当锁相环环路进行频率捕捉时，PFD 就以鉴频方式工作；当进入相位跟踪锁定区域以后，它就转化为鉴相方式工作。

2. PFD 中有待解决的问题

尽管 PFD 具有很多优点，但也存在一些有待解决的问题，如鉴相死区、鉴相盲区、第四态问题和输出延时失配等。同时，在使用 PFD 时，输入信号的触发边沿转换多一次或少一次都可能引起很大的误差信号，且这种效应可能持续多个周期。因此，PFD 对噪声的要求较高。

1) 鉴相死区

鉴相死区是指在零相位误差附近，PFD 无法检测出来的相位误差范围。鉴相死区问题是 PFD 设计时要考虑的主要问题，因为它将恶化 PLL 的相位噪声与输出杂散。理想的 PFD 没有鉴相死区。即无论输入信号间的相位差为多少，PFD 总能检测出这个相位差。但大多数 PFD，在两个输入信号相位差为零附近都存在一个低增益或零增益区，这个区域被称为鉴相死区。

(1) 死区产生的原因。

由于 PFD 的输出信号 UP 和 DN 分别用于控制后续电荷泵的充、放电电流开关，实现将频率或相位差转换为 VCO 控制电压的目的。但由于电荷泵开关节点处存在寄生电容，当 PFD 的两输入信号间的相位差很小时，UP 或 DN 的脉冲宽度也十分窄，以至于电荷泵开关还来不及打开就关断了，从而 VCO 的控制电压不会发生改变。这就形成了鉴相死区。换句话说，若输入相位差 $\Delta\varphi$ 小于某个定值 φ_0 时(即 $|\Delta\varphi|<\varphi_0$)，电荷泵开关不能有效开启，导致 LF 的输出电压不变。这意味着 PFD/CP 电路检测不出信号间的相位差，不能输出正确的控制电压到 VCO，此时，PFD/CP 电路死区大小等于 $\pm\varphi_0$。

(2) 死区带来的问题。

死区是指鉴相器能够鉴别的最小相差。死区的存在将导致锁相环的相位误差只有累积到一个较大的值后才能被校正，即 VCO 相对输入参考信号的随机相位差必须积累到 φ_0 时，环路才能得到正确的反馈。因此，VCO 输出的过零点可在一定范围内随机变化，这种现象称为“抖动”，如图 9-45 所示。死区的存在无疑增大了锁相环的抖动和相位噪声。因此，在设计 PFD

时，要尽可能地减小死区，增强相位误差的检测能力，以增加系统的稳定性。

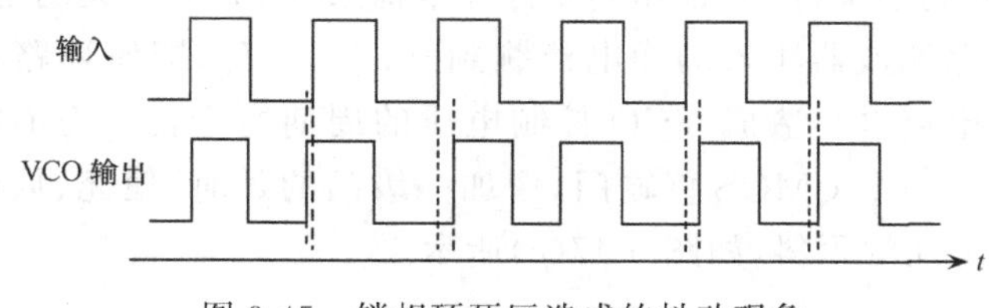

图 9-45　锁相环死区造成的抖动现象

(3) 消除死区的措施。

消除死区的措施主要有 3 个：①减少电荷泵开关的开启时间；②设计无死区 PFD，如 NC-PFD 等；③延长 PFD 输出信号的高电平脉冲宽度。

在实际电路中，常常通过改进复位电路，增大其延迟 t_d 就可以增大 UP 和 DN 脉冲的宽度。当 $\Delta\theta=0$ 时，若 UP 和 DN 的脉冲足够宽，则这些脉冲总会开启电荷泵。当相位差增加一个极小的量时，电荷泵产生的净电流也成比例增加，如图 9-46 所示。换句话说，若 T_P 时间足够长，UP 和 DN 都可达到有效的逻辑高电平，使电荷泵开关导通，这样，死区就不存在了。这是最简单也最常用的死区改善方法。

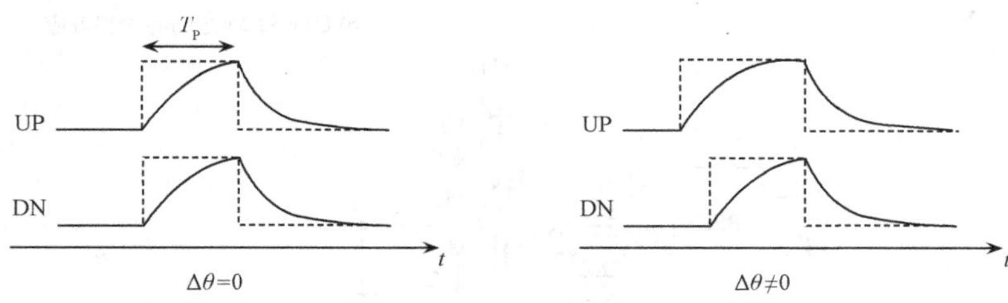

图 9-46　实际 PD 对小的输入相位差的响应

但以上措施也会给 PLL 引入其他新的问题。

① 当采用 UP 和 DN 上的重合脉冲来消除死区时，若 CP 中存在充、放电电流不匹配的问题，将会导致环路滤波器有净电流注入，此净电流将会使 VCO 控制端电压产生周期性扰动，从而引起 VCO 输出频率的抖动。

② 当采用增大复位电路的延时来消除死区时，复位延时的大小也限制了 PFD 的最大工作频率。

2) 鉴相盲区

当 PFD 正在进行复位操作时，其对输入信号的任何跳变不敏感。这种不敏感性称为 PFD 的鉴相盲区(blind-zone)，盲区的存在将减少 PFD 的最大鉴相范围。有效减少盲区的方式就是尽量减少复位延时。由于复位延时不能无限小，所以盲区无法完全消除。

3) 第四态问题

PFD 的输出 UP 和 DN 在一段时间内同时处于逻辑高电平时的状态称为第四态。该状态的存在不仅增加 PLL 的功耗，同时使 PLL 更容易受外部噪声的影响，进而恶化 PLL 的相位噪声。

4) UP 和 DN 之间的歪斜

当电荷泵充、放电电流开关分别采用 PMOS 管和 NMOS 管来实现时，如图 9-47 所示，UP

需要经过一级反相后再去驱动相应的 PMOS 开关，而 DN 可直接驱动相应的 NMOS 开关。图 9-47(a)所示电路的问题来自 UPB 和 DN 打开电荷泵充、放电开关的延时不同。如图 9-47(b)所示，电荷泵向环路滤波器注入的净电流跳到 $+I_P$ 和 $-I_P$，即使环路是锁定的，电荷泵向环路滤波器注入的净电流也会造成 VCO 控制电压的周期性干扰。为消除该影响，在 DN 信号和放电开关之间插入一个 CMOS 传输门，增加一级门的延时，使充、放电开关能同时打开，从而消除了 UP 和 DN 间的歪斜，如图 9-47(c)所示。

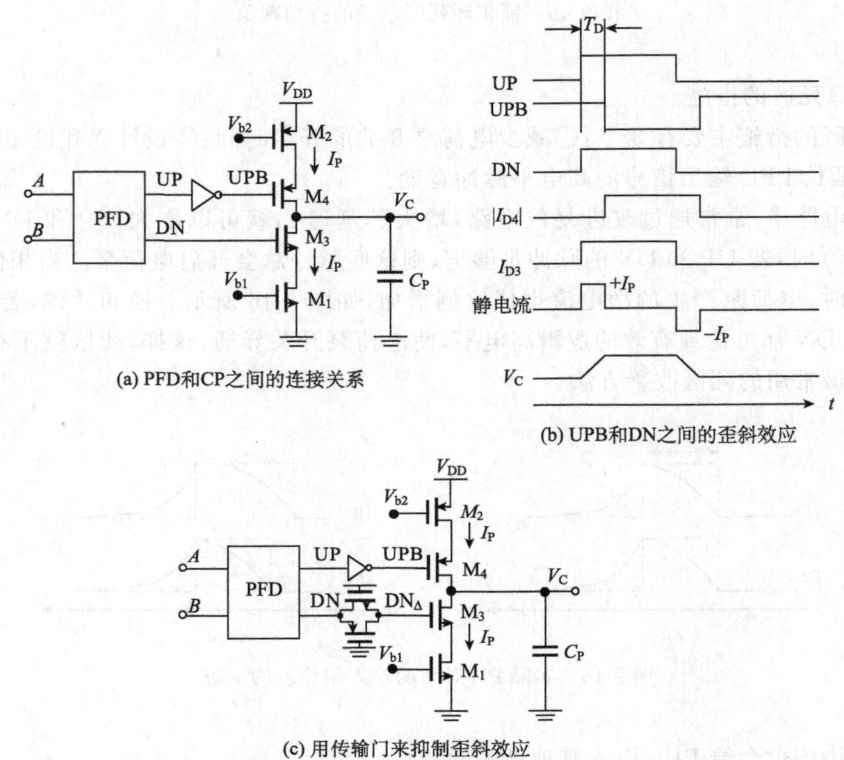

图 9-47　电荷泵充、放电电流开关分别采用 PMOS 管和 NMOS 管来实现

3. 鉴频鉴相器的拓扑结构分类

目前应用于 CMOS 锁相环中的 PFD 电路主要有 3 种结构：传统 PFD、预充电式 PFD 和边沿触发式 PFD。下面对各种结构的特点进行简单讨论。

1）传统 PFD

传统 PFD 构成方式如图 9-48 所示。两个 RS 锁存器用来存储输入信号的数据，UP 和 DN 端的反馈回路构成复位功能。此电路的主要缺点是速度慢、功耗大，高频输入时将会造成很大的死区，严重降低鉴频鉴相器的性能。

2）预充电式 PFD

预充电式 PFD 主要有两种典型结构：pt_PFD(precharge type PFD)和 nc_PFD(non_clock PFD)。

预充电式 pt_PFD 结构和特性如图 9-49 所示。由图 9-49(a)可见，该电路使用两个预充电点代替了传统的 RS 锁存器。其优点是结构简单、功耗低，属于高速 PFD；缺点是存在死区，精确鉴相的范围不高，图 9-49(b)给出了该 PFD 的鉴相特性曲线，可以看出该结构存在较明显

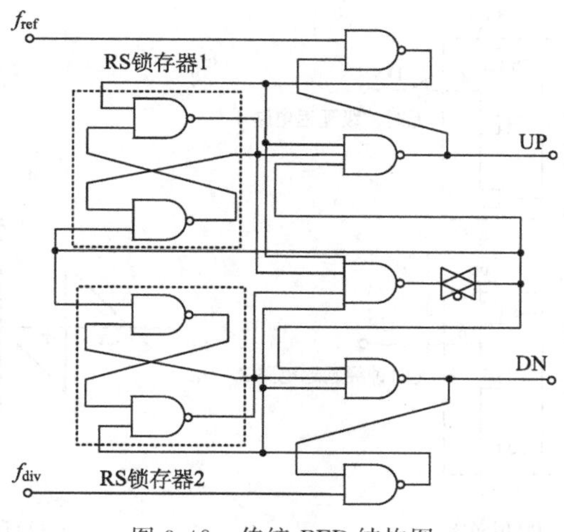

图 9-48　传统 PFD 结构图

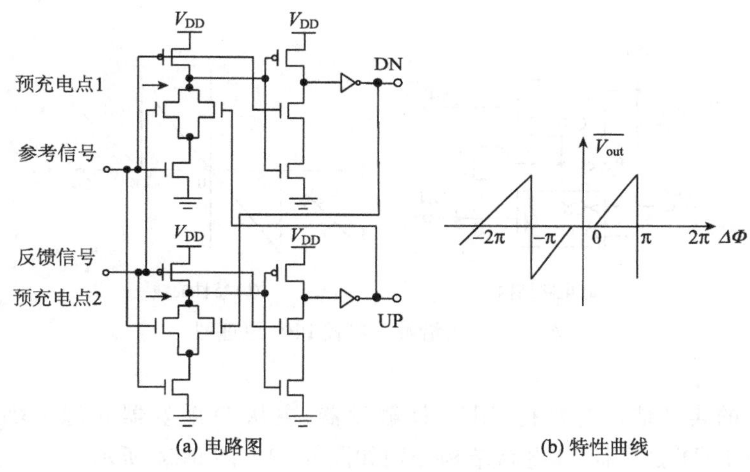

图 9-49　pt_PFD 电路结构和特性

的死区。

预充电式 nc_PFD 结构和特性如图 9-50 所示，图 9-50(a)给出了 nc_PFD 电路结构，图中在参考信号和反馈信号之间增加了两个 nc 级延迟(两个反相器)，以便去掉鉴相特性曲线的死区。图 9-50(b)给出了 nc_PFD 的鉴相特性曲线。它的优点是结构简单、无死区，属于高速 PFD；缺点是鉴相范围不高。

3) 边沿触发式 PFD

图 9-51 给出了边沿触发式 PFD 的基本结构和特性曲线。图 9-51(a)为电路结构，图 9-51(b)为鉴相特性曲线。该结构由两个带有复位端(reset)的边沿式 D 触发器和一个逻辑与门组成。优点是线性度好，鉴相范围宽，鉴相范围达到[-2π，$+2\pi$]。

触发器是边沿触发式 PFD 的核心模块。边沿触发是指输出只对时钟的上升或下降沿有效，时钟电平稳定后，输出不会再随着输入的变化而变化。图 9-51 所示的边沿触发式 PFD 中的 D 触发器主要分为静态和动态两种。

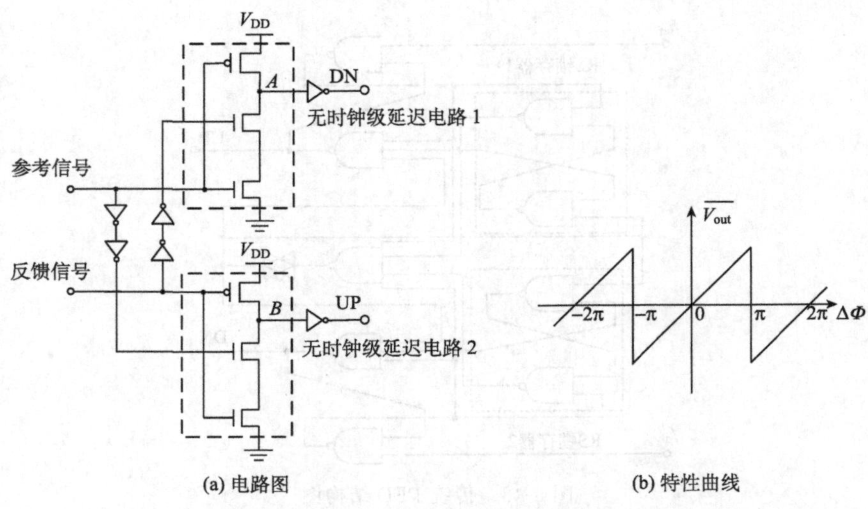

图 9-50　nc_PFD 电路结构和特性

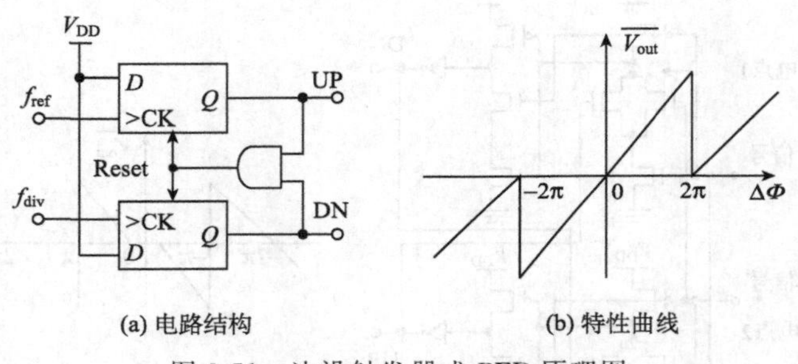

图 9-51　边沿触发器式 PFD 原理图

静态触发器的典型结构有维持-阻塞 D 触发器、主从 D 触发器和源极耦合逻辑(source coupled logic,SCL)D 触发器,其电路结构分别如图 9-52～图 9-54 所示。

维持-阻塞 D 触发器由 6 个与非门构成,由于其门延时比较大,只能应用在工作频率较低的数字电路中。

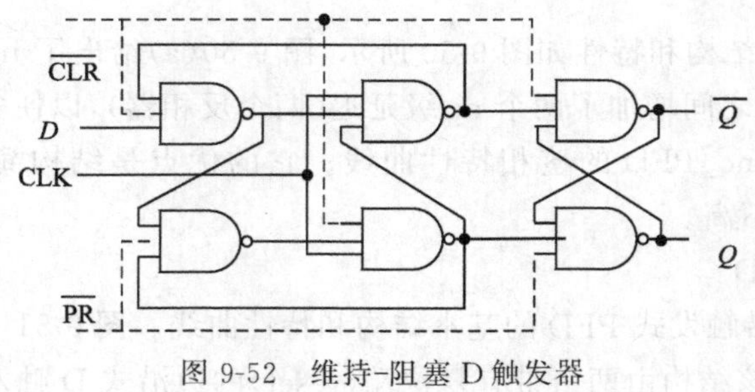

图 9-52　维持-阻塞 D 触发器

图 9-53 所示主从 D 触发器由两个 D 锁存器(latch)级联而成,时钟信号互补。两级结构中的前一级为主触发器,后一级为从触发器。当主触发器处于打开状态时,即主触发器处于接受数据状态,从触发器处于锁存状态,并截断了与主触发器的连接,使输出的信号不会随输入

信号的变化而变化。

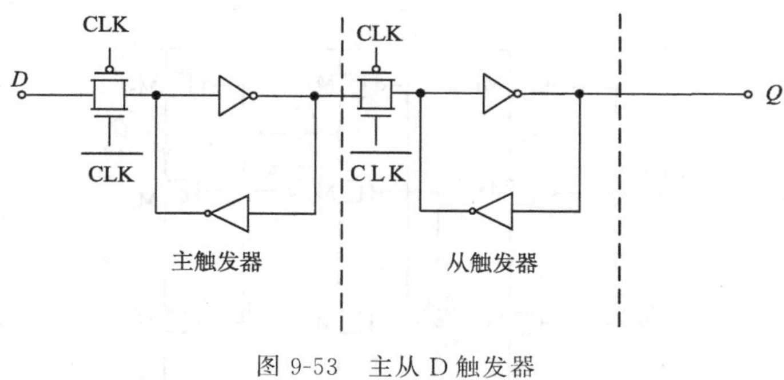

图 9-53　主从 D 触发器

图 9-54 给出了 SCL 结构的锁存器以及利用 SCL 结构锁存器主从搭配成的边沿触发器。SCL 锁存器构成的触发器可以工作在很高的频率，且工作频率范围很宽。

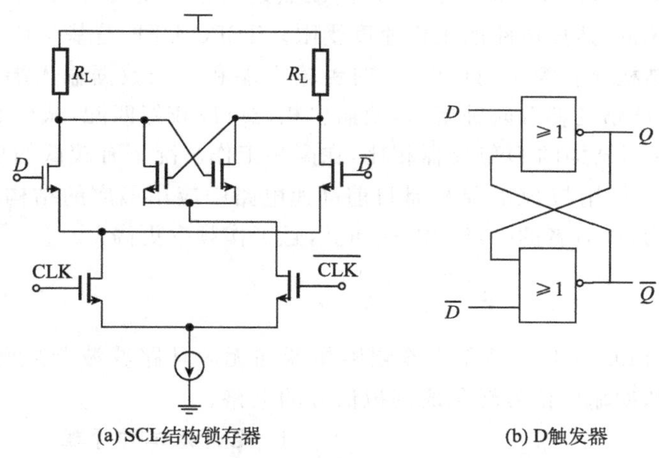

图 9-54　源极耦合逻辑 D 触发器

动态触发器的典型结构有 C^2 MOS（clock CMOS）结构动态触发器和 TSPC（true single phase clocking）动态 D 触发器。其电路结构分别如图 9-55 和图 9-56 所示。

一种典型且常用的动态触发器电路称为时钟 CMOS 触发器即 C^2 MOS 触发器。此电路对时钟交叠和歪斜（skew）相对不敏感。但是对时钟的上升、下降沿要求较高，时钟沿的上升/下降不能太慢，否则会出现逻辑错误。图 9-55 给出了典型的 C^2 MOS 触发器结构。

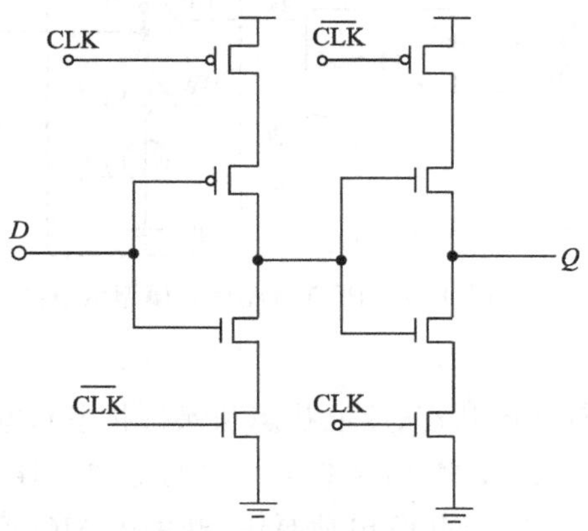

图 9-55　C^2 MOS 结构动态触发器

上述的触发器都要求输入差分时钟，但如果互补差分信号不容易得到，或者要求电路结构更加简单，就要改用单端输入，所以引入了单相时钟（true single-phase clocking,TSPC)技术,它是在 C^2MOS 基础上形成的。图 9-56 为典型的 TSPC 动态 D 触发器。

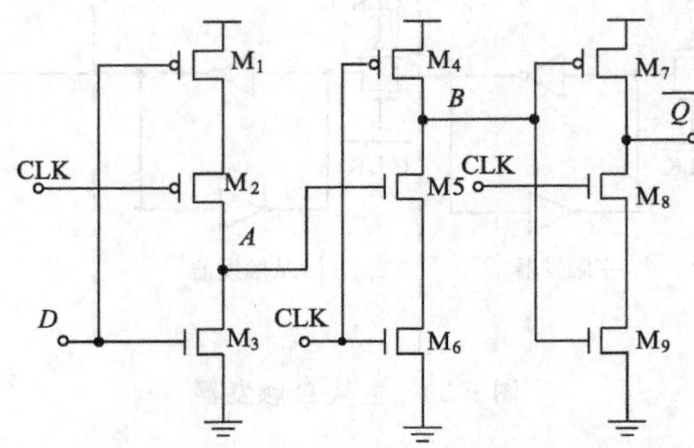

图 9-56 典型的 TSPC 动态 D 触发器

使用静态 CMOS 逻辑 DFF 构成的 PFD 的缺点是门延迟较大,使 PFD 电路的内部节点不能被完全地拉高或拉低,造成电路的工作速度受限。TSPC DFF 是基于传统的 D 触发器改进而成的。其优点是结构比较简单,只有一个时钟输入端和一个数据输入端,速度比较快;并且只有单时钟输入,无严格的差分时钟要求,使输出相位可以较好匹配,减少了系统的相位噪声;而且和 C^2MOS 标准门结构的 D 触发器相比,在高频工作情况下有较低的功耗。

总体上看,TSPC 结构与 SCL 结构是目前高速电路中应用最广的结构,两者相比,前者具有更简单的电路结构,而后者的噪声性能更加好,且工作频率更高。

9.4.4 电荷泵

电荷泵(charge pump, CP)是介于鉴频鉴相器和无源环路滤波器之间的模块,它的作用是将鉴频鉴相器的脉冲输出信号转化成模拟信号的电路。

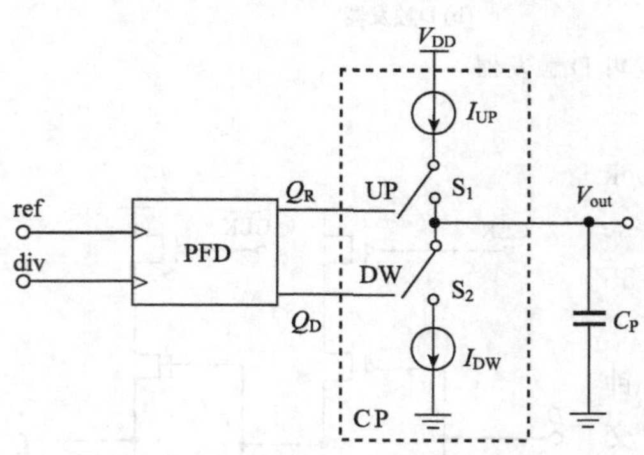

图 9-57 PFD 与电荷泵模型示意图

1. 电荷泵工作原理

电荷泵电路由开关、充电和放电电流源组成,如图 9-57 所示。电荷泵的主要功能是将 PFD 输入信号相位差的脉冲 Q_R、Q_D 转换为相应的充放电电流,通过 LF 来控制 VCO 的频率。PFD 的输出信号分别控制电荷泵的充放电开关 S_1、S_2,电荷泵将代表相位差大小的脉冲宽度转变为电容器上的电荷量。

当 PFD 给出高精度的相位误差时,电荷泵对整个环路的性能起决定性的作用。电荷泵的输出电压 V_{out} 需要保持与 PFD 的 3 个状态相对应(充电状态、放电状态和保持状态),电荷泵的 3 个状态如表 9-7 所示。

2. CMOS 电荷泵电路的非理想性

在 CMOS 电荷泵中,开关由 MOS 管实现。由于 MOS 开关的栅漏电容、栅源电容和沟道反型层中电荷的存在,实际的电荷泵不可避免地存在电流泄漏、充放电电流失配、电荷泵开关延时失配、时钟馈通、电荷注入和电荷共享等非线性问题。这些问题均可引起电荷泵输出电压

表 9-7　PFD/CP 的 3 种状态

状态	S_1	S_2	V_{ctrl}
充电状态	通	断	上升，充电
保持状态	断	断	保持不变，锁定
放电状态	断	通	下降，放电

的抖动，从而引起 VCO 输出频率的抖动，进而降低了输出时钟的噪声性能。

1）电流泄漏

电流泄漏可能由电荷泵本身产生，也可能由一些片上变容二极管或者电路板上的电流泄漏造成。在亚微米工艺中很可能出现高达"nA"级的电流泄漏。电流泄漏引起的相位偏差通常可忽略不计，但是在频率综合器中，电流泄漏将引入大量的参考杂散。设电荷泵电流为 I_{CP}，则由电流泄漏 I_{leak} 引起的相位偏差 φ_ε 为

$$\varphi_\varepsilon = 2\pi I_{leak}/I_{CP} \quad \text{rad} \tag{9.154}$$

由相位偏差 φ_ε 引起的锁相环路杂散信号与杂散电平 P_{spur} 有直接的关系。在三阶电荷泵锁相环中，参考杂散约为

$$P_r = 20\log\left(\frac{\sqrt{2}\,I_{CP}R\varphi_\varepsilon K_{VCO}/2\pi}{2f_{ref}}\right) - 20\log\left(\frac{f_{ref}}{f_{pl}}\right) \quad \text{dec} \tag{9.155}$$

其中，R 为环路滤波器中的电阻值；K_{VCO} 为 VCO 的增益；f_{ref} 为参考时钟频率；f_{pl} 为环路滤波器的极点频率；I_{CP} 为电荷泵电流。

如果环路是过阻尼的(绝大多数应用中均是如此)，为避免因工艺和温度变化所引起的过冲现象(overshoot problem)，环路带宽 fBW 在环路分频比为 N 时，可表示为

$$f_{BW} \approx \frac{I_{CP}RK_{VCO}}{2\pi N} \tag{9.156}$$

则，式(9.155)变为

$$P_r = 20\log\left(\frac{N\varphi_\varepsilon f_{BW}}{\sqrt{2}\,f_{ref}}\right) - 20\log\left(\frac{f_{ref}}{f_{pl}}\right) \quad \text{dec} \tag{9.157}$$

由式(9.157)可知，可通过降低相位偏差，减少环路带宽或提高参考频率来降低参考杂散。对于差分电荷泵，漏电流在输出端呈现为一共模电平。

2）失配

在 CMOS 电荷泵中，通常采用 PMOS 和 NMOS 分别作为充、放电电流源的开关。当 UP 和 DN 信号控制电荷泵充、放电时，由于器件的非理想性，将会产生电流失配(current mismatch)和开关延时失配(timing mismatch)。

(1) 电流失配。

由于 PFD 的非理想性，即使在输入相位差为零的情况下，也会在 UP 和 DN 输出端产生窄的重合脉冲。这样，即使在 PLL 处于锁定状态时，UP 和 DN 也会在有限的时间内同时打开电荷泵的充、放电电流源开关，由于实际充、放电电流源的不匹配性，使电荷泵输出的净电流不为零，从而使 V_{cont} 在每个相位比较的瞬间都会产生一定的上升或下降，如图 9-58(a)所示。环路要保持锁定，VCO 控制电压的平均值必须为一常数，因此，PLL 将产生一个相反的相位差，使得每个周期中 CP 输出节点的净电流为零。这样，在每次循环中，VCO 的控制电压都将有

波纹存在，如图 9-58(b)所示。同样，即使充、放电电流的脉宽相等，跳变沿的快慢和电荷泵开关的阈值电压不同，也会引起失配。由于电流源 I_{UP} 和 I_{DN} 通常采用电流镜或偏置晶体管来实现，所以电流失配存在多种原因，如电荷共享、沟道长度调制效应和工艺偏差等。

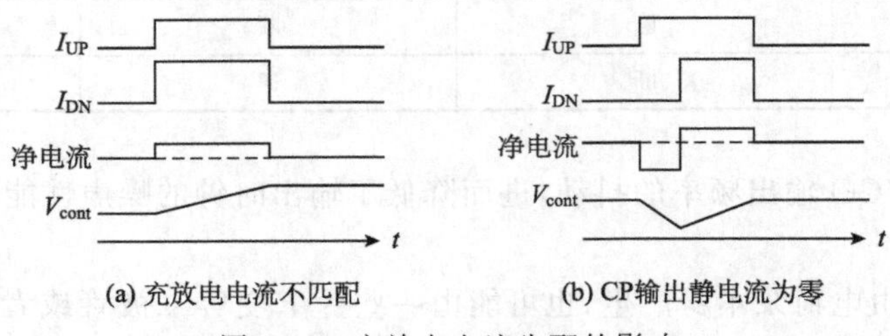

图 9-58　充放电电流失配的影响

PLL 中电荷泵的电流失配将引起相位偏差，从而增加 PLL 输出信号中的杂散分量，减少 PLL 的锁定范围。由电荷泵电流失配引起的相位偏差可表示为

$$|\varphi_\varepsilon| = 2\pi \frac{\Delta t_{on}}{T_{ref}}\left(\frac{I+\Delta i}{I}-1\right) = 2\pi \frac{\Delta t_{on}}{T_{ref}}\frac{\Delta i}{I}\quad \text{rad} \tag{9.158}$$

其中，Δt_{on}、T_{ref}、Δi 分别为 CP 开关的打开时间失配、PLL 的参考时钟周期、电荷泵的失配电流($\Delta i>0$)。若用 $\Delta q/Q$ 代替式(9.158)中的 $\Delta i/I$ 就可推广到其他失配情况，这里 Δq 表示电荷失配，Q 表示在参考时钟周期内的总电荷，即 $\Delta t_{on}\cdot I$。

为缓解电流失配对 PLL 性能的影响，可采取以下措施。①增加作为电流源的晶体管的栅长或增大电流源的输出电阻来减小由沟道长度调制效应带来的影响或事先估算好系统锁定时 VCO 的控制电压，做到在该电压下充放电电流能够很好匹配等。②当电荷泵的电流失配给定时，需要减少 UP 和 DN 同时为高电平的时间。

(2) 开关延时失配。

对于单端电荷泵，由 PFD 的输出 UP 和 DN 分别去驱动电荷泵的 PMOS 和 NMOS 开关，因此，电荷泵充、放电开关的关与断都将存在延时失配。当延时失配(Δt_d)远小于电荷泵充放电开关的导通时间(Δton)时，由延时失配所引起的杂散可近似为

$$P_r \approx 20\log\left(\frac{f_{BW}}{f_{ref}}\cdot N\cdot\frac{\Delta t_{on}}{T_{ref}}\cdot\frac{\Delta t_d}{T_{ref}}\right) - 20\log\left(\frac{f_{ref}}{f_{pl}}\right)(\text{dBc}),\quad \Delta t_d \ll \Delta t_{on} \tag{9.159}$$

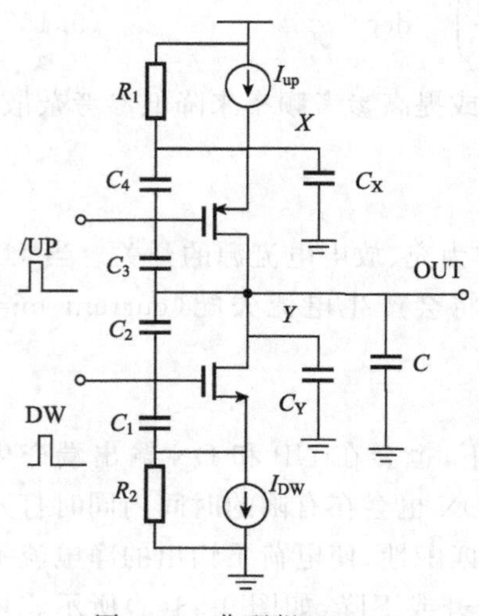

图 9-59　非理想 CMOS 电荷泵的寄生参数模型

3) 开关误差

由于 CMOS 电荷泵电路采用 MOS 管作为充放电电流开关，而 MOS 开关不可避免地存在栅漏电容、栅源电容和沟道反型层电荷等寄生参数。因此，在实际的 CMOS 电荷泵中，常常存在开关误差效应(switch errors)，如电荷注入(charge injection)、电荷共享(charge sharing)和时钟馈通(clock feedthrough)等，从而恶化 PLL 的性能。

(1) 电荷注入。

在图 9-59 中，当 MOS 开关处于导通状态时(ON)时，

MOS 开关的沟道中存储电荷，一旦开关关断，其中一部分电荷将流入 MOS 开关管的源端，其余部分将通过 MOS 管漏端注入负载电容，从而引起电荷注入问题。但当一个处于饱和区的 MOS 管被关断时，所有的沟道电荷都将流入 MOS 管的源端，而不会注入漏端，从而可避免负载电容受电荷注入的影响。

(2) 电荷共享。

由于电荷泵电路存在寄生电容，如图 9-59 中的 C_X 和 C_Y 所示。当开关关断时，电荷泵的输出节点悬浮，X 和 Y 节点的电平将偏离电荷泵输出端电压分别变为 V_{DD} 和 GND。当开关重新导通时，由于 C、C_X 和 C_Y 三者上的电位不一致，势必导致 C、C_X 和 C_Y 之间的电荷重新分配，从而引起电荷泵输出电位(V_C)的抖动。

(3) 时钟馈通。

时钟馈通是由 MOS 开关管的寄生电容 C_{gs} 和 C_{gd} 引起的，栅上的时钟信号会通过这些电容耦合到源漏端，从而在该支路的信号中引入了毛刺。在图 9-59 中，开关 M_1 和 M_2 的栅极-源极，栅极-漏极寄生电容(即 $C1$、$C2$、$C3$、$C4$)把 UP 和 DW 输入信号的跳变耦合到 OUT 端，从而使电荷泵的输出电压产生跳变，并在 PLL 中产生噪声。

解决办法之一是引入一个额外的晶体管，加上一个极性相反的时钟信号，其宽长比为开关管的一半，并将其源漏短接，以消除电荷泵中的时钟馈通效应。

3. 电荷泵的拓扑结构分类

随着 PLL 环路设计不断发展，满足 PLL 系统整体要求的电荷泵电路的设计也呈现出多样化的发展。CP 的模型类型如图 9-60 所示。

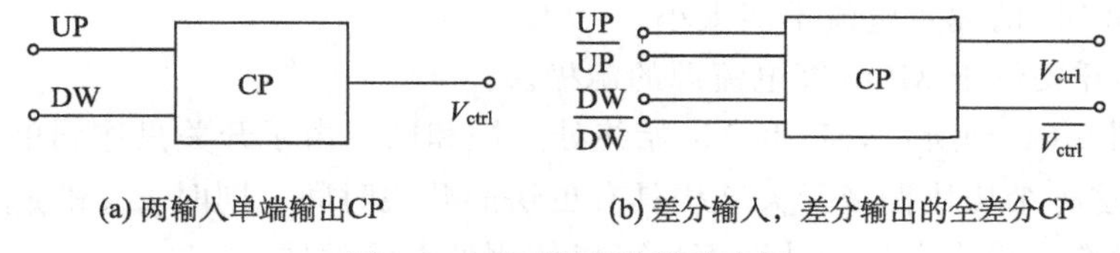

(a) 两输入单端输出CP　　(b) 差分输入，差分输出的全差分CP

图 9-60　CP 模型类型示意图

从接口上划分，输入接口根据设计 PFD 和 CP 的需要，有普通的二输入(见图 9-60(a))和差分输入(见图 9-60(b))两种。输出接口则根据锁相环中 VCO 的设计需要，分为差分输出(见图 9-60(b))和单端输出(见图 9-60(a))。而实际的模型即各种输入输出端口的组合。其中输入的区别仅与 PFD 是否输出差分控制信号相关，对电荷泵结构无直接影响。下面从输出角度，总结单端电荷泵和差分电荷泵的电路结构。

1) 单端电荷泵

一般电荷泵电路以单端结构为主，因为不需要增加额外的环路滤波器，从而功耗较低。图 9-61 所示是基本的单端电荷泵结构。根据电荷泵开关位置不同分为三类。

(1) 电荷泵开关位于 MOS 管电流源的漏极。

该电路如图 9-61(a)所示，主要存在两个问题。首先，当 UP 充电开关关断后，M_2 漏极的寄生电容被充电至 V_{DD}。当 UP 开关导通后，M_2 的漏极电压从 V_{DD} 开始下降，在 M_2 漏极电压达到最小饱和电压之前，一直处在线性区。因此，其漏极存储的电荷和流过 M_2 的电流会对负载电容产生一个过冲注入电流，即会产生跳跃现象。同理，对 NMOS 管的 M_1 也存在上述情况。其次，当 UP 和 DW 开关都关断时，M_2 的漏极电压被拉高至 V_{DD}，M_1 的漏极电压则被拉

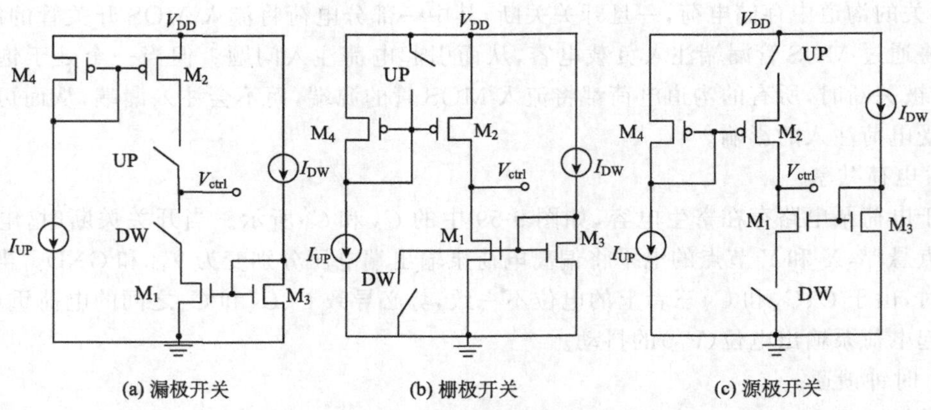

图 9-61　不同开关位置的电荷泵结构

低为 GND,输出 V_{ctrl} 保持不变;当开关均导通时,由于两点电位不同,M_1 和 M_2 的漏极以及环路滤波器之间存在电荷分配的问题,造成输出抖动,这种抖动相当于噪声源,会影响电荷泵性能。

(2) 电荷泵开关位于 MOS 管电流源的栅极。

该结构如图 9-61(b)所示,能够很好地使 MOS 管电流镜工作在截止区或饱和区。当电路放电时,晶体管 M_2 和 M_4 截止,M_2 漏极的寄生电容不会被充电,从而避免了过冲电流的产生。但是当电荷泵的输出电流很大,并且为了提高匹配性能而使用长沟道器件时,M_1 和 M_2 的栅电容将会起很大的影响。同时,g_{m3} 和 g_{m4} 影响了开关时间常数,因此,为了得到比较好的开关速度,M_3 和 M_4 的偏置电流不能太小。

(3) 电荷泵开关位于 MOS 管电流源的源极。

该电路如图 9-61(c)所示,M_1 和 M_2 始终处于饱和区。由于开关只连到单个管子上,寄生电容较小,所以这种结构比栅极开关结构具有更快的开关时间。同时 g_{m3} 和 g_{m4} 不会影响开关时间,所以,即使在高输出电流的情况下也可以使用低电流偏置。

除了上述传统结构,还有多种结构可以提高电路性能,如图 9-62 所示。

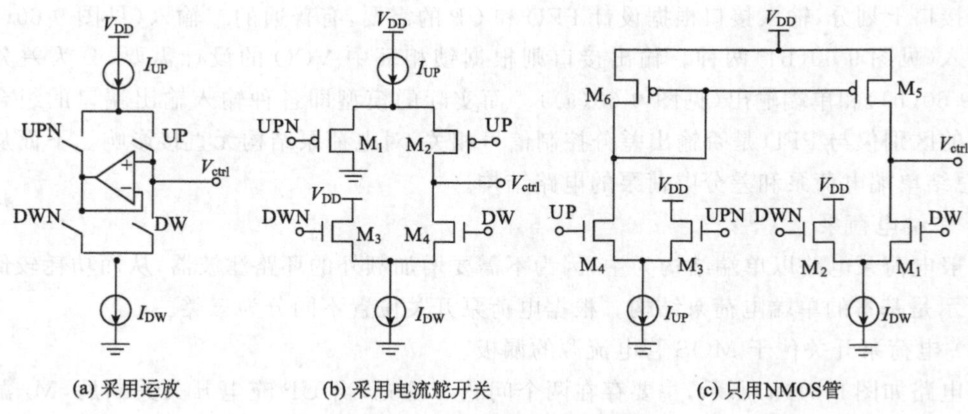

图 9-62　不同类型的电荷泵结构

图 9-62(a)所示的电路中引进了运算放大器,可以克服图 9-61(a)漏极开关结构中的抖动问题。当开关 UP 和 DW 都关断时,UPN 和 DWN 导通,开关管的漏极电位被运放钳制在固

定的输出电压电位上，而不会被拉高到 V_{DD} 或者拉低为 GND，于是降低了开关打开时的电荷分配效应。当电荷泵的寄生电容与环路滤波器的电容大小相差不大时，这种结构非常有用。但是为了使运放的输出电流 I_{UP} 与 I_{DW} 相匹配，输出和共模输入电压从 GND 变化到 V_{DD}，对运放的增益要求得很高，而将电路设计和版图设计复杂化。

图 9-62(b)所示的性能与图 9-61(a)所示电路相近，但是电流舵开关改善了开关时间，提高了单端电荷泵的速度。该电路最大的缺点是 PMOS 管和 NMOS 管之间的失配会影响性能。采用如图 9-62(c)所示的电路可以克服这个缺点。该电路统一用 NMOS 管作为开关，避免了 PMOS 管和 NMOS 管之间的失配。因为充电开关 UP 断开时，放电电流却没有流过 PMOS 电流镜 M_5 和 M_6，电流镜的性能还是限制了电荷泵的性能，除非电荷泵的电流较大。

比较以上结构可以看出，由于结构简单，功耗低和比较好的开关时间，源极开启的电荷泵结构更有优势。

针对图 9-62(c)所存在的问题，图 9-63 进行了改进。M_4～M_{13} 构成共源共栅电流镜，增加了输出阻抗，减小了输出电压对电流的影响。M_1 和 M_{14} 是电荷泵的开关，适当地选择它们的尺寸使开关失配和打开时间都最小。当电荷泵打开时，M_2、M_3 和 M_{15} 用来提供相同的偏置电流。M_{C1} 和 M_{C2} 可以降低对栅极的电荷耦合，并且增加了开关速度。

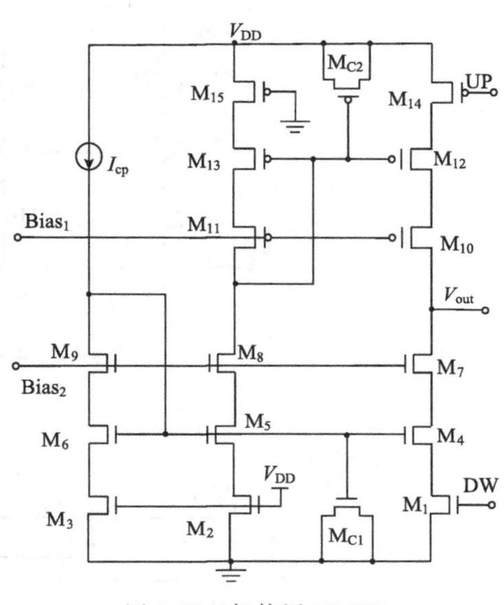

图 9-63　仅使用 NMOS 开关的改进电路

同时，这样的电路还可以对应地形成差分输出的电路结构，如图 9-64 所示。图 9-64 的电路结构是与图 9-63 基于同一思想，实现差分输出的电荷泵。其中 M_1～M_8 为共源共栅差分电流开关，M_9～M_{24} 为 NMOS 和 PMOS 电流镜，M_{25}～M_{28} 为共模反馈电路。采用共源共栅电流镜，提高了输出阻抗。

2) 差分电荷泵

图 9-65 所示是一种全差分电荷泵电路。该电路采用了交叉耦合电流舵结构，确保电流源 NMOS 管(M_9 和 M_{10})和 PMOS 管(M_1 和 M_2)始终处于饱和区，因此减少了电荷分配效应。

该电路由两个完全一样的支路构成。两个支路工作在相反的相位，并且分别与一个环路滤波器相连。NMOS 开关(M_5 和 M_6)和 PMOS 开关(M_3 和 M_4)之间的失配表现为共模偏移，而共模偏移可以被后面的环路滤波器和压控振荡器所抑制。

全差分结构的电荷泵与单端结构相比具有以下优点。

(1) 减少了对 PMOS 管和 NMOS 管之间的匹配的要求，只需要 PMOS 管、NMOS 管自身之间匹配即可。

(2) 全对称差分结构只用 NMOS 管作为开关管，避免了 PMOS 管和 NMOS 管开关逻辑不同造成的逻辑转换延时。

(3) 差分结构电荷泵可使输出电压摆幅增加一倍，在低电压供电条件下，输出电压范围仍可满足 VCO 特定的调节范围要求。

(4) 环路滤波器片上集成时，具有两个环路滤波器的差分电荷泵对电源、地和衬底的抗噪

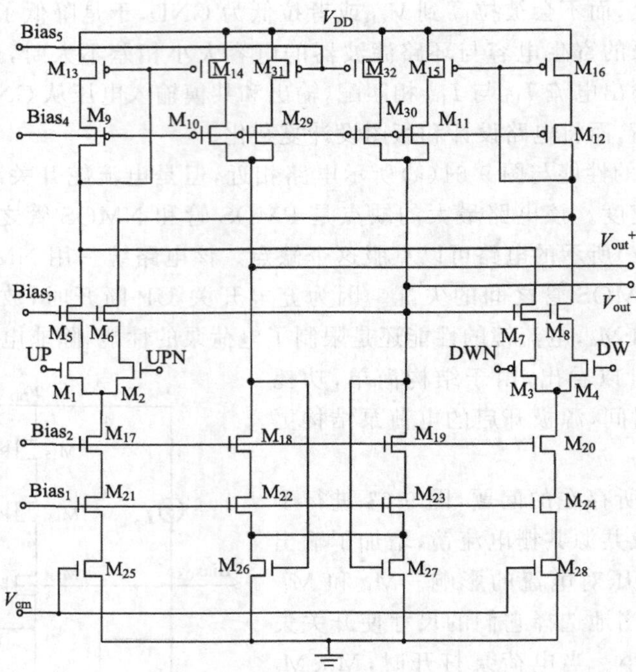

图 9-64 电荷泵的另一差分输出结构

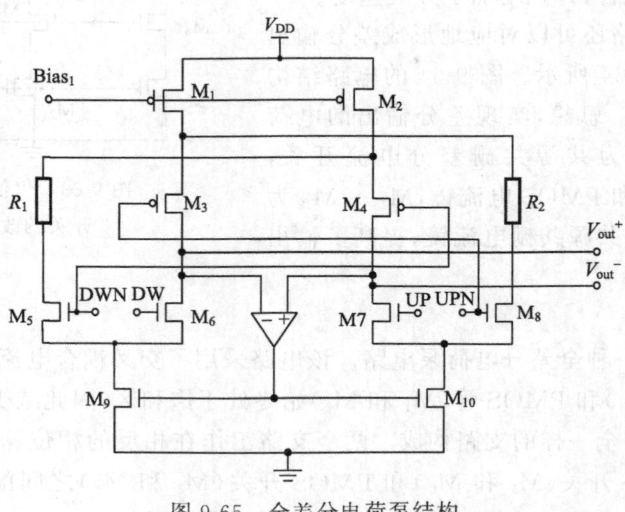

图 9-65 全差分电荷泵结构

声性能更好。

以上介绍了 CMOS 电荷泵的几种常用结构，并对其性能特点进行了比较。绝大多数 PLL 中的电荷泵都属于上述中的一种。但是在实际应用中，需要根据 PLL 的性能要求，如时钟偏移、最大允许漏电流、VCO 的输入电压范围、功耗和速度等来选择合适的结构。

9.4.5 分频器

据文献调查，现行的分频器结构大体可分为四类，再生式分频器（regenerative frequency

dividers，RFD)、参量分频器(parametric frequency divider)、注入锁定式分频器(injection-locked frequency divider，ILFD)和基于触发器实现的分频器。前三种分频器一般被称为模拟分频器，而基于触发器的分频器往往被称为数字分频器。

1. 模拟分频器

1) 再生式分频器

再生式分频器有时也称为米勒(miller)分频器，此结构在 1939 年被米勒首次提出。一个简单的再生式分频器结构如图 9-66 所示，它由一个混频器(mixer)和一个低通滤波器(low pass filter，LPF)组成，混频器将输入信号与反馈回来的输出信号进行混频，因此可得

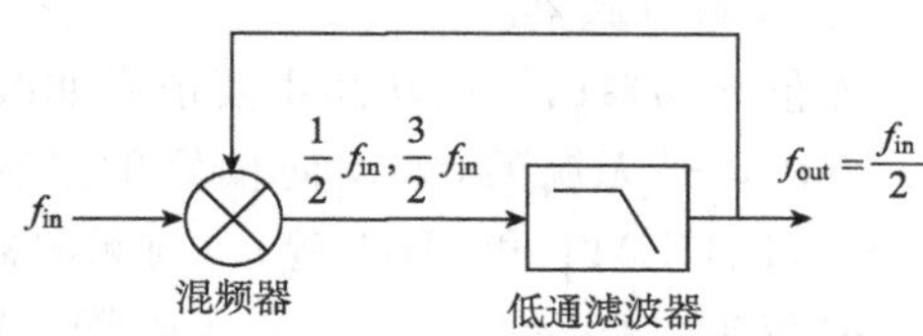

图 9-66　基本的再生式分频器结构

$$f_{out}=f_{in}-f_{out}=\frac{1}{2}f_{in} \tag{9.160}$$

如果为双边带混频器，则还会产生上变频频率 $3/2f_{in}$ 和一些谐波分量(如 $5/2f_{in}$)，这些不需要的频率由低通滤波器或带通滤波器来滤除。为了获得稳定的二分频信号，在输出频率点环路增益必须大于 1，总相移必须在 $\pi/2$ 之内。可在滤波器后面加上一级放大器以提高增益。

再生式分频器的关键是混频器的设计，混频器一般采用有源混频器结构(如 Gilbert 单元)实现以提高环路增益。此外，为了防止输入信号耦合到输出端，输入信号往往接混频器的本振端(LO port)，而输出反馈信号则接在混频器的射频端(RF port)。再生式分频还可以用来产生其他分频比的电路，甚至是小数分频。基于再生式分频原理实现 3 分频和 2.5 分频的结构如图 9-67 所示。

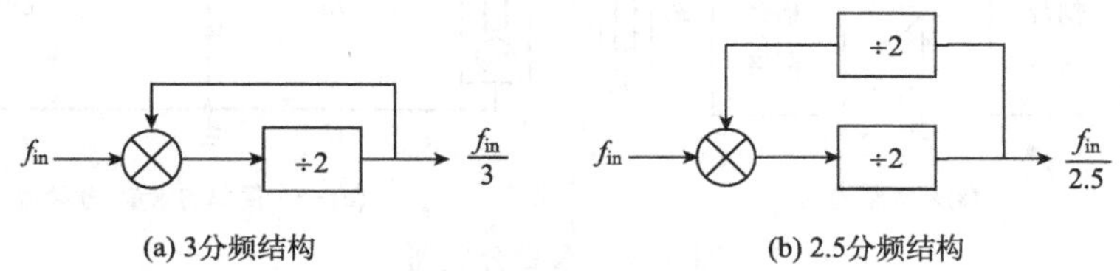

图 9-67　基于再生式分频原理实现了分频和 2.5 分频结构

在图 9-67(a)中：

$$f_{out}=(f_{in}-f_{out})/2,\quad f_{out}=\frac{1}{3}f_{in} \tag{9.161}$$

在图 9-67(b)中：

$$f_{out}=(f_{in}-f_{out}/2)/2,\quad f_{out}=\frac{2}{5}f_{in} \tag{9.162}$$

一般来说，再生式分频器可达到很高的频率，但是工作频率范围却受到低通滤波器带宽的限制。对于一个再生式 2 分频器，假设其最高输入工作频率为 $f_{in,high}$，为了能让 $f_{in,high}/2$ 的输出信号经过 LPF，则 LPF 的截止频率需达到 $f_{in,high}/2$。另外，假设分频器能工作的最低输入频率为 $f_{in,low}$，为了保证正确的分频功能，LPF 必须要抑制掉频率为 $3f_{in,low}/2$ 的信号，因此，有 $3f_{in,low}/2>f_{in,high}/2$，即有

$$f_{\text{in,high}}/f_{\text{in,low}} < 3 \tag{9.163}$$

近年来，一些实用的再生式分频器不断被提出。有关文献中采用 0.18μm CMOS 工艺实现了一个工作在 40GHz 的再生式分频器。此分频器由两个米勒二分频器级联而成，将输入的 40GHz 信号分频，在输出得到 10GHz 的信号。混频器的设计采用了 Gilbert 单元结构，并采用了感性负载来提高工作频率。

2）参量分频器

参量分频器的分频功能主要依靠非线性元件产生的次谐波（subharmonic）来实现。非线性元件可以是无源的（如反向偏置的二极管），也可以是偏置在强非线性区的有源器件（如 MESFET、HEMT 和 HBT 等）。与无源器件电路相比，有源器件组成的分频器由于本身存在一定的转换增益，不需要另加放大器增大输出信号。如今有源器件的工作频率可达到毫米波波段，而且可以片上集成，占用芯片面积小，因此，采用有源器件构成的参量分频器有很大的优势。

参量分频器的基本结构由输入耦合网络（input coupling network）、输出耦合网络（output coupling network）和一个变容管组成，如图 9-68 所示。和其他类型的非线性元件类似，变容管不仅能产生输入频率 f_{in} 的高阶谐波分量（如 $2f_{\text{in}}$、$3f_{\text{in}}$），也能产生次谐波分量（如 $f_{\text{in}}/2$、$f_{\text{in}}/3$）。电路中的输入输出耦合网络往往起到滤波的作用，最简单的一种实现方式由一个调谐在所需频点上的串联 LC 网络构成，如图 9-68(b)所示，它实现了 2 分频的功能。理论上，假设变容管是理想的，滤波网络的选择性非常好（Q 值很高），那么，这个电路可以达到很高的效率。

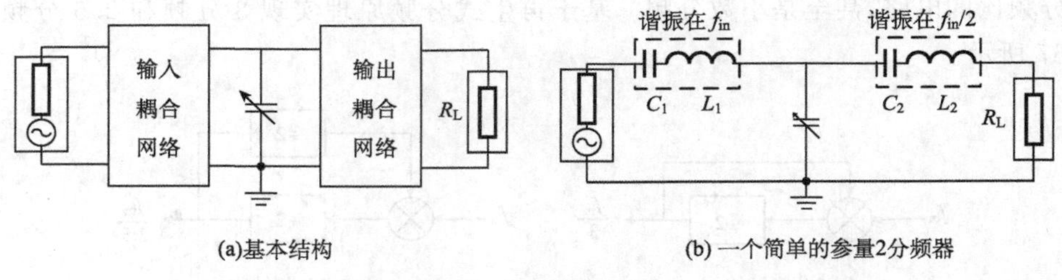

图 9-68　参量分频器

在图 9-68(b)中，输入 LC 滤波器（LC 串联谐振网络）谐振在输入频率，只有输入频率为 f_{in} 的信号才能通过，同时隔离变容管上的谐波分量传到输入端。输出 LC 滤波器谐振在 1/2 输入频率点，防止输入频率传送到输出端。另外，此分频器电路还需要满足一定的条件，变容管上 $f_{\text{in}}/2$ 的信号必须达到一定的幅度，相应频率点上的转换增益必须足够大。

参量分频器电路要求滤波器的选择性要好，高 Q 值电感和变容管都是很关键的，因此，很难使用硅工艺全集成在芯片上。目前往往使用 pHEMT（pseudomorphic high electron mobility transistor）工艺或微带线实现。由于高性能的高频带通滤波器比较难实现，现行参量分频器的工作频率均不是很高，集中在几个吉赫兹左右。

3）注入锁定分频器

（1）注入锁定原理。

注入锁定现象即频率牵引现象，它是指一个谐振电路由于外部注入的信号能量改变了其自谐振的相位条件，而偏移了原来的谐振点，使最终的振荡频率锁定在一个新的频点上。在压控振荡器和射频收发机的设计中，这一现象是需要避免的，否则将会影响输出载波信号的精确度。但是，将注入锁定技术用于信号分频，则有很大的应用价值。

注入锁定分频器的分频原理主要就是基于振荡器的频率牵引效应，其本质是一个受迫振荡的非线性振荡器。假设向一个自激振荡频率为 ω_0 的振荡器注入频率为 ω_i 的信号，当 ω_i 与 ω_0 相差很大时，振荡器输出拍频(beat)信号，频率为 $|\omega_i-\omega_0|$。当 ω_i 很接近 ω_0 时，拍频信号消失，振荡器输出频率锁定在 ω_i 而不是 ω_0。注入锁定发生的频率范围称为锁定范围，由环路引入的最大相移 φ_0 决定，如图 9-69 所示。在图 9-69 中，ω_L 表示注入信号 ω_i 与自激振荡频率 ω_0 差的最大值，当 $|\omega_i-\omega_0|=\omega_L$ 时，注入锁定分频器达到临界锁定。注入锁定不仅发生在 ω_i 靠近 ω_0 时，也发生在 ω_i 靠近 ω_0 的谐波分量时，如 ω_i 靠近 $n\omega_0$ 或 ω_0/n 时，它们分别称为谐波(或超谐波)和次谐波注入锁定。在分频器中，应用最多的是超谐波注入锁定技术。

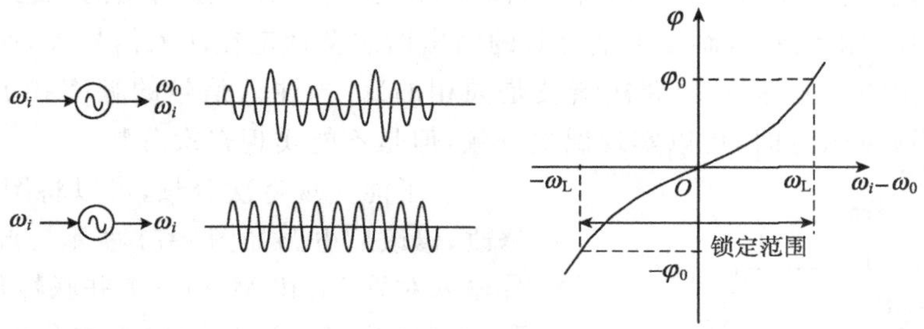

图 9-69　注入式锁定原理

(2) 注入锁定分频器电路。

根据所注入的振荡器类型，可以将注入锁定分频器分为基于 LC 振荡器的 ILFD(LC-ILFD)和基于环形振荡器的 ILFD(Ring-ILFD)。两者相比，Ring-ILFD 有更宽的锁定范围，更小的芯片面积，但是相位噪声和谐波杂散等指标没有 LC-ILFD 好。

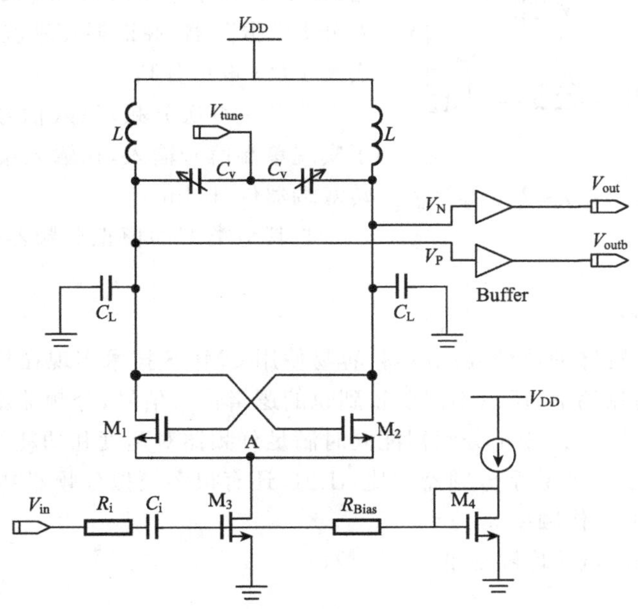

图 9-70　一种基于 LC 振荡器注入锁定式分频器

图 9-70 所示为一个 LC-ILFD 的电路图。电感 L 和电容 C(包括负载电容 C_L 和可变电容 C_V)构成 LC 谐振回路。输入信号通过 MOS 管 M_3 的栅极注入差分对的共源点 A，A 点是 LC 振荡器的二次谐波点。因此，当注入信号的频率在 LC 回路自由振荡频率的两倍频率附近时，就会发生注入锁定，使振荡器的输出频率锁定为输入频率的一半，从而实现了 2 分频。

上述 2 分频 LC-ILFD 电路的锁定范围为

$$2|\Delta\omega_0| \leqslant \left|\frac{H_0 a_2 V_{in}\omega_0}{Q}\right| \tag{9.164}$$

其中，H_0 为 LC 谐振回路的阻抗；a_2 为非线性函数 f 的二次谐波系数。由式(9.164)可知，提高 H_0/Q 可以增大锁定范围，而 $H_0/Q=\omega L$，所以电路设计中要尽量增大电感 L 的值。另外，变容管 C_V 的作用也是为了提高 LC-ILFD 的工作频率范围，它的目的是使自由谐振频率和输入频率能同时变化。在图 9-70 所示的电路中，由于注入信号是同相的，交叉耦合对的振荡信号是差分的(180°相位差)，而交叉耦合对的输出谐波会锁定在注入信号上，所以实现的分频比只能是 $1/2n$(因为差分信号的偶次谐波是同相的)。当注入信号的频率在 LC 回路自由振荡频率的 $2n$ 倍频率附近时，可以实现偶次分频，但是不能实现奇次分频。

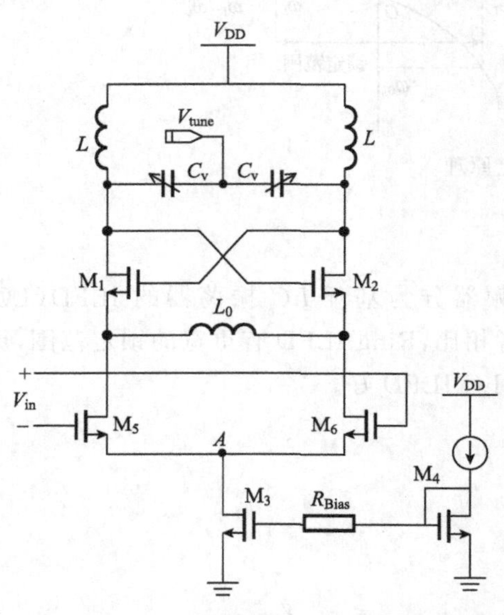

图 9-71　一种奇次分频注入锁定式分频器

为了能实现奇次分频，可以将图 9-70 电路稍作修改，修改后电路如图 9-71 所示。此电路增加了差分输入对管 M_5 和 M_6 和一个并联峰化电感 L_0。M_5 和 M_6 将注入信号 V_{in} 转化为差分电流，并在 M_1 和 M_2 的作用下混频，由于 M_1 和 M_2 不再是一个共源差分对，将会产生所需的奇次混频谐波分量。电感 L_0 和寄生电容的谐振点为注入信号的频率$[(2n+1)\omega_0]$，增大了 M_5 和 M_6 注入信号的幅值，即增大了注入效率。另外，在谐振基波频率 ω_0 点，L_0 相当于短路，使上半部分电路(M_1、M_2、L_0 和谐振回路)形成差分 LC 振荡器，并谐振在基波频率 ω_0 处。这样就实现了$(2n+1)$分频。

要产生奇次分频，注入信号必须是差分的。为了实现单端信号输入，在输入端可以加上一个单端转双端器件(balun)。

与其他类型的模拟分频器相比，ILFDs 有如下优点。

① ILFD 结构简单。

② ILFD 不需要特殊的器件或滤波器，容易使用 CMOS 技术实现在片集成。

③ ILFD 本质为振荡器，所以不需要轨到轨的逻辑输入信号，分频器就能工作在很高的频率，且功耗较低。因此，注入锁定分频器能同时满足分频器对速度和功耗的要求。

此外，与基于触发器的数字分频器相比，ILFD 还有很多模拟分频器共同的优点。

① 能达到更高的工作频率。

② 相噪性能更好，电路底噪更低。

2. 数字分频器

数字分频器的本质是一个计数器。与模拟分频器相比，数字分频器的主要优点是容易实现不同的分频比需求，而且能通过级联组合等方式实现复杂可编程的分频。数字分频器一般都有很宽的工作频率范围，功耗随着频率的升高而增大。数字分频器属于时序电路，其核心单元是触发器。根据采用的触发器类型不同，可以将高速数字分频器分为源级耦合型（source - couple logic, SCL）分频器、伪差分型（pseudo differential）分频器和真单相时钟型（true single phase clocked, TSPC）分频器，此外，还有较低速工作的 C^2MOS 逻辑分频器等。

1）源级耦合触发器

通常，超高速分频器采用源级耦合逻辑实现的居多，特别是 2 分频器。其具有工作频率高、灵敏度高、工作频率范围大、可实现较理想的正交信号输出等优点。SCL 分频器的核心单元是 SCL 锁存器，其电路结构如图 9-72 所示。SCL 锁存器的工作原理基于共源差分放大器，其中包括 3 对差分对管。$M_1 \sim M_2$ 组成输入时钟对管；$M_3 \sim M_4$ 组成采样对管；$M_5 \sim M_6$ 为交叉耦合的锁存对管，负载 R_L 的作用是将组合输出电流转换为电压输出，从而实现逻辑非的功能。当输入时钟 CK 为高时，D 的值传递到输出；CK 为低时，CKn 为高，右半边电路发生作用，输出信号被交叉耦合对管锁存，数据不会发生变化。两级 SCL 锁存器以主从方式工作构成 SCL 触发器。

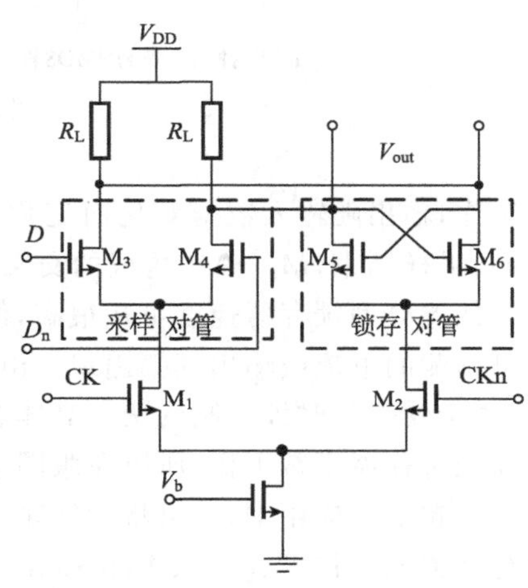

图 9-72　SCL 结构锁存器

SCL 结构锁存器有很多种变形和改进结构以应用于如下不同的场合。

(1) 负载电阻 R_L 可以用工作在深线性区的 PMOS 管代替，并将其栅极接地，可减少芯片面积。

(2) 加一个片上电感与负载电阻 R_L 串联使负载呈感性，提升锁存器的最高工作频率。

(3) 由于 SCL 结构的输出摆幅相对较小，为了提高输出摆幅，采用了互补耦合锁存对结构，即在锁存器的输出级采用 PMOS、NMOS 互补耦合对结构替代单纯 NMOS 耦合对结构，在保证电路速度的条件下，可提高输出信号的摆幅。在输出信号摆幅足够强时，该结构锁存器可以直接驱动后级负载电路而不必另行放大。但是由于输出端增加了两个 MOS 管的寄生电容，输出负载变大，工作速度会有一定程度的下降。

(4) 采用动态负载技术。在传统的电路结构中，负载电阻 R_L 的选择会受到一定限制，减小 R_L 的阻值可降低 RC 时间常数，从而降低了充放电时间，提高了速度。而负载电阻值的降低会导致输出摆幅下降，可能不满足驱动后级电路的要求。为了得到最大工作频率，负载 R_L 的优化理论被提出，然而其优化确定过程复杂。如果 R_L 能被动态控制并实现如此功能：采样模式下阻值小，放电快；锁存模式下阻值大，输出摆幅高；则锁存器的最大工作频率可进一步提高。由于其阻值不断变化，故称为动态负载。

2）伪差分结构触发器

伪差分触发器是在 SCL 触发器的基础上去掉了底层的电流源形成的，它是为了解决 SCL 触发器在低电源电压下存在的问题而提出的一种结构。主从连接的两锁存器组成一个触发器。

伪差分锁存器的结构如图 9-73 所示。图 9-73(a)为时钟输入管为 NMOS 管的伪差分锁存器，该锁存器包括一对数据输入对管 $M_3 - M_4$，一对交叉锁存对管 $M_5 - M_6$ 和一对差分时钟输入对管 $M_1 - M_2$。当时钟信号 CK 为高时，CKn 为低，M_1 导通，M_2 断开。此时，采样差分

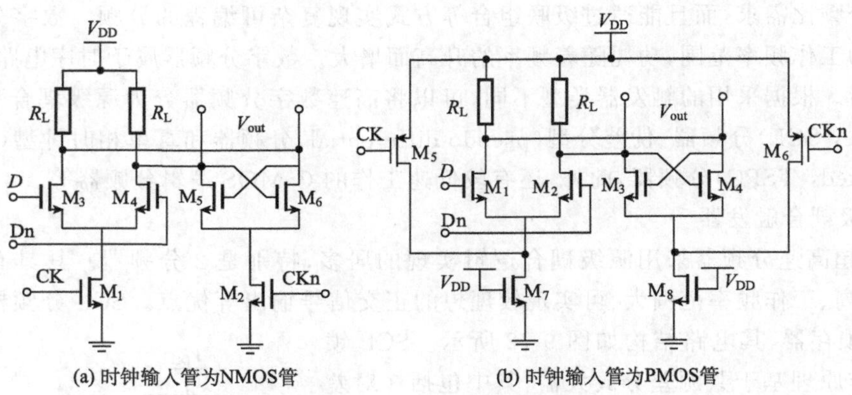

图 9-73　伪差分结构锁存器

对工作，输出随输入数据变化而变化，锁存对管不工作，处于采样阶段。当 CK 为低时，CKn 为高，采样结束，M_5-M_6 构成的交叉正反馈环将输出数据锁存不变。

伪差分型锁存器速度可达很高，但其工作电流得不到很好控制（随输入摆幅变化），会导致不可预测的电流或输出摆幅出现。由于伪差分结构管子层数较少，可适用于超低压应用。另外，由于受差分时钟控制的两个晶体管 M_1-M_2 是不相关的，所以需要完全互补的时钟信号来保证锁存器正常工作，所以在版图布局布线时应特别注意对称和匹配。

在超低压应用中，也可将时钟输入管改成 PMOS 管来实现，如图 9-73(b)所示。这也称为平行开关电流技术（parallel current switching topology）。采样模式时，CLK 为高，M_5 关断，M_6 导通，左半边电路工作，而右半边由于 M_6 导通，流过 M_3-M_4 的电流很小，导致锁存能力很小。锁存模式时，M_5 导通，M_6 关断，左半边电路电流很小几乎不工作，而右半边锁存。电流尾管 M_7-M_8 处于线性区，电路电流主要由 M_1-M_2 和负载 R_L 决定。因此，电路的充放电速度和寄生电容之间存在折中关系。

3) C^2MOS 逻辑触发器

前面的触发器结构均依靠电路状态的自锁存存储数据，属于静态触发器。而另一种触发器则是依靠 MOS 管间的节点分布电容存储电荷（数据）工作的，也称为动态触发器。

下面给出一种对时钟重叠不敏感的基于主从锁存器结构的时钟 CMOS（clock CMOS，C^2MOS）逻辑触发器，此电路结构如图 9-74(a)所示。其中，$M_1 \sim M_4$ 与 $M_5 \sim M_8$ 分别为主从三态反相器，中间的 X 节点分布电容用来存储信号。CLK 为低时，D 传送到 X 点，CLK 为高时，X 点靠电容维持信号，并将值传给 Q 点。此电路应用时输出一般还需要加一反相器，用来改善输出信号。另外，时钟输入管的位置可与数据输入端互换，如图 9-74(b)所示。

C^2MOS 电路结构对时钟的上升沿和下降沿时间是有要求的，时钟上升沿与下降沿不能太宽，防止 NMOS 和 PMOS 同时导通时间太长从而发生逻辑错误。相对于基于传输门的静态触发器，此电路的速度有一定的提高。

4) 真单相时钟触发器

前面描述的触发器都要求输入时钟是差分信号，但当差分信号不容易得到，或者需要电路结构更加简单时，就要改用单端输入，所以引入了真单相时钟（true single phase clocked，TSPC）技术，它是在 C^2MOS 基础上形成的，依靠节点寄生电容存储数据，属于动态触发器。下面简要介绍高速电路设计中用到的两种常见的 TSPC 型触发器结构。

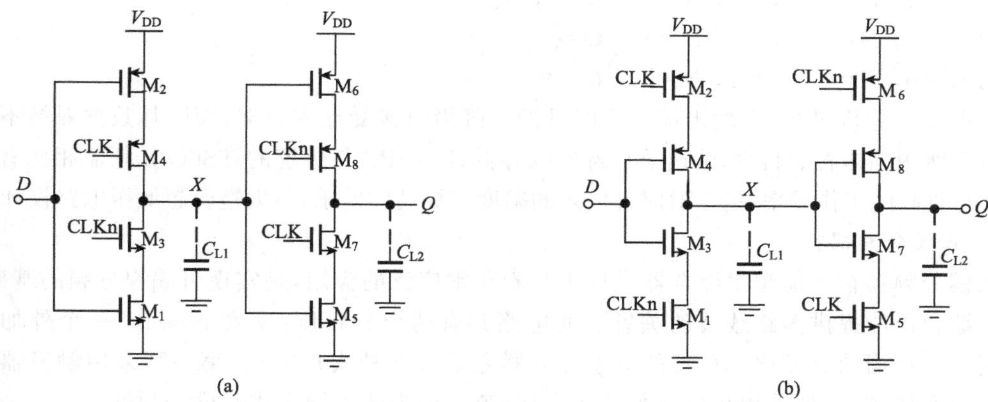

图 9-74　基于 C^2MOS 逻辑的动态触发器

（1）Yuan/Svensson 型 D 触发器。

Yuan/Svensson 型触发器是由 Yuan 和 Svensson 在 1989 年提出的一种九管结构(除去输出端反相器)的触发器，电路结构如图 9-75 所示。工作原理为 CLK 为低时，D 反相后传送到 A_2 点；CLK 为高时，将原来保存在 B_1 点的值输出到 Q，同时将 A_2 值反相后传送到节点 B_1。

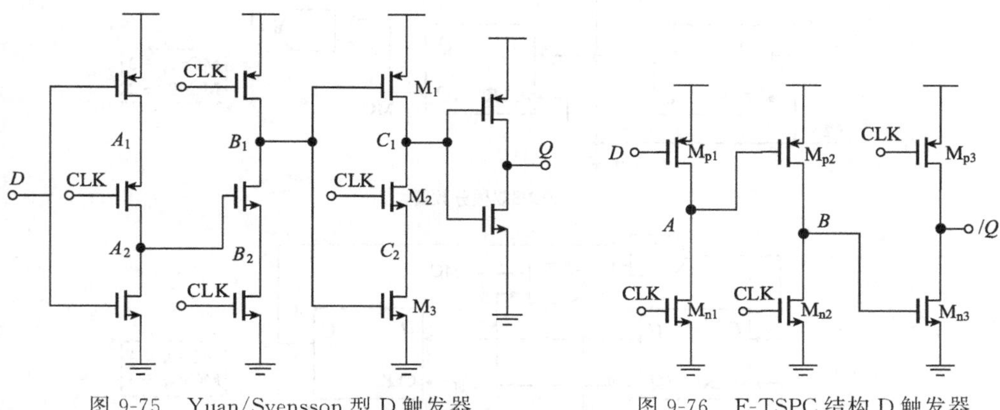

图 9-75　Yuan/Svensson 型 D 触发器　　图 9-76　E-TSPC 结构 D 触发器

（2）扩展单相时钟触发器(extend TSPC，E-TSPC)。

扩展单相时钟触发器是 TSPC 的一种简化结构，如图 9-76 所示。此结构仅用 6 个晶体管，管数比 TSPC 结构减少了约 1/3。此结构为下降沿触发，其中 M_{n2}（M_{n3}）管子的下拉能力比 M_{p2}（M_{p3}）管的上拉能力要强，即两个管子同时导通时，节点 B（$/Q$）为低电平。电路工作过程如下

当时钟下降沿输入数据为低电平时：

CLK=1，$D=1$，$A=0$，$B=0$，$/Q=X$

CLK=1，$D=0$，$A=0$，$B=0$，$/Q=X$

CLK=0，$D=0$，$A=1$，$B=0$，$/Q=1$

CLK=0，$D=1$，$A=1$，$B=0$，$/Q=1$

当时钟下降沿输入数据为高电平时：

CLK=1，$D=0$，$A=0$，$B=0$，$/Q=X$

CLK=1，D=1，A=0，B=0，$/Q=X$

CLK=0，D=1，A=0，B=1，$/Q$=0

CLK=0，D=0，A=1，B=1，$/Q$=0

根据以上分析可知，在输出端仅在时钟的下降沿时接受输入数据，否则其数据保持不变。

由于所用晶体管数目少，输出节点寄生电容低，E-TSPC 与传统的 TSPC 分频器相比有更低的功耗与更高的工作频率，但是对时钟输入的幅度有更高的要求，不太适合超低压电路设计。

3. 双模分频器

双模分频器在当前频率综合器设计中有着非常广泛的应用，是实现可编程分频的基础，也是频率综合器能提供多路载波的关键。此电路共有两个分频比：N 和 $N+1$。一个外加控制信号用来选择当前分频比。现行的双模分频器主要有 3 种实现方式：第一种采用触发器和组合逻辑门实现；第二种采用相位开关技术实现；第三种为注入锁定式双模分频器。

1）基于触发器和组合逻辑门的双模分频器

使用触发器和高速组合逻辑门来实现双模分频器是最传统的，也是应用最广的一种方法。图 9-77 所示为常用的 2/3 分频、3/4 分频、4/5 分频双模分频器的实现方法，MC 为模值控制信号。

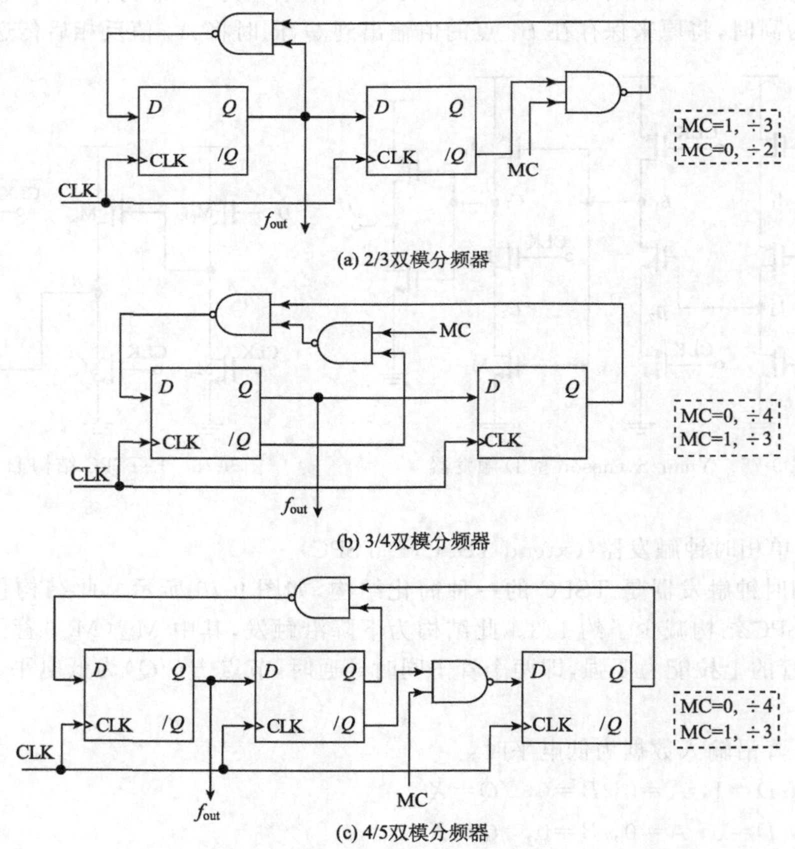

图 9-77　2/3、3/4、4/5 分频双模分频器

由于信号传输路径和延时不同，3 分频电路通常比 2 分频电路要慢很多。因此，3 分频模式下的工作速率决定了 2/3 双模分频器的速率。

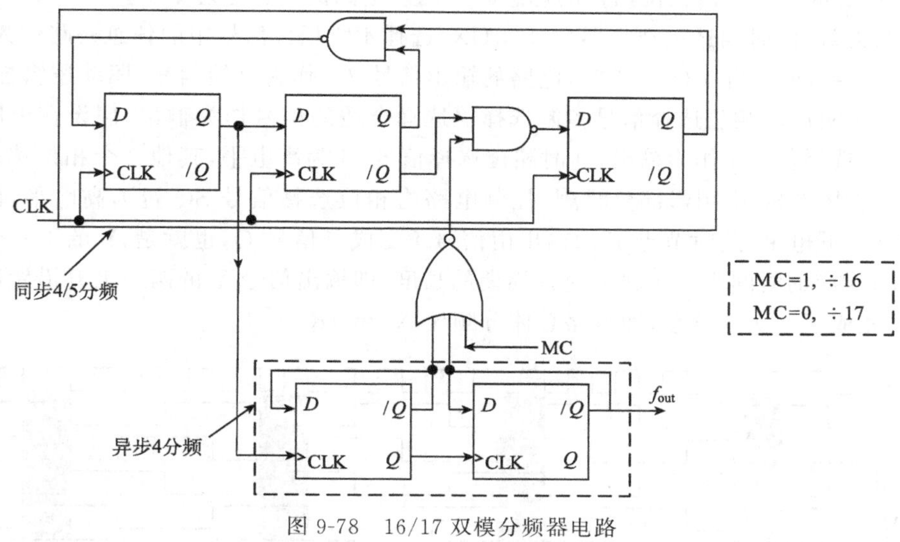

图 9-78　16/17 双模分频器电路

在实际应用中，上述几种双模分频器可以和异步 2 分频器构造更大分频模值的双模分频器，如以 4/5 分频器为基础，可以构造出 8/9 分频、16/17 分频、32/33 分频、64/65 分频等。图 9-78 为一种 16/17 双模分频器电路，它由两个级联的 2 分频电路和 4/5 双模分频器组成。

2）相位开关双模分频器

传统的双模分频器第一级为同步结构，工作在高频处的器件数目较多，所以功耗大、工作速率低。1996 年 Craninckx 和 Steyaert 首先提出了相位切换结构的双模分频器。相位切换结构利用不同相位的同频信号之间的互相切换实现双模之间的转换，这种切换是在低于输入频率的情况下完成的，根据相位切换所需信号的数目，可以将相位切换结构分为 3 种：2 分频相位切换结构，4 分频相位切换结构和 8 分频相位切换结构。

相位切换结构的双模分频器一般由高速分频器、异步分频器和相位选择控制模块组成。在这一结构中，相位选择控制模块的工作速率仅为输入频率的几分之一。基于相位切换结构的双模分频器结构如图 9-79 所示，这是一个 4 分频相位切换结构的双模分频器，其中前半部分为两个 2 分频器级联，第一级 2 分频器工作在最高频率，第二级 2 分频器的工作频率是输入频率的一半，产生 4 路正交信号：I、Q、IB 和 QB。其中 I 和 IB，Q 和 QB 为两对差分信号，I 和 Q 为一对正交信号。相位切换的基本原理就是信号 Y 在这 4 路正交信号之间互相切换，达到实现奇数分频比的目的。

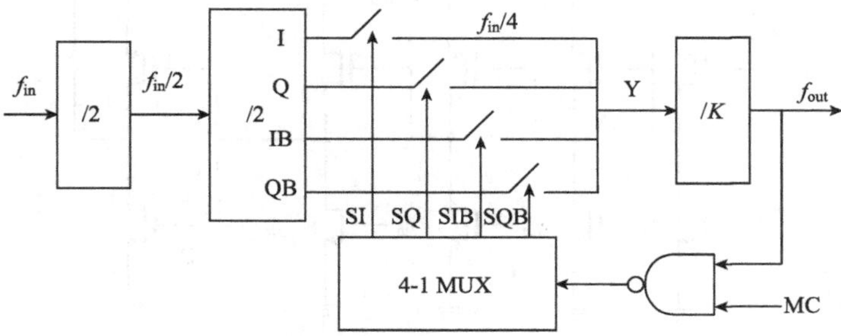

图 9-79　基于相位开关的双模分频器

图 9-80 所示为分频器相位切换的理想时序图。电路的工作原理如下。当 MC = 0 时，逻辑控制电路无效，此时四选一选择器(4-1 MUX)选择 4 个相位信号中的任意一路作为输出，电路分频比 $N = 4K$。当 MC = 1 时，电路的输出信号 f_{out} 作为反馈信号，驱动逻辑控制电路，控制电路产生对应的相位选择信号控制选择器选择合适的信号作为输出，假设在电路开始工作时，选择器选择信号 I 作为输出，此时相位选择信号 SI 为高电平，其他 3 个相位选择信号均为低电平。在图 9-80 中阴影部分时刻，控制电路将相位选择信号 SQ 置为高电平，而其他选择信号均置为低电平，此时节点 Y 的输出由信号 I 变成了信号 Q，也就是，Y 的下一个上升沿延时了 90°，对应的时间为一个输入时钟周期的长度，即输出信号 Y 的两个上升沿距离为 5 个时钟周期，完成了一次 5 分频，即电路总体分频比 $N = 4K + 1$。

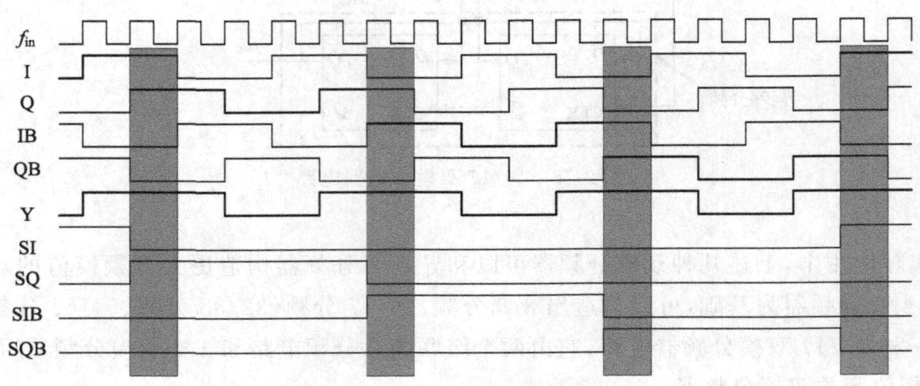

图 9-80 分频器相位切换的理想时序图

相位选择型双模分频器是由几个异步 2 分频级联而成的，并且每个 2 分频的工作频率逐次减半，因此降低了功耗，并且第一级 2 分频器采用 SCL 结构，可以产生 4 路正交信号，提供给混频器进行复混频。然而在此结构中，多出来一个核心部件，相位控制数据选择器，这一模块需要很快的切换速度，同时反馈电路和逻辑电路也必须满足一定的时序要求，因此，相位切换结构的难点是相位控制数据选择器和反馈控制逻辑的设计。

3) 注入锁定式双模分频器

近年来，有人对注入式锁定结构的双模分频器也进行了研究。一种基于环形振荡器的注入式锁定双模分频器的电路结构如图 9-81 所示。ILFD 包括一个($N+1$)级环形振荡器(N 为偶数)。对于前 N 级，输入时钟 f_{in} 直接从尾电流管注入，而最后一级的注入由模值控制信号 MC 控制。当 MC 为高时，f_{in} 注入环形振荡器所有($N+1$)级，电路发生($N+1$)次谐波注入锁

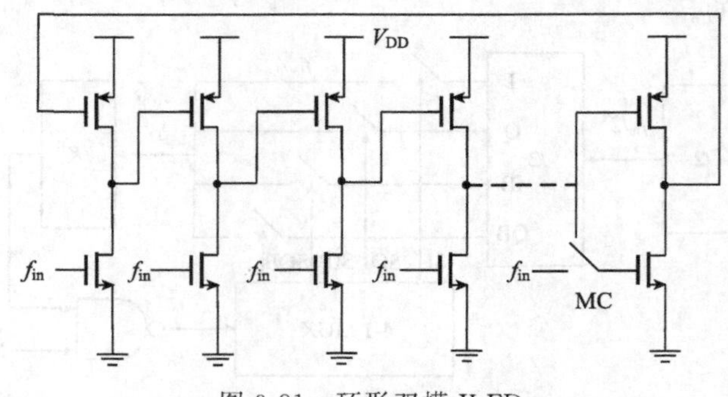

图 9-81 环形双模 ILFD

定，使振荡频率为注入信号频率的 $1/(N+1)$，即分频比为 $(N+1)$；当 MC 为低时，最后一级相当于反相器结构，电路发生 N 次谐波注入锁定，分频比变为 N。

对基于 LC 振荡器的 ILFD，也可实现双模分频。

4. 可编程分频器

可编程分频器有时也称为多模分频器。分频比可为一定范围内的连续整数，也可以是离散的多个值，分频器分频比由一组控制字来选择。可编程分频器有多种实现形式。本书将主要介绍应用最广泛的两种结构：基于脉冲吞咽计数器和基于 2/3 分频器级联的可编程分频器结构。

1) 基于脉冲吞咽计数器的可编程分频器

基于脉冲吞咽计数器的可编程分频器结构如图 9-82 所示，它由一个 $N/N+1$ 双模分频器和可编程计数器（包括脉冲计数器（pulse counter）和吞咽计数器（swallow counter））组成。其中 P 和 S 分别表示脉冲计数器和吞咽计数器的状态数（或模值），且 $S<P$。高频时钟信号从双模分频器输入，分频后的信号从脉冲计数器（主计数器）输出。工作过程如下。

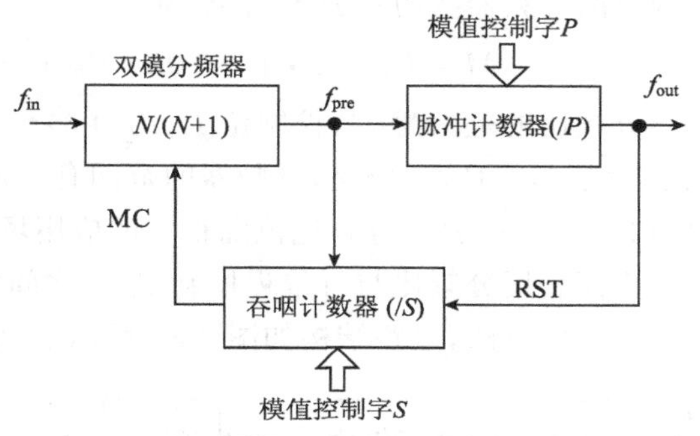

图 9-82　基于脉冲吞咽计数器的可编程分频器结构

(1) 设双模分频器模值控制信号 MC 初始为低电平，此时双模分频器的分频比为 $(N+1)$，可编程计数器开始计数。

(2) 当吞咽计数器数完 S 个状态后，MC 变为高电平，双模分频器的分频比变为 N。

(3) 当脉冲计数器数完 P 个状态后，通过复位信号 RST 将吞咽计数器（辅助计数器）的状态复位，MC 重新变为低电平，完成一个周期的操作。

(4)重复以上过程。

设输出信号的周期为输入信号周期的 M 倍（即 M 分频），则由以上分析可得整个可编程分频器的分频比为 $M=(N+1)\cdot S+N\cdot(P-S)=P\cdot N+S$。适当选择 P、N 和 S 的取值，则可以实现特定区间分频比的可编程分频器，其最低连续可变的分频比为 N^2。

脉冲计数器是一个计数模值可控制的计数器，当计数器从 S_0 计到终态 S_{P-1}（有 P 个状态）时，重新载入状态 S_0 计数，并输出一个给吞咽计数器的复位信号。吞咽计数器是辅助计数器，工作原理与脉冲计数器相似，但其计数模值比脉冲计数器小，且在计数完 S 个状态后将停止计数，同时改变 MC 的值。直到脉冲计数器的复位信号到来时才载入预设值重新开始计数。

2) 基于 2/3 分频器级联的可编程分频器

典型的基于 2/3 分频器级联的可编程分频器结构如图 9-83 所示。电路将 N 级 2/3 分频器级联成类似纹波计数器（ripple counter）的结构。其特点是，只有第一级单元工作在最高频率，后级电路工作频率逐渐降低；整个分频器链中不存在长延时回路，反馈路径只存在于相邻的两个单元之间，寄生电容较少，可靠性好；另外，电路由相同模块组成，可复用性好。

基于 2/3 分频器级联的可编程分频器工作原理如下。最后级使能控制信号 mod_n 始终被置为有效。mod_{m-1} 由 mod_m 和 f_m 产生（相当于两者信号相与）$(1\leqslant m\leqslant n)$。当可编程控制位 P 为逻辑高，且 mod 有效时，2/3 分频单元进行 3 分频，否则为 2 分频。因此，n 个 2/3 分频单

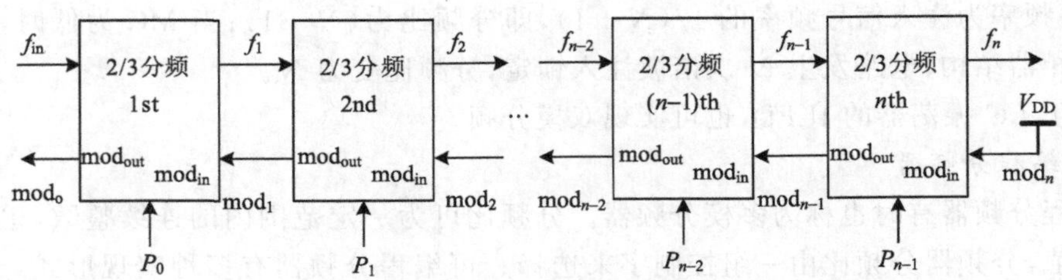

图 9-83 基于 2/3 分频器级联的可编程分频器

元构成的分频器链的总分频比 M 为

$$M=P_0+2\cdot P_1+2^2\cdot P_2+\cdots+2^{n-2}\cdot P_{n-2}+2^{n-1}\cdot P_{n-1}+2^n \tag{9.165}$$

分频比的范围为 2^n(控制位 P_n 均为 0)～$2^{n+1}-1$(控制位 P_n 均为 1)。当 n 为 8 时,分频比范围为 64～127。可见,分频器的范围有一定的限制,其最大分频比与最小分频比的比值近似为 2。在一些要求分频比范围很宽的应用场合,就必须对此结构进行分频比扩展。

下面利用分频比与可编程控制字 P_n 之间的关系,给出一种不影响整个电路模块化结构的分频比扩展方法,电路结构如图 9-84 所示。

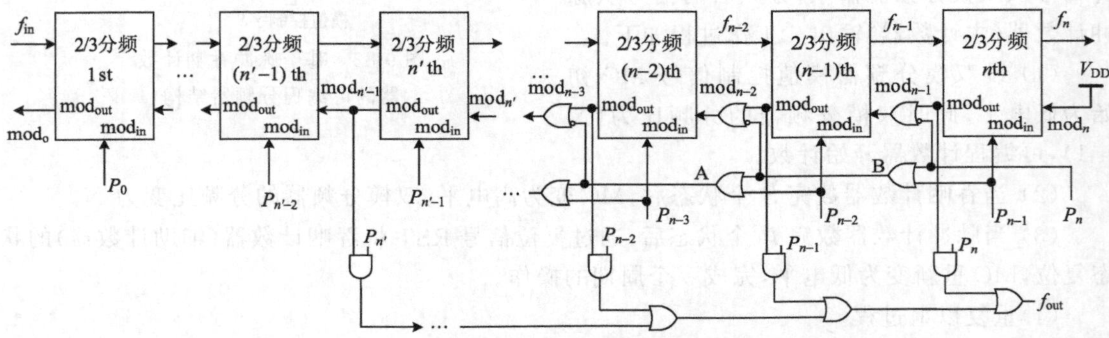

图 9-84 可扩展分频比的可编程分频器

整个电路由级联的 2/3 分频单元和用于拓展分频比范围的一系列或门和与门组成。在图 9-84 中,当控制位 P_n 均为 0 时,第 n' 个分频单元右侧的分频链路将不起作用。实际工作的分频单元数减少至 n' 个,因而最小分频比可以降至 $2^{n'}$,分频比的范围能拓展为 $2^{n'}$(控制位 P_n 均为 0)～$2^{n+1}-1$(控制位 P_n 均为 1)。

此结构可编程分频器电路中的 2/3 分频单元由两部分功能电路组成:分频电路和使能控制电路,电路结构如图 9-85 所示。基本 2/3 分频单元由 4 个 D 锁存器和 3 个与门组成。分频电路根据逻辑控制电路的状态对输入信号 f_{in} 进行 2 分频或者 3 分频,并输出分频后的时钟信号给下一级分频单元。逻辑控制电路的状态取决于信号 mod_{in} 和 P_i 的状态,它决定着 2/3 分频单元的瞬时分频比。当输入使能信号 mod_{in} 有效时,开始判断 P_i 的状态。如果 $P_i=1$,分频单元工作在 3 分频模式;如果 $P_i=0$,则为 2 分频模式。输入使能信号 mod_{in} 和分频输出信号经过逻辑与的操作后,在输入信号的触发下,输出作为分频单元链中前级单元的使能信号输入(mod_{out}),这与 P_i 值无关。

5. 小数分频器

整数可编程分频器的频率分辨率等于输入参考信号的时钟频率。为了提高频率分辨率,

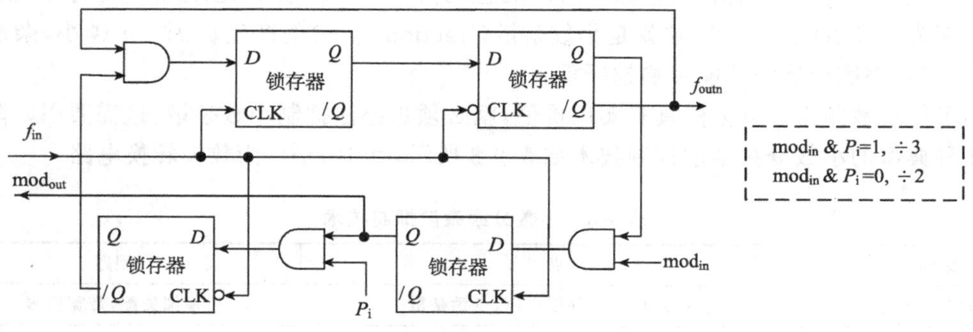

图 9-85　可编程分频器中的 2/3 分频单元

可以降低参考频率，但是为了保证系统的稳定性和连续时间相位 S 模型的准确度，锁相环的环路带宽必须要小于参考时钟频率的十分之一，小的环路带宽会导致过长的锁定时间，所以对于射频接收机中常用的无线通信协议，整数分频器的频率分辨率远远不能满足系统的要求。在这样的一个背景下，小数分频器应运而生，顾名思义，小数分频器的分频比为一个小数值，可以不降低参考时钟也能得到所需的频率分辨率。

1）小数分频器的基本原理

小数分频，有时也称为分数分频，即分频器的平均分频比为一个分数值。然而，数字分频器是无法实现传统意义上的小数分频的，但是，如果能让数字分频器的分频比随着时间发生实时变化，那么从平均来看，相当于实现了小数分频。例如，分频器交替产生 8 和 9 两个分频比，如果这两个分频比出现的概率各为 50%，则从平均的角度来看，该分频器等效的分频比为 8.5。因此，只要能控制整数分频器的瞬时分频比按照一定的规律变化，就能实现小数分频。

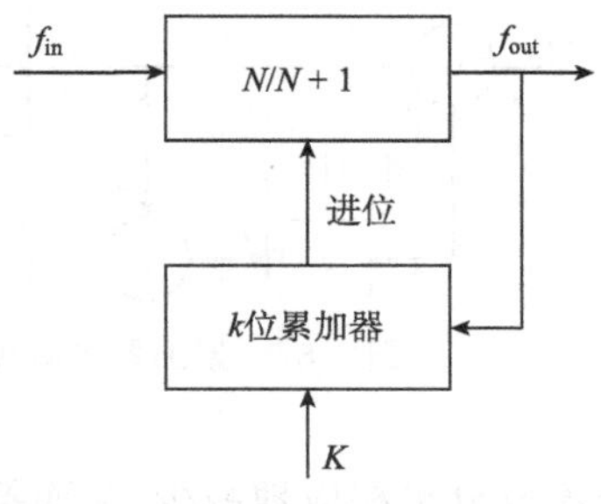

图 9-86　小数分频器的基本原理

小数分频的基本原理如图 9-86 所示，它在整数分频的基础上增加了一个累加器，使该分频器的分频比能在两个整数 $N/N+1$ 之间自动切换（实际应用中，瞬时分频比可在多个整数之间切换）。切换的控制信号通常是累加器的进位信号。如果累加器的进位信号为高电平，则分频器的分频比为 $N+1$，否则为 N。累加器的时钟为分频器的输出信号，在每一个时钟周期内，累加器的累加计数值增加 K（K 为累加器的输入信号）。假设累加器为 k 位，则在 2^k 个周期内，发生溢出（进位信号为高电平）的周期数为 K，剩下的周期均是未发生溢出，因此，从平均的角度来看，分频器的分频比为

$$M_{\text{frac}}=\frac{(2^k-K)\cdot N+K\cdot(N+1)}{2^k}=N+\frac{K}{2^k}=N+n \tag{9.166}$$

其中，n 为分频比的小数部分。通过对 K 值的设置，可以选择各种小数分频比。从式(9.166)可以看出，小数分频器的输出频率精度为参考频率的 $1/2^k$，因此，只要累加器的运算位数 k 足够大，就可以实现任意的输出频率精度。

由于小数分频器的分频比是不断变化的，所以在频率综合器中，分频器的输出信号与参考时钟信号之间的相位误差也实时发生变化，整个锁相环路并不会进入真正的锁定状态。另外，由于分频比的跳变是周期性的，所以环路的瞬时相位误差也是周期性的，这会在 VCO 控制电

压线上产生一个周期交流信号，叠加在所需的直流信号上，对 VCO 造成频率调制，产生杂散，杂散频率为偏离载波 nf_{ref}处，这就是小数杂散(fraction spur)的产生原因。n 越小，杂散的强度越高，对频率综合器的性能影响越严重。

为了使小数频率综合方法具有实用价值，就必须想办法抑制小数杂散，这需要引入附加电路。几种典型的小数分频杂散抑制技术如表 9-8 所示，其中 DAC 为数模转换电路。

表 9-8　小数分频杂散抑制技术

结构	特点	问题
DAC 估计	使用 DAC 产生补偿电压，抵消杂散	模拟失配，带宽所限
随机加抖	外加数字抖动，随机化分频器分频比	频率抖动严重
相位插补	相位选择实现小数分频	插值引起的抖动
脉冲产生	使用脉冲插入进行倍频操作	插值引起的抖动
Σ-Δ 调制	调制分频比和噪声成形	高频量化噪声

在各种杂散抑制技术中，Σ-Δ 调制结构的特点是：能快速频率切换，具有非常高的频率分辨率，补偿晶振频率的漂移，容纳各种晶振频率，而不必减少鉴频鉴相器的比较频率。这种数字调制方案对工艺不敏感，高频量化噪声能通过环路带宽来有效抑制。Σ-Δ 调制器方法因其良好的综合性能而得到广泛使用，已成为小数频率综合器的主流技术。

2) Σ-Δ 调制技术

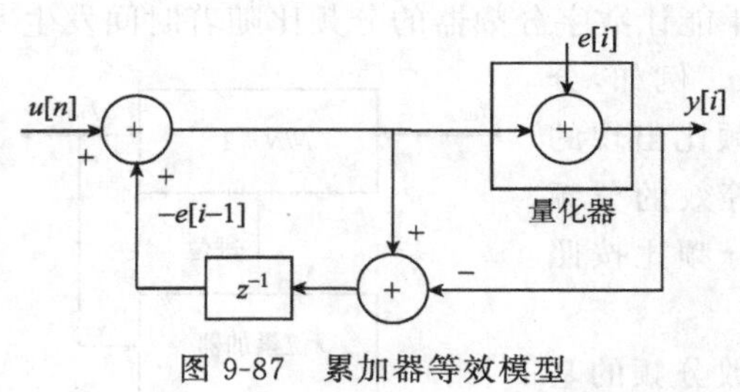

图 9-87　累加器等效模型

Σ-Δ 调制技术通过反馈方式，在噪声功率谱上将更多的噪声功率成分搬移到高频部分，并用环路中的低通滤波器将其滤除，从而降低量化噪声对环路的影响，改进采样系统的信噪比性能。由于 Σ-Δ 调制器的输出是一串随机控制码，随机码控制分频器的分频比实时变化，所以相位误差有一定的随机性，VCO 控制电压上叠加的低频交流成分也相应地减少，从而抑制小数杂散。

图 9-87 所示为一个累加器的等效模型，累加器的输出 $y[i]$是对输入 $u[n]$的离散预测，累加过程中将产生量化误差 $e[i]$，可以推导出累加器的信号传递函数 $S_{\text{TF}}(z)$和噪声传递函数 $N_{\text{TF}}(z)$为

$$S_{\text{TF}}(z)=\frac{Y(z)}{U(z)}=1 \tag{9.167}$$

$$N_{\text{TF}}(z)=\frac{Y(z)}{E(z)}=1-z^{-1} \tag{9.168}$$

一阶 Σ-Δ 调制器的等效模型如图 9-88 所示，调制器的输出 $y[n]$是对输入 $u[n]$的离散预测，调制过程中会产生阶梯状的量化误差 $e[n]$，则量化器可等效为图 9-88(b)中的加法器，其中量化误差 $e[n]$与输入信号 $u[n]$相互独立，图 9-88(b)中信号传递函数 $S_{\text{TF}}(z)$和噪声传递

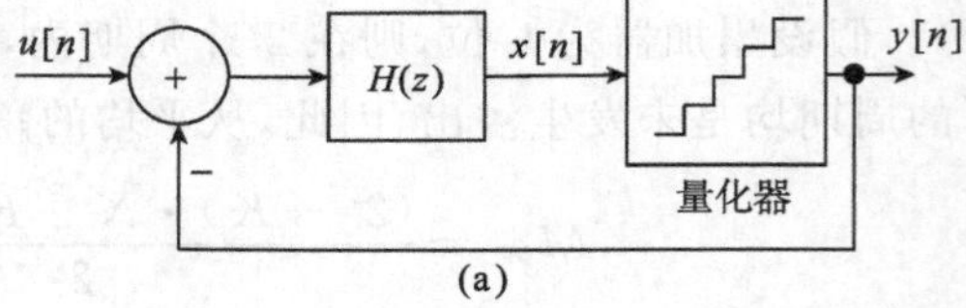

(a)

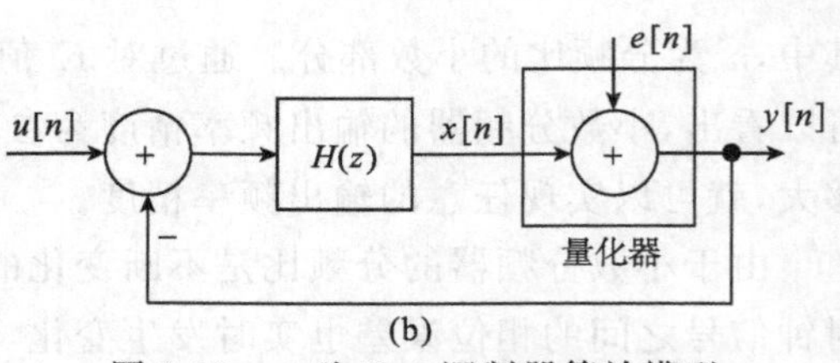

(b)

图 9-88　一阶 Σ-Δ 调制器等效模型

函数 $N_{TF}(z)$ 为

$$S_{TF}(z)=\frac{Y(z)}{U(z)}=\frac{H(z)}{1+H(z)} \tag{9.169}$$

$$N_{TF}(z)=\frac{Y(z)}{E(z)}=\frac{1}{1+H(z)} \tag{9.170}$$

对于一阶离散积分器,有

$$H(z)=\frac{1}{z-1} \tag{9.171}$$

结合式(9.169)和式(9.170)可得

$$S_{TF}(z)=\frac{Y(z)}{U(z)}=\frac{1/(z-1)}{1+1/(z-1)}=z^{-1} \tag{9.172}$$

$$N_{TF}(z)=\frac{Y(z)}{E(z)}=\frac{1}{1+1/(z-1)}=1-z^{-1} \tag{9.173}$$

Σ-Δ 调制器无衰减地传递了输入信号,同时滤除了量化误差。对于输入信号,调制器相当于一个带有正反馈的放大器,对输入信号延迟了一个时钟周期;而对于噪声信号,$N_{TF}(z)$ 在低频处趋于零,可视为一个离散高通滤波器。整形后,带内的噪声功率减小,低频处的噪声被抑制,大部分噪声都位于高频处,减小了对信号传输的影响。

由以上分析可知,一阶 Σ-Δ 调制器和累加器对信号和噪声的作用是一致的,也就是说一阶 Σ-Δ 调制器就是一个累加器。当然二者也有区别,一阶 Σ-Δ 调制器对输入信号有延迟,而且其输出近似为周期信号,这会产生严重的小数杂散,一般可采用以下 3 种方法减小小数杂散。

(1) 采用多位量化结构,增加累加器的位数 k。这样会提高频率分辨率,增加调制器的输出位数,使输出更具有随机性。

(2) 采用高阶 Σ-Δ 调制器,进一步降低带内量化噪声,使瞬时分频比更加无序化,将量化噪声进一步搬移到高频。

(3) 在输入信号 K 上引入随机性抖动,使调制器的输入不再是常数。如果设计合理,引入的抖动并不会影响带内信噪比。

高阶 Σ-Δ 调制器一般可以采取两种结构,一种为单环高阶调制(single-loop modulator),通常为三阶;另一种为多级级联调制器,也称为多级噪声整形结构(multi-stage noise shaping, MASH)。

单环三阶前馈 Σ-Δ 调制器的 z 域模型如图 9-89 所示。

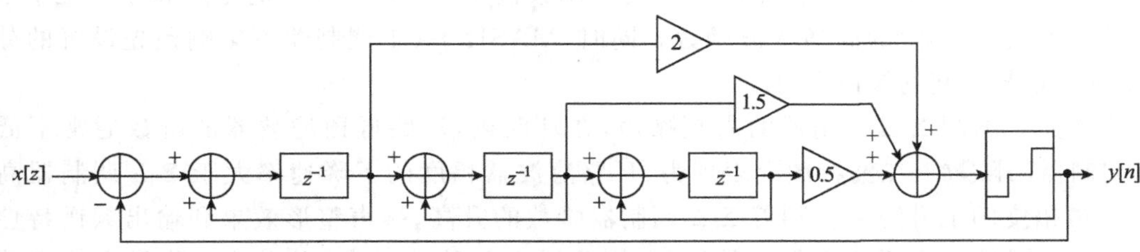

图 9-89　单环三阶前馈 Σ-Δ 调制器的 z 域模型

输出表达式可以写为

$$y[z]=\frac{2z^{-1}-2.5z^{-2}+z^{-3}}{1-z^{-1}+0.5z^{-2}}x[z]+\frac{(1-z^{-1})^{3}}{1-z^{-1}+0.5z^{-2}}e_{q}[z] \tag{9.174}$$

单环三阶 Σ-Δ 调制器噪声整形功能好，高频噪声小，空闲音(idle tone)性能也比较好，输出整数范围在[−1,2]变化，而且它可以根据量化器的量化等级选择是一位输出还是多位输出，对鉴频鉴相器的线性度要求低，但是存在严重的稳定性问题。

MASH 1-1-1 调制器等效模型如图 9-90 所示，输入信号为 $x[i]$，输出信号为 $y[i]$，前一级调制器的量化噪声取反后作为下一级调制器的输入，并且采用误差抵消电路抵消前两级的量化噪声。

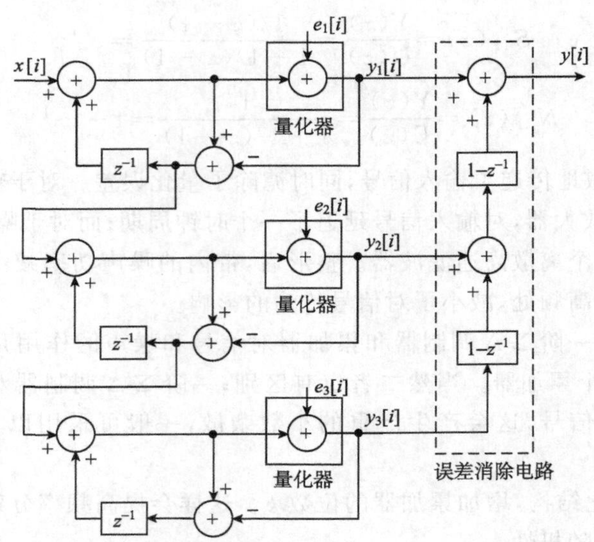

图 9-90 MASH 1-1-1 调制器等效模型

$$Y_{1}[z]=X(z)+(1-z^{-1})\cdot E_{1}(z) \tag{9.175}$$

$$Y_{2}[z]=-E_{1}(z)+(1-z^{-1})\cdot E_{2}(z) \tag{9.176}$$

$$Y_{3}[z]=-E_{2}(z)+(1-z^{-1})\cdot E_{3}(z) \tag{9.177}$$

$$Y[z]=Y_{1}(z)+(1-z^{-1})\cdot Y_{2}(z)+(1-z^{-1})^{2}\cdot Y_{3}(z)=X[z]+(1-z^{-1})^{3}\cdot E_{3}(z) \tag{9.178}$$

由式(9.178)可知，在 z 平面上，噪声传递函数包含 3 个位于原点的零点和 3 个位于单位圆上的极点，它是三阶的高通滤波函数。同时，MASH 1-1-1 调制器不影响预先设置的分频比，对输入信号只起到保持作用。

为了充分抑制 Σ-Δ 调制器的高频噪声，在环路内，环路低通滤波器的阶数通常不低于 Σ-Δ 调制器的阶数。在波特图上表现为，环路滤波器幅度的下降速率大于 Σ-Δ 调制器高频量化噪声幅度的上升速率。随着 Σ-Δ 调制器阶数的升高，噪声整形效果和输出频谱特性越来越好。但是阶数也不能无限制的增加，因为随着阶数的提高，引入的量化噪声功率总量也在增加，需要更高阶数的环路低通滤波器。一般情况下，二阶或三阶调制器就可以满足小数频率综合器的要求，四阶及以上阶数的调制器由于受到环路低通滤波器阶数的限制而很少被采用。

9.4.6　倍频器

常见的倍频器结构大体可分为以下几类：单管式倍频器、推-推(push-push)倍频器、吉尔伯特(Gilbert)倍频器、二极管倍频器和注入锁定倍频器。

1. 单管式倍频器

单管式倍频器如图 9-91 所示。

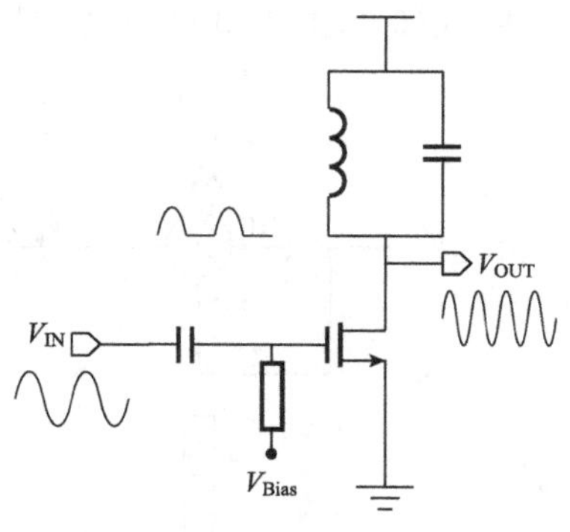

图 9-91　单管式倍频器

令输入信号为 $v_{in}(t)=A\cos(\omega t)$，由于放大器的非线性，其输出为

$$v_{out}(t)=\alpha_1 A\cos(\omega t)+\alpha_2 A^2\cos^2(\omega t)+\alpha_3 A^3\cos^3(\omega t)+\cdots \tag{9.179}$$

$$\begin{aligned}&=\alpha_1 A\cos(\omega t)+\frac{1}{2}\alpha_2 A^2[1+\cos(2\omega t)]\\&\quad+\frac{1}{4}\alpha_3 A^3[3\cos(\omega t)+\cos(3\omega t)]+\cdots\\&=\frac{1}{2}\alpha_2 A^2+\left(\alpha_1 A+\frac{3}{4}\alpha_3 A^3\right)\cos(\omega t)+\frac{1}{2}\alpha_2 A^2\cos(2\omega t)\\&\quad+\frac{1}{4}\alpha_3 A^3\cos(3\omega t)+\cdots\end{aligned} \tag{9.180}$$

其中，α_n 为 n 次谐波的放大系数。由式(9.180)可知，放大器的输出中含有直流分量 $\frac{1}{2}\alpha_2 A^2$、基频项 $\left(\alpha_1 A+\frac{3}{4}\alpha_3 A^3\right)\cos(\omega t)$、2 倍频项 $\frac{1}{2}\alpha_2 A^2\cos(2\omega t)$、3 倍频项 $\frac{1}{4}\alpha_3 A^3\cos(3\omega t)$ 以及其他高频谐波分量。3 倍频及以上的高频分量幅度很小，可以忽略不计。在放大器的输出端加入滤波电路以滤除基频分量，该放大器的输出中 2 倍频项的幅度最大，完成了倍频的功能。

为了使输出的倍频信号幅度最大，一般将放大管的直流偏置点设置为开启电压(V_{th})处。

2. 推-推式倍频器

推-推式倍频器(push-push frequency doubler)如图 9-91 所示。

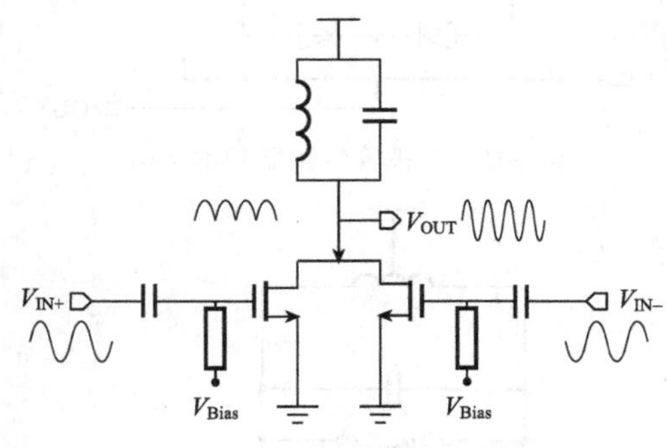

图 9-92　推-推式倍频器

该倍频器可以看成两个共源放大器并联，差分信号的正负两端分别送入两个放大器的输入端，输出端为两个晶体管的漏极。

设差分输入信号分别为 $v_{in+}(t)=\cos(\omega t)$ 和 $v_{in-}(t)=-\cos(\omega t)$，由式(9.180)，可知 v_{in+} 和 v_{in-} 分别产生的输出为

$$v_{out+}=\frac{1}{2}\alpha_2 A^2+\left(\alpha_1 A+\frac{3}{4}\alpha_3 A^3\right)\cos(\omega t)+\frac{1}{2}\alpha_2 A^2\cos(2\omega t)+\frac{1}{4}\alpha_3 A^3\cos(3\omega t)+\cdots \tag{9.181}$$

$$v_{out-}=\frac{1}{2}\alpha_2 A^2-\left(\alpha_1 A+\frac{3}{4}\alpha_3 A^3\right)\cos(\omega t)+\frac{1}{2}\alpha_2 A^2\cos(2\omega t)-\frac{1}{4}\alpha_3 A^3\cos(3\omega t)+\cdots \tag{9.182}$$

将式(9.181)和式(9.182)相加,可以得到倍频器的输出为

$$v_{\text{out}} = v_{\text{out+}} + v_{\text{out-}} = \alpha_2 A^2 + \alpha_2 A^2 \cos(2\omega t) + \cdots \tag{9.183}$$

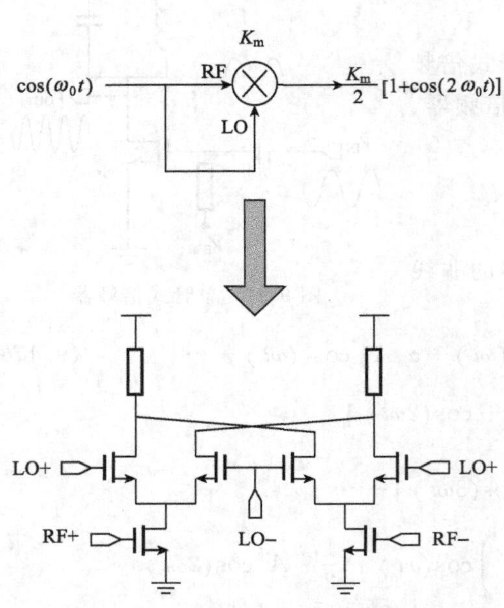

图 9-93　吉尔伯特倍频器原理图

由式(9.183)可以看出,倍频器输出的信号中,基频、三倍频等奇次谐波分量被抵消,输出中只有直流分量和倍频分量。

与单管倍频器相同,为了使输出的倍频信号幅度最大,一般将 MOS 管的直流偏置点设置为开启电压。

3. 吉尔伯特倍频器

吉尔伯特倍频器(gilbert frequency doubler)原理图如图 9-93 所示,其工作原理是将输入信号分为两路送入吉尔伯特混频器,利用混频产生二倍频输出信号。

4. 二极管倍频器

二极管倍频器基本结构如图 9-94 所示,它是一种无源的倍频器,其工作原理是利用二极管 PN 结的 V-I 非线性关系,即非线性电阻产生谐波,从而实现倍频。

5. 注入锁定倍频器

注入锁定技术同样可以应用于倍频器的设计中。一种注入锁定式倍频器(injection-locked frequency doubler)如图 9-95 所示,该倍频器首先利用一个推-推结构产生二次谐波电流项,然后将该电流注入一个振荡器中,实现倍频功能,其工作原理如图 9-95(a)所示,电路结构如图 9-95(b)所示。

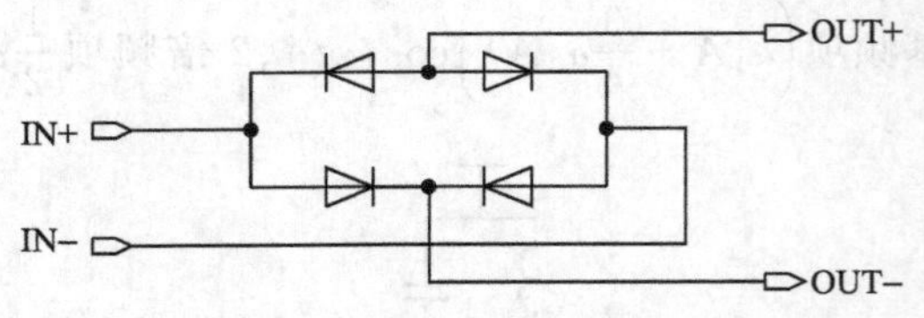

图 9-94　二极管倍频器基本结构

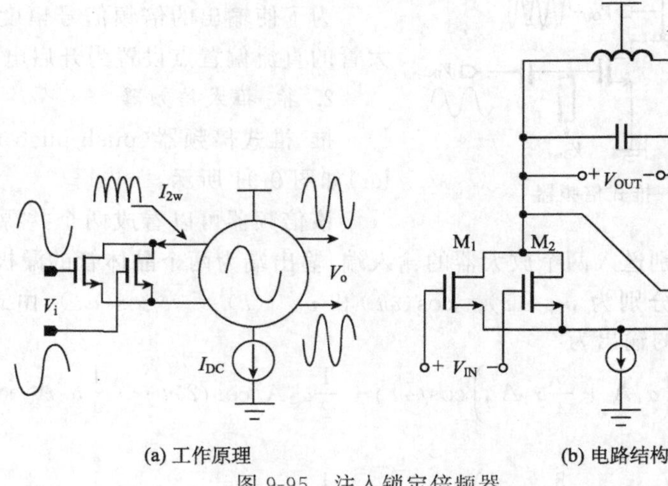

图 9-95　注入锁定倍频器

9.5 频率合成

9.5.1 频率合成原理

频率合成器是将一个高精确度和高稳定度的标准参考频率，经过混频、倍频与分频等对它进行加、减、乘、除的四则运算，最终产生大量的具有同样精确度和稳定度的频率源。现代电子设备中常常需要高精确度和高稳定度的频率，该频率可以用晶体振荡器产生。但是，晶体振荡器的频率是单一的，只能在极小的范围内微调。然而，许多无线电设备都要求在一个很宽的频率范围内提供大量稳定的频率点。例如，短波 SSB 通信机，要求在 2～30MHz 内，提供以 100Hz 为间隔的 28 万个频率点，每个频率点都要求具有与晶体振荡器相同的频率准确度和稳定度，这就需要采用频率合成技术。

最早的频率合成方法称为直接频率合成，它利用混频器、倍频器、分频器和带通滤波器来完成对频率的四则运算。典型的一种直接合成模块为双混频-分频模块，如图 9-96 所示。模块输入为固定的频率 f_i和离散的频率 f^*，当 f_1和 f_2的选取满足 $f_i+f_1+f_2=10f_i$ 的关系时，输出为 $f_i+f^*/10$。图中 f_1和 f_2为辅助频率，其作用是使得混频器输出的和频与差频间隔加大，以便带通滤波器将不需要的差频成分滤除。

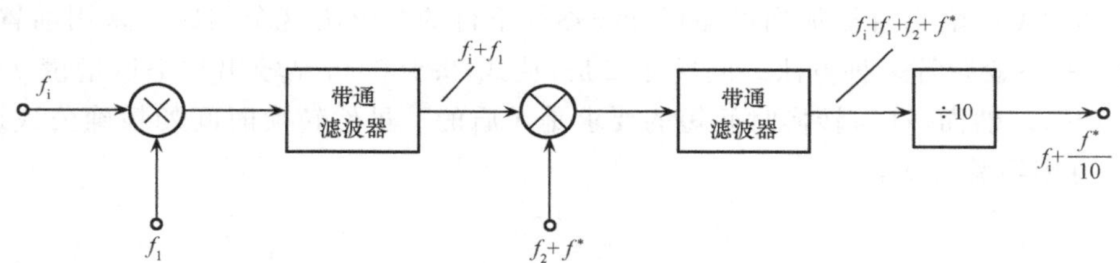

图 9-96　双混频-分频模块

例如，$f_i=1$MHz、$f_1=3$MHz、$f_2=6$MHz，满足关系式 $f_i+f_1+f_2=10f_i$。只要 f^* 为具有一定增量的 10 个频率中的 1 个，那么用多个这样的模块串接，很容易构成所需分辨力的直接频率合成器。

直接频率合成能实现快速频率变换、几乎任意高的频率分辨力、低相位噪声和很高的输出频率。但是，直接频率合成要比其他合成方法使用更多的硬设备(振荡器、混频和器带通滤波器等)，因而体积大、造价高。它的另一个缺点是在输出端会出现无用的(寄生)频率，即杂波。这是由于带通滤波器无法将混频器产生的无用频率分量滤除干净造成的。频率范围越宽，寄生分量也就越多。这是直接频率合成的一个致命缺点，足以抵消以上所有的优点。因而，几乎在所有的应用场合，已被采用锁相技术的间接合成方法所取代。

应用锁相环路的频率合成方法称为间接合成。它是目前应用最广泛的一种频率合成方法。锁相频率合成的基本框图如图 9-97 所示。

在环路锁定时，鉴相器两个输入的频率相同，即

$$f_r=f_d \tag{9.184}$$

其中，f_d是 VCO 输出频率 f_o经 N 次分频后得到的，即

$$f_d=\frac{f_o}{N} \tag{9.185}$$

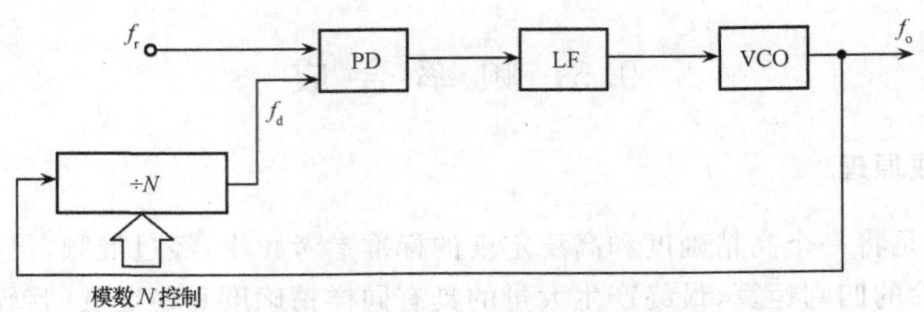

图 9-97　锁相频率合成的基本框图

所以输出频率为

$$f_o = N f_r \tag{9.186}$$

是参考频率 f_r的整数倍。

这样，环中带有可变分频器的 PLL 就提供了一种从单个参考频率获得大量频率的方法。环中的除 N 分频器用可编程分频器来实现，这就可以按增量 f_r来改变输出频率。这是组成锁相频率合成的一种最简便的方法。

然而，这种简单的锁相频率合成器也存在一些问题，以致难以满足合成器多方面的性能要求。问题之一是，可编程分频器的最高工作频率往往要比合成器所需的工作频率低许多，如图 9-97 那样，将 VCO 输出直接加到可编程分频器是不行的。解决这个问题可采用前置分频器、多模分频器和下变频等多种方法。问题之二是，从式(9.186)可见输出频率以增量 f_r变化，即分辨力等于 f_r。然而，这与转换时间短的要求是矛盾的。虽然转换时间的精确公式还难以导出，工程上可用经验公式：

$$t_s = \frac{25}{f_r} \tag{9.187}$$

即转换时间大约需要 25 个参考信号周期，所以分辨力与转换时间成反比。为了获得高频率分辨力，参考频率 f_r要低。但是，从 PLL 性能分析中可知，为了减小环路的瞬态时间和过滤 VCO 的噪声都需要 f_r大，这两者是矛盾的。为解决高频率分辨力与快速转换频率之间的矛盾，可采用多环频率合成或小数分频等多种方法。

最新的频率合成方法是直接数字频率合成，它用数字计算机和数模变换器来产生信号。完成直接数字频率合成的办法，或者是用计算机求解一个数字递推关系式，或者是查阅表格上所存储的正弦波值。目前用得较多的是查表法。这种合成器体积小、功耗低，并且可以几乎是实时地以连续相位转换频率，给出非常高的频率分辨力。

以上 3 种频率合成方法中，目前用得最多的是锁相频率合成。在某些特殊应用场合，如要求极高的工作频率、非常高的频率分辨力或者快速的频率转换性能等，PLL 合成器难以实现这些性能时，可采用另外两种合成方法，或者将这 3 种合成方法组合使用，构成混合式的频率合成器。

9.5.2　变模分频合成器

如图 9-97 所示的基本锁相频率合成器中，VCO 输出频率直接加到可编程分频器上。各种工艺的可编程分频器都有一定的上限频率，这就限制了这种合成器的最高工作频率。解决这个问题的办法之一是在可编程分频器的前端加一个固定模数为 V 的前置分频器，如图 9-98

所示。深亚微米 CMOS 工艺或 SiGeBiCMOS 工艺的固定模数分频器可工作到几吉赫兹，大大提高了合成器的工作频率。采用前置分频之后，合成器的输出频率为

$$f_o = N(Vf_r) \tag{9.188}$$

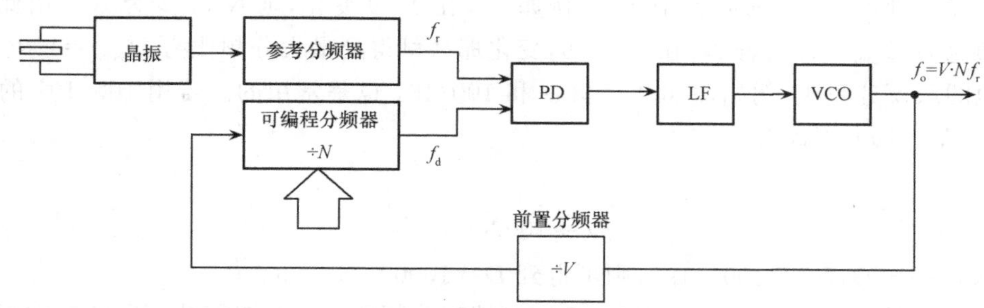

图 9-98　用前置分频的 PLL 合成器

虽然工作频率提高了，但输出频率只能以增量 Vf_r 变化。为了获得与未加前置分频器时同样的分辨力，参考频率必须降为 f_r/V，这就使频率转换时间延长到原来的 V 倍，这就牺牲了转换时间。

在不改变频率分辨力的同时提高合成器输出频率的有效方法之一就是采用变模分频器(也称为吞脉冲技术)。变模分频器的工作速度虽不如固定模数的前置分频器那么快，但比可编程分频器要快得多。图 9-99 为采用双模分频器的锁相频率合成器框图。

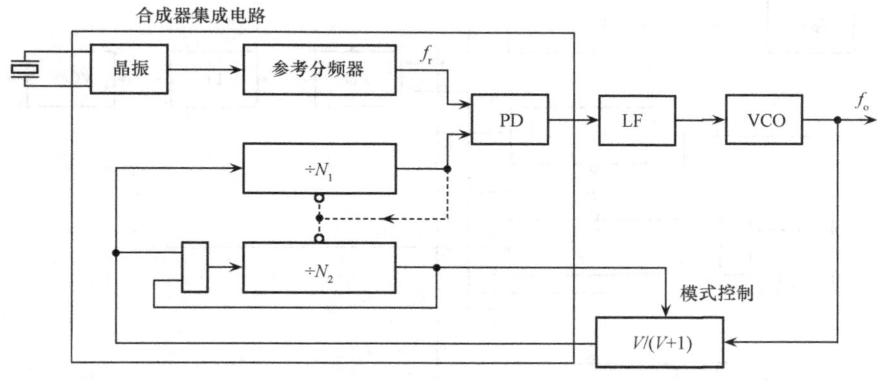

图 9-99　双模分频 PLL 合成器

双模分频器有两个分频模数。当模式控制为高电平时分频模数为 $V+1$；当模式控制为低电平时分频模数为 V。变模分频器的输出同时驱动两个可编程分频器，它们分别预置在 N_1 和 $N_2(N_1>N_2)$，并进行减法计数。在除 N_1 和 N_2 分频器未计数到零时，模式控制为高电平，双模分频器输出频率为 $f_o/(V+1)$。在输入 $N_2(V+1)$ 个周期之后，除 N_2 分频器计数到达零，将模式控制电平变为低电平，同时通过除 N_2 分频器前面的与门使其停止计数。此时，除 N_1 分频器还存有 N_1-N_2。由于受模式控制低电平的控制，双模分频器的分频模数变为 V，输出频率为 f_o/V。再经 $(N_1-N_2)V$ 个周期，除 N_1 计数器计数到达零，输出低电平，将两计数器重新赋以它们的预置值 N_1 和 N_2，同时向鉴相器输出脉冲，并将模式控制信号恢复到高电平。在这一个完整的周期中，输入的周期数为

$$D=(V+1)N_2+(N_1-N_2)V=VN_1+N_2 \tag{9.189}$$

若 $V=10$，则

$$D=10N_1+N_2$$

由上述原理可知，N_1 必须大于 N_2。例如，N_2 在 0～9 变化，则 N_1 至少为 10。由此得到最小的分频比为 $D_{\min}=100$；若 N_1 在 10～19，变化那么可得到最大分频比为 $D_{\max}=199$。

其他的双模分频比，例如，5/6、6/7、8/9 和 100/101 也是常用的。若用 100/101 的双模分频器，那么 $V=100$，因此有

$$D=100N_1+N_2$$

若选择 $N_2=0\sim99$，$N_1=100\sim199$，则可得到 $D=10000\sim19999$。

在这种采用变模分频器的方案中也要用可编程分频器。这时双模分频器的工作频率为合成器的工作频率 f_o，而两个可编程分频器的工作频率已降为 f_o/V 或 $f_o/(V+1)$。合成器的频率分辨力仍为参考频率 f_r。这就在保持分辨力的条件下提高了合成器的工作频率，频率转换时间也未受影响。

为了扩展合成器的频率范围，还可以采用如图 9-100 所示的四模前置分频器。它具有两个模式控制端 A 和 B。A、B 端电平与分频模数 V 之间的关系如表 9-9 所示。表中 H 表示高电平，L 表示低电平。

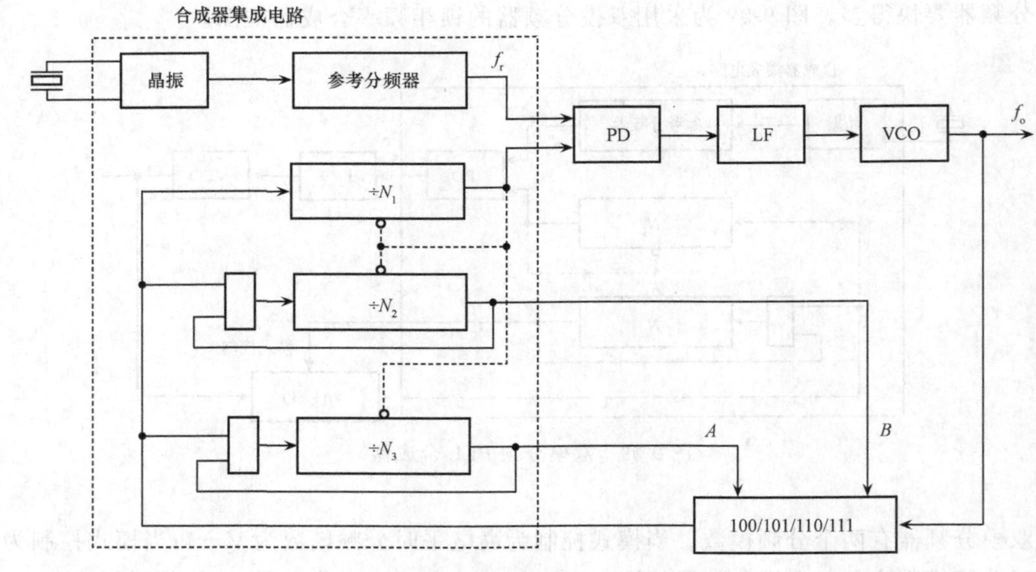

图 9-100　四模分频 PLL 合成器

表 9-9　A、B 端电平与分频模数 V 之间的关系

A	L	H	L	H
B	L	L	H	H
V	100	101	110	111

电路中另设 3 个可编程分频器，分别预置在 N_1、N_2 和 N_3，$N_1>N_2$ 和 $N_1>N_3$。起始 A、B 端为高电平，四模分频器分频模数 $V=111$。若 $N_3<N_2$，则在 $111N_3$ 个周期之后 A 转为低电平，分频模数变为 110。再经 $110(N_2-N_3)$ 个周期之后 B 转为低电平，分频模数变为 100，再经 $100(N_1-N_2)$ 个周期之后对鉴相器输出脉冲，同时将 N_1、N_2、N_3 三个可编程分频器状态复位，A 和 B 电平也复位到高电平。在这一完整的周期中，总的分频比为

$$\begin{aligned} D &= 111N_3 + 110(N_2 - N_3) + 100(N_1 - N_2) \\ &= 100N_1 + 10N_2 + N_3 \end{aligned} \tag{9.190}$$

若 $N_3>N_2$，则总的分频比为

$$\begin{aligned} D &= 111N_2 + 101(N_3 - N_2) + 100(N_1 - N_3) \\ &= 100N_1 + 10N_2 + N_3 \end{aligned}$$

其结果与式(9.190)相同。

例如，选择

$$N_3 = 0 \sim 9$$

$$N_2 = 0 \sim 9$$

$$N_1 = 10 \sim 19$$

则可得到

$$D = 1000 \sim 1999$$

采用变模分频器的目的在于使合成器能工作在高于可编程分频器上限的频率上。解决这个问题的另外一个途径是用一个本地振荡器，通过混频将输出频率下移，如图 9-101 所示。例如，工作频段为 88～108MHz 的 FM 广播接收机，中频为 10.7MHz，则本机振荡器频率应为 98.7～118.7MHz。若可编程分频器无法工作到这样高的频率，则可以这样处理，取参考频率为 10 kHz，控制可编程分频器的分频比为 870～2870，再用一个 90MHz 的本地振荡器进行下变频，这就可以得到输出频率为

$$\begin{aligned} f_o &= Nf_r + f_M \\ &= (870 \sim 2870) \times 0.01 + 90 \\ &= 98.7 \sim 118.7(\text{MHz}) \end{aligned}$$

此时，分辨力为 10kHz，满足 FM 接收机的要求。

这种方法的主要缺点是：增加了电路的复杂性并加大了体积与成本；由混频而带来寄生分量的可能性也加大了；反馈通路中滤波器的相移也会影响环路的性能。

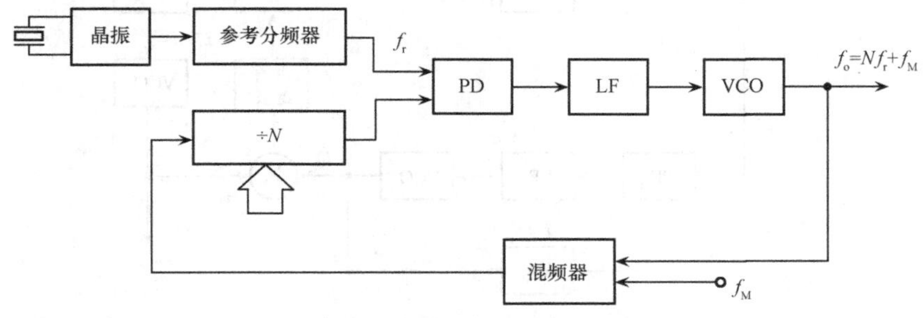

图 9-101　下变频 PLL 合成器

9.5.3　多环频率合成器

用高参考频率而且仍能得到高频率分辨力的一种可能的方法是，在锁相环路的输出端再进行分频，如图 9-102 所示。VCO 输出频率经 M 次分频之后为

$$f_o = \frac{Nf_r}{M} \tag{9.191}$$

其中，M 为后置分频器的分频比；N 为可编程分频比。由式(9.191)可见，频率分辨力为 f_r/M。只要 M 足够大，就可得到很高的分辨力。这种技术存在的问题是，环路工作频率需要比要求的输出频率高 M 倍，有时可能难以实现。

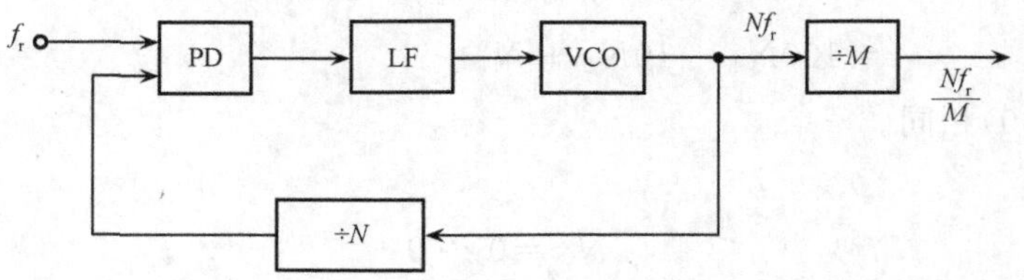

图 9-102　后置分频器的 PLL 合成器

上述后置分频器的概念在多环合成器中是十分有用的。多环频率合成器中有多个锁相环路。其中，高位锁相环路提供频率分辨力相对差一些的较高频率输出；低位锁相环路提供高频率分辨力的较低频率输出；而后再用一个锁相环路将这两部分输出加起来，从而获得高工作频率、高频率分辨力和快速转换频率的合成输出。图 9-103 就是一个以这种方式构成的三环频率合成器。

图 9-103 中 B 环为高位环，它工作在合成器的工作频段，但分辨力等于 f_r，尚未满足合成器的性能要求。A 环为低位环，它的输出经后置分频器除 M 分频之后输出频率较低，工作频段只等于高位环输出的频率增量，分辨力则可达到了 f_r/M，满足合成器的性能要求。

例如，f_r = 100 kHz，N_B＝351～396，则 B 环的输出频率为 f_B＝35.1～39.6MHz，频率分辨力为 100 kHz。若 N_A＝300～399，则 A 环输出频率 f_A＝30.0～39.9MHz，取 M＝100，则经后置分频之后的低位环输出频率为 f_A＝300～399kHz，其频段为 100kHz，正好等于 B 环输出的频率增量。通过 C 环将 f_A 和 f_B 相加，最后得到三环合成器的输出频率为 f_o＝35.400～

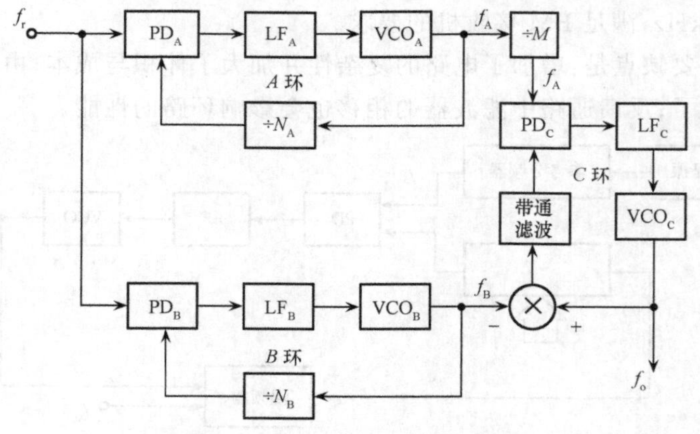

图 9-103　三环锁相频率合成器

39.999MHz，频率分辨力为 1kHz。

合成器的频率转换时间是由 A、B、C 三个环共同决定的。因为 A、B 两个环的参考频率 $f_r=100\text{kHz}$，C 环的参考频率更高，所以即使频率分辨力达到 1 kHz，而总的频率转换时间仍为

$$t_s=\frac{25}{f_r}=\frac{25}{10^5}=0.25\ (\text{ms})$$

这是单环锁相频率合成无法做到的。

9.5.4　小数分频频率合成器

变模分频合成器和多环频率合成器是整数分频结构，其优点是结构简单，但存在一些严重的缺点。首先，它的参考信号频率必须等于信道间隔，当信道间隔很小时，会导致很大的分频比，这会放大鉴相器输入端的噪声。其次，参考频率的降低会导致转换时间的提高，降低了转换速度。假设可编程分频器能提供小数分频比，每次改变某位小数，就可以在不降低参考频率的情况下提高频率分辨力。可惜数字分频器本身无法引进小数分频，这就需要采取一定的措施。例如，虽然数字分频器本身不能实现 $N=10.5$ 的小数分频，若能控制它先除 1 次 10，再除 1 次 11。这样交替进行，那么从输出的平均频率看，就相当于完成了 10.5 的小数分频。

按上述概念类推，若要 $N.F=5.3$ 的小数分频（N 表示整数部分，F 表示小数部分），只要在每 10 次分频中，作 7 次除 5，再作 3 次除 6，就可得到：

$$N.F=\frac{1}{10}(5\times7+6\times3)=5.3$$

若要 $N.F=27.35$ 的小数分频，只要在每 100 次分频中，作 65 次除 27，再作 35 次除 28，就可得到：

$$N.F=\frac{1}{100}(65\times27+35\times28)=27.35$$

再例如，为了实现 $N=10.1$ 的小数分频，只要在每 10 次分频中作 9 次除 10，再作 1 次除 11，也就是输出信号频率在前 9 个参考信号周期中被 10 分频，在第 10 个参考信号周期中被 11 分频，那么 10 个参考信号周期中输出信号频率共变化了 $9\times10+1\times11=101$ 个周期，即平均分频比为 10.1，原理图如图 9-104 所示。如果 $f_r=1\text{MHz}$，那么 $f_o=10.1\text{MHz}$，如图 9-105 所示。

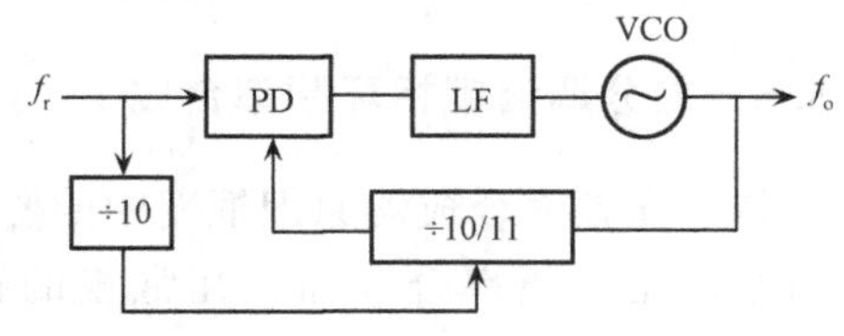

图 9-104　$N=10.1$ 小数分频的原理框图

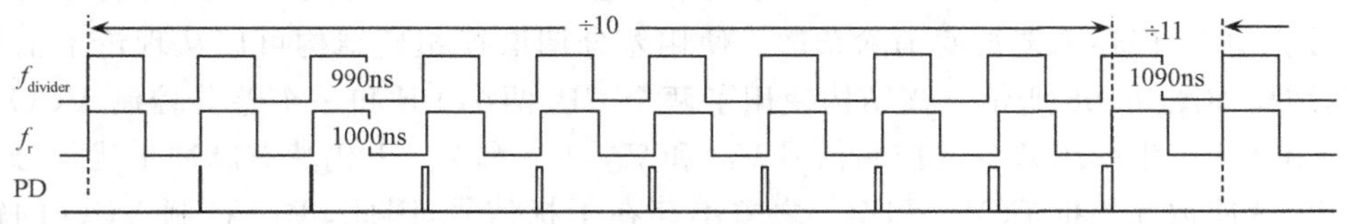

图 9-105　$N=10.1$ 小数分频的信号波形图

但是小数分频频率合成器即使在锁定的条件下，鉴相器的输出仍然存在一个相位差，其变化周期在这里为 10 个参考信号周期，所产生的 VCO 控制电压将对输出载波进行调制，从而

产生边带杂波(spurs)。

一般来说,如果分频比为$(N+\alpha)$,那么VCO控制电压的变化频率为αf_r,距载波αf_r及其谐波频率的位置将出现杂波,如图9-106所示。

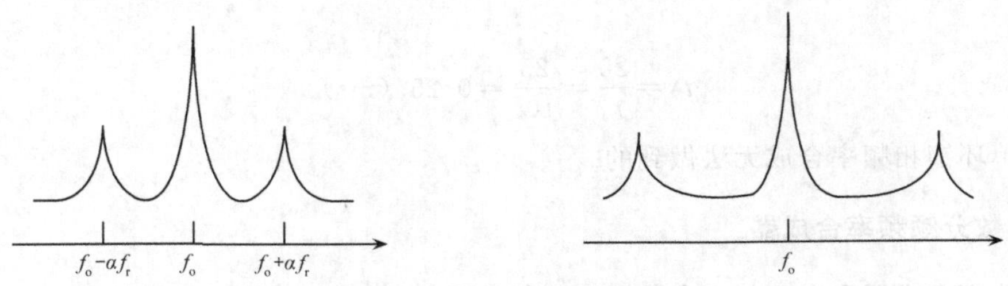

图9-106　含边带杂波的输出载波

设双模分频比为N和$N+1$,平均分频比为$(N+\alpha)$,瞬时分频比为$N+b(t)$,$b(t)=0$或1,$b(t)$的平均值为α。$b(t)$可分解为平均值α和量化噪声$q(t)$,即

$$b(t)=\alpha+q(t) \tag{9.192}$$

所以分频器输出信号的瞬时频率为

$$f_F(t)=f_o/[N+\alpha+q(t)] \tag{9.193}$$

$f_F(t)$中的量化噪声为

$$n_f(t)=f_F(t)-\frac{f_o}{N+\alpha}=-\frac{f_o}{N+\alpha}\frac{q(t)}{N+\alpha+q(t)} \tag{9.194}$$

若$q(t)/(N+\alpha)\ll 1$且$\alpha\ll N$,该噪声的功率谱密度为

$$S_{nf}(f)=\frac{f_o^{\,2}}{(N+\alpha)^2}\frac{|Q(f)|^2}{N^2} \tag{9.195}$$

其中,$Q(f)$为$q(t)$的谱密度。选择合适的量化方式可以改变$Q(f)$和$S_{nf}(f)$的形状,使得噪声在靠近载波处较小而远离载波处较大,这就是使用$\Sigma-\Delta$调制器的目的。

9.5.5　差分调谐锁相环频率合成

将前面频率合成器原理框图中的鉴相器PD换成鉴频鉴相器PFD和电荷泵CP即可构成电荷泵锁相环频率合成器。在常规的锁相环频率合成器中,当环路处于锁定状态时,由于PFD、CP的种种非理想性,VCO的控制电压信号V_C上会出现频率为参考频率f_{ref}的脉冲干扰信号,使压控振荡器的输出频谱中产生杂散分量(spur),如图9-107所示。

如9.4.2～9.4.4节中相关描述,降低环路带宽、减少FPD输出信号歪斜等方法可以减少杂散信号的功率,但还未能彻底消除杂散。使用差分调谐锁相环结构可以从理论上消除杂散频率,其结构如图9-108所示。该结构使用了两个CP、两个LF和一个差分控制VCO。通过两个CP和LF产生一组差分的控制信号V_C^+和V_C^-,V_C^+和V_C^-上仍然有脉冲干扰信号。由于差分输出,脉冲被互相抵消,V_C^+和V_C^-之差不存在干扰信号,因此,差分控制VCO的输出不会有杂散频率。

实际应用中,如果两个CP和LF不对称,V_C^+和V_C^-上的脉冲干扰信号无法全部抵消,则频率合成器的输出仍然会有杂散频率出现。因此,此类锁相环的设计要点是差分调谐VCO,以及完全对称的CP和LF。

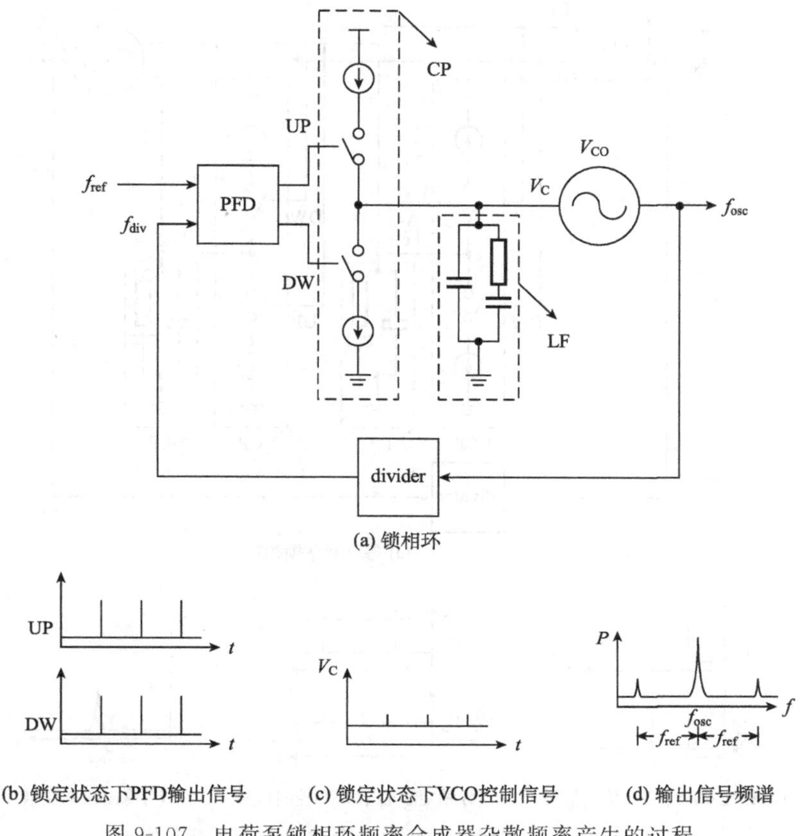

(a) 锁相环

(b) 锁定状态下PFD输出信号　(c) 锁定状态下VCO控制信号　(d) 输出信号频谱

图 9-107　电荷泵锁相环频率合成器杂散频率产生的过程

9.5.6　直接数字频率合成

1971 年 3 月美国学者 Tierney，Rader 和 Gold 首次提出了直接数字频率合成（direct digital synthesis，DDS）的概念。限于当时的技术条件，DDS 并没有引起人们的足够重视。20 世纪 90 年代以来，随着数字集成电路和微电子技术的发展，DDS 技术的优越性才日益体现出来。

直接数字频率合成与锁相环频率合成器的方法完全不同。它的设计思路是按一定的时钟节拍从存放正弦函数表的 ROM 中读出这些离散的代表正弦幅值的二进制数，然后经过 D/A 变换并滤波，得到一个模拟的正弦波，改变读数的节拍频率或者取点的个数，就可以改变正弦波的频率。

直接数字频率合成器一般由相位累加器、波形 ROM、数模变换器和滤波器组成，如图 9-109所示。对每一个时钟脉冲，N 位加法器将频率控制字 F 与累加寄存器输出的相位数据相加，并送至累加寄存器存储。累加寄存器一方面将上一时钟的相位数据反馈到加法器输入端，另一方面将该值作为取样地址送入波形存储器。波形 ROM 根据这个地址输出幅度量化序列，并经 D/A 变换器和滤波器转换成需要的模拟波形。

相位累加器在基准时钟的作用下，进行线性相位累加，当相位累加器累加至满量时（满量值为 $Y=2^N$），就会产生一次溢出，这样就完成了一个周期，这个周期也就是 DDS 合成信号的

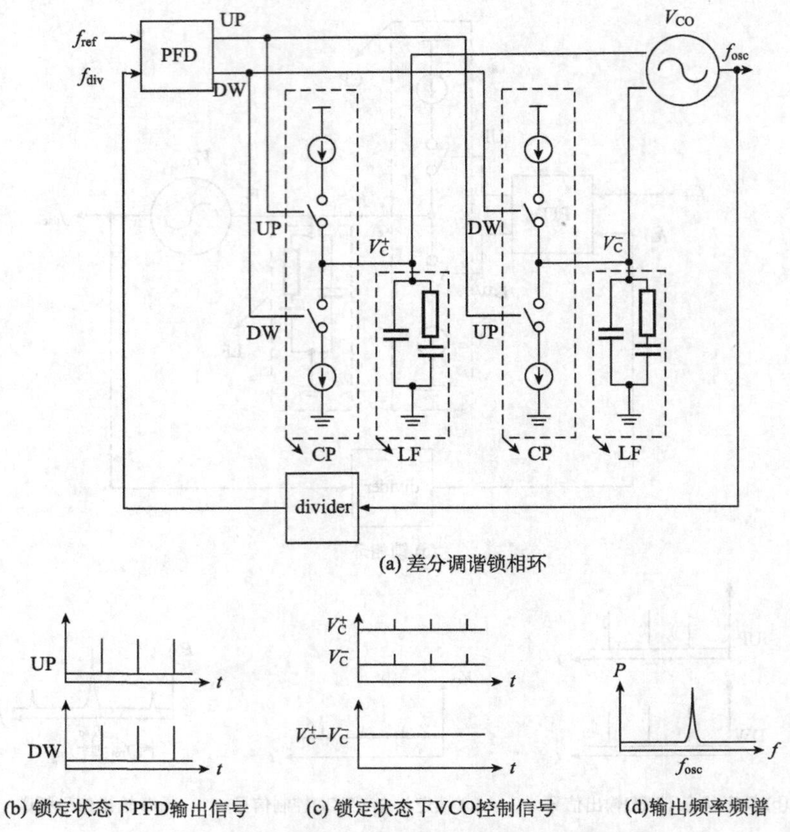

(a) 差分调谐锁相环

(b) 锁定状态下PFD输出信号　(c) 锁定状态下VCO控制信号　(d)输出频率频谱

图 9-108　差分调谐锁相环频率合成器和杂散抑制原理

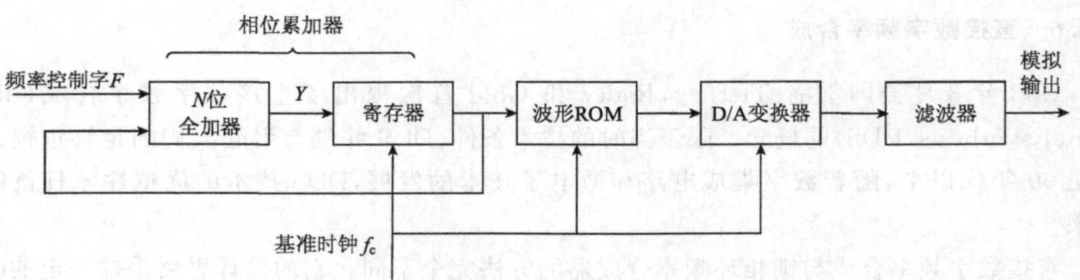

图 9-109　直接数字频率合成器的原理图

周期。

由 $f=\omega/(2\pi)=\Delta\theta/(2\pi\cdot\Delta t)$，$\Delta\theta=F\cdot 2\pi/2^N$ 可推得

$$f_o=\frac{F}{2^N}\cdot f_c \tag{9.196}$$

其中，$\Delta\theta$ 为一个采样周期 Δt 内的相位增量；$\Delta t=1/f_c$；F 为频率控制字。因此，频率控制字 F 和时钟频率 f_c共同决定 DDS 输出信号的频率。

例如，当时钟频率 f_c为 80MHz 时，若累加器字长 N 为 16 位，频率控制字 F 为 2048，则输出信号的频率为

$$f_o = 2048 \times 80 \div 2^{16} = 2.5(\mathrm{MHz})$$

可见，通过对 DDS 相位累加器字长 N、频率控制字 F 和时钟频率 f_c 的设定，可以产生任意频率的信号输出。当 $F=1$ 时，DDS 输出最低频率为 $f_c/2^N$，这也是 DDS 的频率分辨率。随着 N 不断增加，DDS 的频率分辨率可以不断地提高，但在实际中，N 的增加会受其他因素的制约。就目前技术水平而言，DDS 已经可以产生足够高的频率分辨率。

直接数字频率合成器用数字技术产生正弦波，具有数字信号处理的一系列优点，不需要 VCO 和其他环路元件，因此，其相位噪声、响应速度和稳定性均优于锁相环频率合成器，并且可以对数字信号直接进行调制。其缺点是输出的寄生频率很多，且输出的最高频率受时钟、D/A 等的限制不可能很高，同时功耗会比较大。

9.6 本章小结

锁相环是一种相位负反馈控制系统，它能使压控振荡器的频率和相位与输入信号保持确定关系，并且可以抑制输入信号中的噪声和压控振荡器的相位噪声。

锁相环主要有两种工作形式，其一为锁定状态下的跟踪过程，其二为由失锁进入锁定的捕获过程。锁定情况下的跟踪过程可以近似按线性系统处理，而捕获过程是一个非线性过程，故需要采用非线性系统分析方法。

本章介绍了锁相环的基本原理，讨论了锁相环中鉴相器、环路滤波器和压控振荡器的工作原理，推导了锁相环的环路方程；分析了锁相环锁定状态下的跟踪特性，研究了在相位阶跃、频率阶跃和频率斜升 3 种输入信号情况下的环路相位误差的时域响应，即锁相环的瞬态相位误差和稳态相位误差，分析了锁相环的稳定性并给出了稳定性的判别方法；采用非线性系统分析方法研究了环路的捕捉过程、捕捉带和捕捉时间等；分析了环路的噪声性能，给出了环路噪声相位模型，分析了环路对输入高斯白噪声的线性过滤特性。

电荷泵锁相环是当今最流行的锁相环结构，具有捕获范围宽，锁定时相位误差小等优点。本章讨论了电荷泵锁相环频率综合器的组成，给出了电荷泵锁相环频率综合器连续时间的线性模型和传递函数，分析了锁相环中鉴频鉴相器和电荷泵的非理想效应，分别对鉴频鉴相器、电荷泵和分频器的结构进行了分析。

频率合成是锁相环应用的一个重要领域，由于直接频率合成存在诸多缺点，所以锁相环频率合成是目前应用最广泛的一种频率合成方法。本章介绍了频率合成的基本原理，讨论了整数分频频率合成器和小数分频频率合成器的工作原理和实现方法。

参考文献

Arshak K, Abubaker O, Jafer E. 2004. Design and simulation difference types CMOS phase frequency detector for high speed and low jitter PLL. Proceedings of the Fifth IEEE International Conference on Devices, Circuits and Systems, 1: 188-191

Ball J A R. 1991. Simulation of acquisition in phase locked loops incorporating phase-frequency detectors. IEEE International Symposium on Circuits and Systems, 5: 2163-2166

Chang R C, Kuo L C. 2000. A differential-type CMOS phase frequency detector. IEEE Journal of Solid State Circuits: 61-64

Cheng K H, Yang W B, Ying C M. 2003. A dual-slope phase frequency detector andcharge pump architecture to achieve fast locking of phase-locked loop. IEEE Transactions on Circuits and Systems II: Express Briefs,

50(11):892-896

Chien J C, Lu L H. 2005. Ultra-low-voltage CMOS static frequency divider. IEEE Asian Solid-State Circuits Conference: 209-212

Craninckx J, Michiel S J. 1996. Steyaert 1. 75-GHz/3-V dual-modulus divide-by-128/129 prescaler in 0. 7- μm CMOS. IEEE Solid-State Circuits, 31(7): 890-897

Dai L, Harjani R. 2000. CMOS switched-op-amp-based sample-and-hold circuit. IEEE Solid-State Circuits, 35 (1):109-113

El-Hage M, Fei Y. 2003. Architectures and design considerations of CMOS charge pumps forphase-locked loops. IEEE Canadian Conference on Electrical and Computer Engineering2003, 1: 223-226

Fang W, Brunnschweiler A, Ashburn P. 1990. An analytical maximum toggle frequency expression and its application to optimizing high-speed ECL frequency dividers. IEEE Solid-State Circuits, 25(4): 920-931

Fei L F. 2005. Frequency divider design strategies. Broadband Technology: 18-26

Ha K S, Kim L S. 2006. Charge-pump reducing current mismatch in DLLs and PLLs. Proceedings. of 2006 IEEE International Symposium on Circuits and Systems: 2221-2224

Hanumolu P K, Brownlee M, Kartikeya M, et al. 2004. Analysis of charge-pump phase-locked loops. IEEE Transcations On Circuits and Systems-I: regular Paper, 51(9): 1665-1674

Heshmati Z, Hunter I C, Pollard R D. 2007. Microwave parametric frequency dividers with conversion gain. IEEE Transcations on Microwave Theory and Techniques, 55(10)

Jeon S O, Cheung T S, Choi W Y. 1998. Phase/frequency detector for high-speed PLL applications. Electronics Letters, 34(22): 2120-2121

Jeong D K, Borriello G, Hodges D A. 1987. Design of PLL-based clock generation circuits. IEEE Journal Of Solid State Circuits, SC-22(2): 255-261

Jia L, Yeo K S, Ma J G, et al. 2007. Noise transfer characteristics and design techniques of a frequency synthesizer. Analog Integrated Circuits Signal Processing, 52: 89-97

Johansson H O. 1998. A simple precharged CMOS phase frequency detector. IEEE Journal of Solid State Circuits, 33(2): 295-299

Johnson M G, Hudson E L. 1998. A variable delay line PLL for CPU-coprocessor synchronization. IEEE Journal of Solid State Circuits, 23(5): 1220-1223

Lee G B, Chan P K, Siek L. A CMOS phase frequency detector for charge pump phase-locked loop. 42nd Midwest Symposium on Circuits and Systems, 2: 601-604

Lee J, Razavi B. 2003. A 40-GHz frequency divider in 0. 18μm CMOS technology. Digest of Symposium on VLSI Circuits: 259-262

Lee W H, Cho J D, Lee S D. 1999. A high speed and low power phase-frequency detector and charge-pump. Proceedings of Asia and South Pacific Design Automation Confereng, 1: 269-272

Magnusson H, Olsson H. 2003. Design of a high-speed low-voltage (1V) charge-pump for widebandphase-locked loops. Proceedings of the 10th IEEE International Conference on Electronics, Circuits and Systems, 1: 148-151

Mansuri M, Liu D, Yang C K K. 2002. Fast frequency acquisition phase-frequency detectors for Gsamples/sphase-locked loops. IEEE Journal of Solid State Circuits, 37(10): 1331-1334

Miller R L. 1939. Fractional-frequency generators utilizing regenerative modulation. Proceedings Inst. Radio Eng, 27: 446-456

Miller V, Conley R J. 1991. A multiple modulator fractional divider. IEEE Transcations on Instrumentation and Measurement, 40(3):578-583

Rategh H R, Samavati H, Lee T H. 1999. A 5GHz, 1mW CMOS voltage controlled differential injection locked frequency divider. IEEE Custom Integrated Circuits Conference: 517-520

Razavi B. 2004. A study of injection locking and pulling in oscillators. IEEE Journal of Solid. State Circuits, 39 (9):415-1424

Riley T A D, Copeland M A, et al. 1993. Delta-sigma modulation in fractional-n frequency synthesis. IEEE

Journal of Solid State Circuit, 28(5): 553-559.

Sharp C A. 1976. A 3-state phase detector can improve your next PLL design. EDN Magazine: 55-59

Soares J N, Jr., W. A. M. Van Noije. 1999. A 1. 6-GHz dual modulus prescaler using the extended true-single-phase-clock CMOS circuit technique (E-TSPC). IEEE Journal Solid State Circuits, 34(1): 97-102

Tierney J, Rader C M, Gold B. 1971. A digital frequency synthesizer. Audio and Electroacoustics, IEEE Transactions on, 19(1): 48-57

Vaucher C S, Ferencic I, Locher M, et al. 2000. A family of low-power truly modular programmable dividers in standard 0. 35-um CMOS technology. IEEE Journal Solid State Circuits, 35(7): 1039-1045

Waizman A. 1994. A delay line loop for frequency synthesis of de-skewed clock. ISSCC Digest of Technical Papers: 298-299

Wallin T, Hellen J, Berg H. 2008. Regenerative frequency divider SiGe-RFIC with octave bandwidth and low phase noise. 3rd European Microwave Integrated Circuits Conference

Wang C H, Chen C C, Lei M F. 2007. A 66-72 GHz divide-by-3 injection-locked frequency divider in 0. 13-μm CMOS technology. IEEE Asian Solid-State Circuits Conference

Woogeun R. 1999. Design of high-performance CMOS charge pumps in phase-locked loops. IEEE International Symposium on Circuits and Systems, 2: 545-548

Wu H, Zhang L. 2006. A 16-to-18GHz 0. 18μm Epi-CMOS divide-by-3 injection-locked frequency divider. ISSCC Digest of Technical Papers

Young I A, Greason J K, Smith J E, et al. 1992. A PLL clock generator with 5 to 110MHz lock range for microprocessors. IEEE Journal o f Solid-State Circuits, 27: 1599-1607

Yu X P, Zhou J J, Yan X H, et al. 2008. Sub-mW multi-GHz CMOS dual-modulus prescalers based on programmable injection-locked frequency dividers. Radio Frequency Integrated Circuits Symposium: 431-434

Yuan J, Svensson C. 1989. High speed CMOS circuit technique. IEEE Journal Solid State Circuits, 24(1): 62-70

Yun S J, Lee H D, Kim K D, et al. 2011. Differentially-tuned low-spur PLL using65 nm CMOS process. Electronics Letters, 17th, 47(6): 369-371

习　题

9-1　解释为什么如题图 9-1 所示的低通滤波器不能用高通滤波器代替。

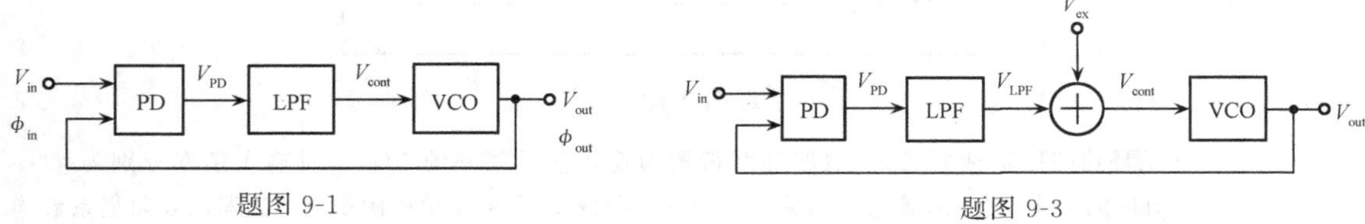

题图 9-1　　题图 9-3

9-2　采用异或门作为鉴相器的锁相环电路，如果 $K_{PD}K_{VCO}$ 的值很大，那么该锁相环将锁定在 $\varphi_{in}-\varphi_{out}\approx 90^\circ$。解释其原因。

9-3　假设图 9-3 中的 LPF 为一阶 LPF，求传输函数 $\varphi_{out}/\varphi_{ex}$，其中 φ_{out} 是 V_{out} 的剩余相位。

9-4　一个 I 型锁相环中所用的 VCO 其输入-输出特性表现为非线性，即 K_{VCO} 在整个调节范围内变化。如果阻尼因子必须保持在 1～1.5，那么 K_{VCO} 可容许的变化范围多大？

9-5　一个 I 型锁相环采用的部件参数如下：VCO 的 $K_{VCO}=100\text{MHz/V}$，PD 的 $K_{PD}=1\text{V/rad}$，LPF 的 $\omega_{LPF}=2\pi(1\text{MHz})$，求该锁相环的阶跃效应。

9-6　一个一阶 PLL，VCO 的增益常数 $K_o=200\pi\text{Mrps/V}$，而 $K_D=0.8\text{V/rad}$，振荡频率 $f_{osc}=500\text{MHz}$。如果输入的频率从 500MHz 突然跳变到 650MHz，请画出鉴相器输出端的控制电压的波形。

9-7　在题图 9-7 所示的电荷泵锁相环中，解释为什么 VCO 的控制电压不能直接与电容 C_P 相连。

9-8　证明 II 型锁相环的根轨迹如题图 9-8 所示。

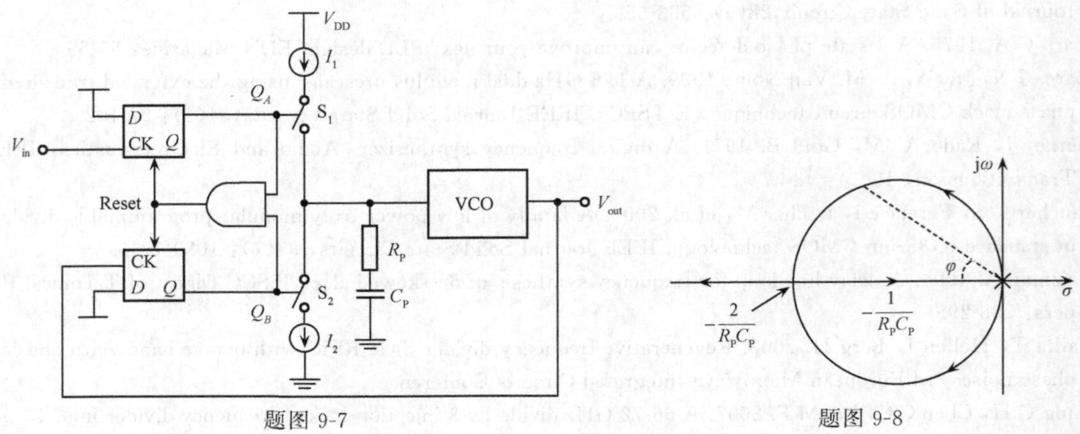

题图 9-7　　题图 9-8

9-9　当电荷泵 PLL 的 PFD 工作时，VCO 的输出频率可能远偏离于输入频率。解释 PFD 作为鉴频器用时，为什么 PLL 锁相环的传输函数阶数要小一阶。

9-10　锁定的一阶环，输入信号相位突变 $\Delta\varphi$，求：

(1) 误差相位 $\varphi_e(t)$。

(2) 输出相位 $\varphi_o(t)$。

(3) 达到与稳态相位误差 $\varphi_{e\infty}$ 之差为 1%时的响应时间。

9-11　(1) 锁相环的同步带 $\Delta\omega_H$ 与环路带宽有什么不同？

(2) 同步带 $\Delta\omega_H$ 与捕捉带 $\Delta\omega_P$ 有什么不同，为什么对于二阶环，一定有同步带大于捕捉带？

9-12　若在一个线性化的锁相环路内插入一个加法器，如题图 9-12 所示，推导下列两个传递函数的表达式：(1) $H_1(s)=\dfrac{\varphi_o(s)}{V_x(s)}$，(2) $H_2(s)=\dfrac{V_c(s)}{V_x(s)}$。

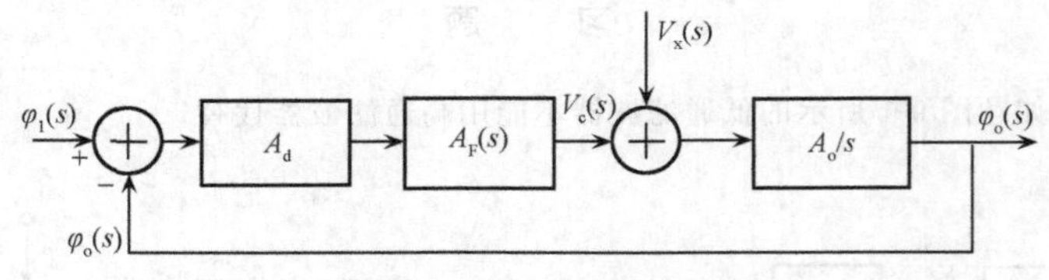

题图 9-12

9-13　为满足环路的稳定性要求，一般取环路带宽为输入信号频率的 1/10。对输入频率分别为 $f_i=100\text{Hz}$ 和 $f_i=1\text{kHz}$ 的两个锁相环，若它们的 $A_dA_o=5\times10^4\text{Hz}$，均采用无源比例积分滤波器以及阻尼系数均为 $\xi=0.707$。比较：

(1) 在相同输入频差 $\Delta f_i=100\text{Hz}$ 时的捕捉时间。

(2) 捕捉带大小。

(3) 等效噪声带宽 B_L 大小。

9-14　如题图 9-14 所示，在环路滤波器与 VCO 之间插入一个放大器，其增益 $A=20$，问对环路的 ξ、ω_n、同步带 $\Delta\omega_H$、快捕带 $\Delta\omega_C$、捕捉带 $\Delta\omega_P$ 和等效噪声带宽 B_L 的影响。

9-15　参照锁相环(PLL)的组成与原理，画出频率负反馈控制系统(AFC)的组成方框图，并与 PLL 进行比较。

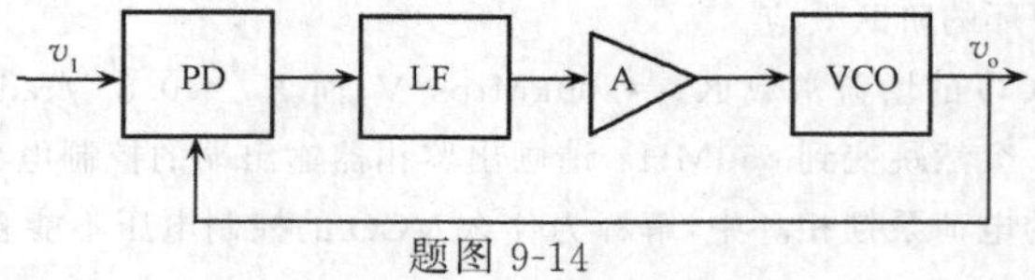

题图 9-14